D1997836

EUROPA LEHRMITTEL

EUROPA-FACHBUCHREIHE
für Holztechnik

Beispielzeichnungen und Lösungen

HOLZTECHNIK

Gestaltung - Konstruktion - Arbeitsplanung

Lektorat: Dipl.-Ing. (FH) Wolfgang Nutsch, Studiendirektor

gültig ab 7. Auflage

VERLAG EUROPA-LEHRMITTEL · Nourney, Vollmer GmbH & Co. KG
Düsselberger Straße 23 · 42781 Haan-Gruiten

Europa-Nr.: 41210

Bearbeiter der
Beispielzeichnungen und Lösungen Holztechnik „Gestaltung, Konstruktion, Arbeitsplanung“

Nutsch, Wolfgang Dipl.-Ing., Studiendirektor, Stuttgart

Lektorat und Bildbearbeitung:
Wolfgang Nutsch, Studiendirektor, Stuttgart

7. Auflage 2014

Druck 5 4 3 2

Alle Drucke derselben Auflage sind parallel einsetzbar, da sie bis auf die Behebung von Druckfehlern untereinander unverändert sind.

ISBN 978-3-8085-4127-2

Alle Rechte vorbehalten. Das Werk ist urheberrechtlich geschützt. Jede Verwertung außerhalb der gesetzlich geregelten Fälle muss vom Verlag schriftlich genehmigt werden.

© 2014 by Verlag Europa-Lehrmittel, Nourney, Vollmer GmbH & Co. KG, 42781 Haan-Gruiten
http://www.europa-lehrmittel.de

Satz: mediacreativ, 40724 Hilden

Druck: mediaprint solutions GmbH, 33100 Paderborn

Vorwort

Das Buch mit Beispielzeichnungen und Lösungen zum Fachbuch „Holztechnik - Gestaltung, Konstruktion, Arbeitsplanung" ist ein sehr umfangreiches Lösungsbuch. Es gliedert sich in Teil A und Teil B.

Teil A beginnt mit der Didaktik des technischen Zeichnens im Berufsfeld Holztechnik für die Grundstufe und die Fachstufe der Ausbildungsberufe Tischler, Holzmechaniker und Glaser/Fensterbauer. Zusätzlich sind Kriterien zur Bewertung technischer Zeichnungen aufgenommen worden, die dem Lehrer die Möglichkeit bieten, Zeichnungen mit unterschiedlichsten Schwierigkeitsgraden differenziert zu bewerten.

Die zahlreichen Aufgabenvorschläge sind im Schwierigkeitsgrad der Entwicklung und dem entsprechenden Kenntnisstand der Lernenden aufgebaut. Im Teil A beginnen sie mit Schriftübungen, einfachen Projektionsaufgaben und führen schließlich zu den verschiedenen berufsspezifischen Detailpunkten in DIN gerechter Darstellung.

Teil B enthält eine umfangreiche Aufgabenbank mit praxisgerechten Aufträgen. Die Lösungen hierzu können vielfach nur beispielhaft sein, da in der Regel in Gestaltung und Konstruktion mehrere Ausführungen möglich sind. Dies gilt besonders für die anspruchsvolleren Aufträge des Innenausbaus, die ohne weiteres auch in weiterführenden Fachschulen wie Meister- und Technikerschulen gestellt werden können.

Der Reiz dieser Aufträge in der Aufgabenbank liegt darin, dass nun alle Einzelheiten, angefangen von dem zu verwendenden Material, der Holzart, den Verbindungen, den Beschlägen, der Oberfläche usw. im Hinblick auf die Gestaltung, der wirtschaftlichsten Fertigung und zweckmäßigsten Funktion zu überlegen sind. Das selbstständige Arbeiten mit Hilfe von Firmenkatalogen, des Internets oder einschlägiger Fachbücher wird hiermit gefördert. Da nicht alle in Teil B des Fachbuches aufgeführten Aufträge gelöst wurden, können diese noch völlig selbstständig nach eigenen gestalterischen und konstruktiven Entscheidungen bearbeitet werden.

Anmerkung: Alle Zeichnungen wurden auf einem Computer erstellt. Die größeren Zeichnungen mussten um ca. 70% verkleinert und dann geteilt werden, damit sie auf den DIN A4-Buchseiten gut unterzubringen waren. Dadurch können einige Lösungen von den im Fachbuch vorgegebenen Blatteinteilungen abweichen.

Zum besseren Verstehen der Zeichnungen wird für den deutschsprachigen Raum die Anwendung der Kurzzeichen der deutschen Namen der Holzarten wie für Buche „BU", Eiche „EI", Kiefer „KI" usw. empfohlen. Bei internationalen Aufträgen können diese in einer Legende auf der Zeichnung in die lateinischen Kurzzeichen wie „FASY", „QCXE", „PNSY" übersetzt werden.

Stuttgart, Sommer 2014

Inhaltsverzeichnis

Teil A Grundlagen - Konstruktion

1 Didaktik des Technischen Zeichnens - Holztechnik

1.1 Zeichnungskontrolle für Fertigungszeichnungen für Tischler /Holzmechaniker

Bewertungskriterien		+	ø	-	0	Bemerkung
Zeichnungskontrolle	Überprüfung der vorgezeichneten Zeichnungen vor bzw. nach dem Ausziehen der Körperkanten					
Konstruktion	Überprüfung der Durchführbarkeit, Zweckmäßigkeit Montagemöglichkeit und Haltbarkeit					
Funktion	Funktionstüchtigkeit der konstruierten Teile, z.B.: Öffnen der Drehteile, Schubkastenführungen					
Werkstoffe - Vollholz	Holzart - Kurzzeichen nach DIN 4076-1 bzw. DIN EN 13556					
	Schraffur für Hirnholz bzw. Längsholz, Freihandlinie, Abstände, Schraffurrichtung					
	Querschnittmaße (Breite / Dicke), Dimensionsmaße					
- Platten	Kurzzeichen, Dicke, Schraffur					
	Symbole des Faserverlaufs der Mittellage bei Stab- und Stäbchensperrholzplatten					
	Umleimer: Art, Größe, Profilierung, angeleimt oder überfurniert					
- Deckfurnier	Holzart - Kurzzeichen					
	Furnierbegleitlinie Symbole für Faserverlauf					
- Beschichtung	Kunststoffe: Art, Dicke, Schraffur					
Beschläge	Angaben: Bandart, Kröpfung, Größe Darstellung: Draufsicht und verdeckte Kanten					
Verbindungsmittel	Verleimsymbol, Klebstoffangabe - Schrauben, Drahtstifte, Federn, Dübel: Darstellung, Größe					
Sonstiges	Glas, Marmor, Mauerwerk, Beton, Putz, Wärmedämmung: Darstellung, Art, Maße, Schraffur					
Bemaßung	Logisch, eindeutig, ausreichend, fertigungsbezogen					
	Maßlinien: Linienbreite, Abstände, Lage					
	Maßbegrenzung: Schrägstriche, Richtung Pfeile: Darstellung und Größe					
Linienarten	Richtige Anwendung, kontrastreiche Linienbreiten					
Ansichten	Maßstab 1:10 oder 1:20, Bemaßung, Eintragung der Schnittverläufe					
Beschriftung	Normschrift zwischen zwei Hilfslinien, saubere Darstellung Bezeichnung der Teilschnitte, z.B. Schnitt A-A					
	Schriftfeld: Bezeichnung des Werkstückes, Zeichnungsnummer, Maßstäbe, Datum, Name					
Blatteinteilung	Randabstände, Zuordnung der Schnitte und Ansichten, Ausgewogenheit					
Vollständigkeit	Erfüllung der Aufgabenstellung					
Sauberkeit	Linienqualität, Schrift, Gesamteindruck					
Arbeitsplanung	Auftragserfassung, Materialliste, Arbeitsablauf					
Pünktlichkeit	Tagesleistung, Abgabetermin eingehalten					

1 Didaktik des Technischen Zeichnens - Holztechnik

1.2 Zeichnungskontrolle für Fertigungszeichnungen für Glaser / Fensterbauer

Bewertungskriterien		+	ø	-	0	Bemerkung
Zeichnungskontrolle	Überprüfung der vorgezeichneten Zeichnungen vor bzw. nach dem Ausziehen der Körperkanten					
Konstruktion	Überprüfung der Durchführbarkeit, Zweckmäßigkeit Montagemöglichkeit und Haltbarkeit					
Funktion	Funktionstüchtigkeit der konstruierten Teile					
Werkstoffe - Vollholz	Holzart - Kurzzeichen nach DIN 4076-1 bzw. DIN EN 13556					
	Schraffur für Hirnholz bzw. Längsholz, Freihandlinie, Abstände, Schraffurrichtung					
	Querschnittmaße (Breite / Dicke), Dimensionsmaße					
	Zapfenstellung (verdeckte Kanten)					
- Verglasungs-einheit	Glasart, -dicke und Luftzwischenraum Dichtstoffe: Art, Herstellung					
- Platten	Kurzzeichen, Dicke, Schraffur					
	Symbole des Faserverlaufs der Mittellage bei Stab- und Stäbchensperrholzplatten					
	Umleimer: Art, Größe, Profilierung, angeleimt o. überfurniert					
- Beschichtung	Kunststoffe: Art, Dicke, Schraffur					
Metalle - Wetterschiene	Art, Größe, Darstellung					
- Bodenschiene	Art, Größe, Darstellung, Anschluss Bodenbelag					
- Band - Verschluss	Art, Größe, Darstellung					
Verbindungsmittel	Verleimsymbol, Klebstoffangabe - Schrauben, Drahtstifte - Federn, Dübel					
Sonstiges	Mauerwerk, Beton, Putz, Wärmedämmung: Darstellung, Art, Maße					
Bemaßung	Logisch, eindeutig, ausreichend, fertigungsbezogen					
	Maßlinien: Linienbreite, Abstände, Lage					
	Maßbegrenzung: Schrägstriche, Richtung Pfeile: Größe					
Linienarten	Richtige Anwendung, kontrastreiche Linienbreiten					
Innenansicht	Maßstab 1:10 oder 1:20, Bemaßung, Eintragung der Schnittverläufe und Flügelsymbole					
Beschriftung	Normschrift zwischen zwei Hilfslinien, saubere Darstellung					
	Bezeichnung der Teilschnitte, Schnitt A-A					
	Schriftfeld: Bezeichnung des Werkstückes, Zeichnungsnummer, Maßstäbe, Datum, Name					
Blatteinteilung	Randabstände, Zuordnung der Schnitte und der Ansicht					
Vollständigkeit	Erfüllung der Aufgabenstellung					
Sauberkeit	Linienqualität, Schrift, Gesamteindruck					
Arbeitsplanung	Auftragserfassung, Materialliste, Arbeitsablauf					
Pünktlichkeit	Tagesleistung, Abgabetermin eingehalten					

Nr.	Linienbreite in mm *	Linienart	Bezeichnung / Anwendung
1	0,7	Vollinie, breit	Wandlinie in Ansichten
2	0,5	Vollinie, breit	Umrisslinie in Ansichten
3	0,35	Strichpunktlinie, schmal	Mittellinie (Befestigungsmittel)
4	0,5	Strichlinie, mittelbreit	Verdeckte Kanten und Umrisse
5	0,35	Strichpunktlinie, schmal	Mittellinie (runde Teile)
6	0,5	Vollinie, mittelbreit	Schraffur für Mauerwerk
7	0,7	Vollinie, breit	Umrisslinie von Mauerwerk
8	0,7	Vollinie, breit	Umrisslinie in Schnitten
9	0,5	Vollinie, mittelbreit	Beschriftung von Zeichnungen
10	0,35	Vollinie, schmal	Schraffurlinien in Schnittflächen von Vollholz
11	0,35	Strich-Zweipunktlinie, schmal	Kanten die vor oder über Schnittebenen liegen
12	0,7	Vollinie, breit	Sichtbare Kanten in Ansichten (Bohrung)
13	0,35	Vollinie, schmal	Hinweislinie mit Pfeil
14	0,7	Strichpunktlinie, breit	Kennzeichnung der Schnittebene (Schnittverlauf)
15	0,5	Strichlinie, mittelbreit	Verdeckte Kanten und Umrisse
16	0,35	Vollinie, schmal	Hinweislinie
17	0,35	Vollinie, schmal	Maßlinie
18	0,35	Vollinie, schmal	Maßhilfslinie
19	0,35	Vollinie, schmal	Maßbegrenzungslinie
20	0,35	Vollinie, schmal	Symbol für Verleimung
21	0,35	Strich-Zweipunktlinie, schmal	Grenzstellung von beweglichen Teilen
22	0,35	Vollinie, schmal	Bewegungsrichtung
23	0,5	Vollinie, breit	Umrisslinie in Ansichten
24	0,35	Vollinie, schmal	Mittellinie bei kleinen Kreisen
25	0,35	Vollinie, schmal	Mittellinie bei kleinen Kreisen
26	0,35	Vollinie, schmal	Hinweislinie

* empfohlene Linienbreite für Bleistiftzeichnungen

Aufgabe 2.3-1: Bezeichnung und Anwendung der Linien

Nr.	Linien-breite in mm *	Linienart	Bezeichnung / Anwendung
1	0,7	Vollinie, breit	Umrisslinie in Schnitten
2	0,35	Freihandlinie, schmal	Kennzeichnung von Leimfugen
3	0,35	Strich-Zweipunktlinie, schmal	Kanten die vor oder über der Schnittebene liegen
4	0,35	Freihandlinie, schmal	Schraffurlinien in Schnittflächen von Holzwerkstoffen
5	0,35	Vollinie, schmal	Symbol für Beschichtung (Furnier)
6	1,4	Vollinie, breit	Umrisse von Mauerwerk oder Beton
7	0,35	Vollinie, schmal	Diagonalkreuze für die Kennzeichnung ebener Flächen
8	0,5	Vollinie, mittelbreit	Schraffur für Mauerwerk
9	0,35	Strichpunktlinie, schmal	Mittellinie (Befestigungsmittel)
10	0,7	Vollinie, breit	Sichtbare Kanten in der Ansicht
11	0,35	Freihandlinie, schmal	Schraffurlinien in Schnittflächen von Vollholz
12	0,35	Strich-Zweipunktlinie, schmal	Grenzstellung von beweglichen Teilen
13	0,35	Vollinie, schmal	Konstruktionsbedingte bündige Fugen in Ansichten
14	0,7	Vollinie, breit	Sichtbare Kanten in Ansichten
15	0,35	Vollinie, schmal	Maßhilfslinie, Maßlinie
16	0,7	Vollinie, breit	Umrisslinie in Schnitten
17	0,7	Vollinie, breit	Fugen in Schnitten
18	0,35	Vollinie, schmal	Symbol für Faserverlauf
19	0,35	Strichlinie, schmal	Verdeckte Kanten und Umrisse
20	0,35	Strichpunktlinie, schmal	Mittellinie
21	0,5	Vollinie, mittelbreit	Beschriftung in Zeichnungen und Diagonalkreuz
22	0,5	Vollinie, mittelbreit	Sichtbare Kanten in Ansichten, z.B. M 1:10
23	0,35	Vollinie, schmal	Symbol für den Faserverlauf in den Ansichten
24	0,7	Strichpunktlinie, breit	Kennzeichnung der Schnittebene (Schnittverlauf)
25	1,0	Vollinie, breit	Boden- oder Wandlinie in Ansichten M 1:10

* empfohlene Linienbreite für Bleistiftzeichnungen

Aufgabe 2.3-2: Bezeichnung und Anwendung der Linien

Aufgabe 2.3-3

a) Breite Vollinie 0,7 mm
- Sichtbare Kanten (hier Korpuskanten in der Ansicht)
- Umrisslinien in Schnitten (hier Tür, Seite)
- Fugen in Schnitten (hier Anleimerfuge)

b) Schmale Vollinie 0,35 mm
- Maßlinien
- Maßhilfslinien
- Maßlinienbegrenzungen
- Hinweislinien
- Lichtkanten
- Lineare Schraffuren von Werkstoffen
- Umrahmung von Einzelheiten
- Umrahmung von Prüfmaßen
- Diagonalkreuze für die Kennzeichnung ebener Flächen
- Konstruktionsbedingte bündige Fugen in Ansichten
- Symbol für Faserverlauf in den Ansichten
- Projektionslinien
- Rasterlinien

c) Schmale Freihandlinie 0,35 mm
- Schraffurlinien in Schnittflächen von Holz und Holzwerkstoffen
- Kennzeichnung von Leimfugen
- Bruchlinien

d) Schmale Strichlinie 0,35 mm
- verdeckte Kanten und Umrisse

e) Schmale Strichpunktlinie 0,35 mm
- Mittellinien
- Symmetrieachsen
- Bewegungsabläufe

f) Breite Strichpunktlinie 0,7 mm
- Kennzeichnung der Schnittebene (Schnittverlauf)

g) Schmale Strich-Zweipunktlinie 0,35 mm
- Grenzstellungen von beweglichen Teilen
- Kanten, die vor oder über der Schnittebene liegen
- Umrisse von angrenzenden, sonst nicht dargestellten Teilen
- Materialzugabe bei Werkstücken
- Fertigformen in Rohteilen
- Umrahmungen für besondere Felder wie Stempelaufdrucke oder Schilder auf den Werkstücken
- Bezugslinien (Bandbezugslinien, Meterriss)

Aufgabe 2.3-4

a) Linienbreiten für:
- Schriften und graphische Symbole 0,5 mm (0,35 mm)

b) Linienbreiten für:
- Umrisse von Schnittflächen 1,4 mm

c) Linienbreiten für:
- Schnittflächen von Mauerwerk und Beton 1,4 mm

Aufgabe 2.3–3 und 2.3–4: Bezeichnung und Anwendung der Linien

ZU FÄLLEN EINEN
SCHÖNEN BAUM,
BRAUCHT'S EINE HALBE
STUNDE KAUM.
ZU WACHSEN, BIS MAN
IHN BEWUNDERT,
BRAUCHT ER, BEDENK ES,
EIN JAHRHUNDERT!

Großbuchstaben

Zu fällen einen
schönen Baum
braucht's eine halbe
Stunde kaum.
Zu wachsen, bis man
ihn bewundert,
braucht er, bedenk es,
ein Jahrhundert!.

Groß- und Kleinbuchstaben

Eugen Roth

Aufgabe 4.3–1: Normschrift

SCHÖNHEIT IST DER HARMONISCHE
ZUSAMMENKLANG ALLER TEILE,
DER SO VOLLENDET IST,
DASS MAN NICHTS HINZUFÜGEN,
WEGNEHMEN ODER ÄNDERN KANN,
OHNE DIE WIRKUNG ZU
ZERSTÖREN.

7
Großbuchstaben

Schönheit ist der harmonische
Zusammenklang aller Teile,
der so vollendet ist,
dass man nichts hinzufügen,
wegnehmen oder ändern kann,
ohne die Wirkung zu
zerstören.

7
Groß- und Kleinbuchstaben

Leone Battista Alberti (1404 – 1472)
Architekt und Künstler der Renaissance in Italien

4

Aufgabe 4.3–2: Normschrift

LERNENISTWIERUDERNGEGENDENSTROM
SOBALDMANAUFHÖRTTREIBTMANZURÜ
CKLERNENISTWIERUDERNGEGENDENSTR
OMSOBALDMANAUFHÖRTTREIBTMANZU
RÜCKLERNENISTWIERUDERNGEGENDENS
TROMSOBALDMANAUFHÖRTTREIBTMAN

5
Großbuchstaben

lernenistwierudernggegendenstromsoba
ldmanaufhörttreibtmanzurücklernenist
wierudernggegendenstromsobaldmanauf
hörttreibtmanzurücklernenistwieruder
nggegendenstromsobaldmanaufhörttrei
btmanzurücklernenistwierudernggegen

5
Kleinbuchstaben

Lernen ist wie Rudern gegen den
Strom, sobald man aufhört, treibt
man zurück.

Groß- u. Kleinbuch-
staben

Benjamin Britten
englischer Komponist

4

Aufgabe 4.3-3: Normschrift

Wenn ein Baum umgesägt worden ist und
seine nackte Todeswunde der Sonne zeigt,
dann kann man auf der lichten Scheibe
seines Stumpfes und Grabmals seine ganze
Geschichte lesen:
In den Jahresringen und Verwachsungen
steht aller Kampf, alles Leid, alle Krank-
heit, alles Glück und Gedeihen treu ge-
schrieben, schmale Jahre und üppige Jahre,
überstandene Angriffe, überdauerte Stürme.

5 Normalschrift

Wenn ein Baum umgesägt
worden ist und seine nackte
Todeswunde der Sonne zeigt,
dann kann man auf der lich-
ten Scheibe seines Stumpfes
und Grabmals seine ganze
Geschichte lesen:
In den Jahresringen und Ver-
wachsungen steht aller Kampf,
alles Leid, alle Krankheit,
alles Glück und Gedeihen treu
geschrieben, schmale Jahre
und üppige Jahre, überstande-
ne Angriffe, überdauerte
Stürme.

5 Breitschrift

Hermann Hesse

4

Aufgabe 4.3-4: Normschrift

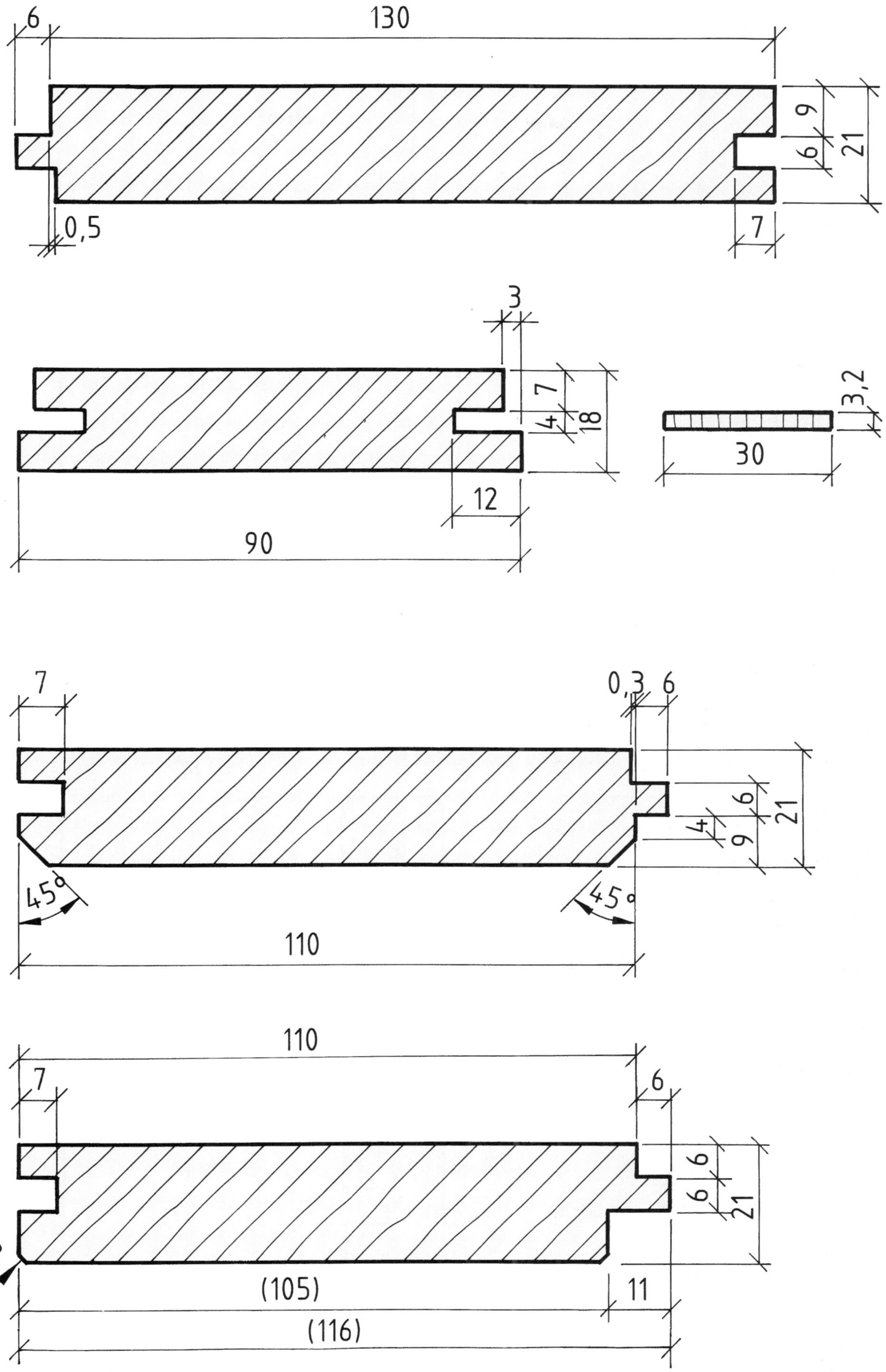

Aufgabe 5.3–1: Profilbretter zeichnen, bemaßen und schraffieren

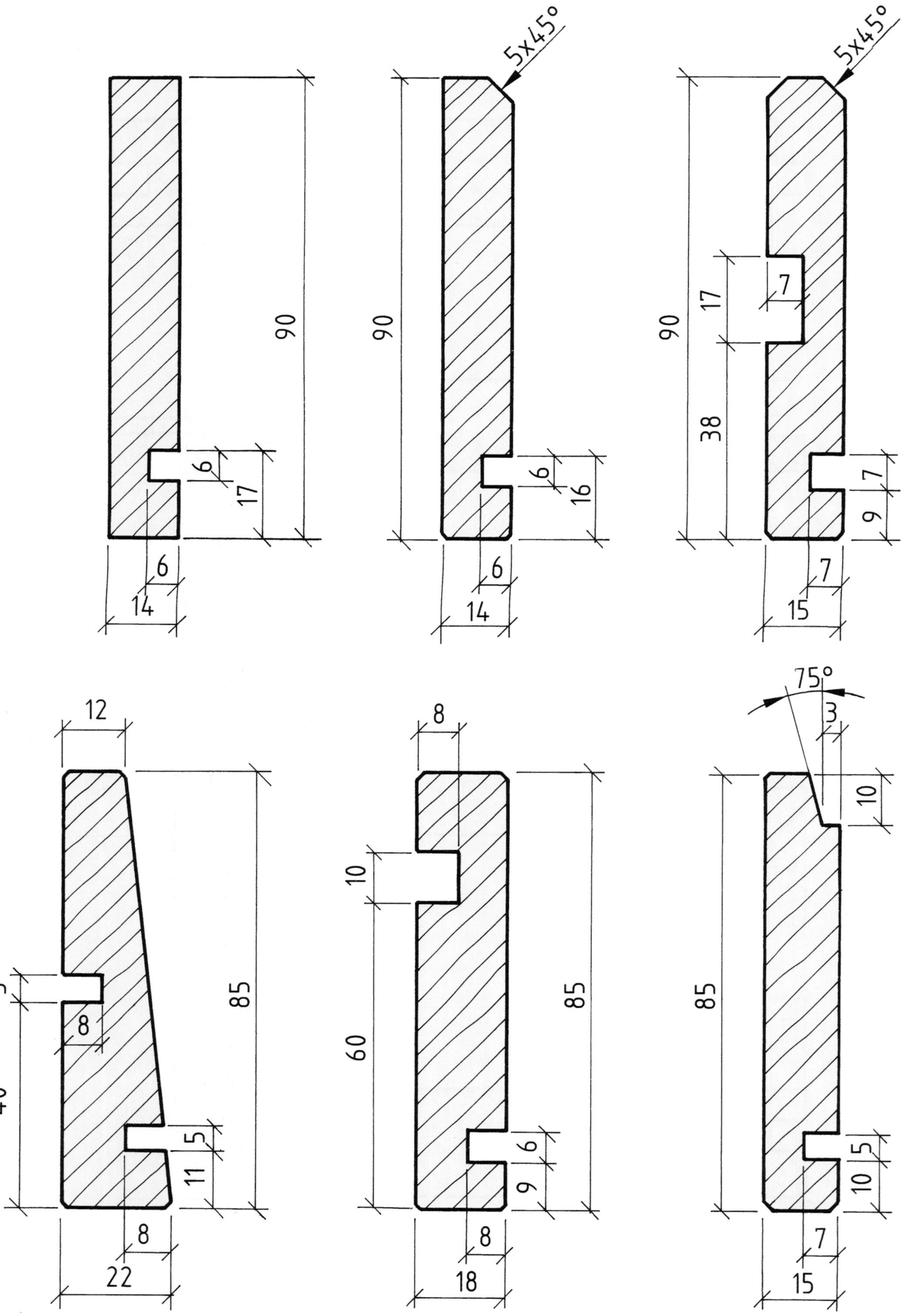

Aufgabe 5.3-2: Schubkastenprofile zeichnen und bemaßen

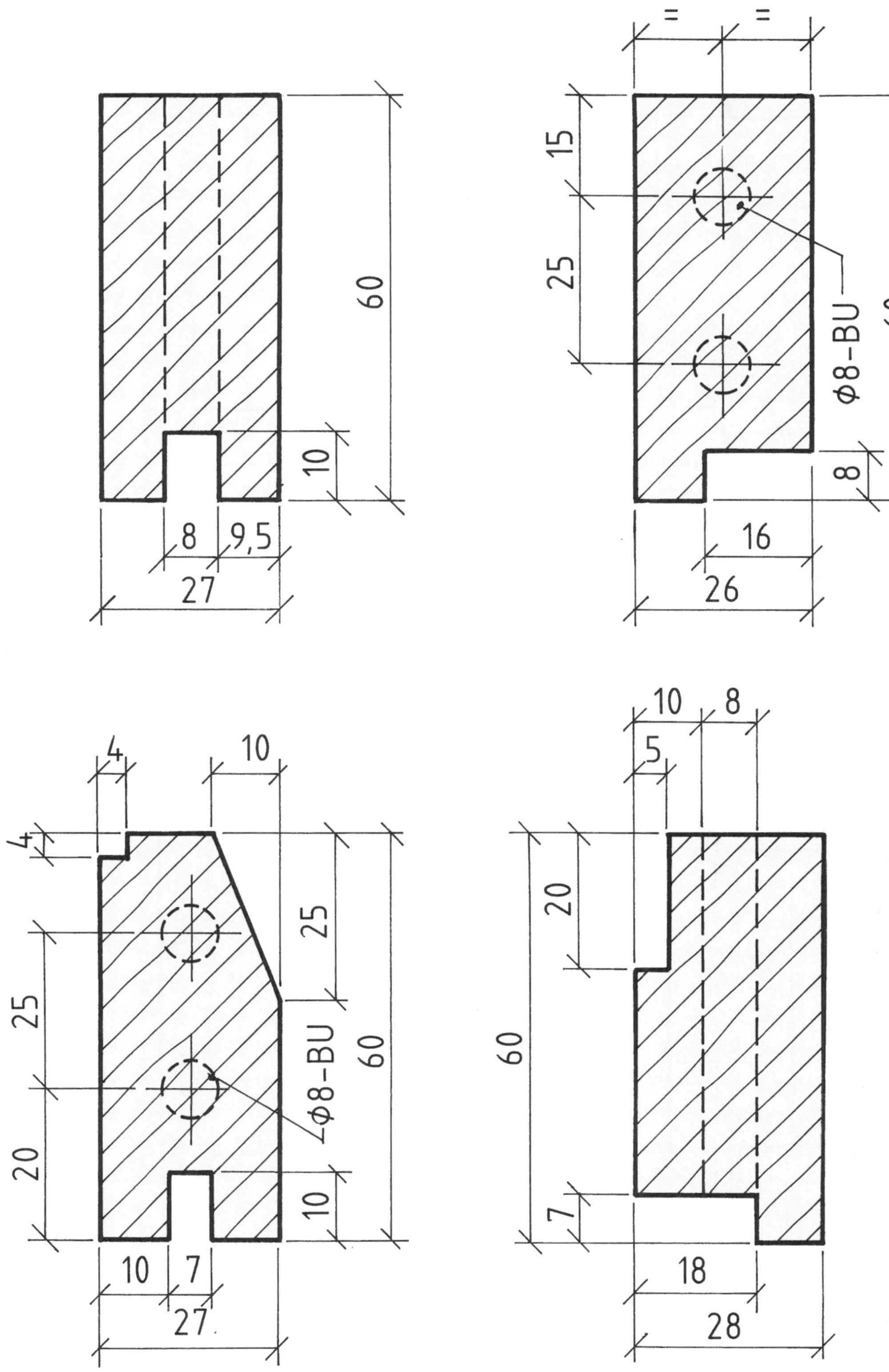

Aufgabe 5.3–3: Rahmenprofile zeichnen und bemaßen

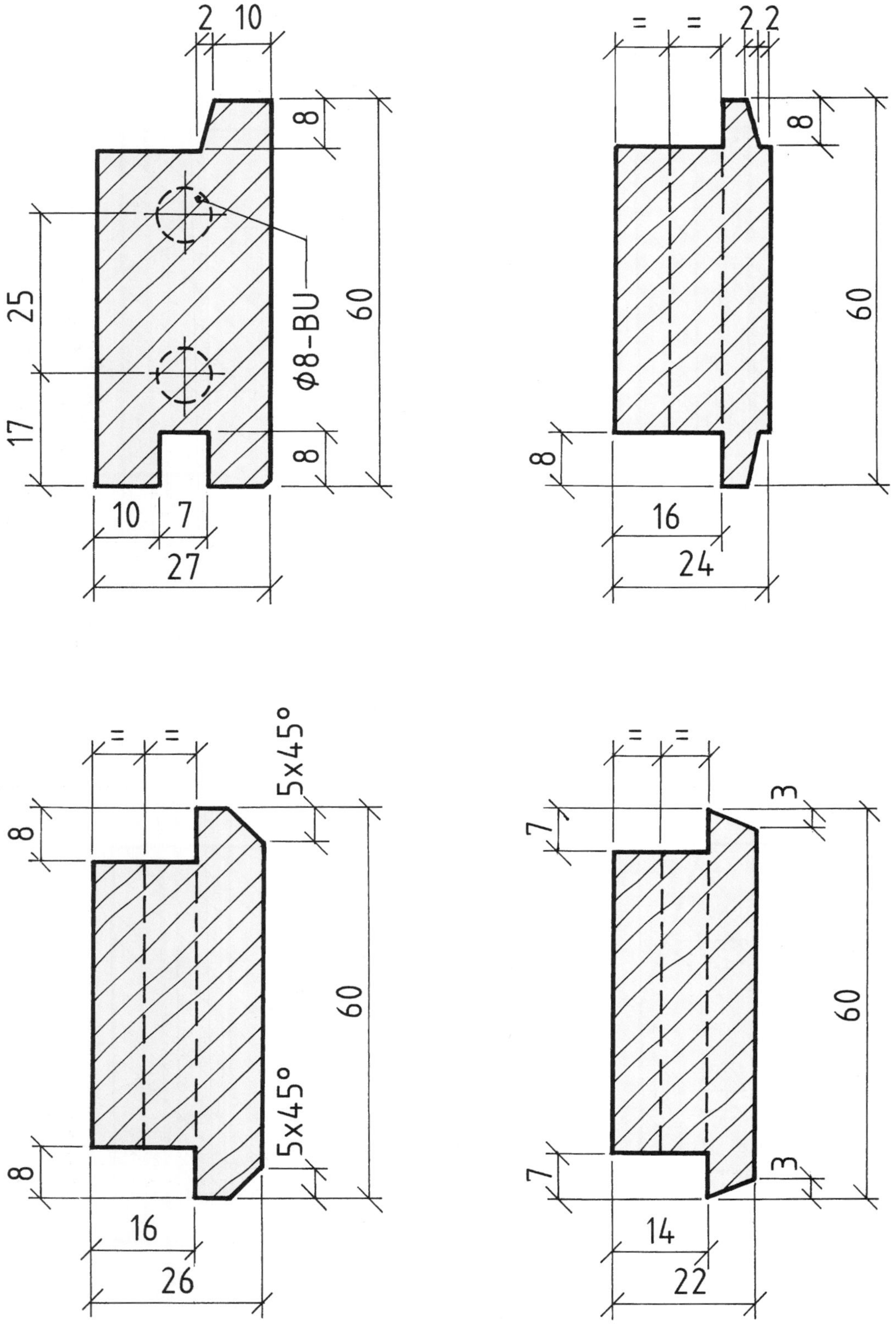

Aufgabe 5.3-4: Rahmenprofile zeichnen und bemaßen

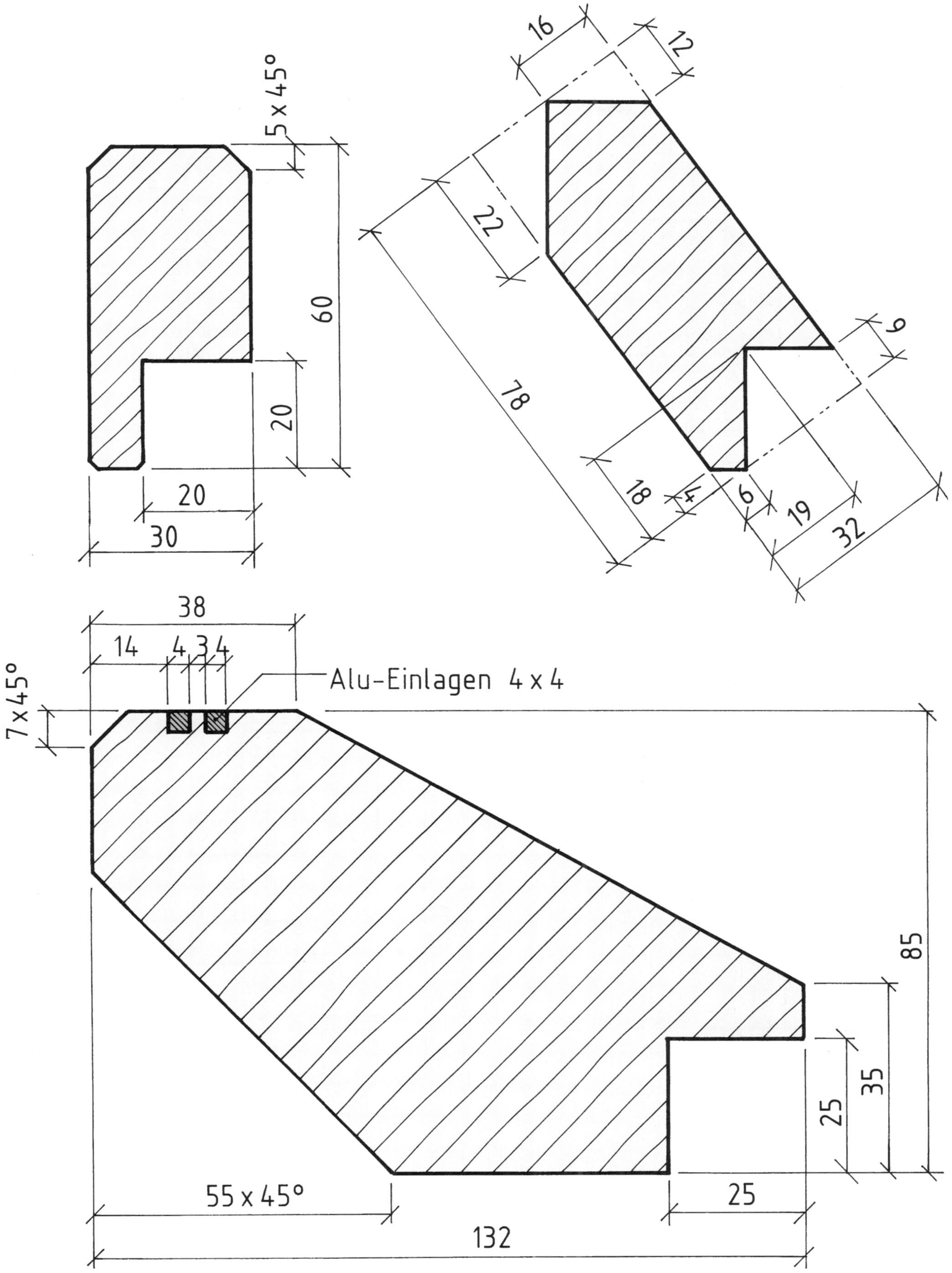

Aufgabe 5.3–5: Profilleisten zeichnen und bemaßen

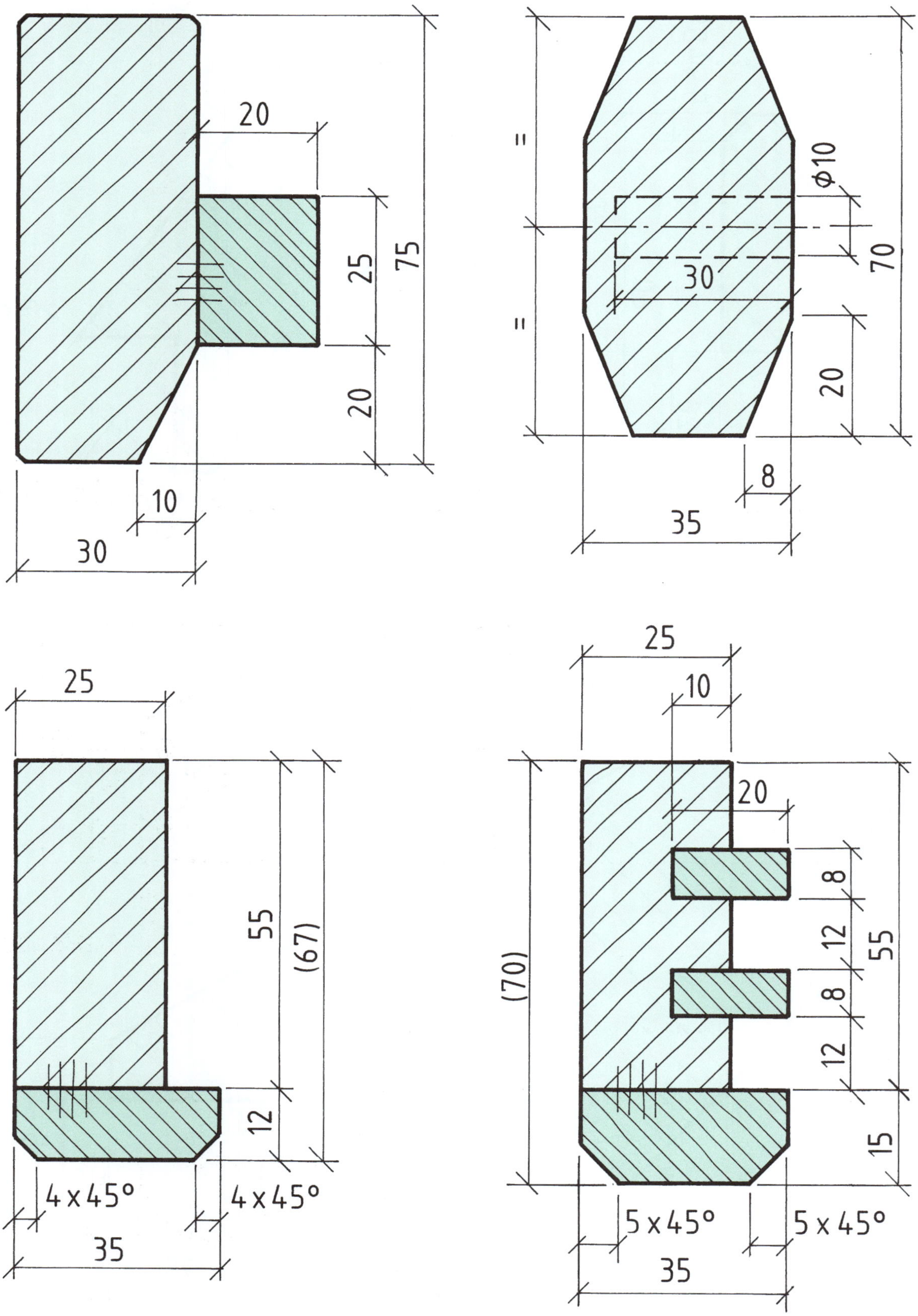

Aufgabe 5.3-6: Querschnitte zeichnen und bemaßen

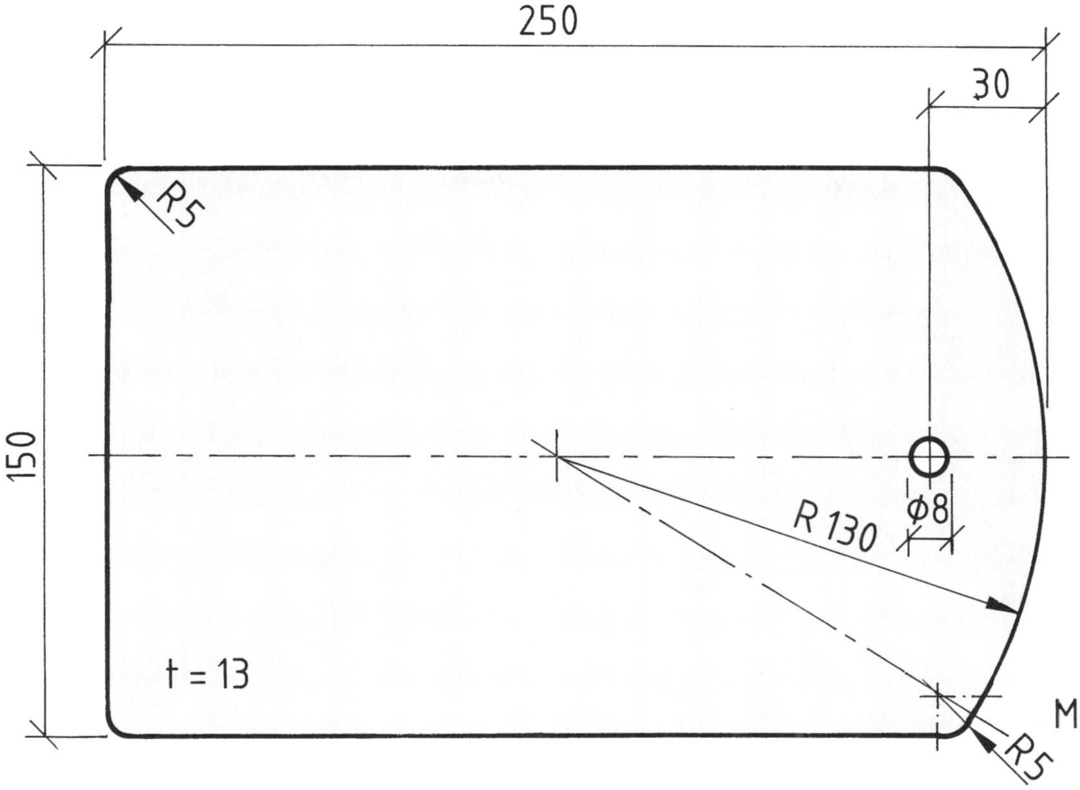

Maßstab 1:2

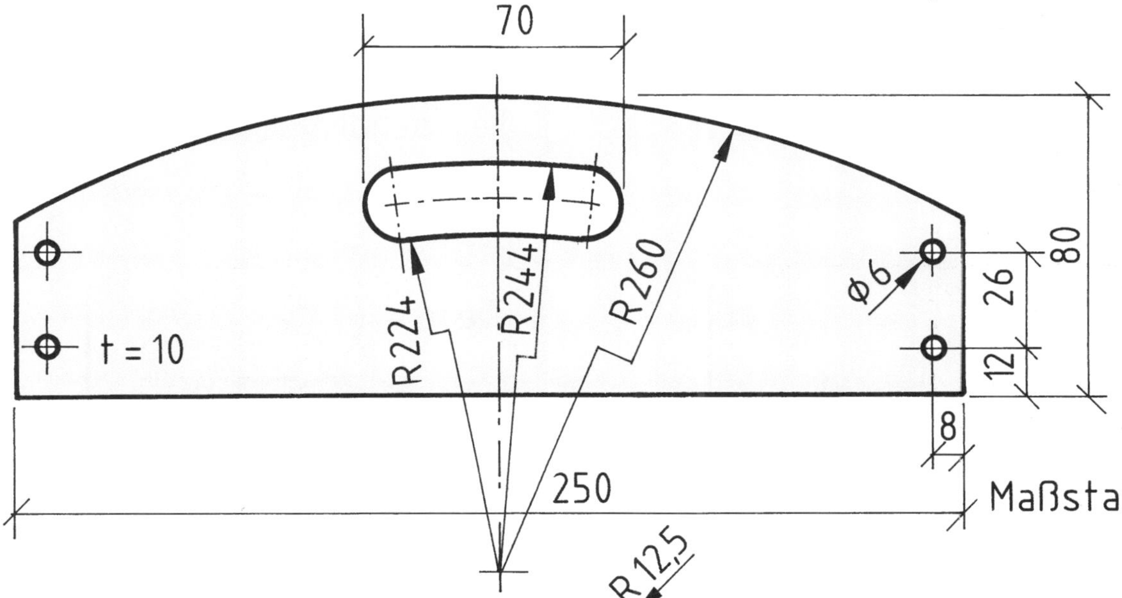

Maßstab 1:2

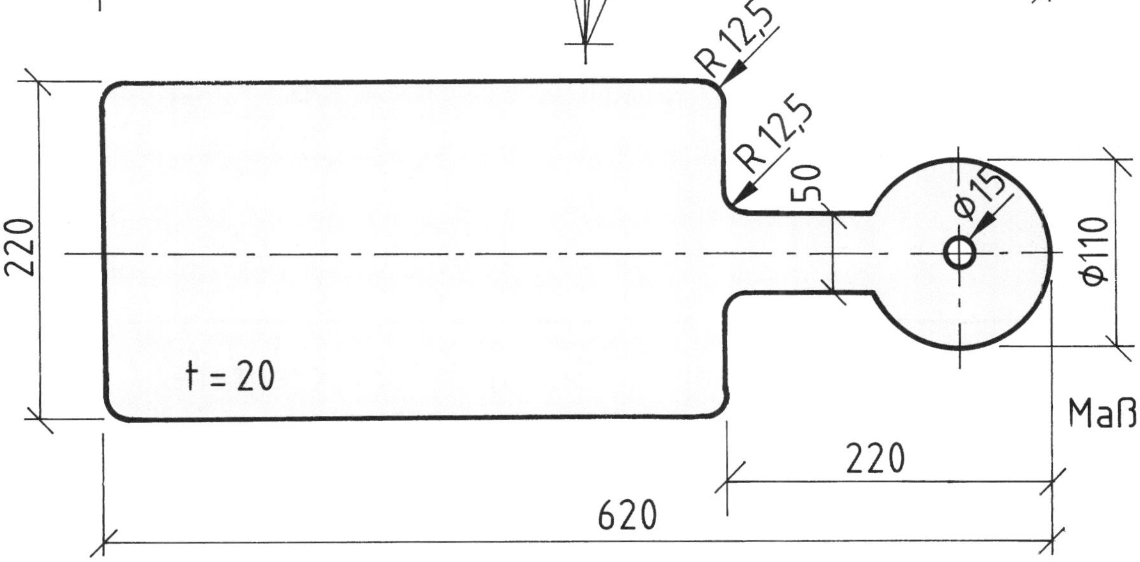

Maßstab 1:5

Aufgabe 5.6–1: Werkstücke mit Bohrungen und Rundungen zeichnen und bemaßen

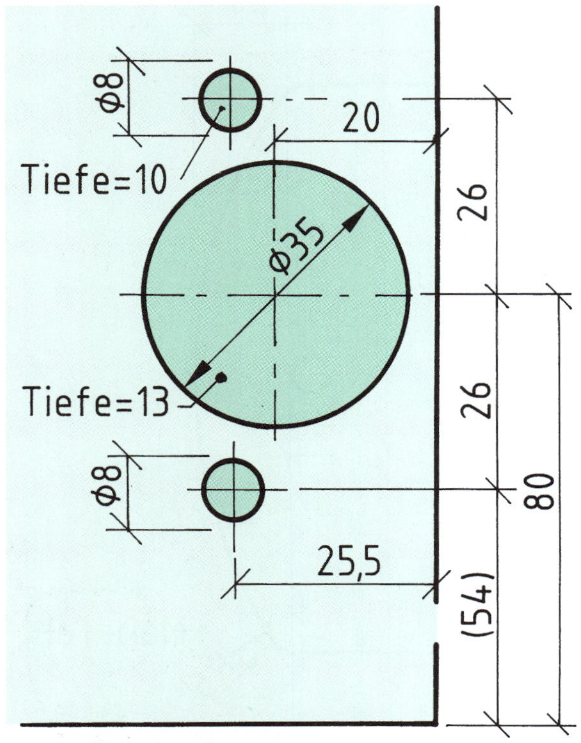

Bohrung für
Topfscharnier

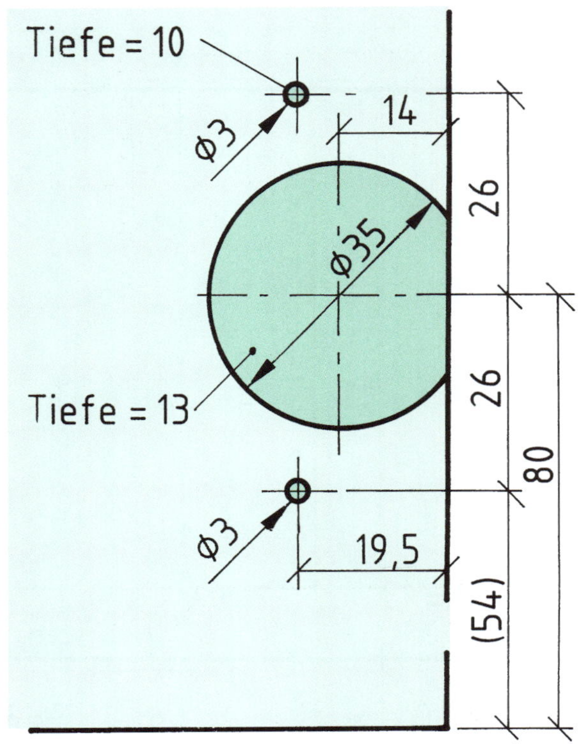

Bohrung für
Topfscharnier

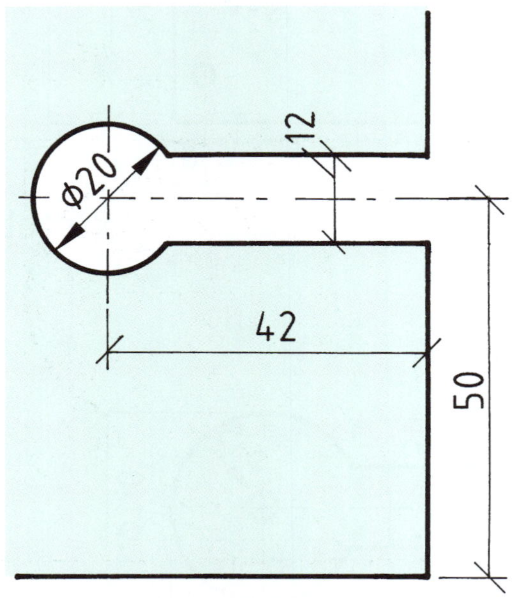

Ausschnitt für Glasscharnier

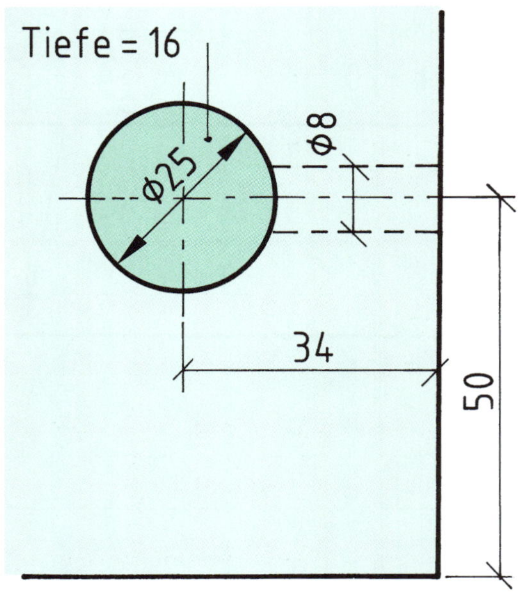

Bohrung für Exzenter-
verbinder

Aufgabe 5.6–2: Bohrbilder zeichnen und bemaßen

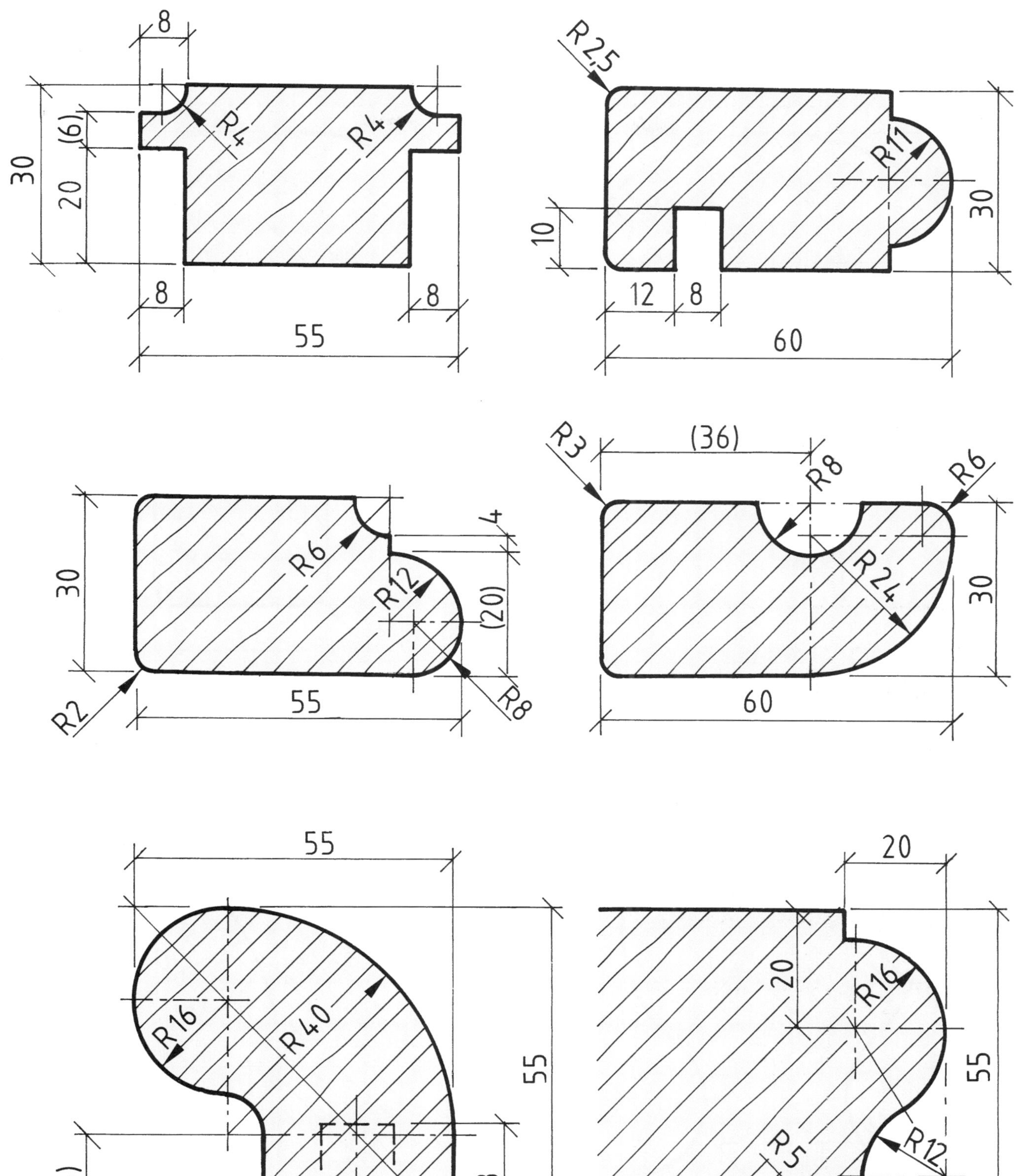

Aufgabe 5.6–3: Profilquerschnitte zeichnen und bemaßen

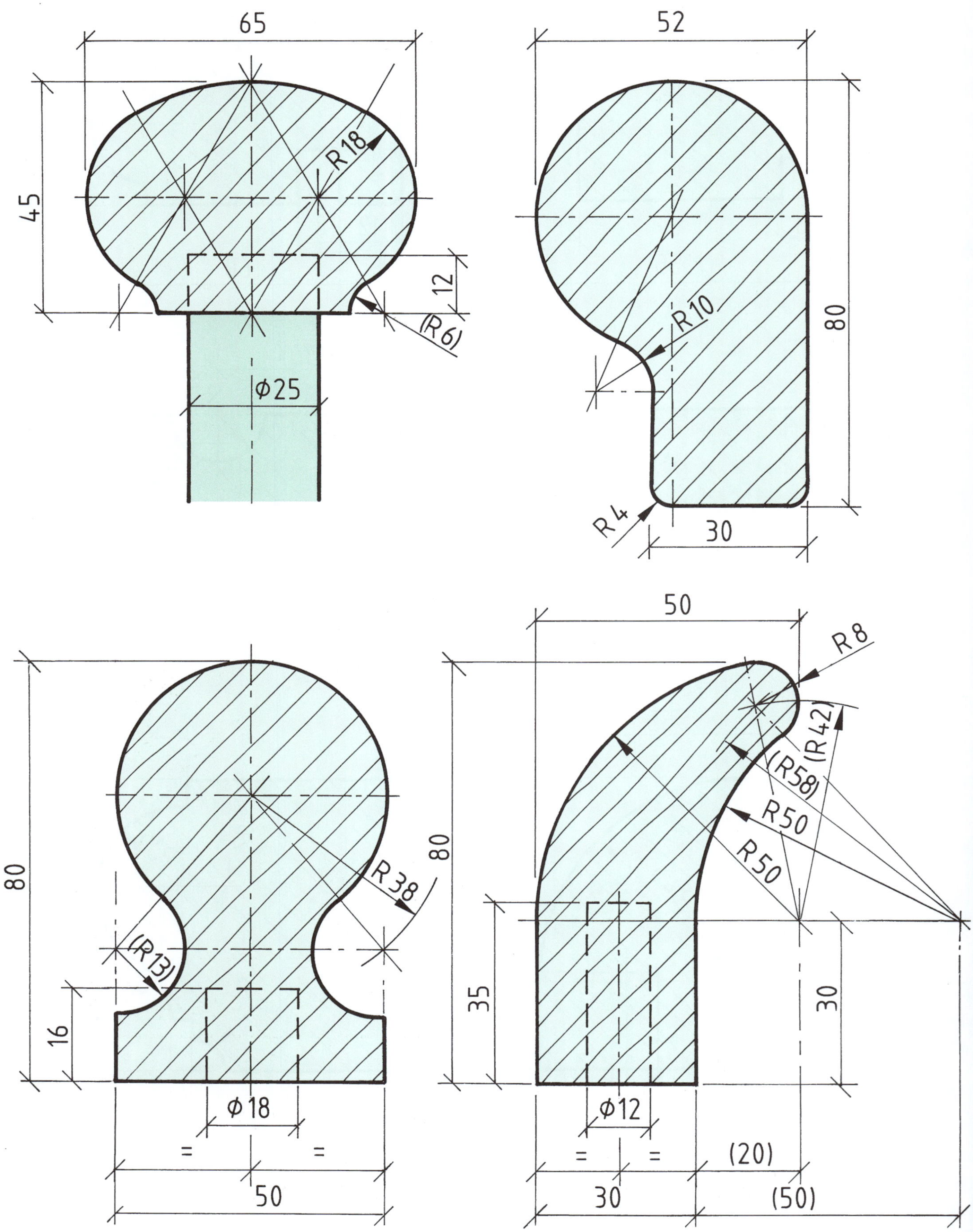

Aufgabe 5.6-4: Geländerprofile im Querschnitt zeichnen und bemaßen

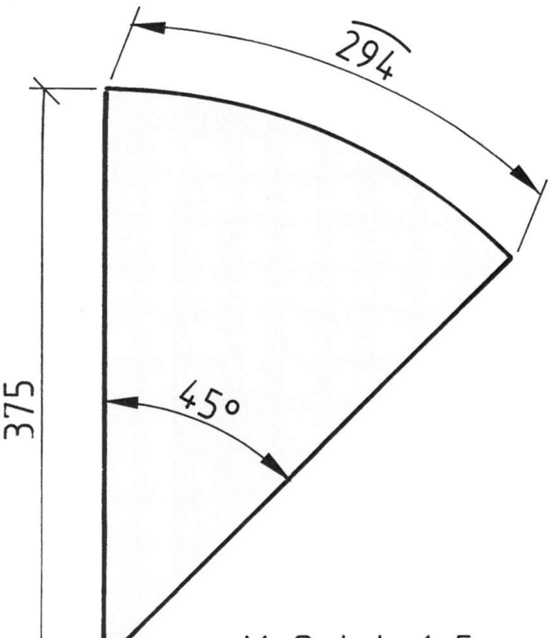

Maßstab 1:5

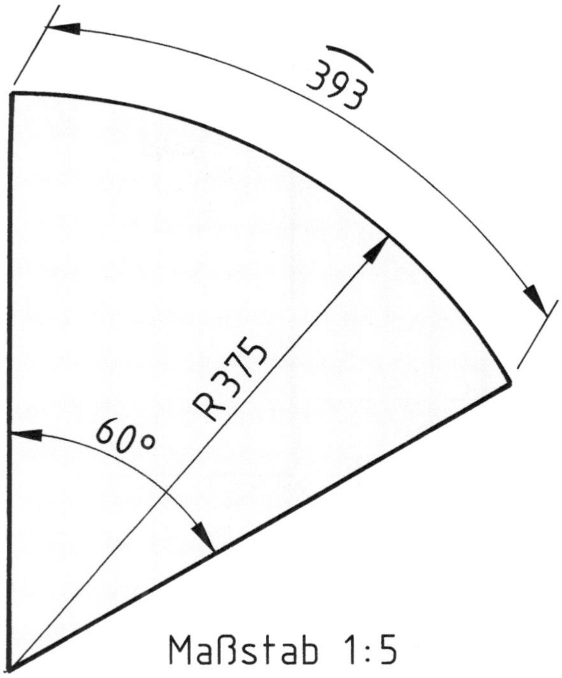

Maßstab 1:5

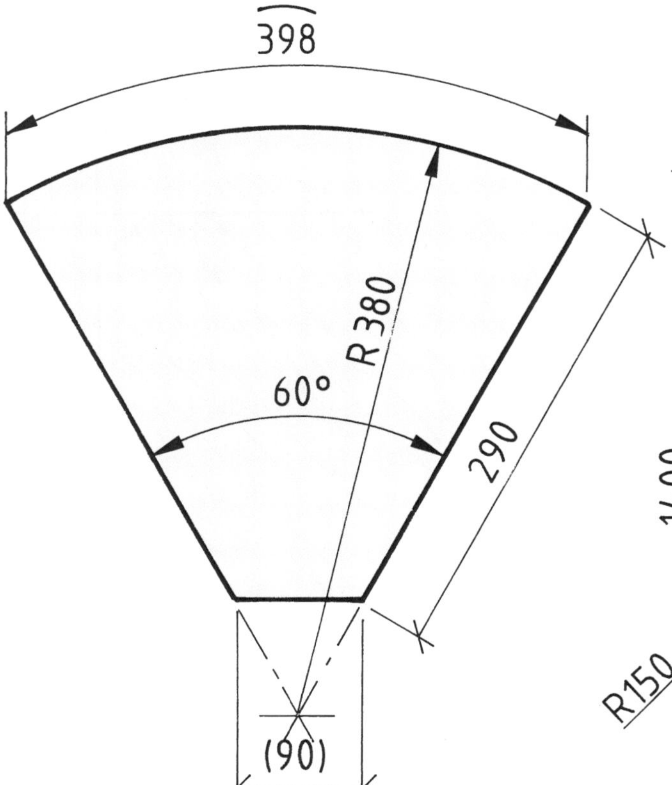

Maßstab 1:5

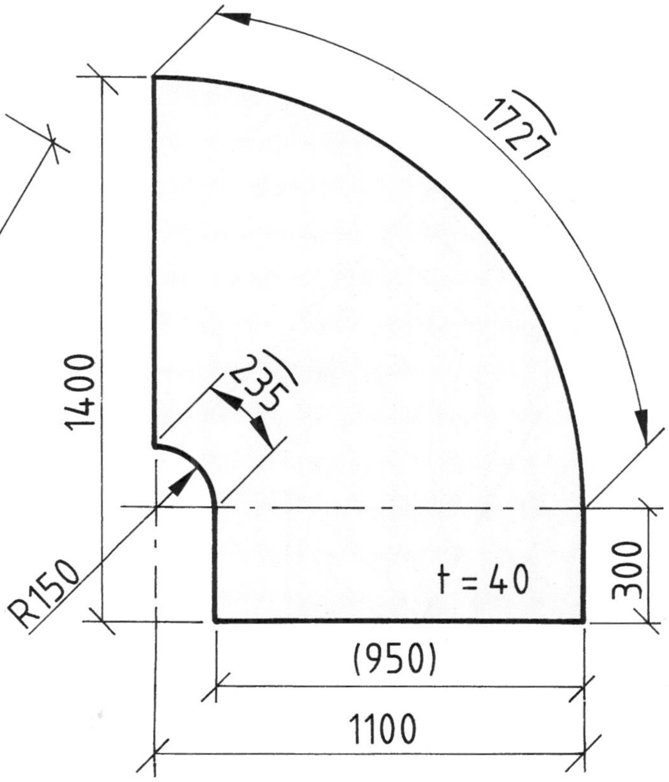

Maßstab 1:20

Aufgabe 5.8–1: Winkel und Bögen zeichnen und bemaßen

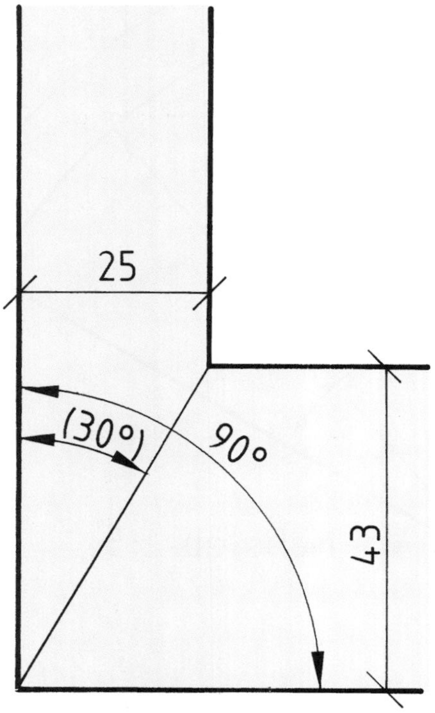

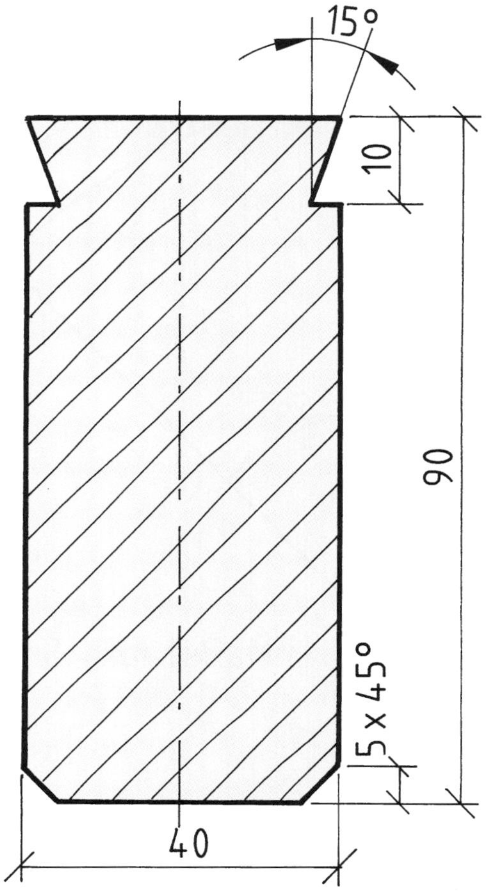

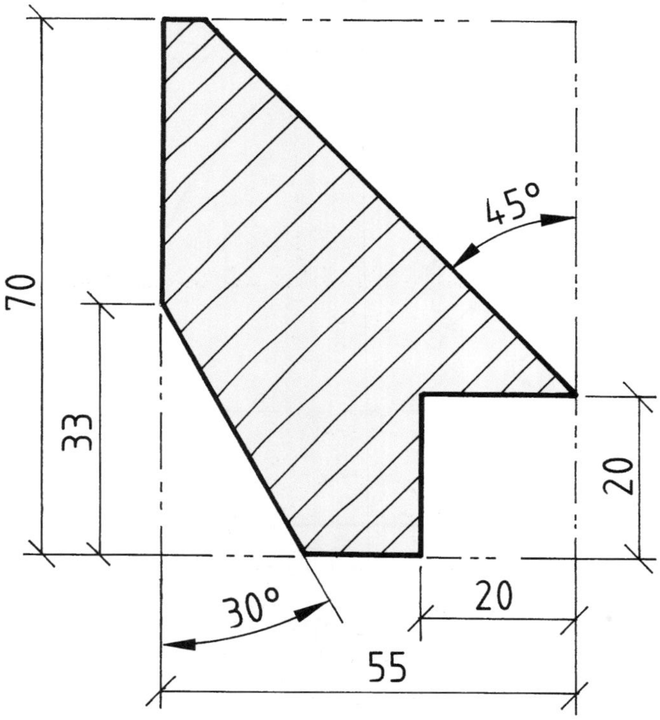

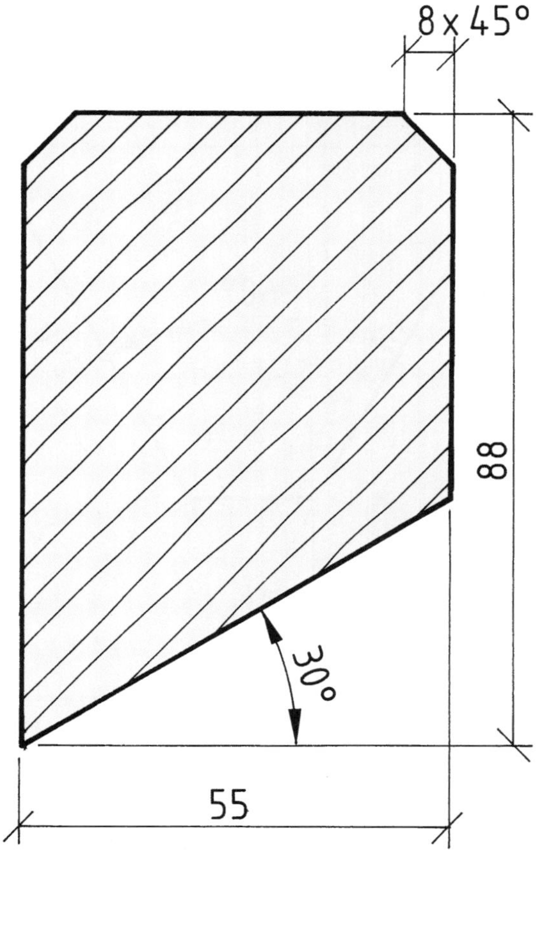

Aufgabe 5.8–2: Werkstücke mit Schmiegen und Fasen zeichnen und bemaßen

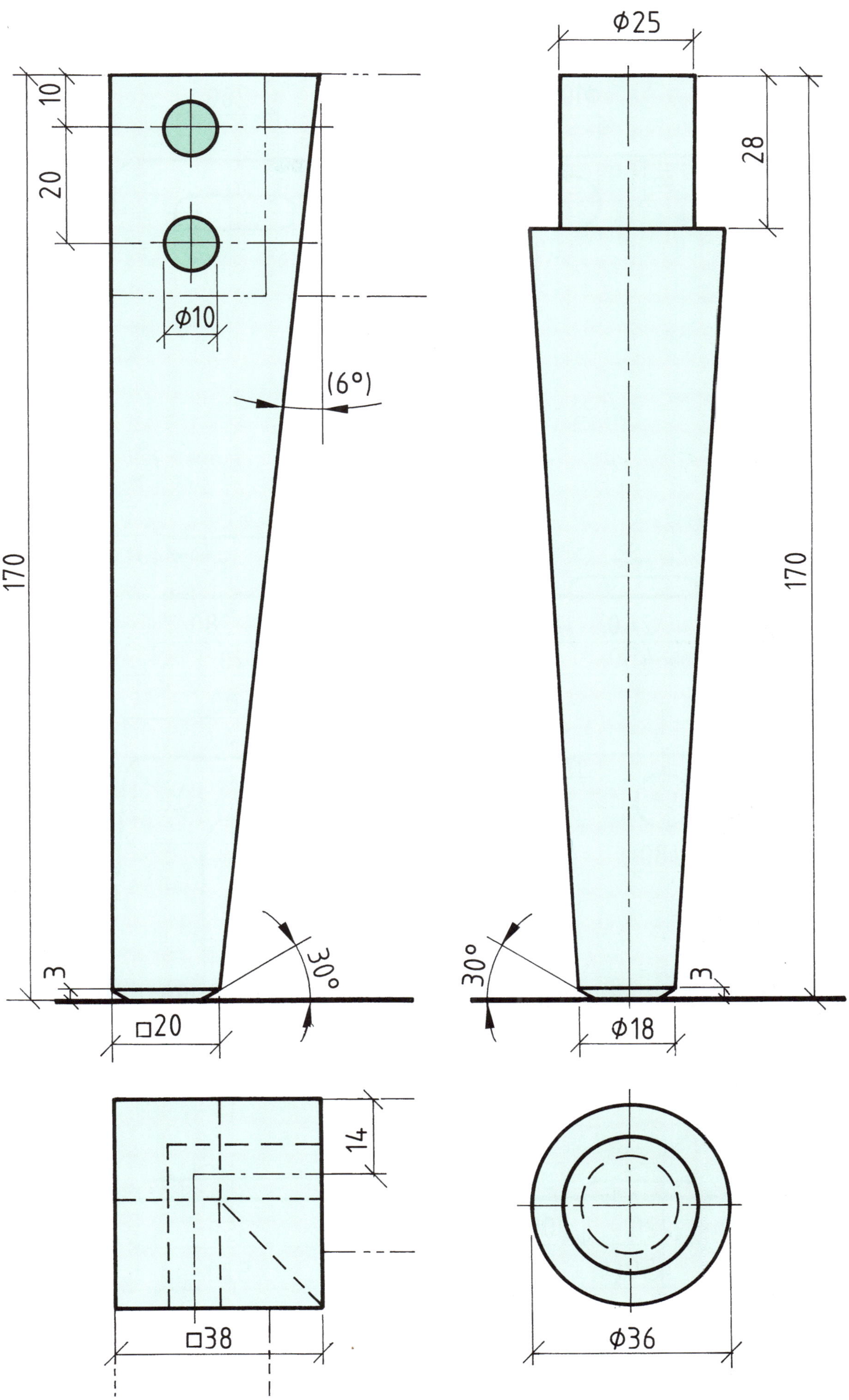

Aufgabe 5.8–3: Möbelfüße zeichnen und bemaßen

Maßstab 1:10

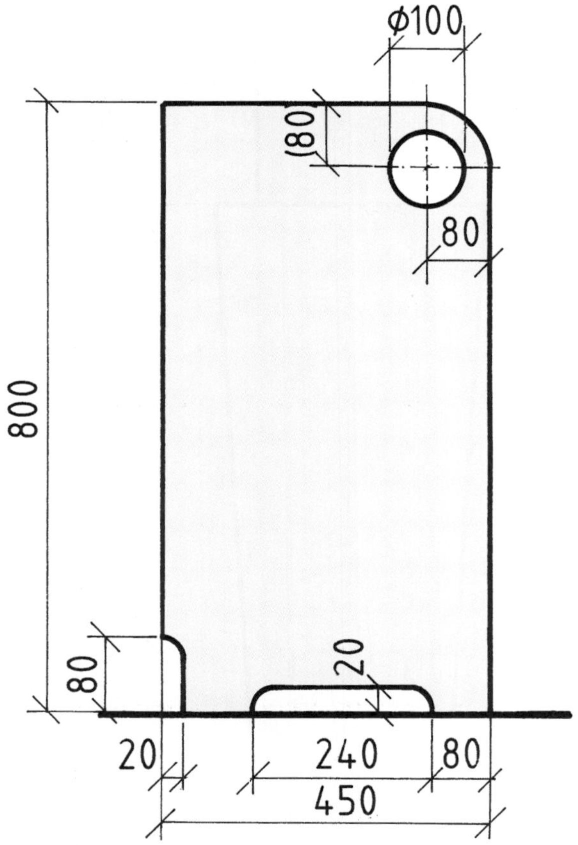

Maßstab 1:10

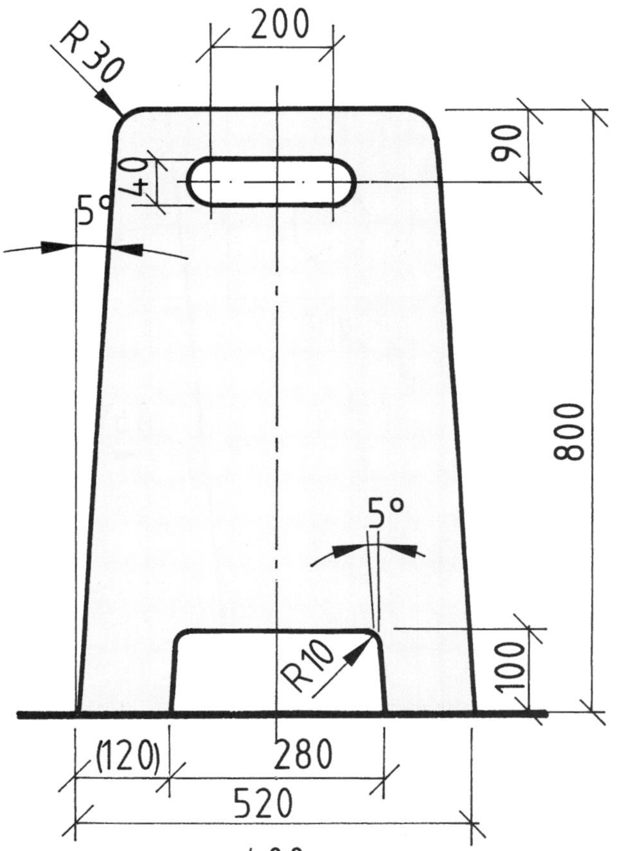

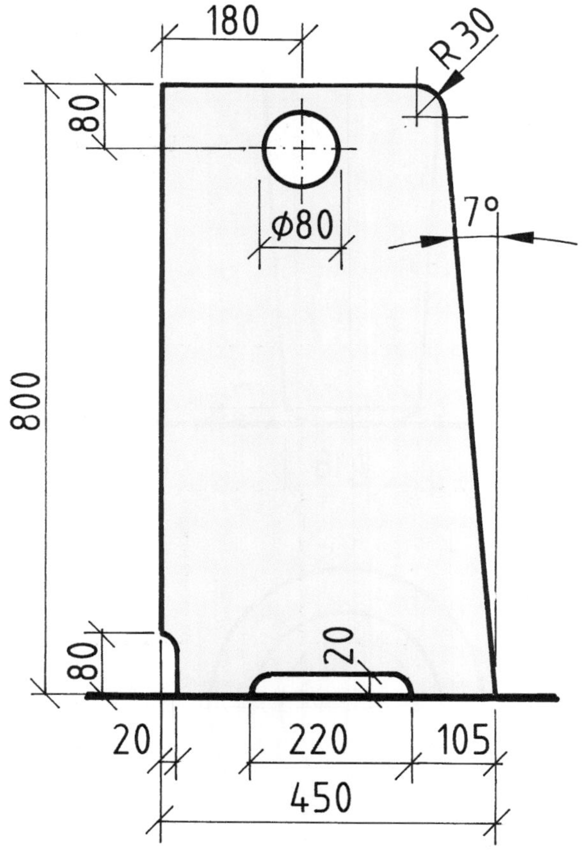

Maßstab 1:10

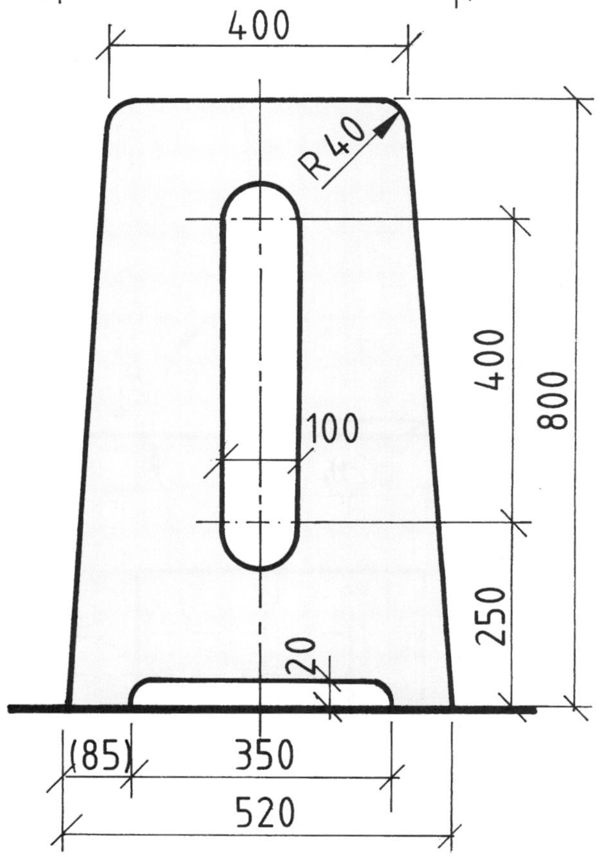

Maßstab 1:10

Aufgabe 5.8–4: Korpusseiten zeichnen und bemaßen

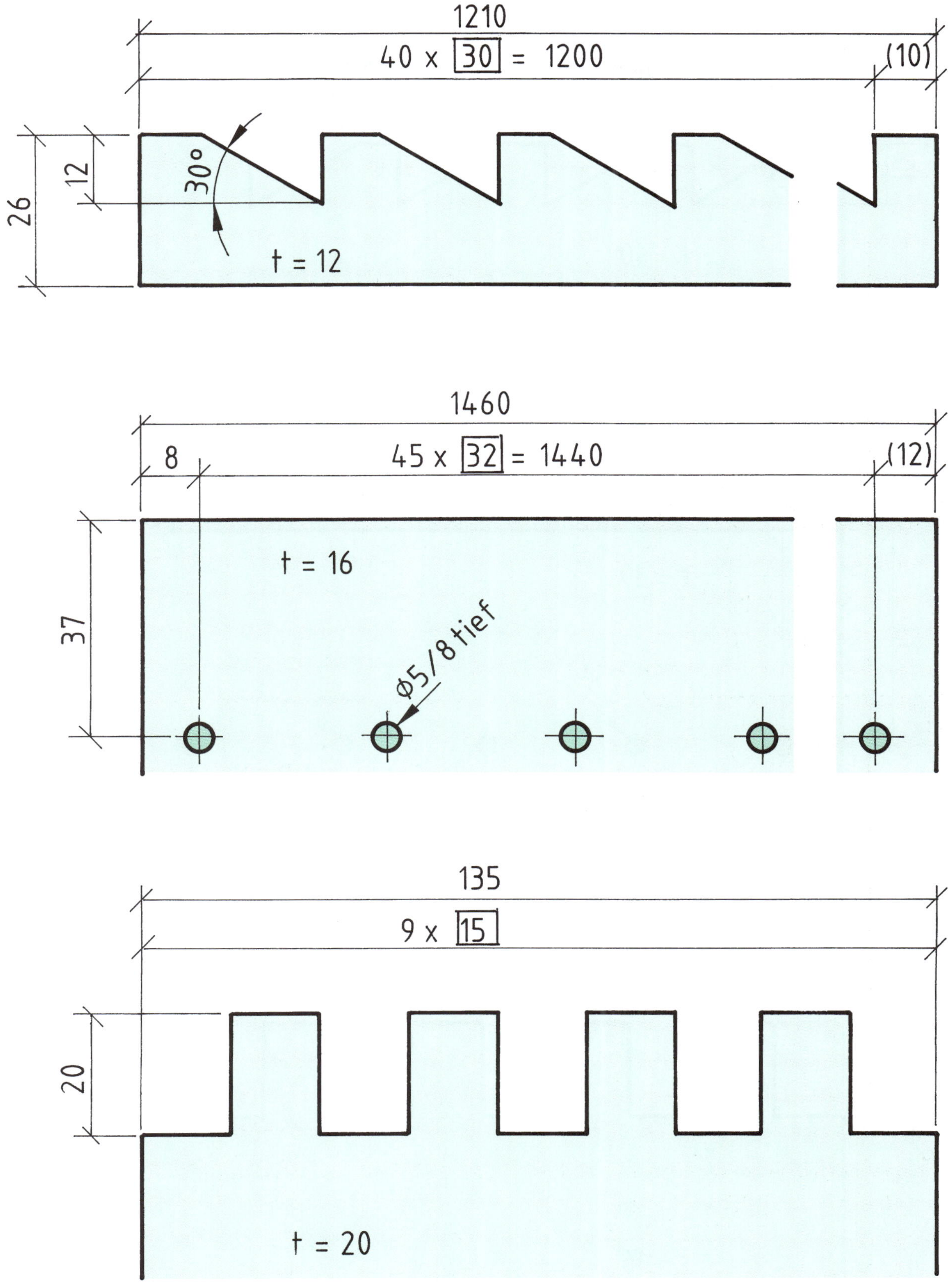

Aufgabe 5.10–1: Teilungen und steigende Bemaßung

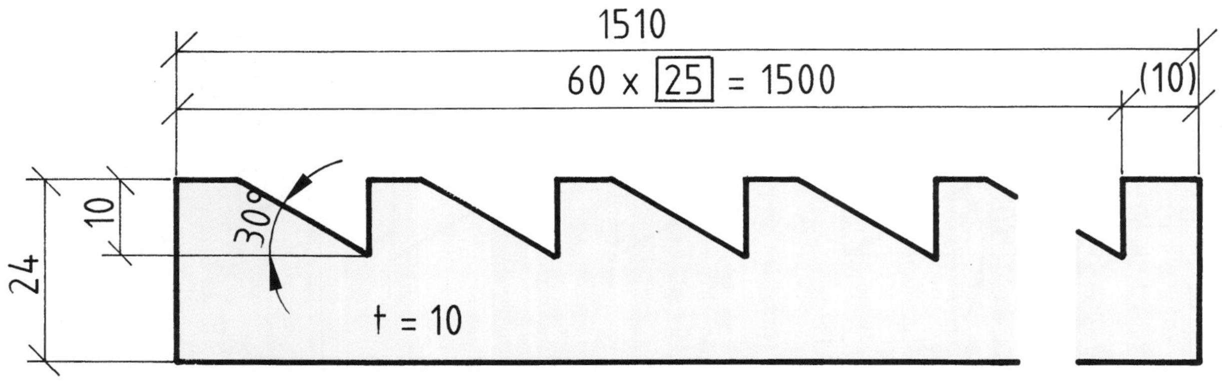

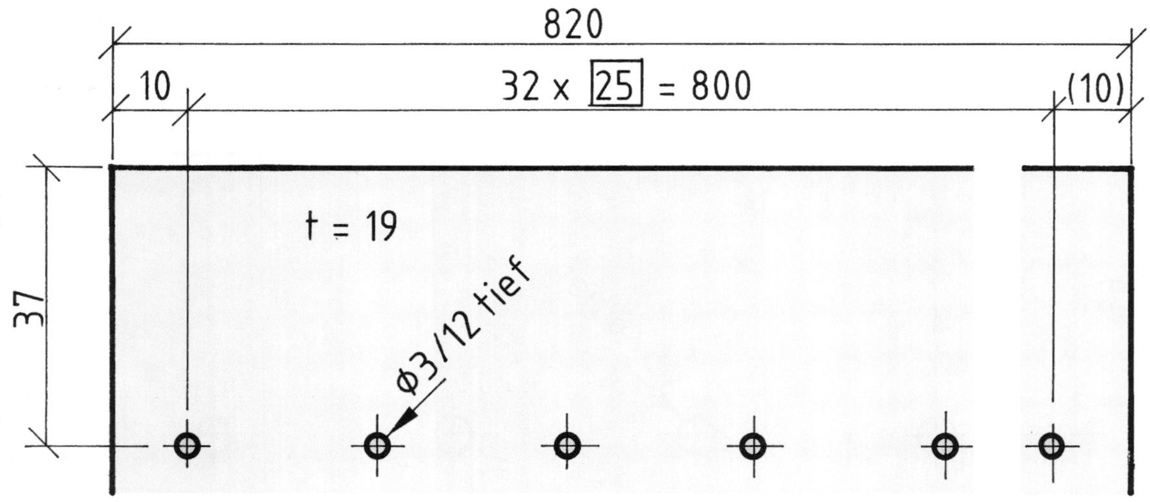

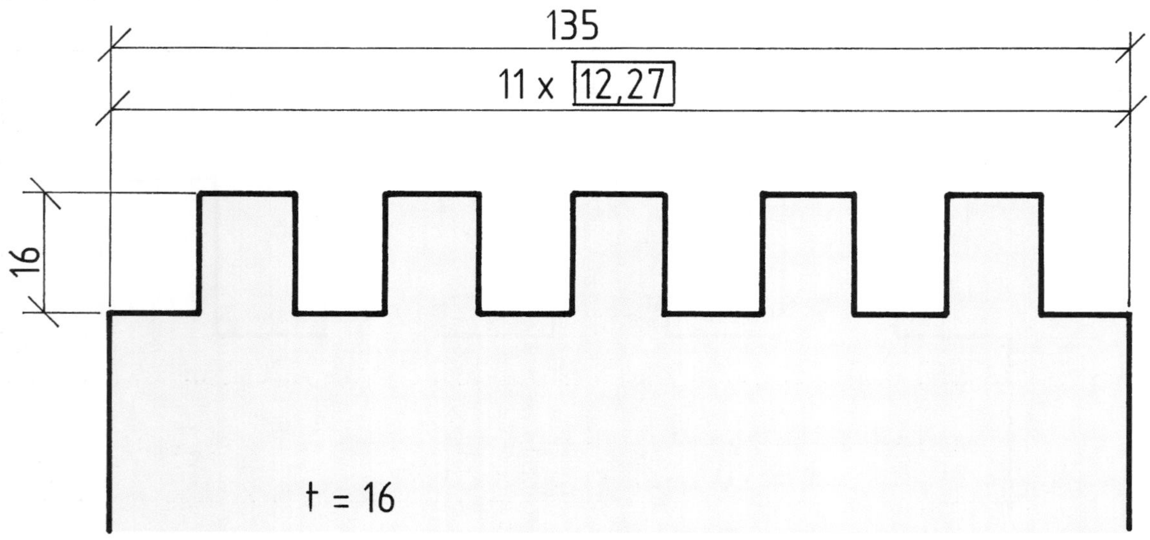

Alternativaufgabe 5.10–2: Teilungen und steigende Bemaßung

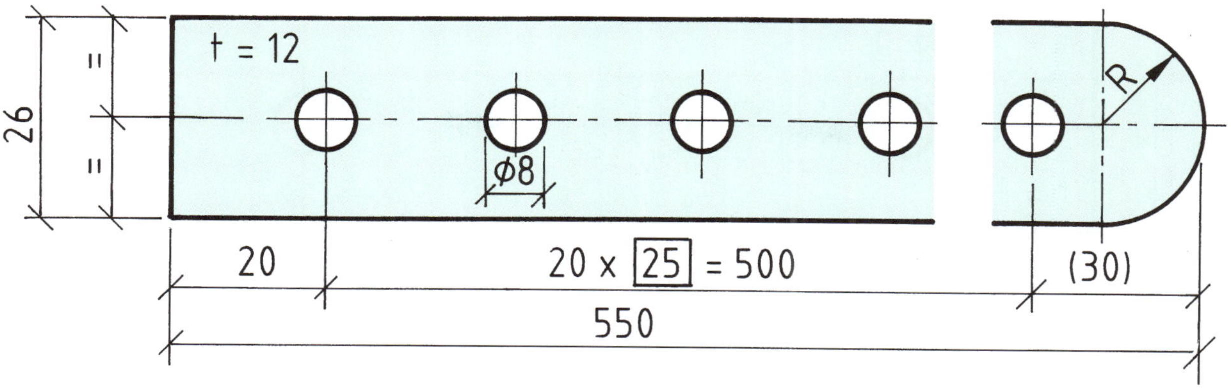

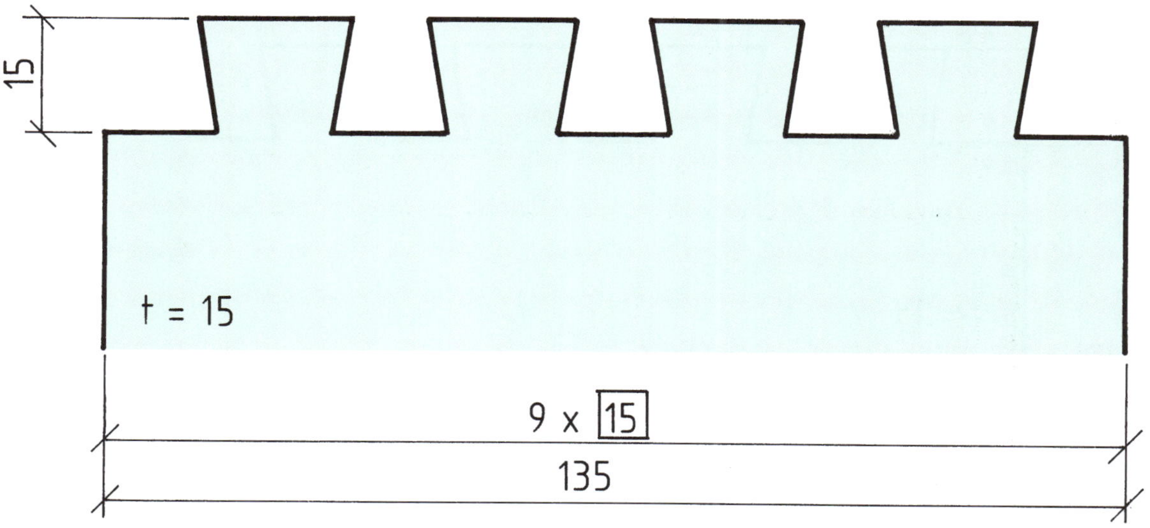

Maßstab 1 : 5

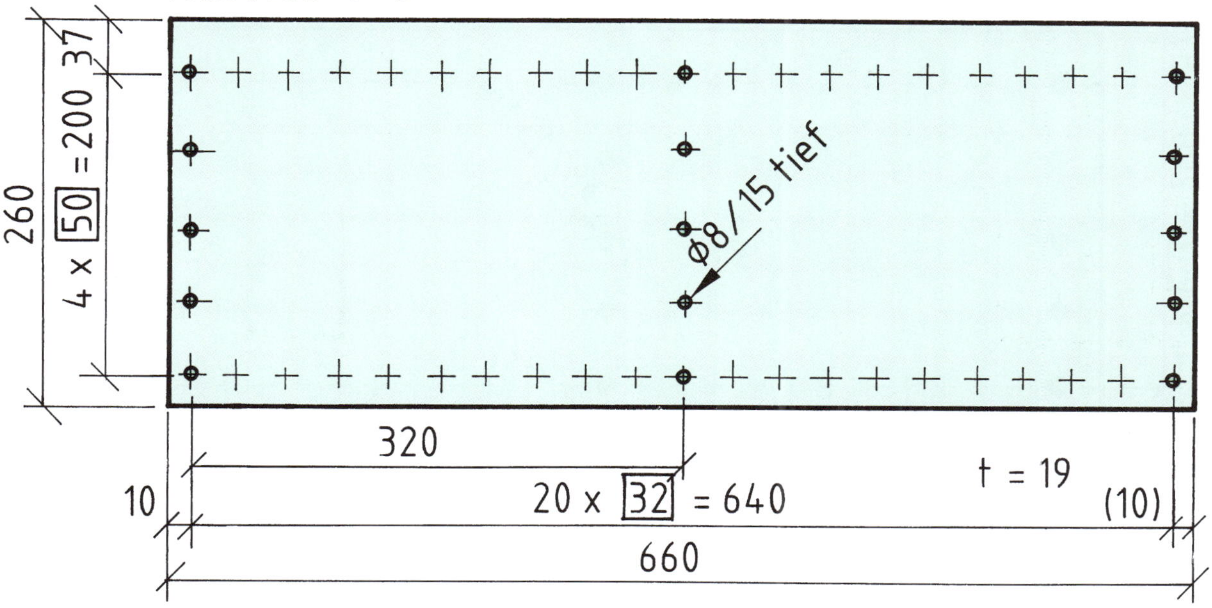

Aufgabe 5.10–3: Teilungen und steigende Bemaßung

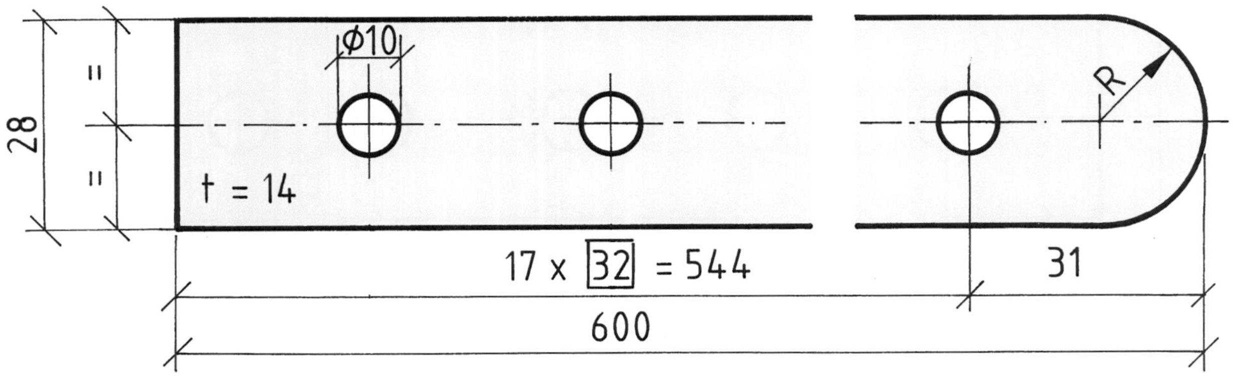

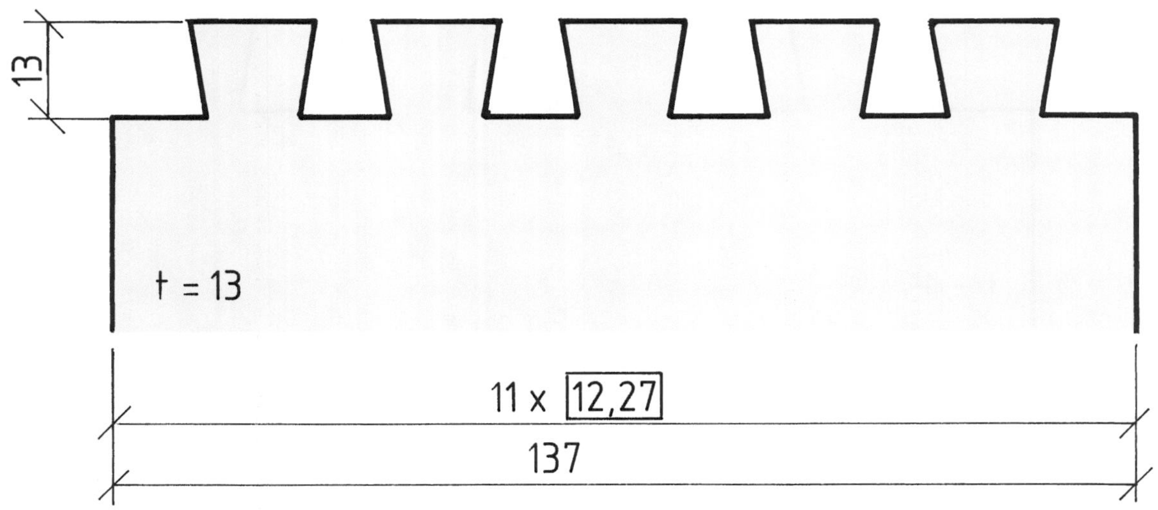

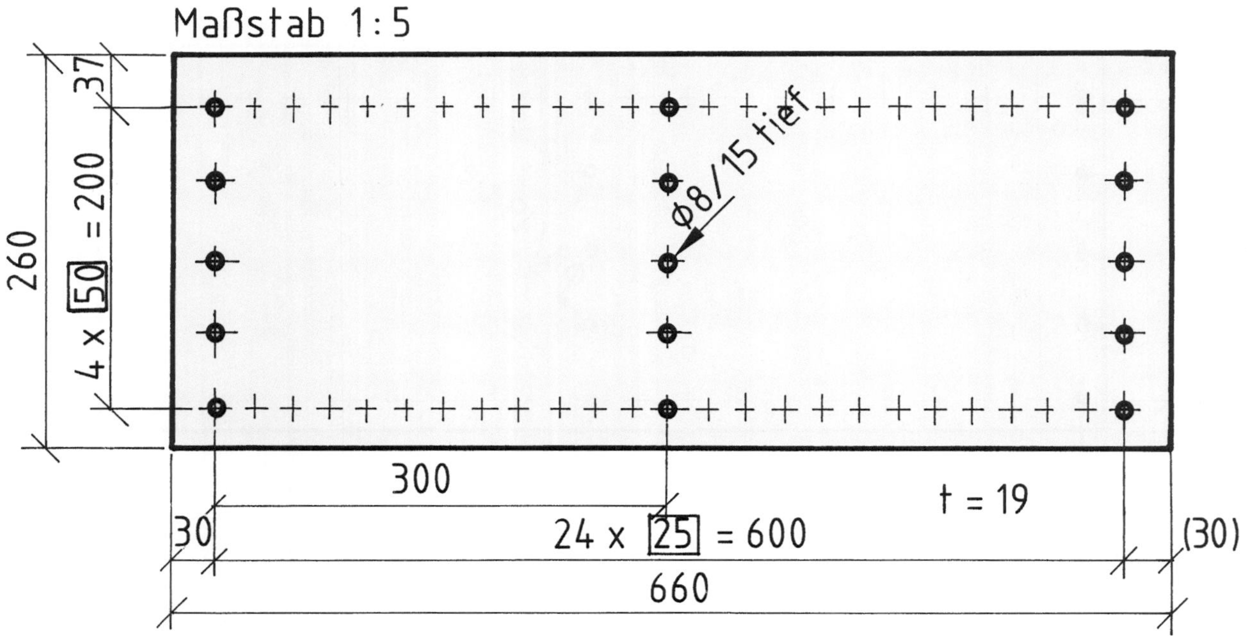

Alternativaufgabe 5.10–4: Teilungen und steigende Bemaßung

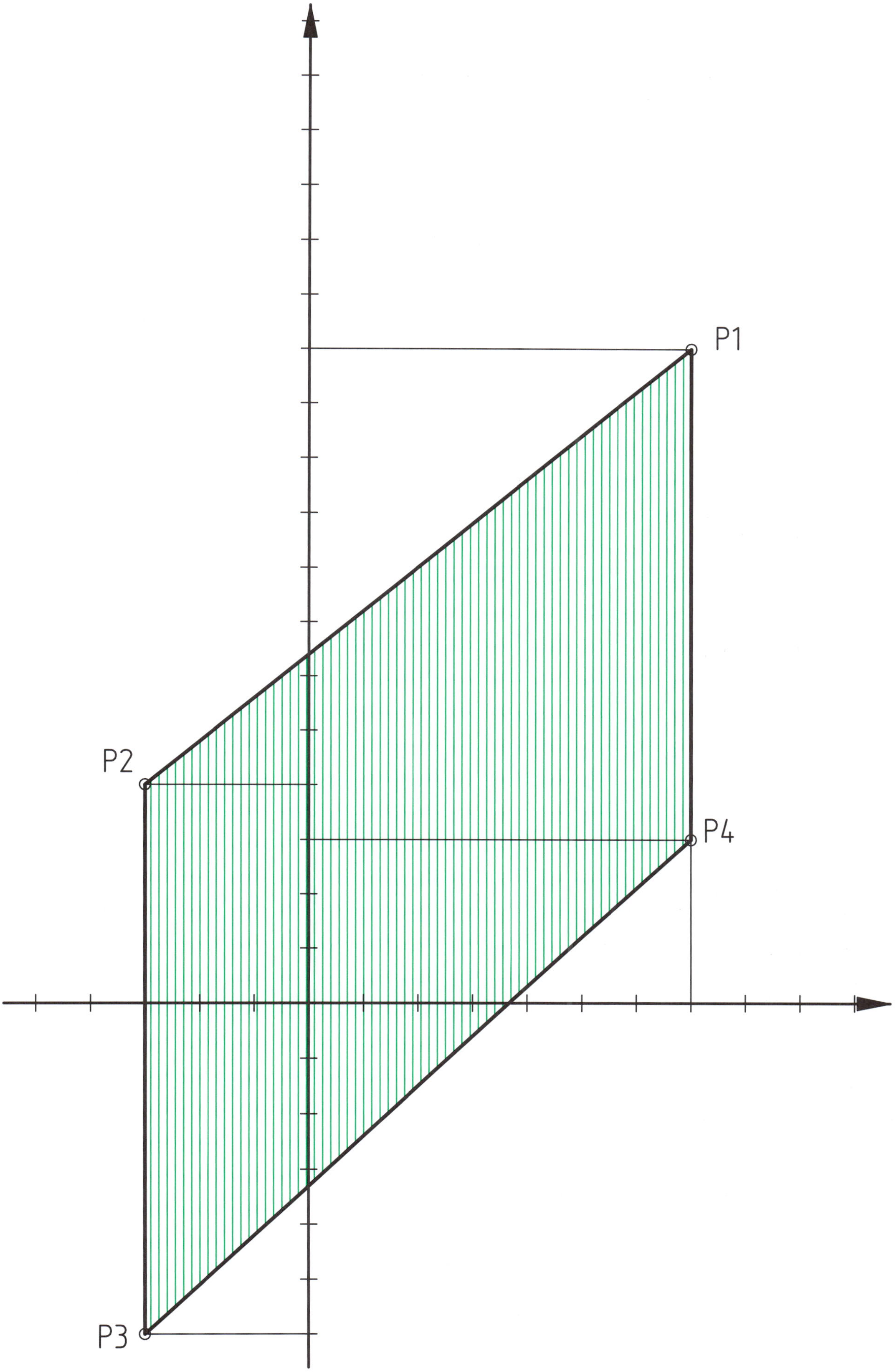

Aufgabe 5.12-1: Koordinatensystem in der Ebene

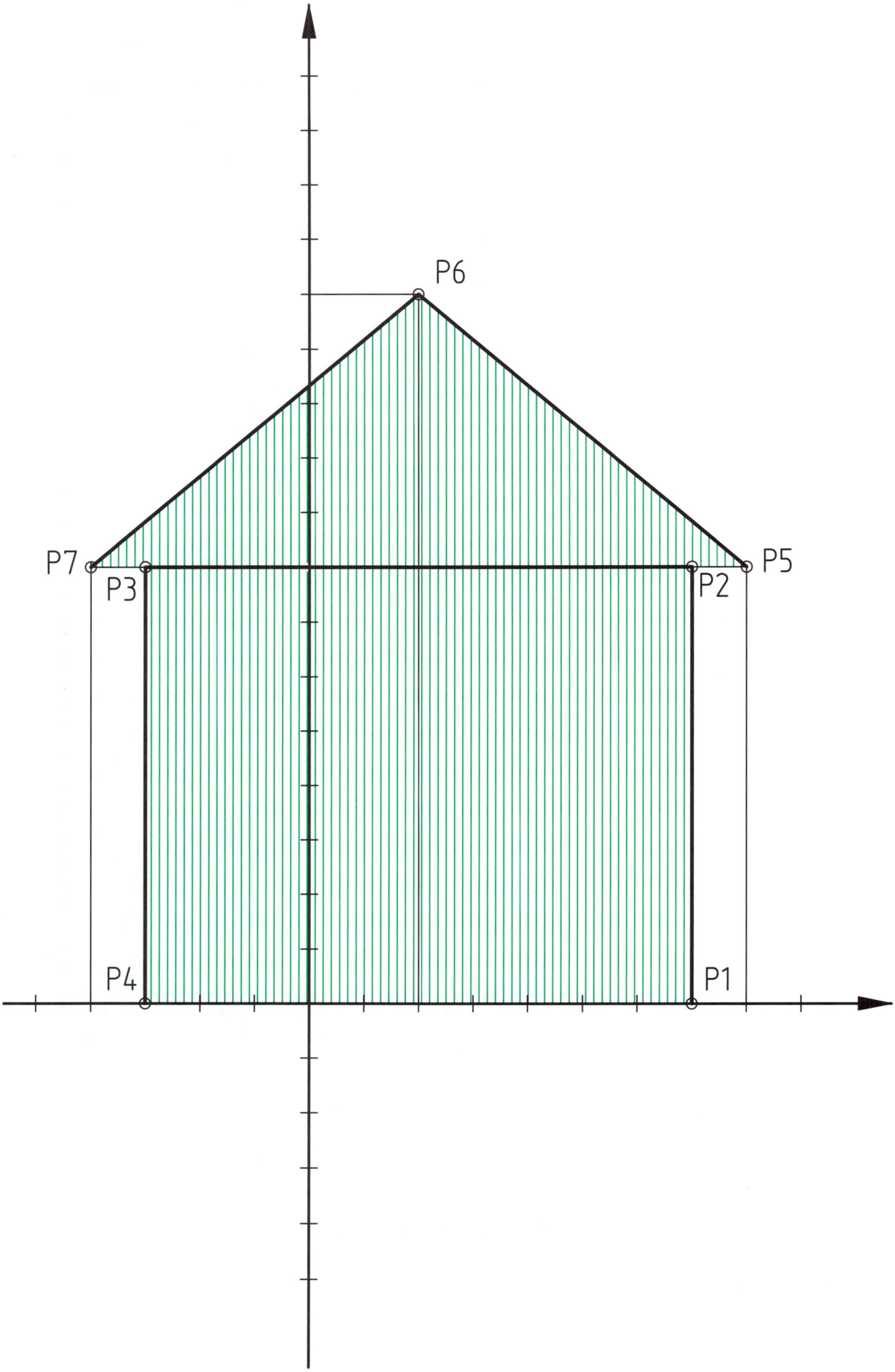

Aufgabe 5.12–2: Koordinatensystem in der Ebene

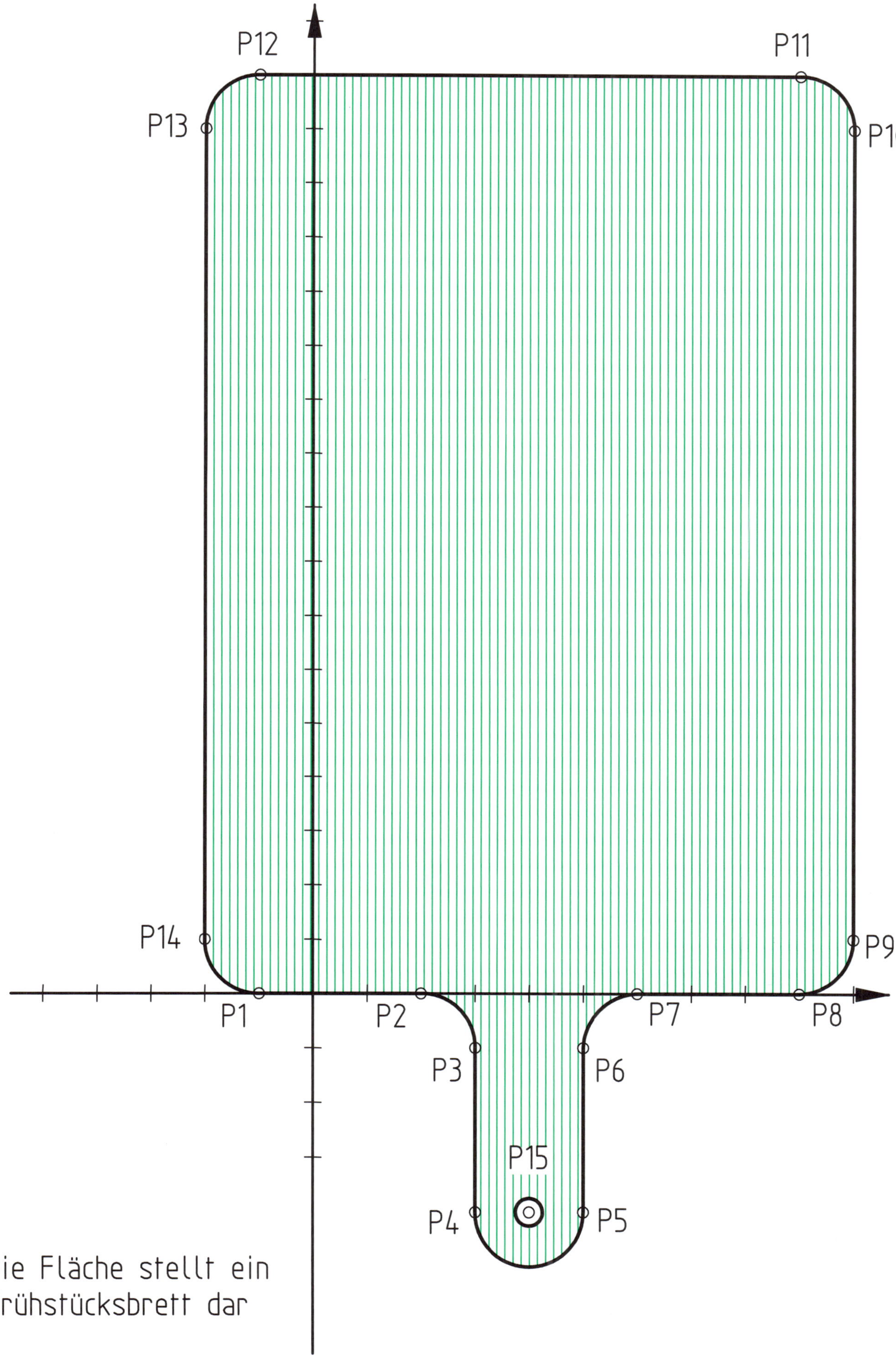

Die Fläche stellt ein Frühstücksbrett dar

Aufgabe 5.12-3: Koordinatensystem in der Ebene

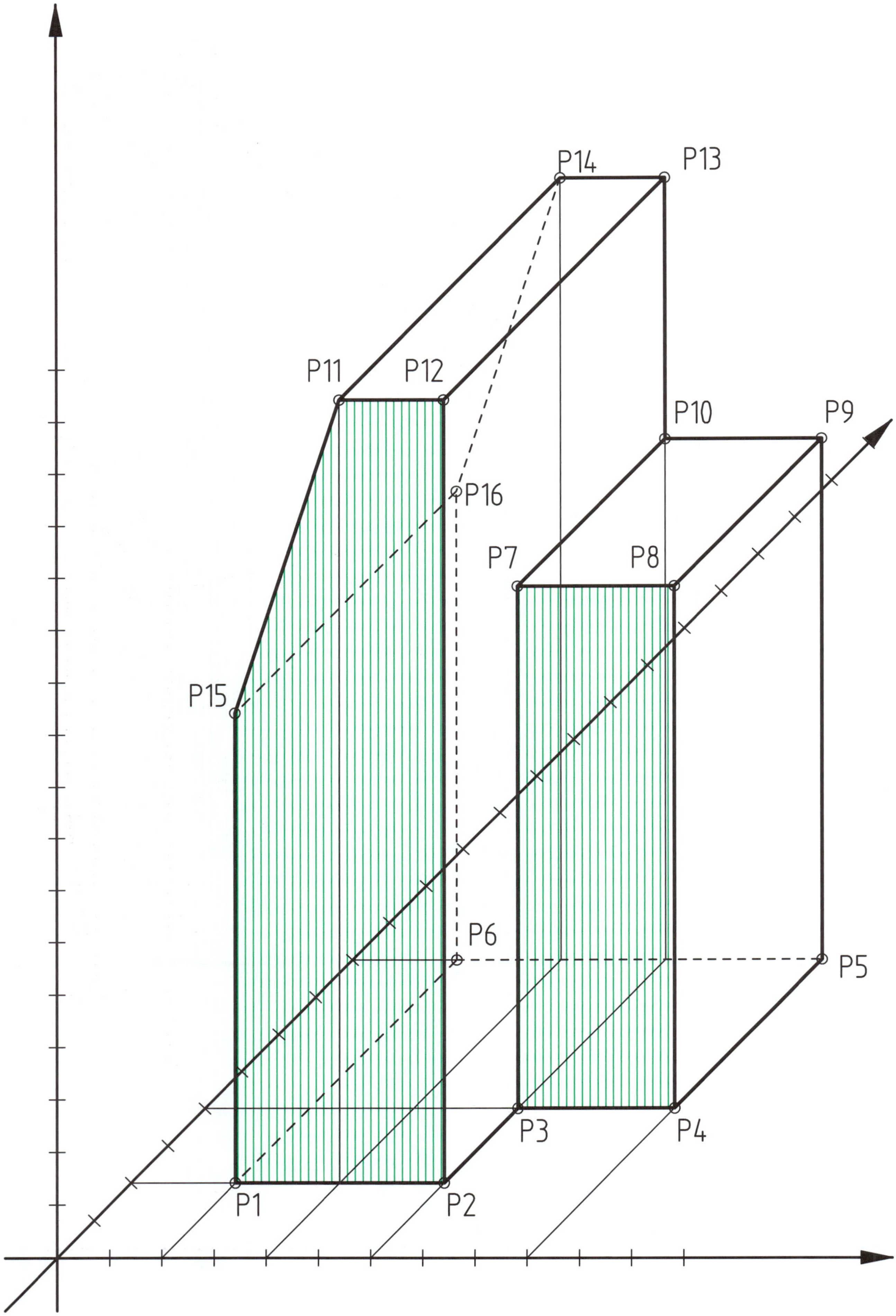

Aufgabe 5.12-4: Koordinatensystem im Raum

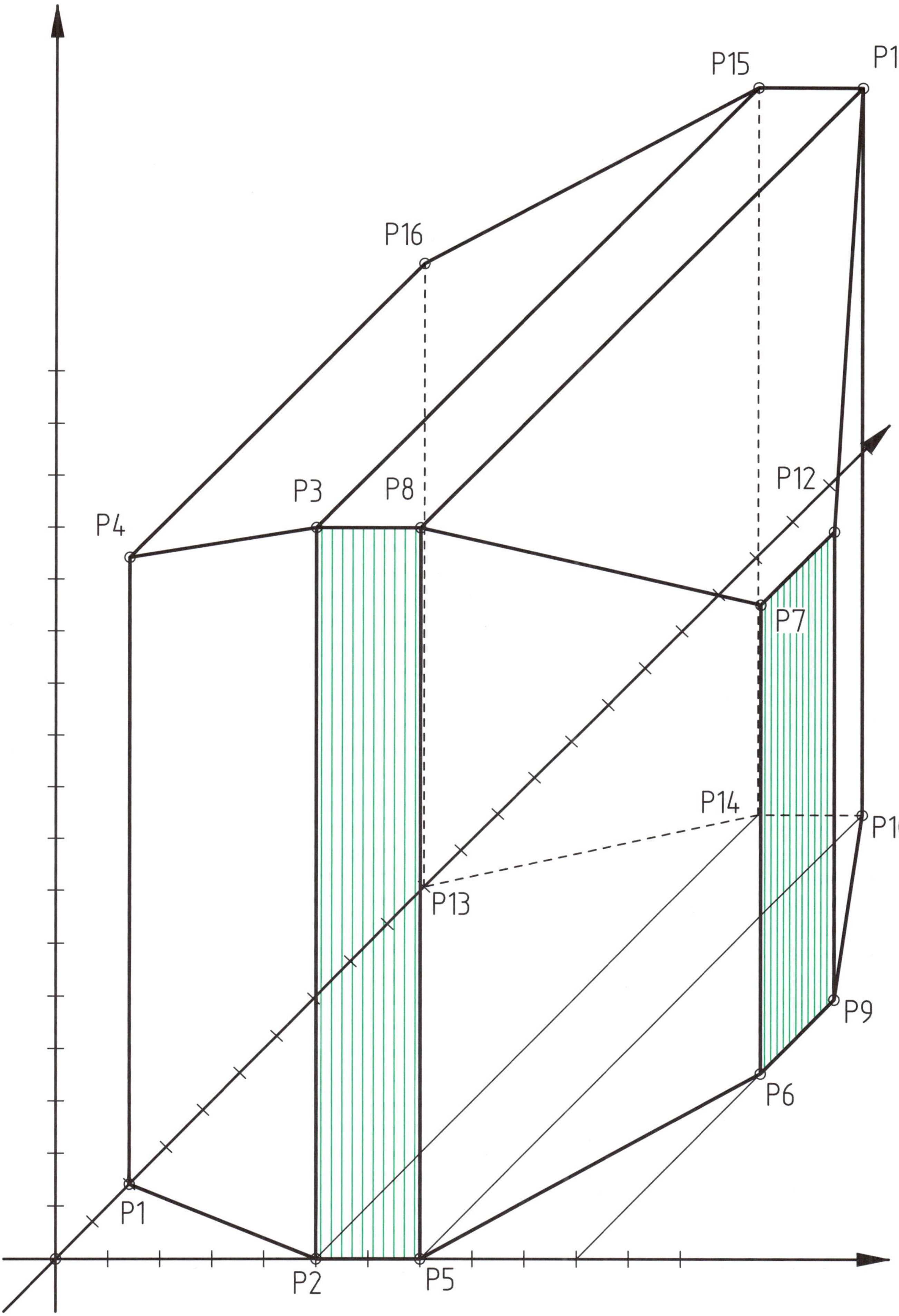

Aufgabe 5.12-5: Koordinatensystem im Raum

Zuschnittdiagramme im Maßstab 1 : 20

Platte: P2 16 – 3000 x 1720 mm

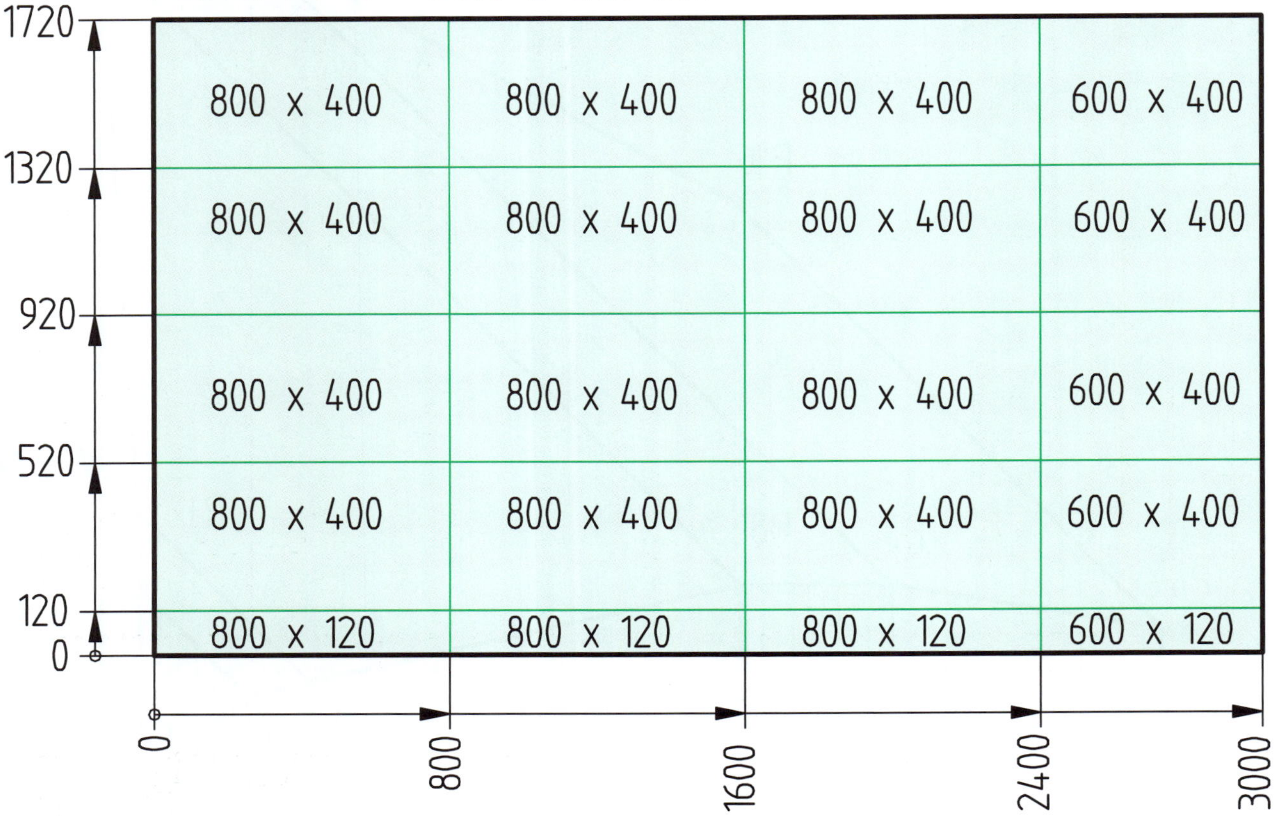

Platte: P2 19 – 3000 x 1720 mm

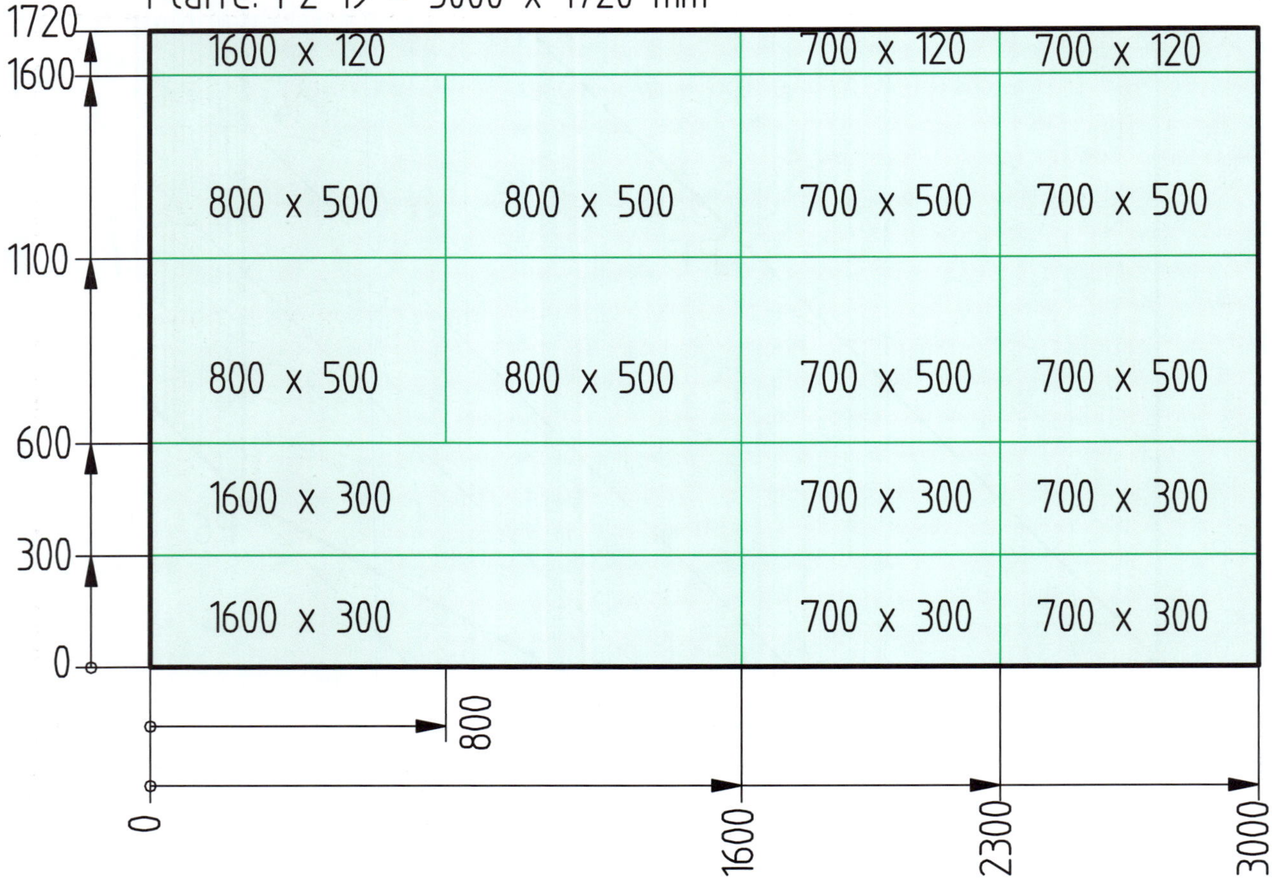

Aufgabe 5.12–6: Teilungen und steigende Bemaßung

Zuschnittdiagramme im Maßstab 1 : 20

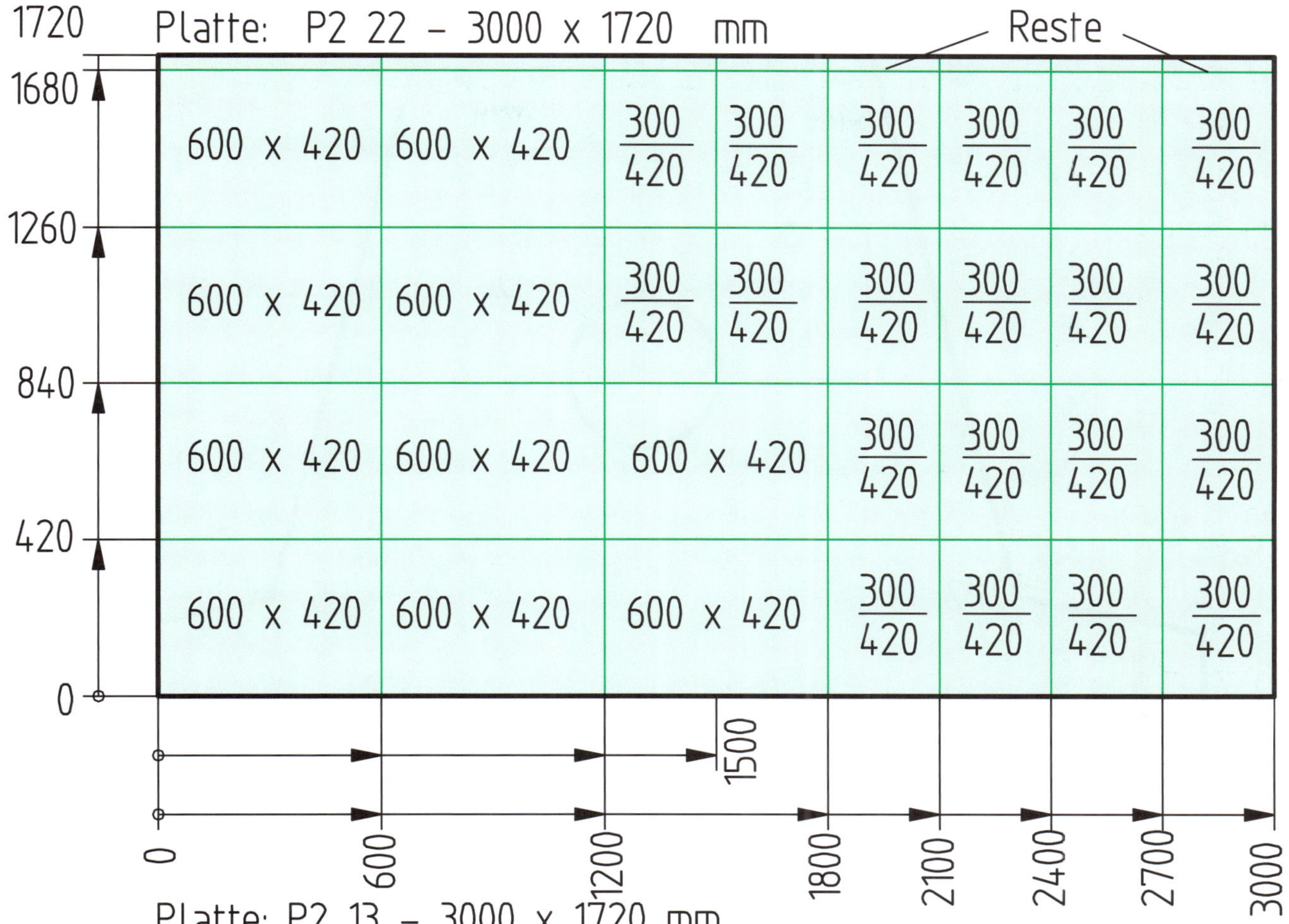

Platte: P2 13 – 3000 x 1720 mm

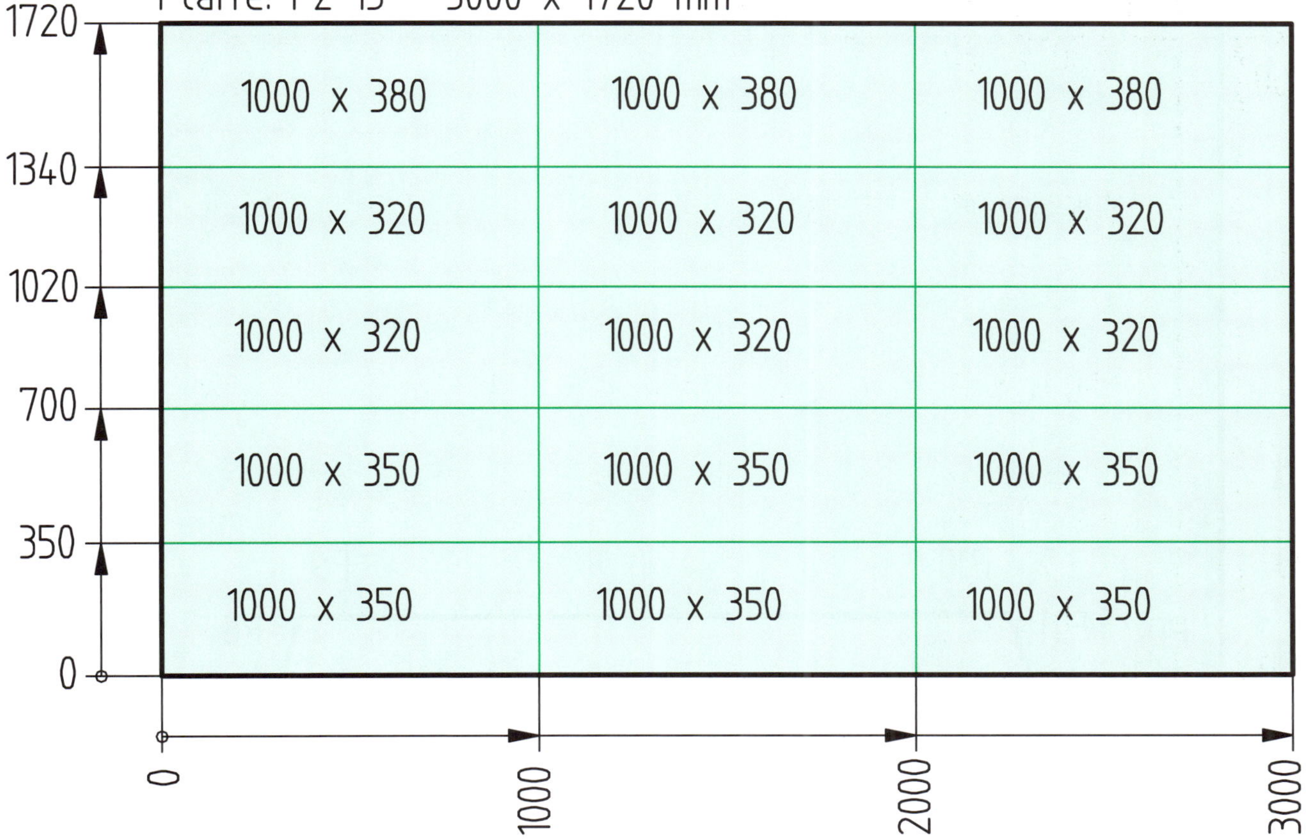

Alternativaufgabe 5.12–7: Teilungen und steigende Bemaßung

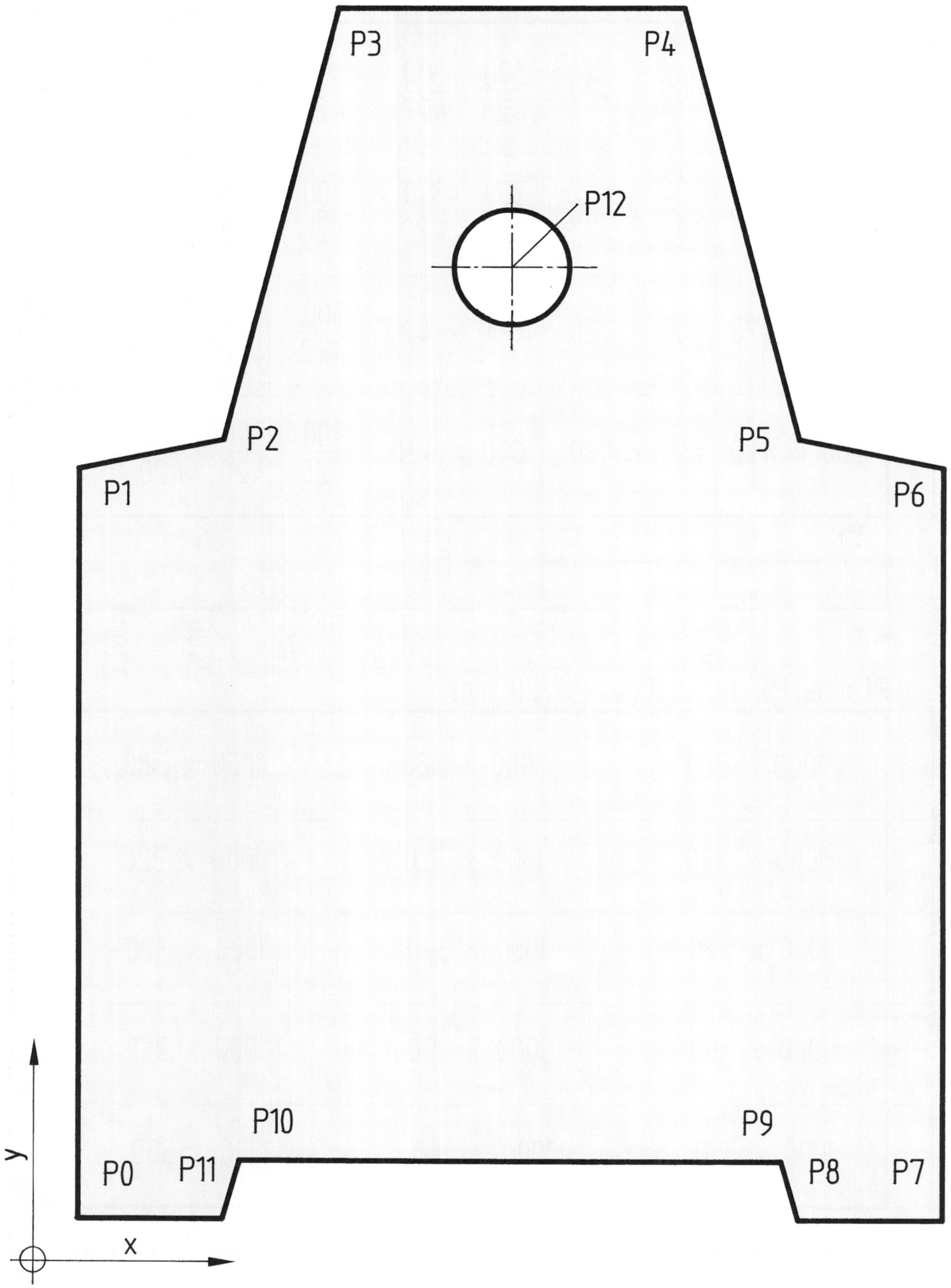

Aufgabe 5.12–8: Fräsbild für CNC-Oberfräse

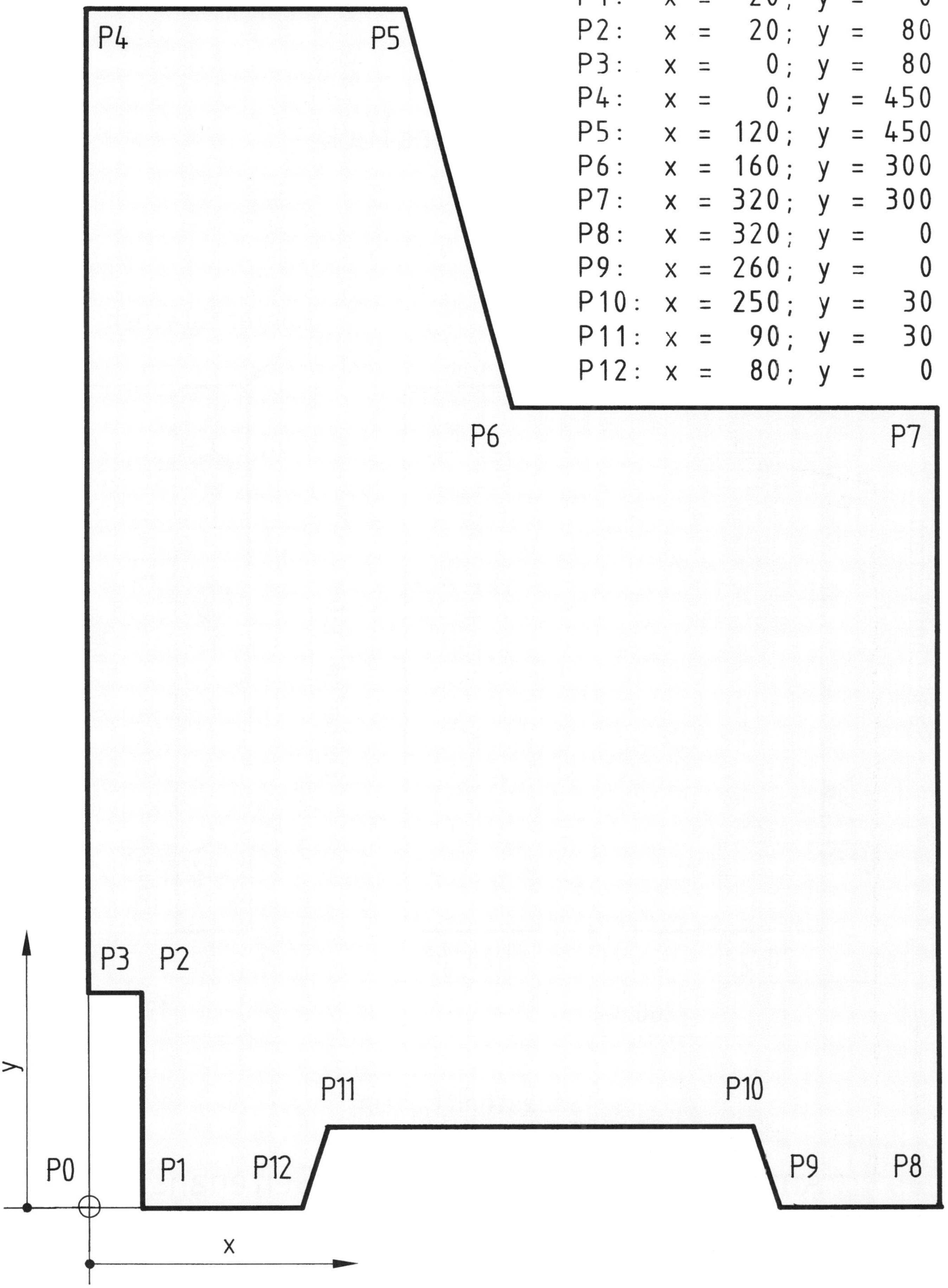

P1:	x = 20;	y =	0
P2:	x = 20;	y =	80
P3:	x = 0;	y =	80
P4:	x = 0;	y =	450
P5:	x = 120;	y =	450
P6:	x = 160;	y =	300
P7:	x = 320;	y =	300
P8:	x = 320;	y =	0
P9:	x = 260;	y =	0
P10:	x = 250;	y =	30
P11:	x = 90;	y =	30
P12:	x = 80;	y =	0

Aufgabe 5.12–9: Schrankseite, Maßstab 1 : 2

Vorderstück und Hinterstück

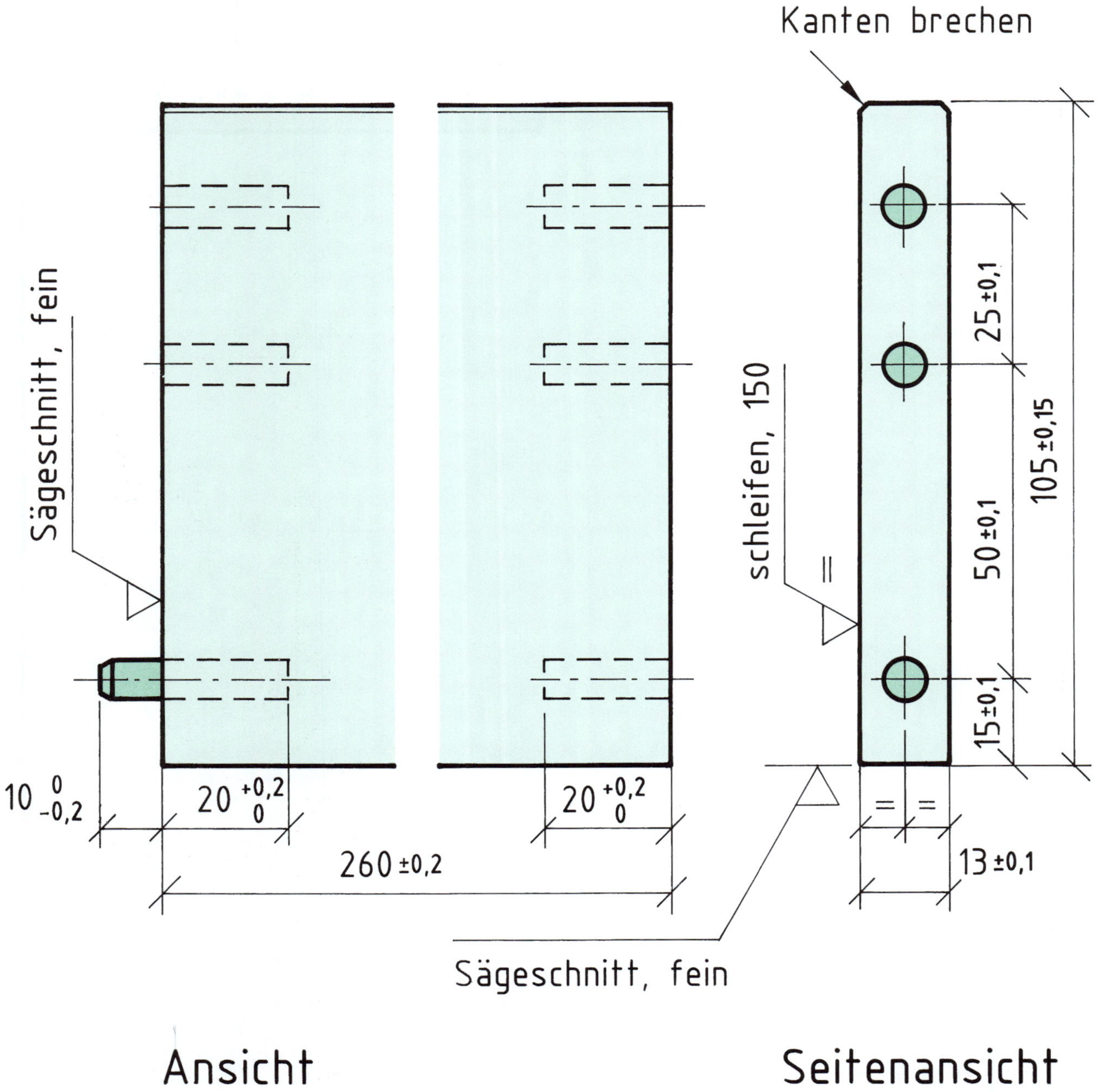

Aufgabe 5.14–1: Toleranzen und Passungen

Schubkastenseite, links und rechts

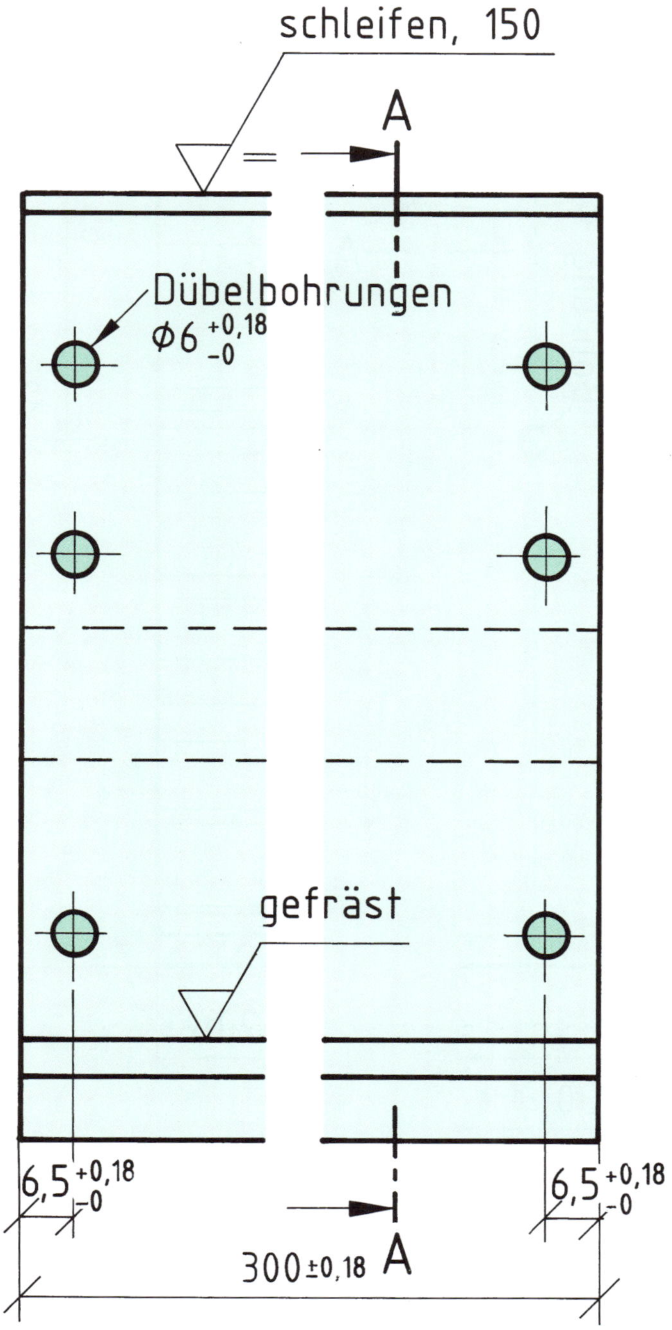

Innenansicht

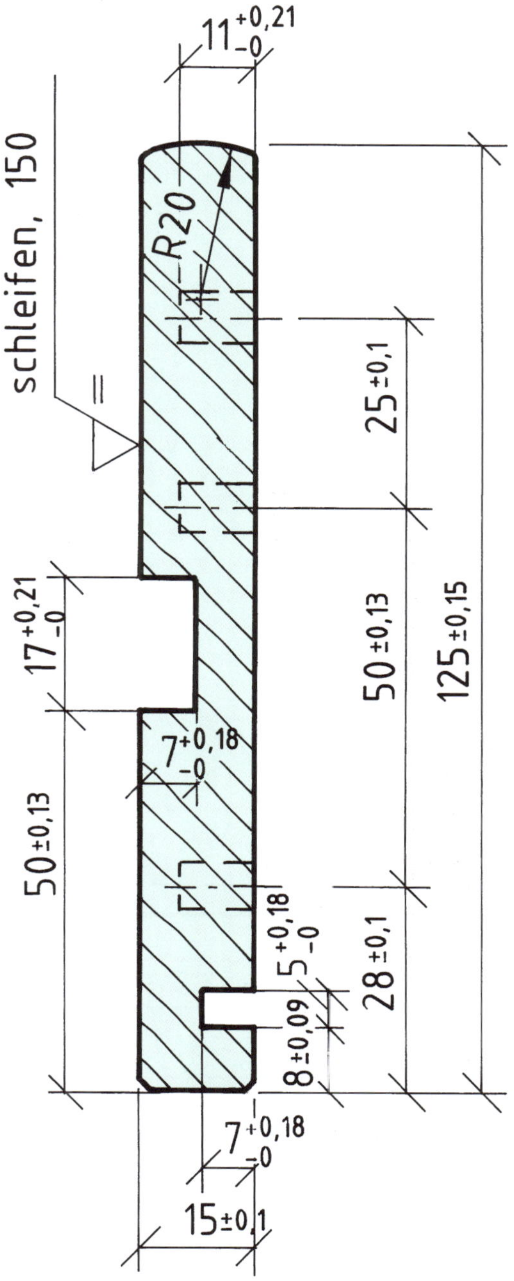

Schnitt A – A

Aufgabe 5.14–2: Toleranzen und Passungen

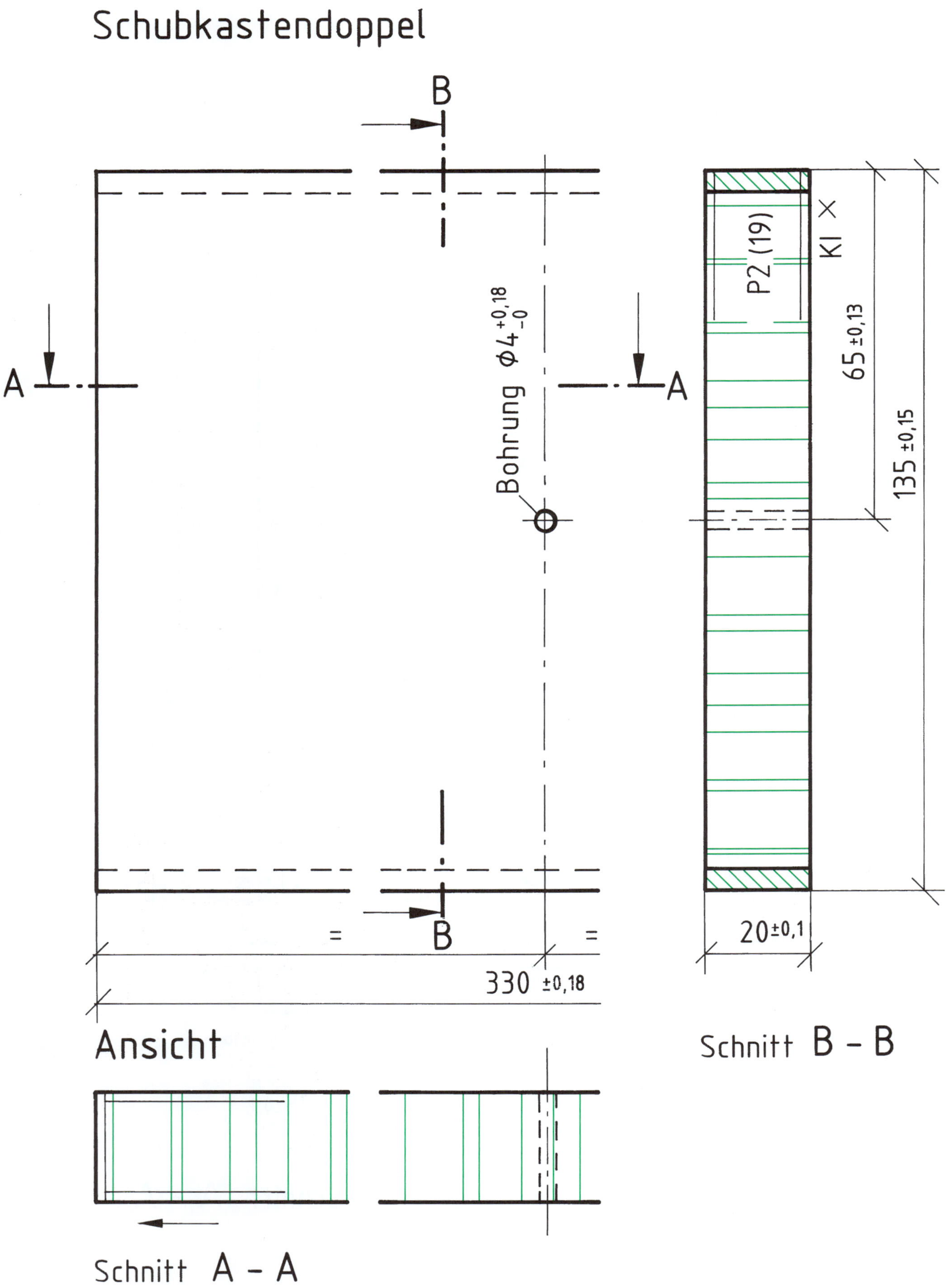

Aufgabe 5.14–3: Toleranzen und Passungen

Laufleisten

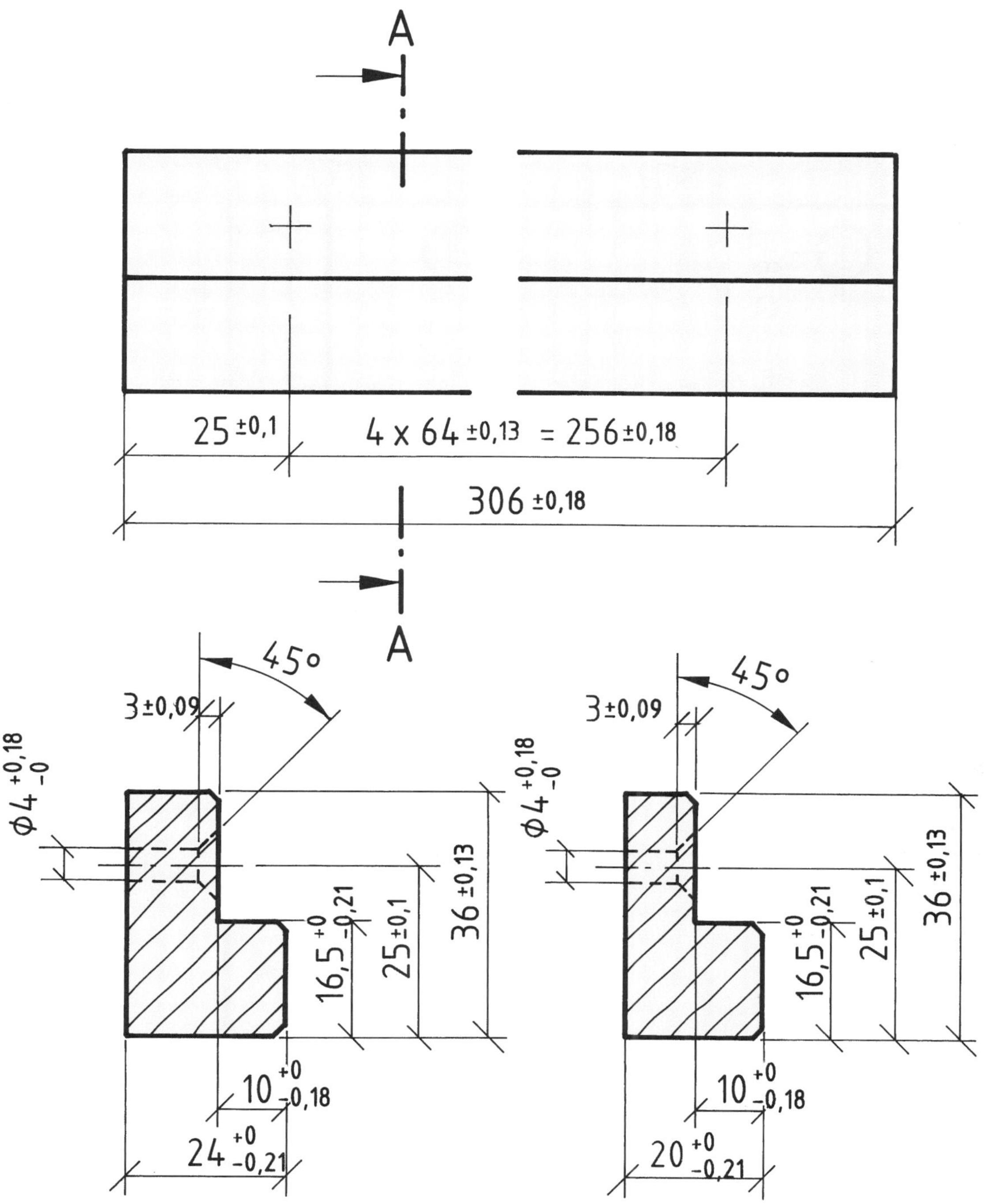

Profil Z

Profil Y

Schnitt A – A

Aufgabe 5.14–4: Toleranzen und Passungen

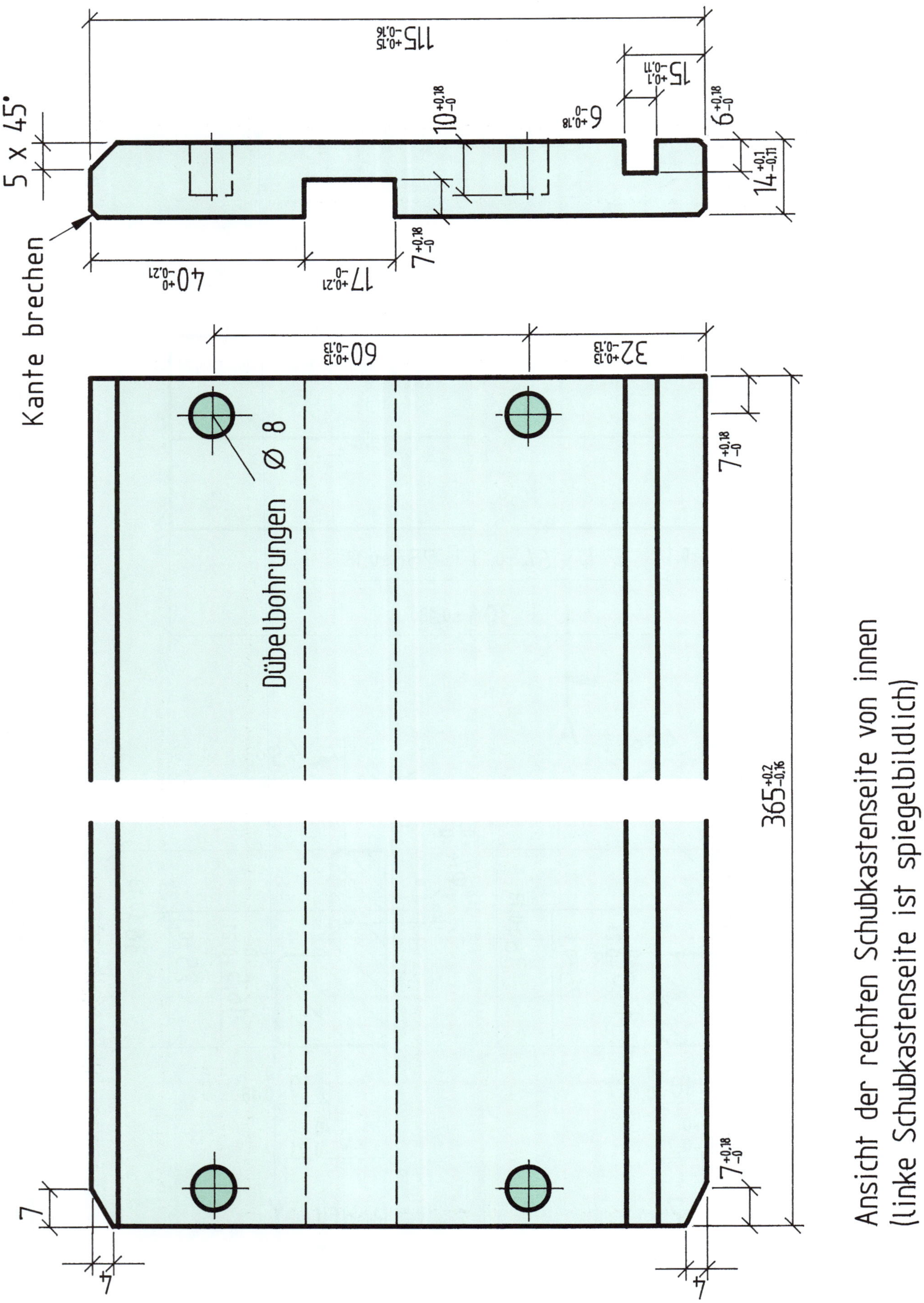

Aufgabe 5.14–5: Schubkasten – Teilzeichnung 1

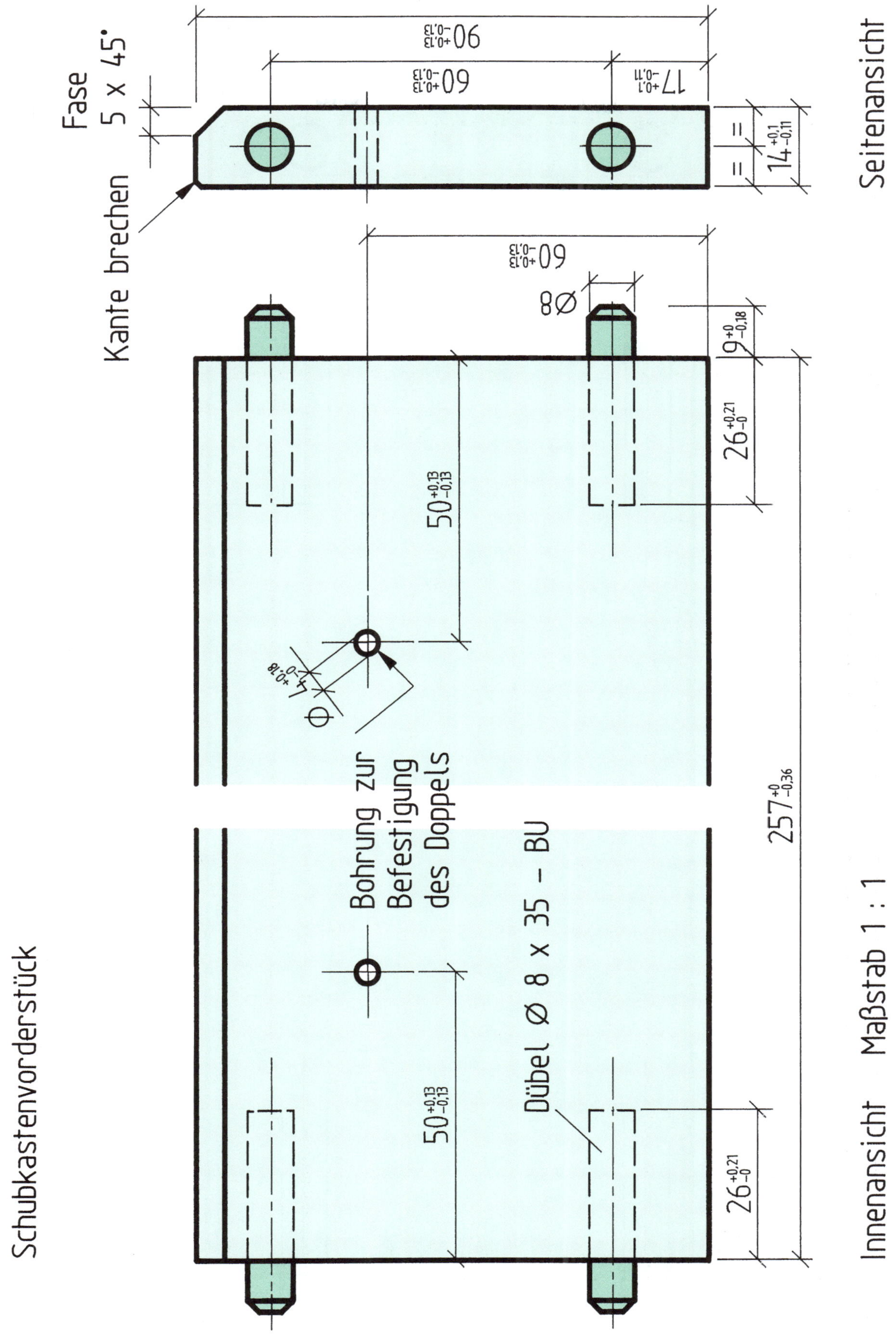

Aufgabe 5.14–5: Schubkasten – Teilzeichnung 2

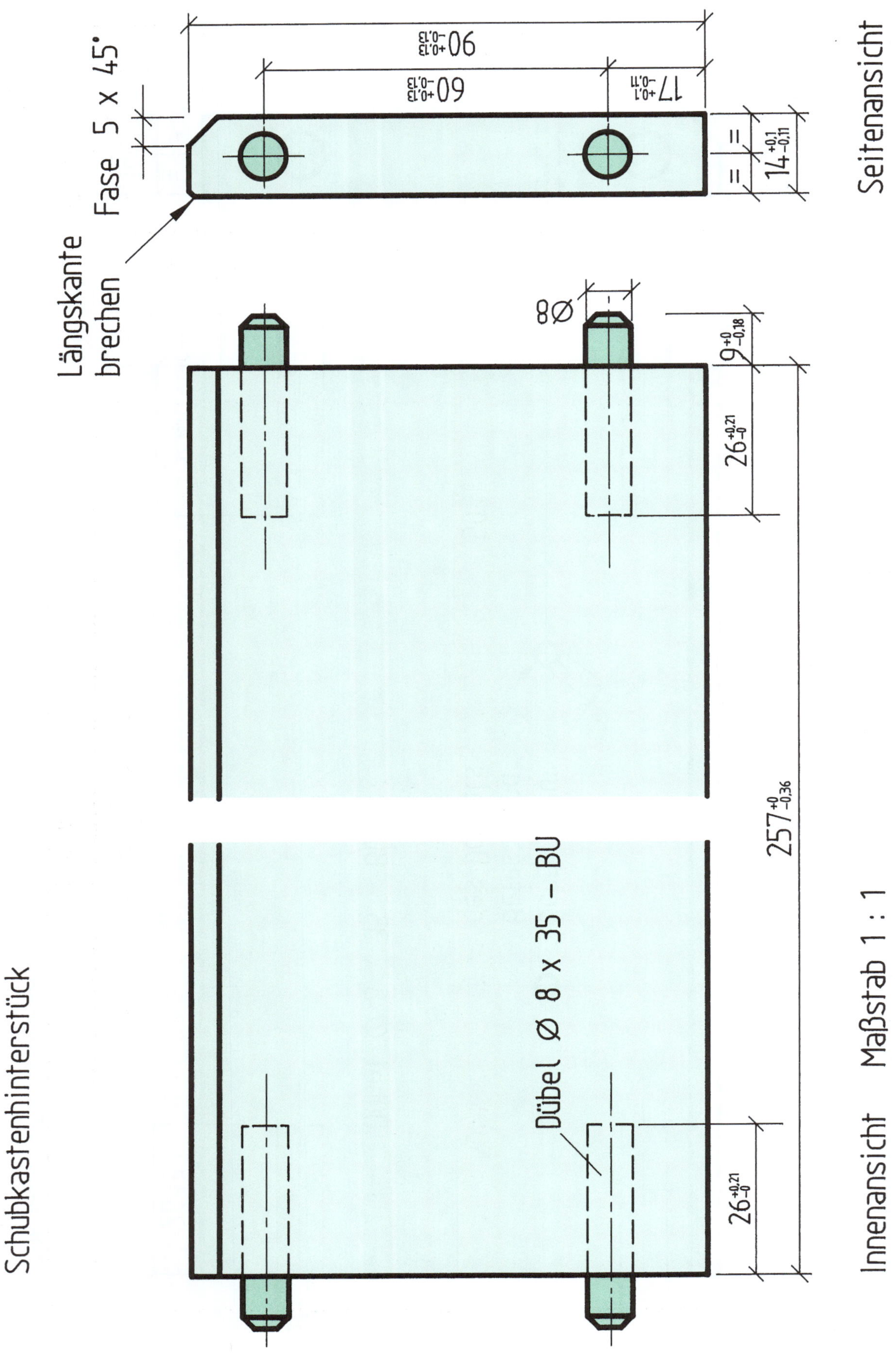

Aufgabe 5.14–5: Schubkasten – Teilzeichnung 3

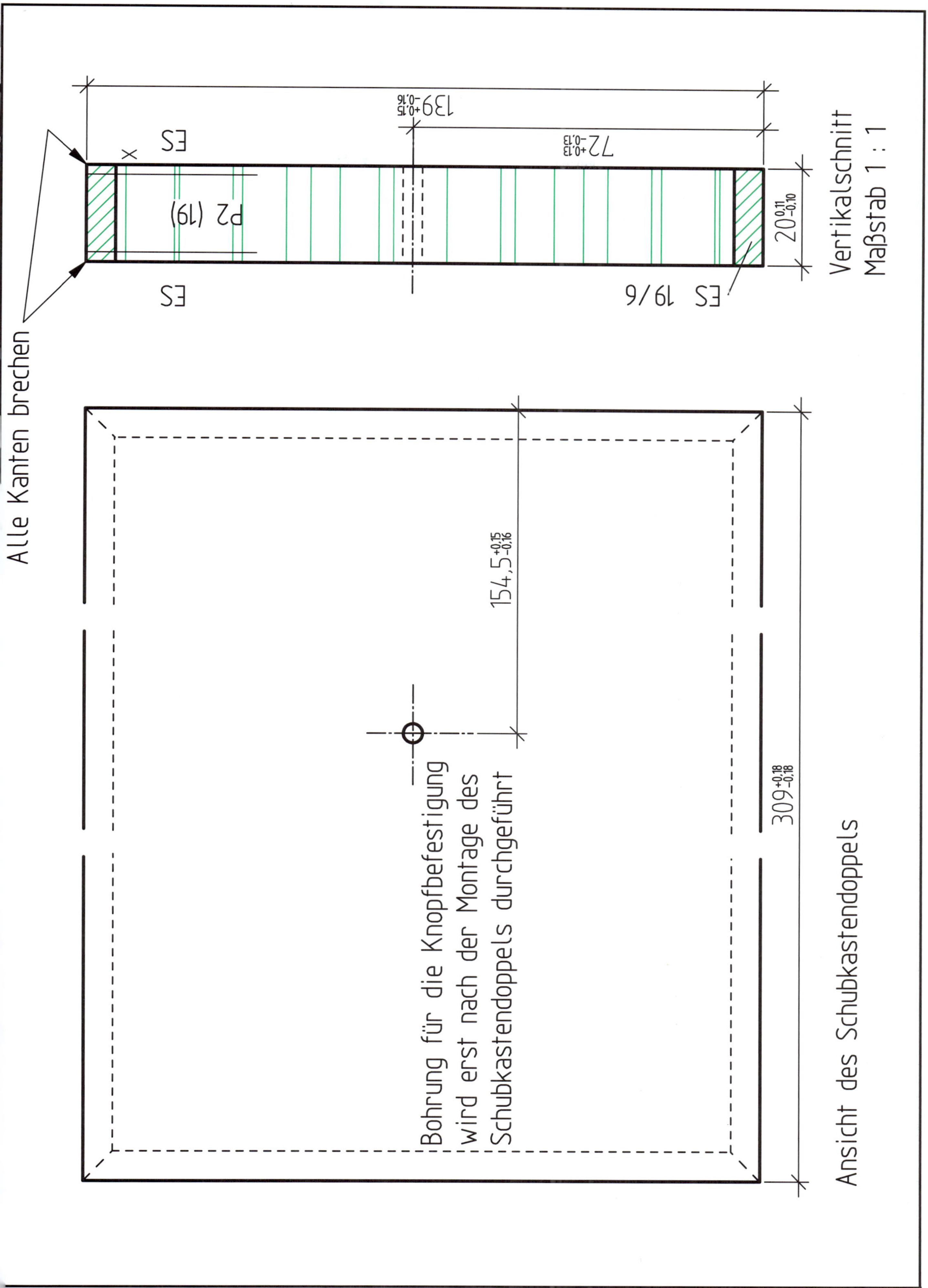

Aufgabe 5.14–5: Schubkasten – Teilzeichnung 4

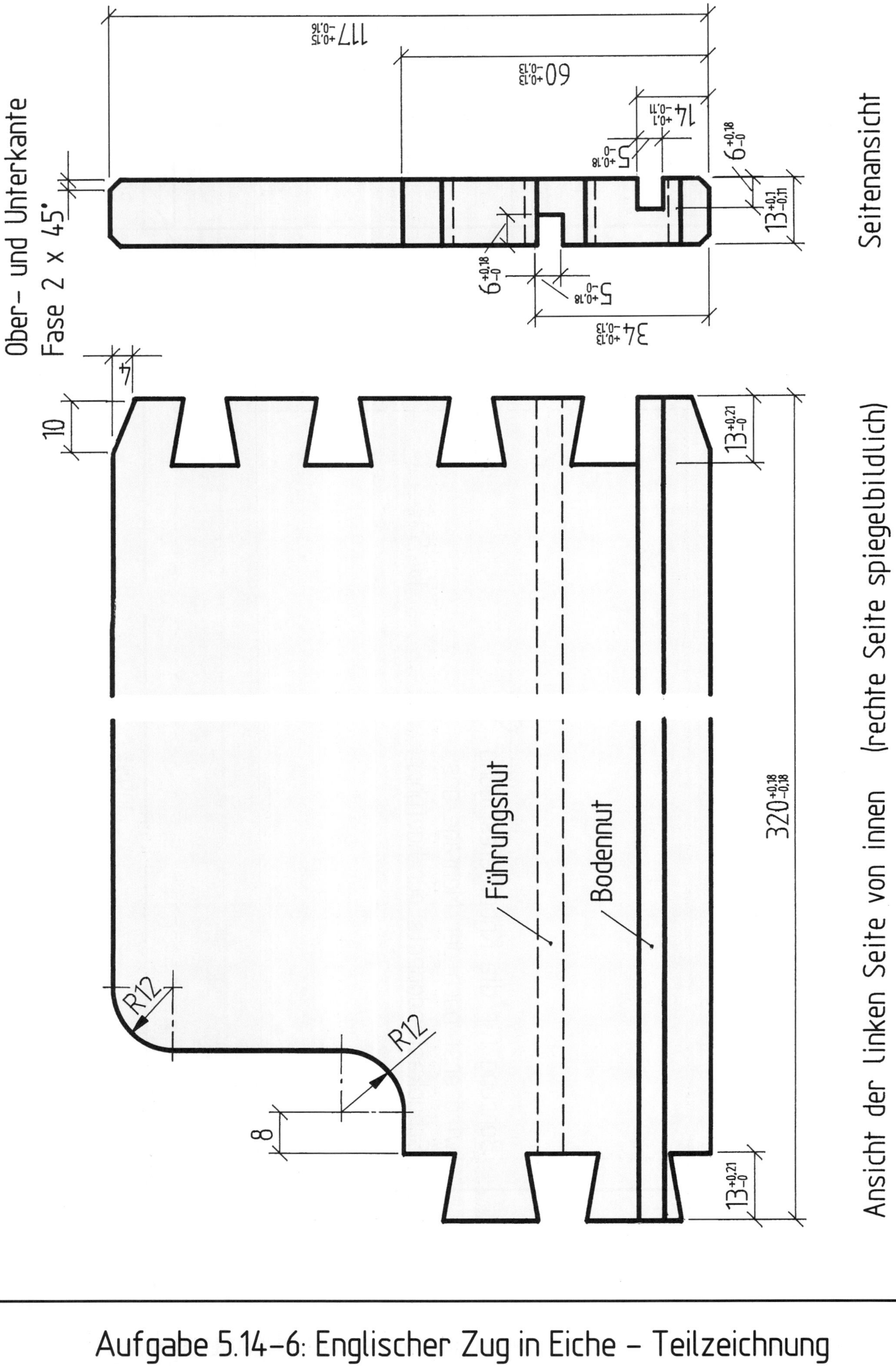

Aufgabe 5.14–6: Englischer Zug in Eiche – Teilzeichnung

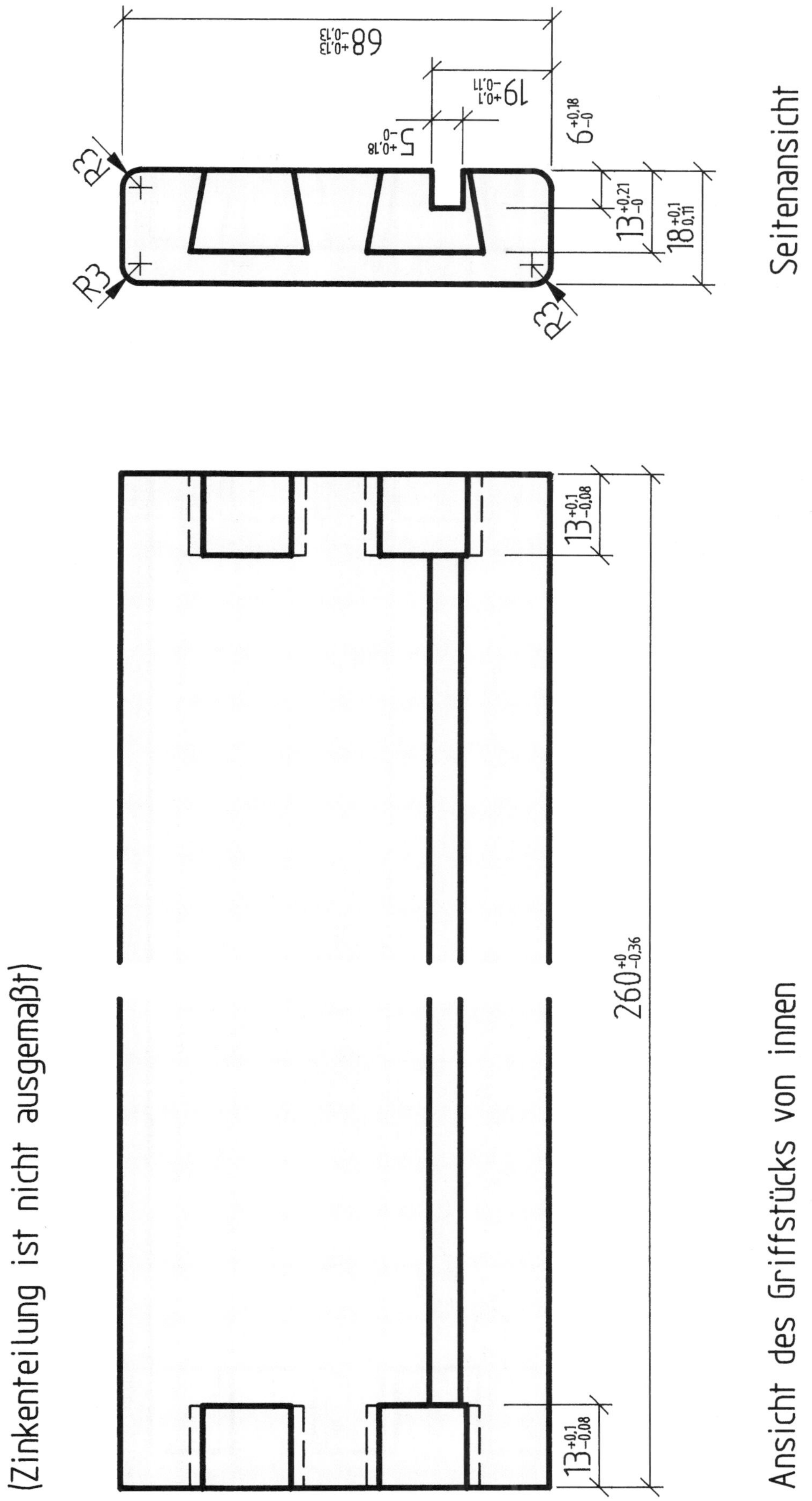

Aufgabe 5.14–6: Englischer Zug in Eiche – Teilzeichnung 2

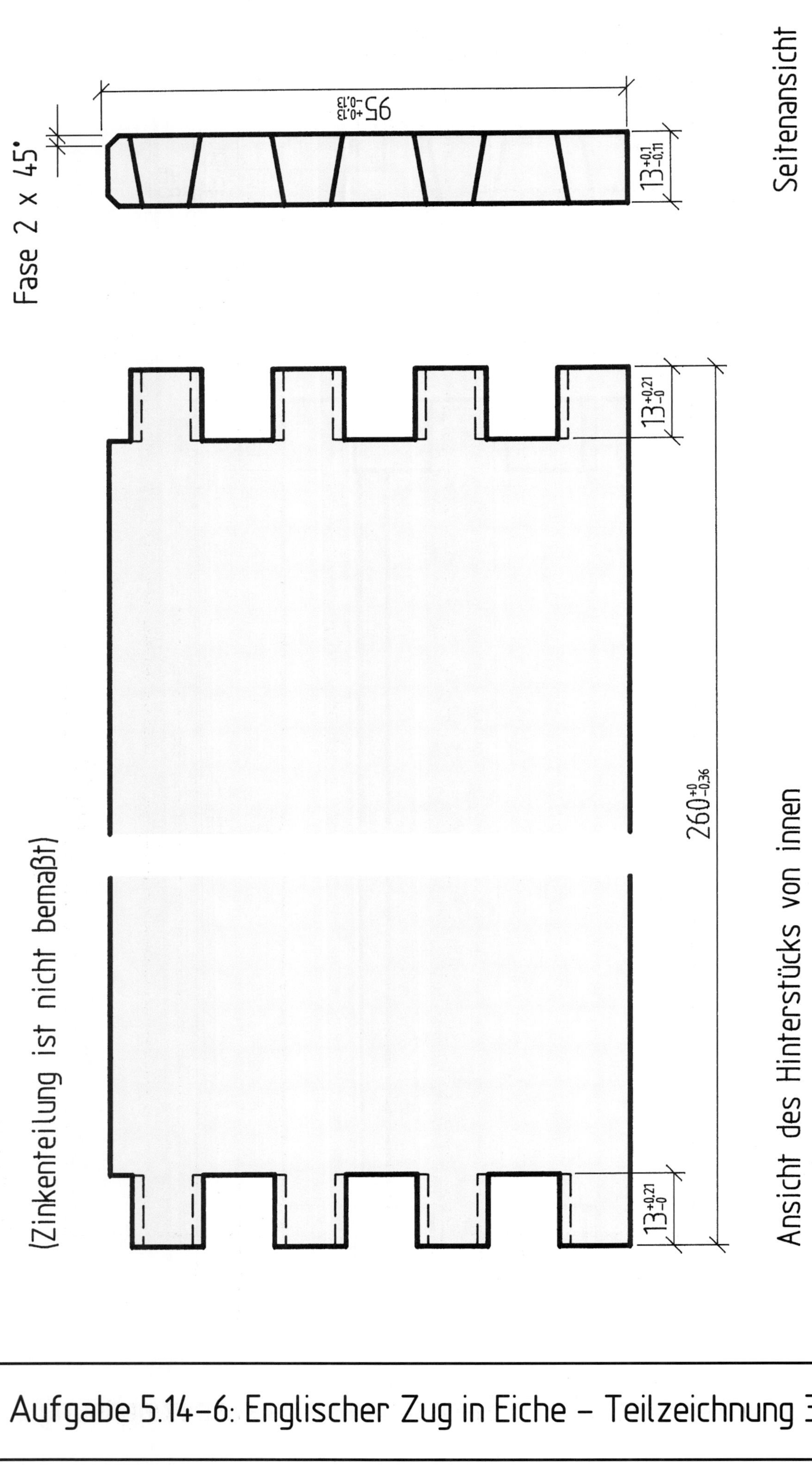

Aufgabe 5.14–6: Englischer Zug in Eiche – Teilzeichnung 3

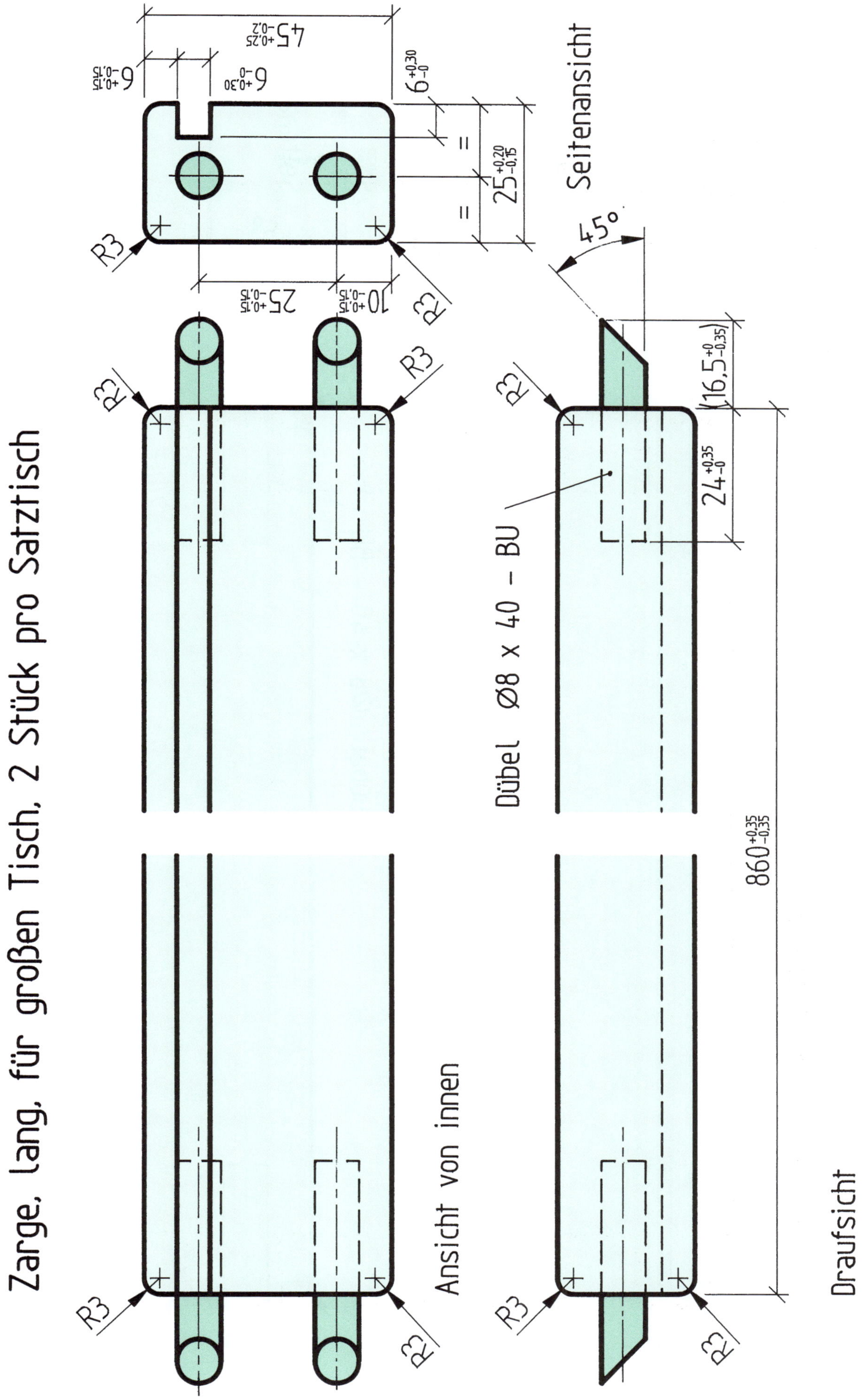

Aufgabe 5.14-7: Satztische – Teilzeichnung 1

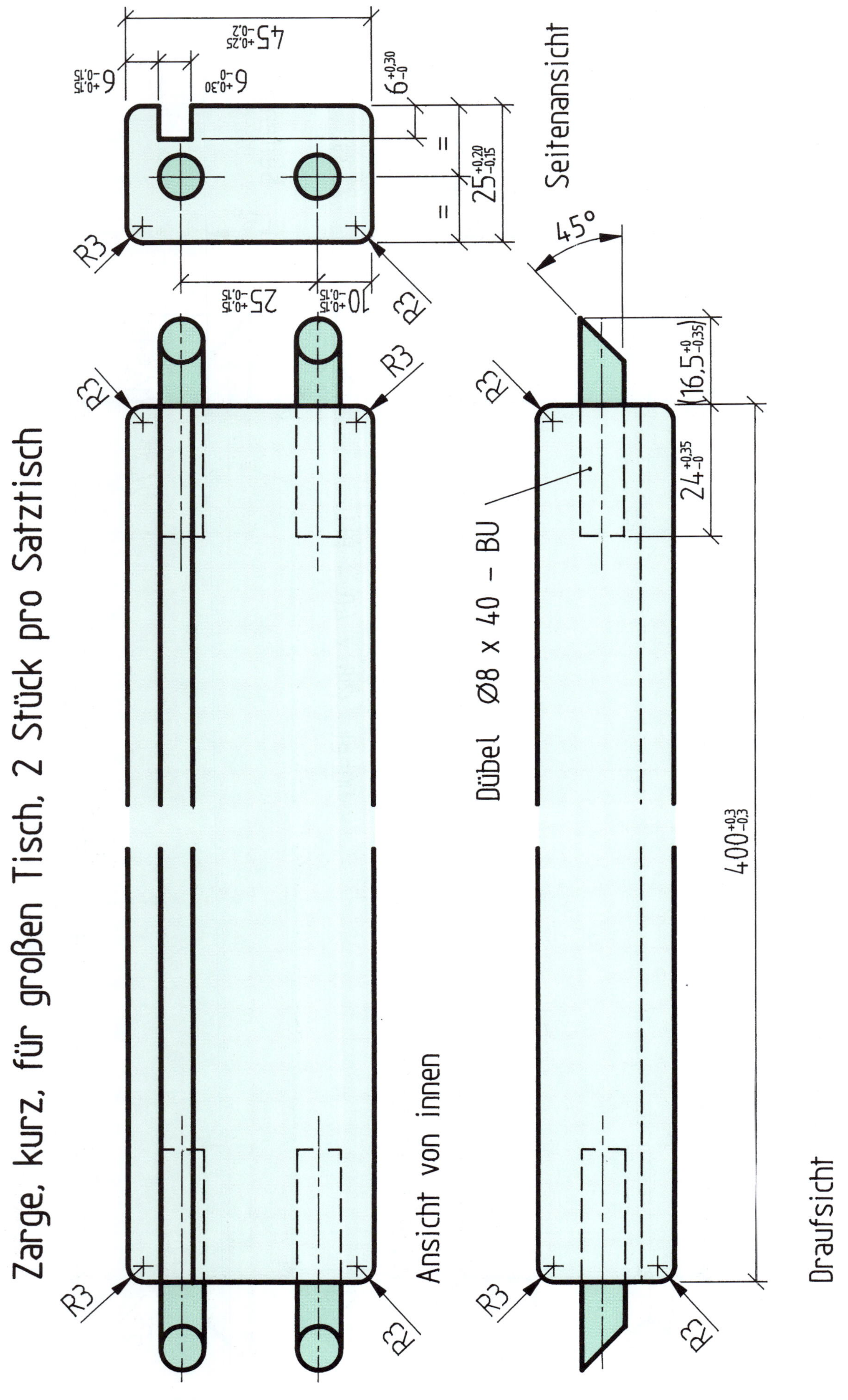

Aufgabe 5.14–7: Satztische – Teilzeichnung 2

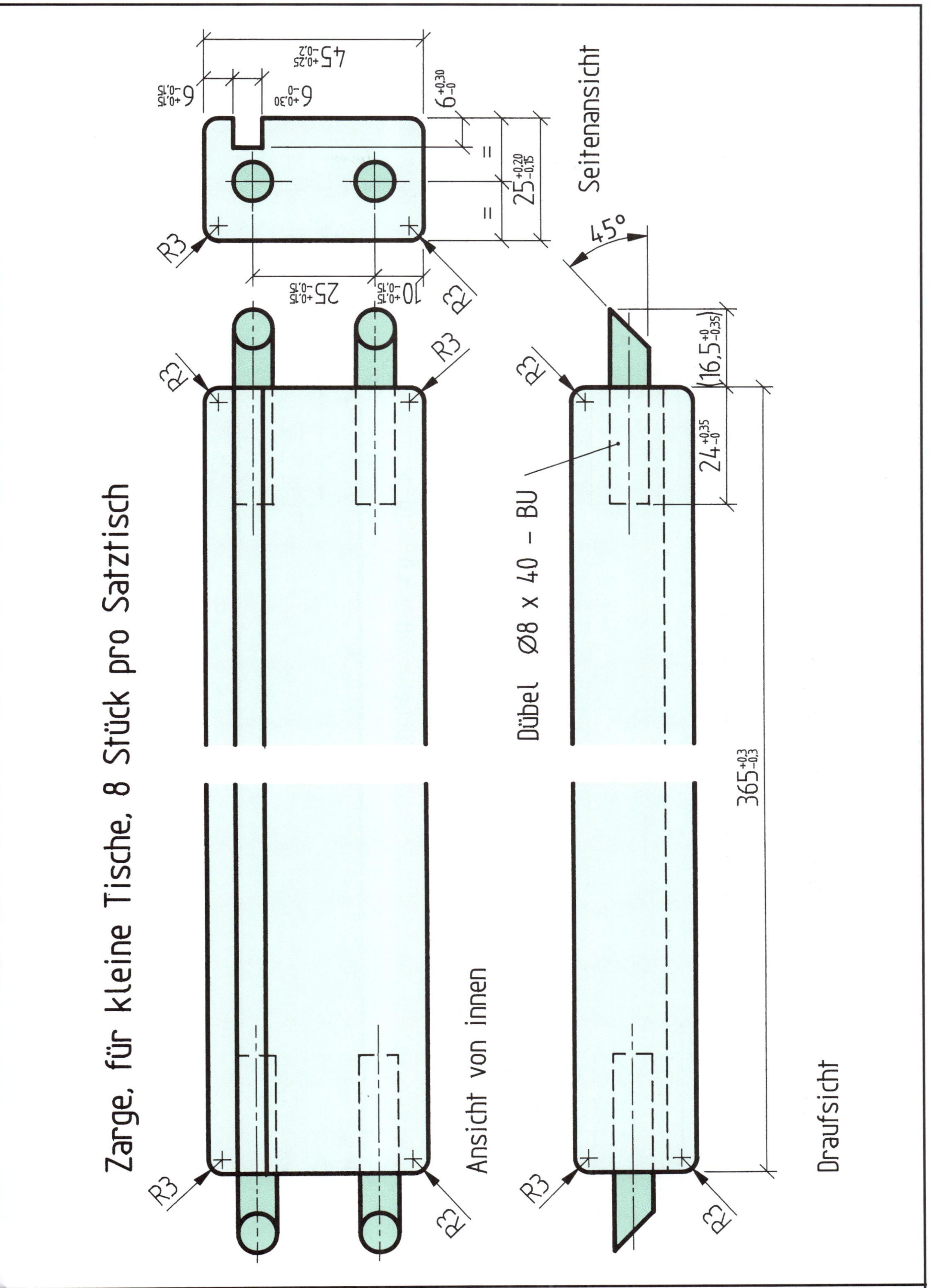

Aufgabe 5.14–7: Satztische – Teilzeichnung 3

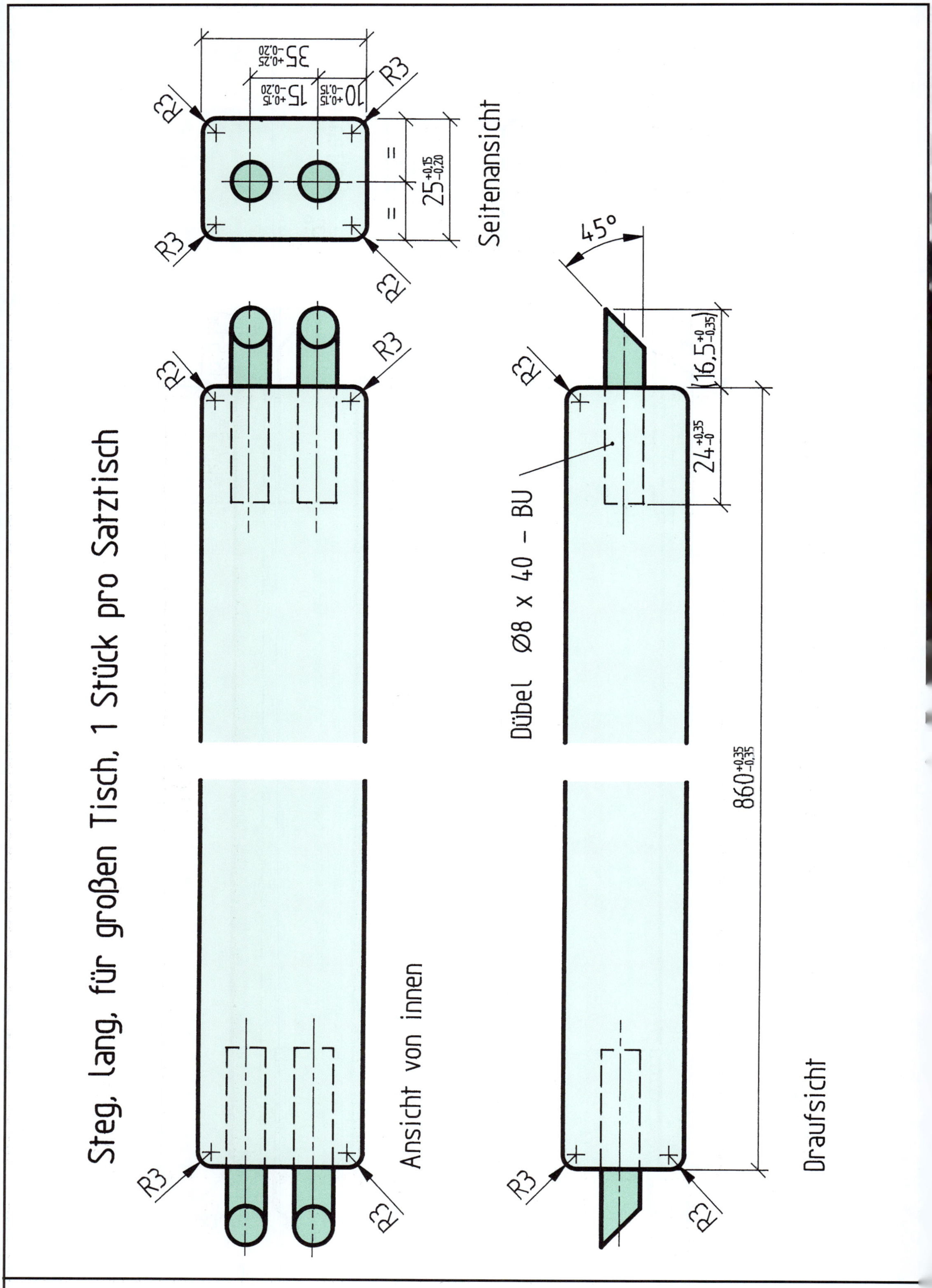

Aufgabe 5.14-7: Satztische – Teilzeichnung 4

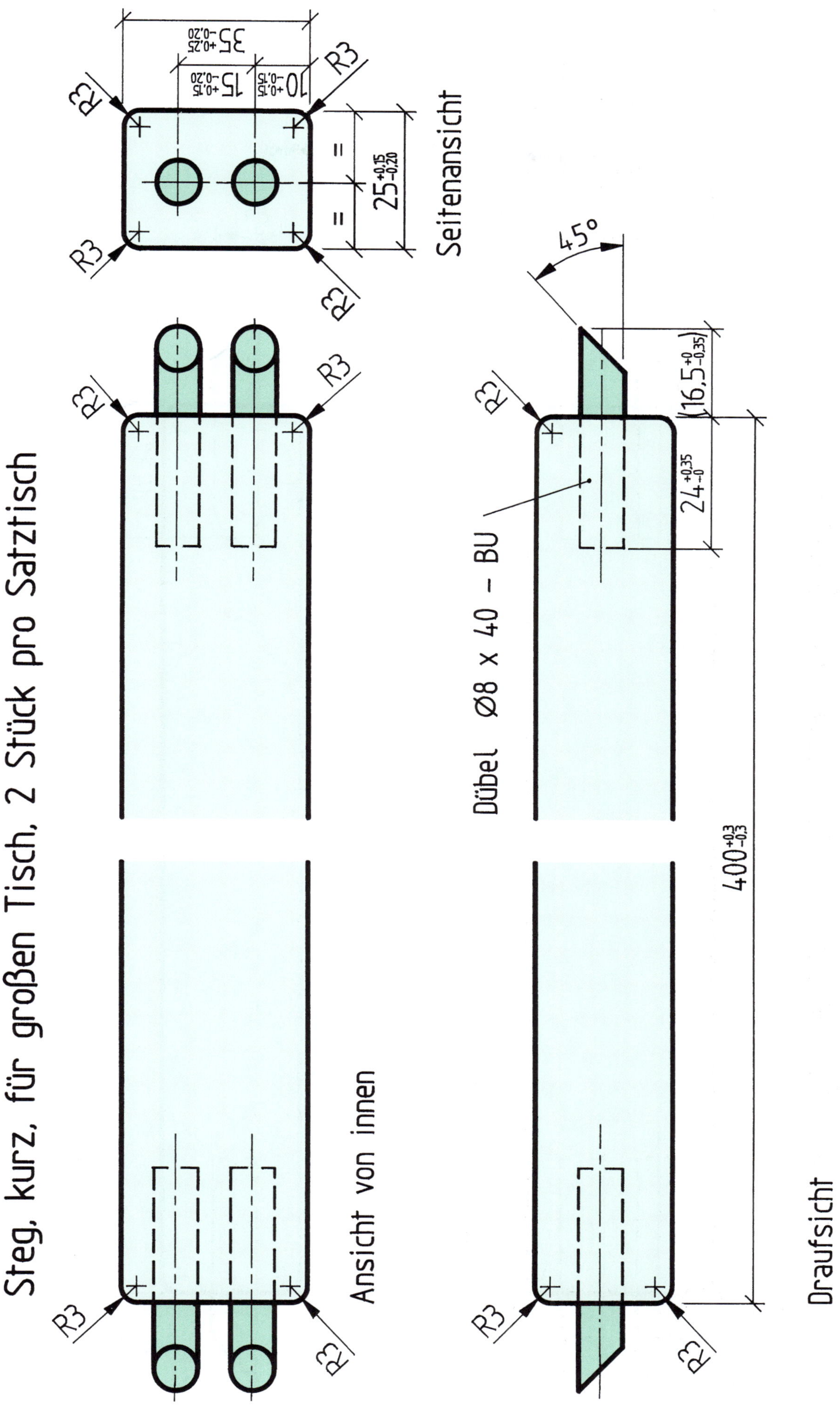

Aufgabe 5.14–7: Satztische – Teilzeichnung 5

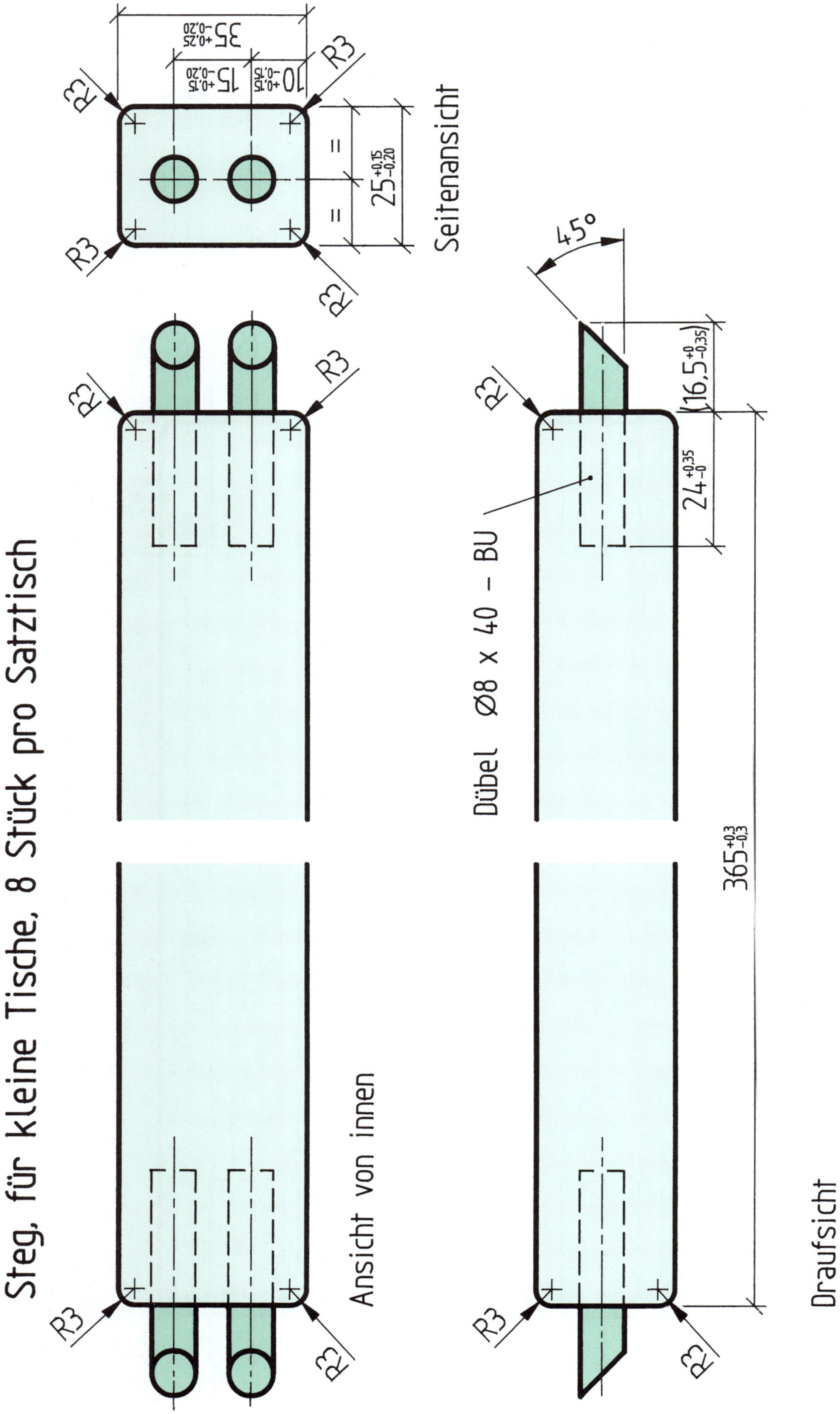

Aufgabe 5.14–7: Satztische – Teilzeichnung 6

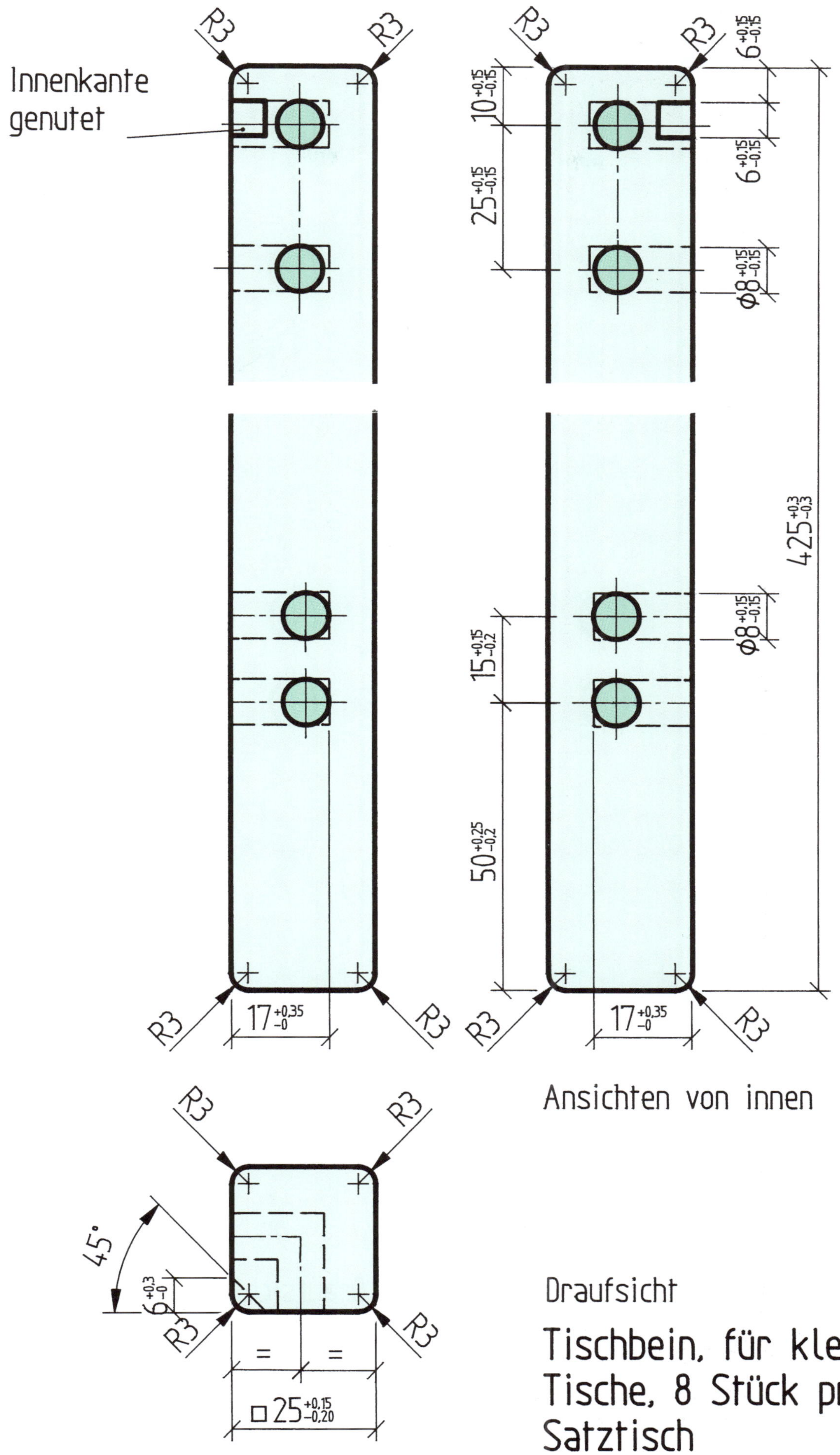

Tischbein, für kleine Tische, 8 Stück pro Satztisch

Aufgabe 5.14-7: Satztische – Teilzeichnung 7

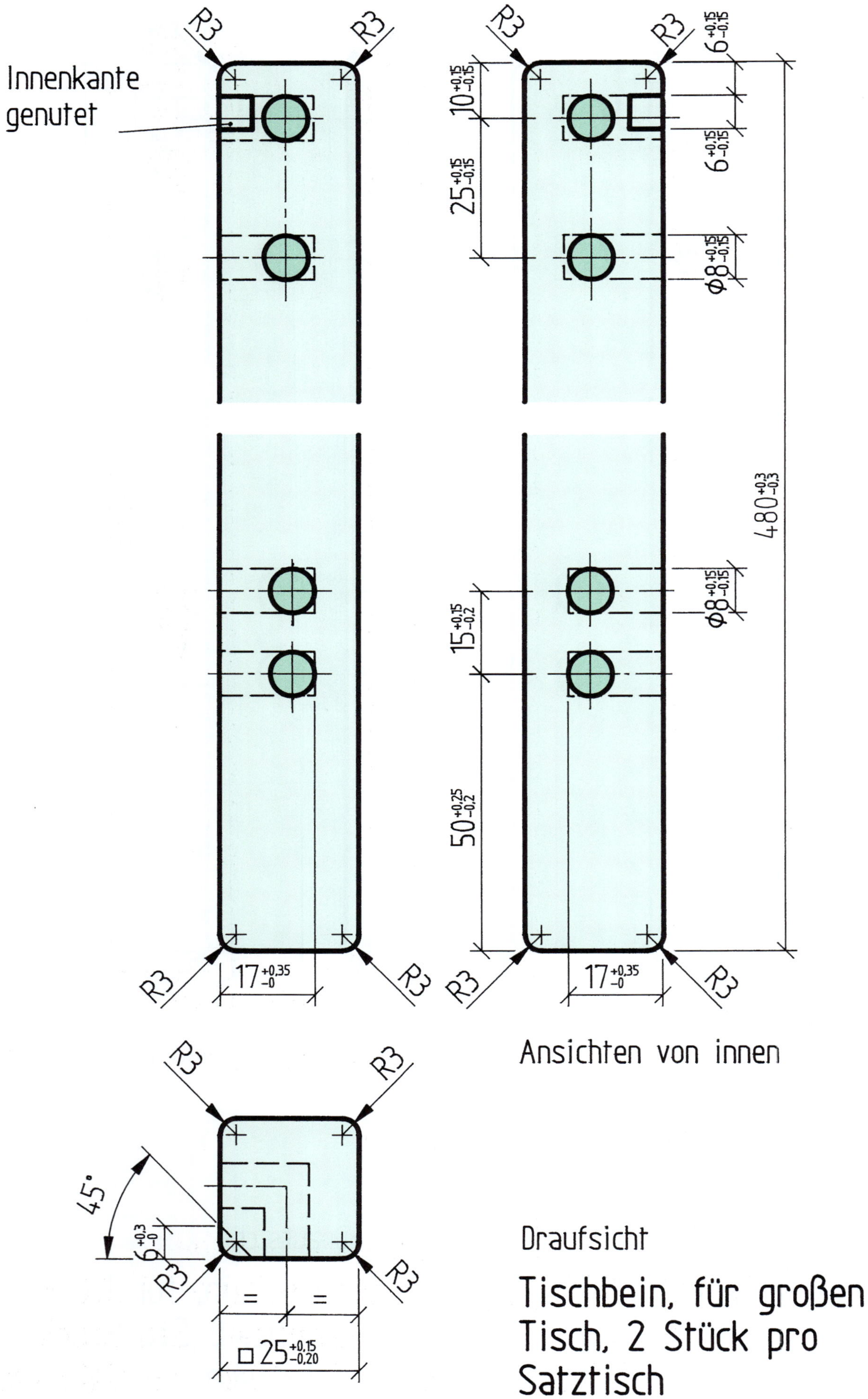

Aufgabe 5.14-7: Satztische – Teilzeichnung 8

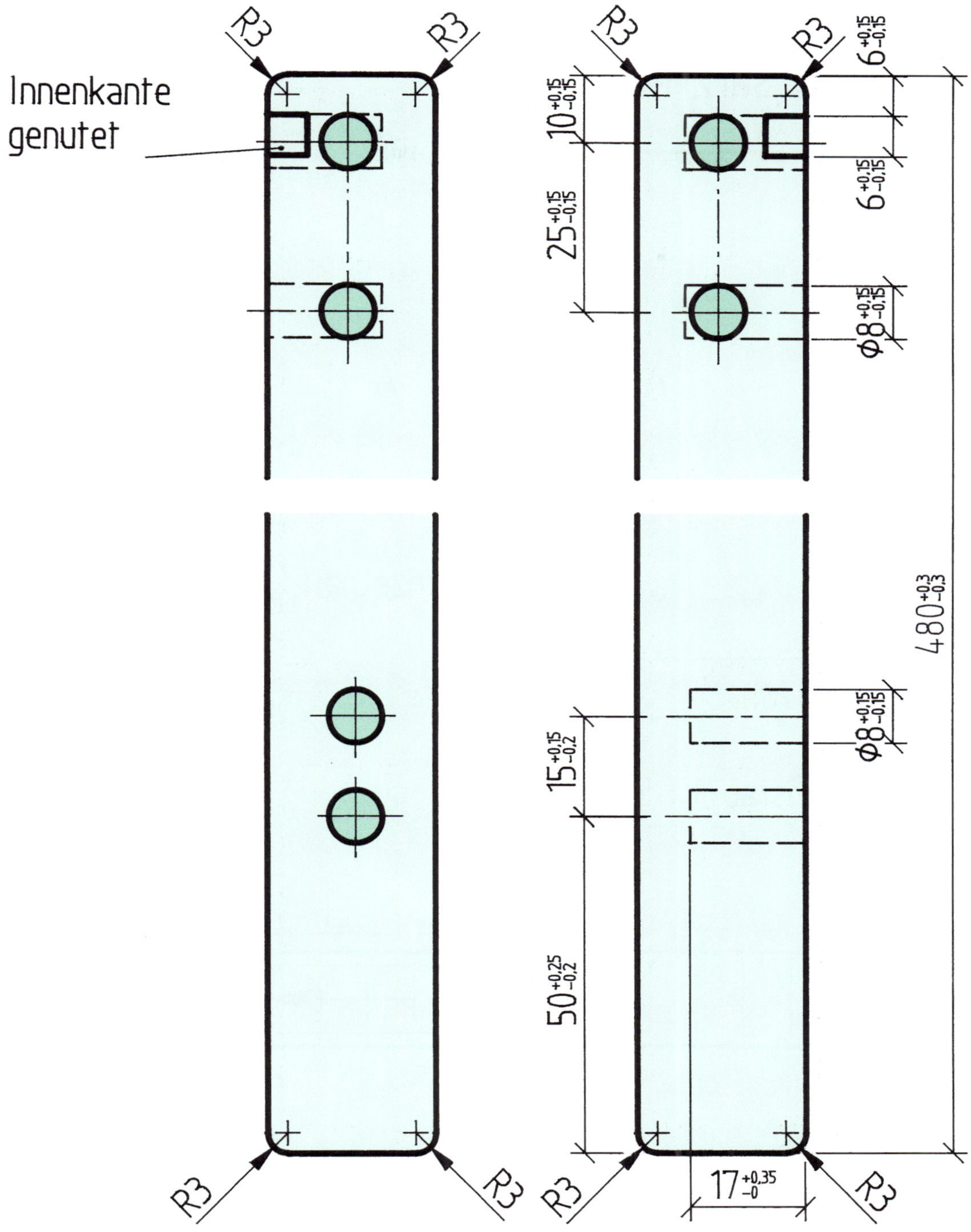

Ansichten von innen

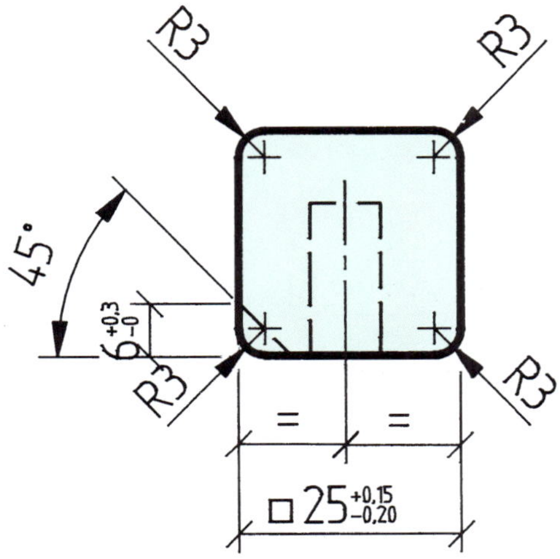

Draufsicht

Vorderes Tischbein, für großen Tisch, 1 Stück wie gezeichnet, ein Stück spiegelbildlich pro Satztisch

Aufgabe 5.14-7: Satztische – Teilzeichnung 9

Platte, für kleine Tische,
2 Stück pro Satztisch

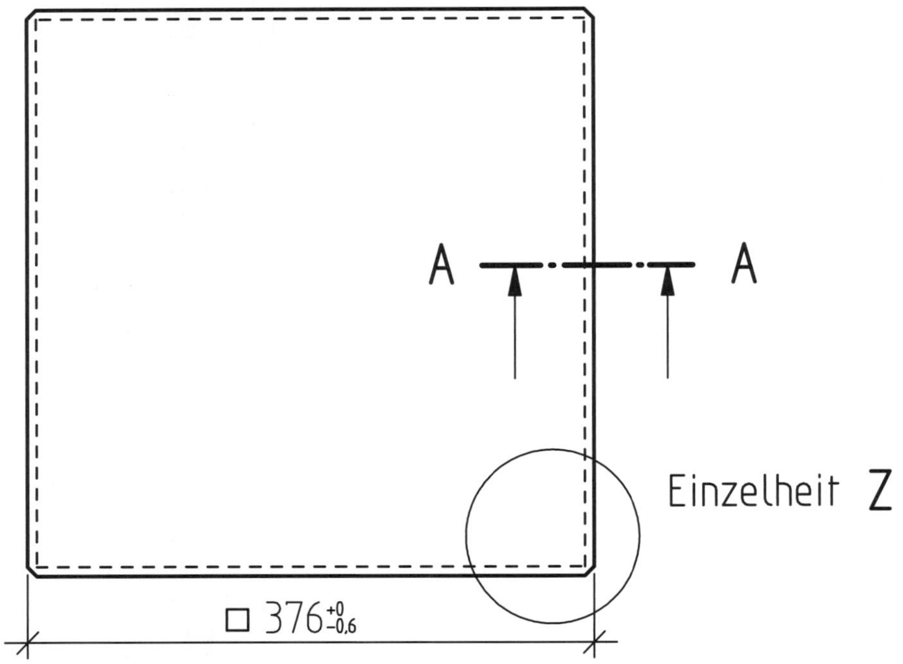

Draufsicht, Maßstab 1 : 5

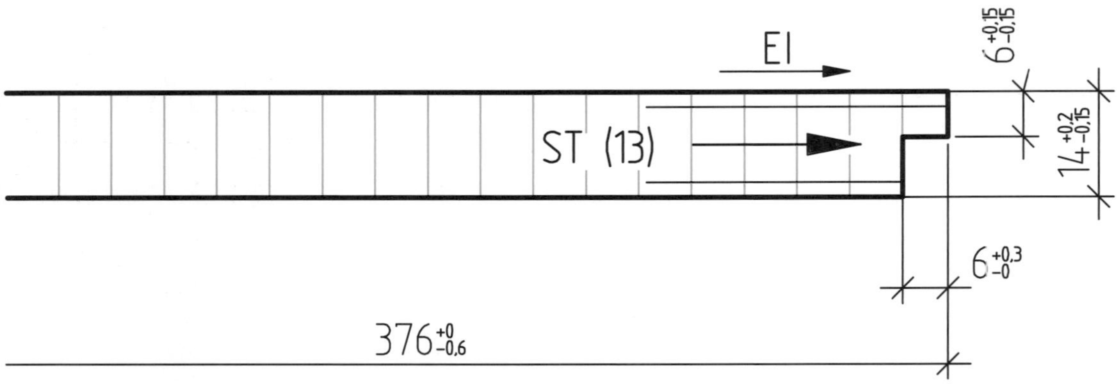

Schnitt A – A

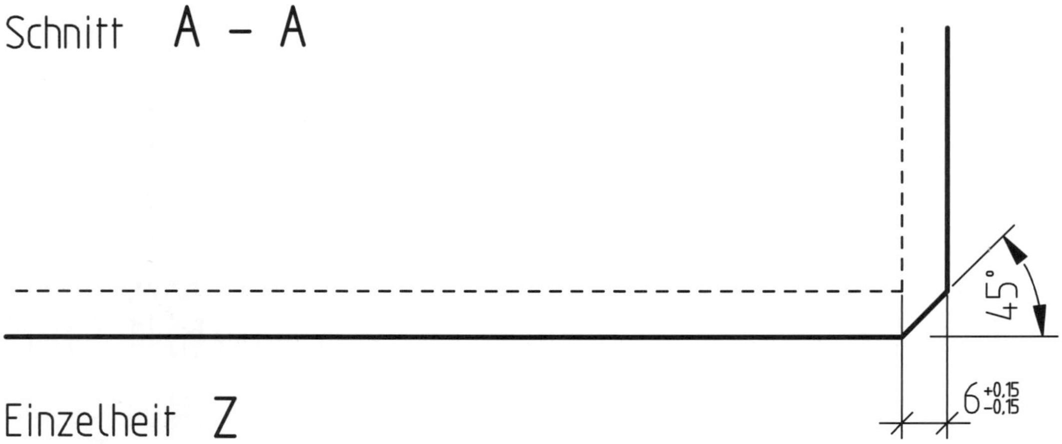

Einzelheit Z

Aufgabe 5.14–7: Satztische – Teilzeichnung 10

Platte, für großen Tisch,
1 Stück pro Satztisch

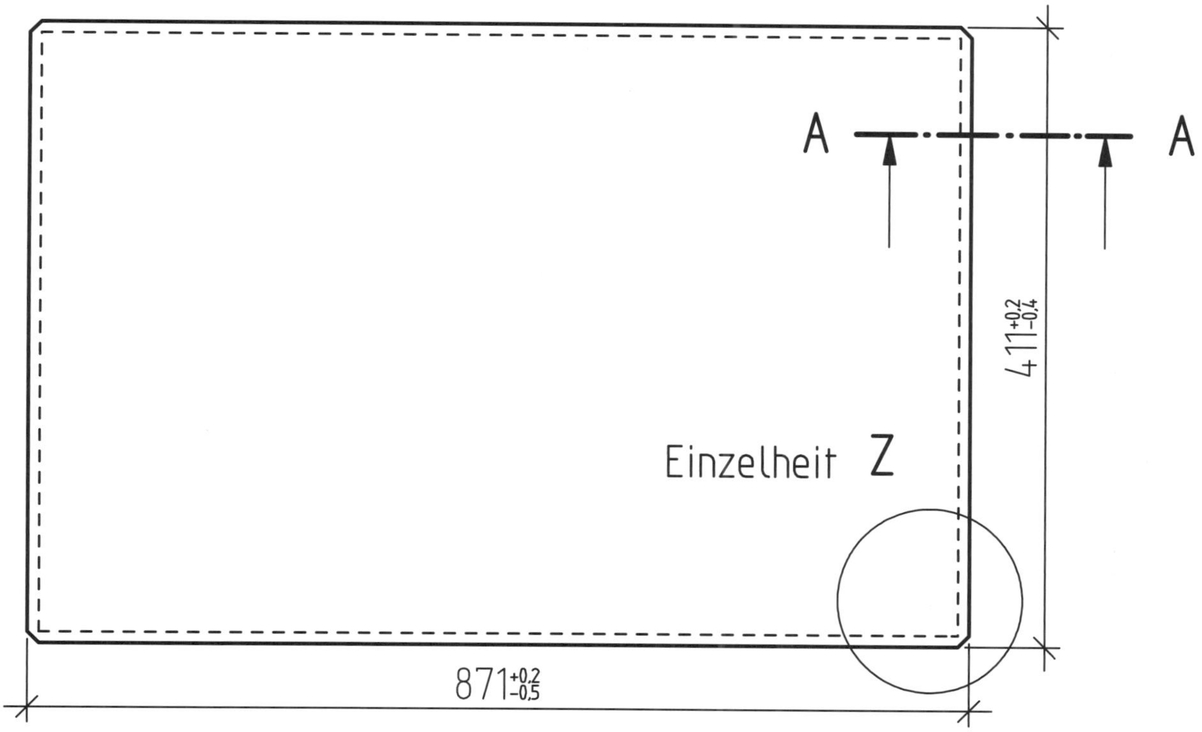

Draufsicht, Maßstab 1 : 5

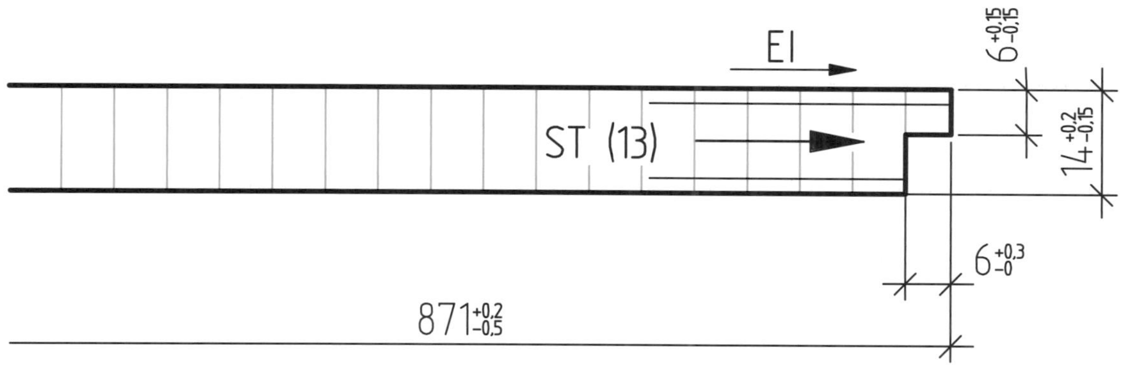

Schnitt A – A

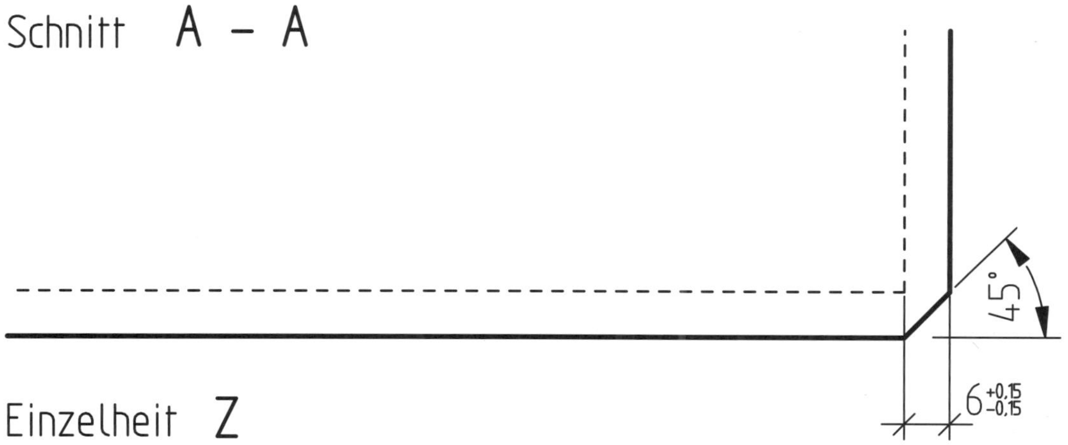

Einzelheit Z

Aufgabe 5.14-7: Satztische – Teilzeichnung 11

Strecke in vier gleiche Teile teilen

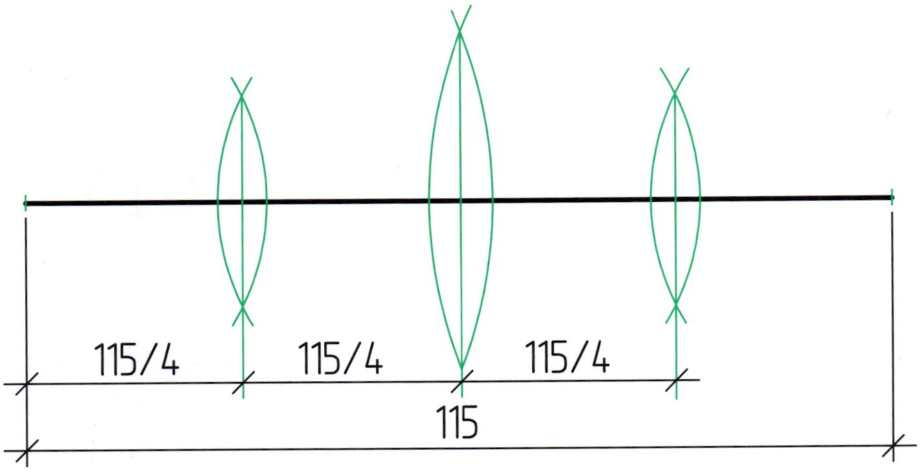

Strecke in 9 gleiche Teile teilen

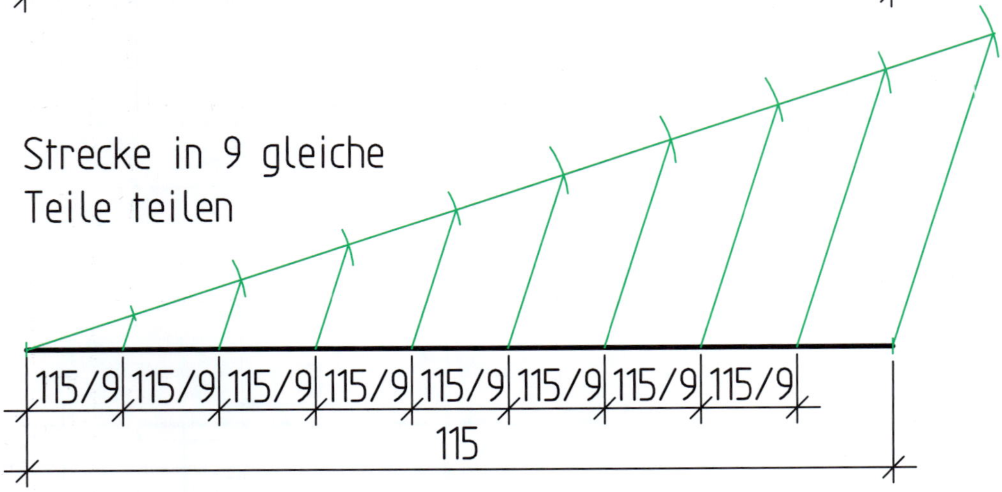

Strecke im Verhältnis des Goldenen Schnitts teilen

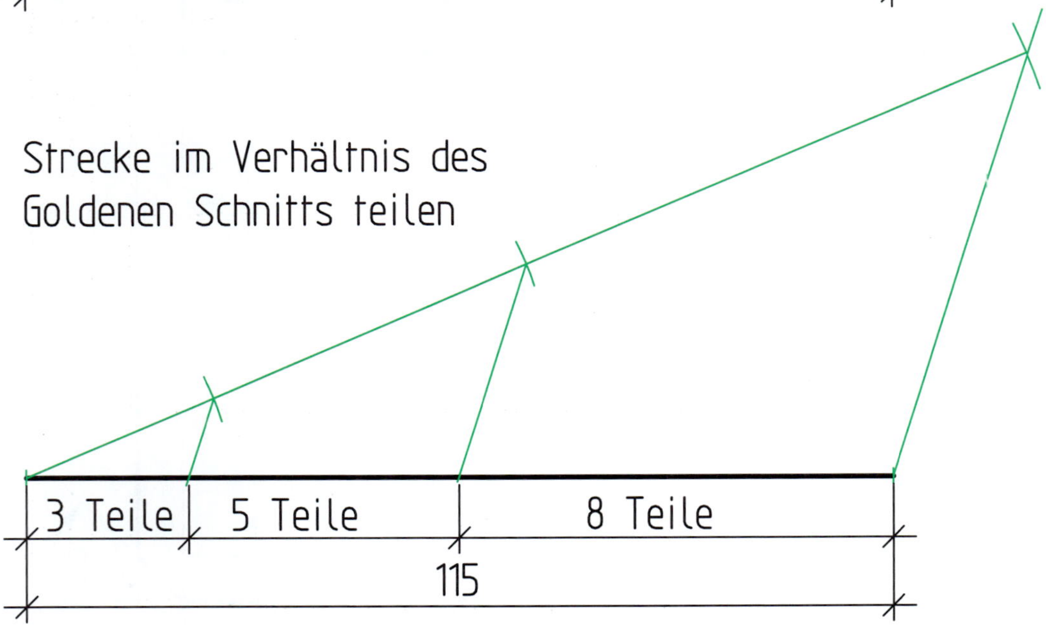

Aufgabe 6.2-1: Teilen von Strecken

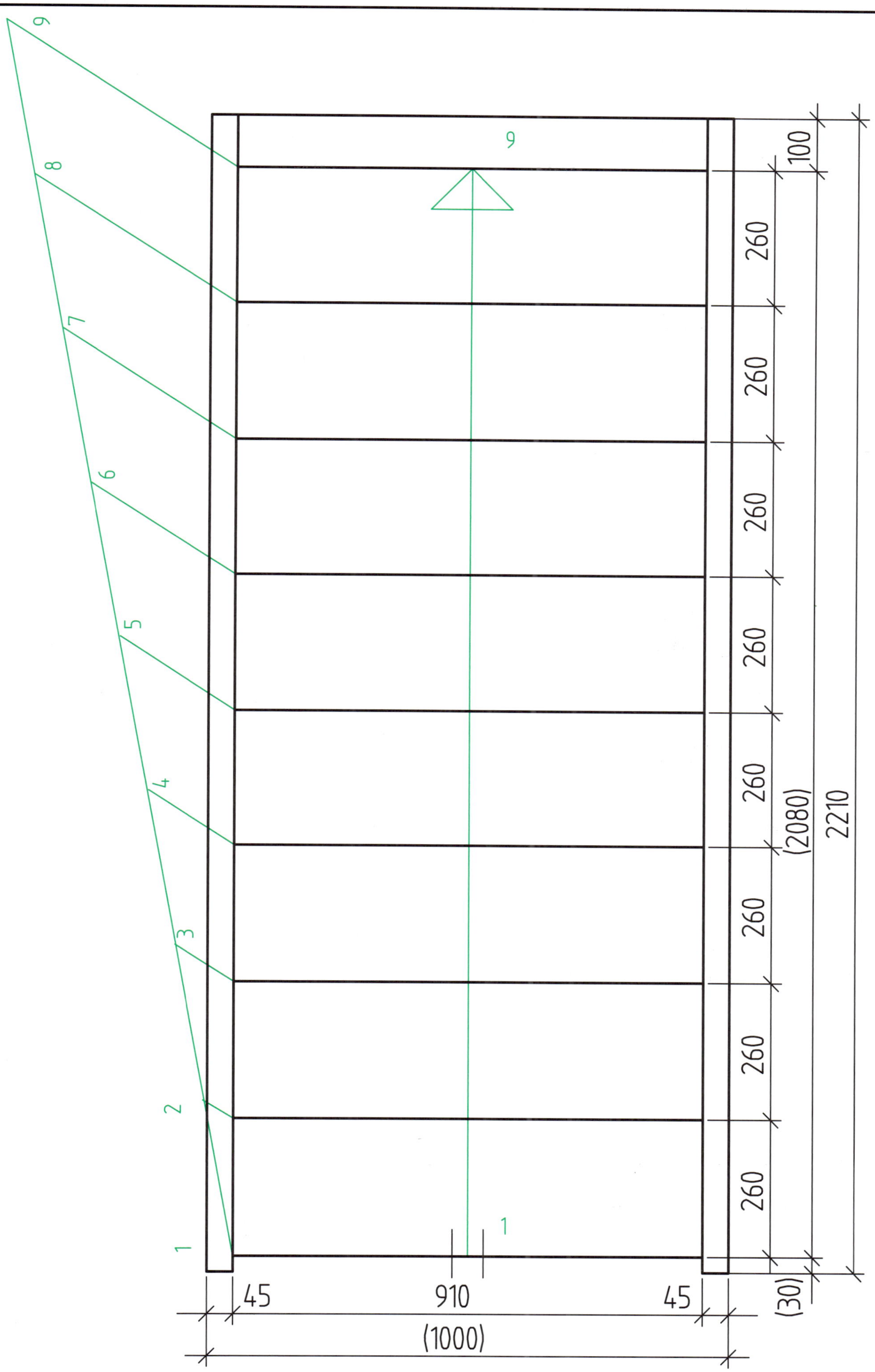

Aufgabe 6.2-2: Treppenlauf – Draufsicht Maßstab 1 : 10

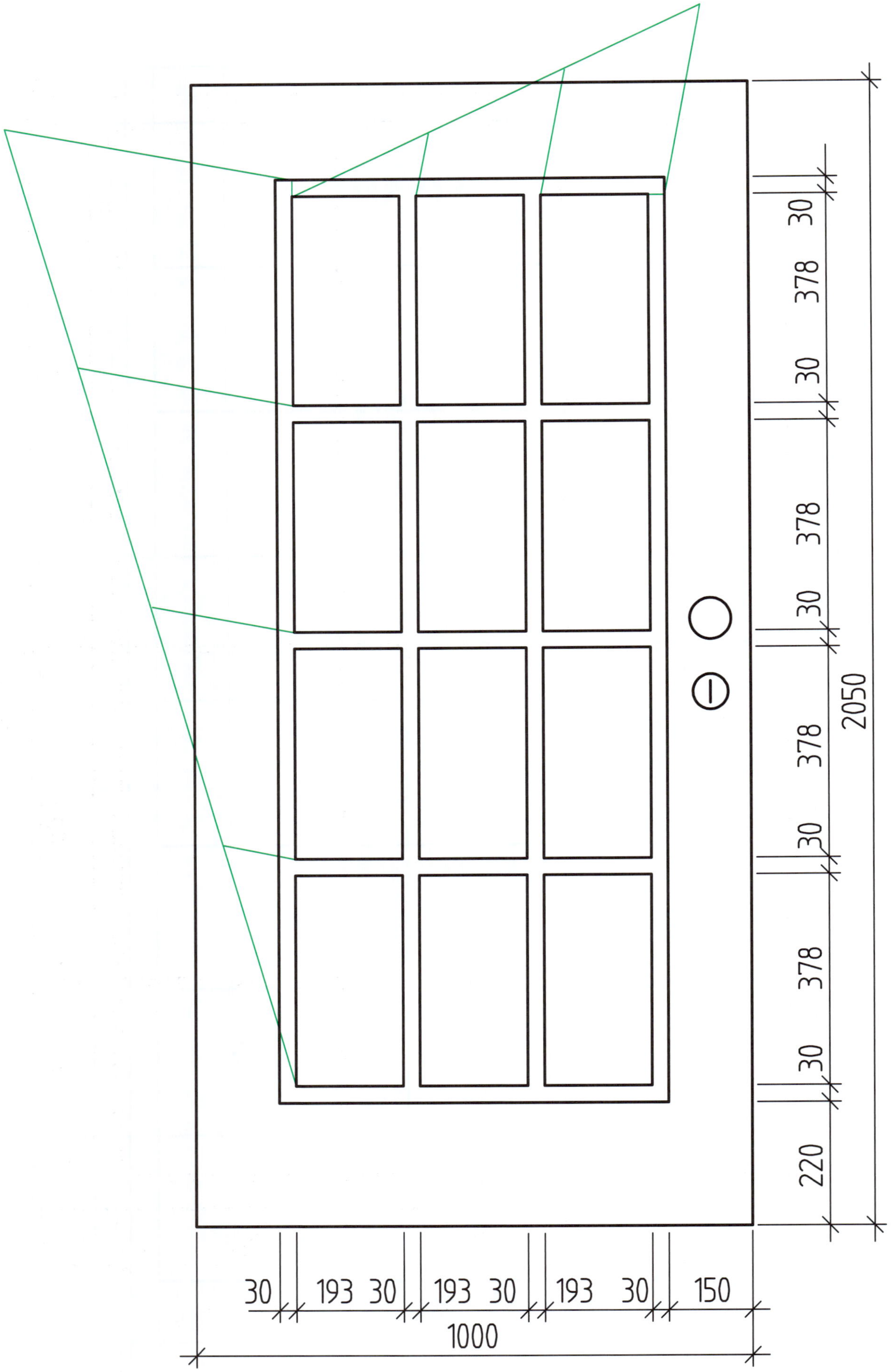

Aufgabe 6.2–3: Sprossentür – Ansicht Maßstab 1 : 10

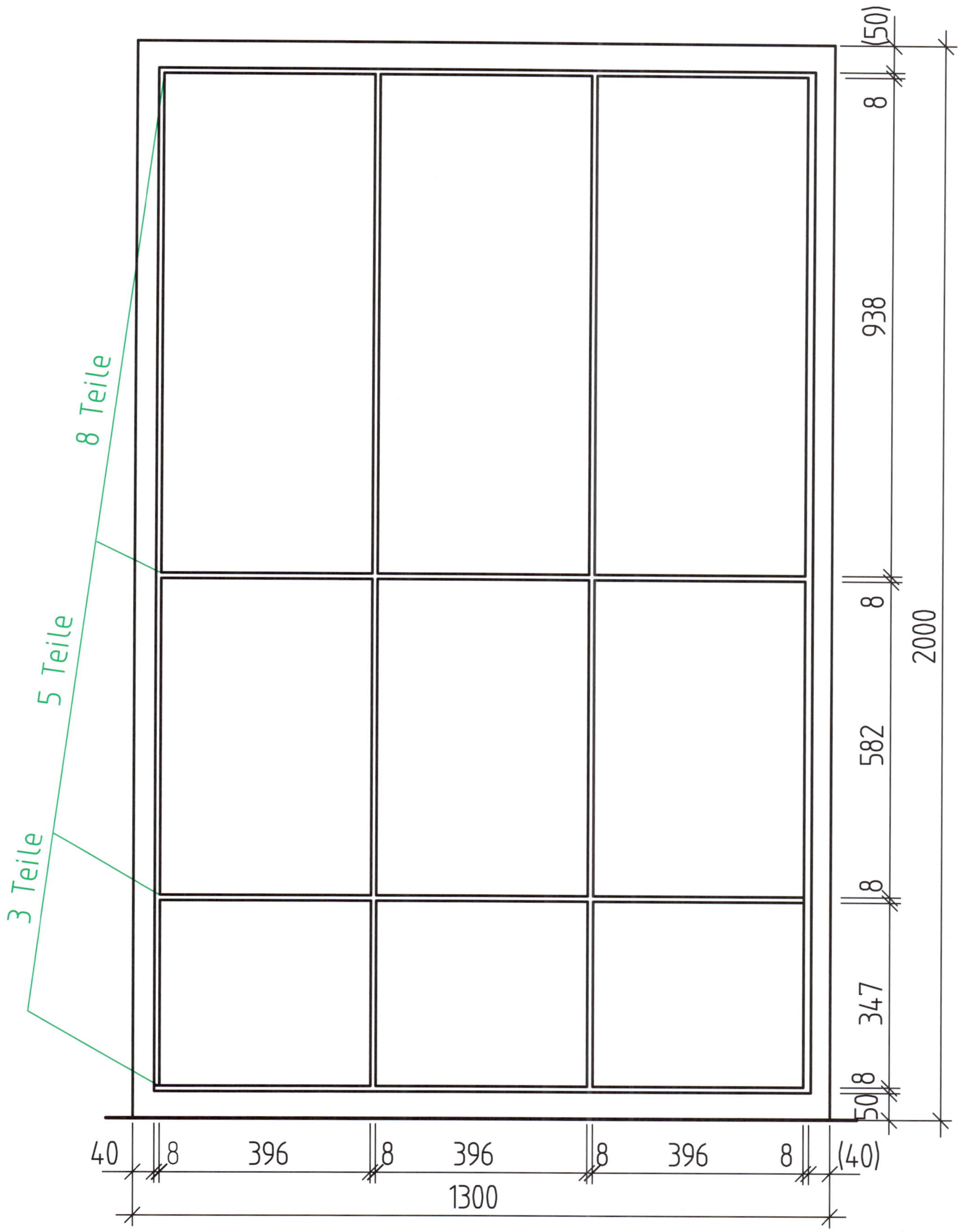

Aufgabe 6.2–4: Einbauschrank – Ansicht Maßstab 1 : 10

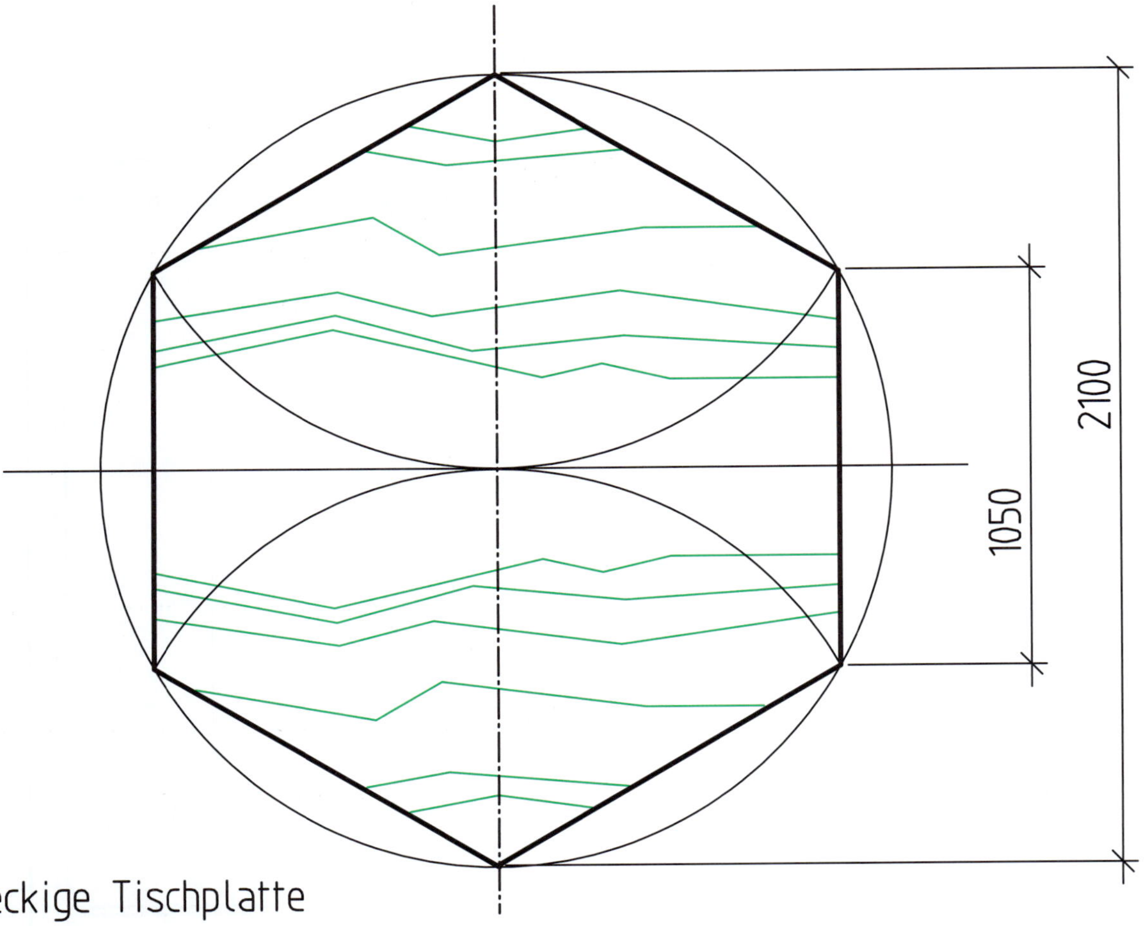

Sechseckige Tischplatte
Maßstab 1 : 20

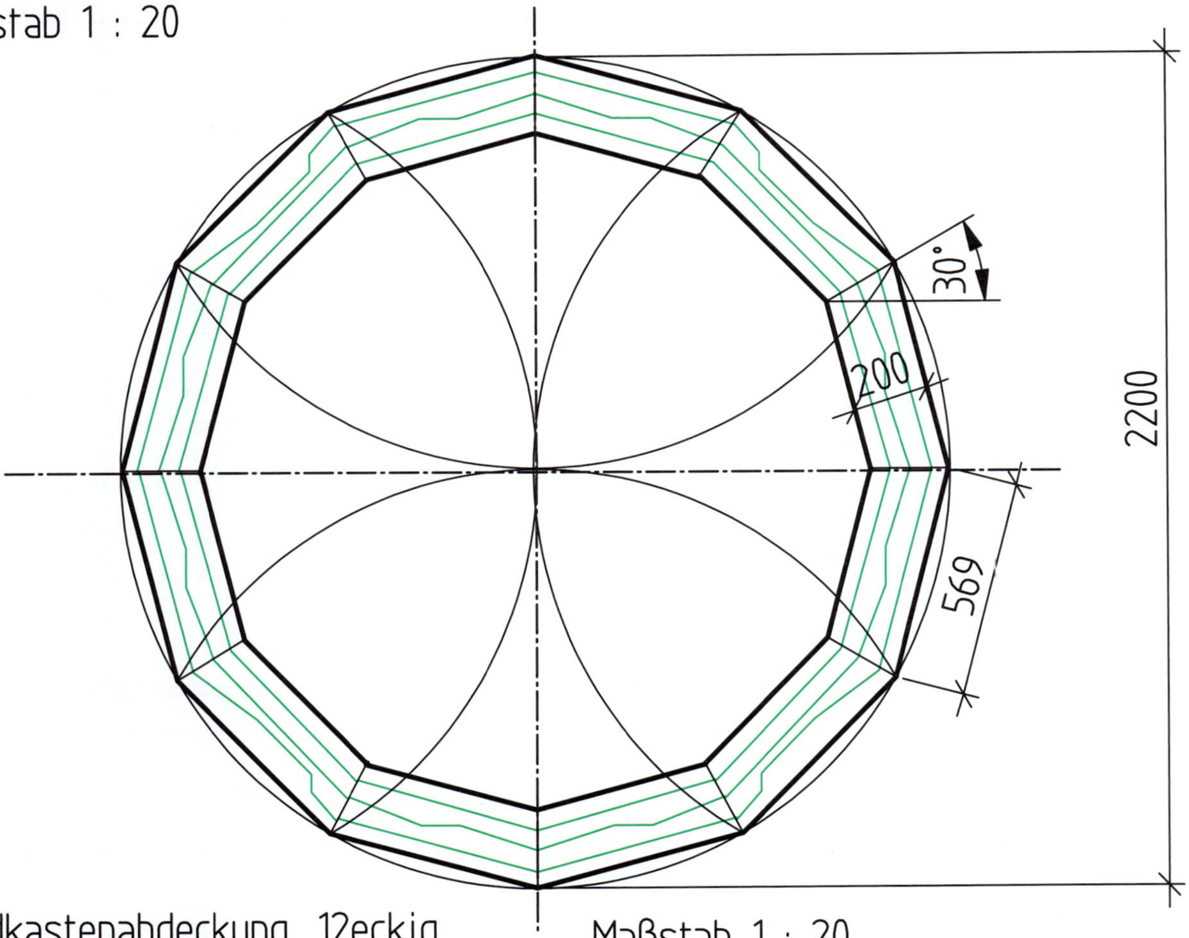

Sandkastenabdeckung, 12eckig

Maßstab 1 : 20

Aufgabe 6.5–1: Regelmäßiges Sechseck und Zwölfeck

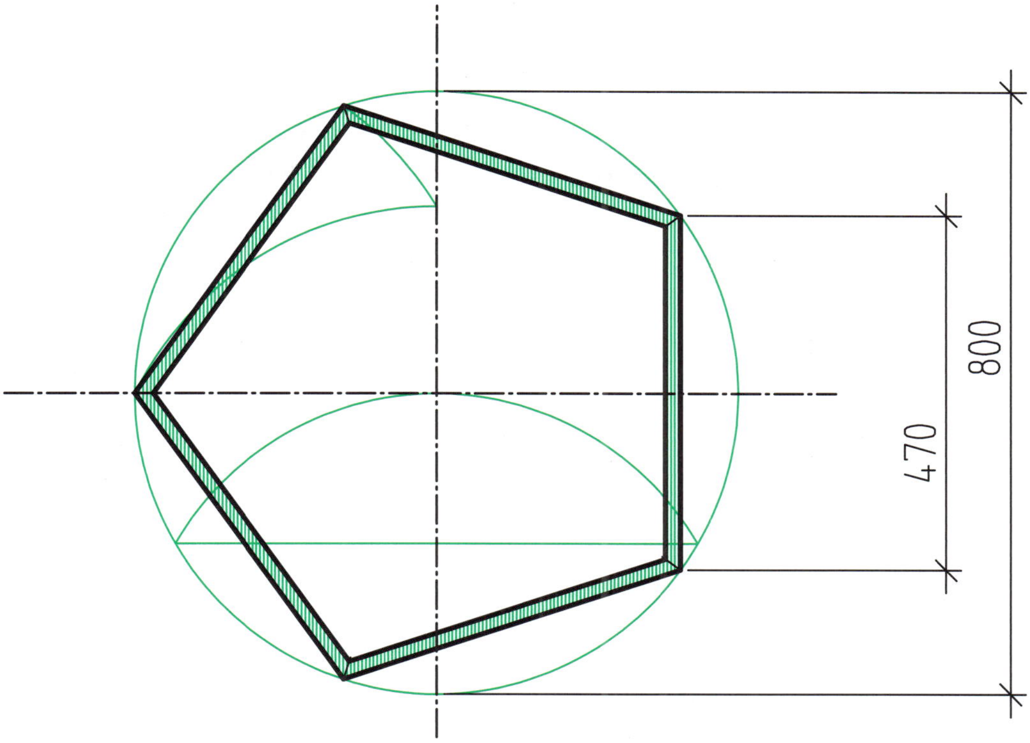

Fünfeckige Warengondel, Draufsicht im Maßstab 1 : 10

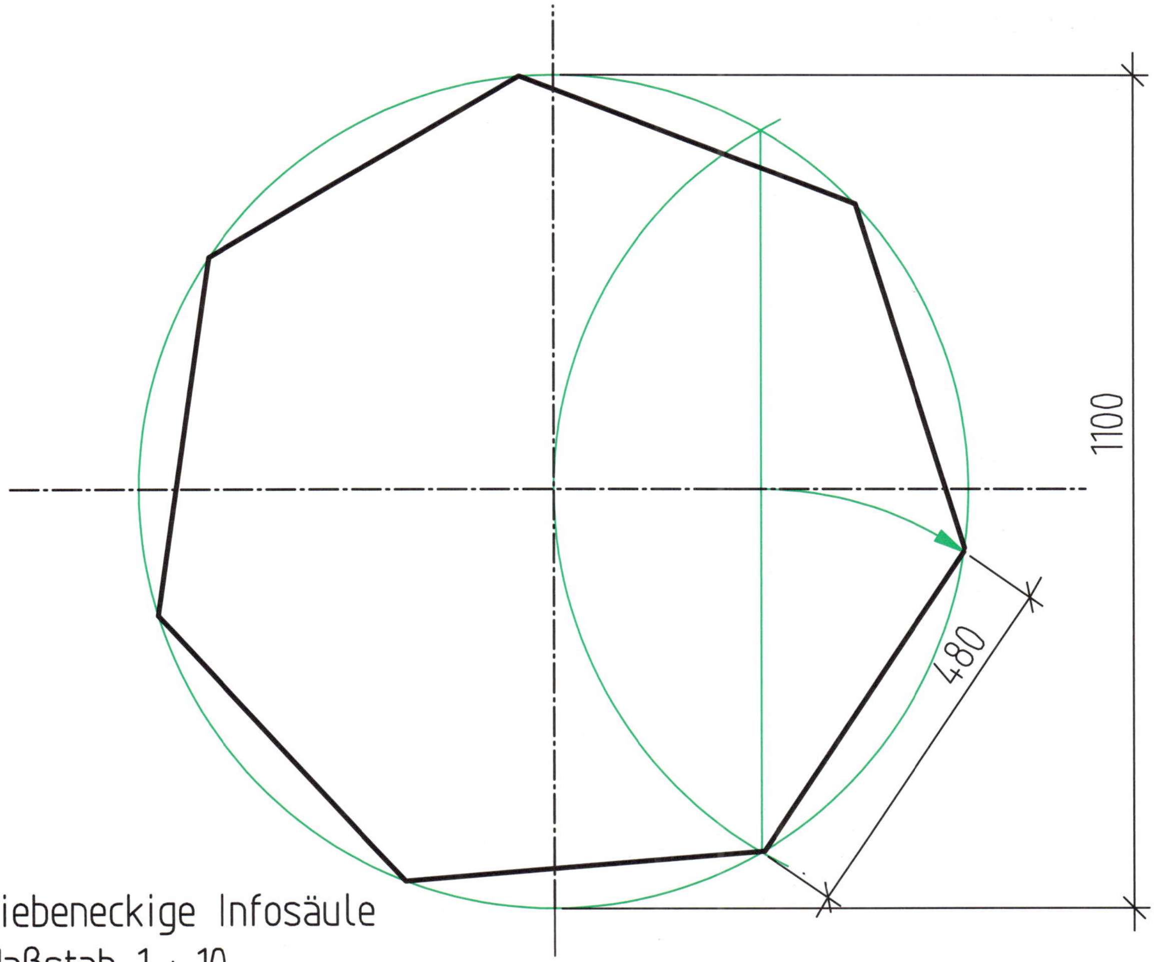

Siebeneckige Infosäule
Maßstab 1 : 10

Aufgabe 6.5–2: Regelmäßiges Fünfeck und Siebeneck

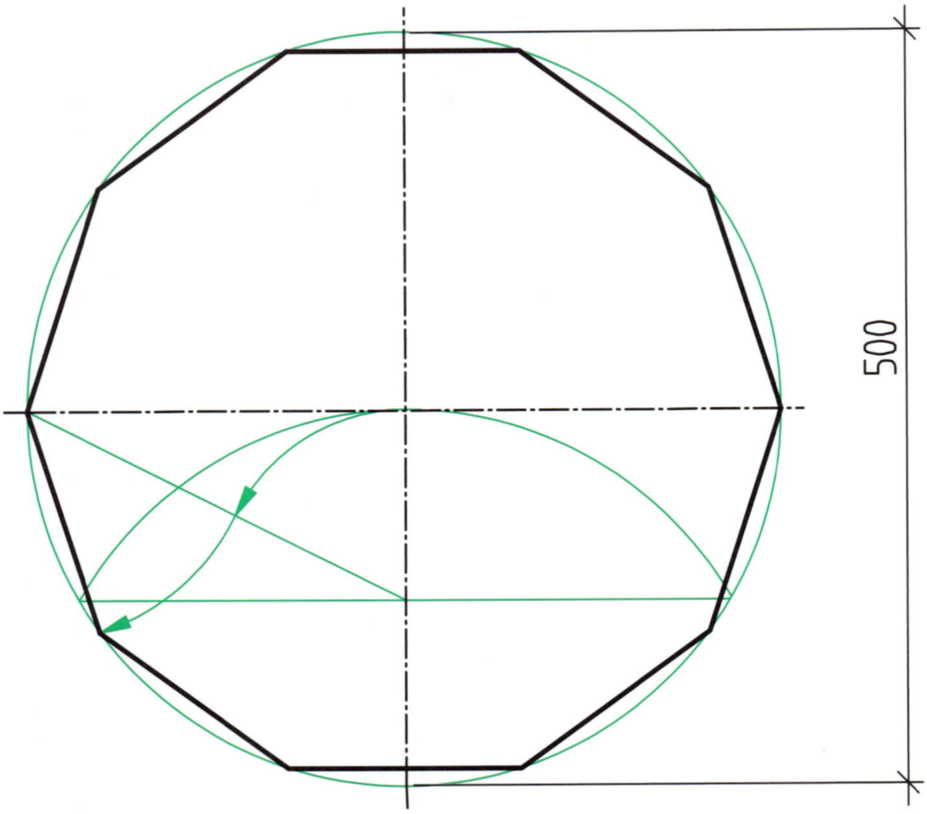

Zehneckige Käseplatte im Maßstab 1 : 5

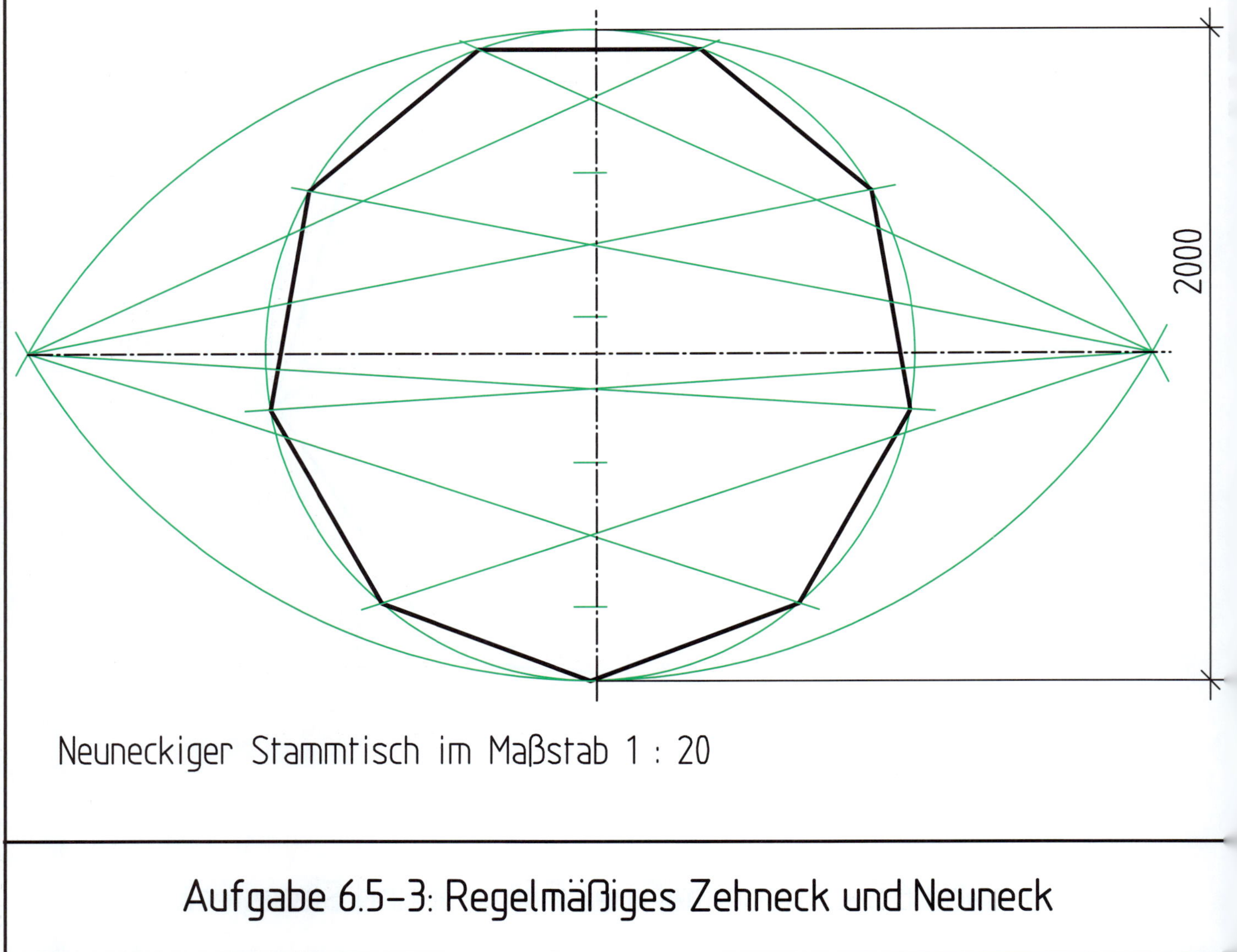

Neuneckiger Stammtisch im Maßstab 1 : 20

Aufgabe 6.5–3: Regelmäßiges Zehneck und Neuneck

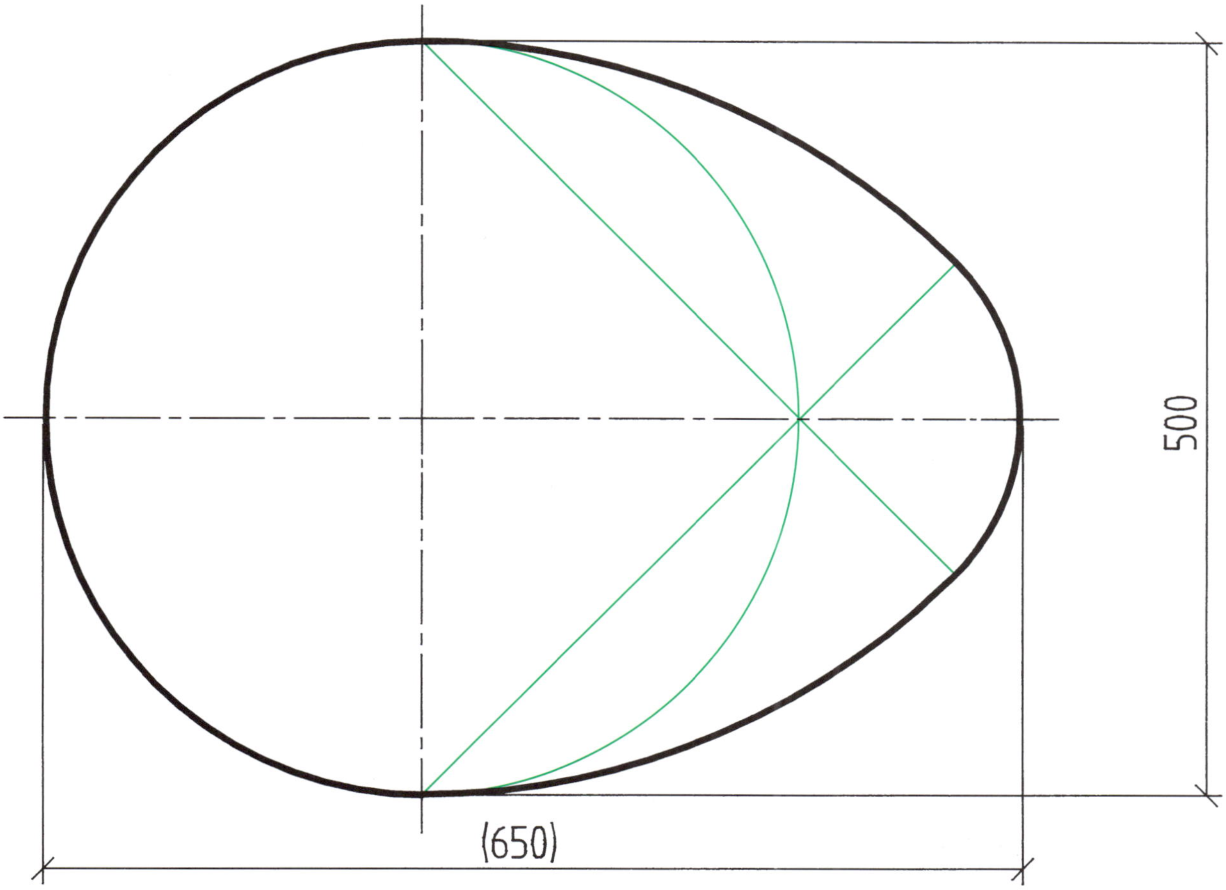

Eirunde Platte eines Blumenhockers, Maßstab 1 : 5

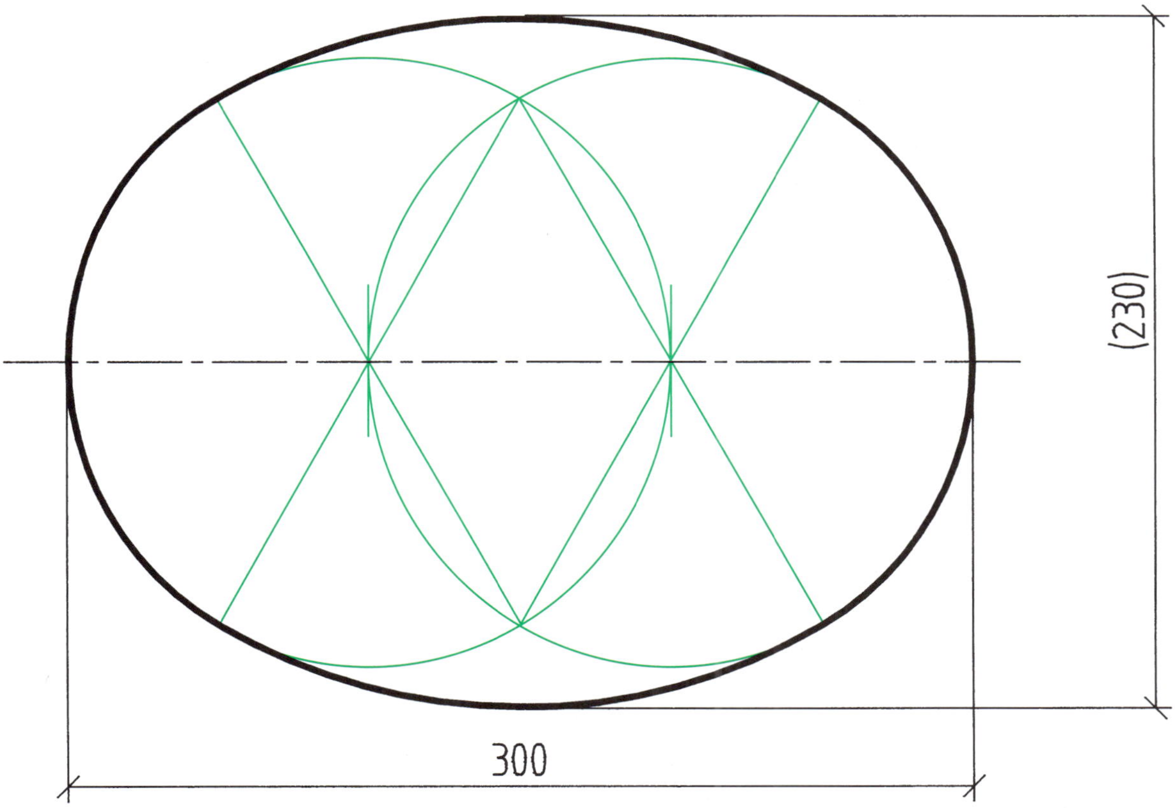

Ovaler Spiegel, Maßstab 1 : 2,5

Aufgabe 6.6–1: Eirund und Oval aus Kreisen

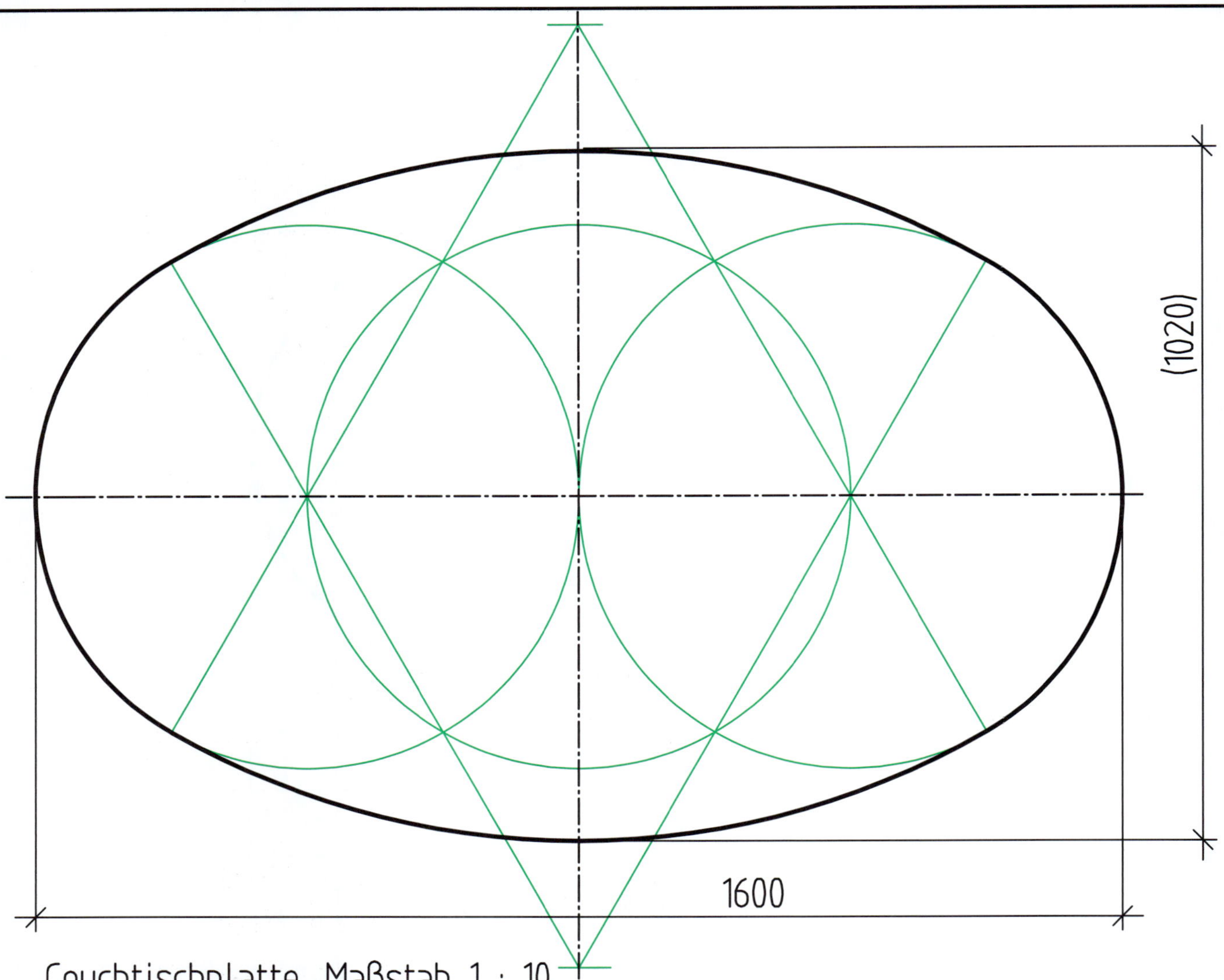

Couchtischplatte, Maßstab 1 : 10

Grundkonstruktion einer Ellipse

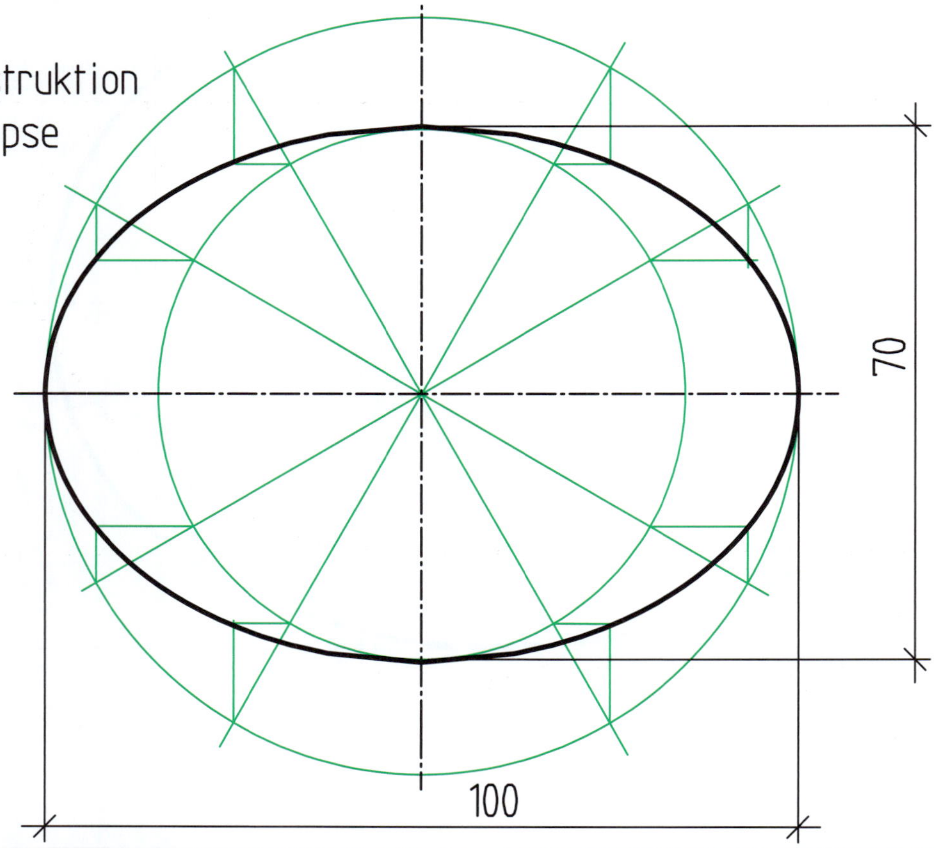

Aufgabe 6.6–2: Oval aus drei Grundkreisen und Ellipse

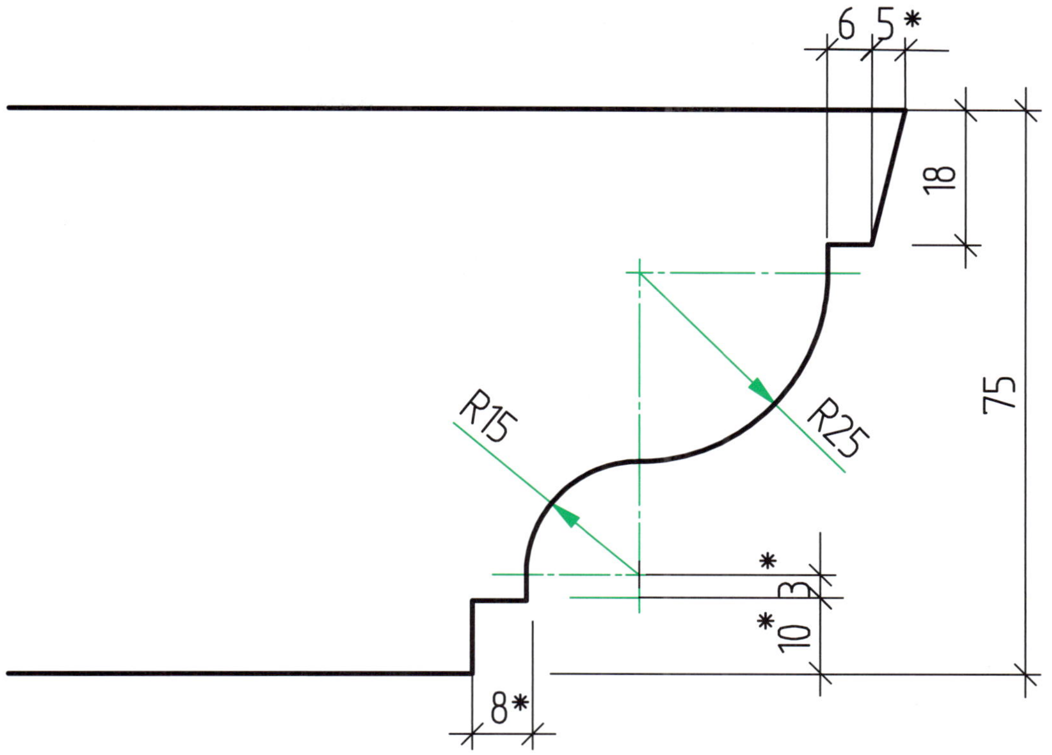

Kranzgesims mit Fase und Karnies

* Diese Maße können frei gewählt werden

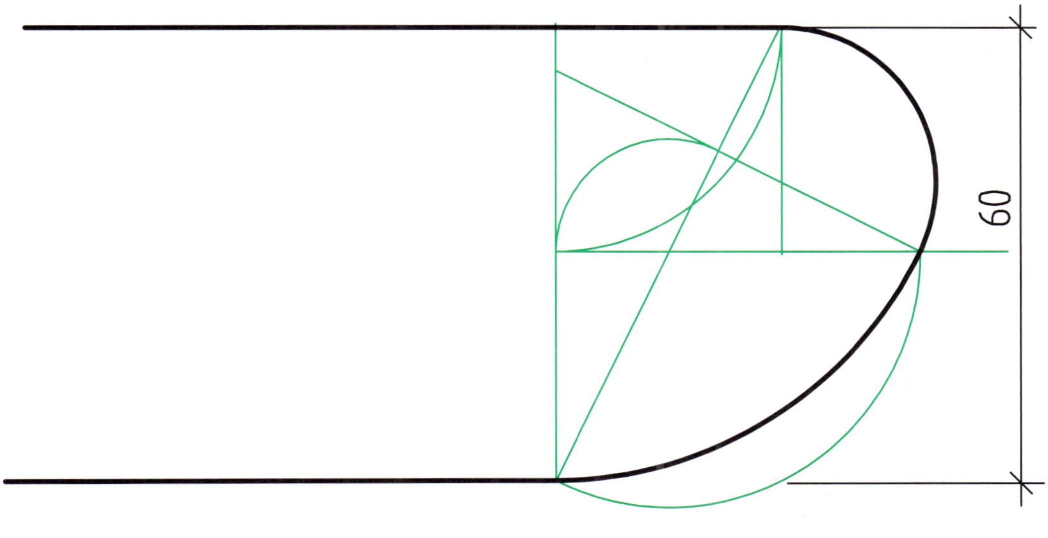

Kantenprofil mit einhüftigem Stab

Aufgabe 6.9-1: Bogenanschlüsse, Karnies und einhüftiger Stab

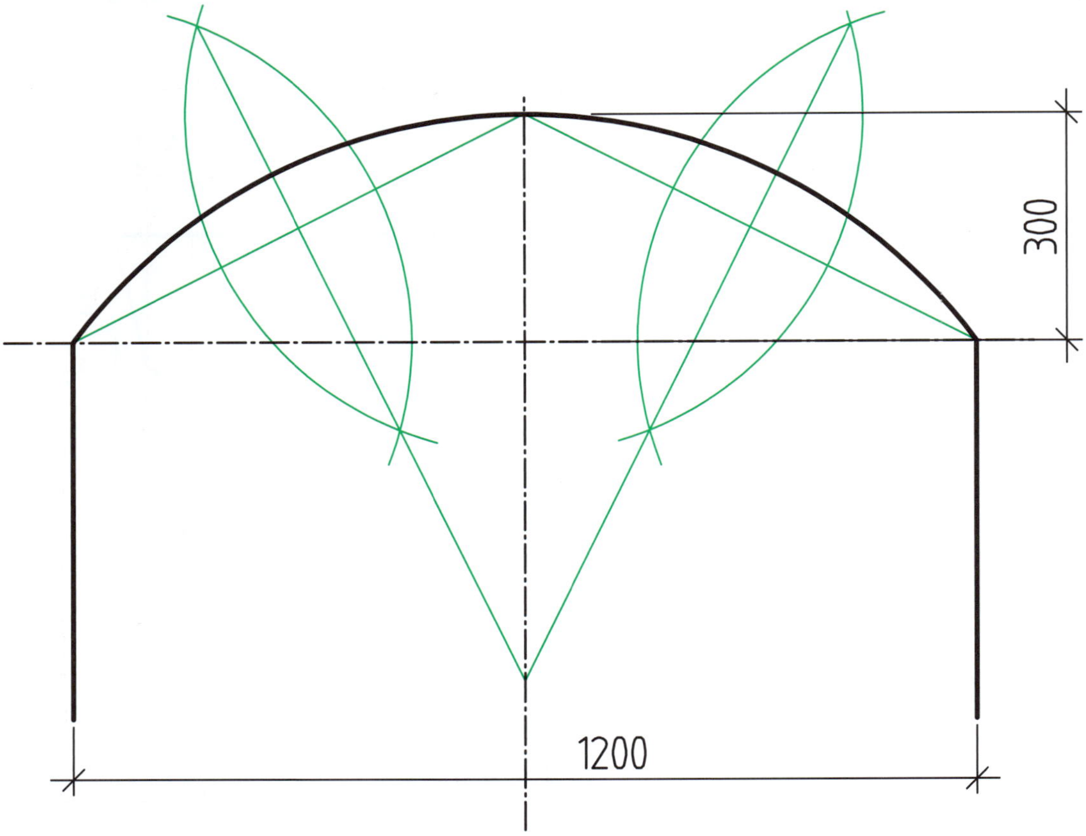

Stichbogen – Maßstab 1 : 10

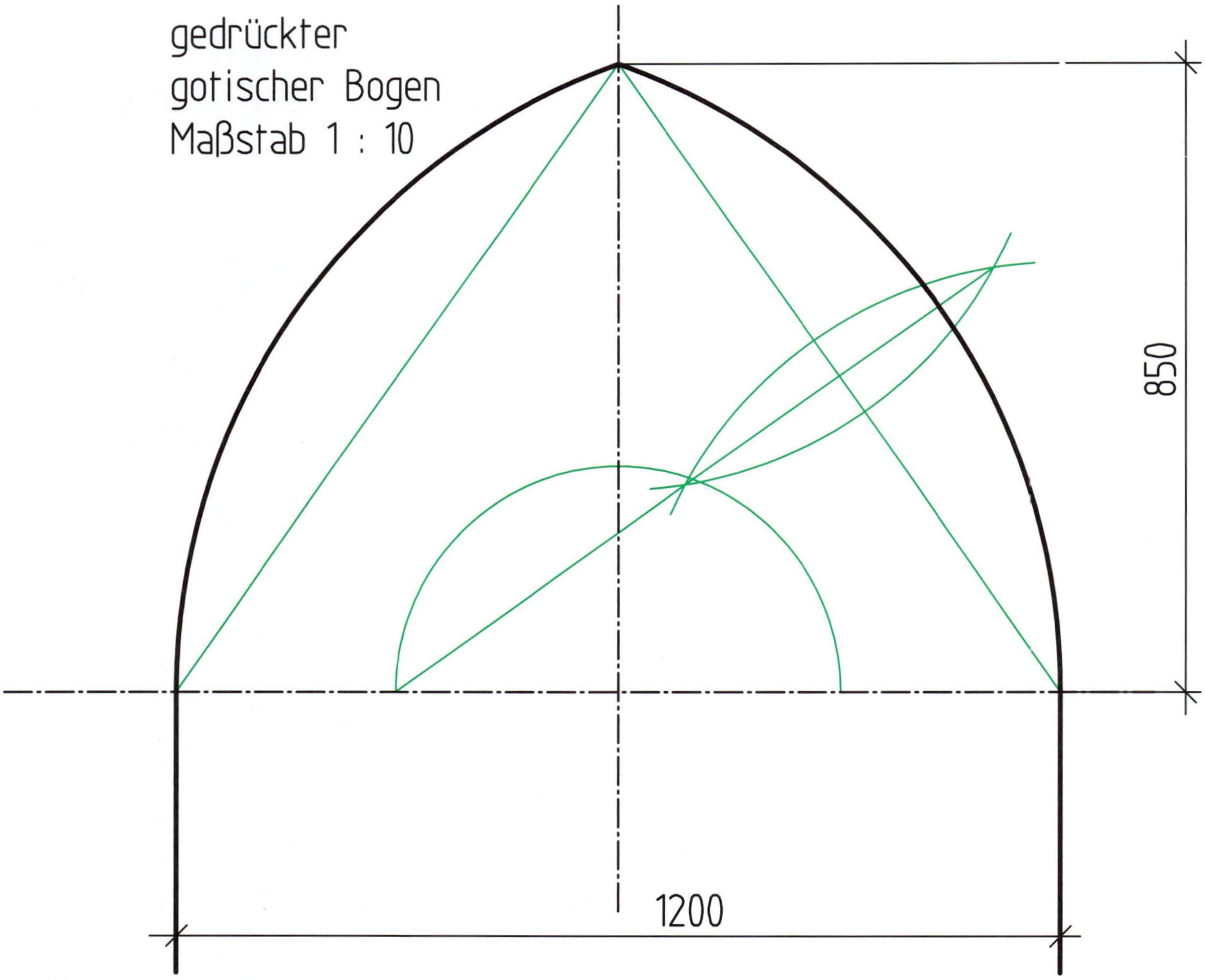

gedrückter
gotischer Bogen
Maßstab 1 : 10

Aufgabe 6.10–1: Bogenkonstruktionen

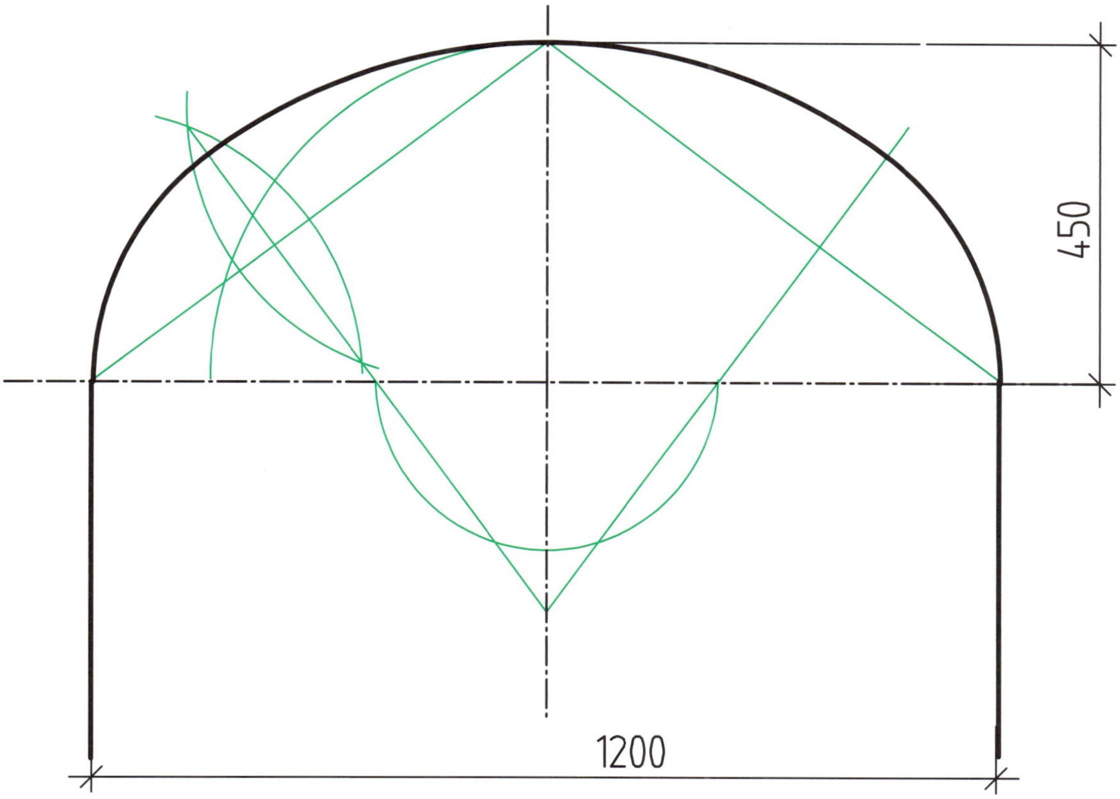

Korbbogen mit drei Einsatzpunkten – Maßstab 1 : 10

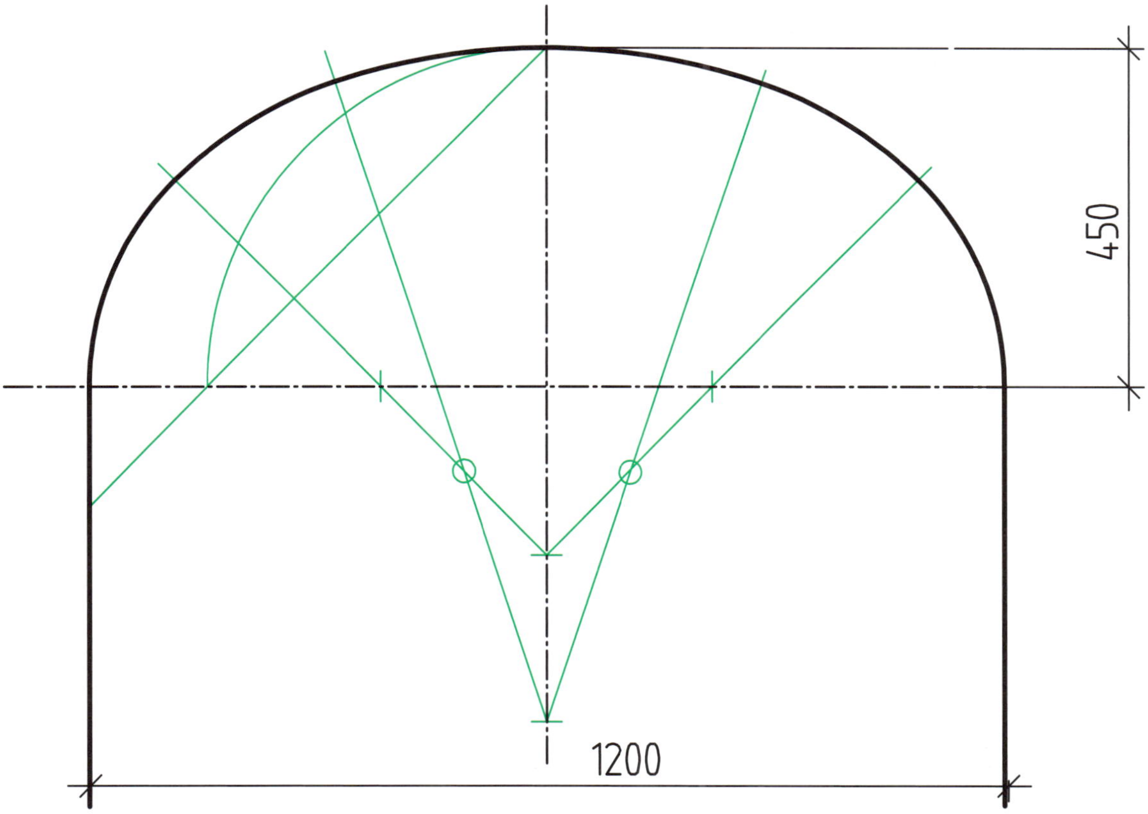

Korbbogen mit fünf Einsatzpunkten – Maßstab 1 : 10

Aufgabe 6.10–2: Bogenkonstruktionen – Korbbögen

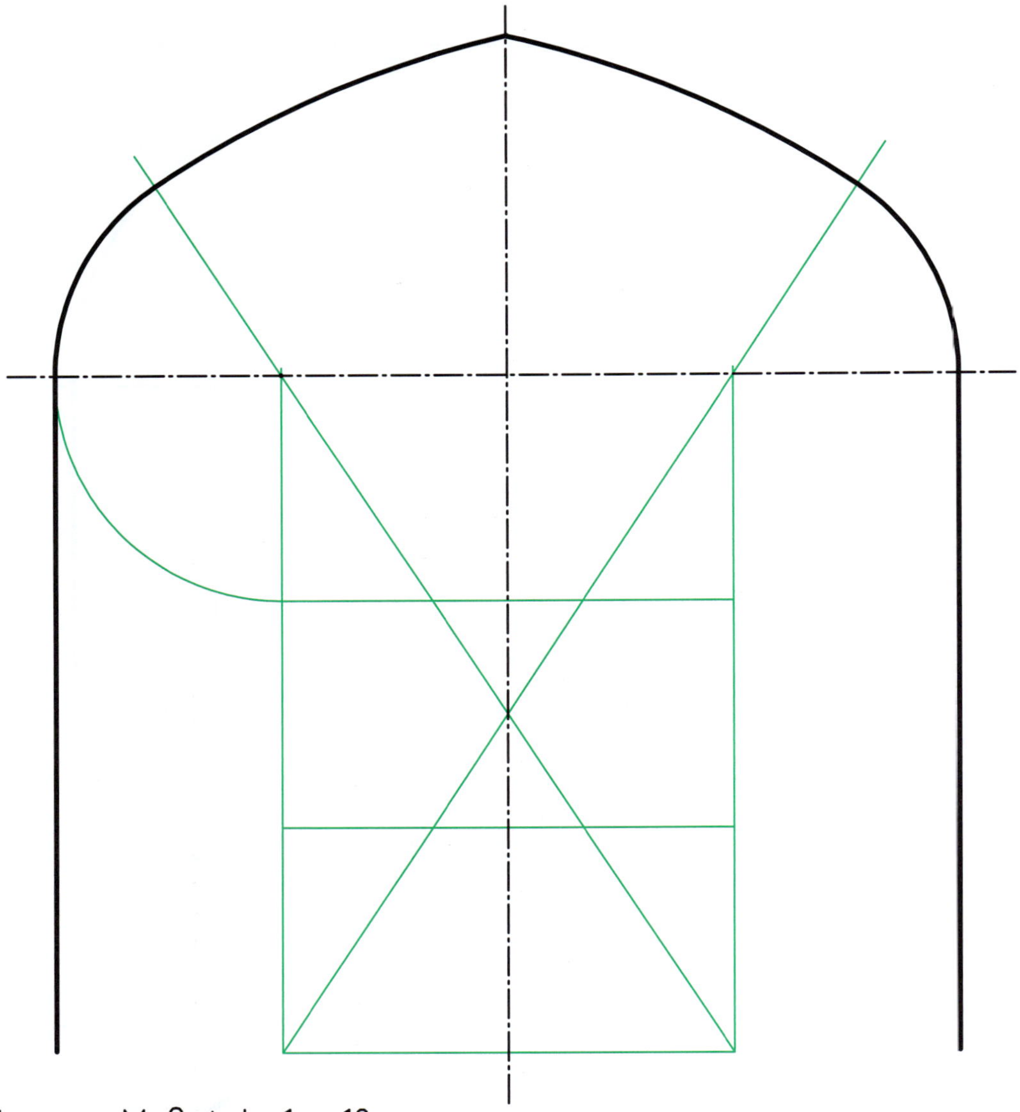

Kielbogen, Maßstab 1 : 10

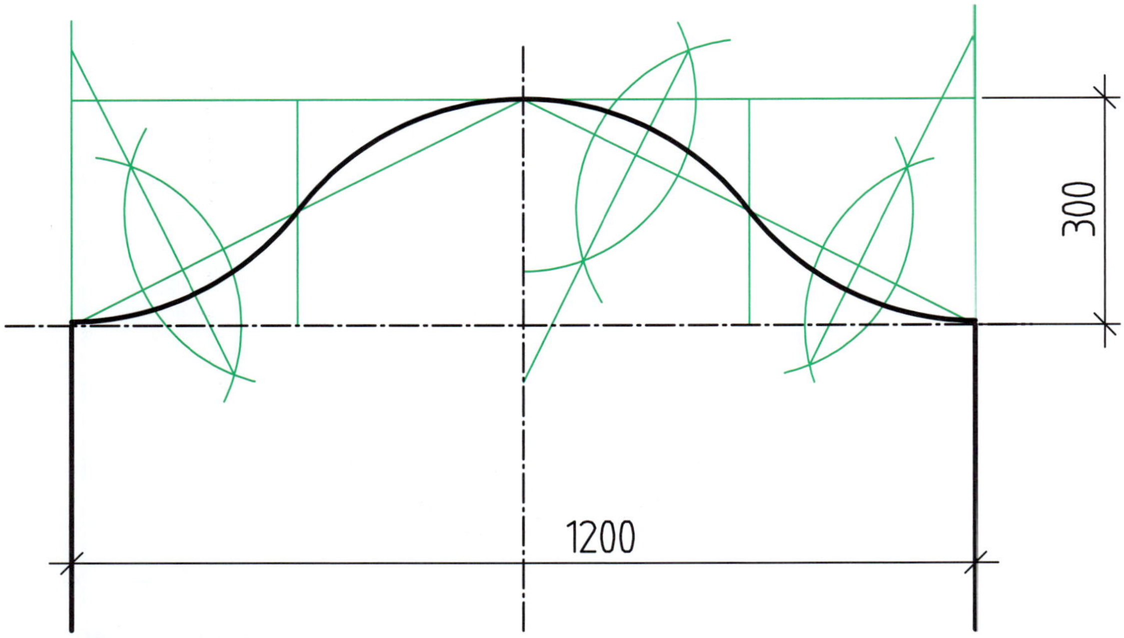

Karniesbogen, Maßstab 1 : 10

Aufgabe 6.10-3: Bogenkonstruktionen

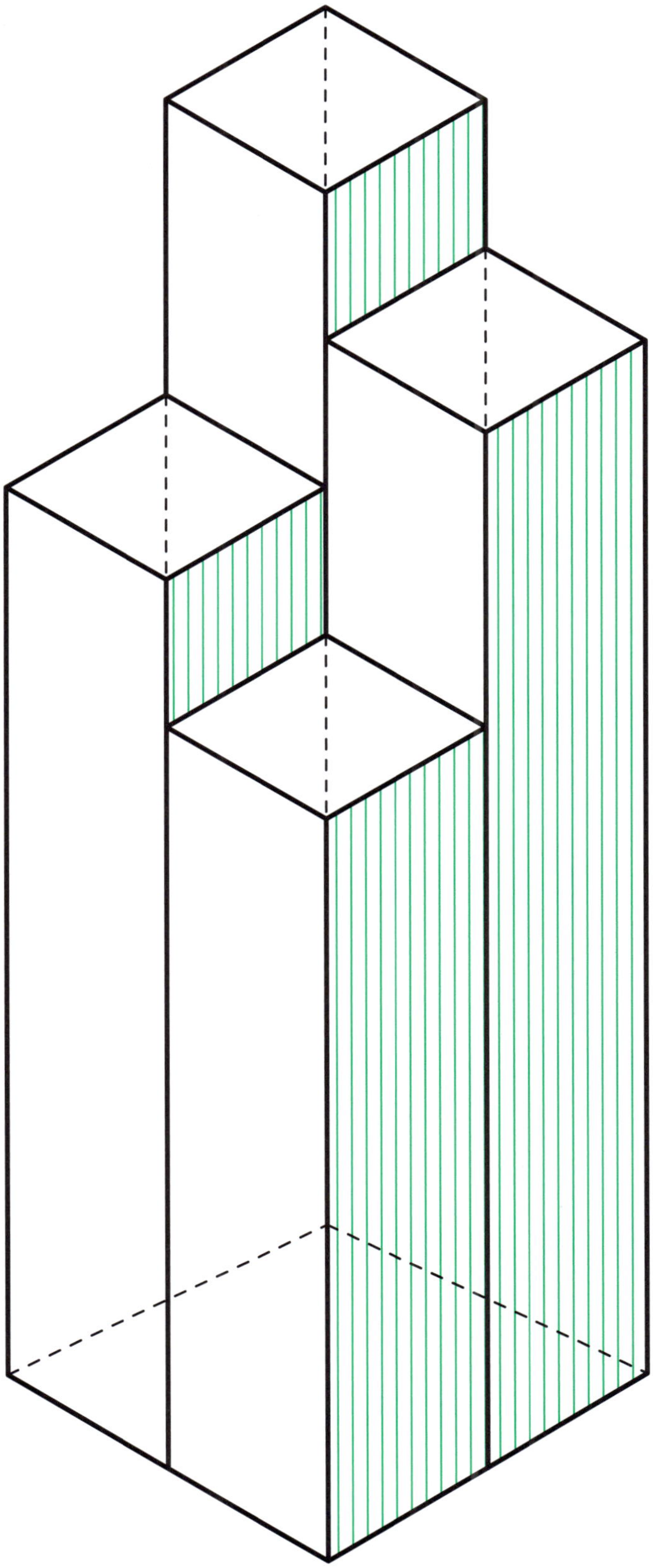

Aufgabe 7.4–1: Isometrie.
Vier quadratische Leisten in unterschiedlichen Längen

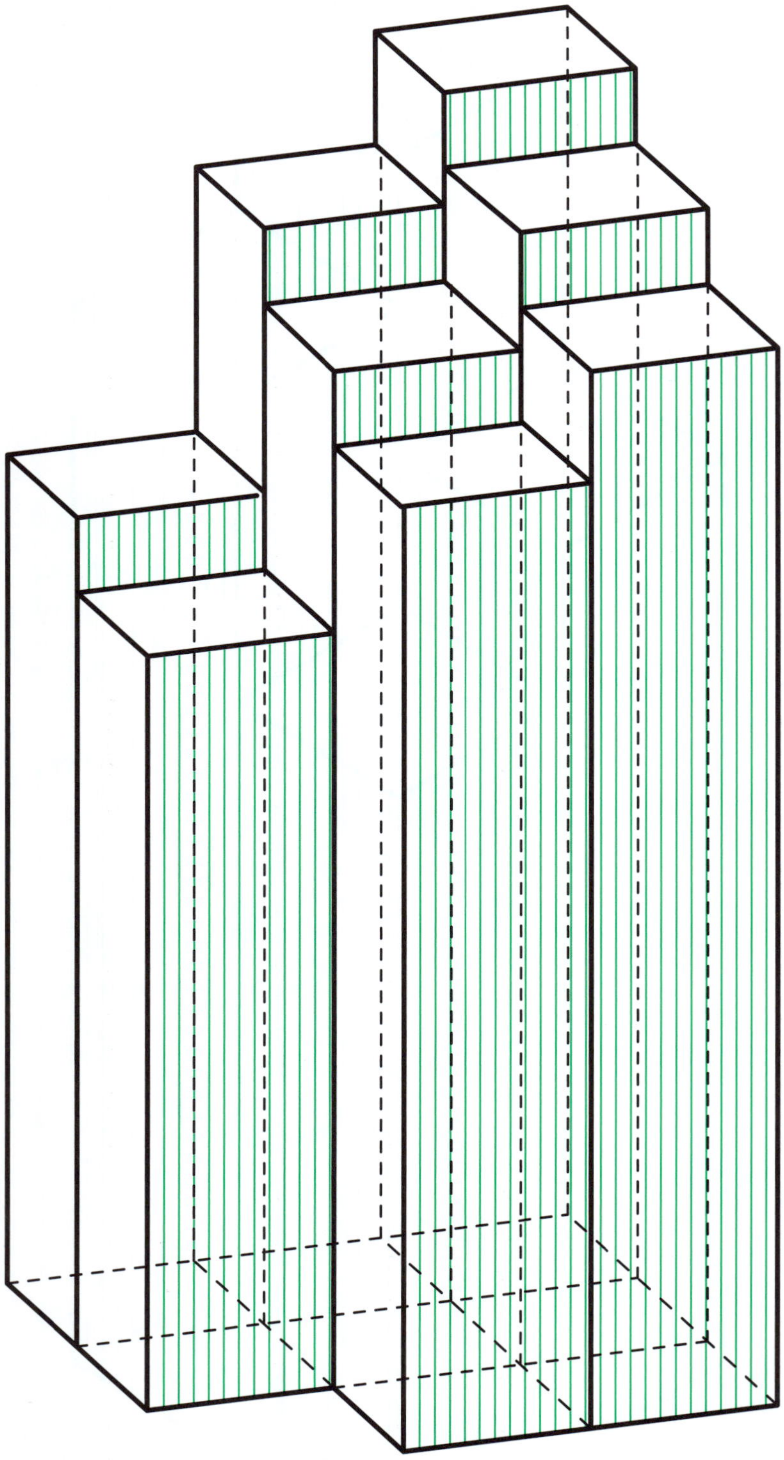

Aufgabe 7.4–2: Dimetrische Darstellung.
Acht quadratische Leisten in unterschiedlichen Längen

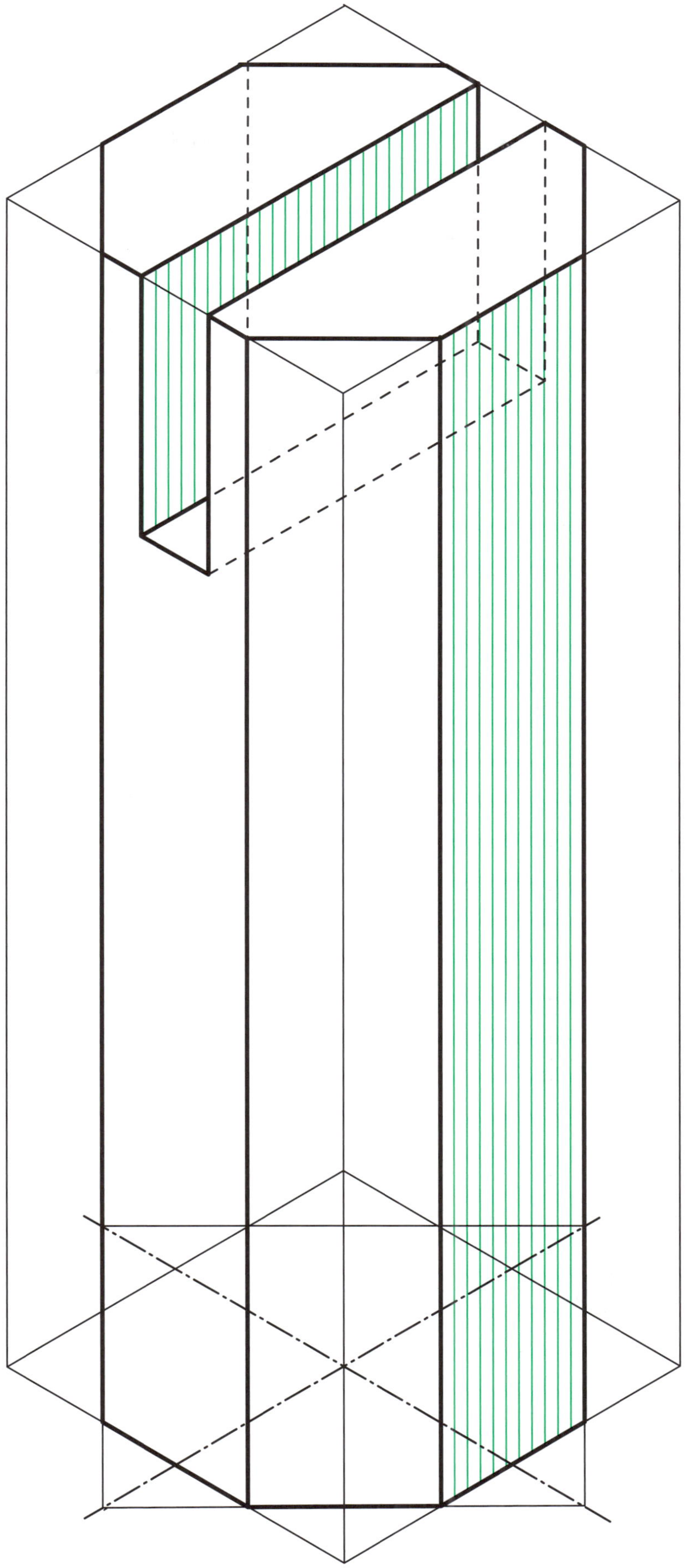

Aufgabe 7.4–3: Isometrie,
achteckiger Fuß mit 40mm tiefem Schlitz

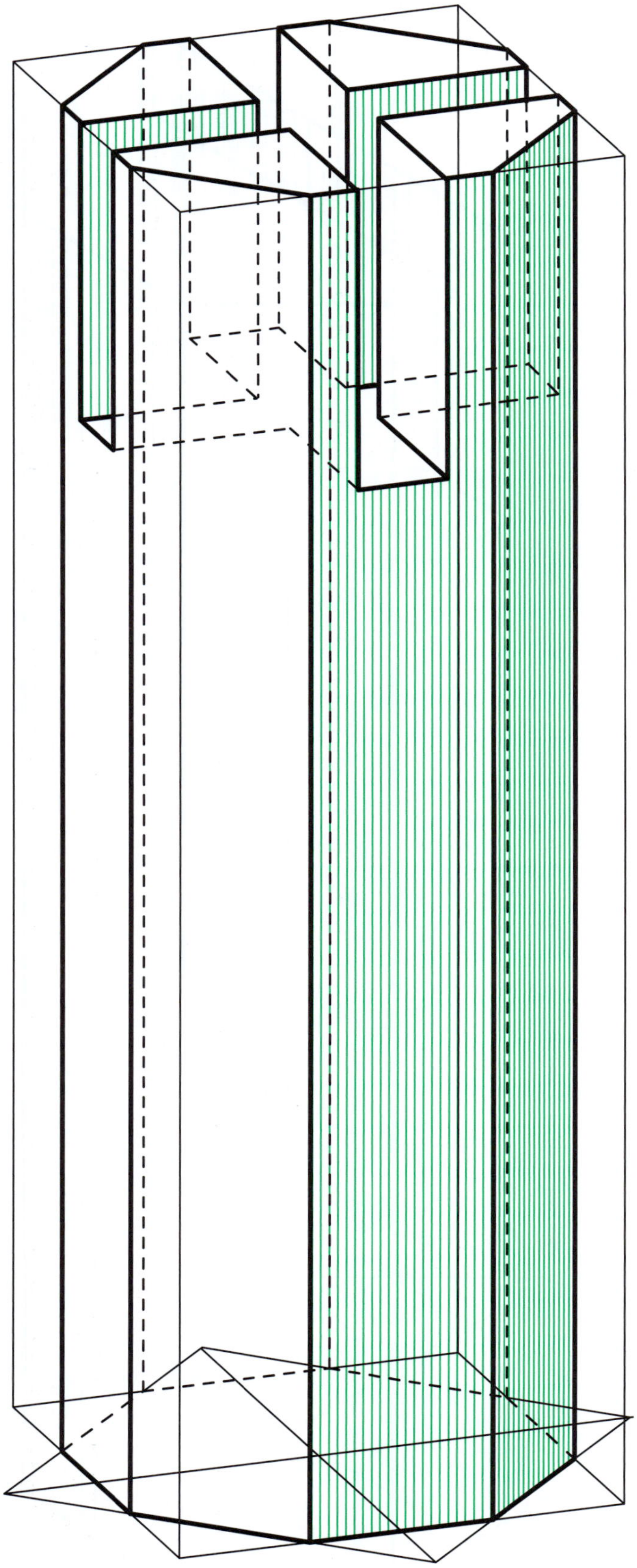

Aufgabe 7.4–4: Dimetrische Darstellung.
Achteckiger Möbelfuß, kreuzweise geschlitzt

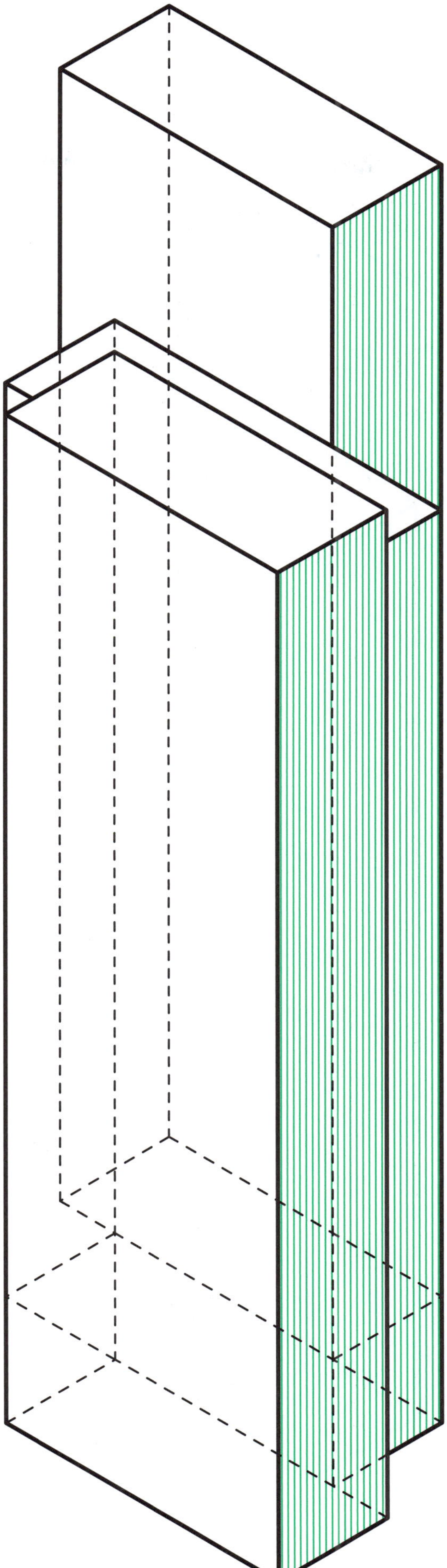

Aufgabe 7.4–5: Isometrie,.
Brettstücke mit unterschiedlicher Länge zusammengestellt

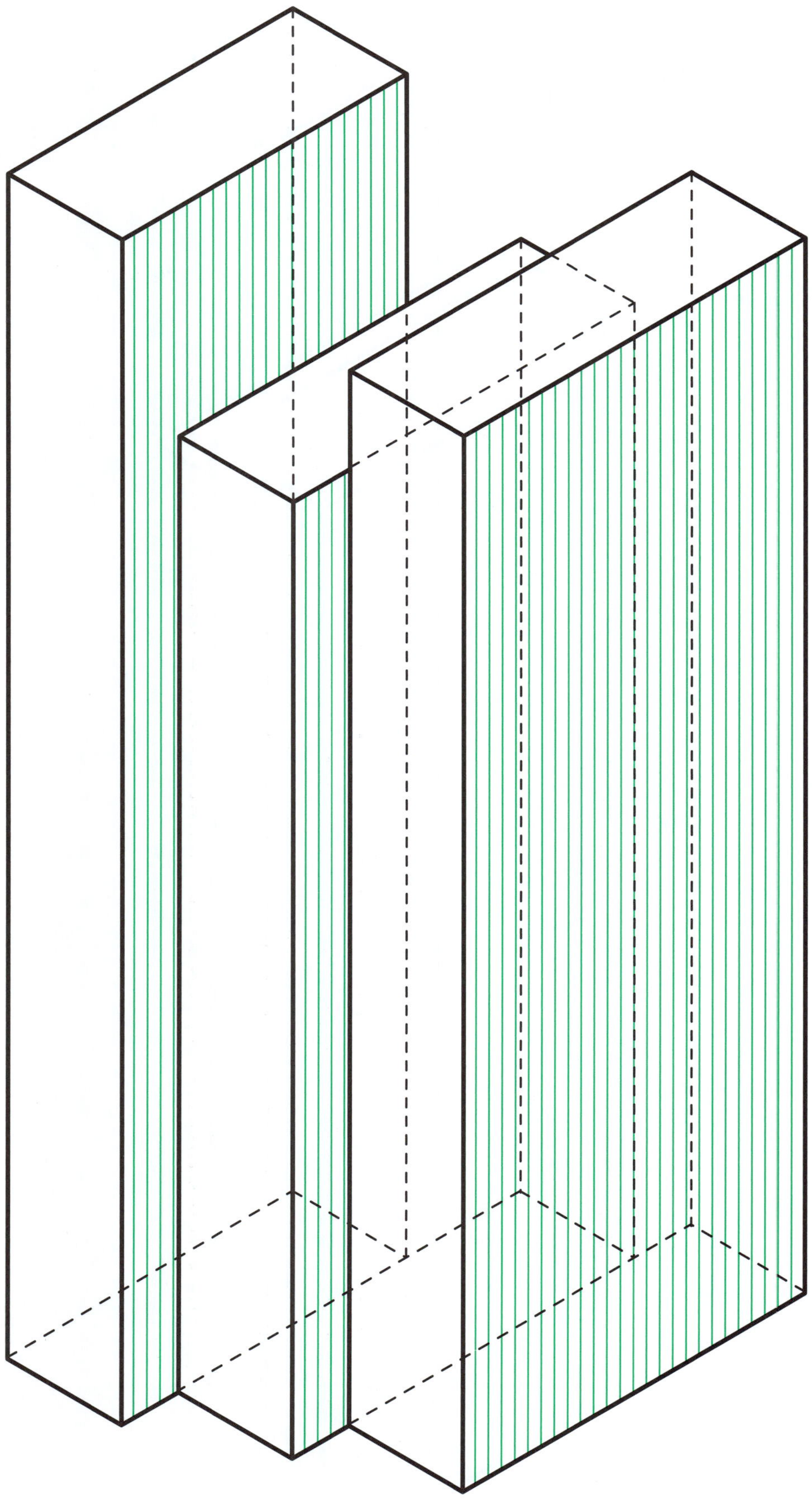

Aufgabe 7.4–5: Variante mit anderem Blickpunkt
Brettstücke versetzt in verschiedenen Längen

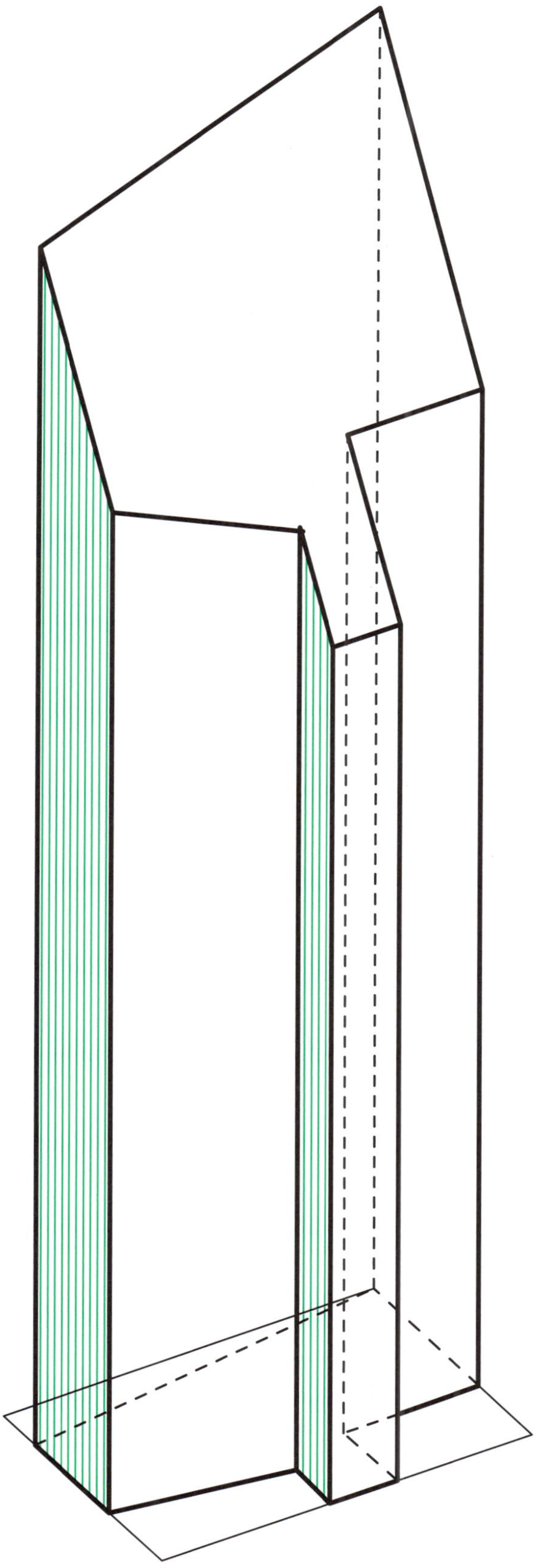

Aufgabe 7.4–6: Dimetrie – Bilderrahmenprofil

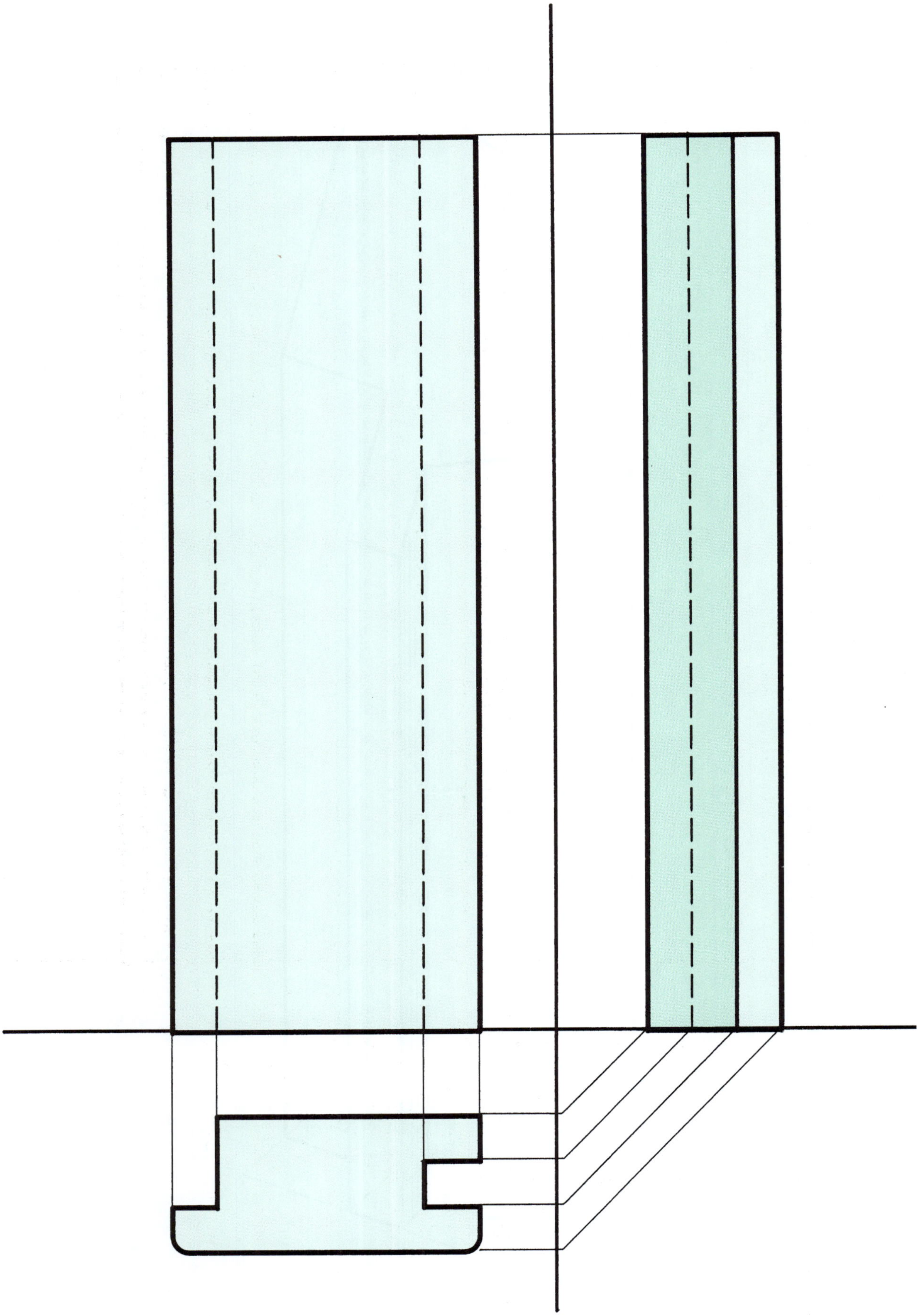

Aufgabe 8.3–1: Rahmenstück mit Falz und Nut

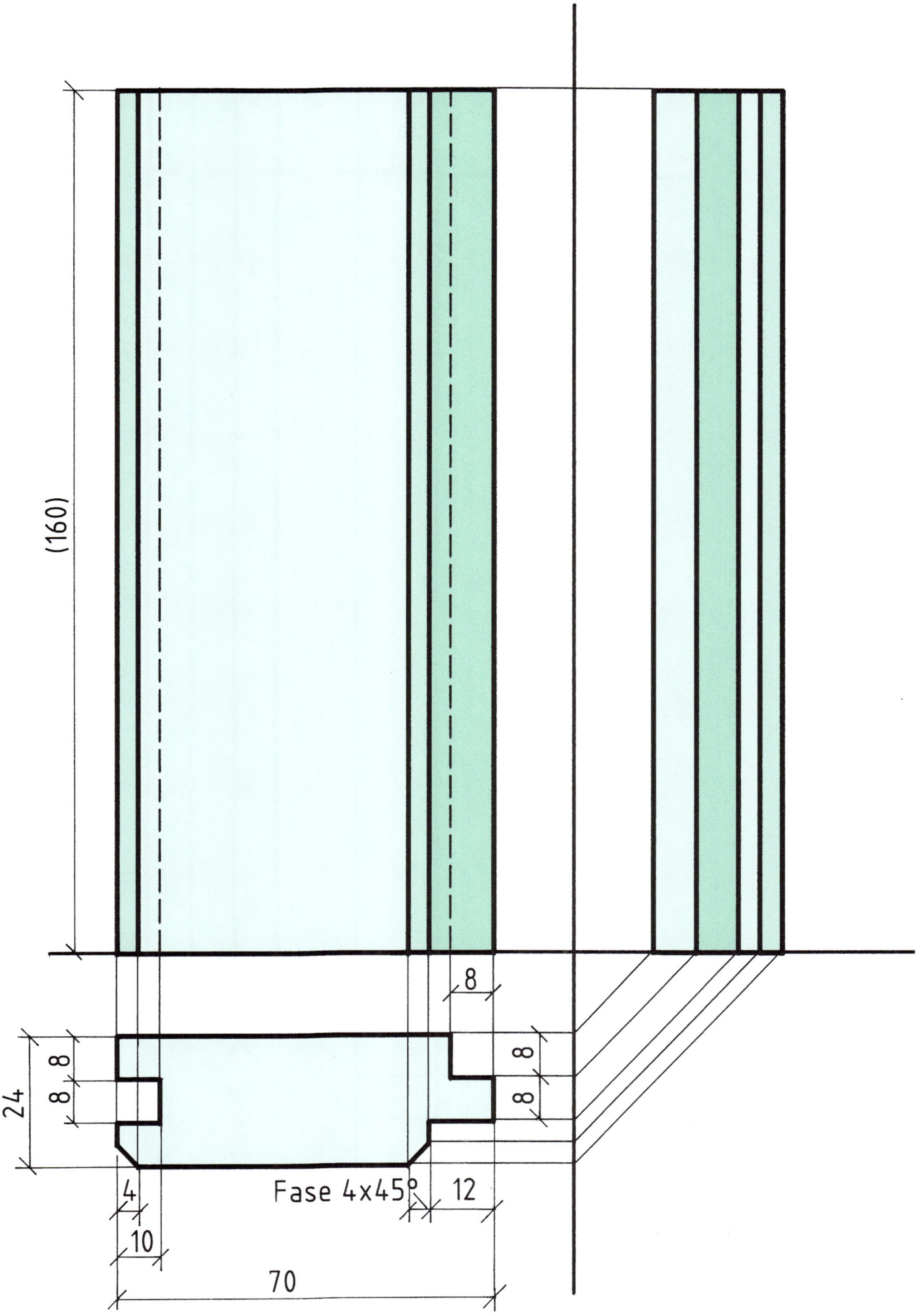

Aufgabe 8.3-2: Nut und Federbrett mit gefasten Kanten

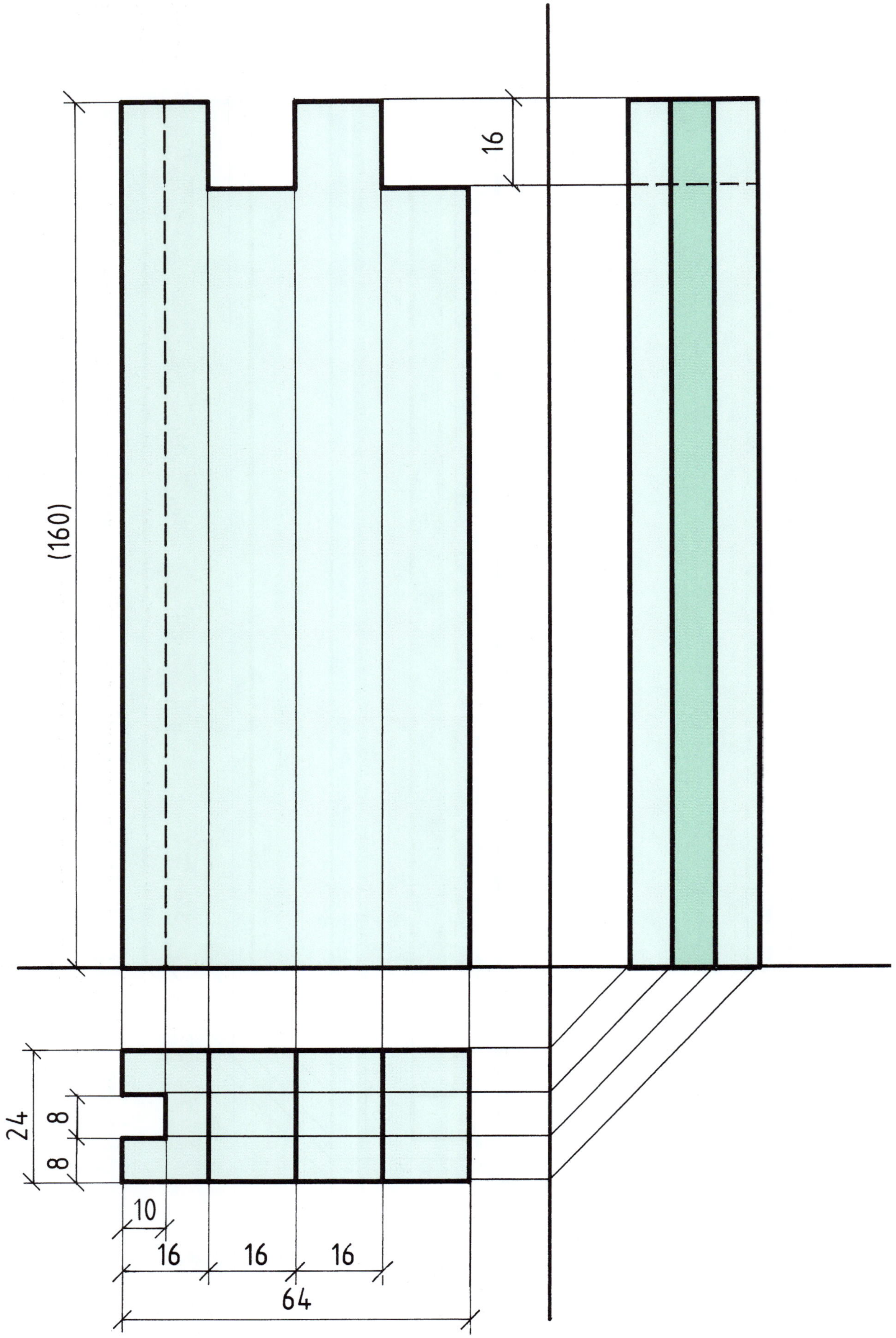

Aufgabe 8.3-3: Traverstück mit Fingerzapfen und Nut

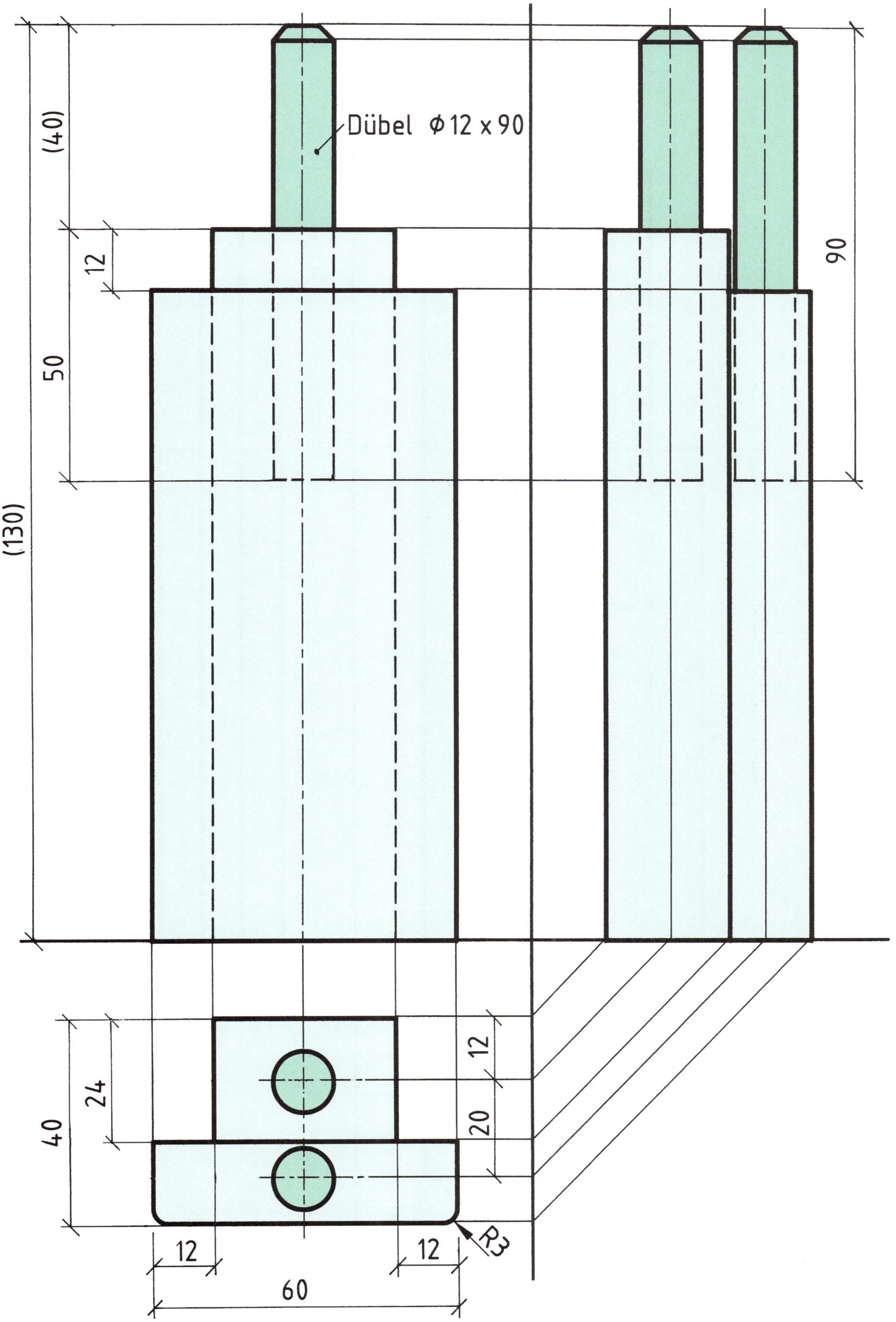

Aufgabe 8.3-4: Mittelpfosten eines Rahmens mit Dübel

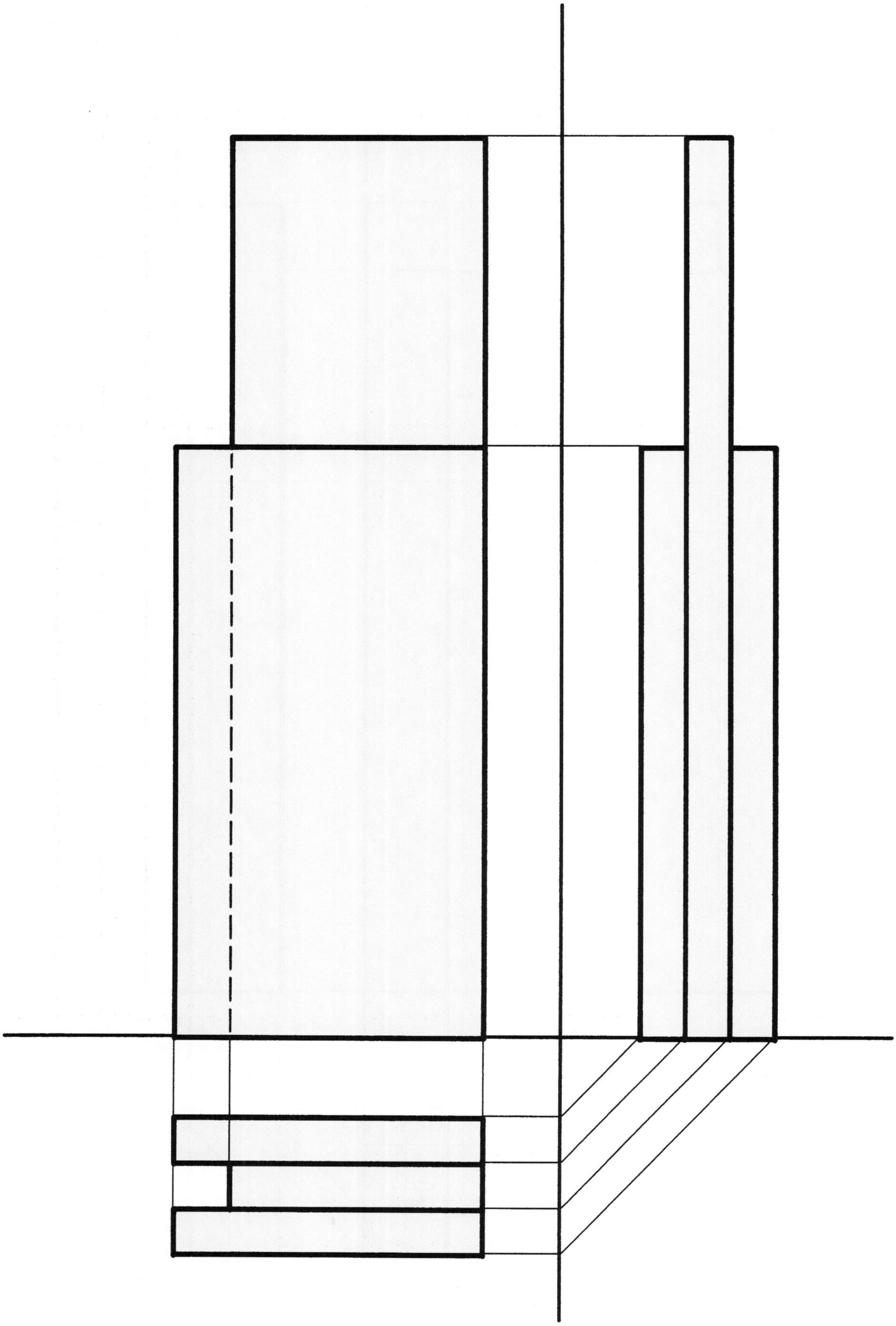

Aufgabe 8.4–1: Zapfenecke eines genuteten Rahmens

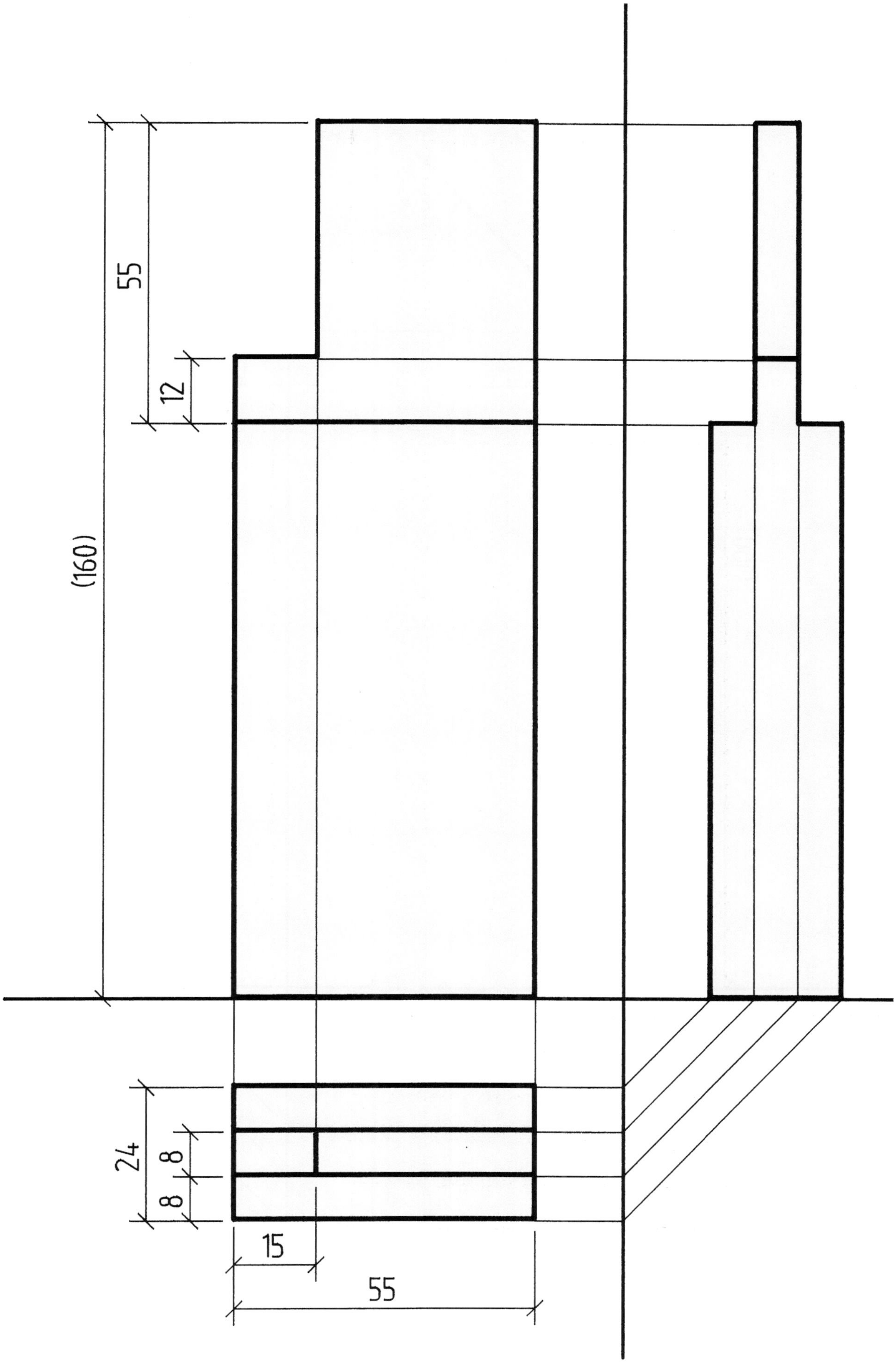

Aufgabe 8.4-2: Zarge mit Zapfen und Nutzapfen

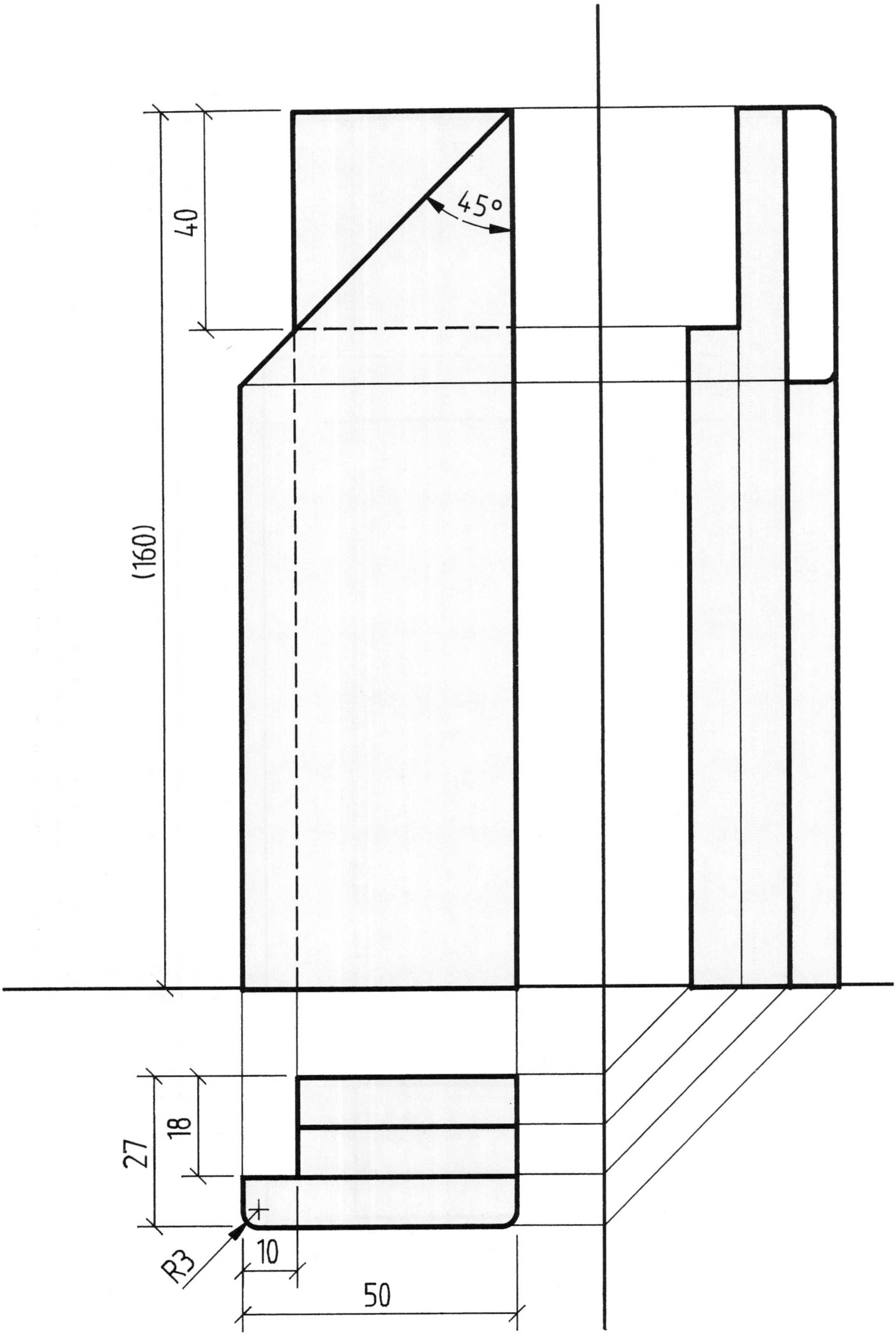

Aufgabe 8.4–3: Zapfen, einseitig auf Gehrung abgesetzt

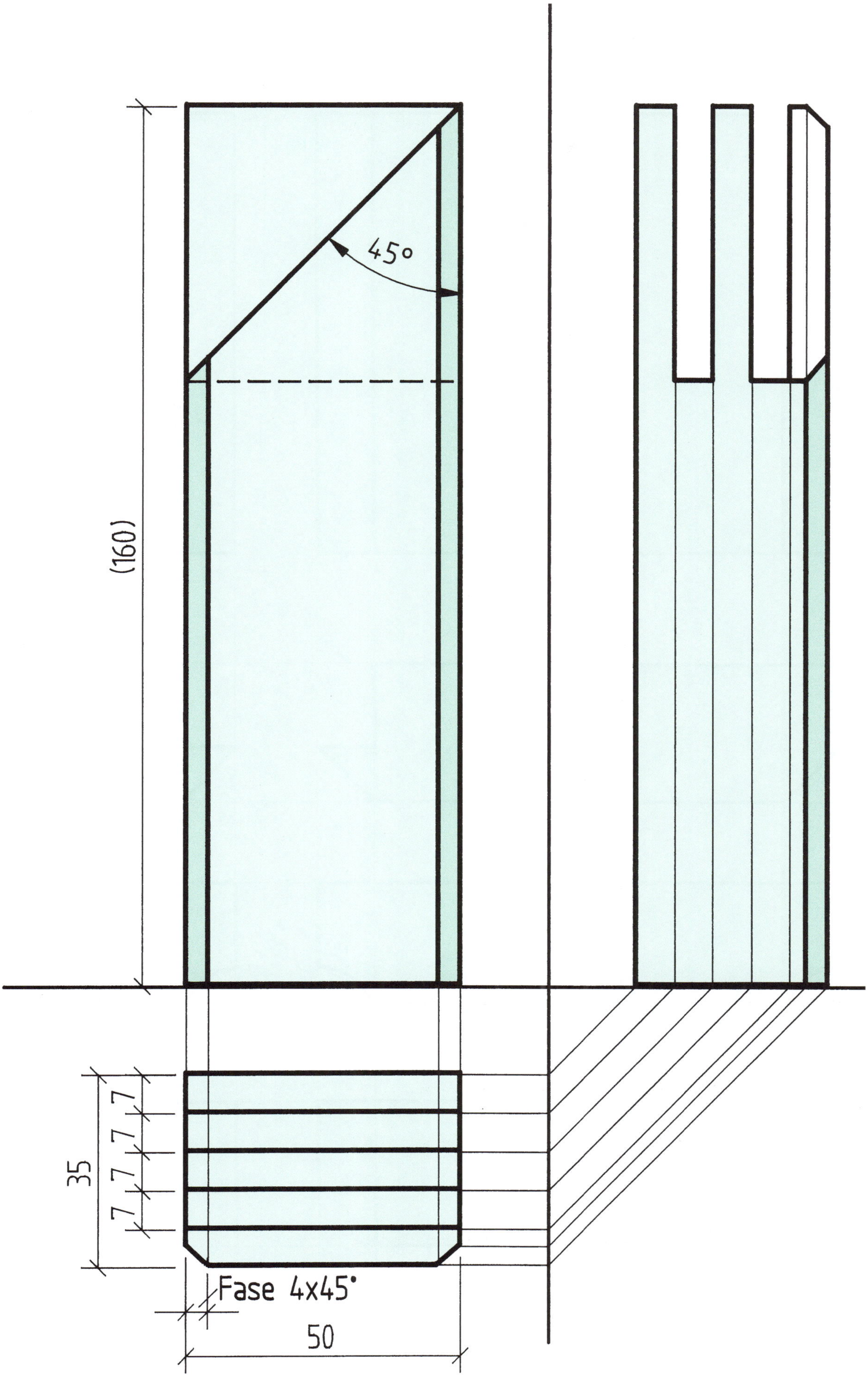

Aufgabe 8.4-4: Schlitzecke für Doppelzapfen,
einseitig auf Gehrung abgesetzt

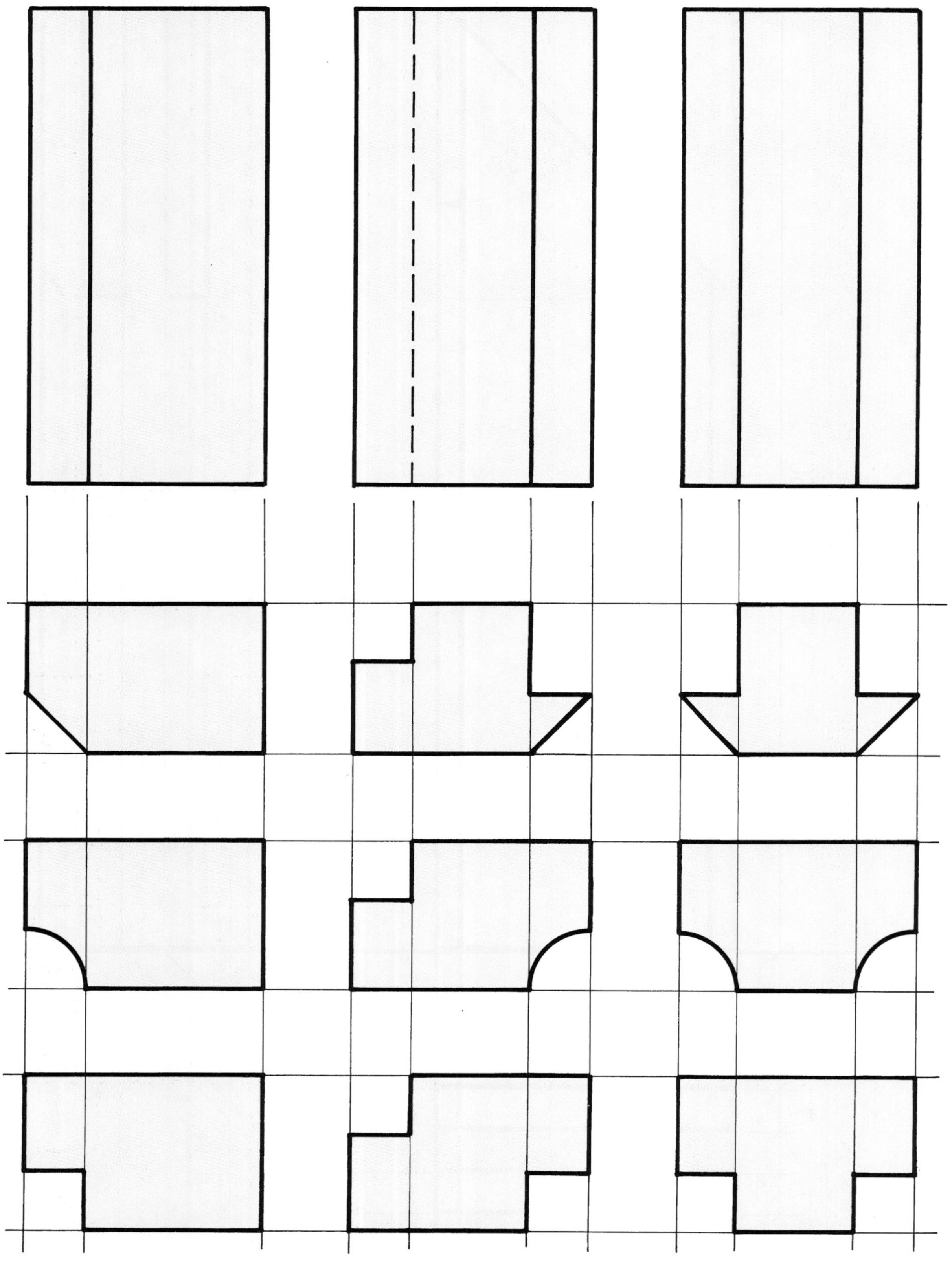

Aufgabe 8.5-1: Ansichten gesucht

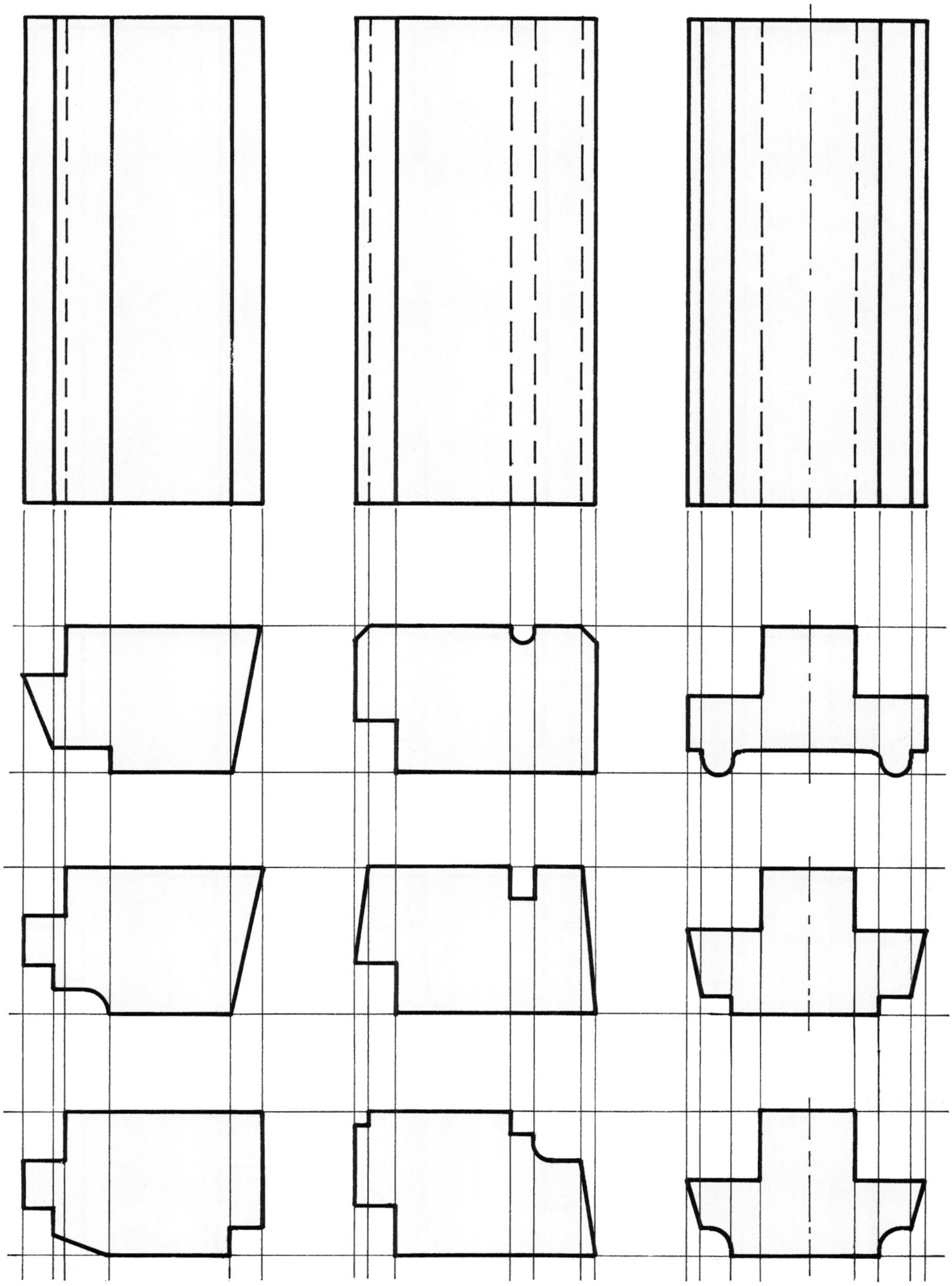

Aufgabe 8.5-2: Ansichten gesucht

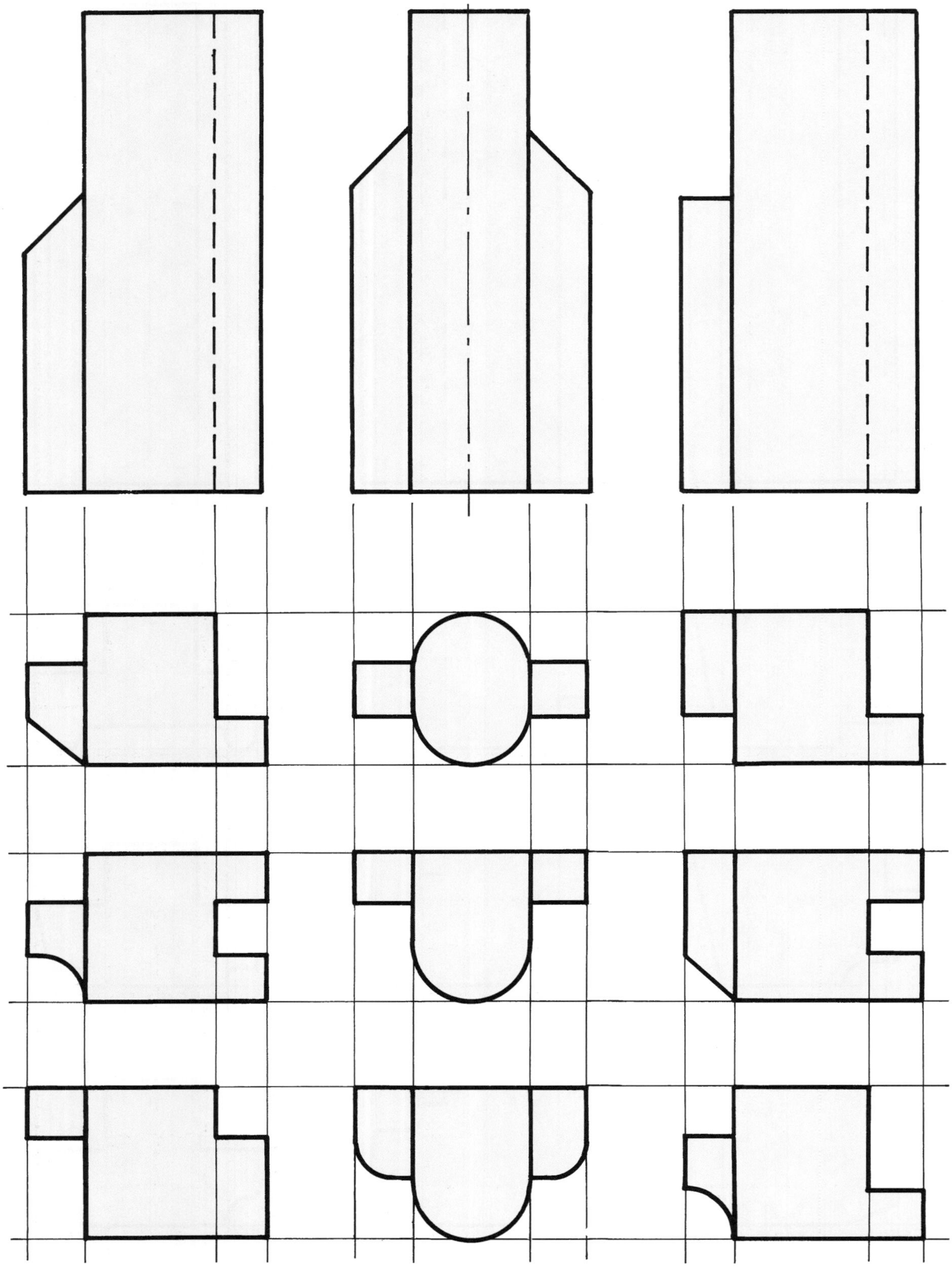

Aufgabe 8.5-3: Ansichten gesucht

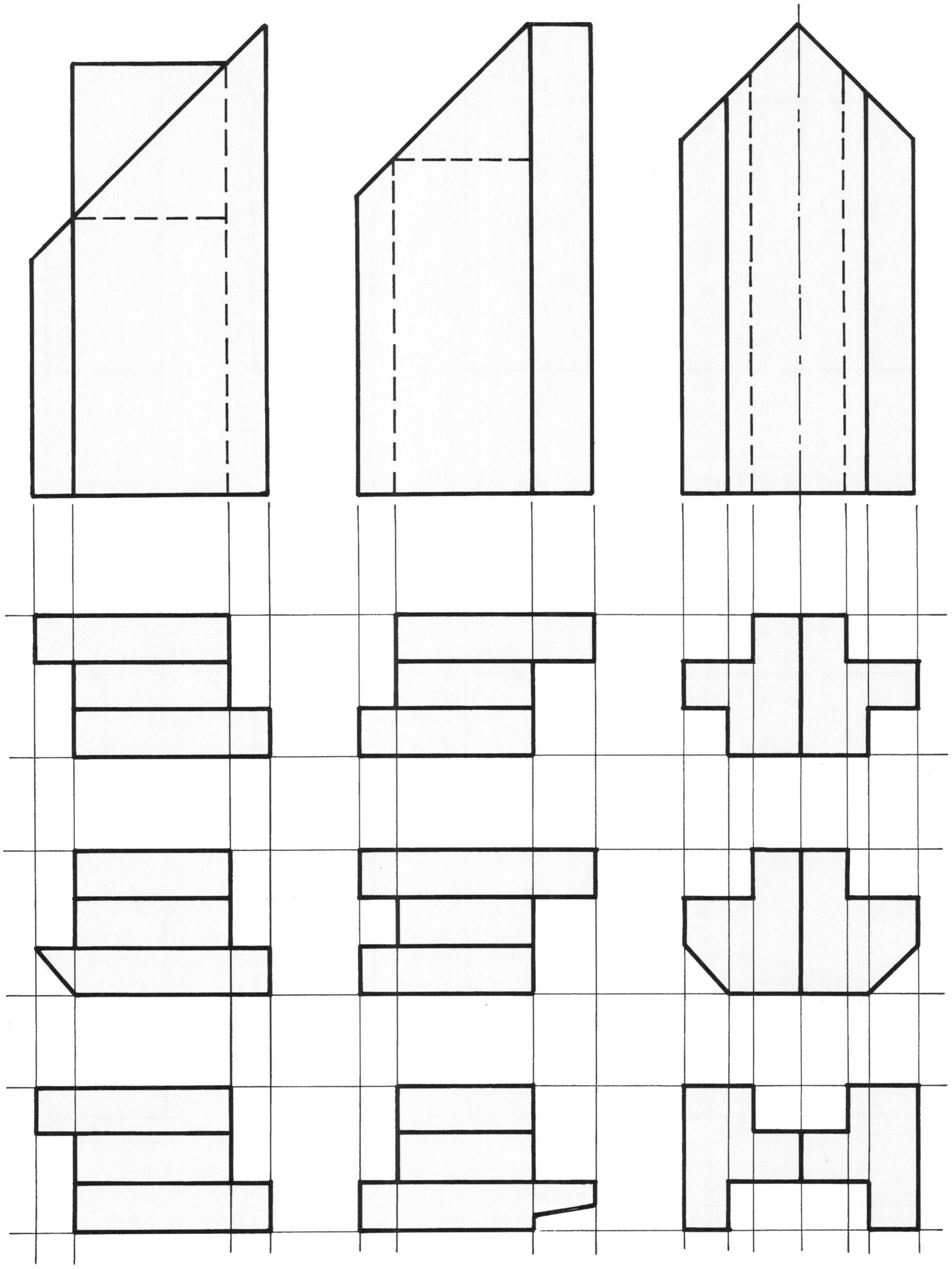

Aufgabe 8.5-4: Ansichten gesucht

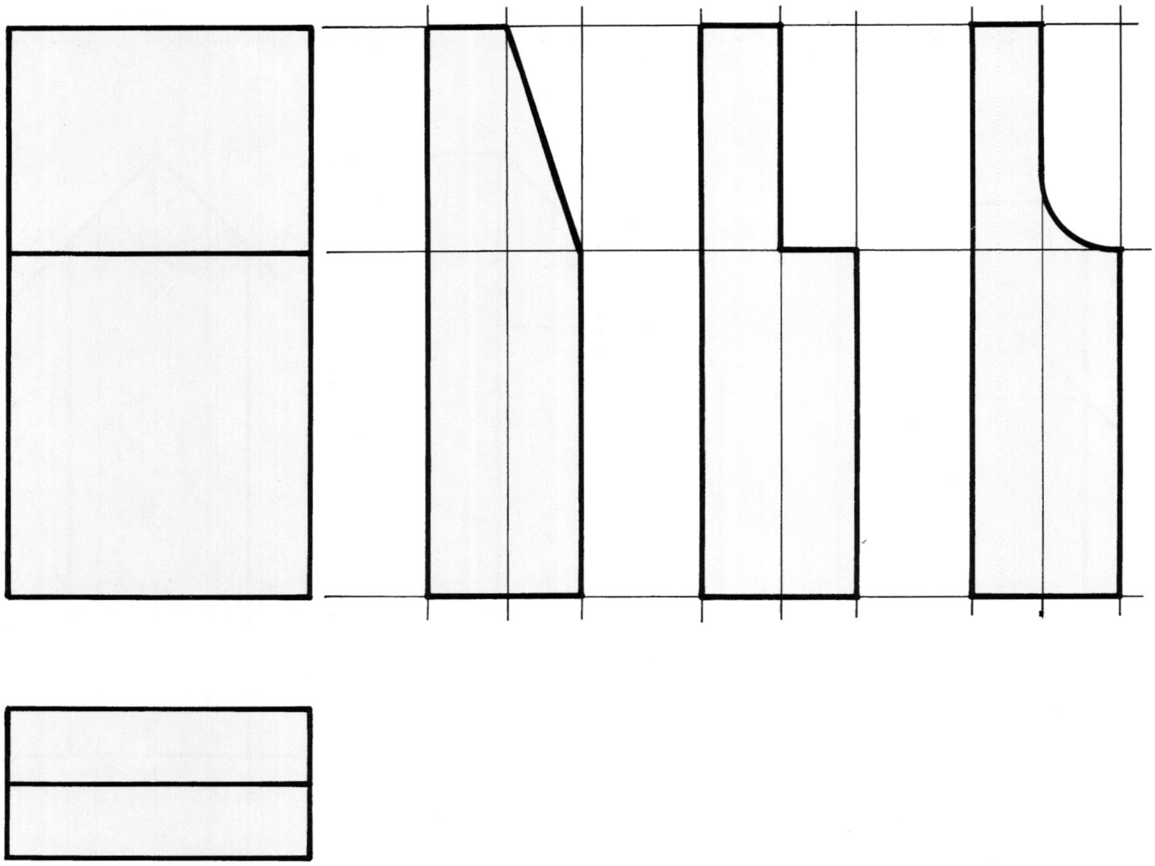

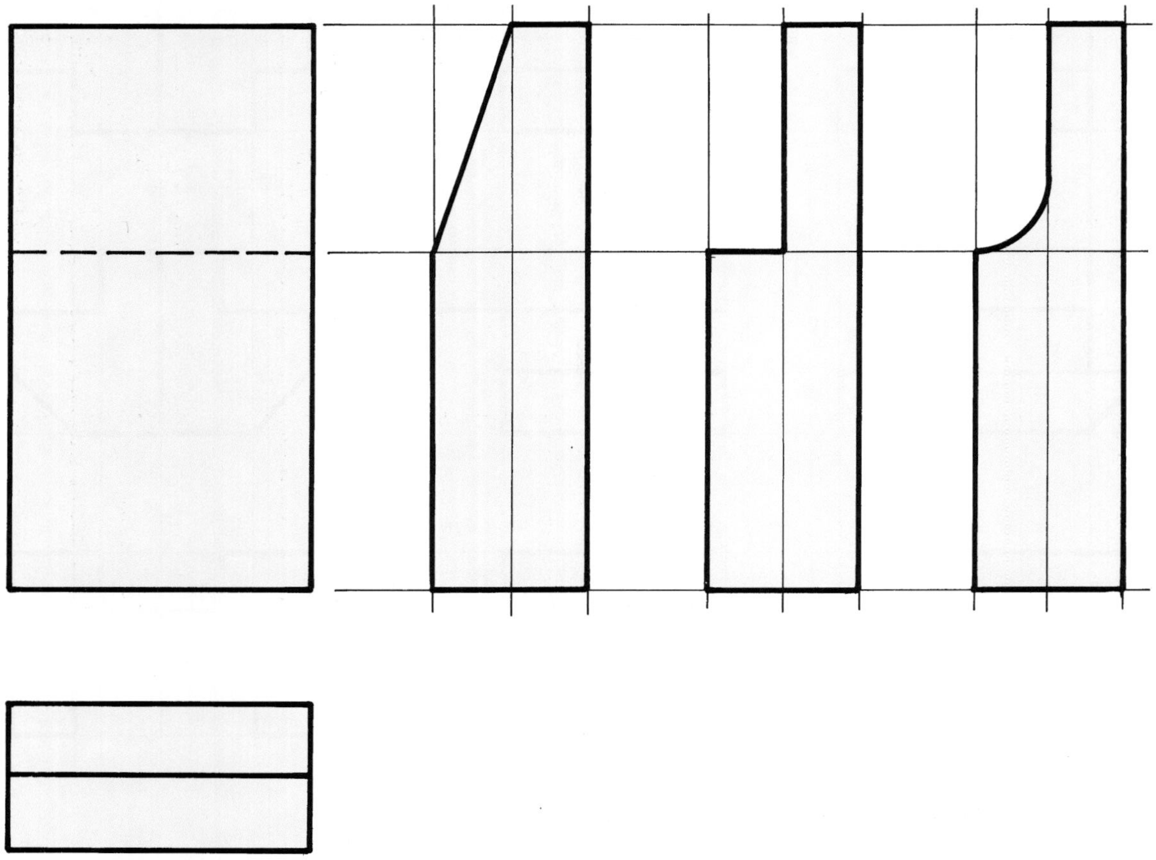

Aufgabe 8.5–5: Ansichten gesucht

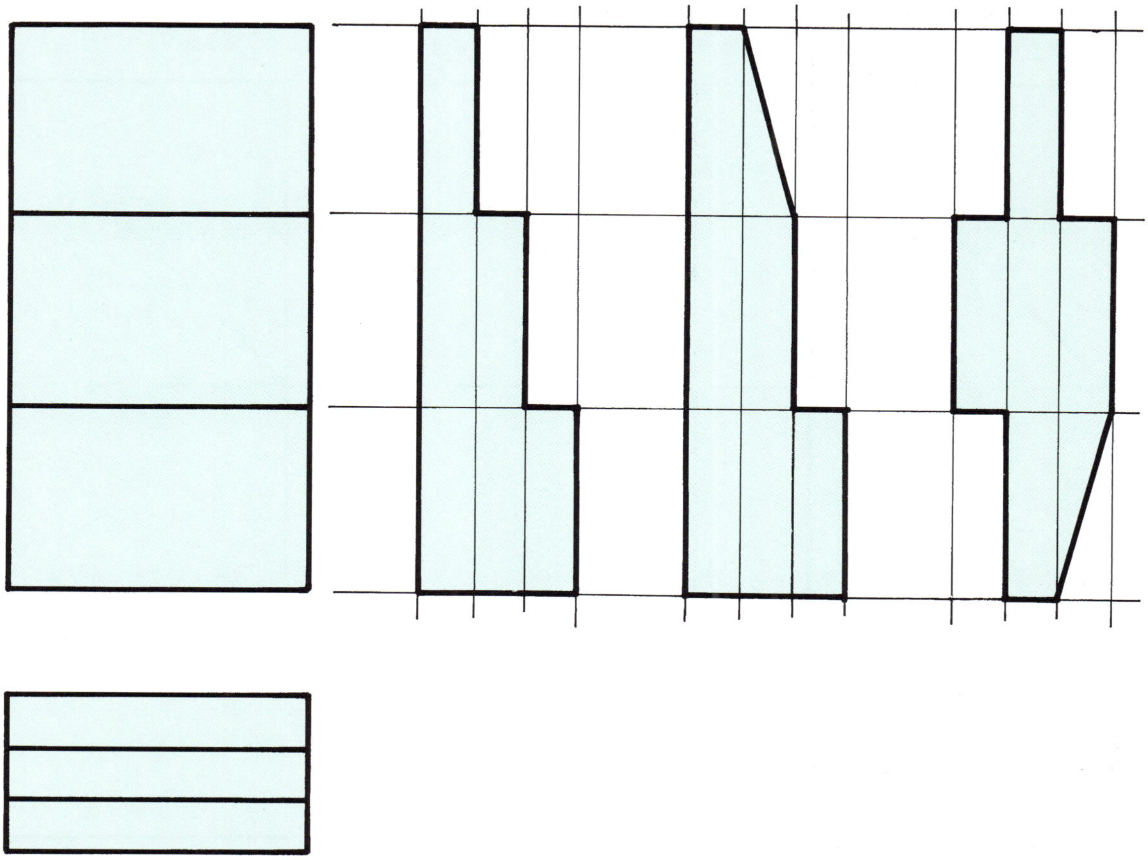

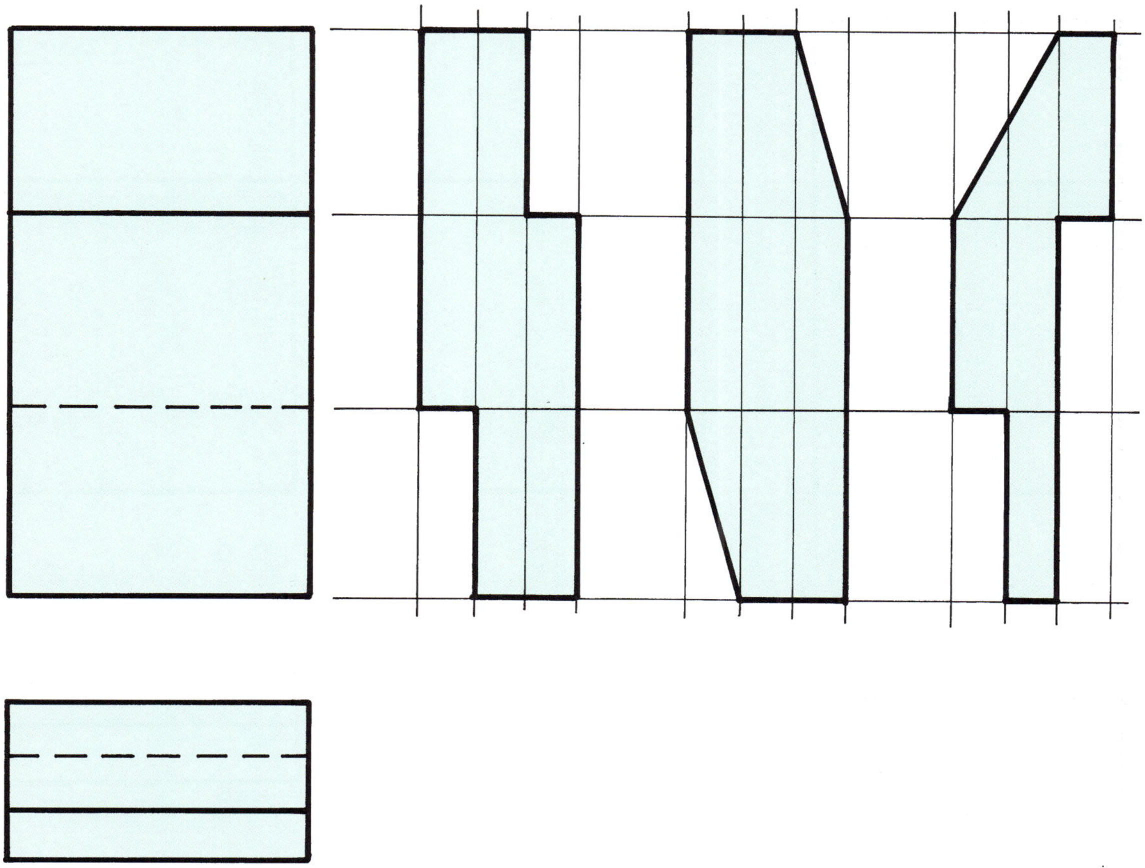

Aufgabe 8.5–6: Ansichten gesucht

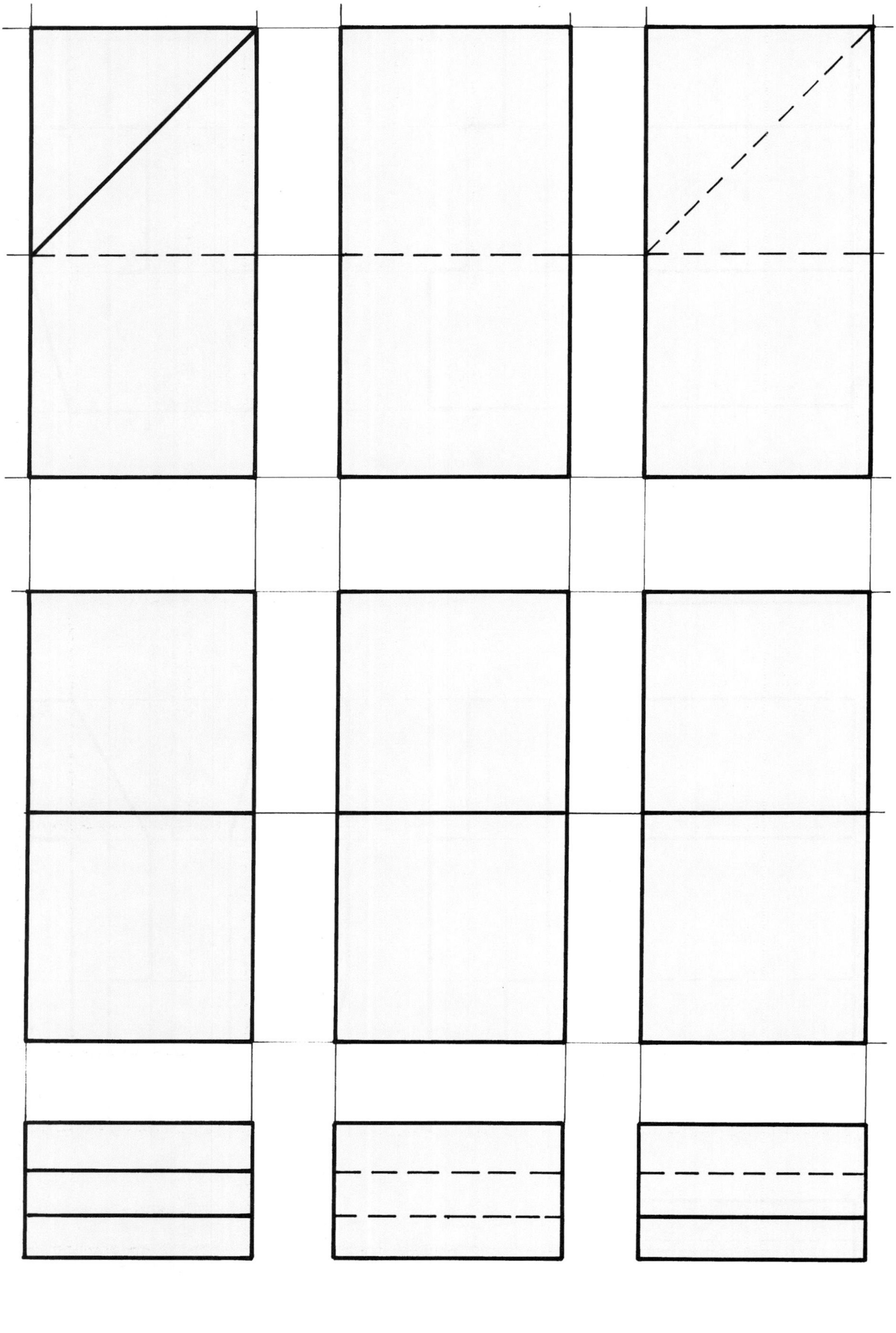

Aufgabe 8.5-7: Ansichten gesucht

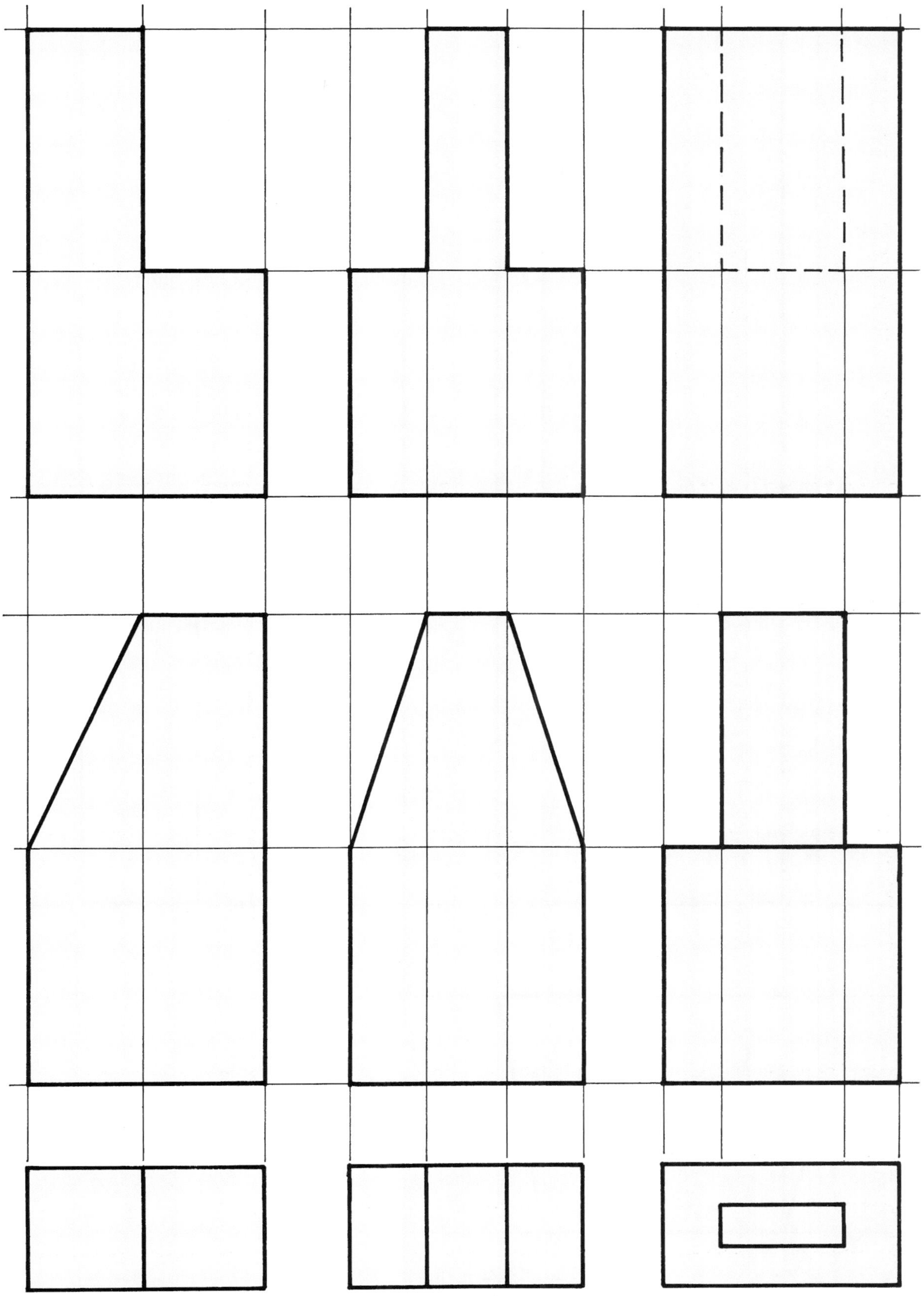

Aufgabe 8.5–8: Ansichten gesucht

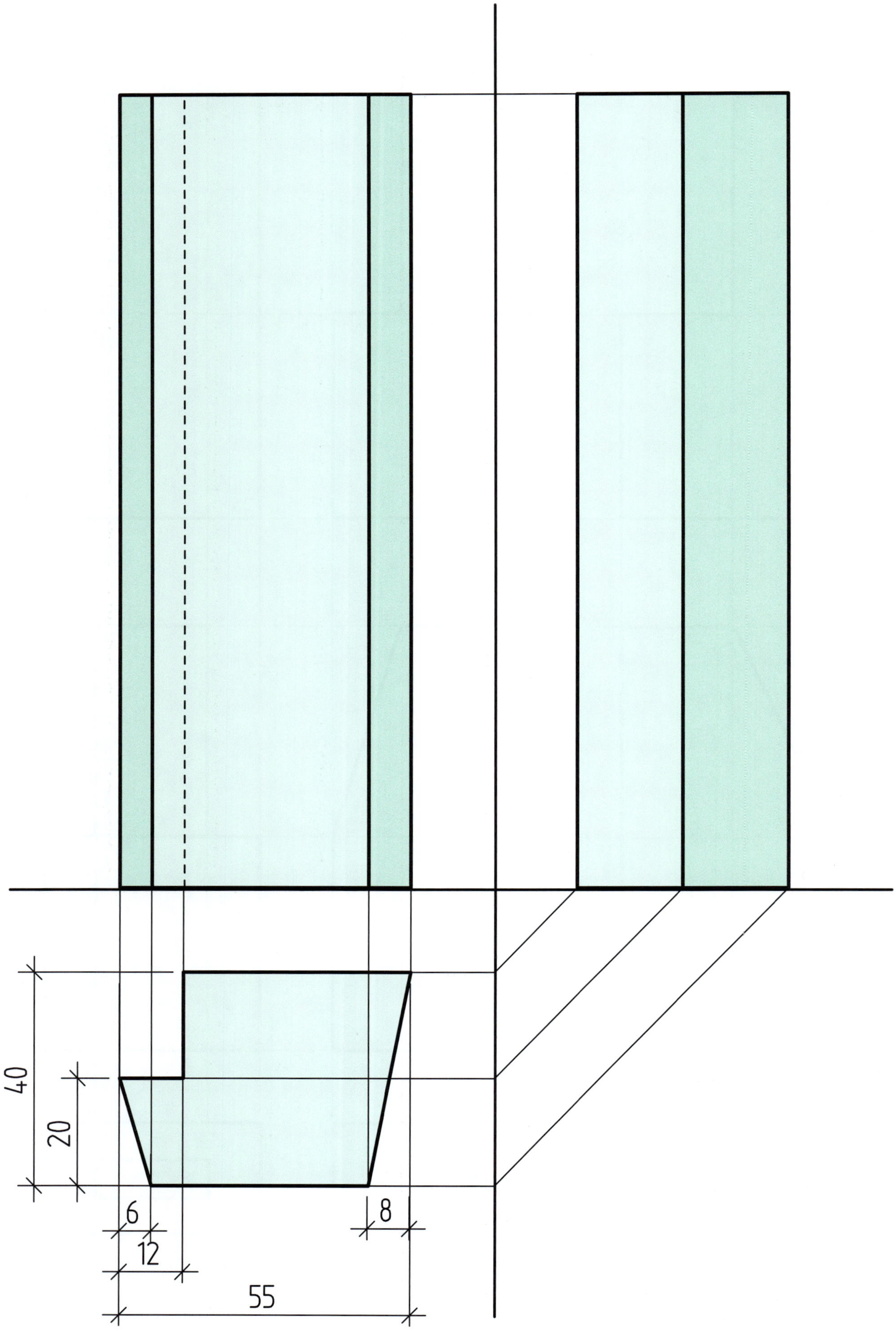

Aufgabe 8.6–1: Profilleiste in drei Ansichten

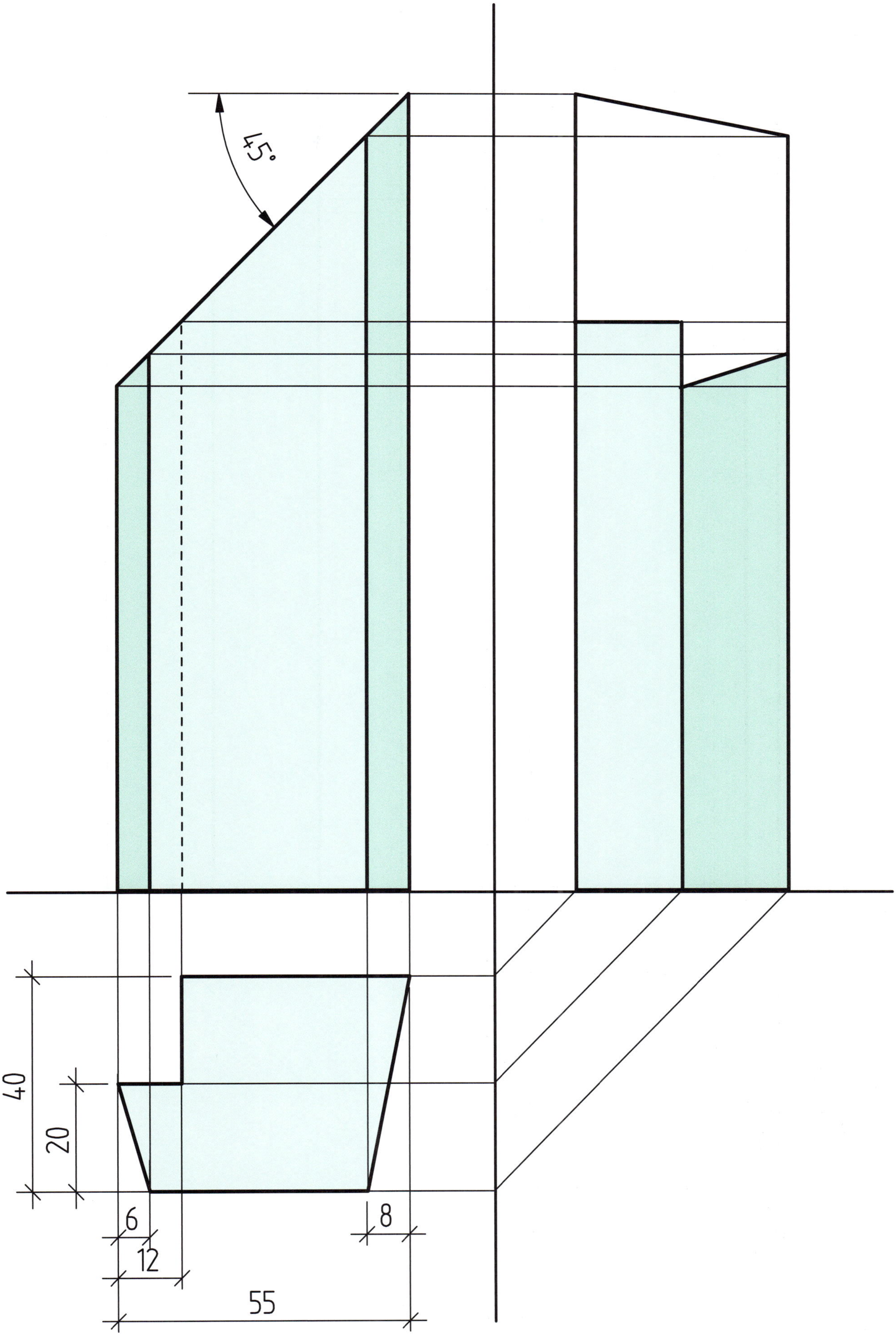

Variante 1:
Aufgabe 8.6-1: Profilleiste in drei Ansichten

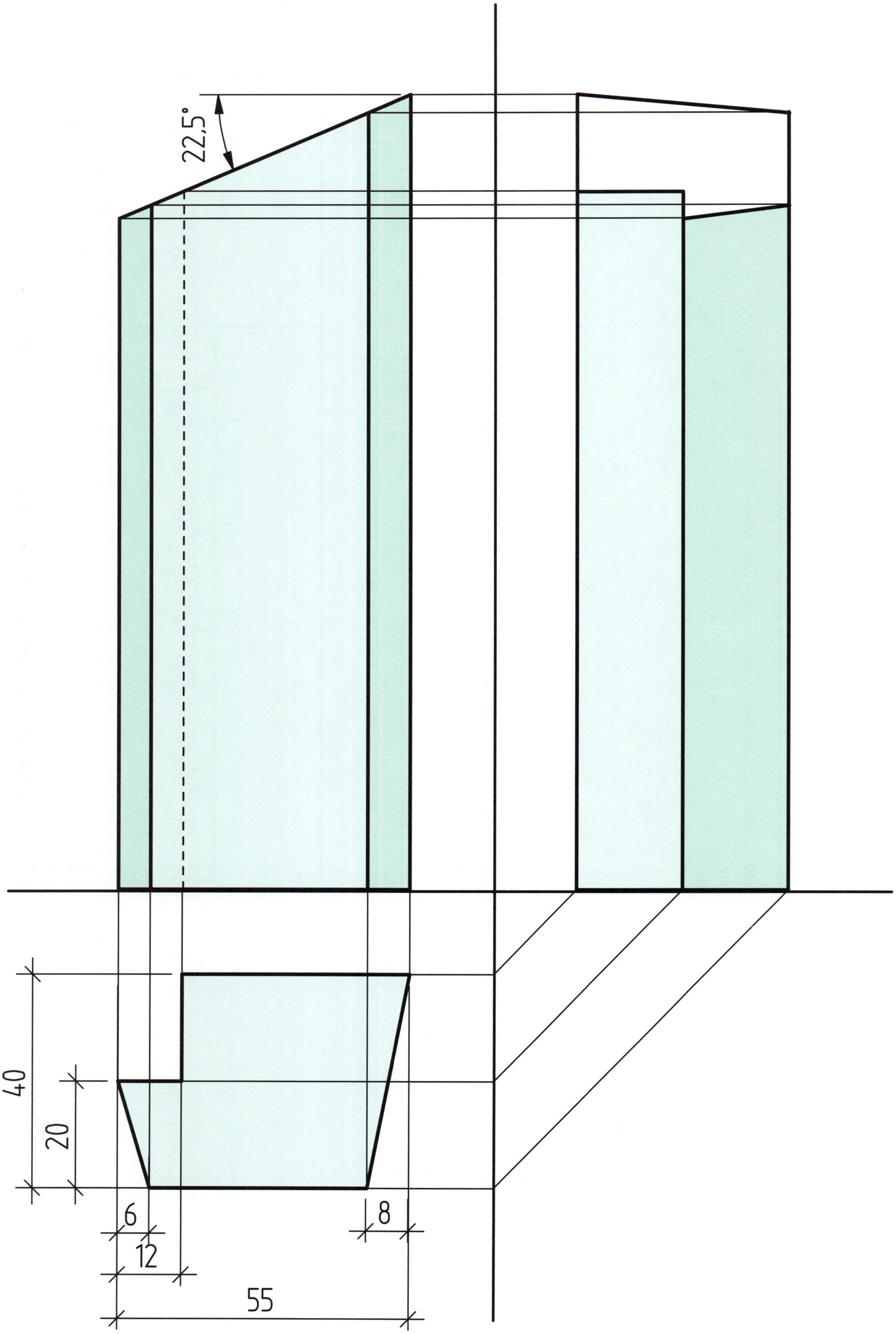

Variante 2:
Aufgabe 8.6-1: Profilleiste mit angeschnittener 22,5° Gehrung

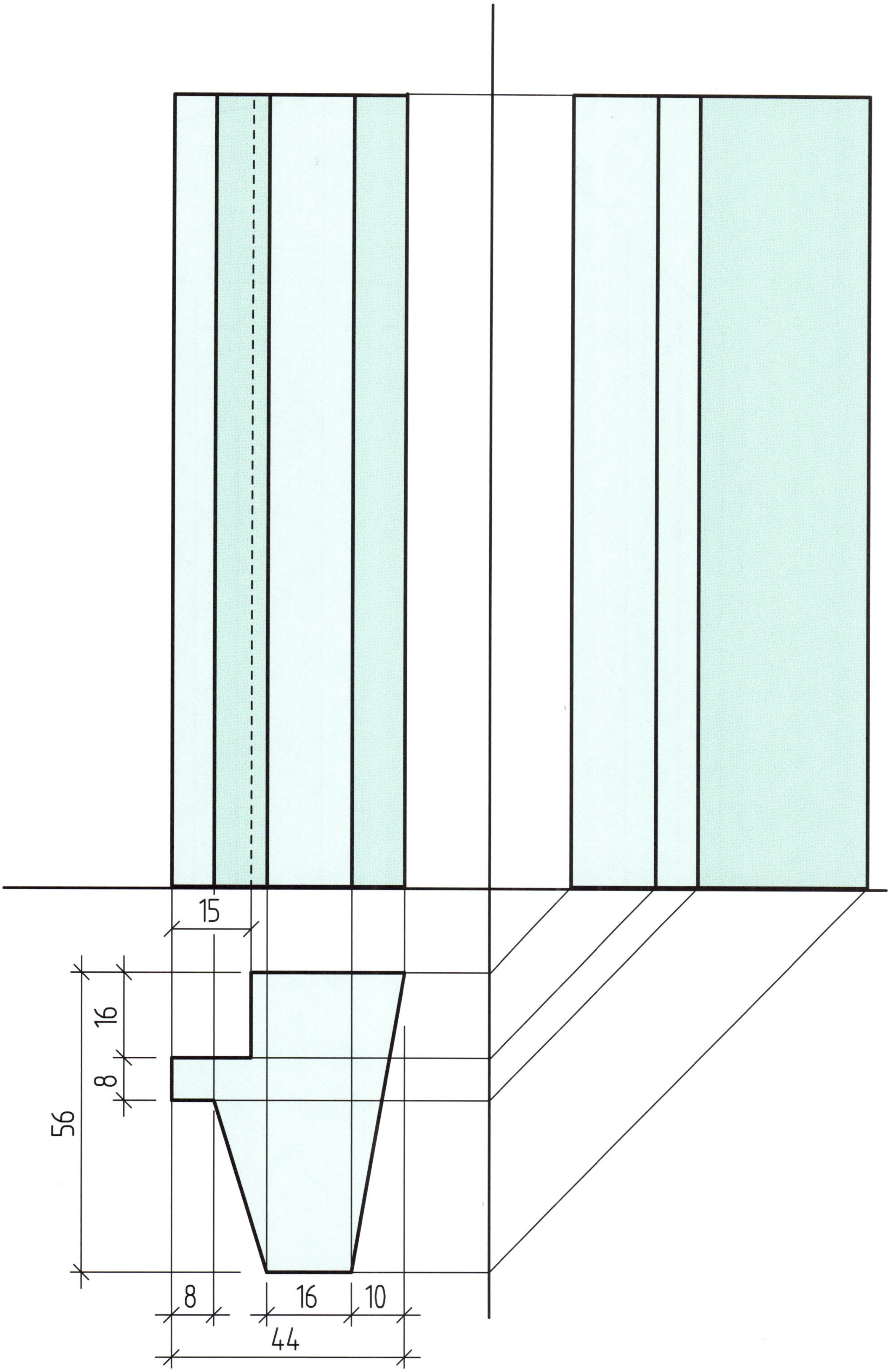

Aufgabe 8.6-2: Profilleiste in drei Ansichten

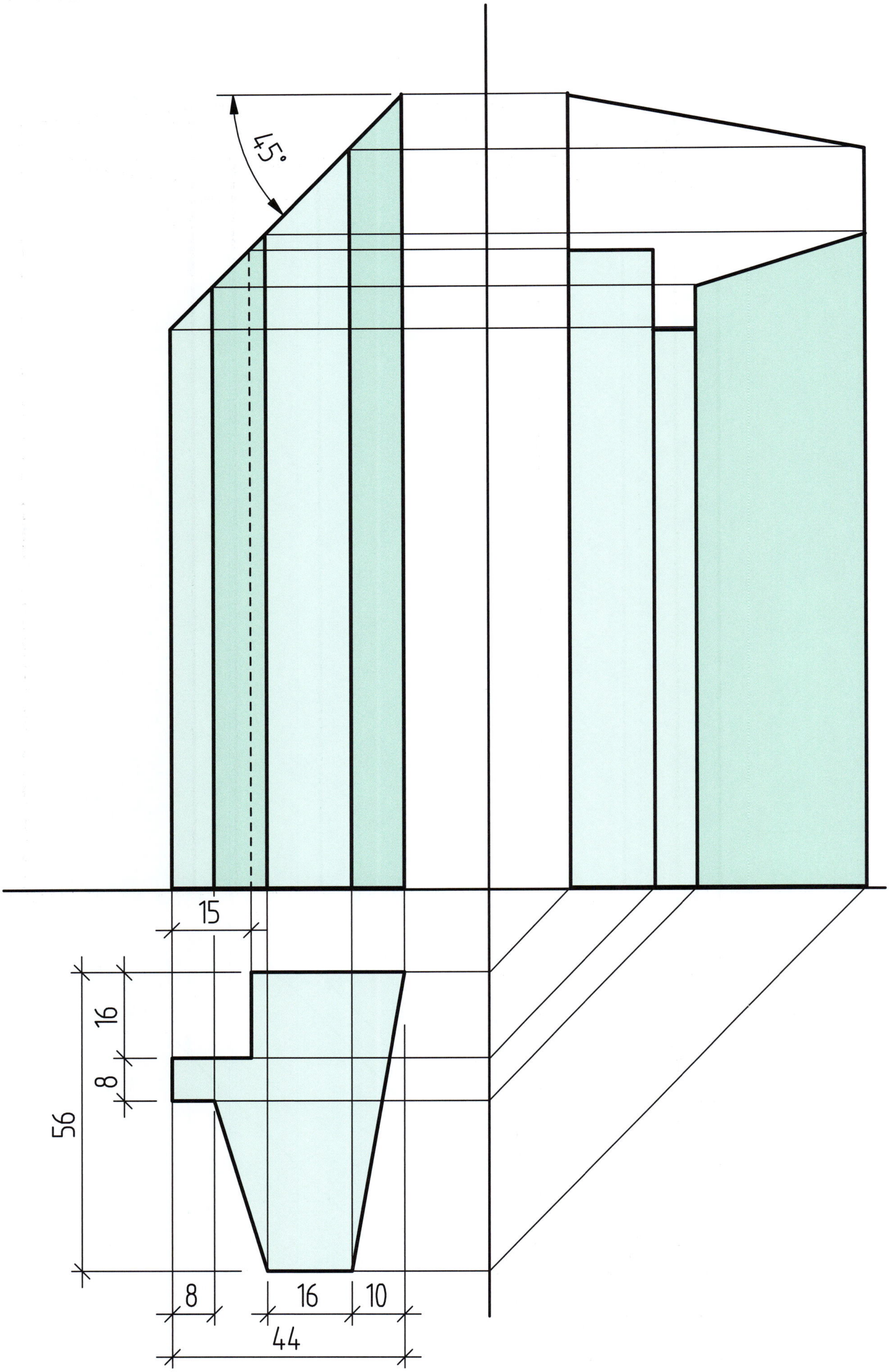

Variante 1:
Aufgabe 8.6-2: Profilleiste mit angeschnittener Gehrung

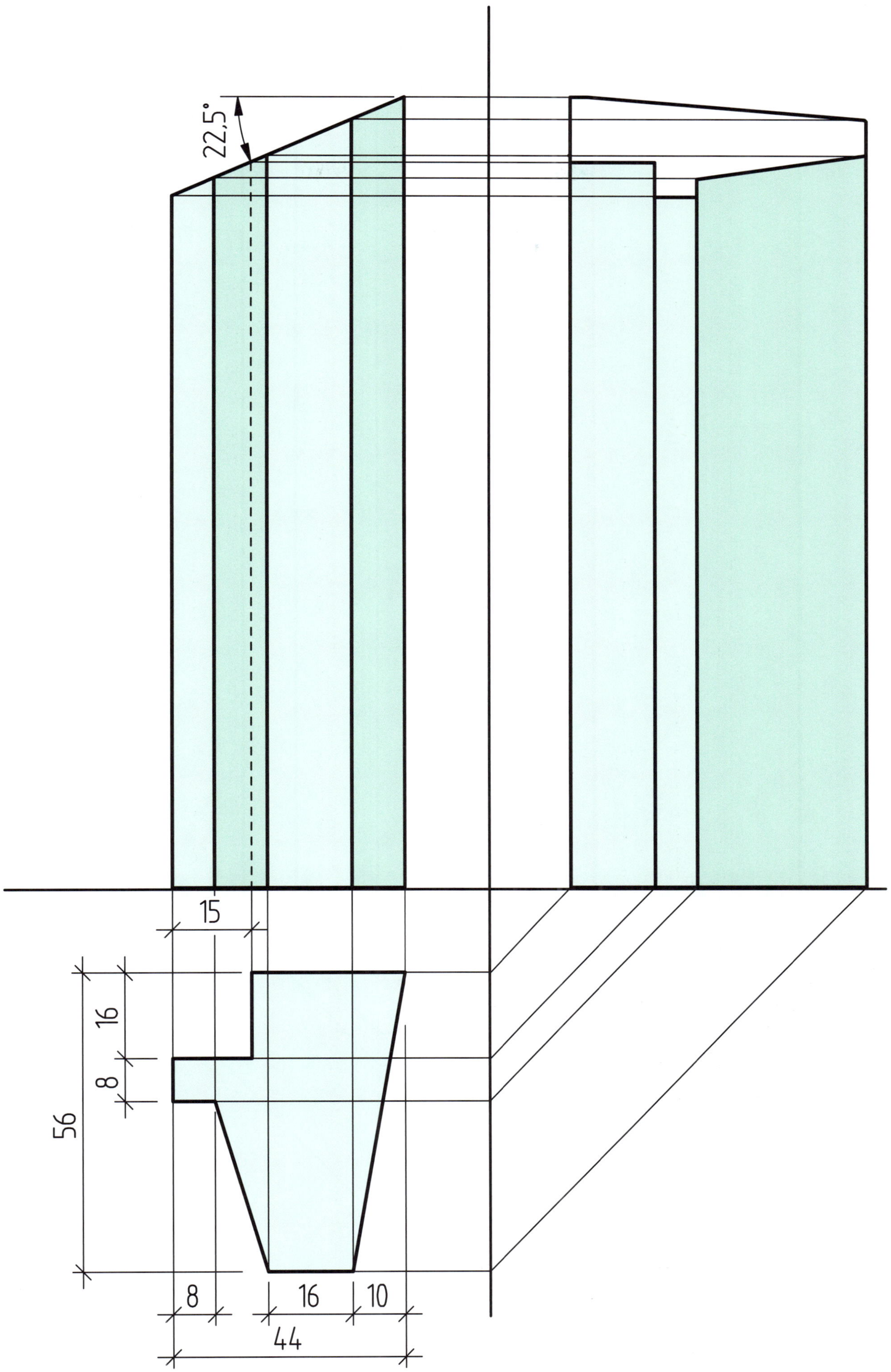

Variante 2:
Aufgabe 8.6–2: Profilleiste mit angeschnittener 22,5° Gehrung

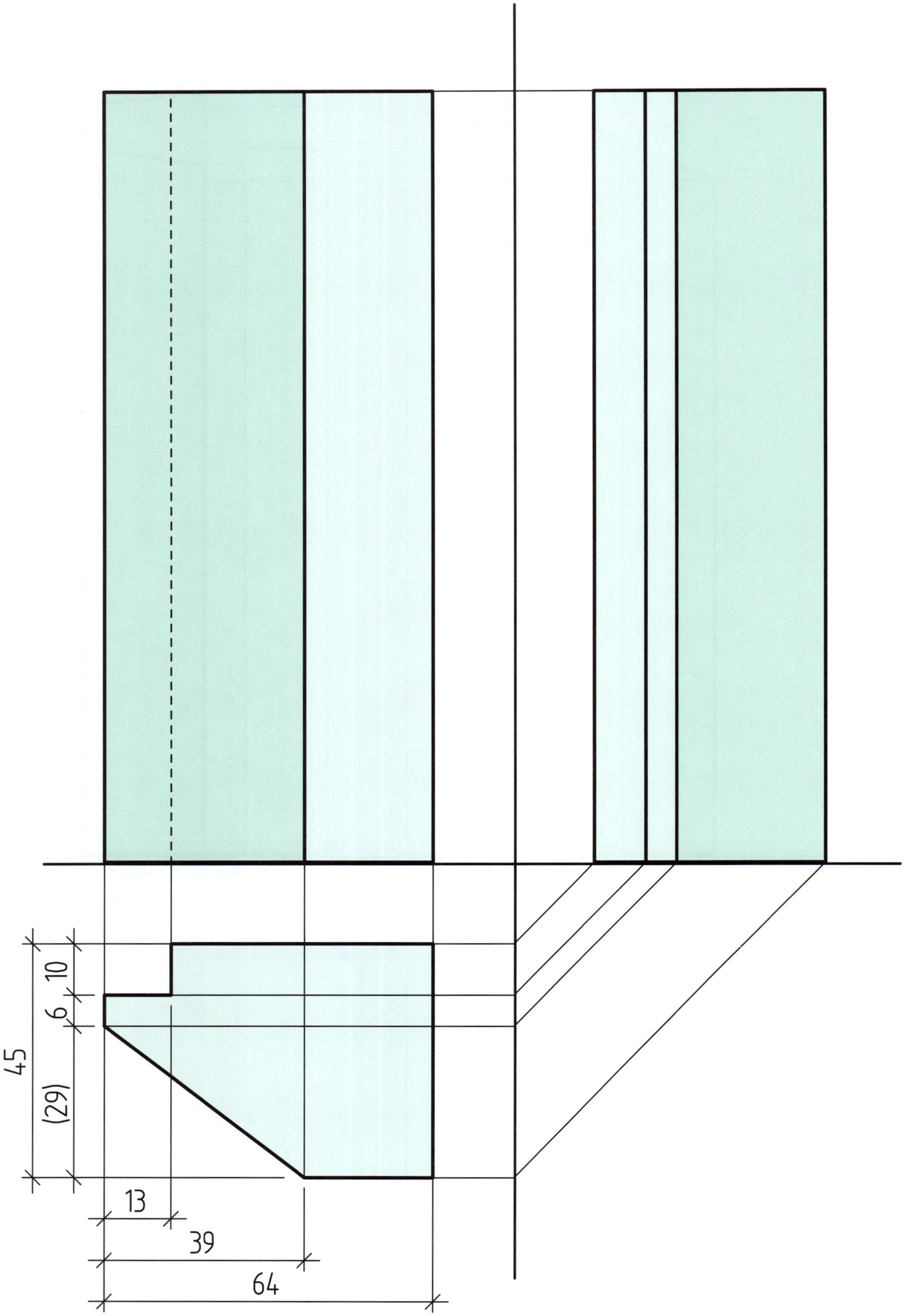

Aufgabe 8.6–3: Profilleiste in drei Ansichten

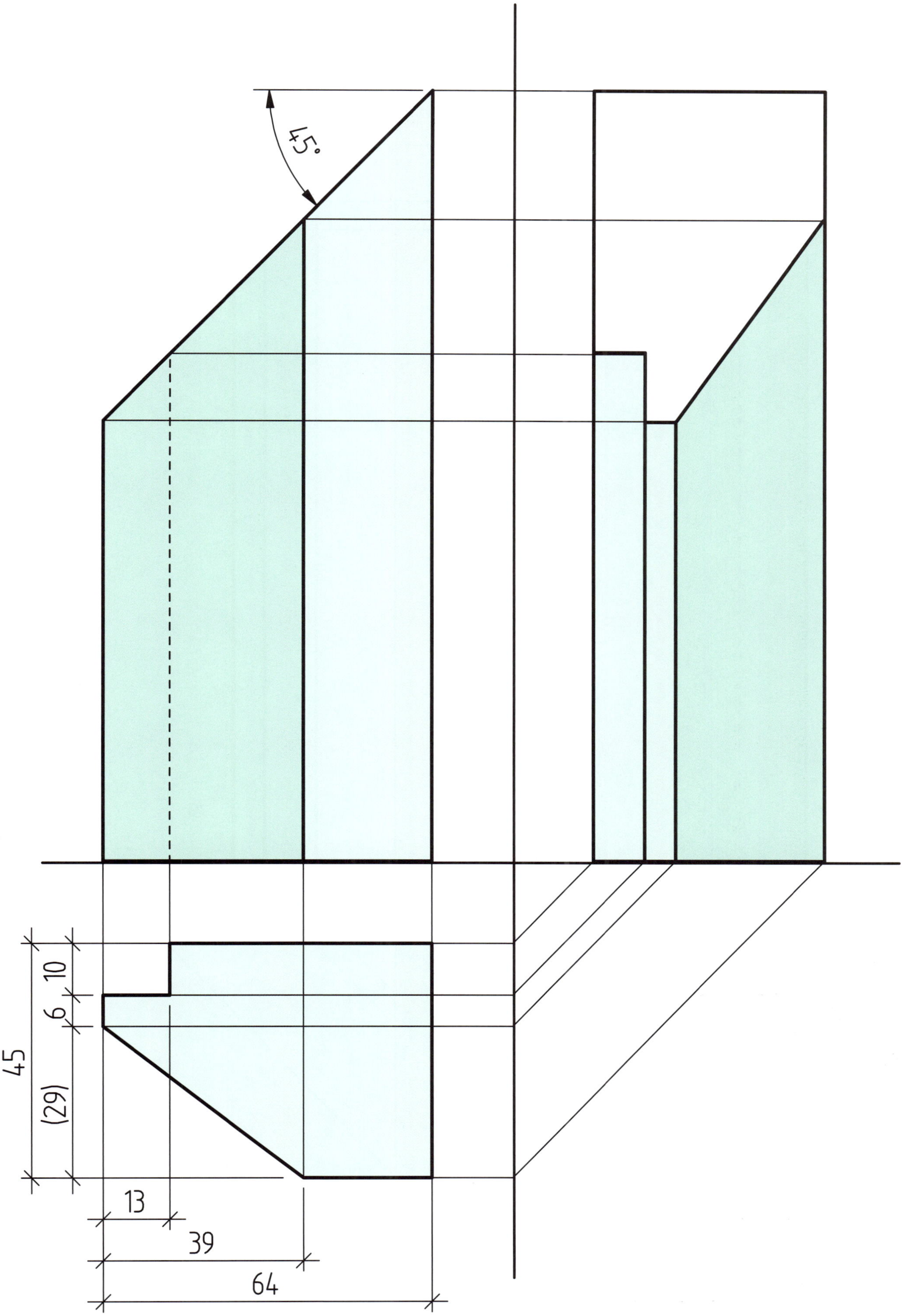

Variante 1:
Aufgabe 8.6-3: Profilleiste mit angeschnittener Gehrung

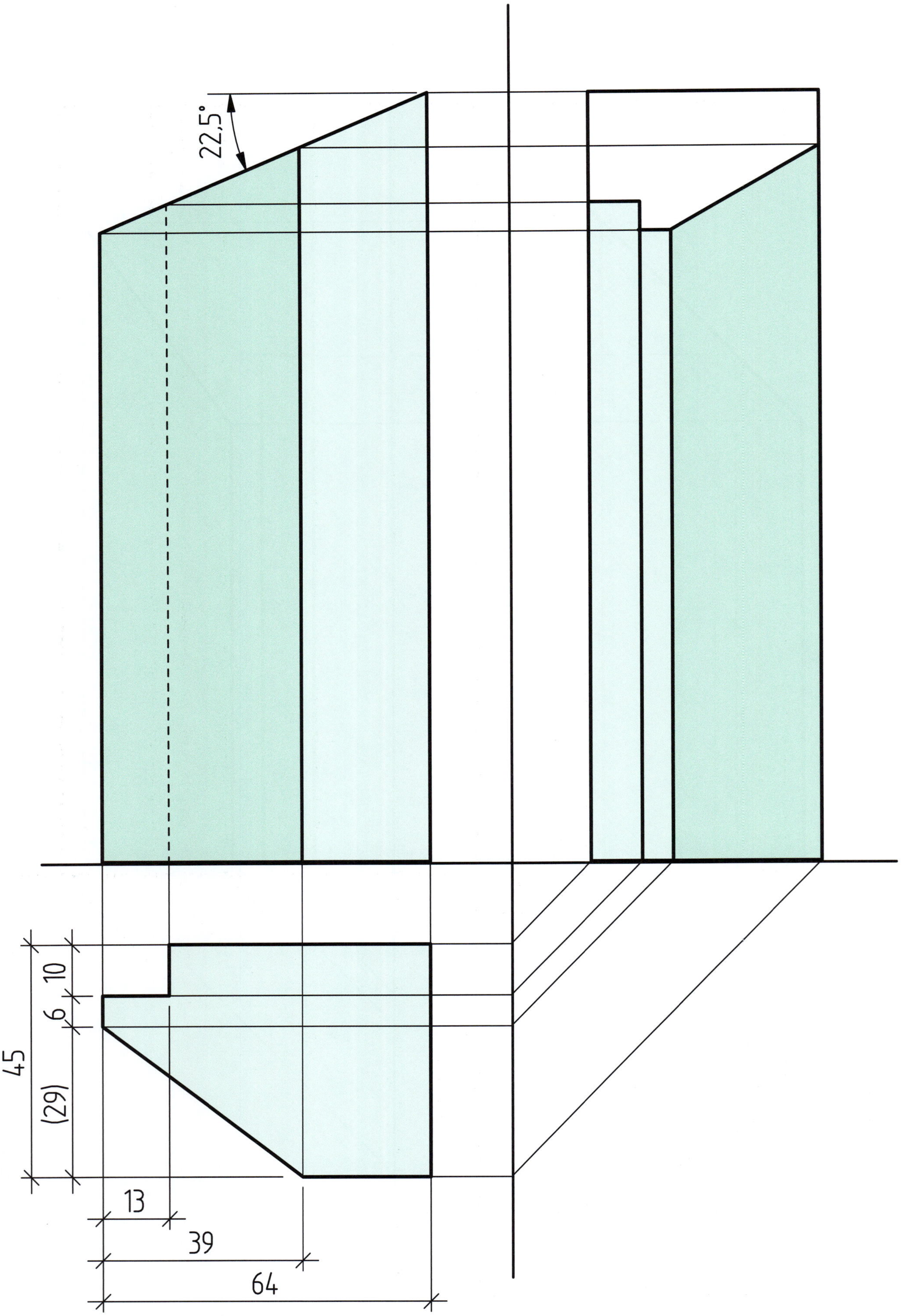

Variante 2:
Aufgabe 8.6-3: Profilleiste mit angeschnittener 22,5° Gehrung

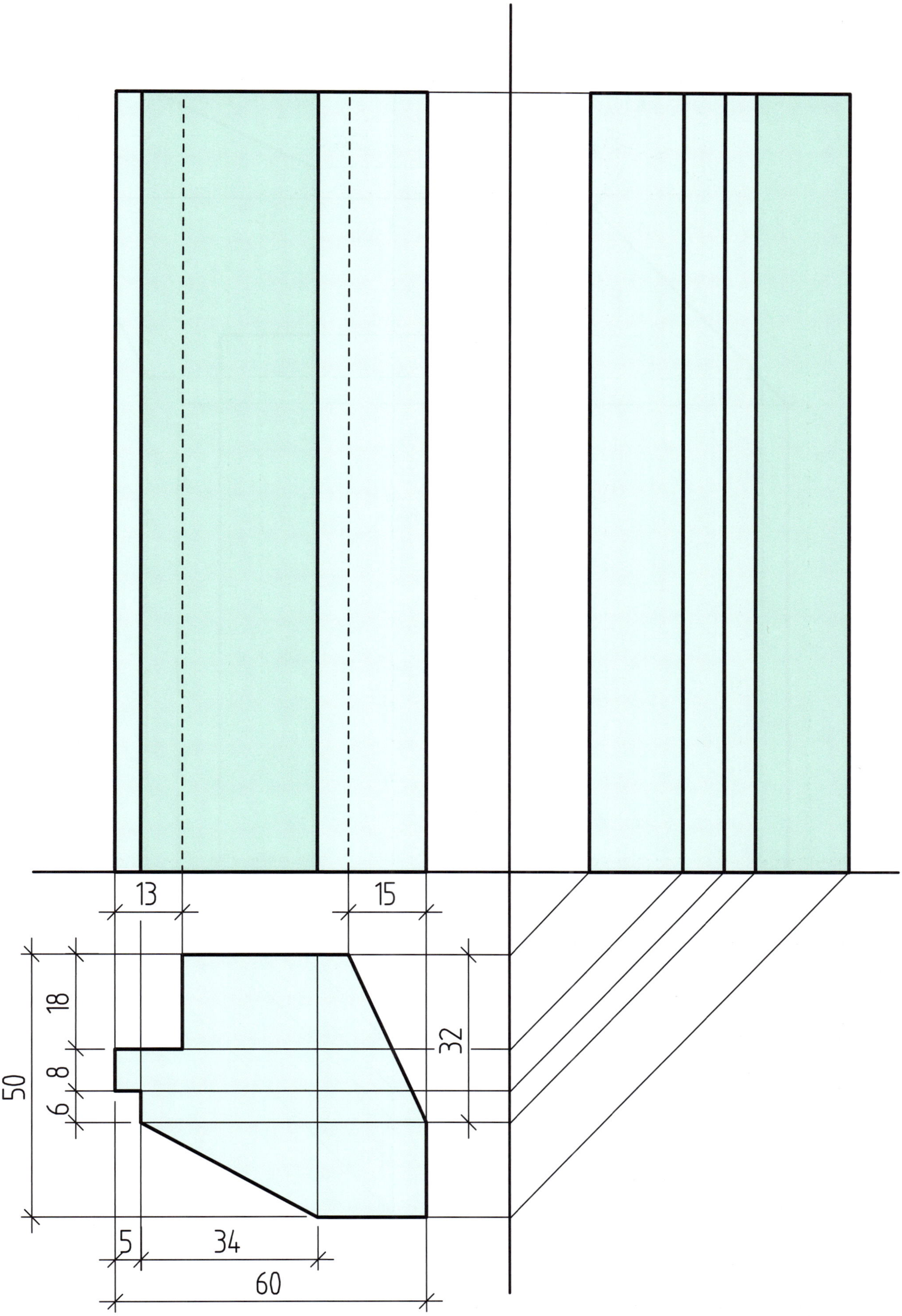

Aufgabe 8.6-4: Profilleiste in drei Ansichten

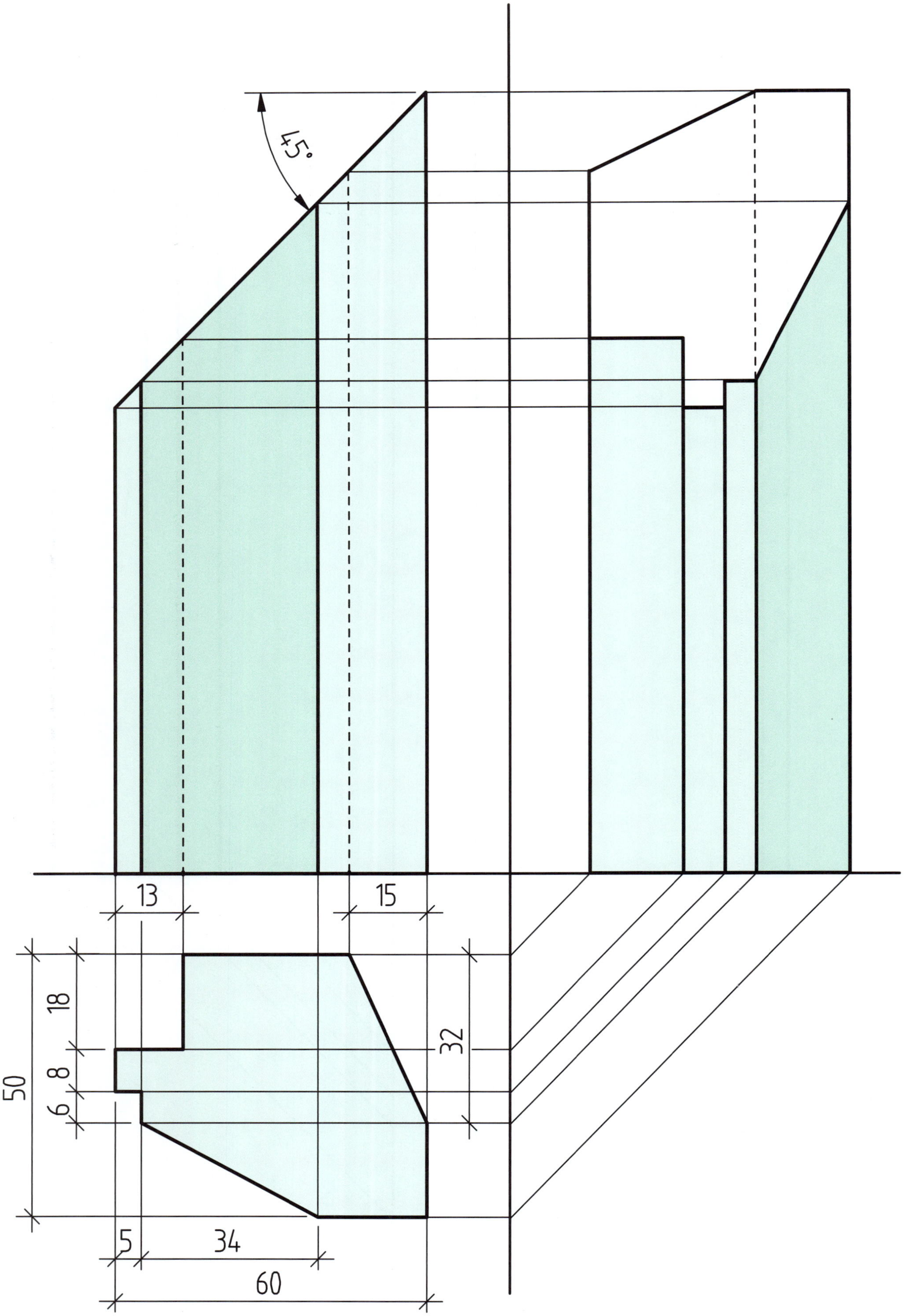

Variante 1:
Aufgabe 8.6-4: Profilleiste mit angeschnittener Gehrung

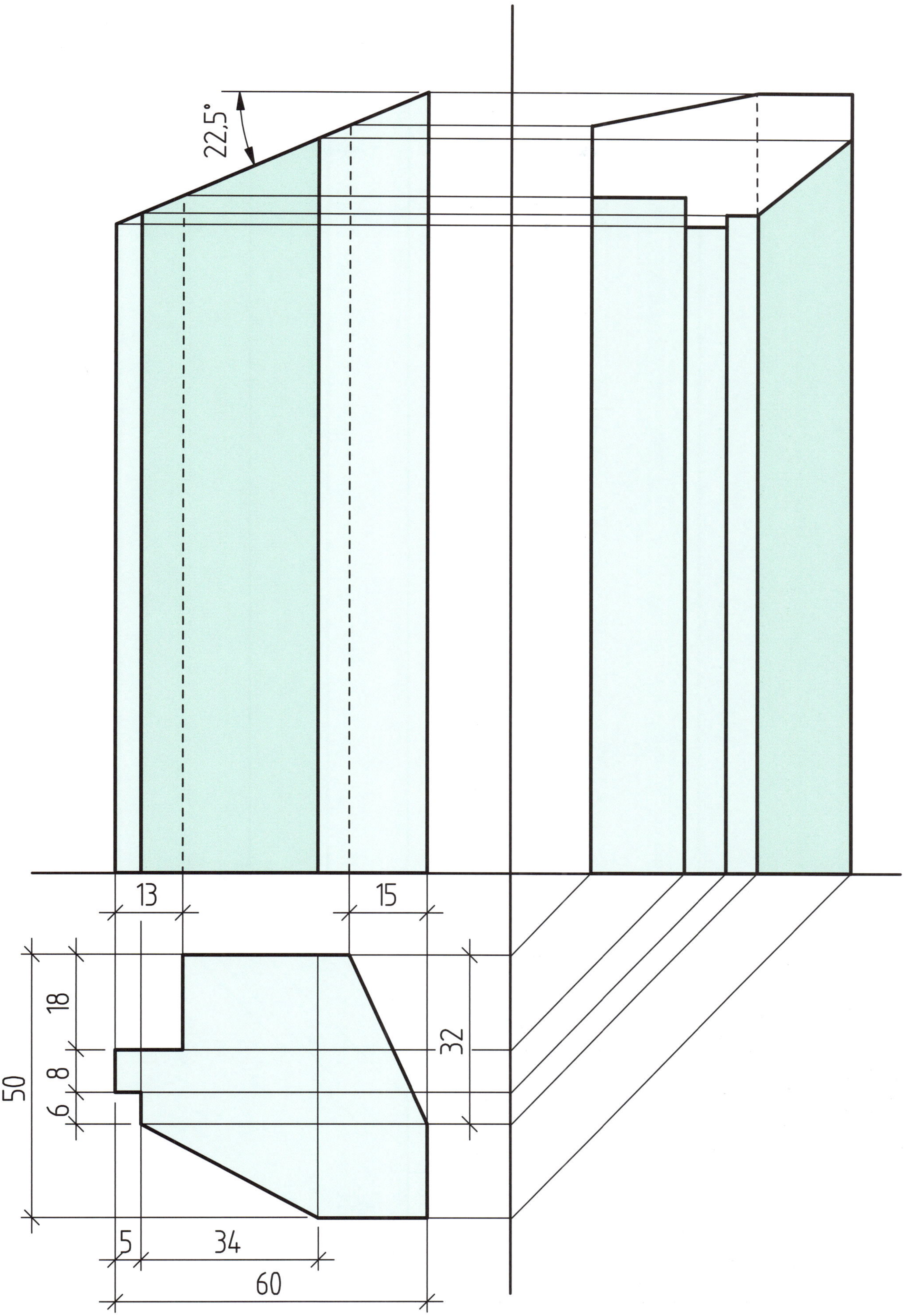

Variante 2:
Aufgabe 8.6-4: Profilleiste mit angeschnittener 22,5° Gehrung

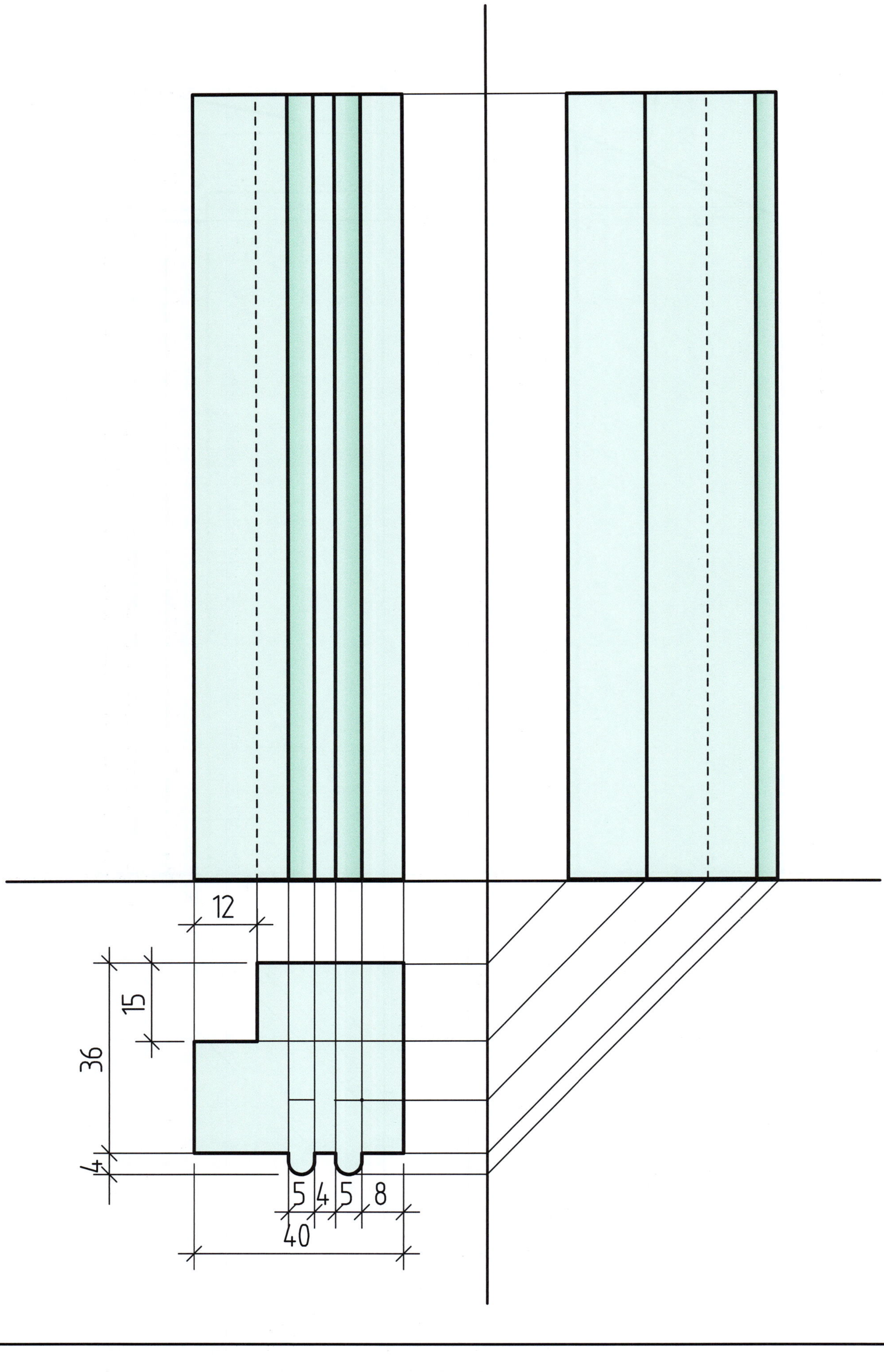

Aufgabe 8.6–5: Profilleiste in drei Ansichten

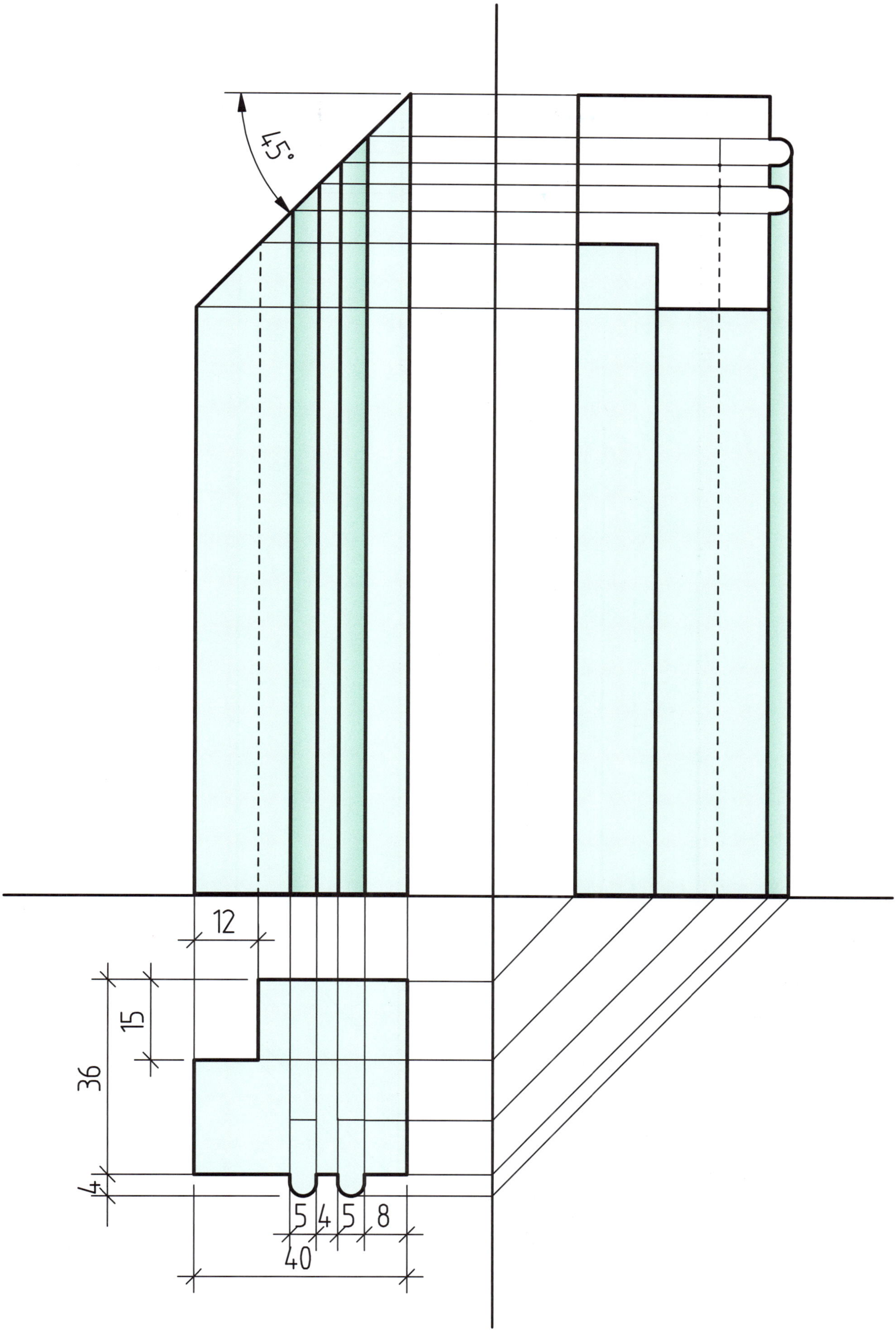

Variante 1:
Aufgabe 8.6–5: Profilleiste mit angeschnittener Gehrung

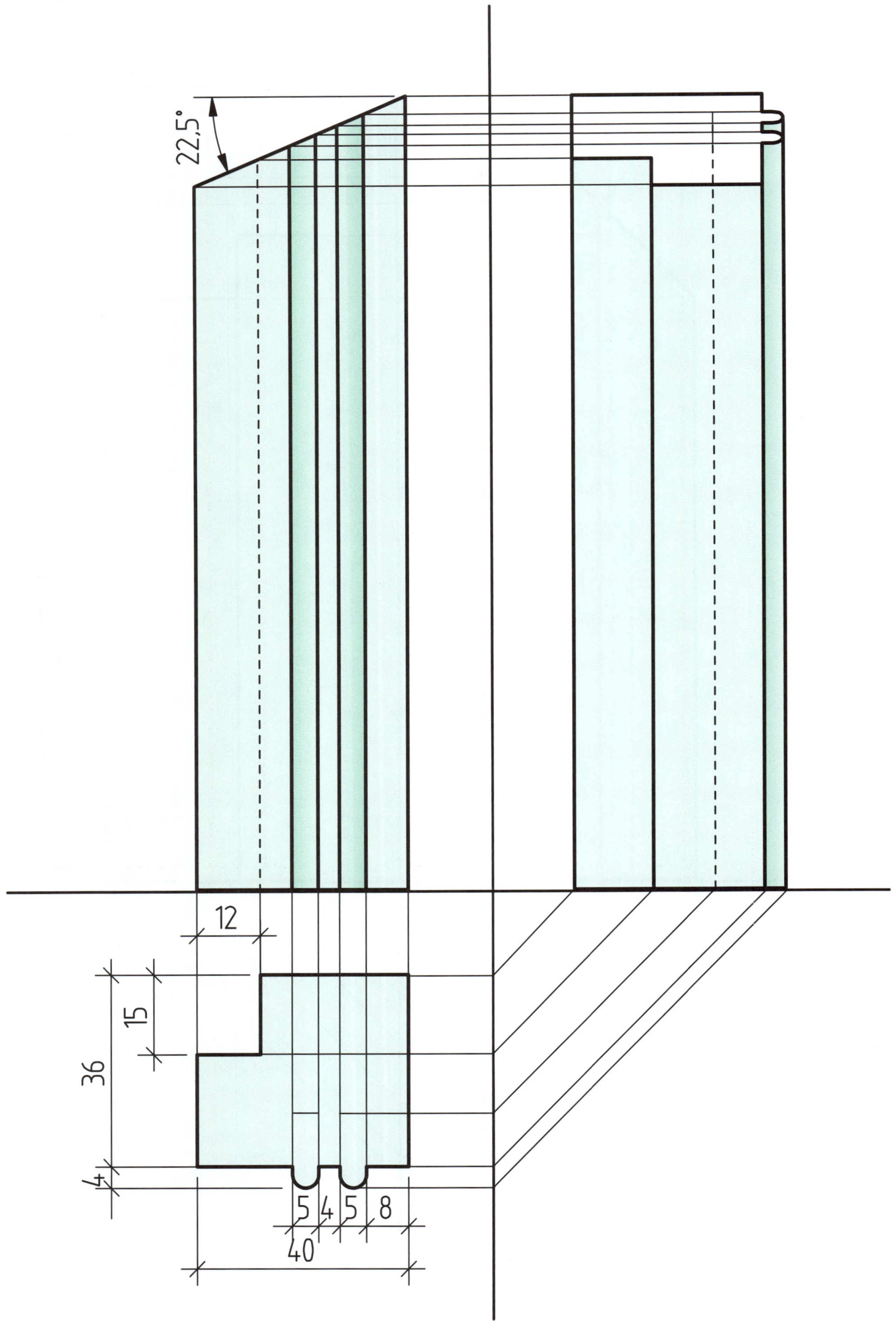

Variante 2:
Aufgabe 8.6–5: Profilleiste mit angeschnittener 22,5° Gehrung

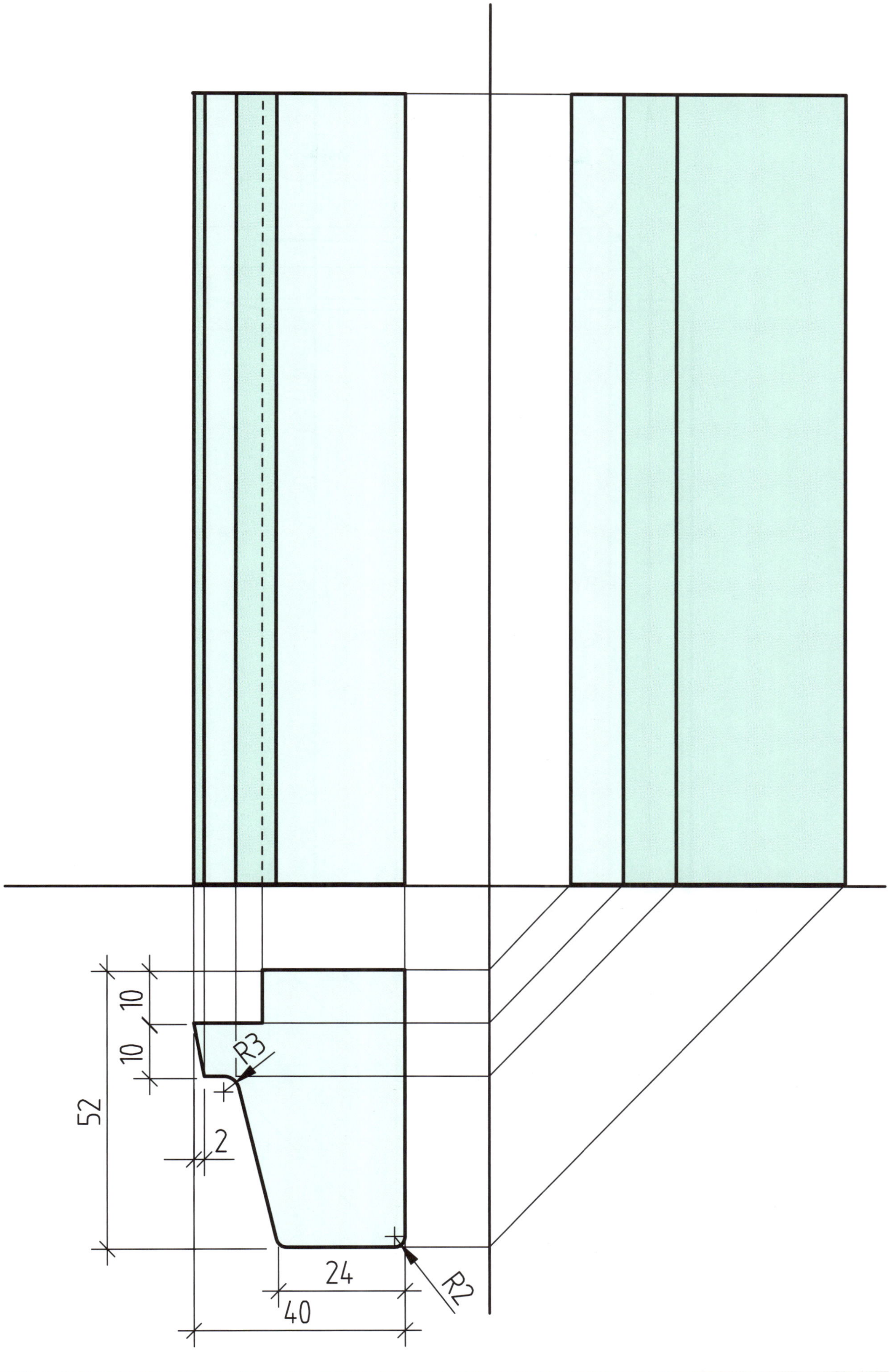

Aufgabe 8.6–6: Profilleiste in drei Ansichten

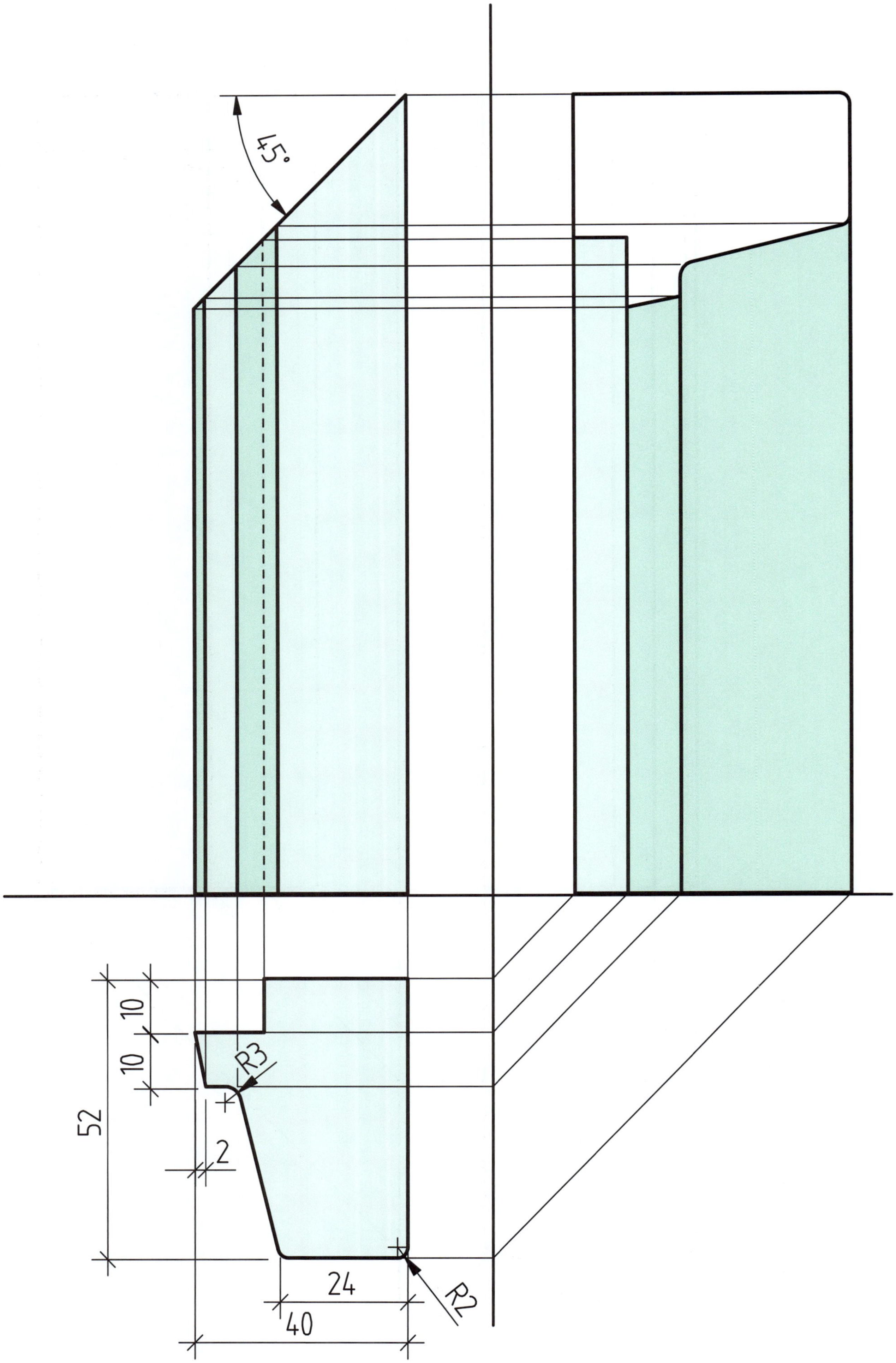

Variante 1:
Aufgabe 8.6–6: Profilleiste mit angeschnittener Gehrung

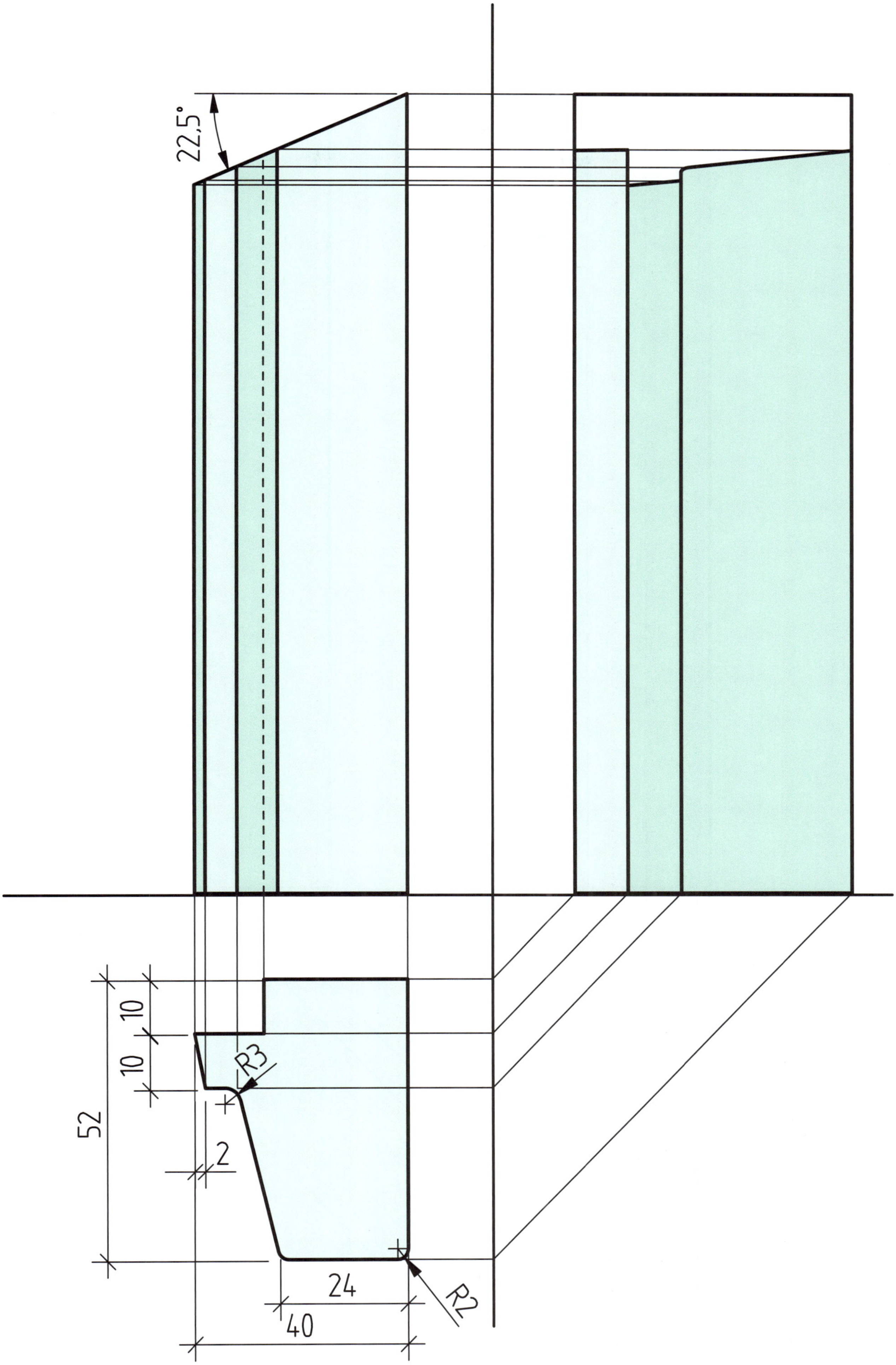

Variante 2:
Aufgabe 8.6-6: Profilleiste mit angeschnittener 22,5° Gehrung

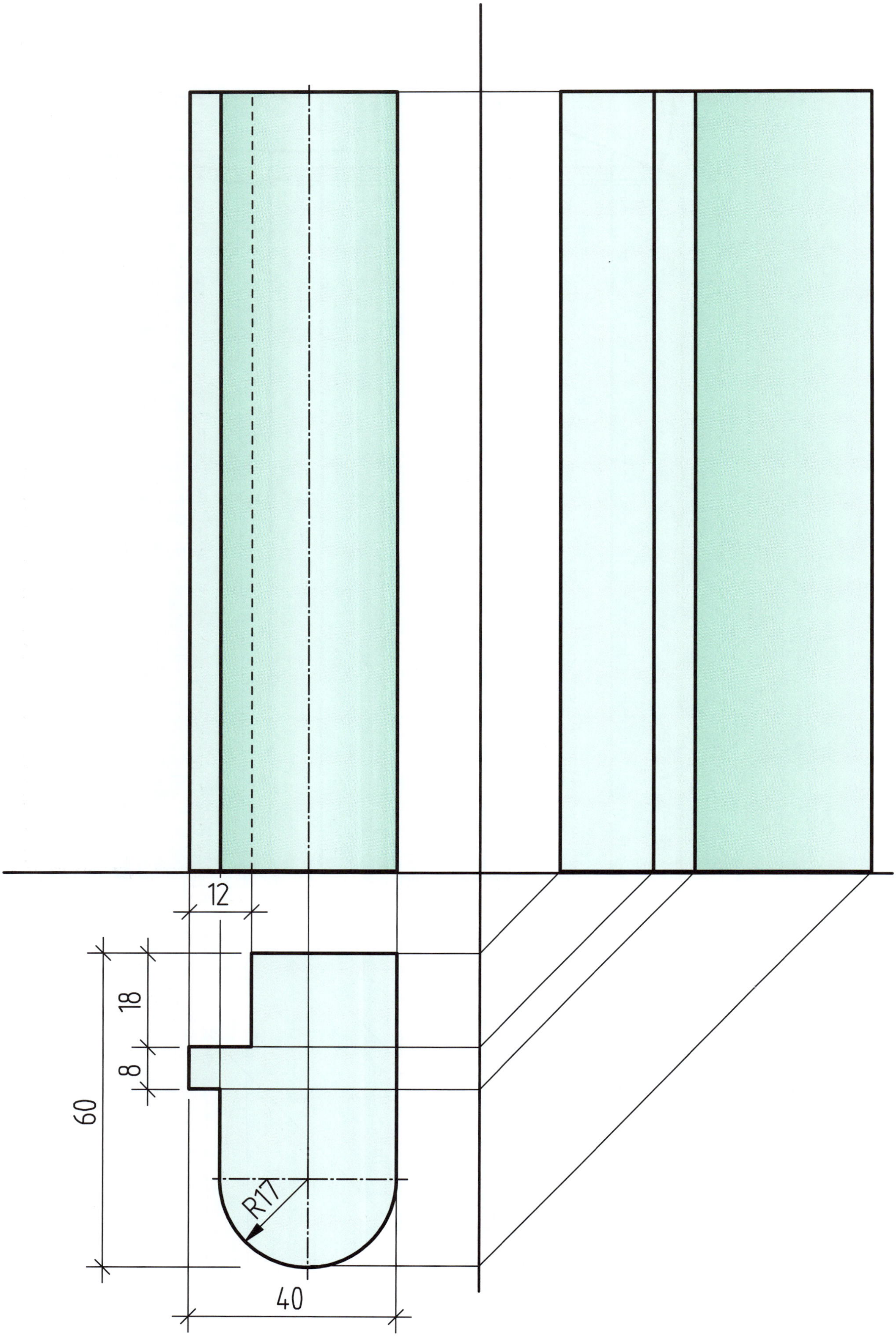

Aufgabe 8.6-7: Profilleiste in drei Ansichten

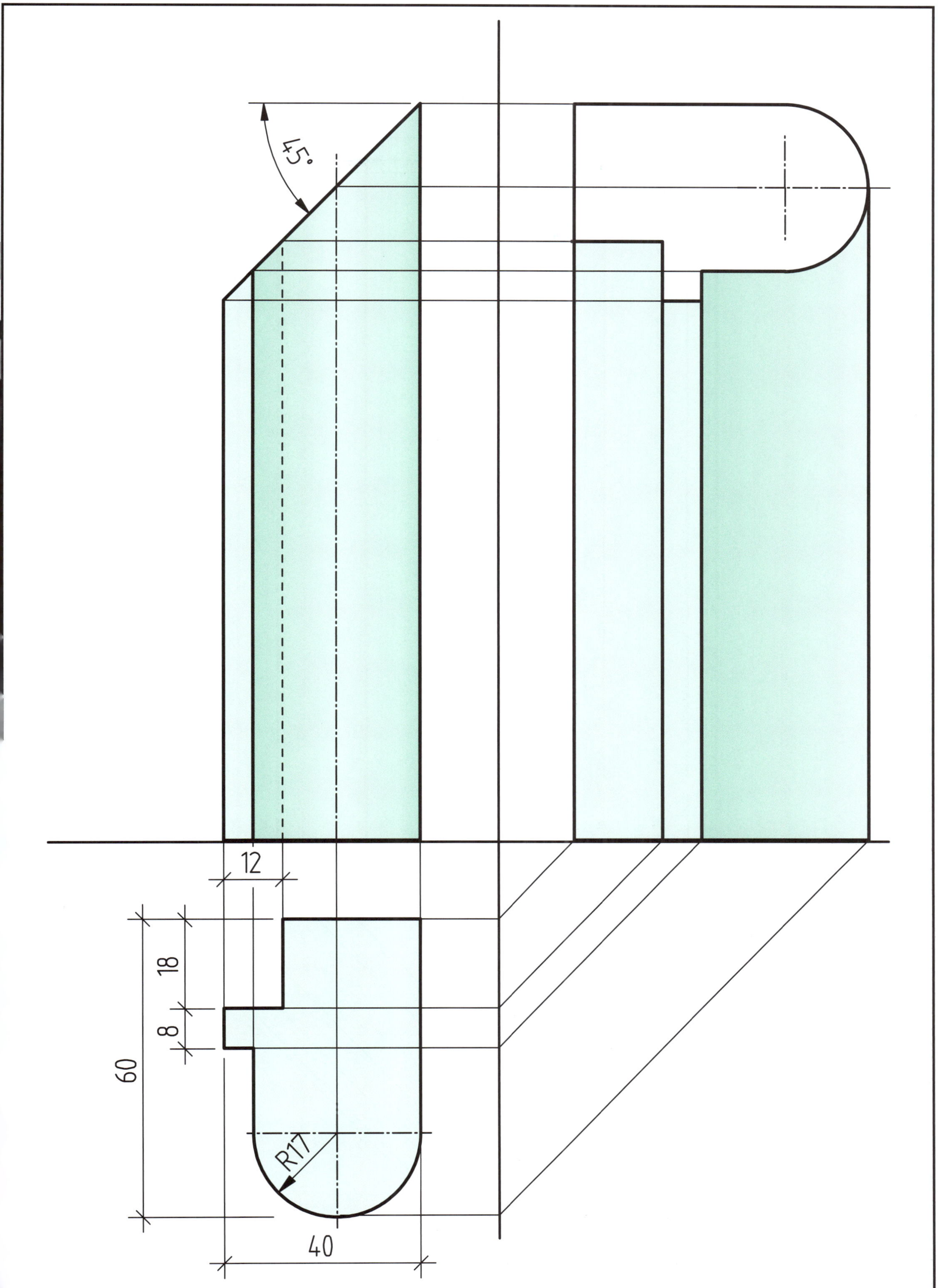

Variante 1:
Aufgabe 8.6-7: Profilleiste mit angeschnittener Gehrung

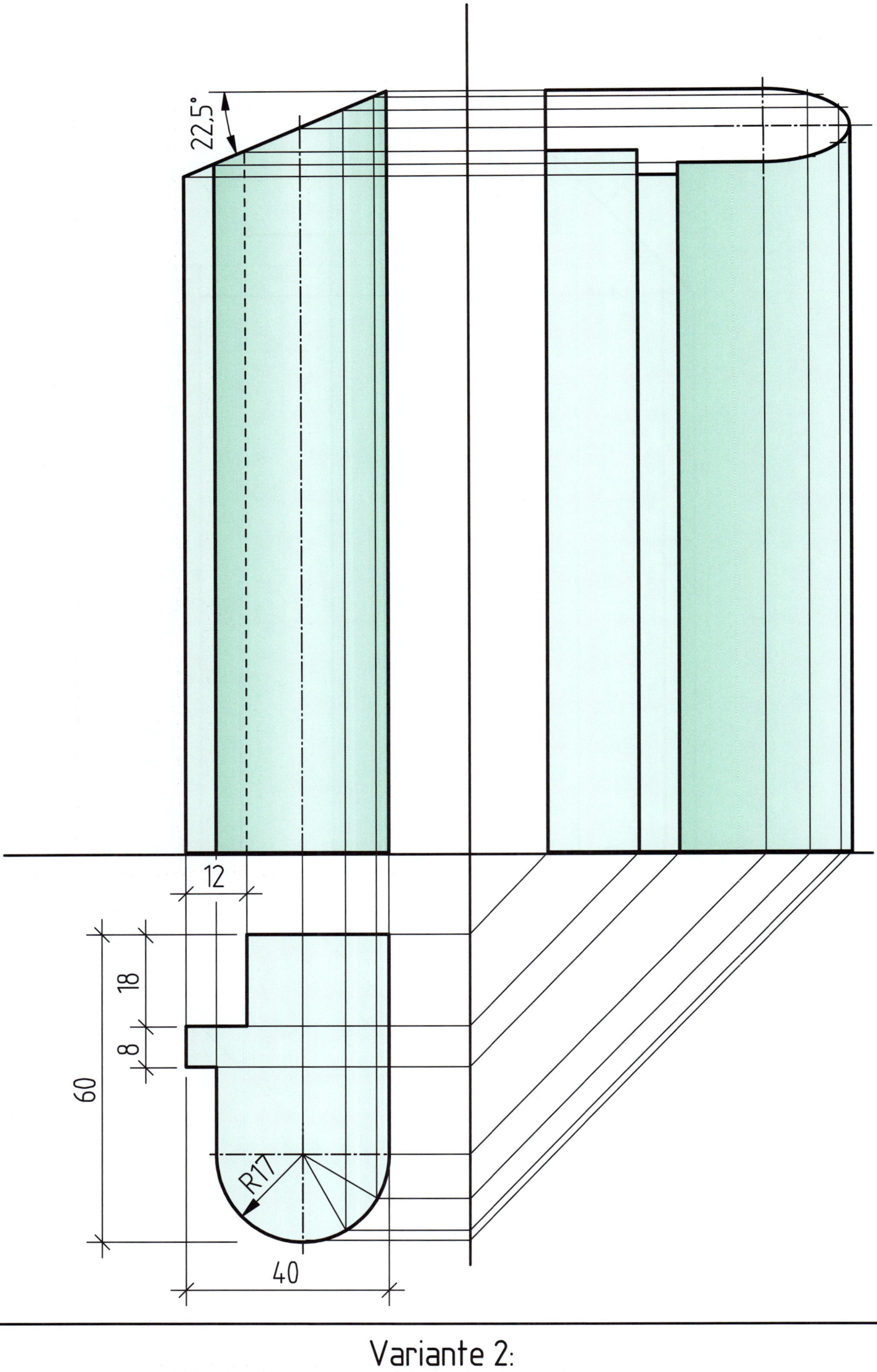

Variante 2:
Aufgabe 8.6-7: Profilleiste mit angeschnittener 22,5° Gehrung

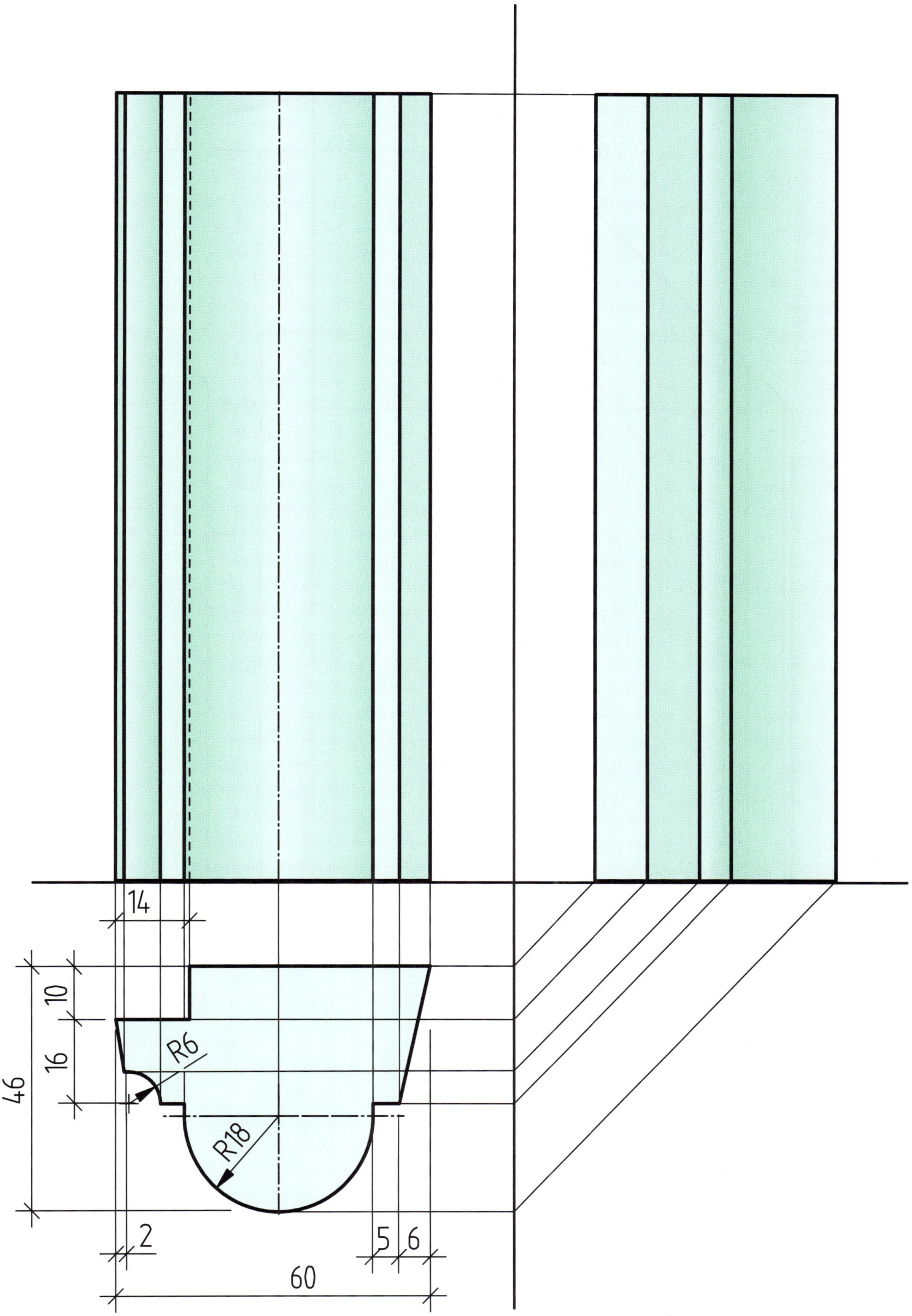

Aufgabe 8.6-8: Profilleiste in drei Ansichten

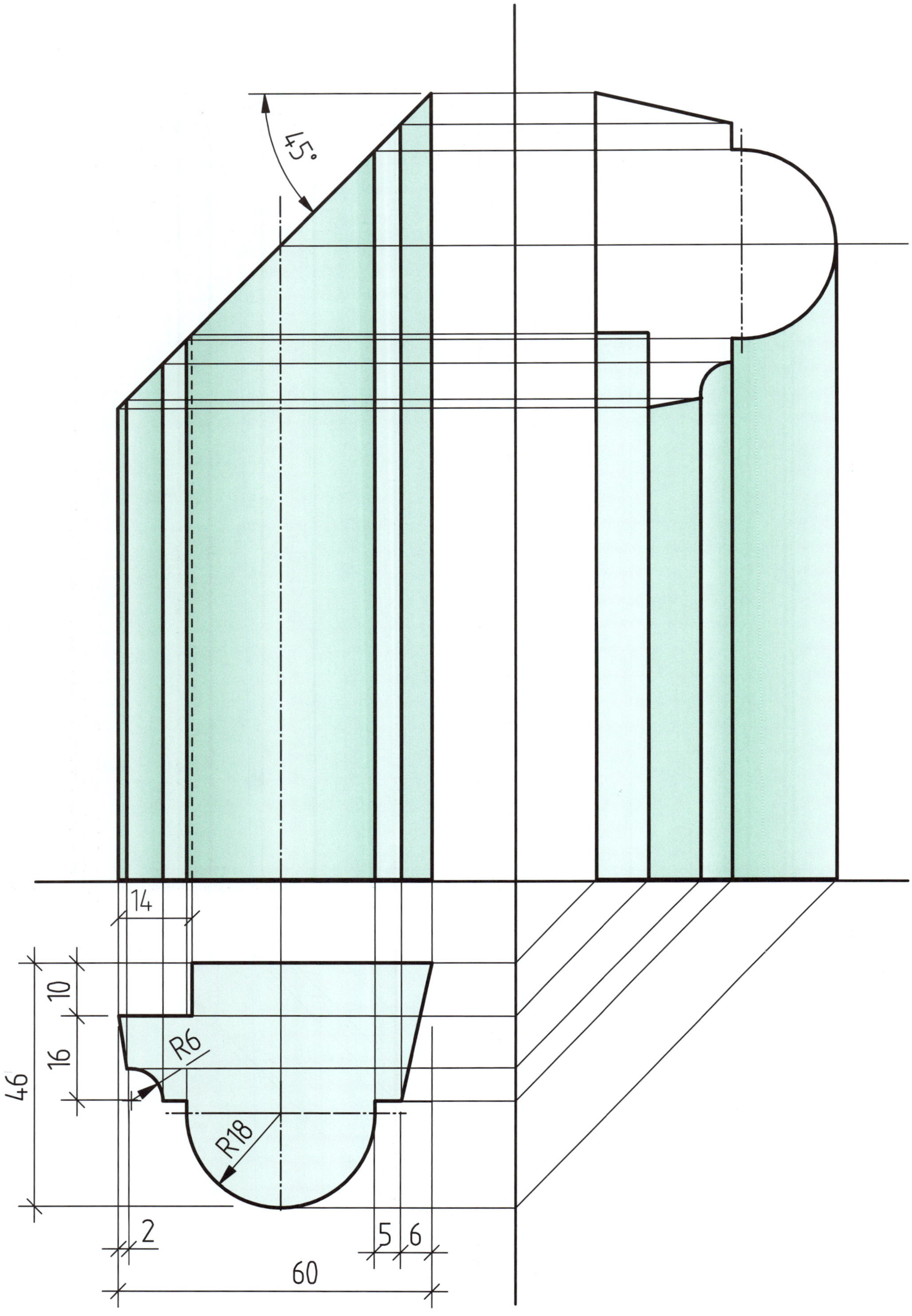

Variante 1:
Aufgabe 8.6–8: Profilleiste mit angeschnittener Gehrung

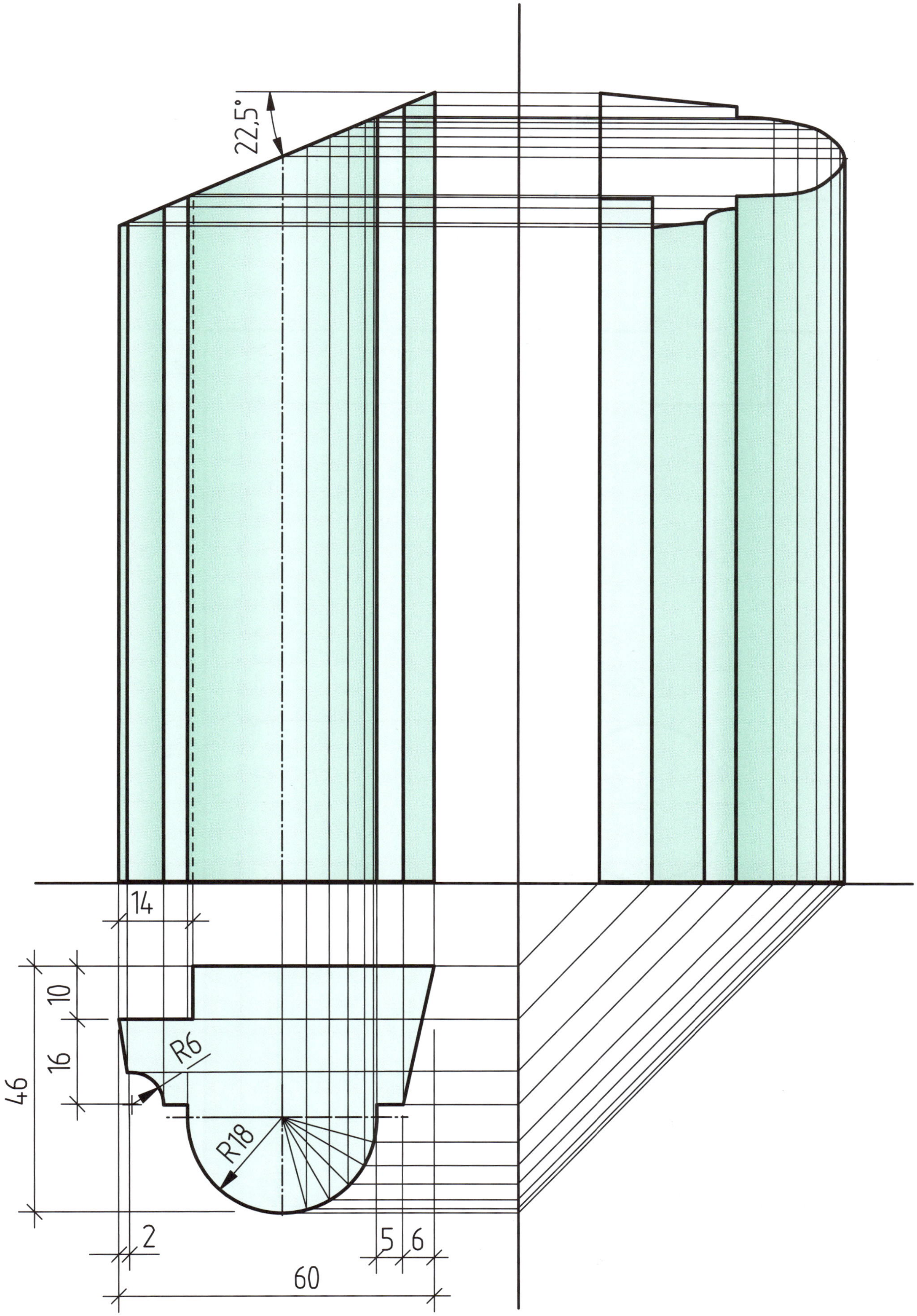

Variante 2:
Aufgabe 8.6–8: Profilleiste mit angeschnittener 22,5° Gehrung

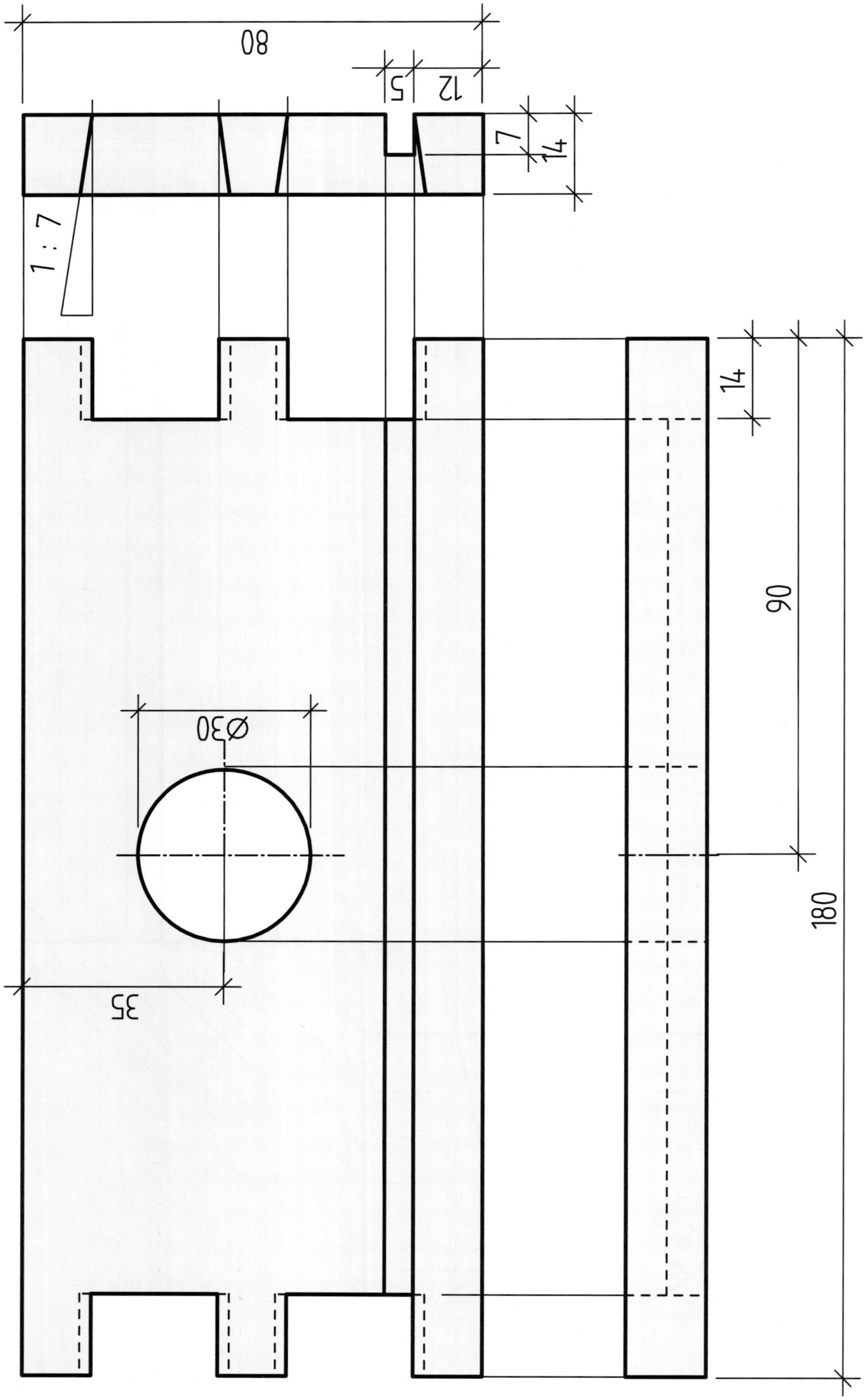

Aufgabe 8.7–1:
Gezinkte Kastenseite mit Griffloch und Bodennut

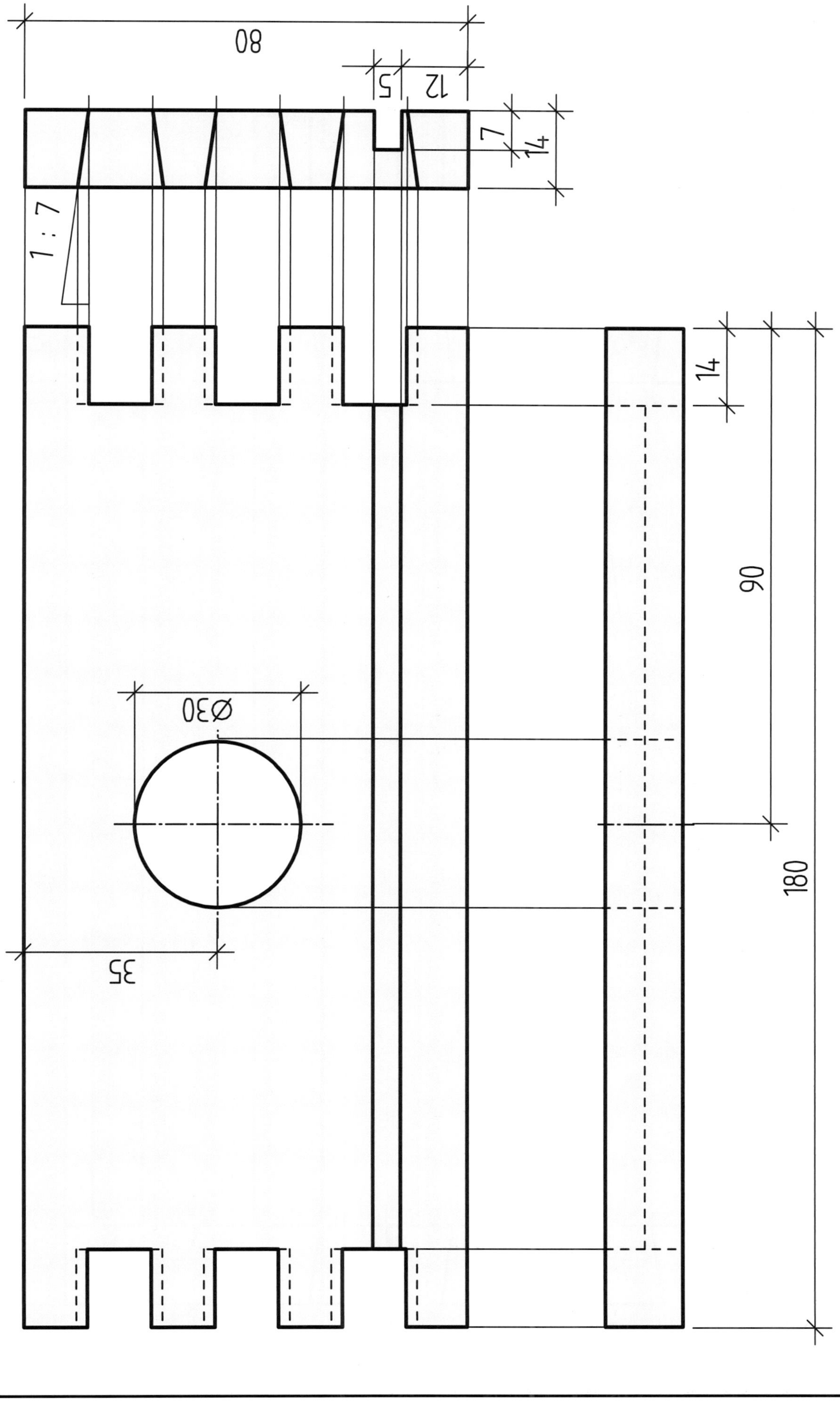

Variante 8.7–1:
Gezinkte Kastenseite mit Griffloch und Bodennut

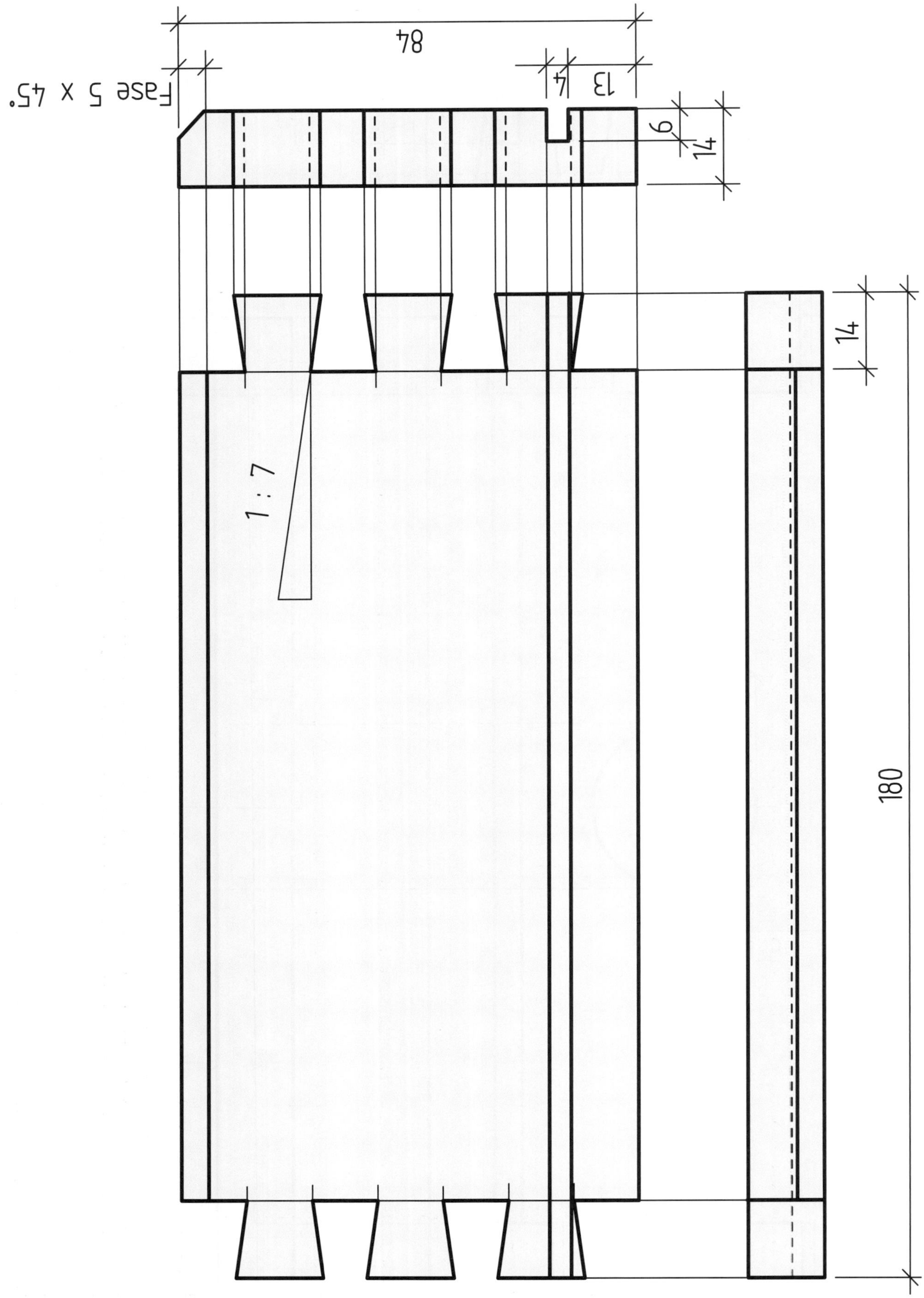

Aufgabe 8.7–2:
Kastenseite mit Schwalben, Bodennut und Fase

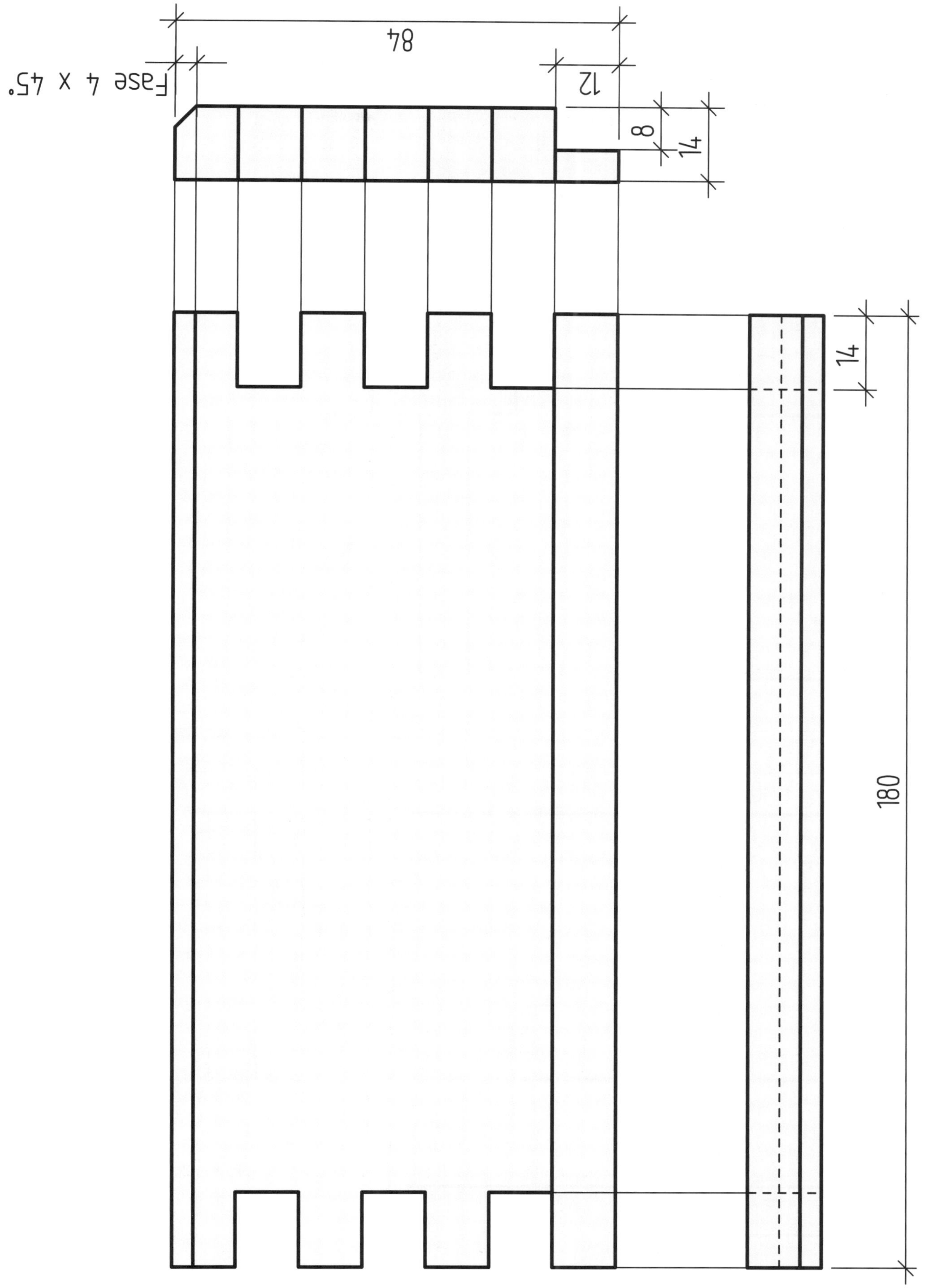

Aufgabe 8.7-3: Kastenseite mit Fingerzinken und Bodenfalz

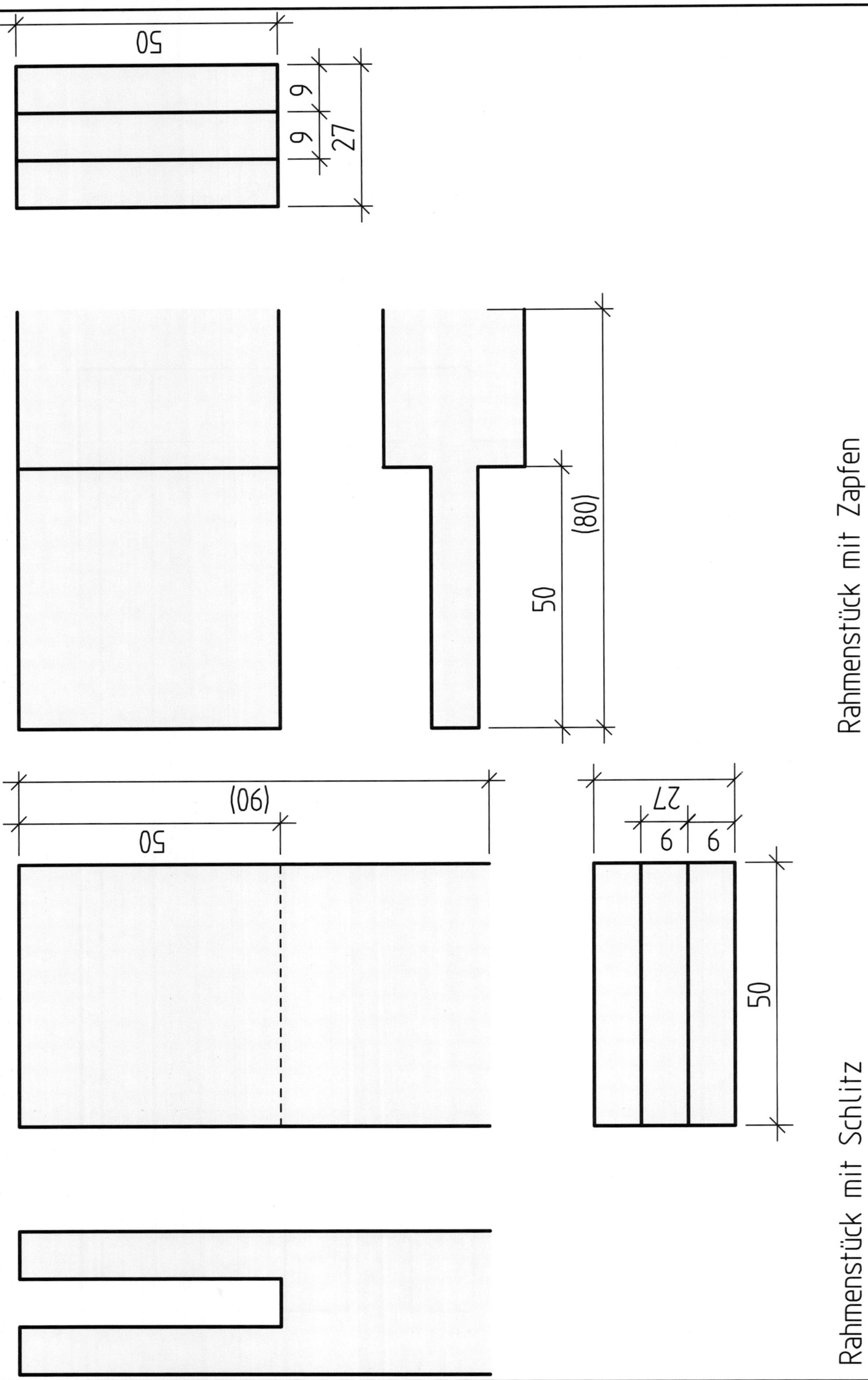

Aufgabe 8.8-1: Rahmenstücke mit Schlitz und Zapfen

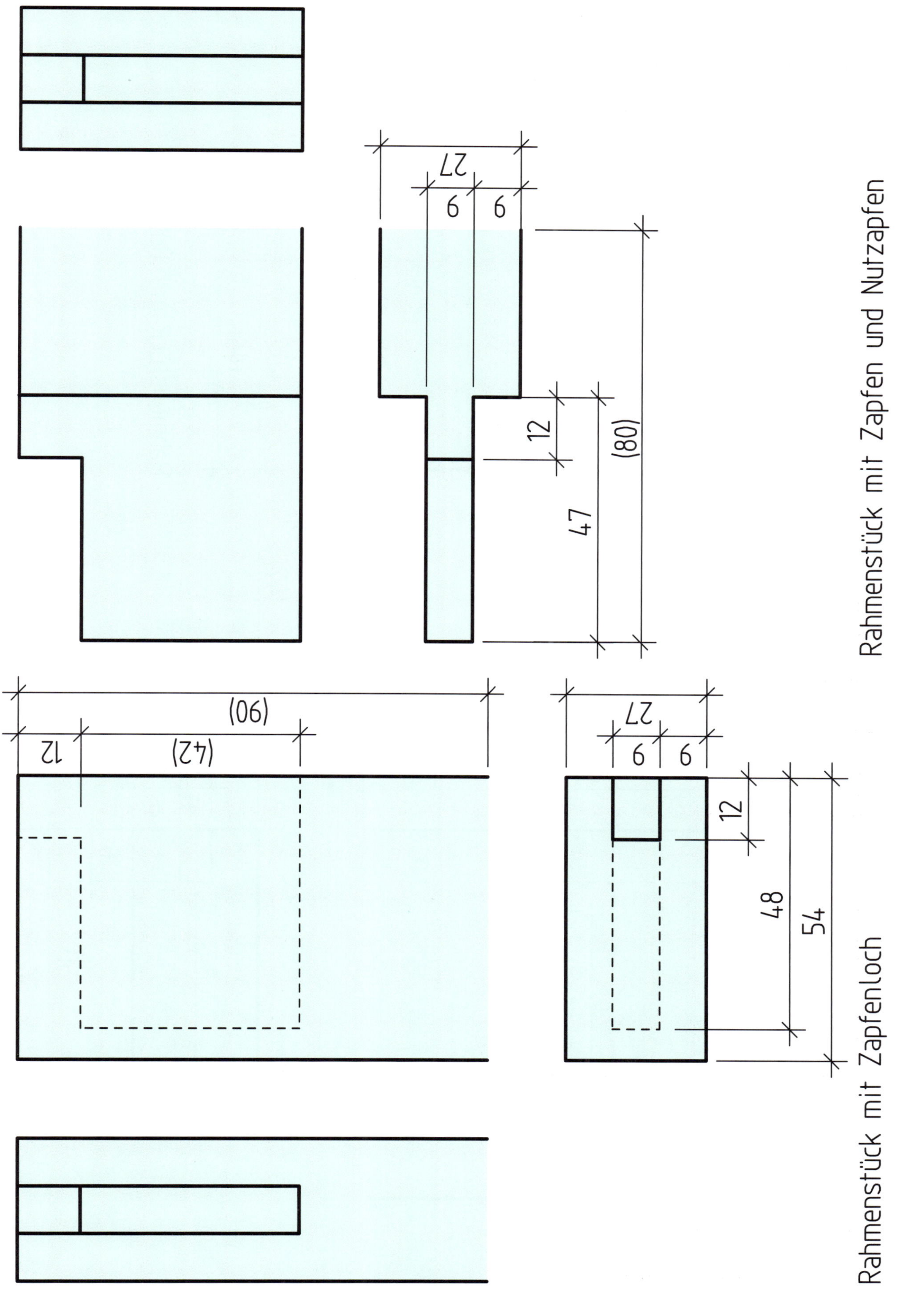

Aufgabe 8.8–2: Eingestemmter Zapfen mit Nutzapfen

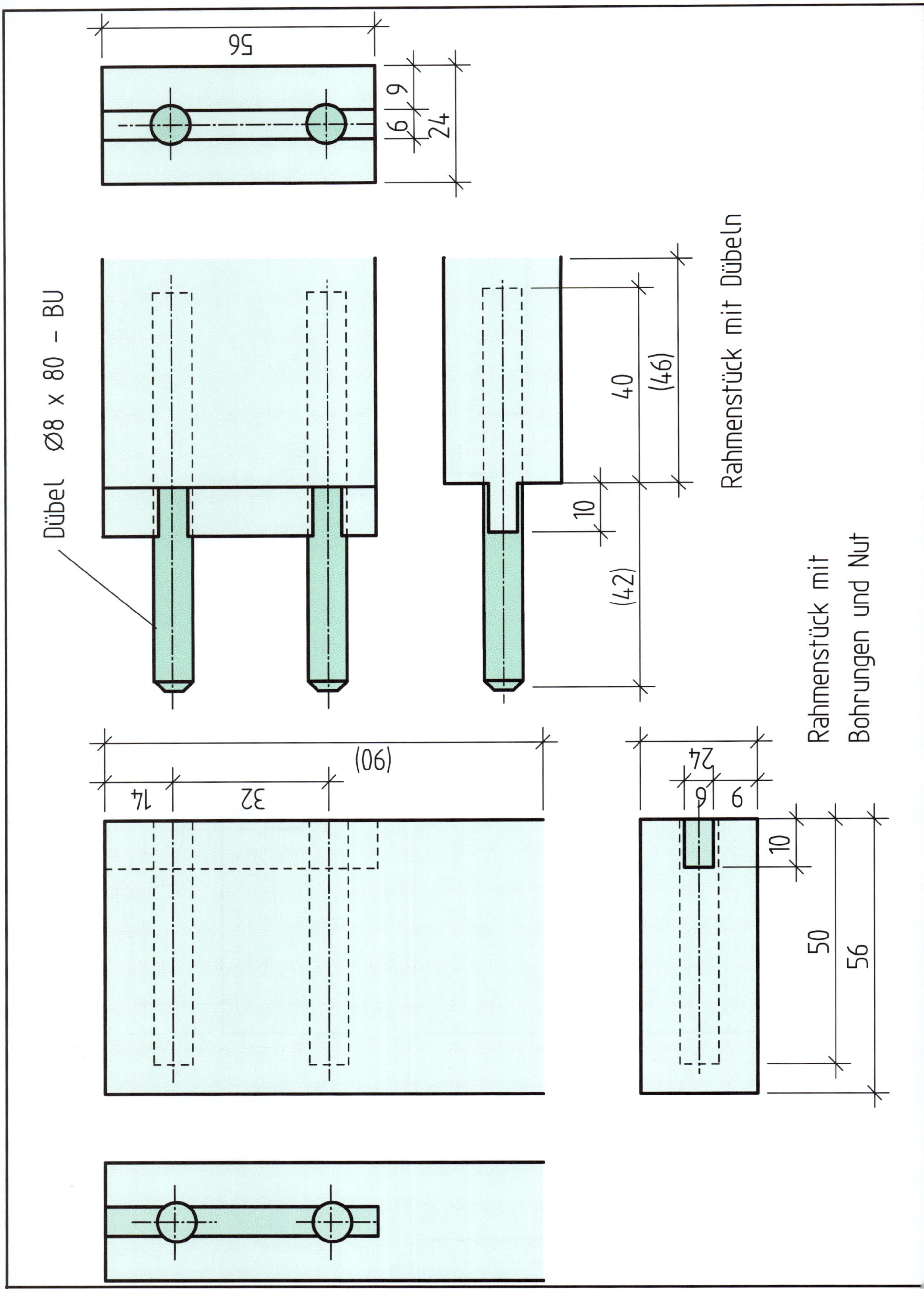

Aufgabe 8.8-3: Rahmenstücke mit Dübel und Nutzapfen

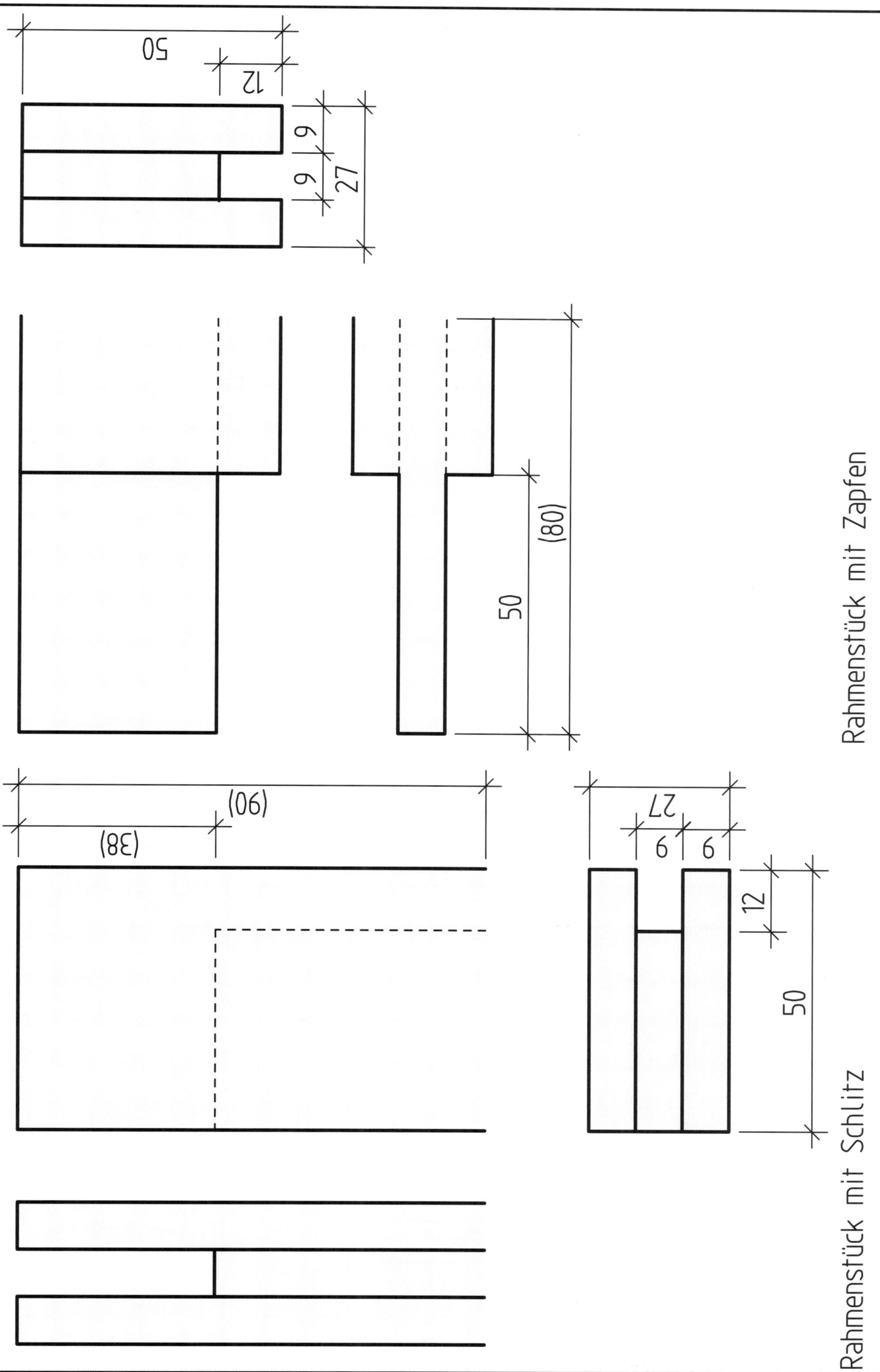

Aufgabe 8.8–4: Rahmenstücke mit Innennut, geschlitzt

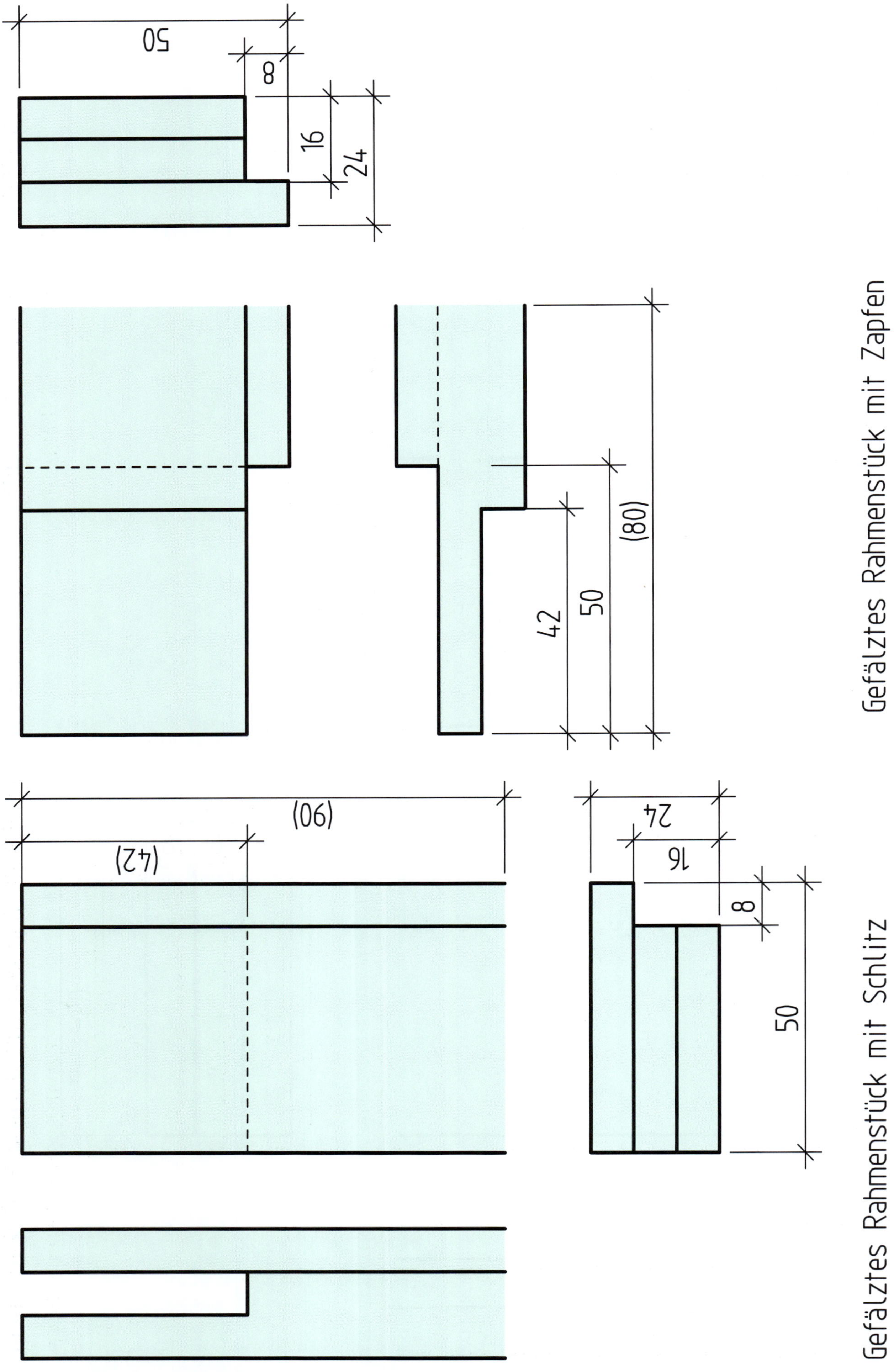

Aufgabe 8.8–5: Rahmenhölzer mit Innenfalz, geschlitzt

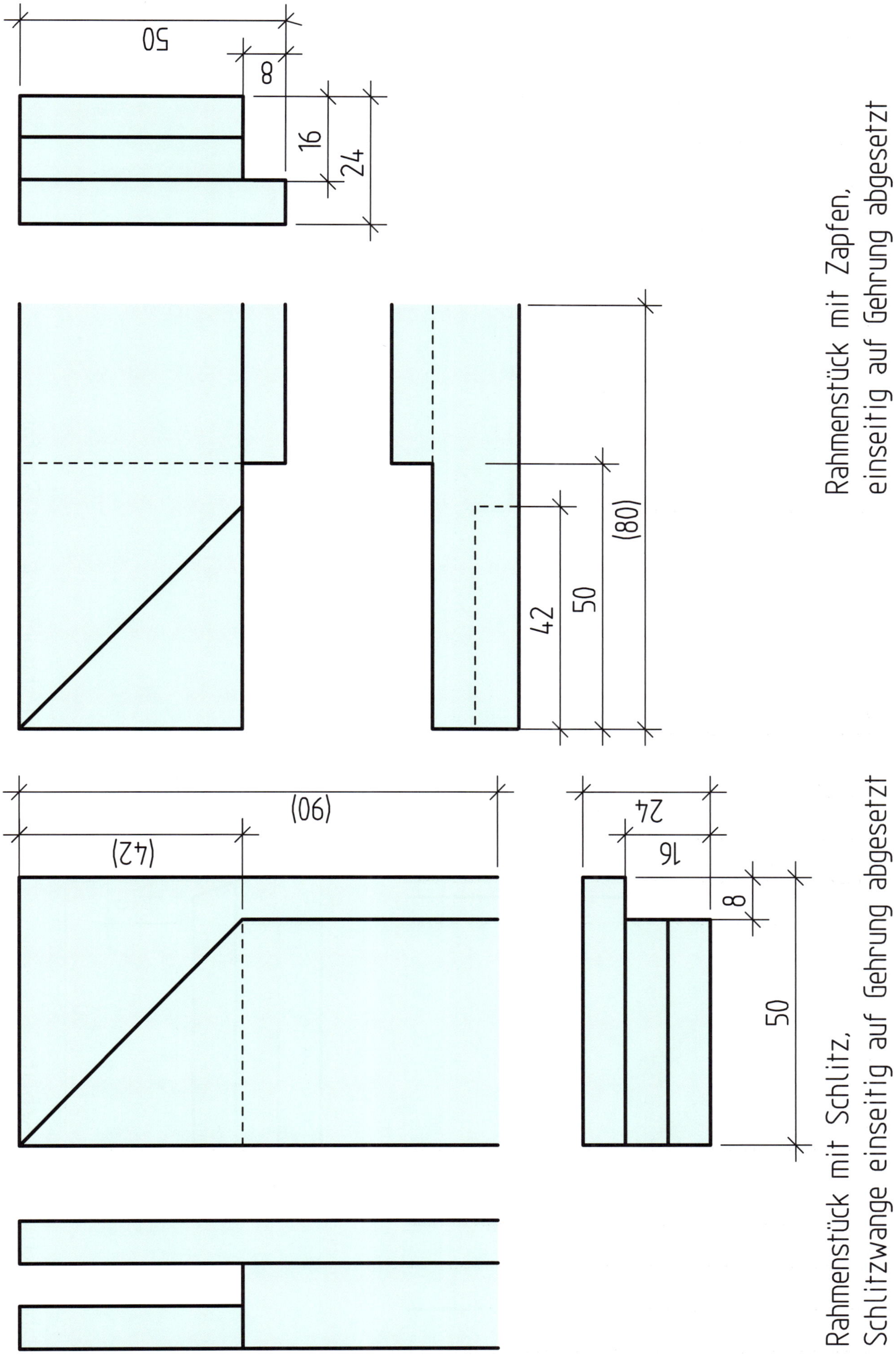

Aufgabe 8.8-6:
Rahmenhölzer mit Innenfalz, einseitig auf Gehrung geschlitzt

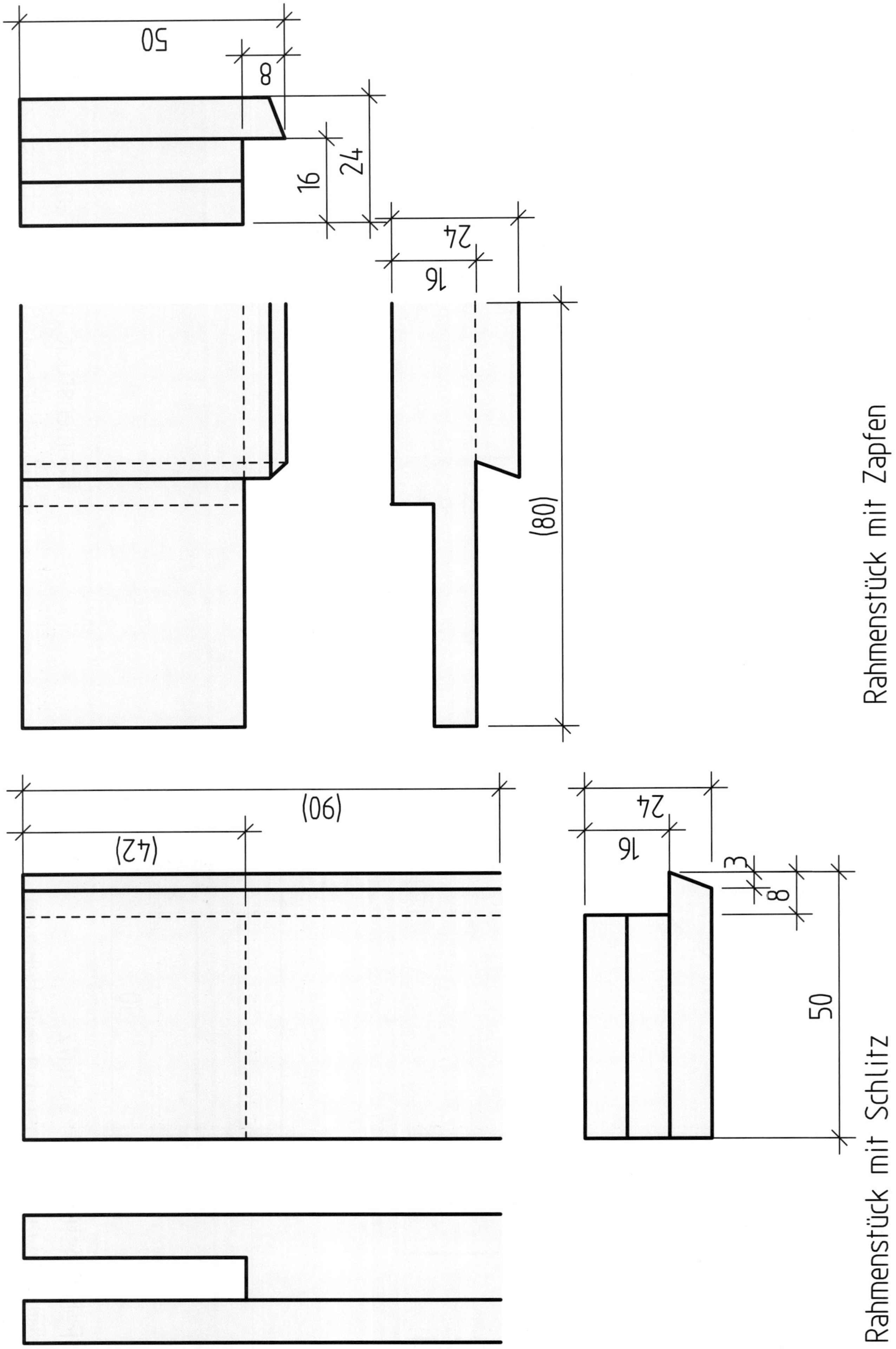

Aufgabe 8.8–7:
Rahmenhölzer mit Innenfalz und Fase, geschlitzt

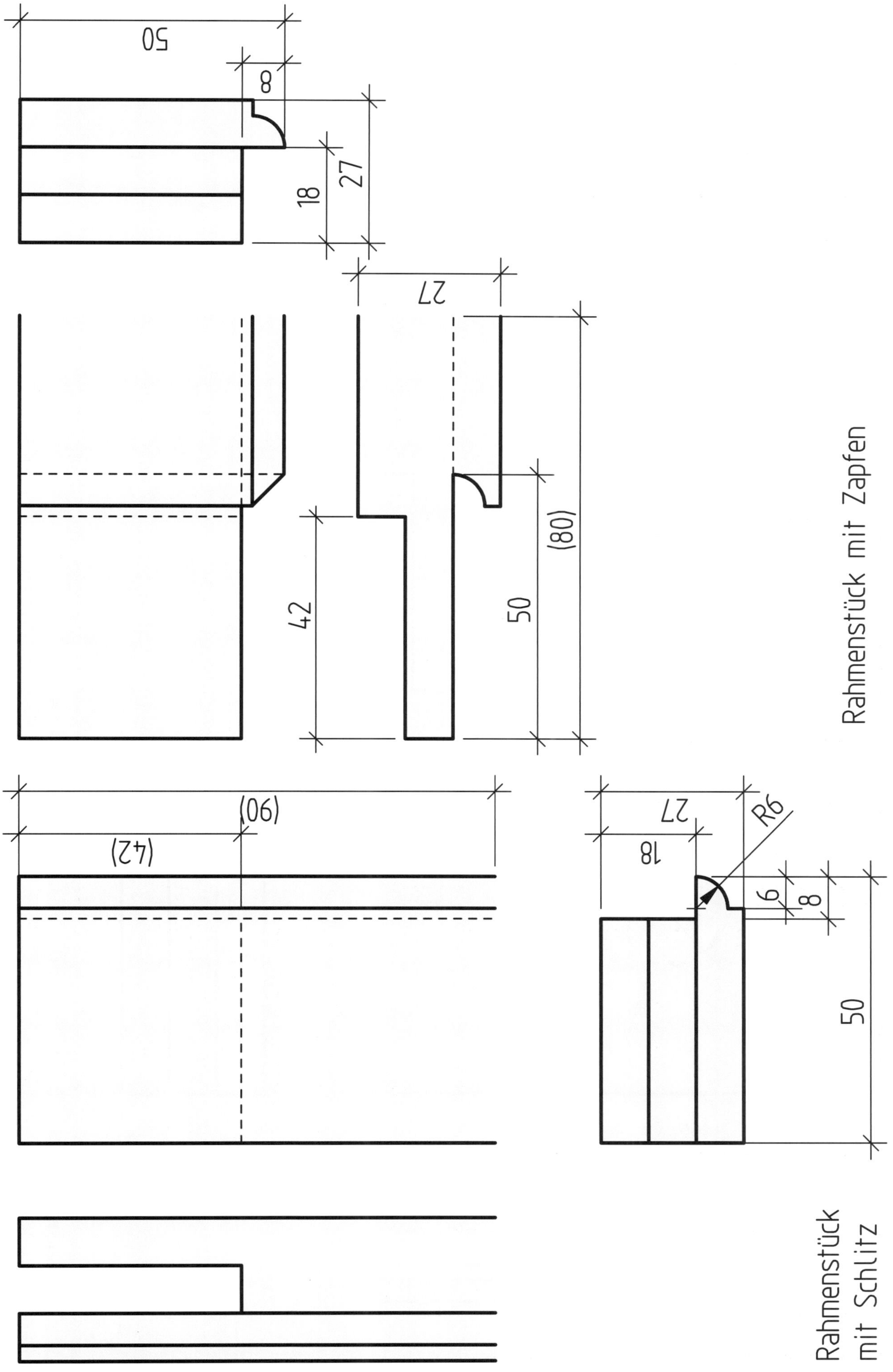

Aufgabe 8.8-8:
Rahmenhölzer mit Innenfalz und Innenprofil, geschlitzt

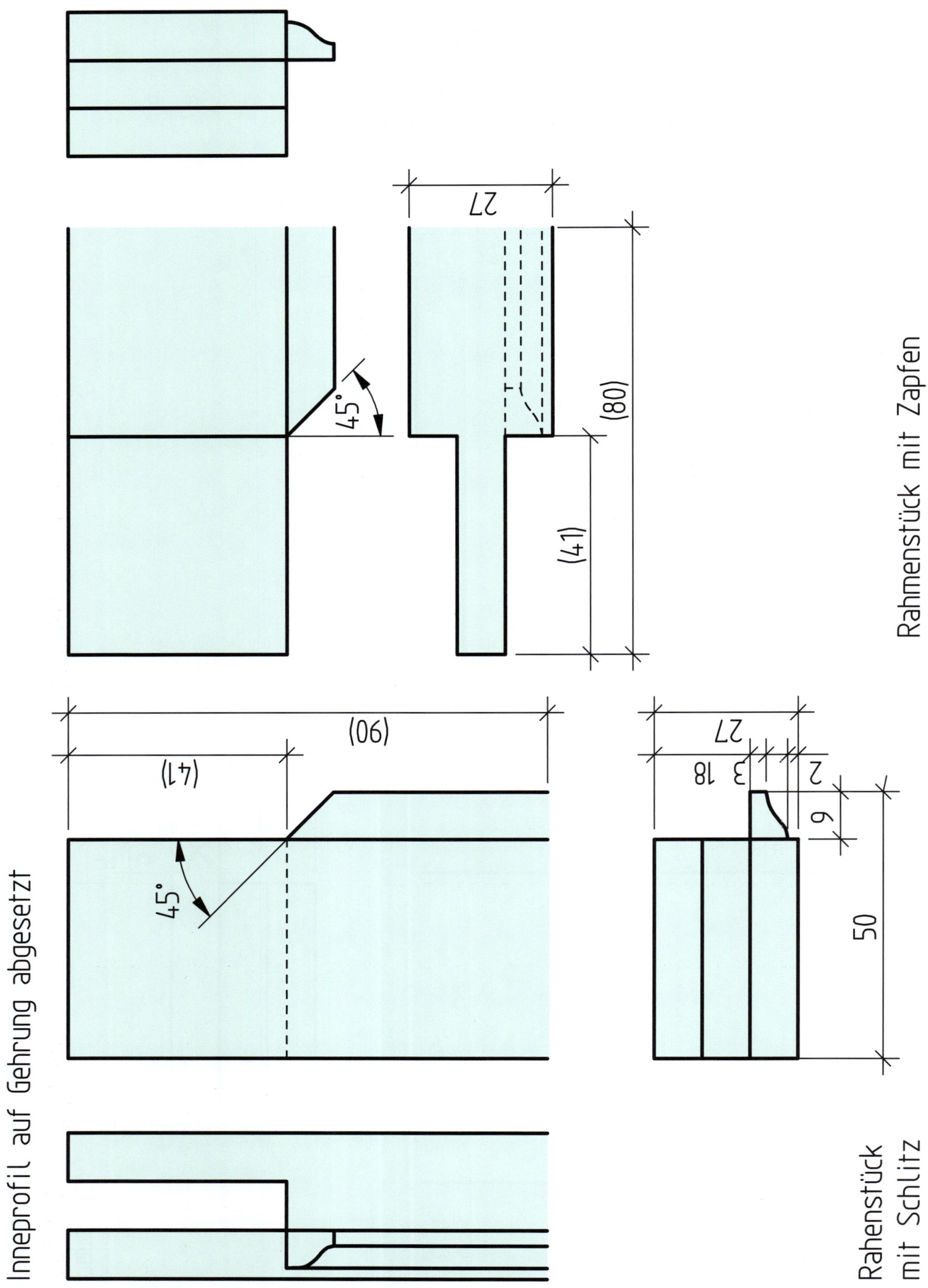

Aufgabe 8.8–9: Rahmenhölzer mit Innenfalz und Innenprofil

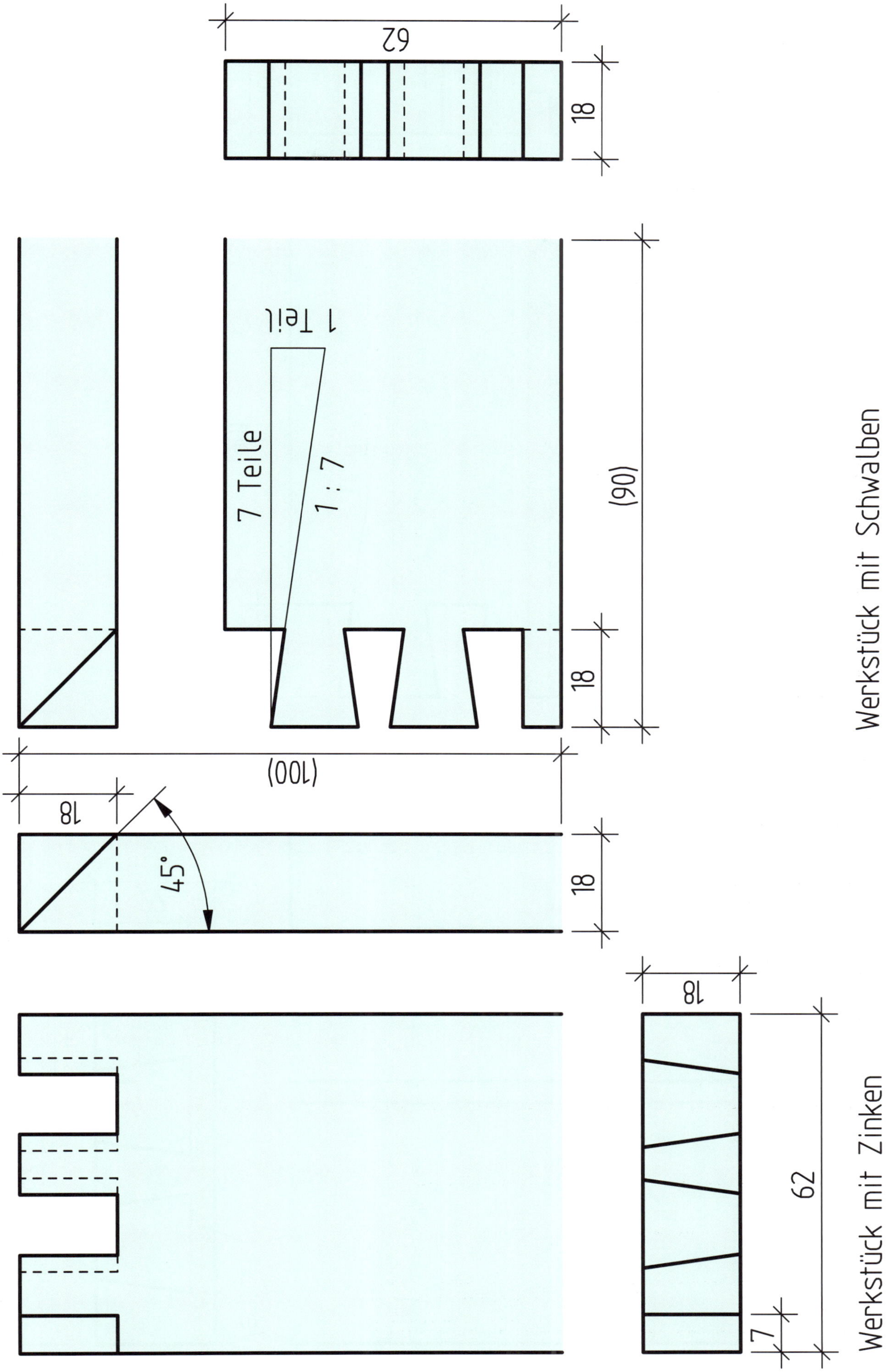

Aufgabe 8.9–1:
Gezinkte Kastenecke, vorderer Zinken auf Gehrung abgesetzt

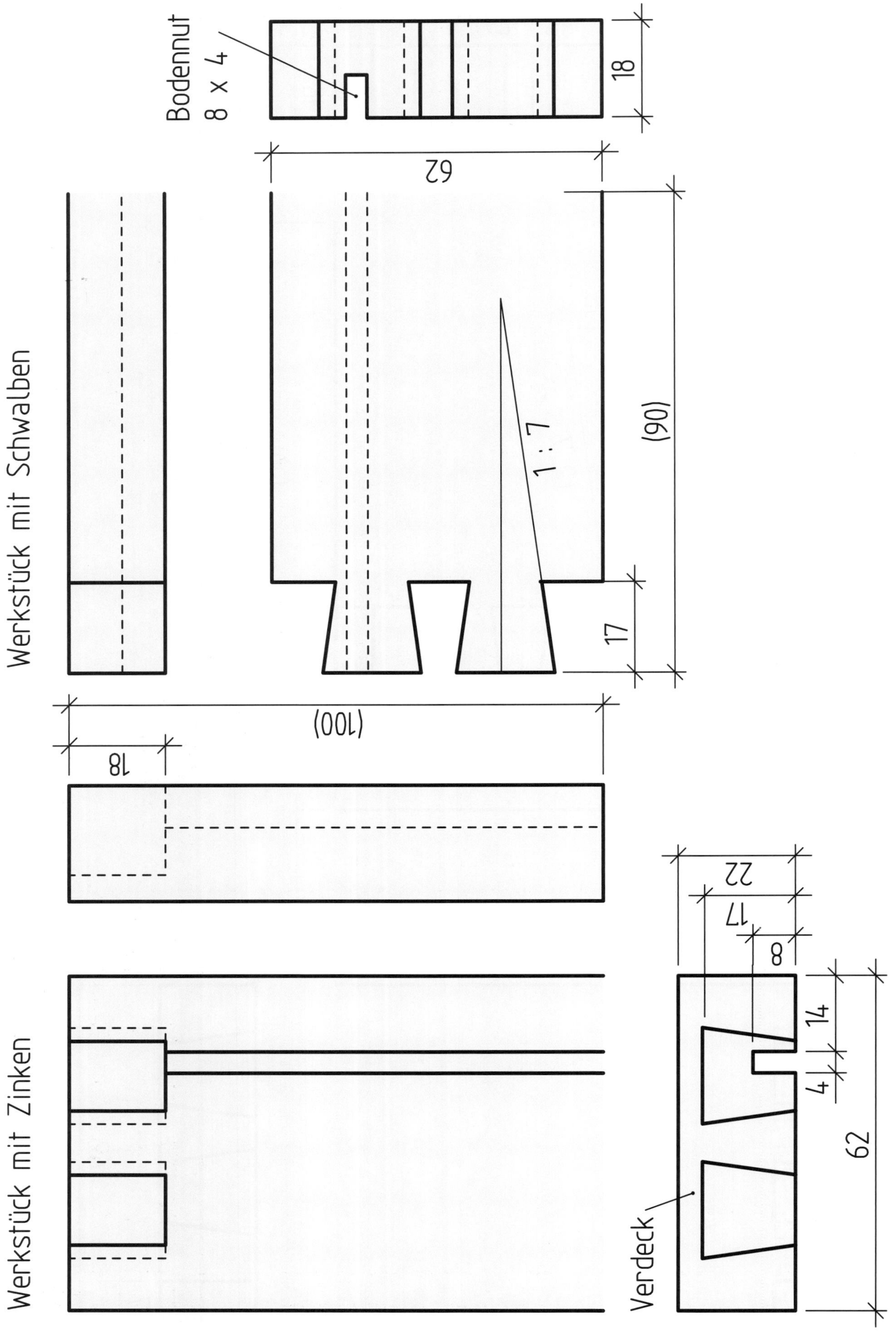

Aufgabe 8.9–2: Halbverdeckt gezinkte Ecke mit Bodennut

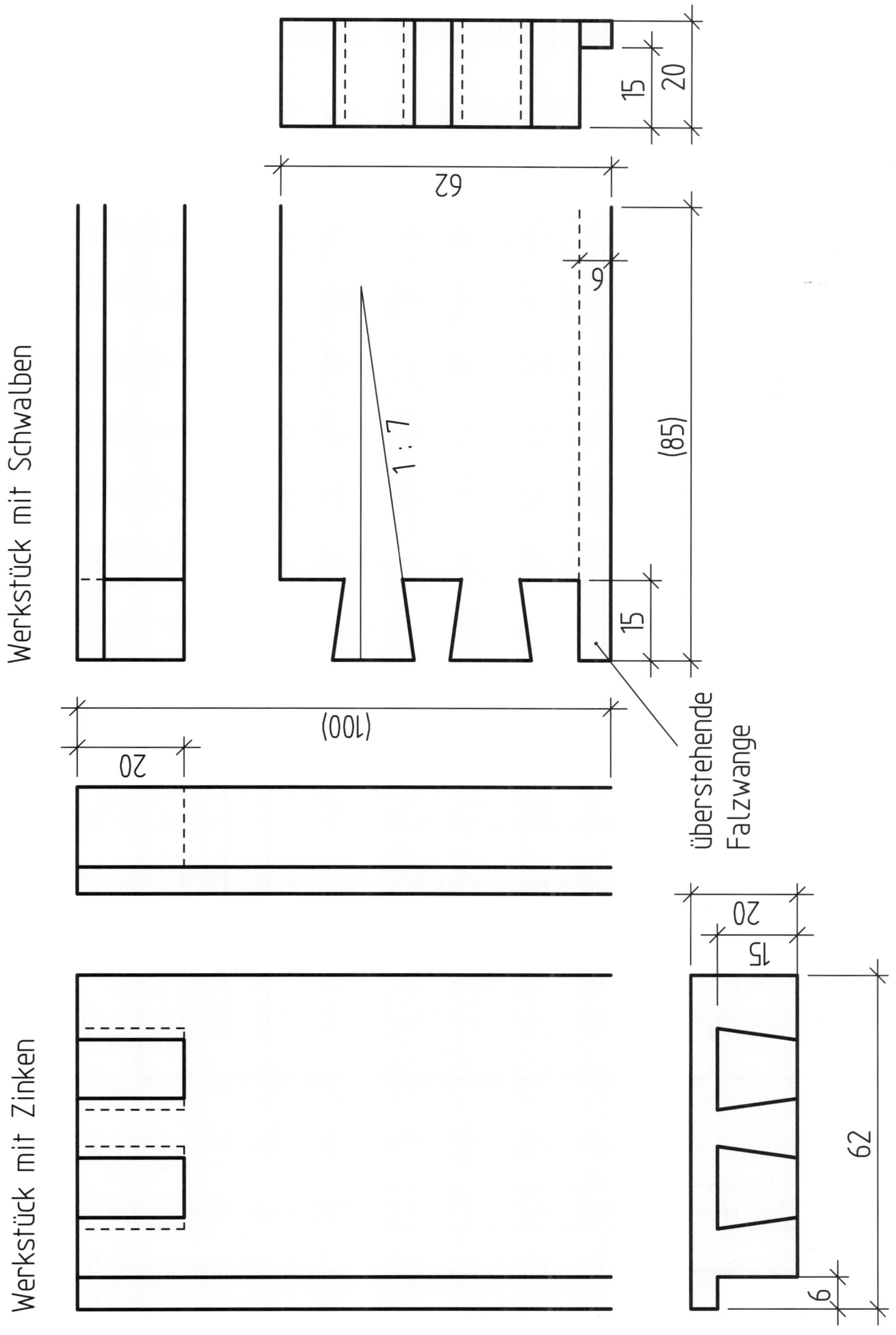

Aufgabe 8.9–3: Halbverdeckt gezinkte Kastenecke mit Falz

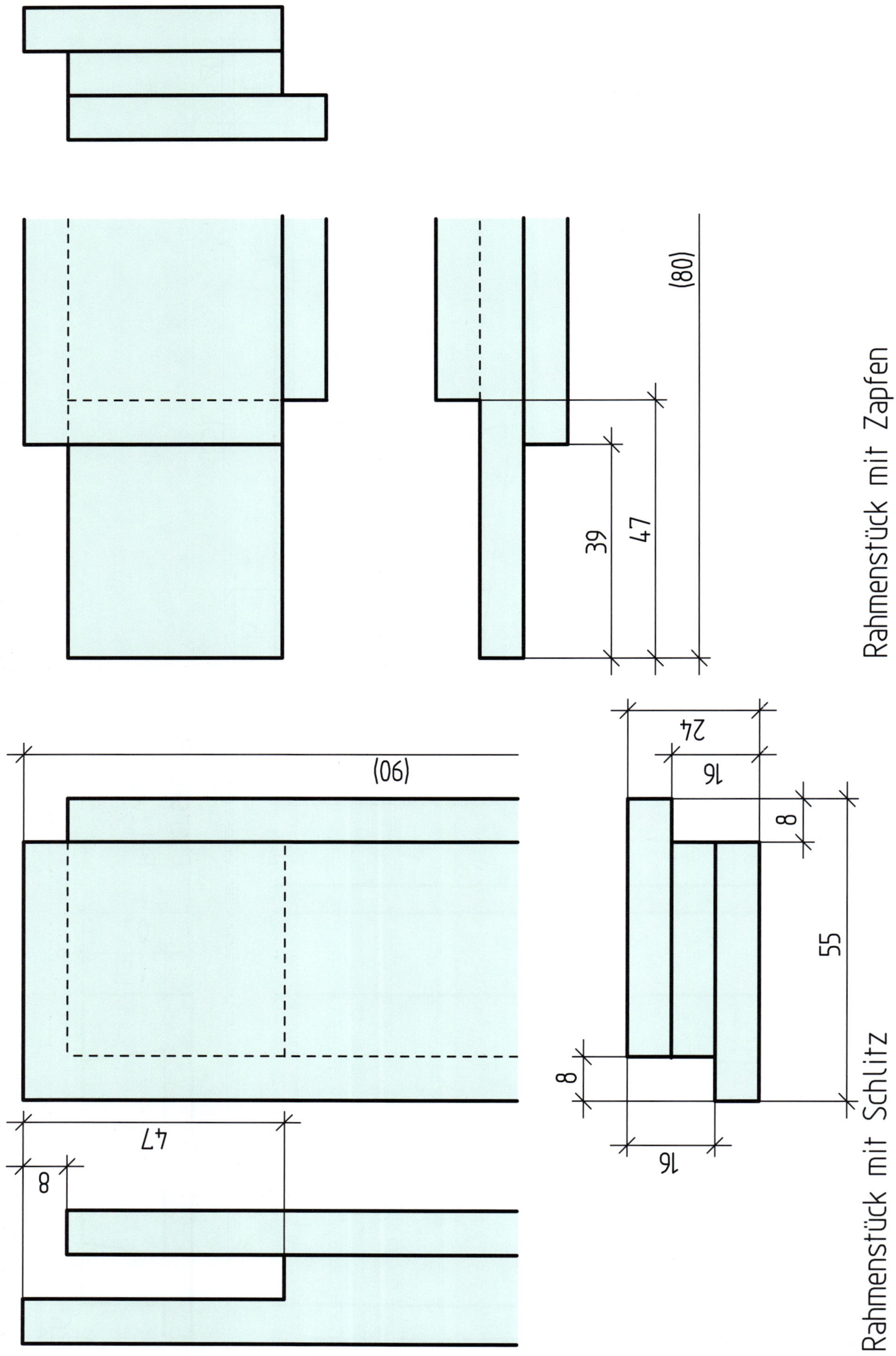

Aufgabe 8.10–1:
Rahmen für überfälzte Türen mit gefälzter Innenkante

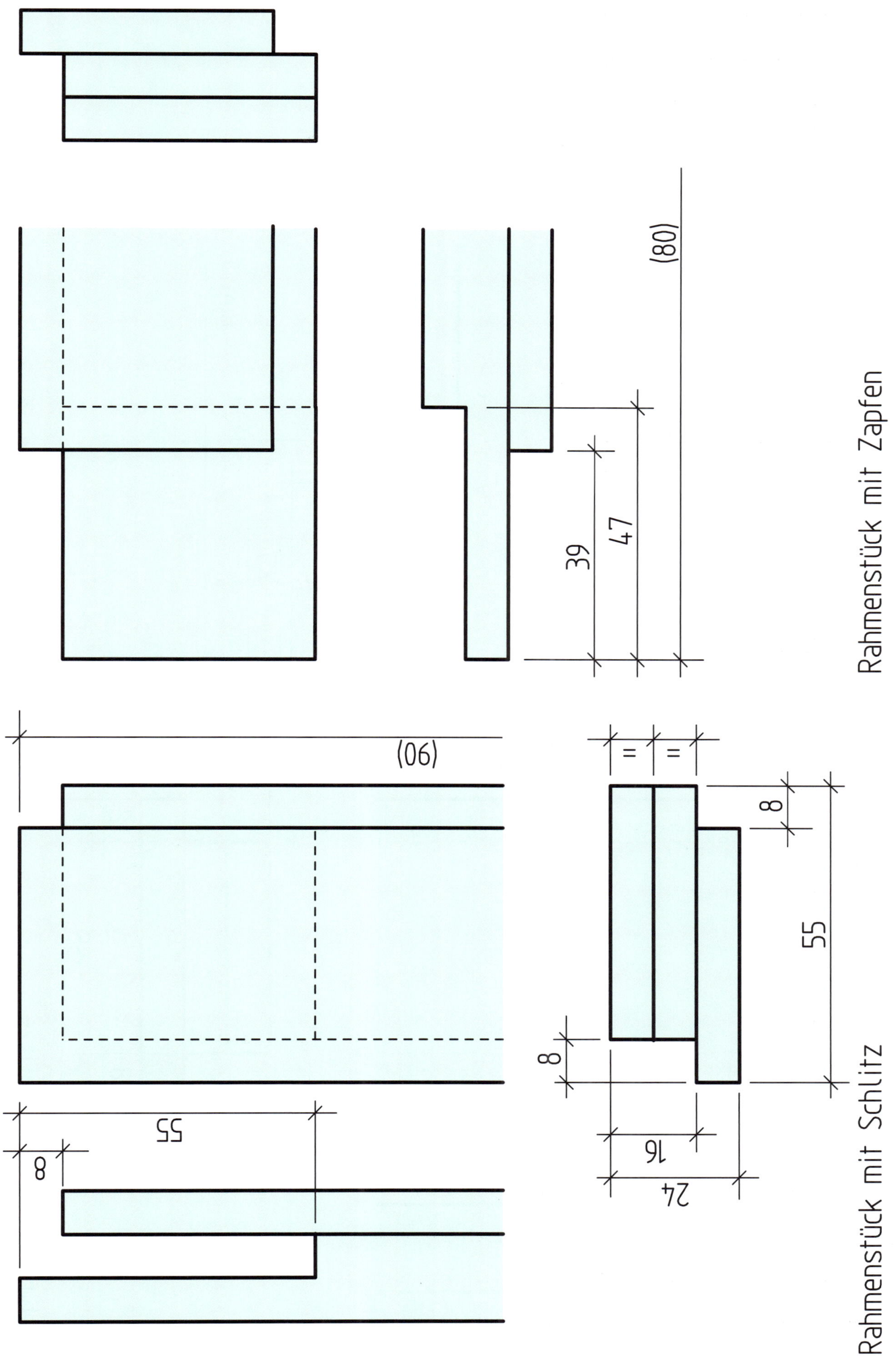

Aufgabe 8.10–2:
Rahmen für überfälzte Türen mit kleinem Innenfalz

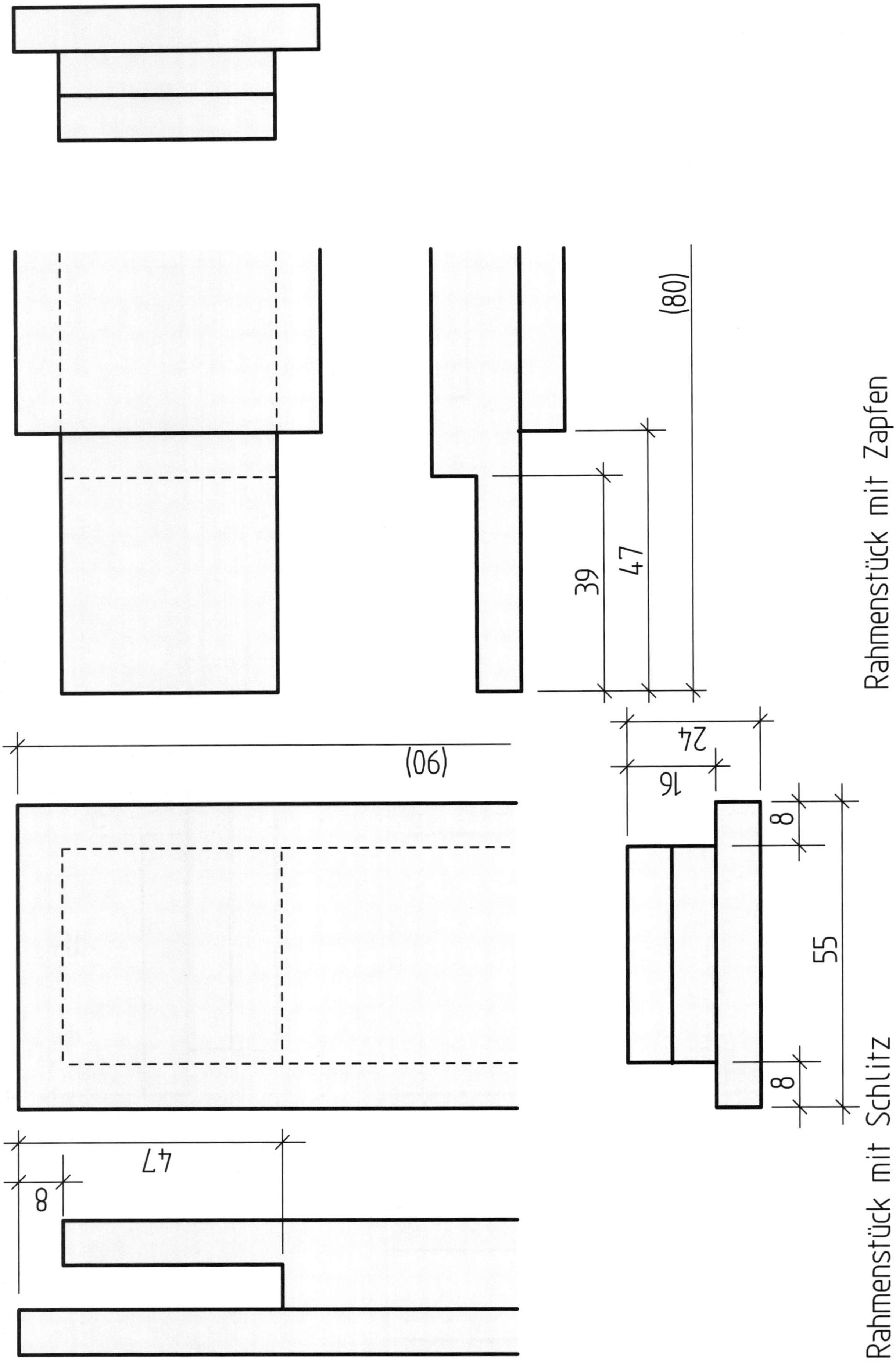

Aufgabe 8.10–3:
Rahmen für überfälzte Türen mit gefälzter Innenkante

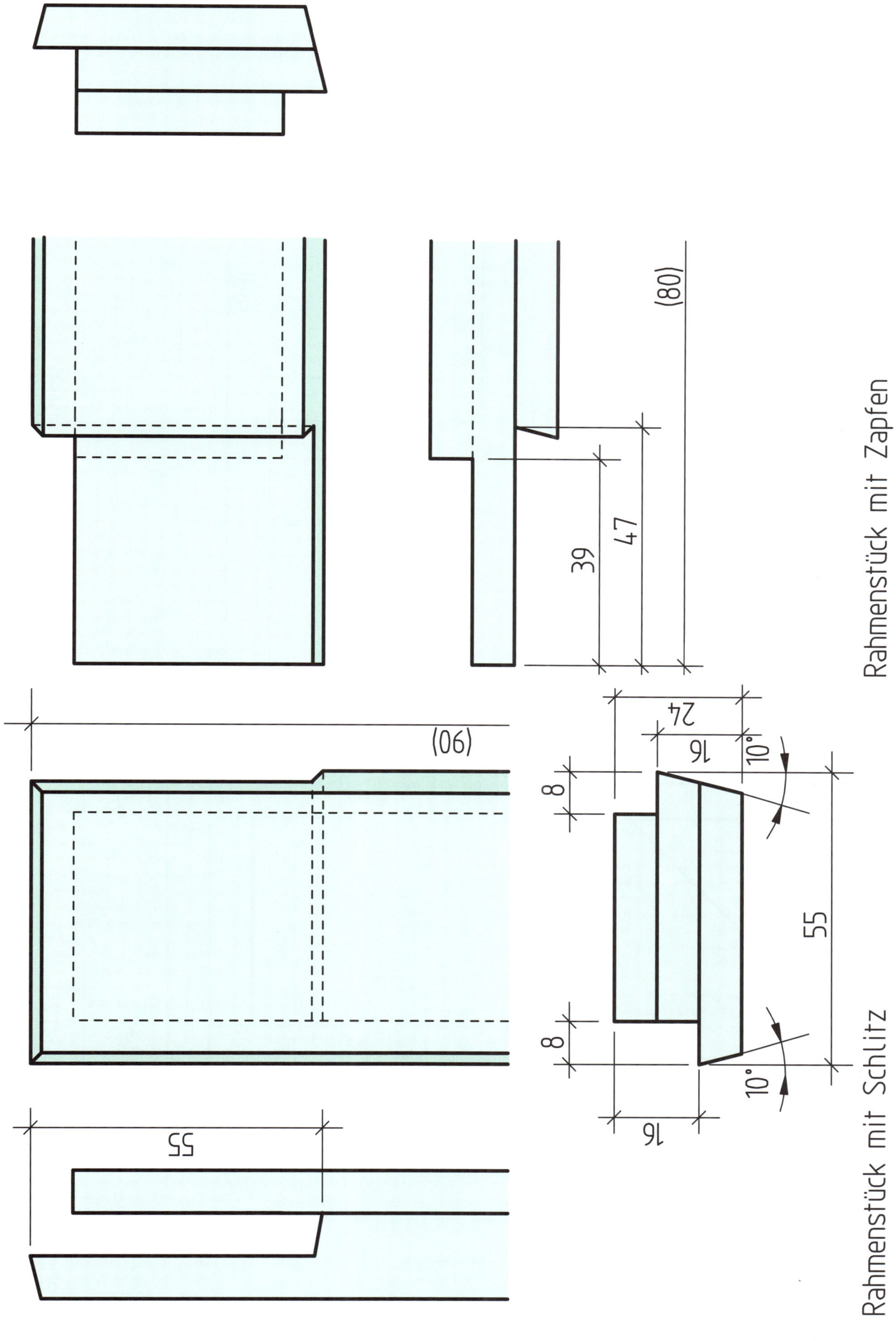

Aufgabe 8.10-4:
Rahmen mit gefasten und gefälzten Innen- und Außenkanten

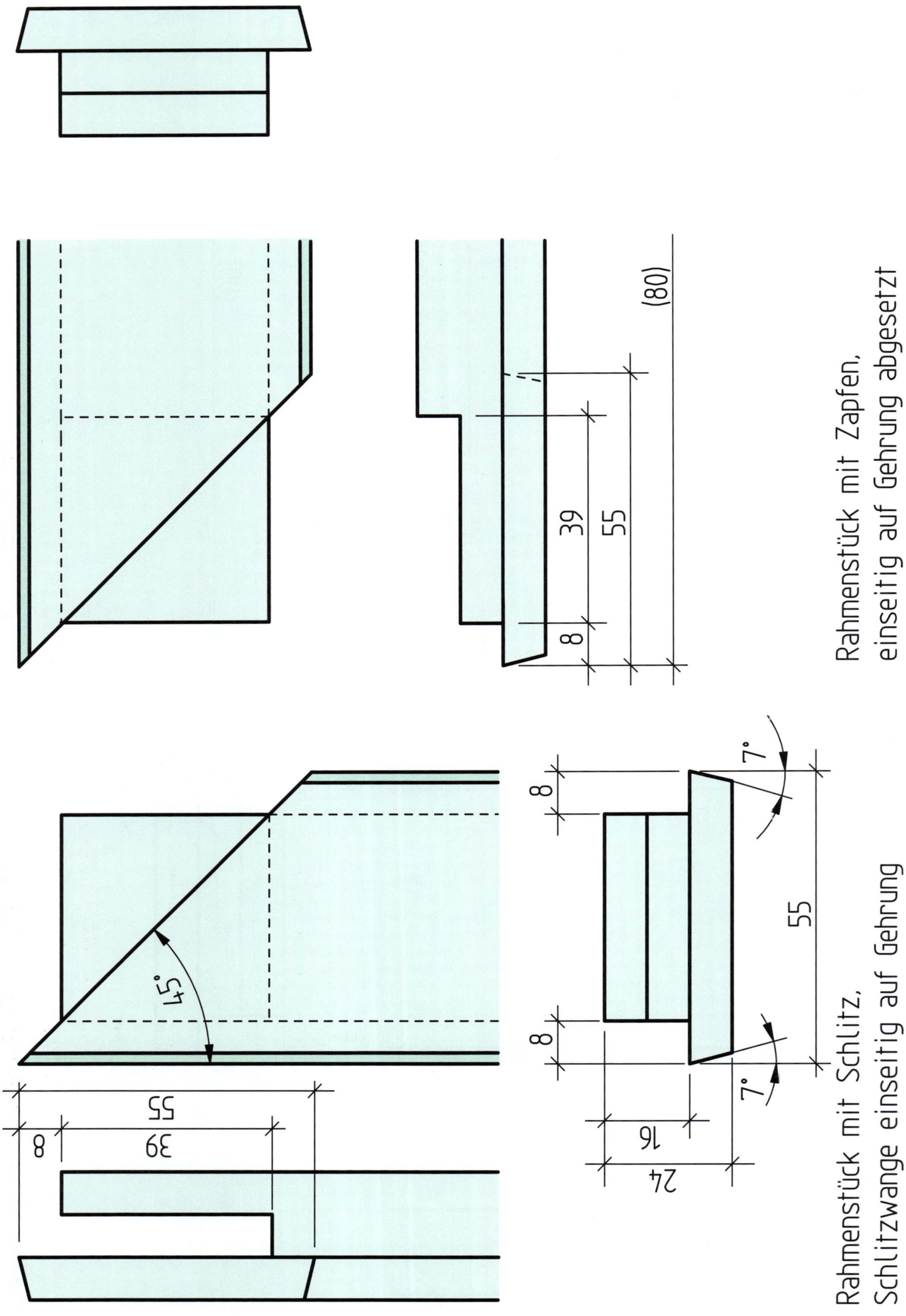

Aufgabe 8.10-5:
Rahmen für überfälzte Türen mit gefasten Kanten

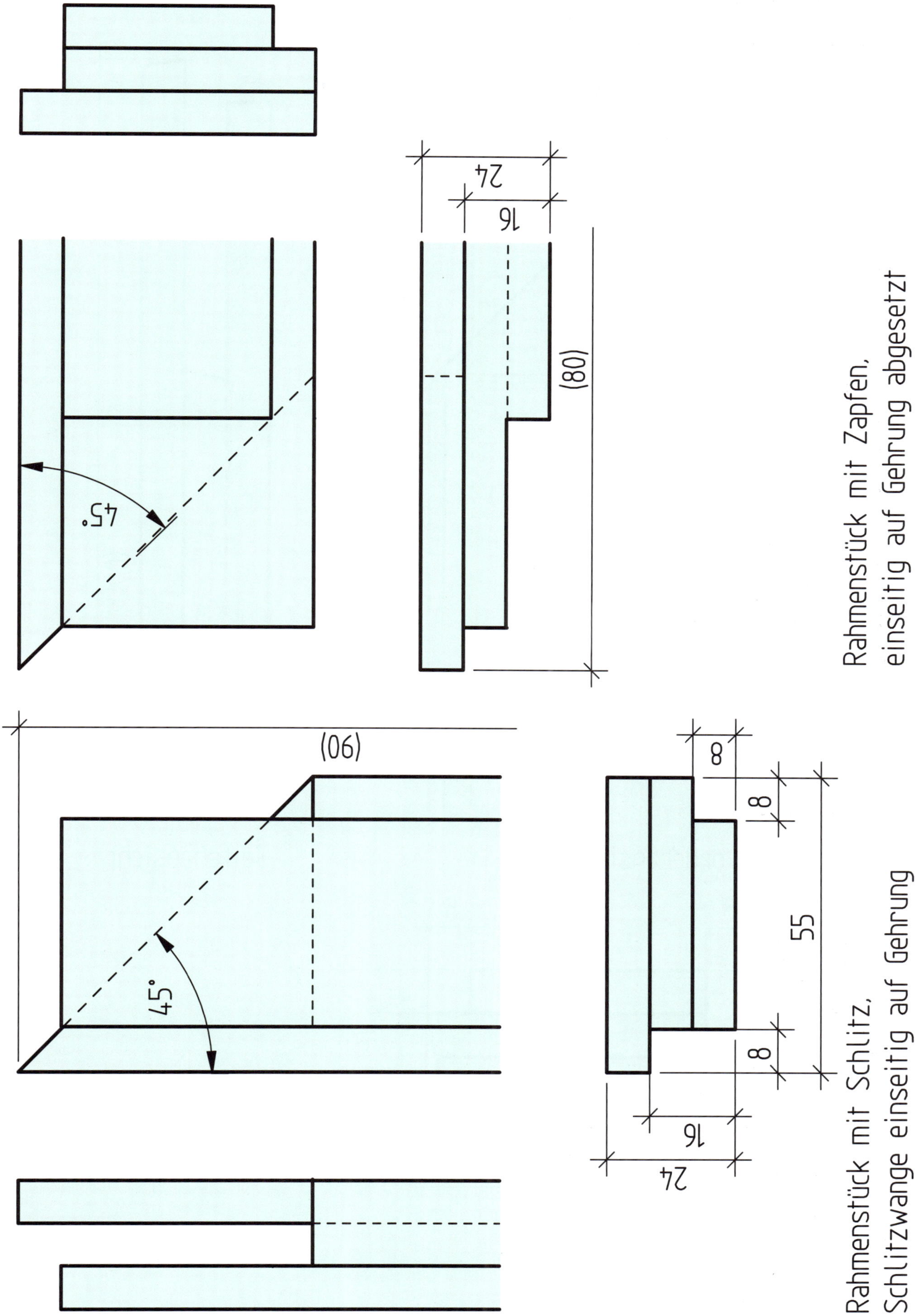

Aufgabe 8.10-6:
Rahmen für überfälzte Türen, Innenkante gefälzt (Innenansicht)

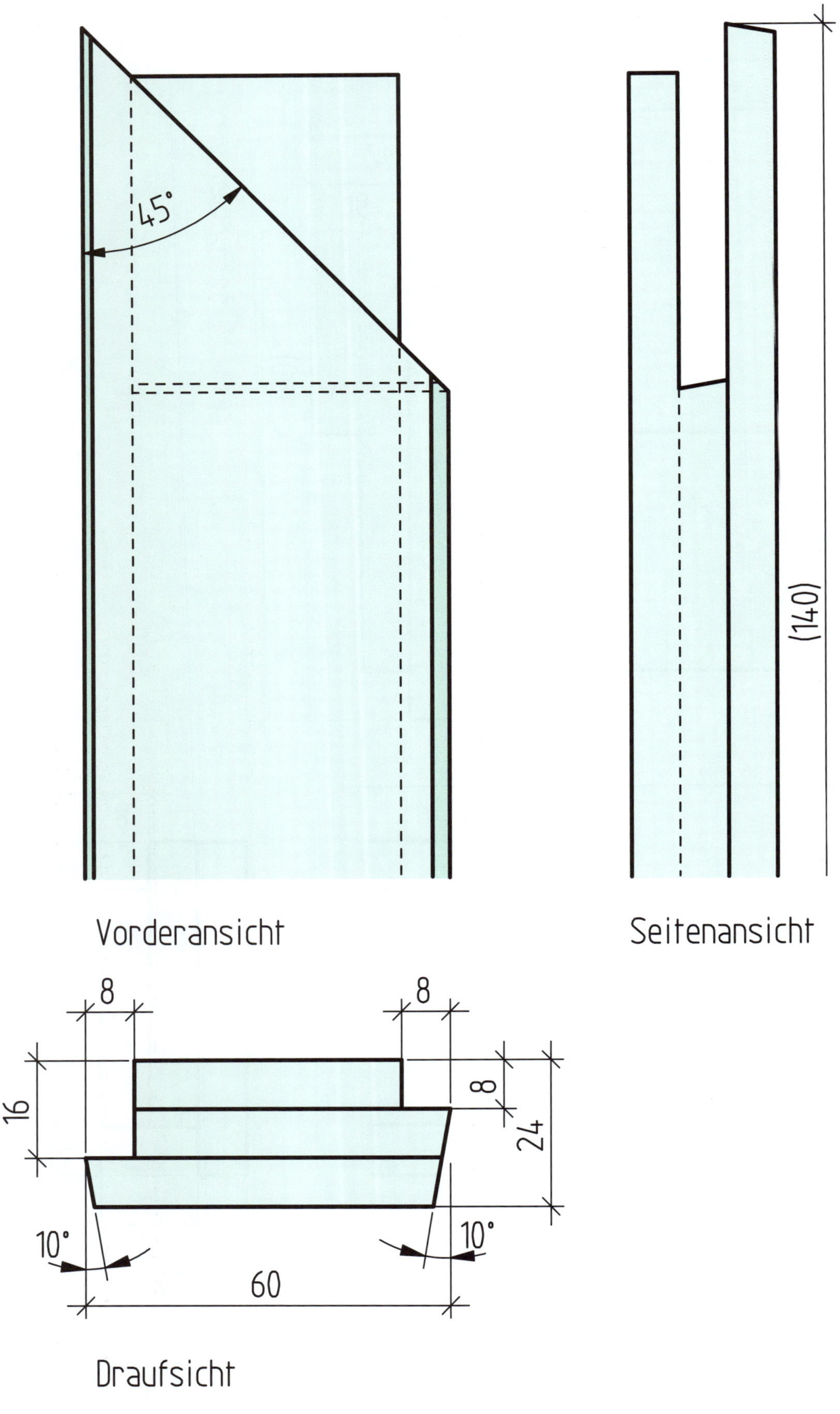

Aufgabe 8.10–7a:
Rahmenstück mit Schlitz, Schlitzwange einseitig auf Gehrung

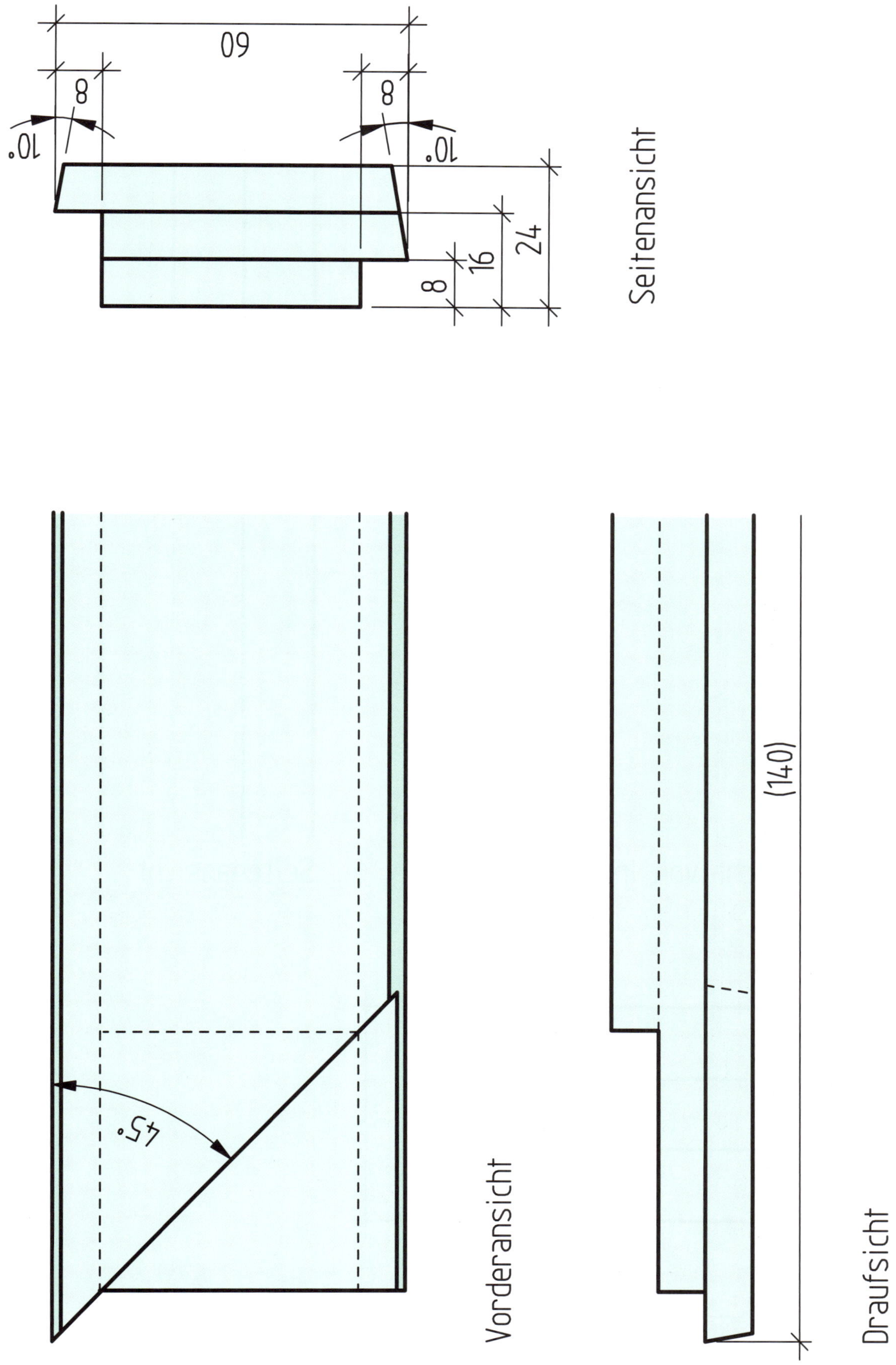

Aufgabe 8.10–7b:
Rahmenstück mit Zapfen, einseitig auf Gehrung abgesetzt

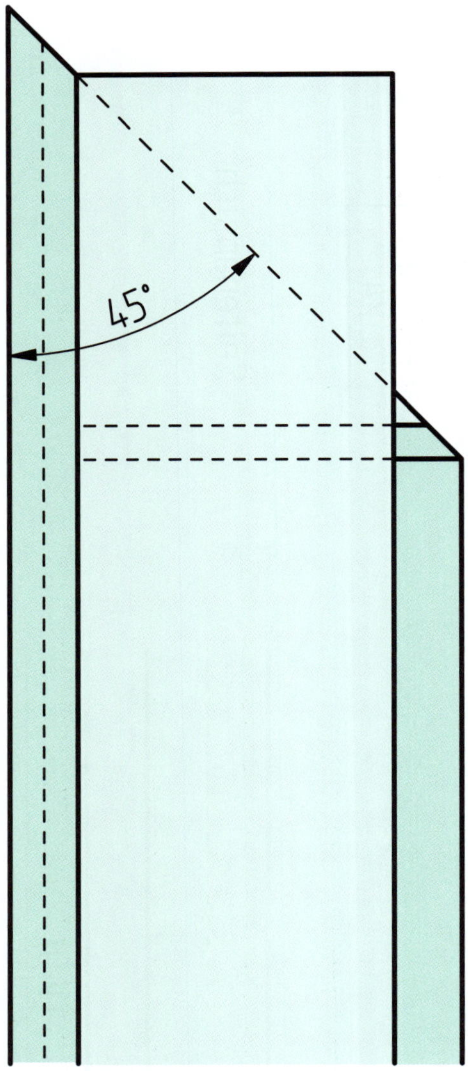

Ansicht von Innen

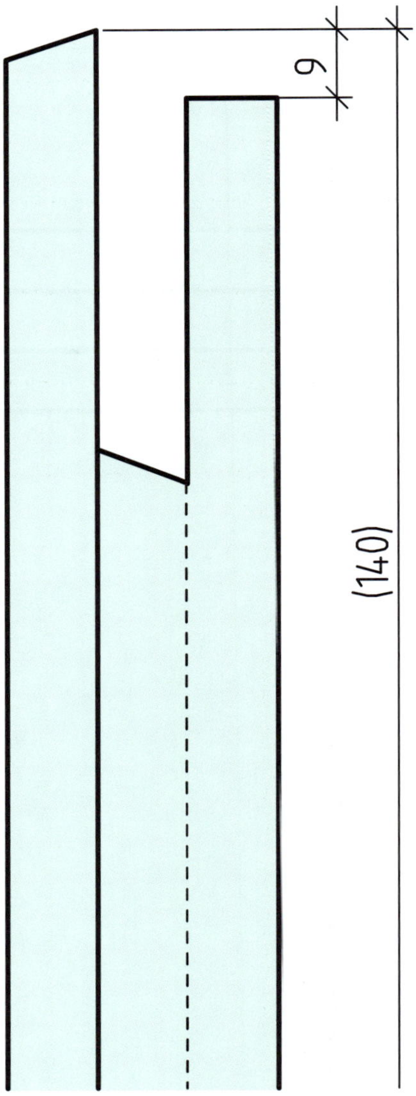

Seitenansicht

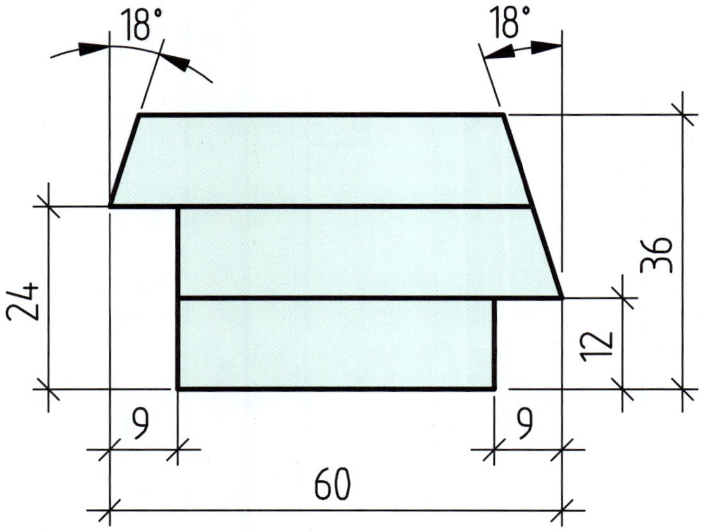

Draufsicht

Aufgabe 8.10-8a:
Rahmenstück mit Schlitz, Schlitzwange einseitig auf Gehrung

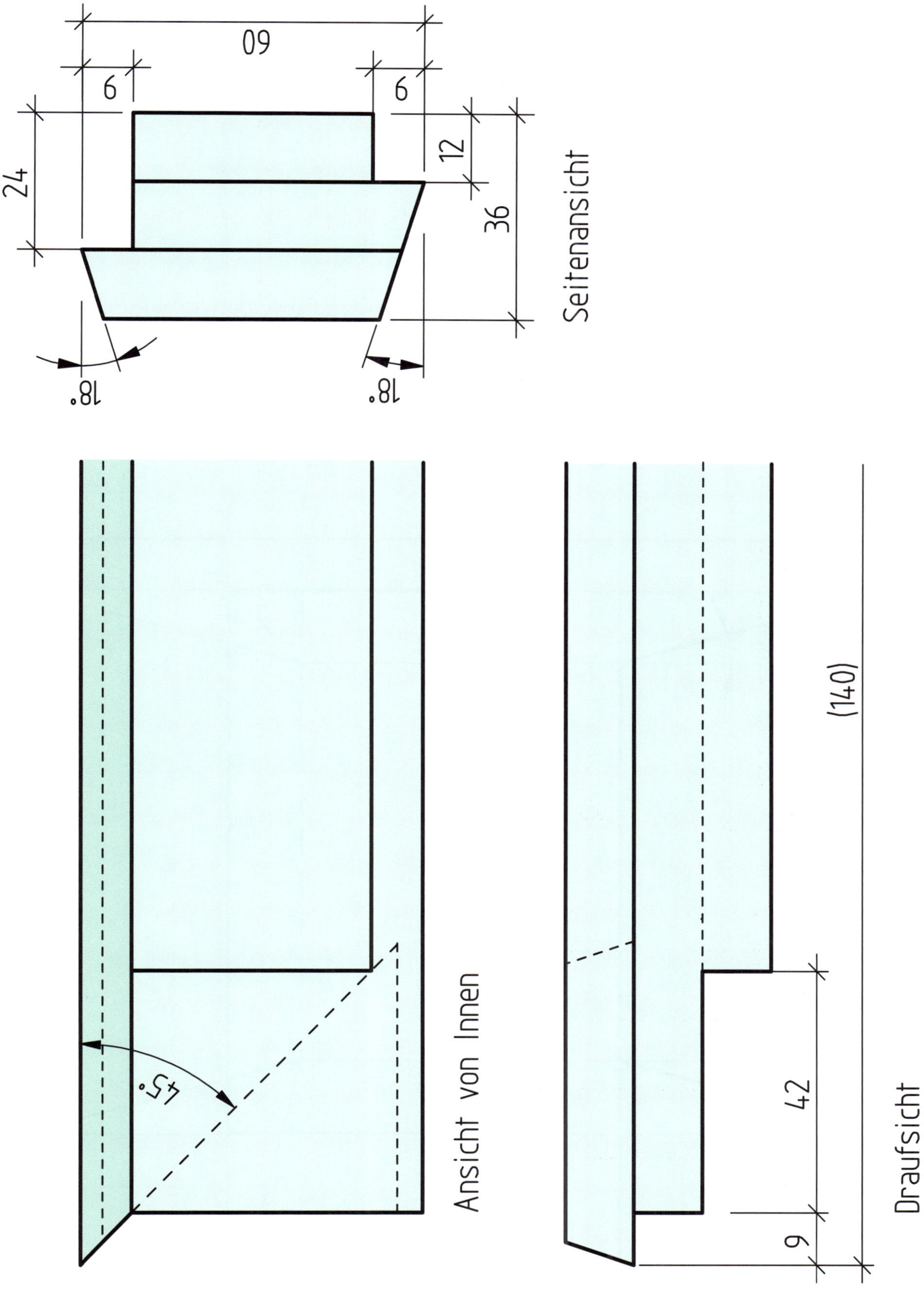

Aufgabe 8.10–8b:
Rahmenstück mit Zapfen, einseitig auf Gehrung abgesetzt

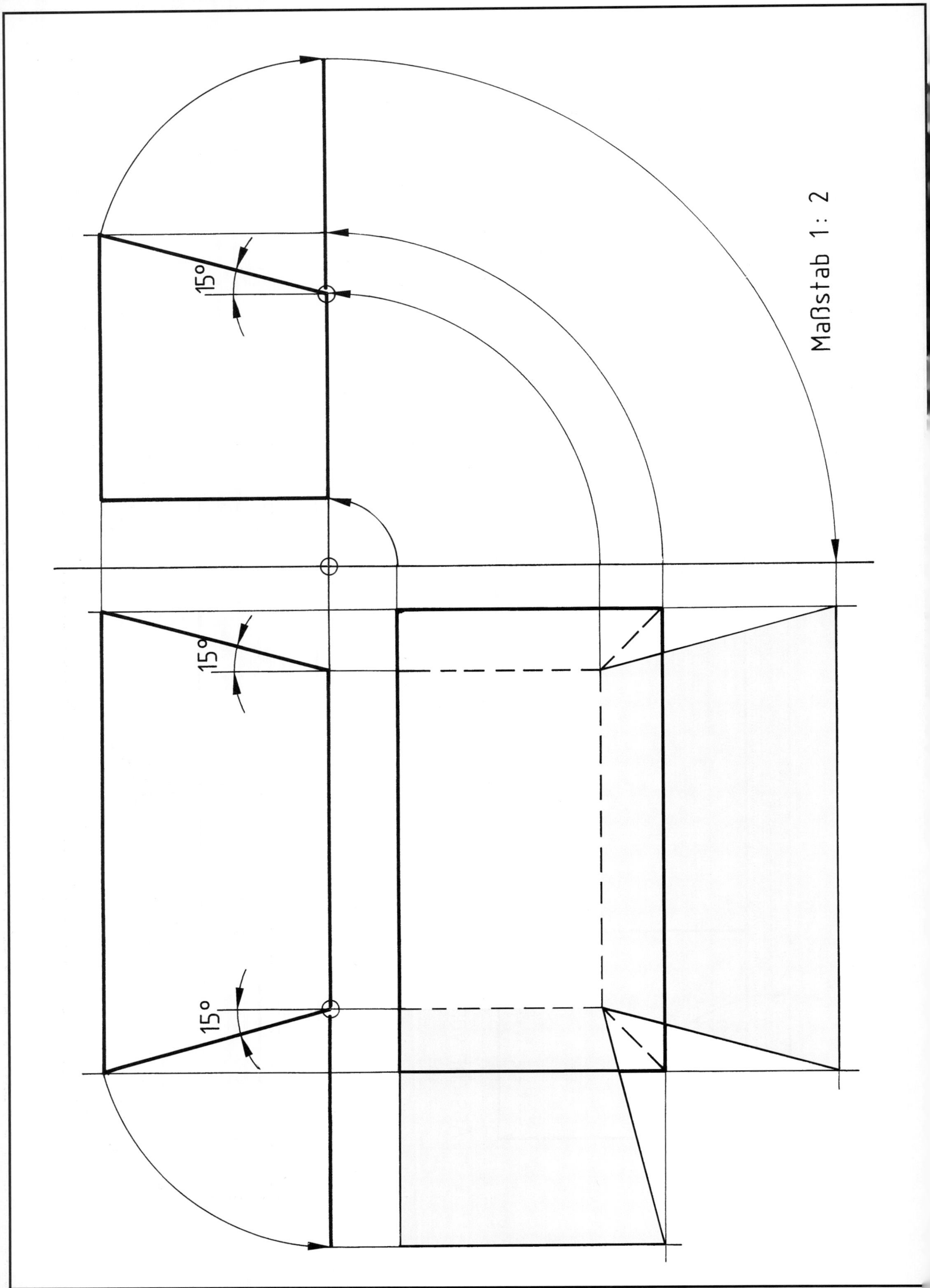

Aufgabe 8.12-1: Projektion schrägliegender Flächen

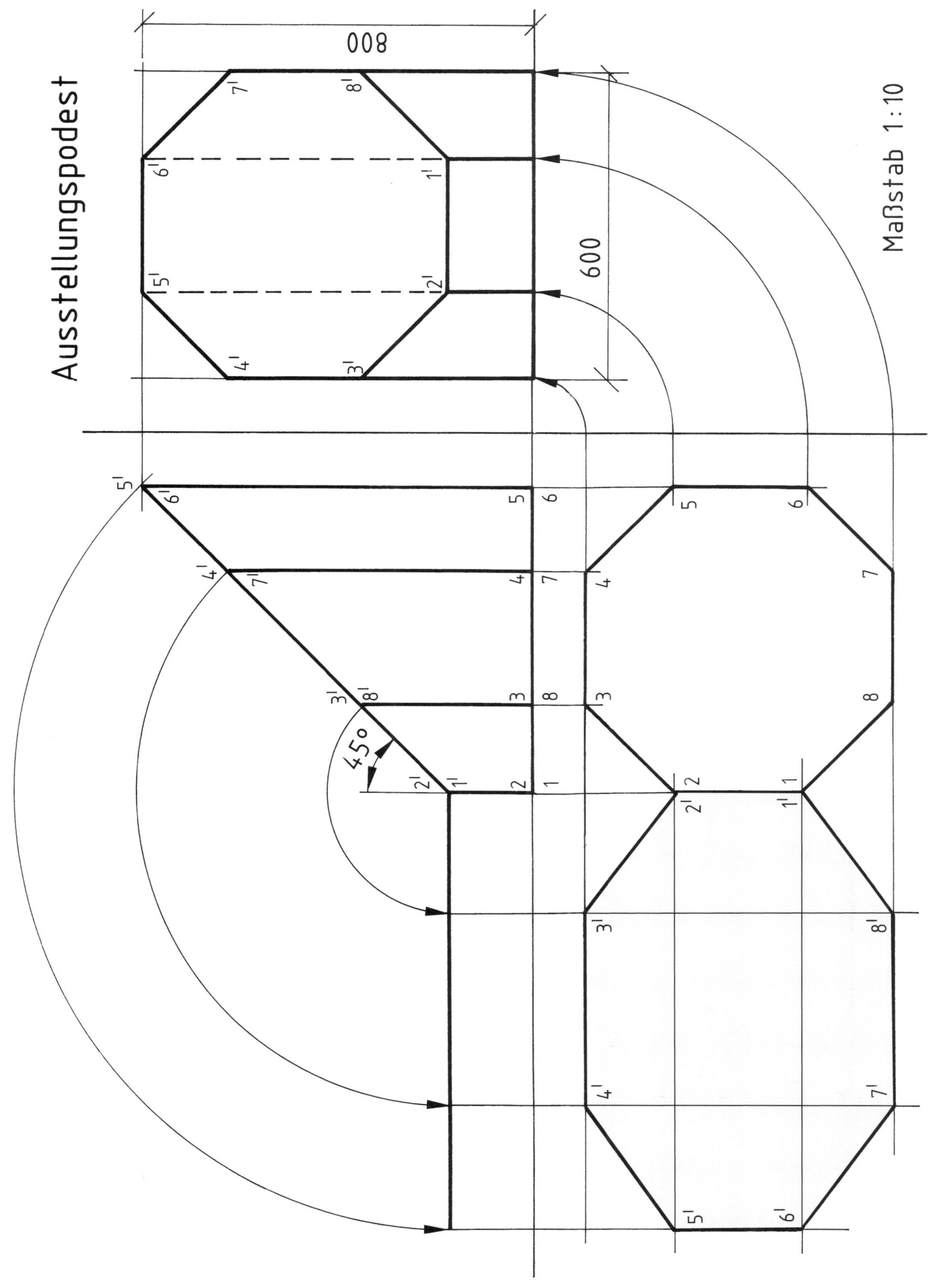

Aufgabe 8.12–2: Projektion schrägliegender Flächen

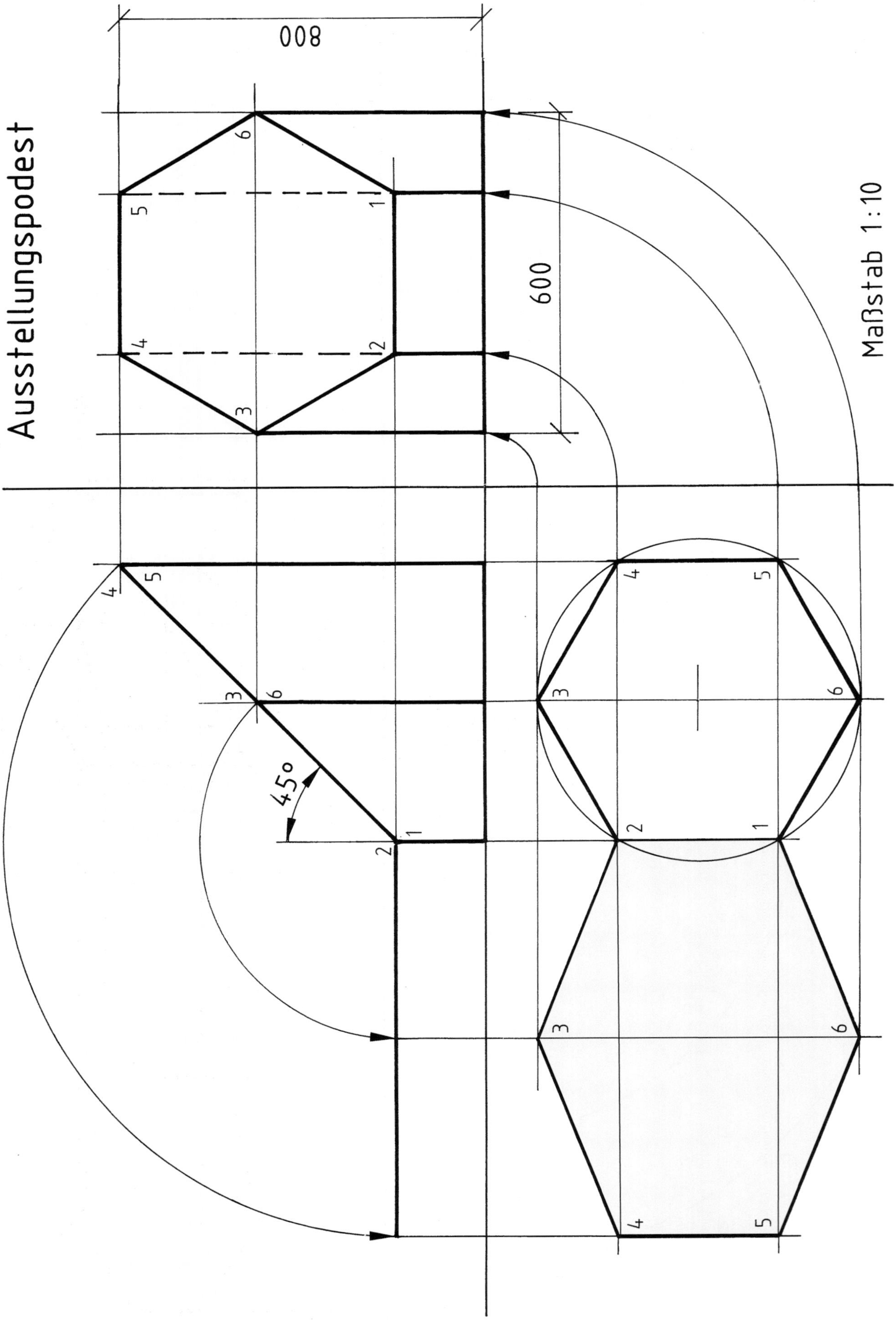

Alternativaufgabe 8.12–2: Projektion schrägliegender Flächen

Schräg angeschnittene Sechseckpyramide

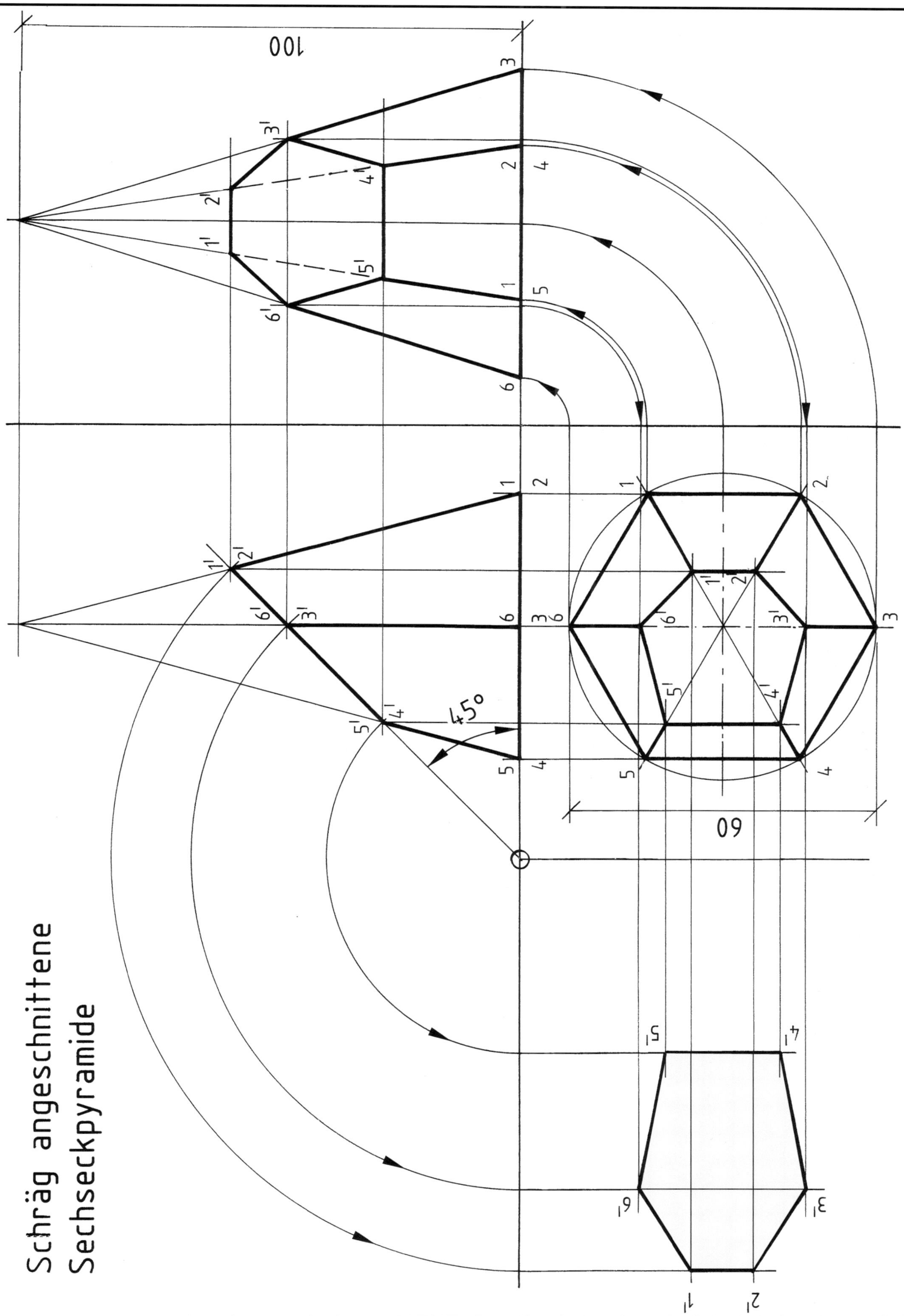

Aufgabe 8.12–3: Projektion schrägliegender Flächen

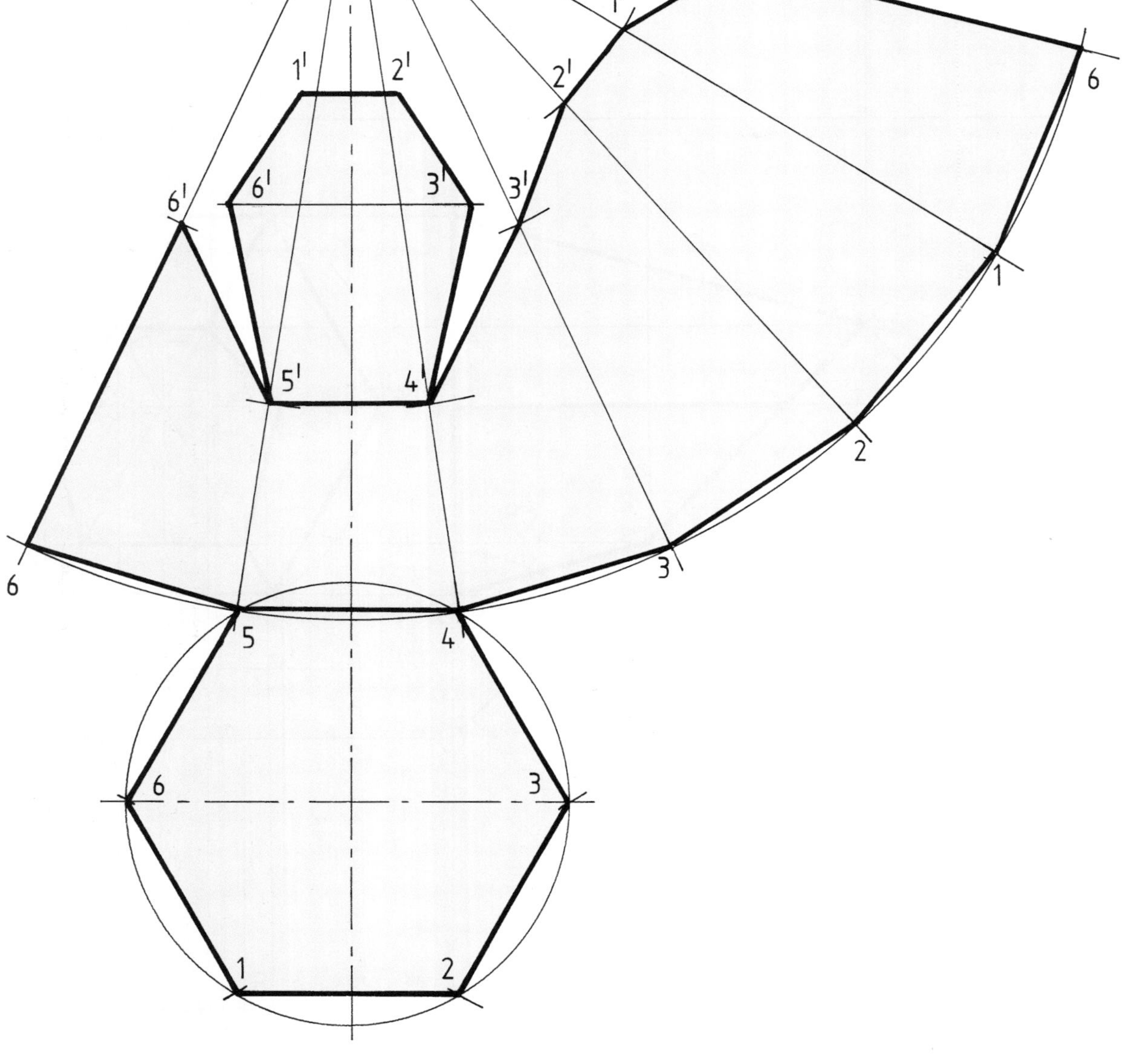

Zusatzaufgabe 8.12-3: Projektion schrägliegender Flächen

Sockel für eine Bronzefigur

Maßstab 1:2

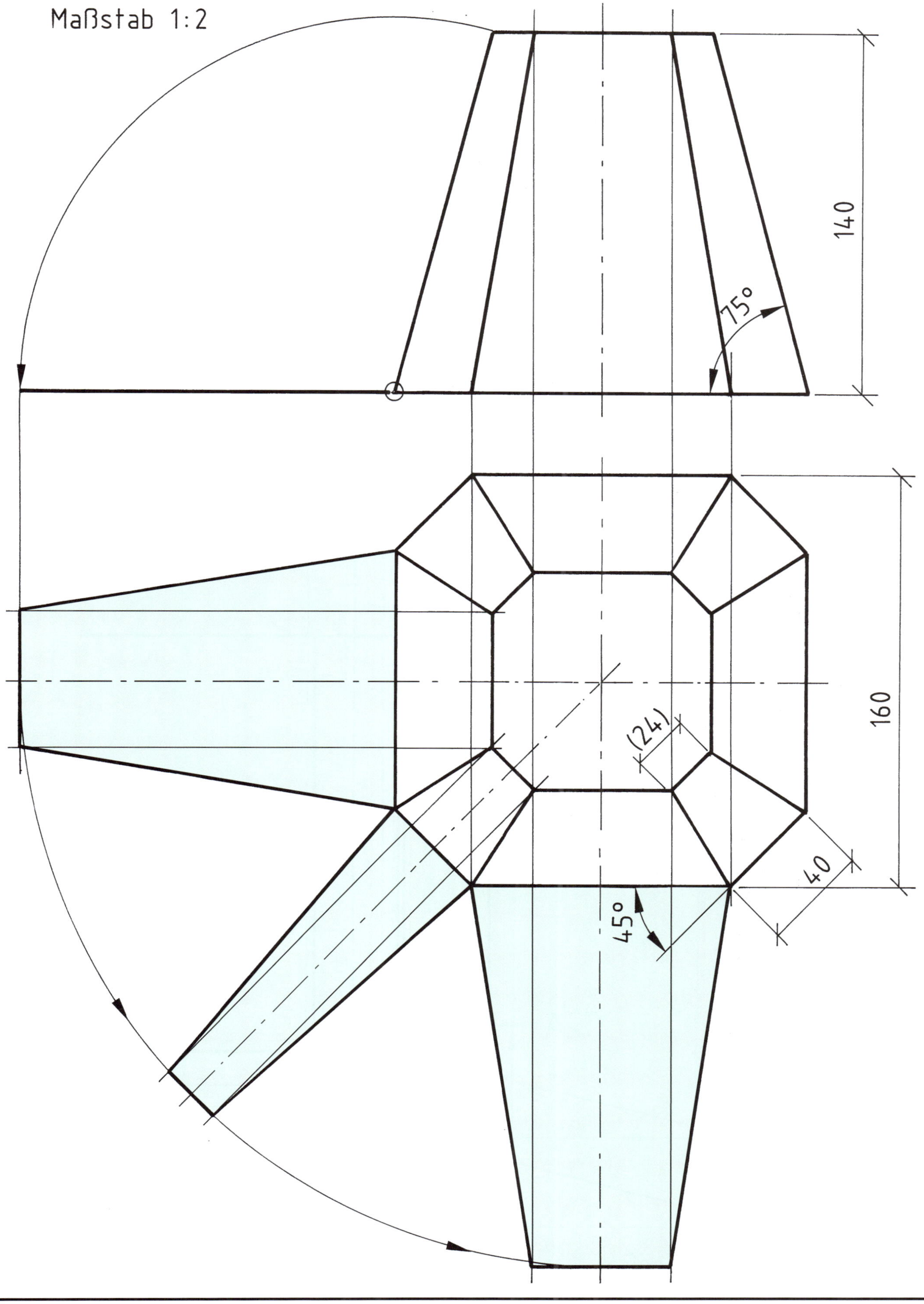

Aufgabe 8.12-4: Projektion schrägliegender Flächen

Einseitig trichterförmiger Kasten

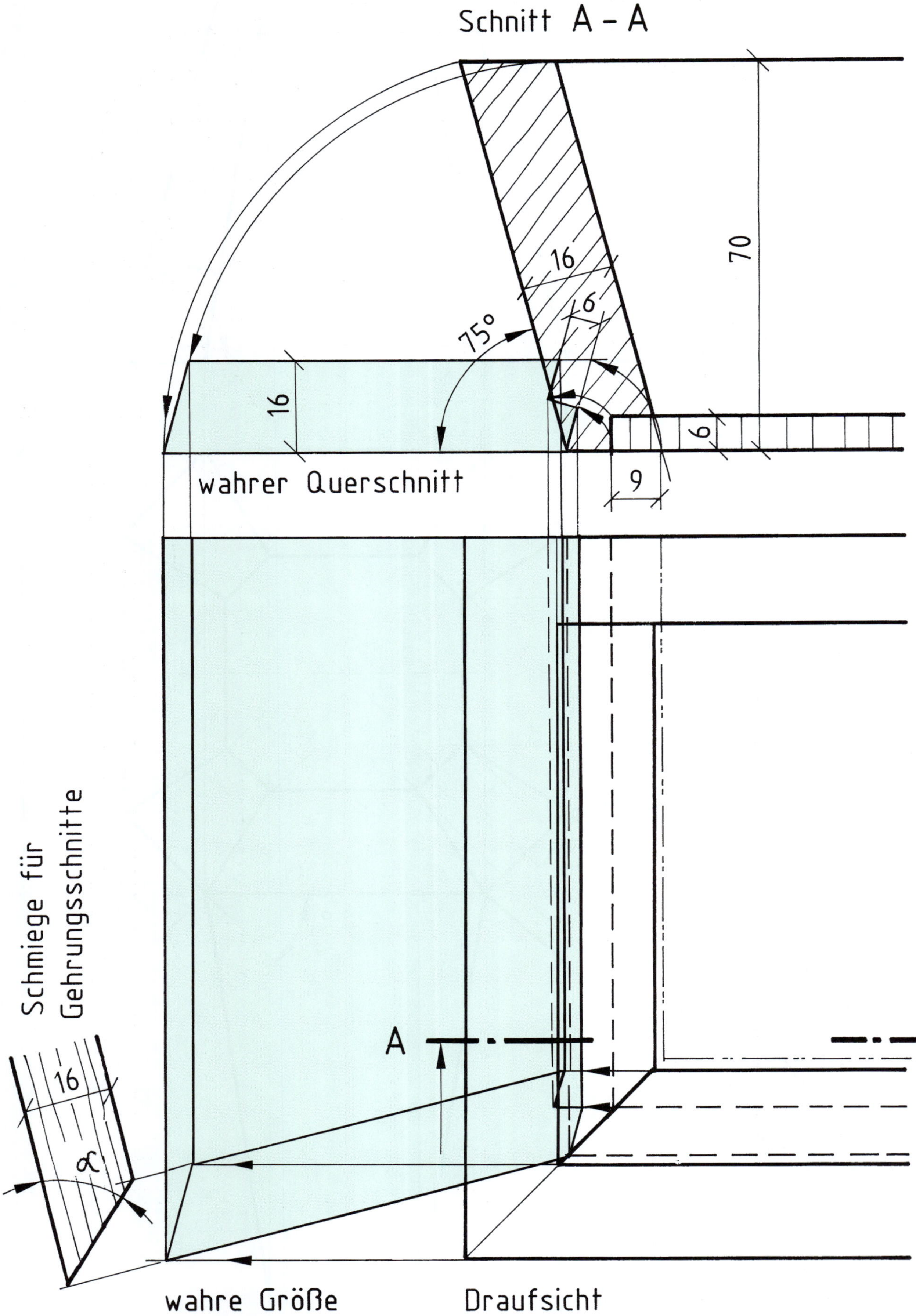

Aufgabe 8.12–5: Projektion schrägliegender Flächen

Profile mit falscher Gehrung

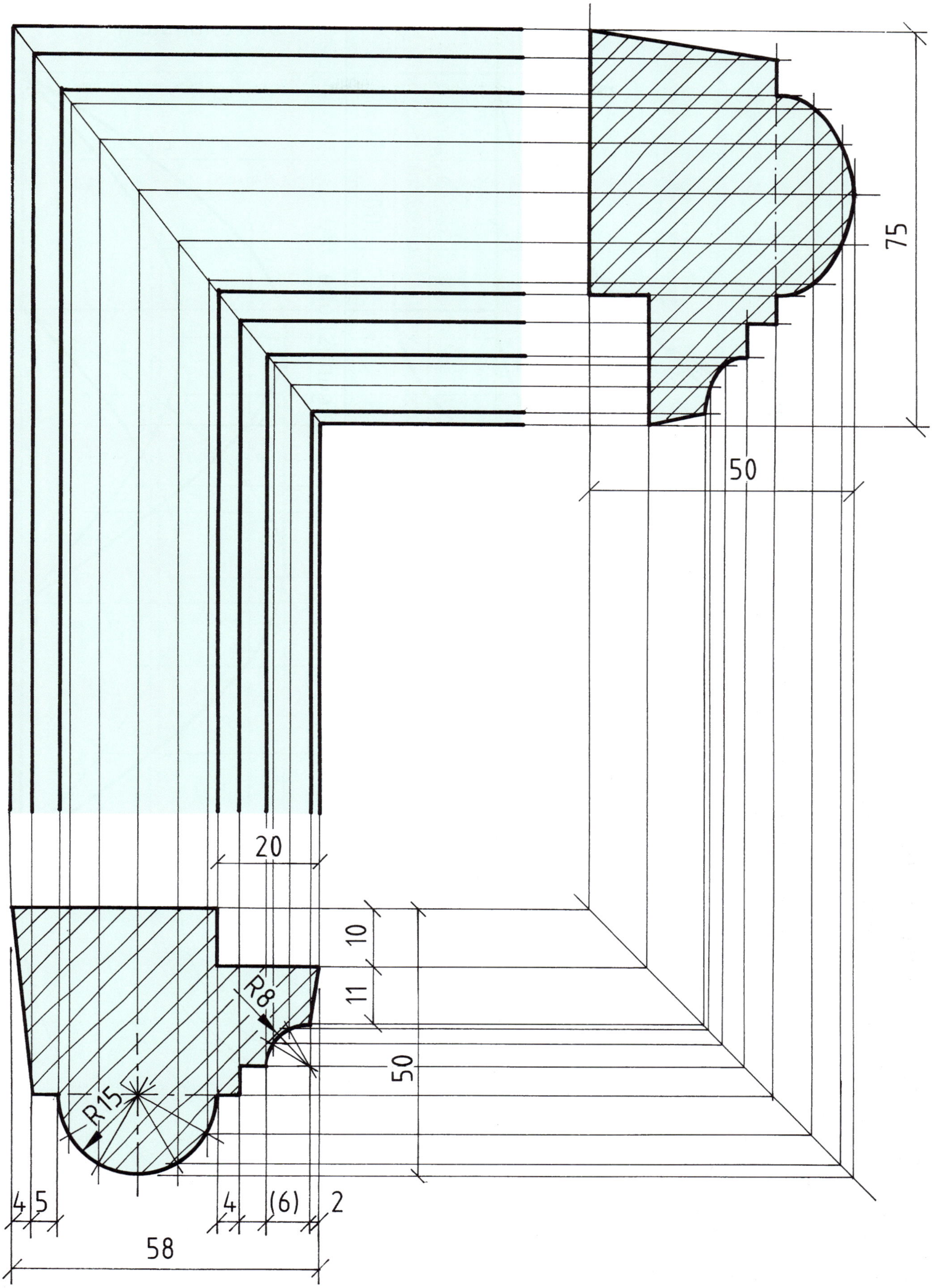

Aufgabe 8.12-6: Projektion schrägliegender Flächen

Projektion eines Handlaufkrümmlings

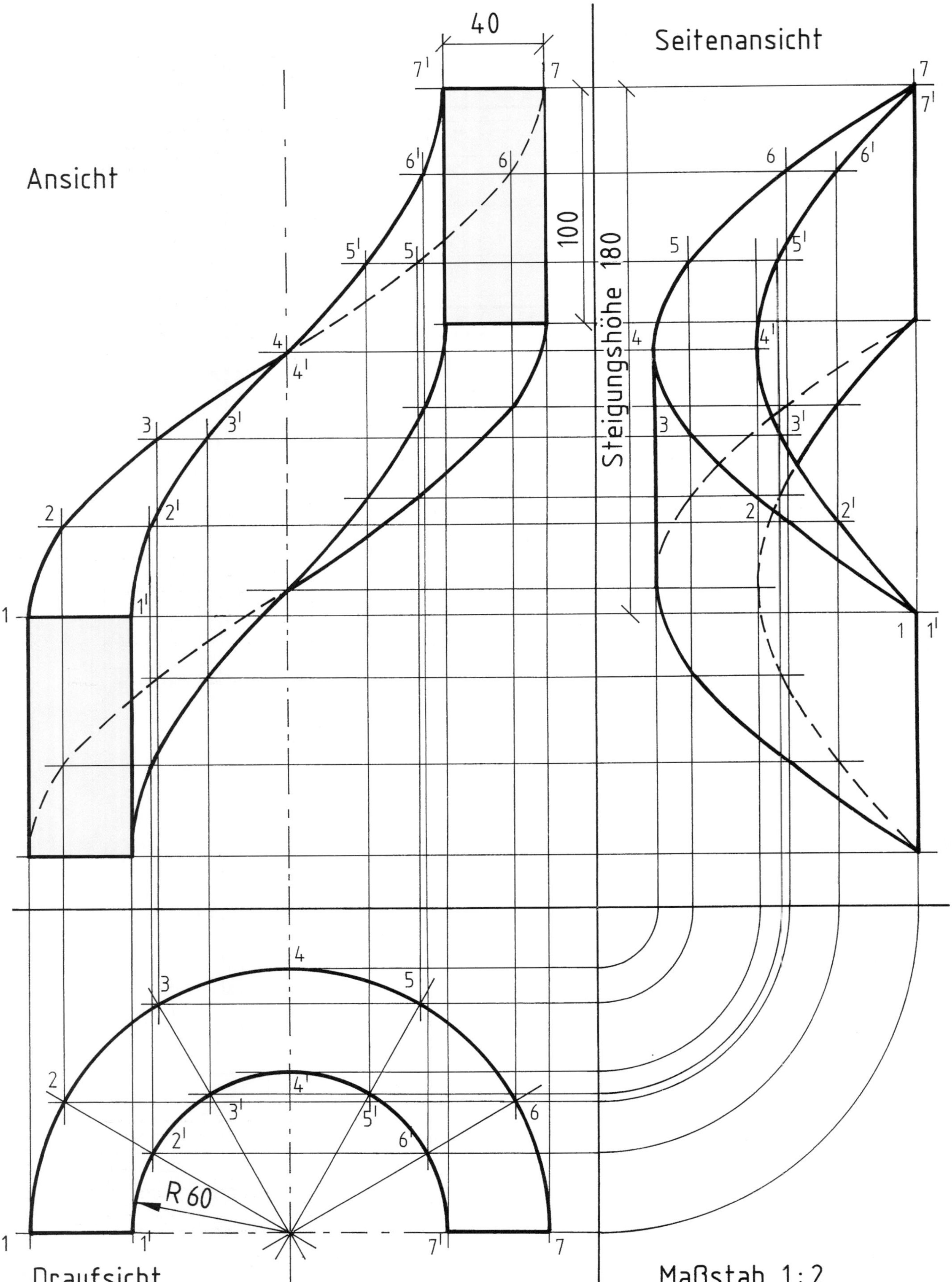

Aufgabe 8.12–7: Projektion schrägliegender Flächen

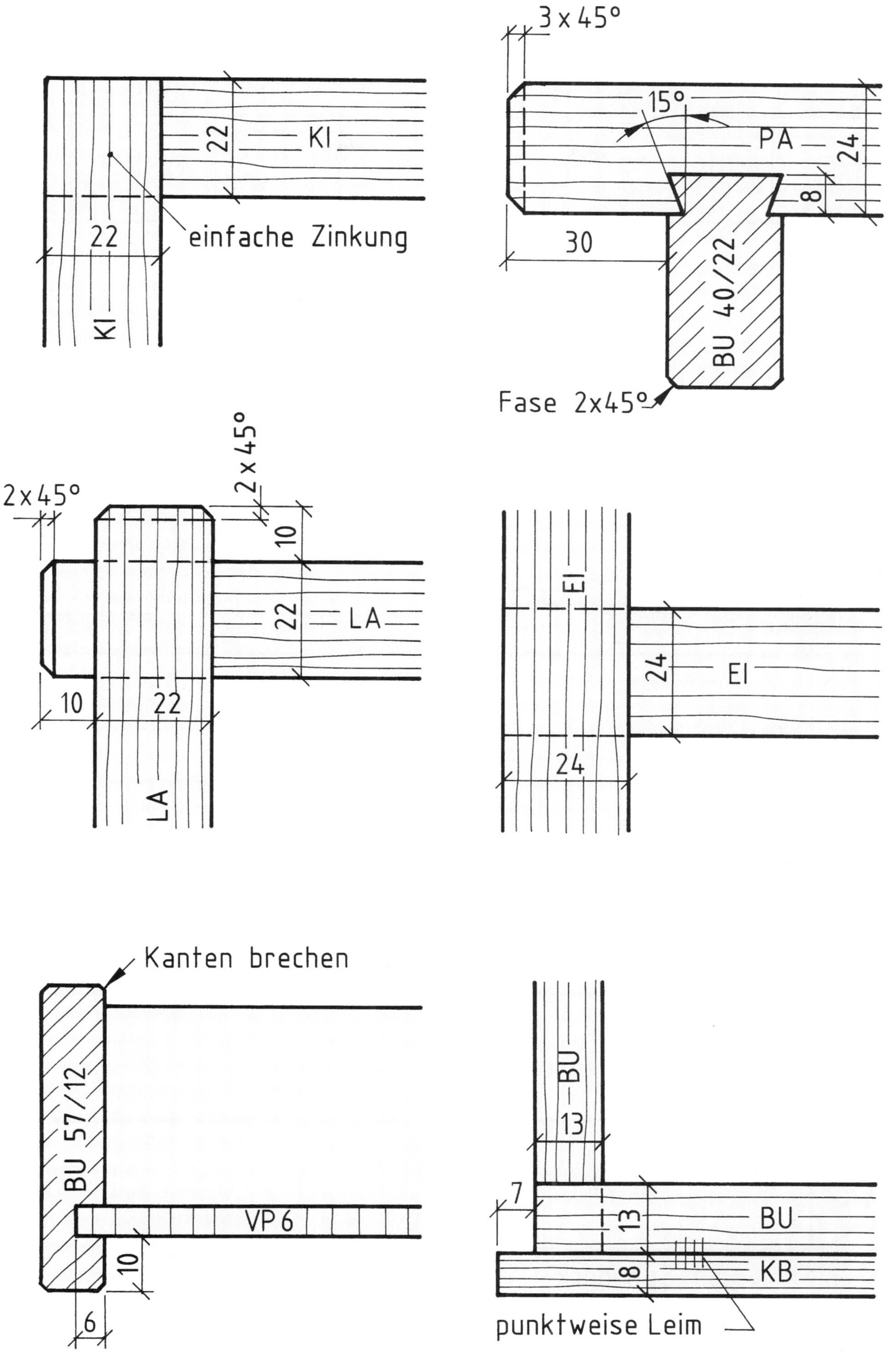

Aufgabe 9.9: Vollholz in Teilschnitten nach DIN 919-1

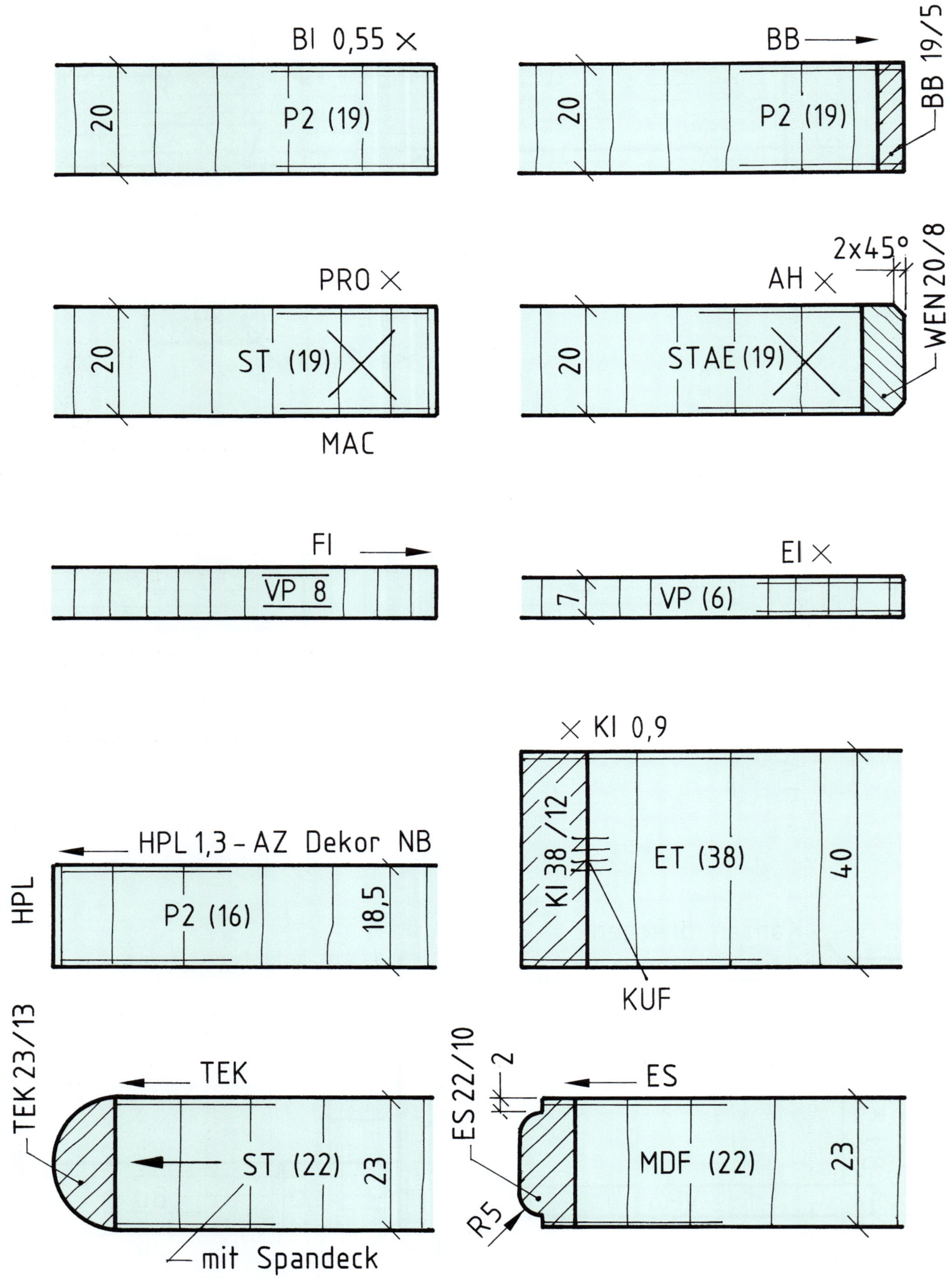

Aufgabe 9.10-1: Plattenwerkstücke in Teilschnitten nach DIN 919-1

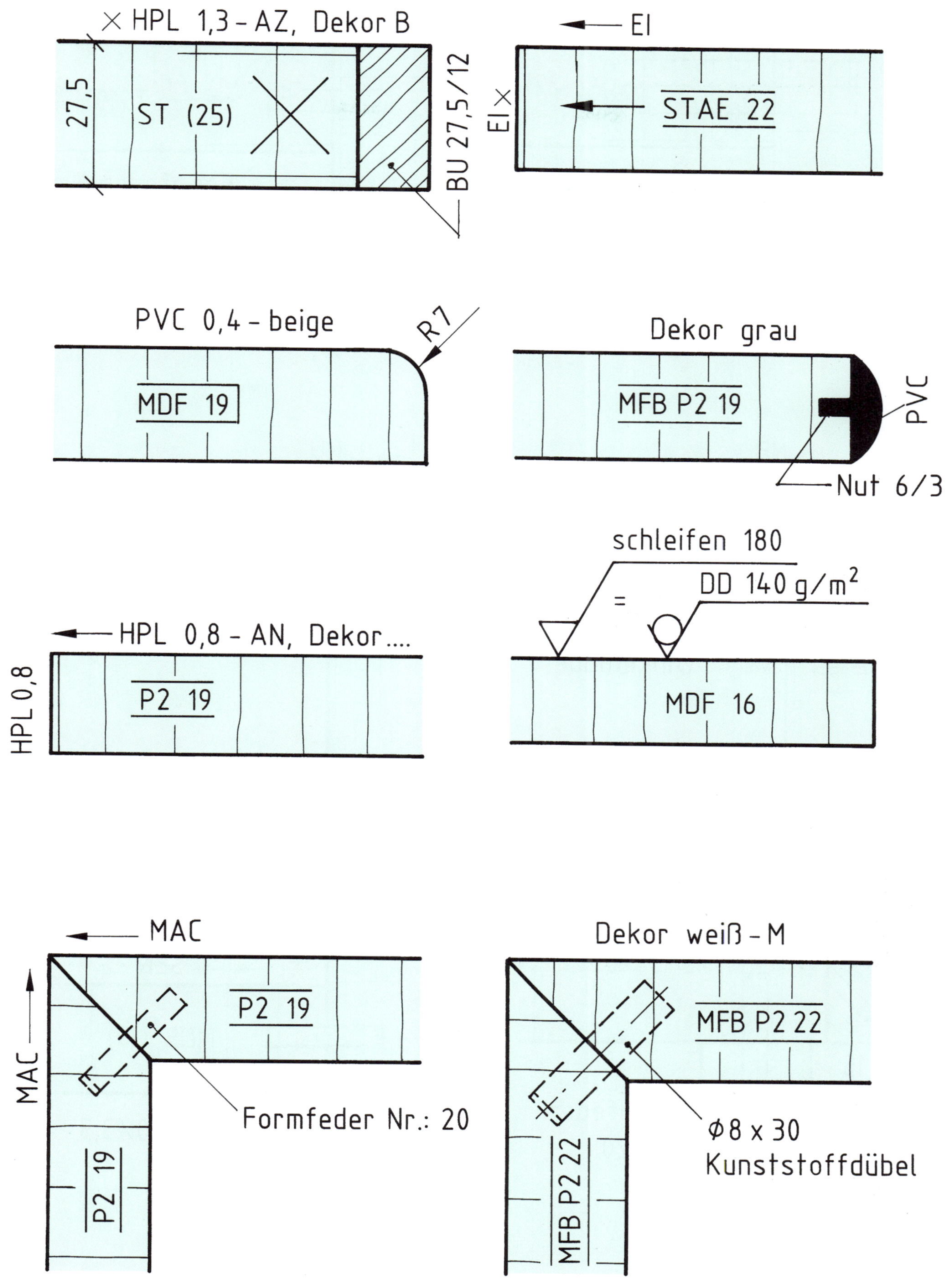

Aufgabe 9.10–2: Plattenwerkstücke in Teilschnitten nach DIN 919–1

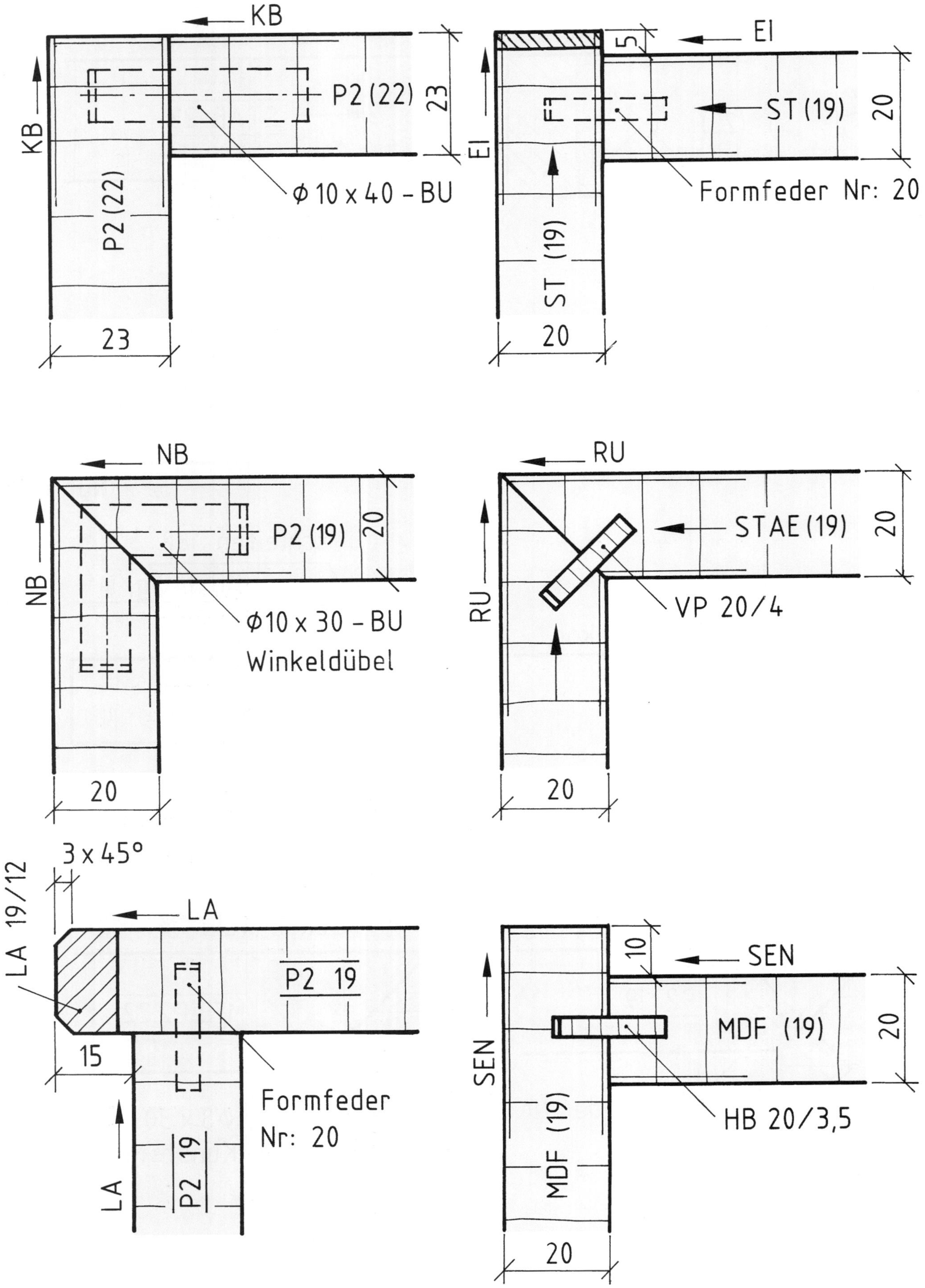

Aufgabe 9.10–3: Plattenwerkstücke in Teilschnitten nach DIN 919–1

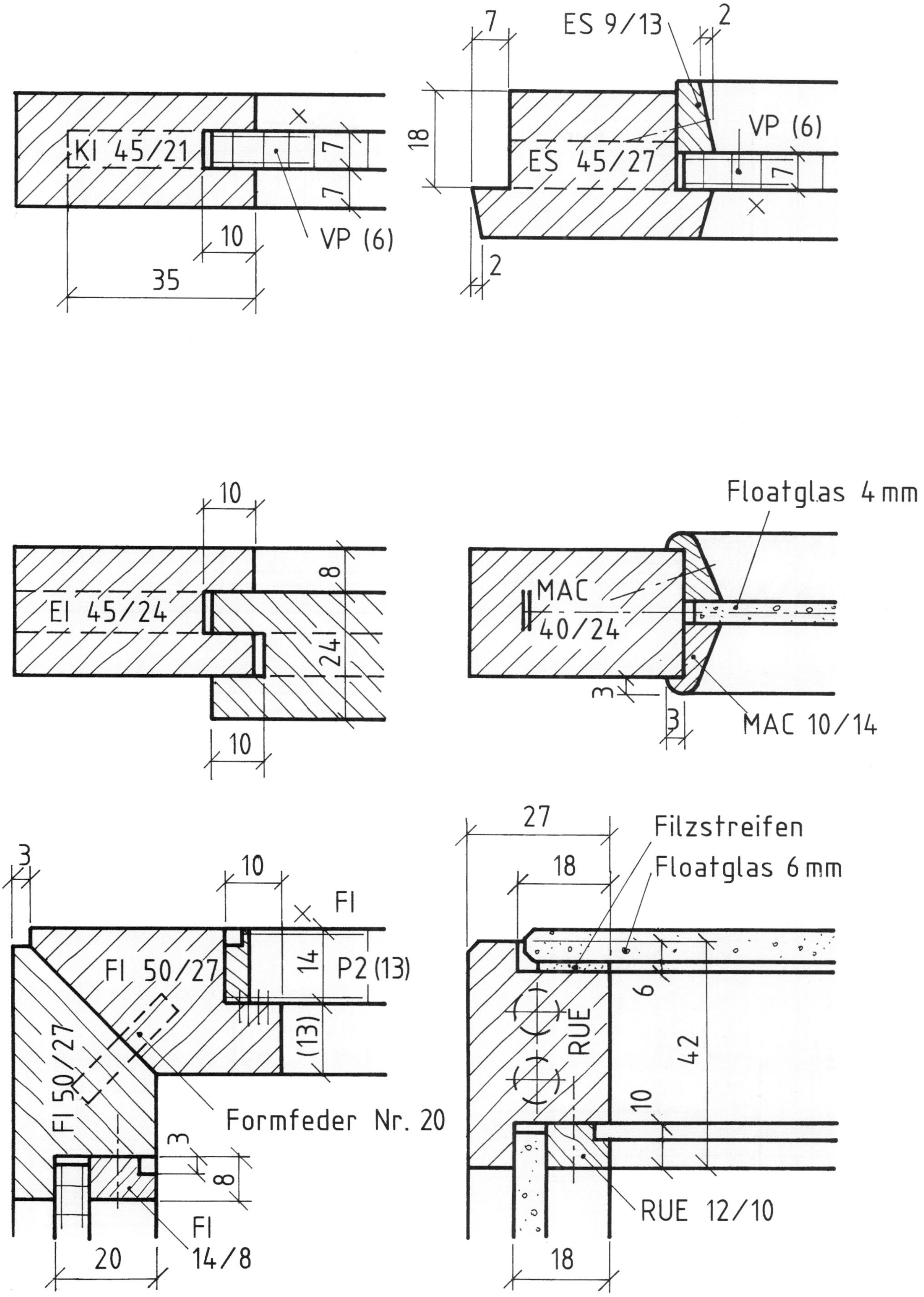

Aufgabe 9.11: Rahmenkonstruktionen in Teilschnitten

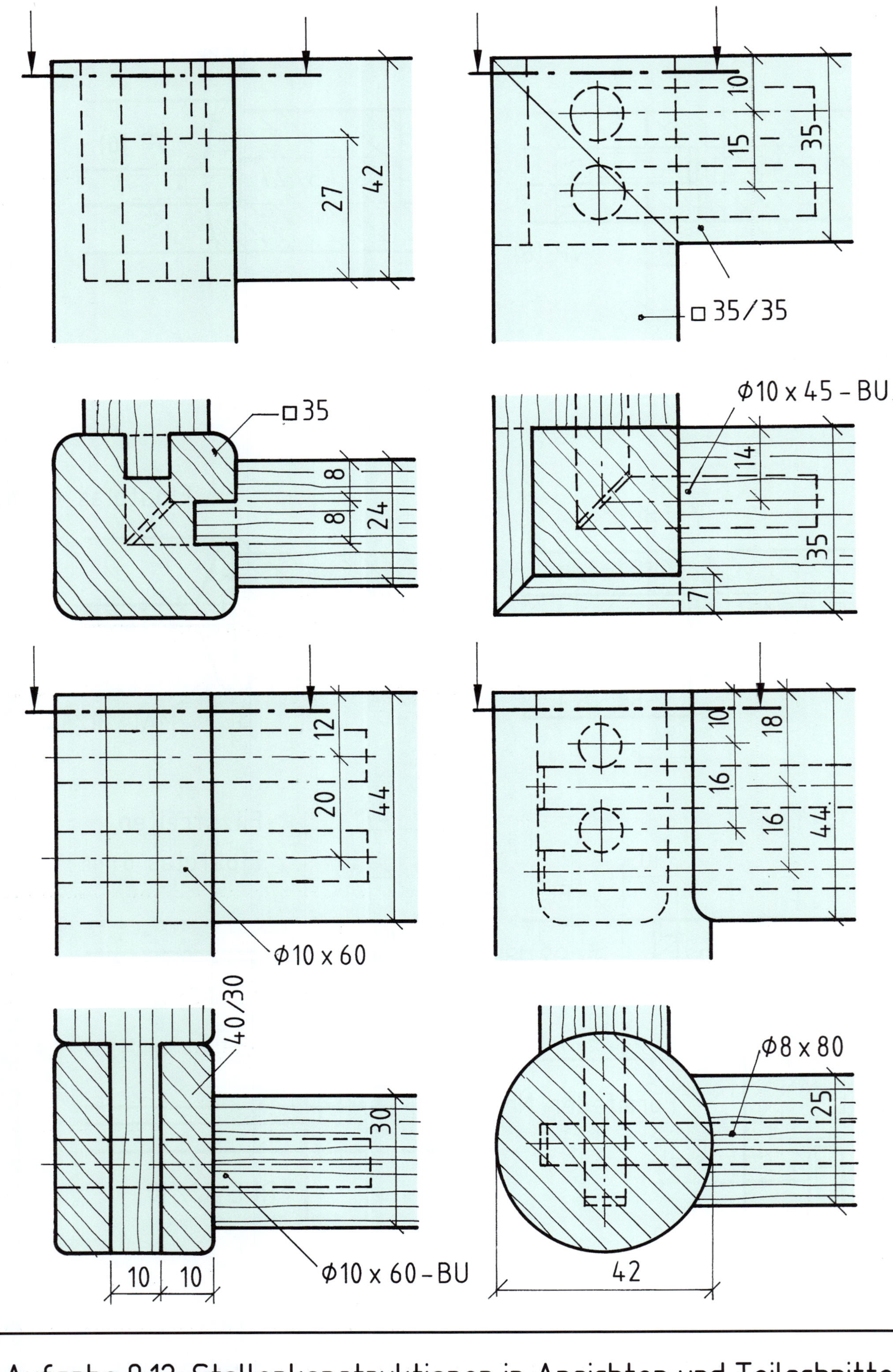

Aufgabe 9.12: Stollenkonstruktionen in Ansichten und Teilschnitten

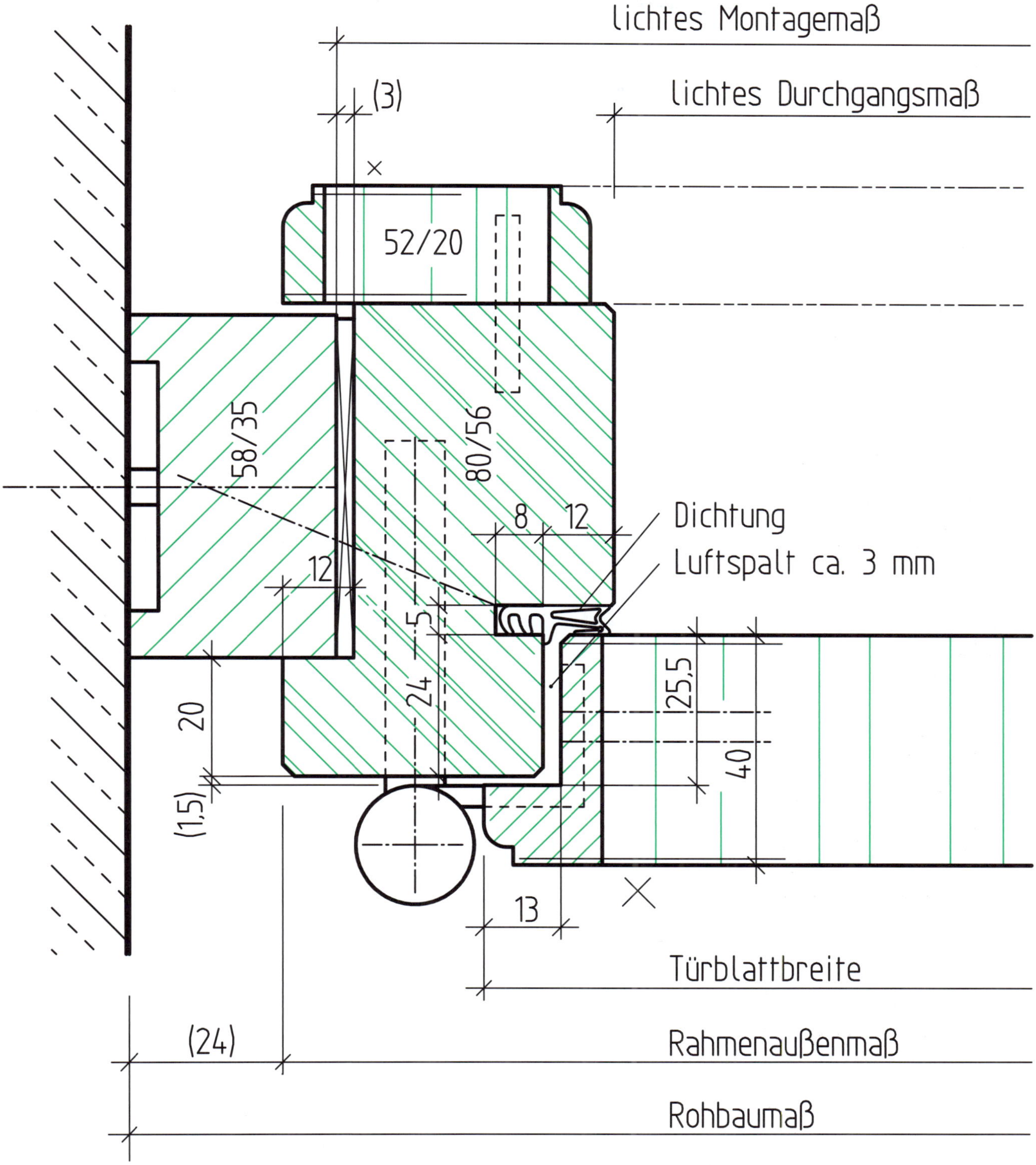

Aufgabe 9.13-1: Blockrahmentür in Esche

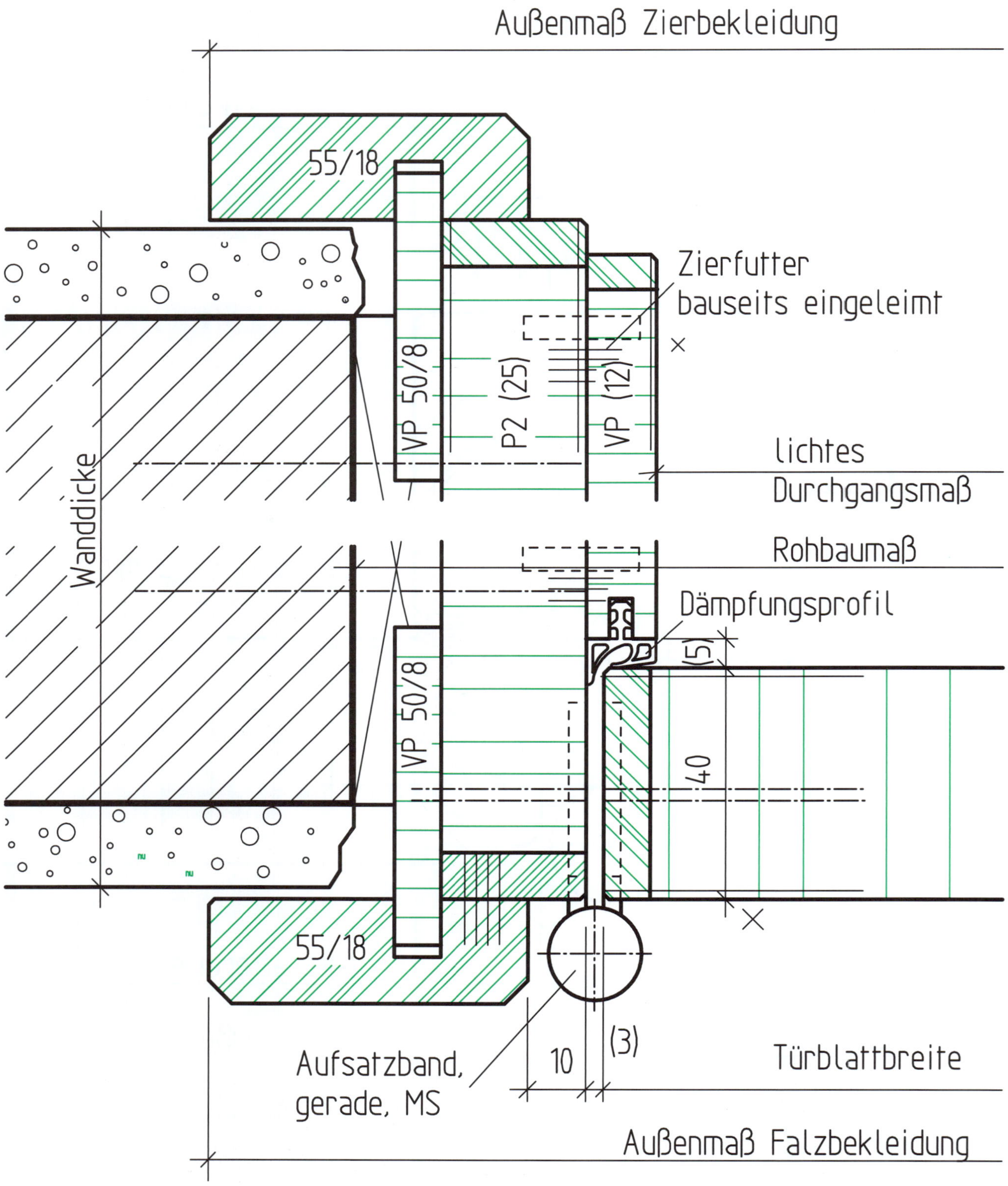

Aufgabe 9.13–2: Innentür mit Futter und Bekleidungen

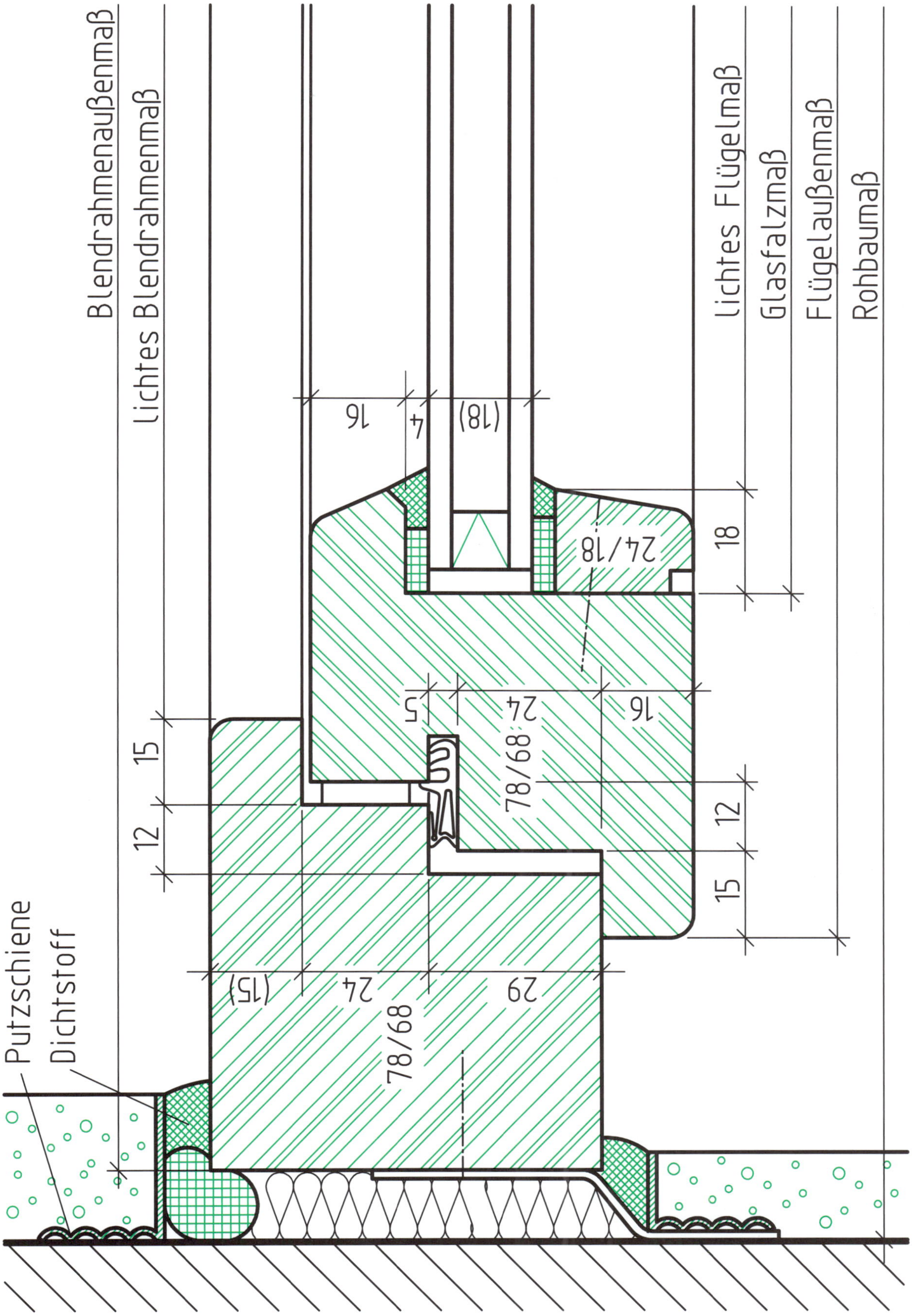

Aufgabe 9.13–3: Fenster IV 68. Horizontalschnitt

Inhaltsverzeichnis

Teil B Aufgabenbank – Produkte und Kundenaufträge

Konstruktionsüberlegungen

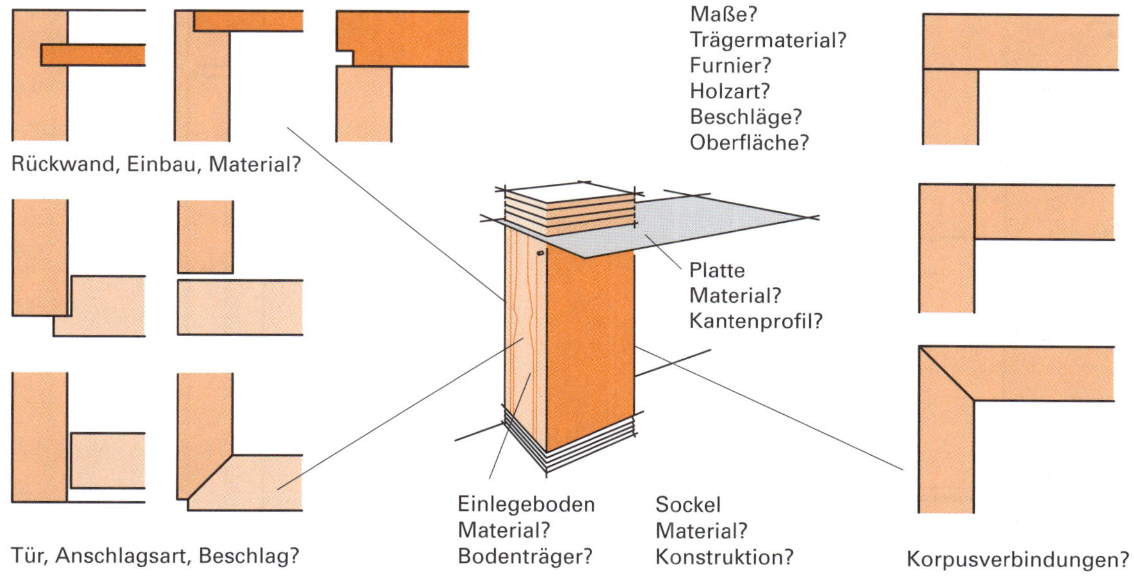

Ausführung nach Entscheidung

Fertigungszeichnung	Materialeinsatz	Nachhaltigkeit
	Beschlägewahl	Funktionstüchtigkeit
Kalkulation – Preis	Fertigungsmöglichkeit	Wirtschaftlichkeit
Werkzeugbedarf	Maschinenbedarf	Teambildung

Produkt herstellen

Holzauswahl, Zuschnitt	Maschinenarbeit	Handarbeit, Bankraum
Oberflächenbehandlung	Zusammenbau	Fertigmontage

Produkt präsentieren

Qualitätskontrolle durchführen — Qualität bewerten und sichern

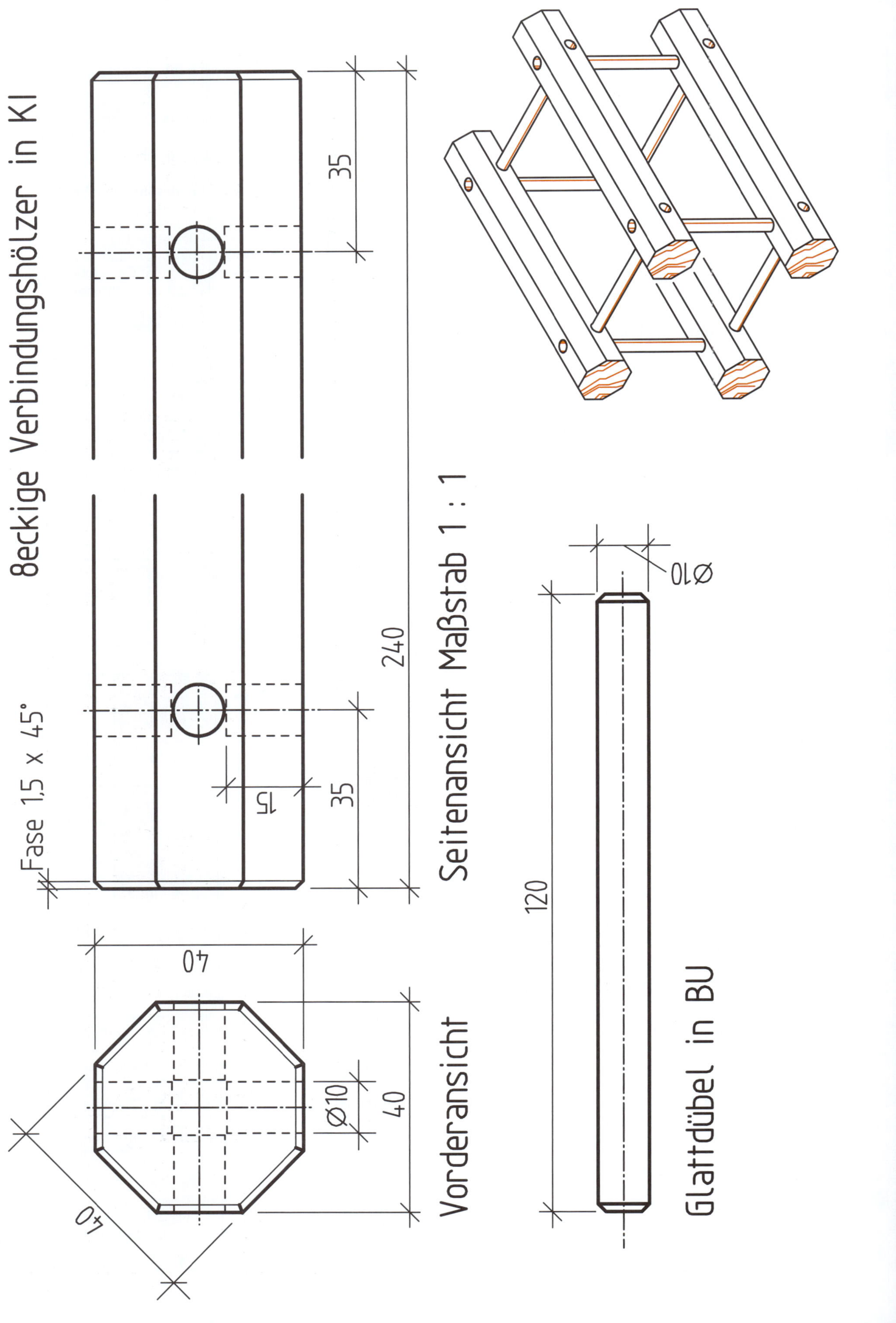

Datum	Name	Auftrag 1.1–2 Flaschenständer	Nr.

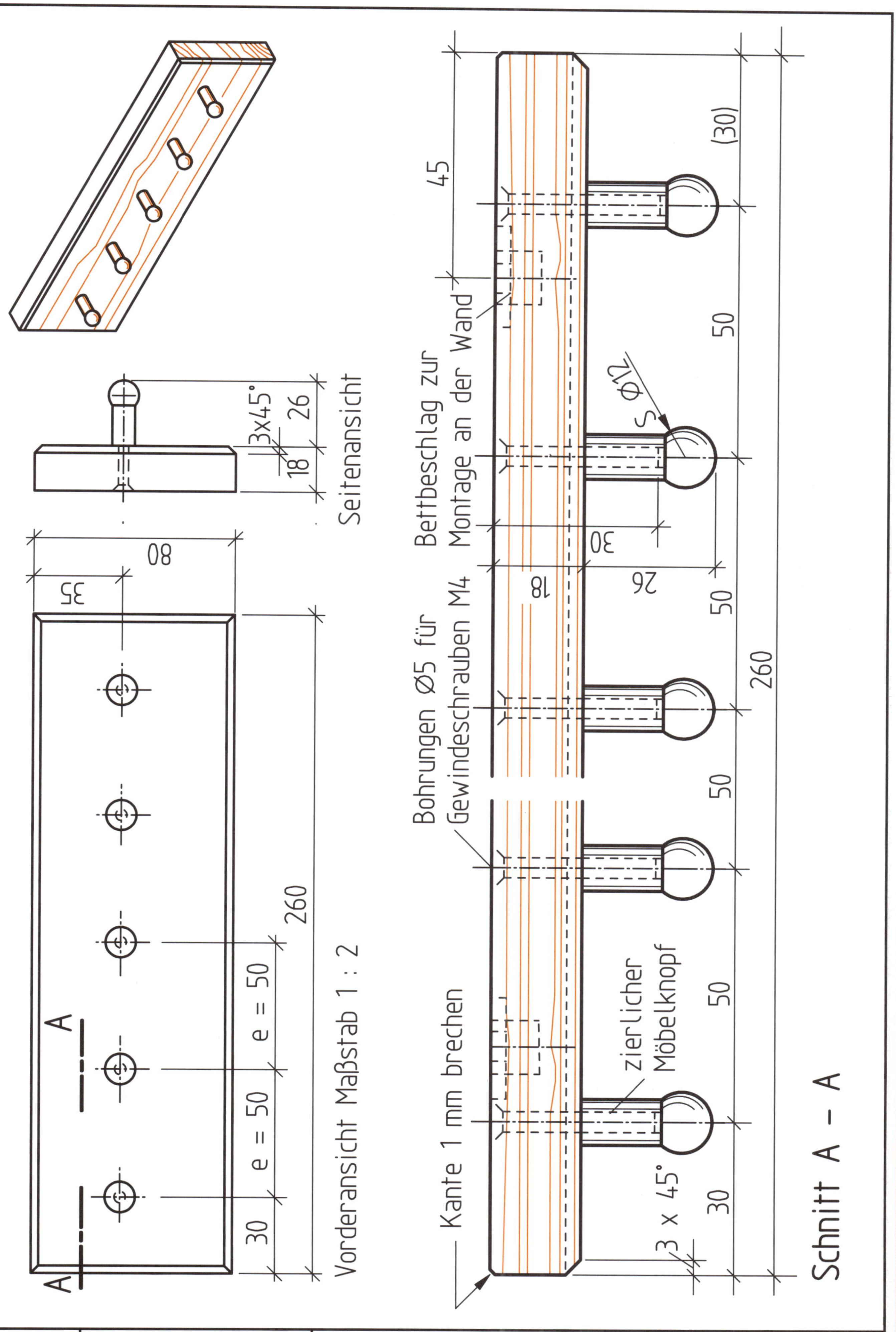

Datum	Name	Auftrag 1.1.–3 Schlüsselbrett (KB)	Nr.

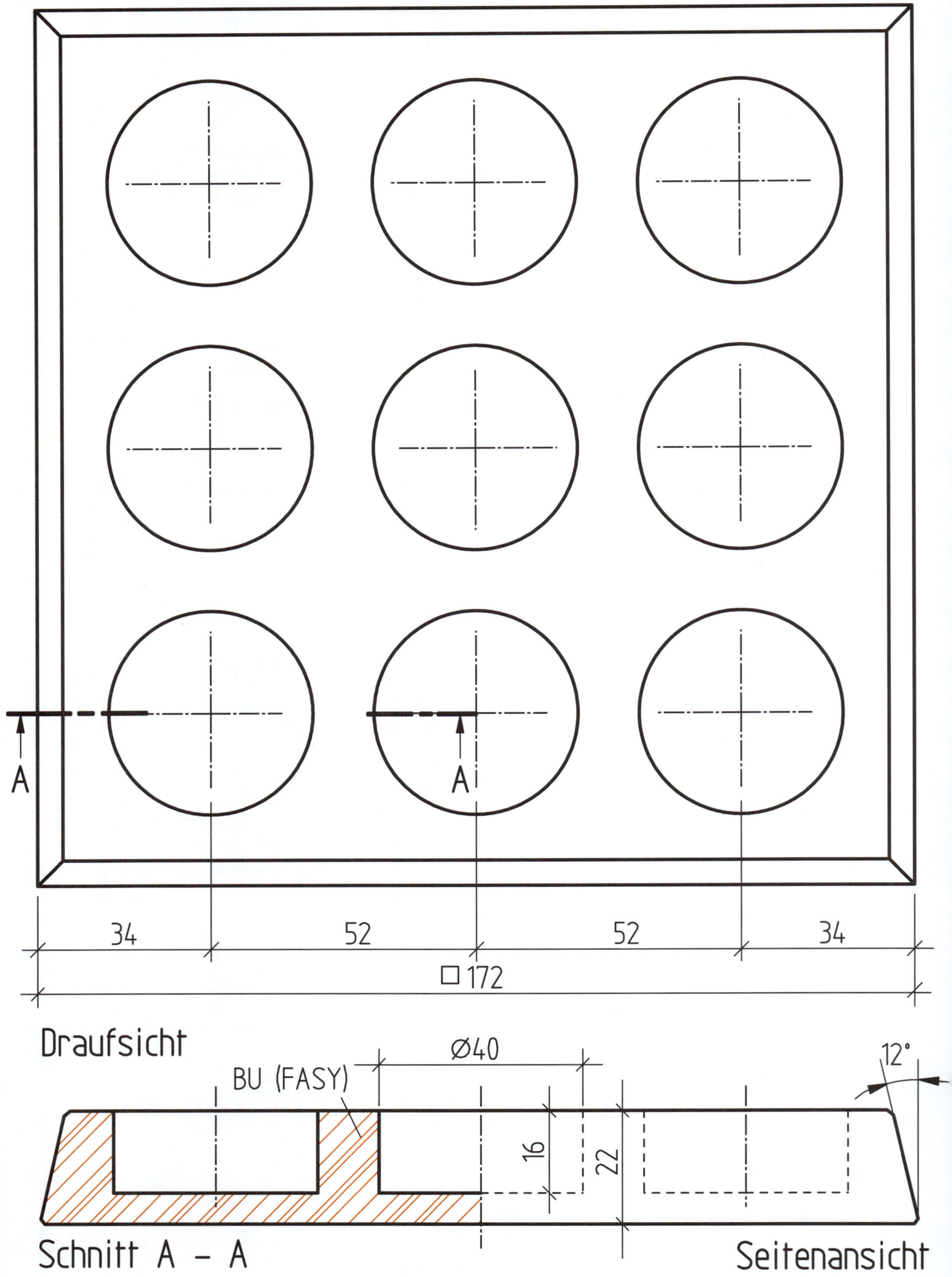

Datum	Name	Auftrag 1.1.–5 Kerzenbrett	Nr.

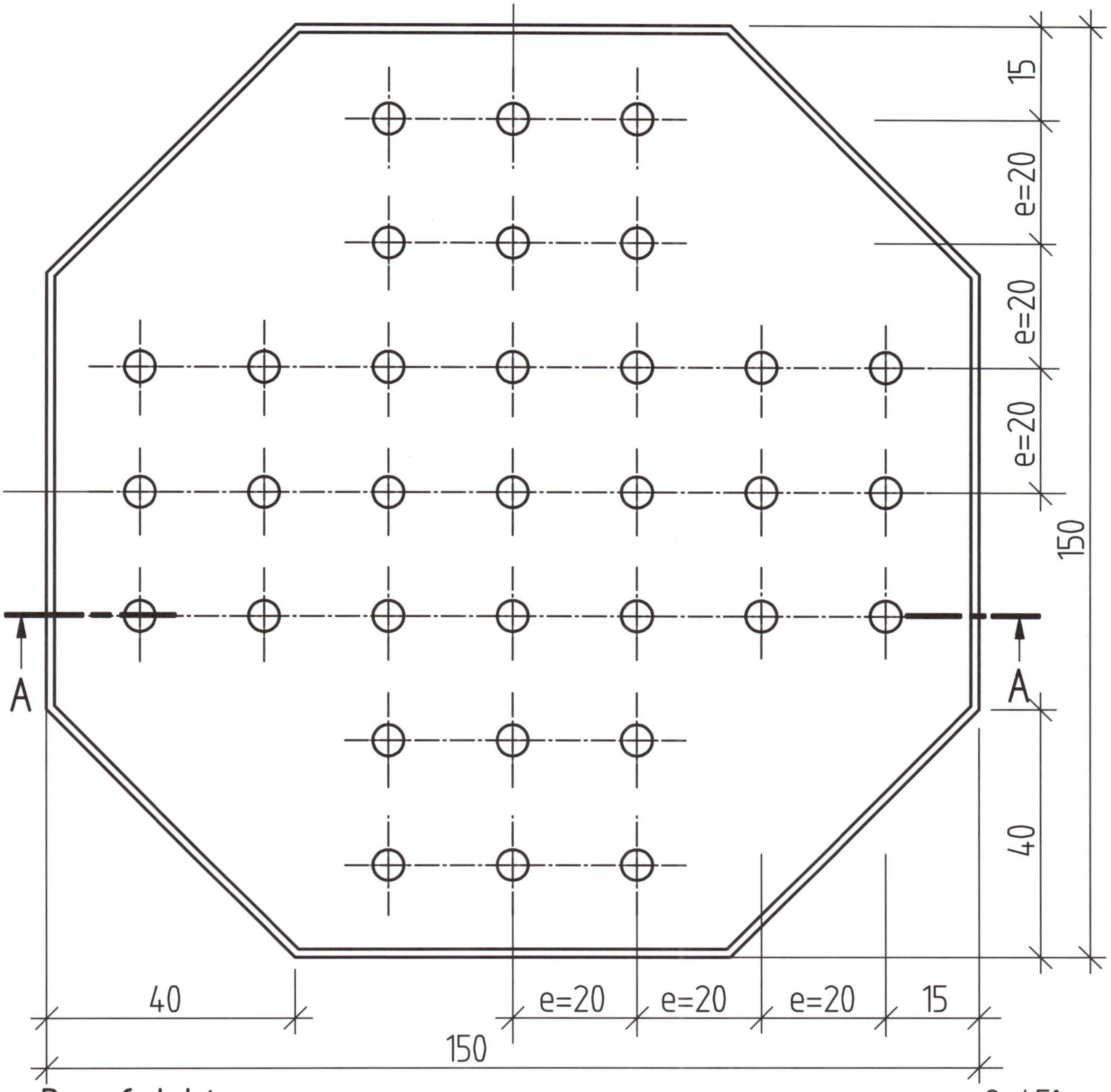

Draufsicht

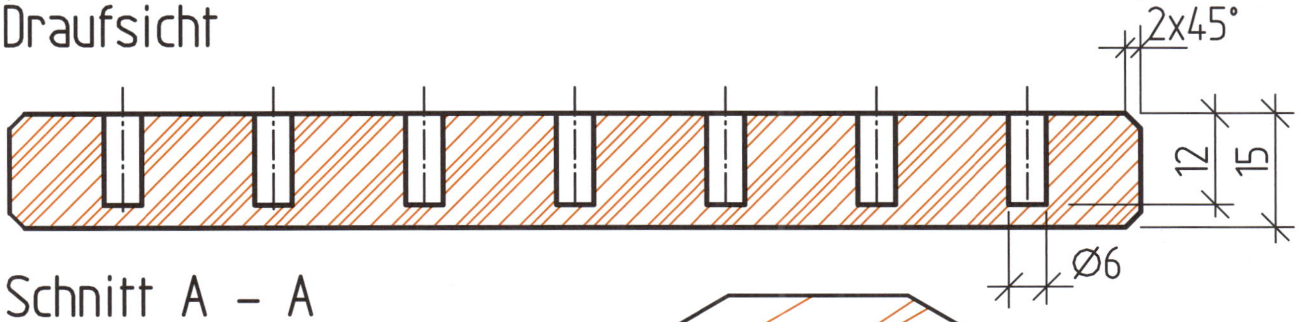

Schnitt A – A

Bodenträgerstifte
Ø5 x 24

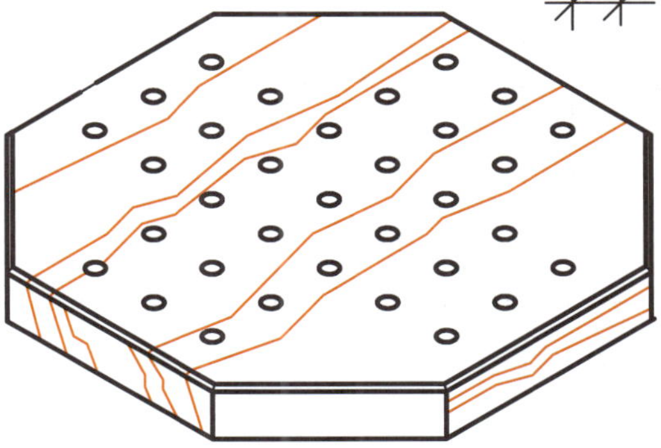

Holzart
Ahorn

Datum	Name	Auftrag 1.1.–8 Steckspiel	Nr.

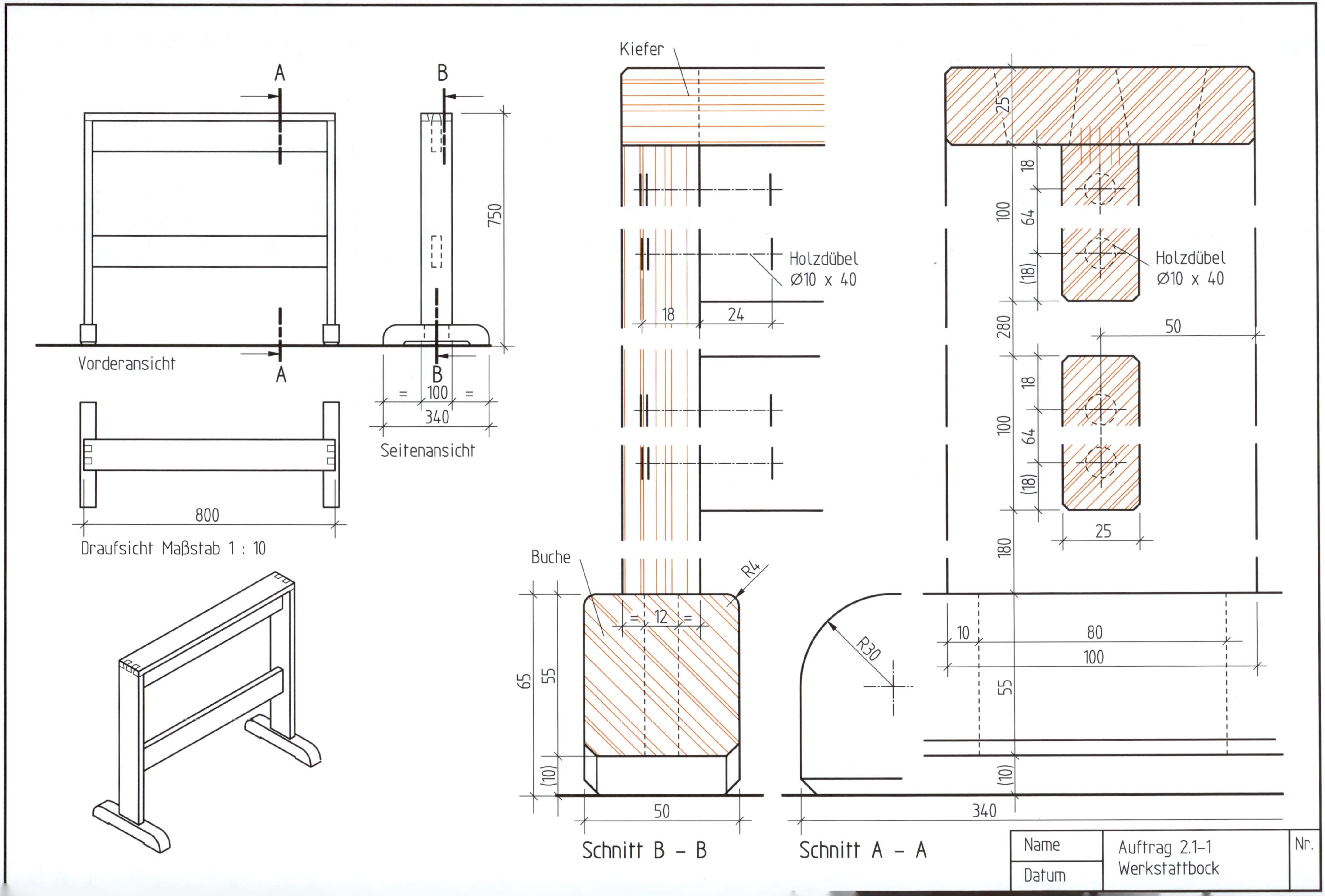

A
B
B
A
Vorderansicht
750
= 100 =
340
Seitenansicht
800
Draufsicht Maßstab 1 : 10
Kiefer
Holzdübel Ø10 x 40
18
24
Buche
R4
12
65
55
(10)
50
Schnitt B – B
25
18
64
(18)
100
280
180
50
25
R30
10
80
100
55
340
Schnitt A – A
Name
Datum
Auftrag 2.1-1 Werkstattbock
Nr.

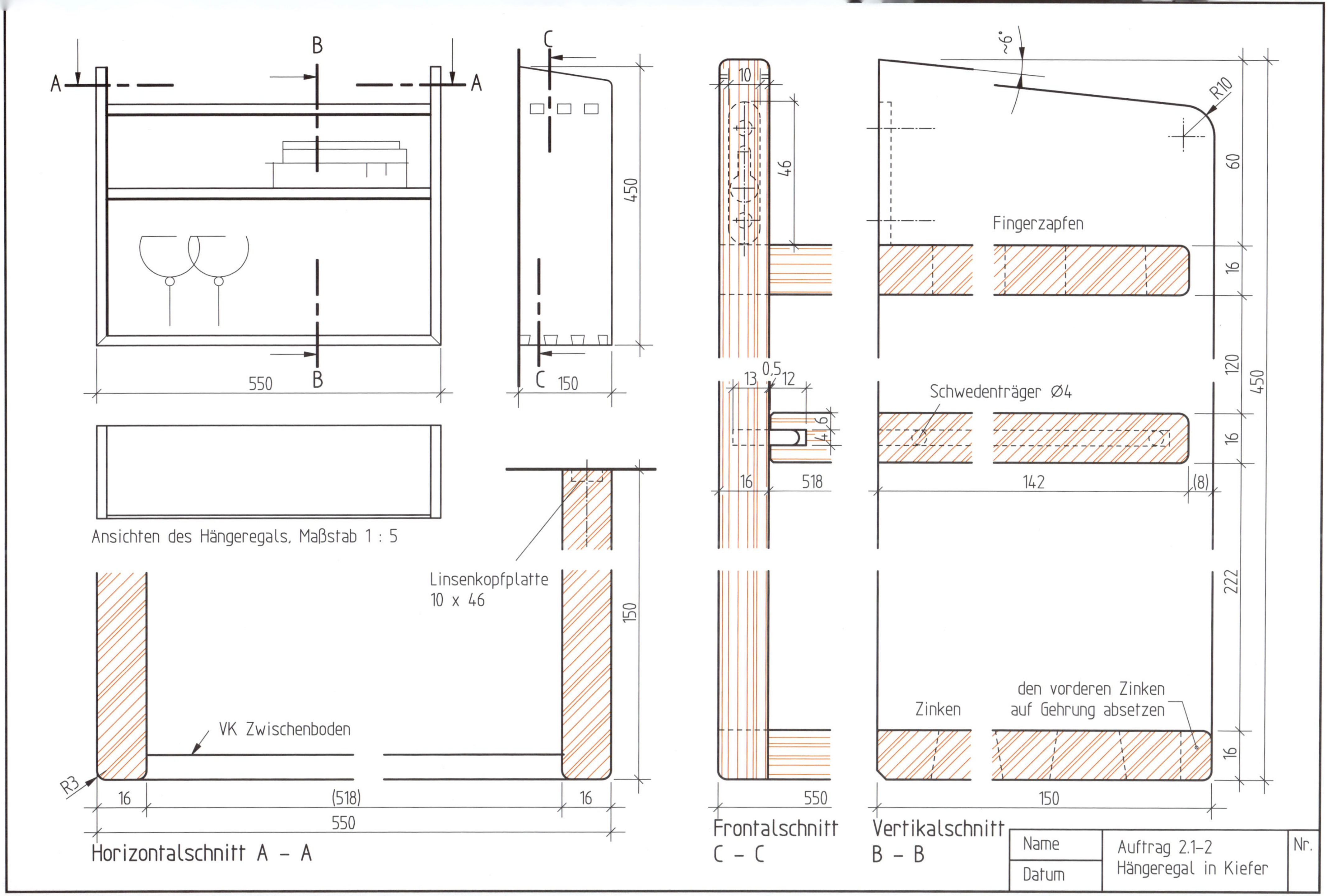
A
B
C
550
450
150
Ansichten des Hängeregals, Maßstab 1 : 5
Linsenkopfplatte
10 x 46
VK Zwischenboden
R3
16
(518)
550
Horizontalschnitt A – A
10
46
13
0,5
12
6
4
16
518
Frontalschnitt
C – C
~6°
R10
60
Fingerzapfen
120
Schwedenträger Ø4
142
(8)
222
Zinken
den vorderen Zinken
auf Gehrung absetzen
Vertikalschnitt
B – B
Name
Datum
Auftrag 2.1-2
Hängeregal in Kiefer
Nr.

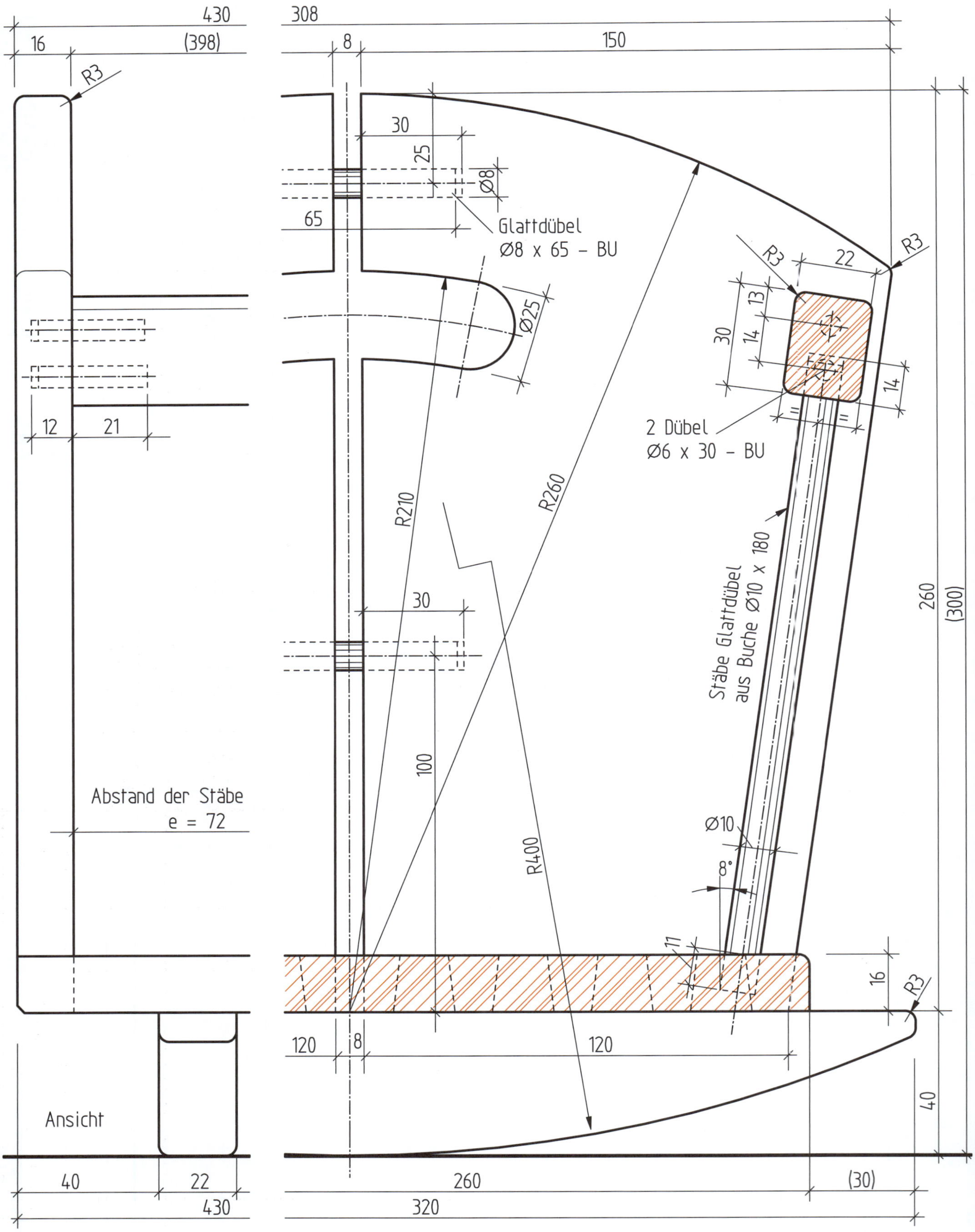

Ansicht

Vertikalschnitt

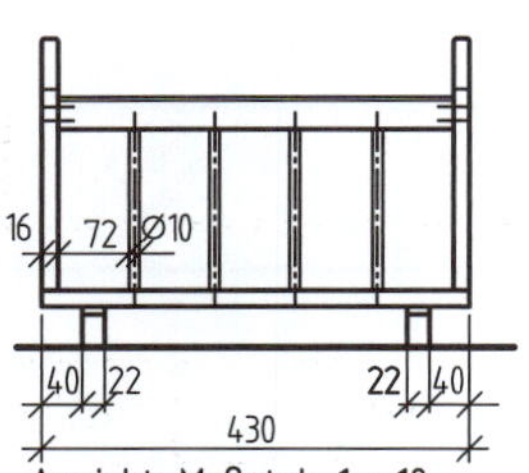

Ansicht Maßstab 1 : 10

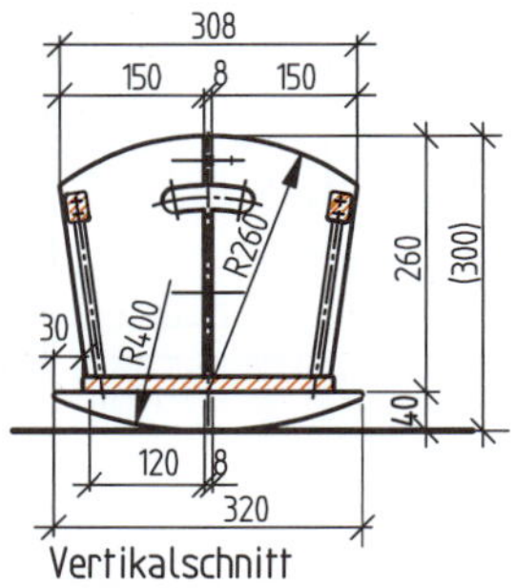

Vertikalschnitt

Name	Auftrag 2.1–4	Nr.
Datum	Puppenwiege	

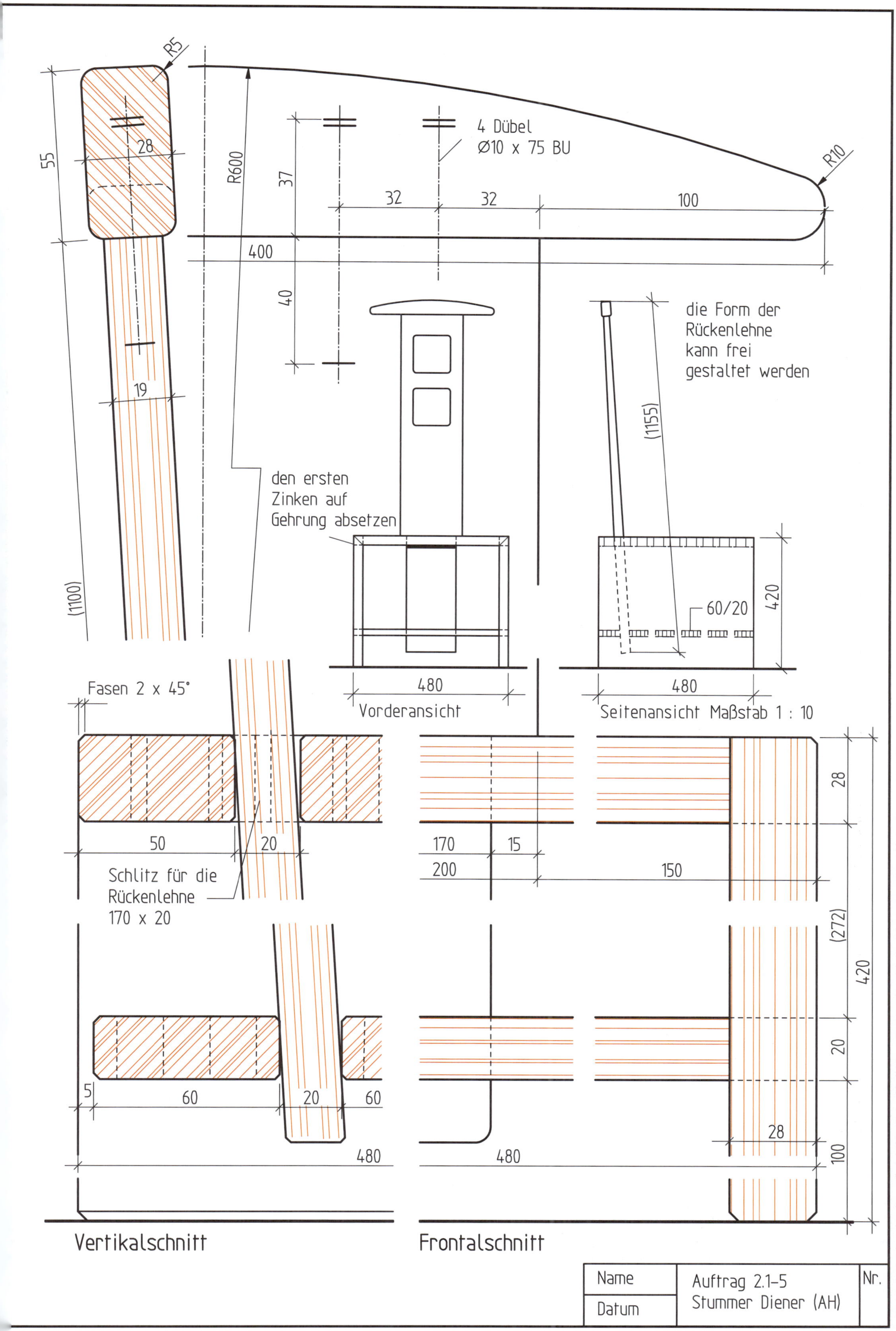
R5
55
28
19
(1100)
R600
400
37
40
32
32
100
R10
4 Dübel
Ø10 x 75 BU
die Form der
Rückenlehne
kann frei
gestaltet werden
den ersten
Zinken auf
Gehrung absetzen
(1155)
60/20
420
480
Vorderansicht
480
Seitenansicht Maßstab 1 : 10
Fasen 2 x 45°
50
20
Schlitz für die
Rückenlehne
170 x 20
5
60
20
60
480
170
15
200
150
28
(272)
420
20
28
100
480
Vertikalschnitt
Frontalschnitt
Name
Datum
Auftrag 2.1-5
Stummer Diener (AH)
Nr.

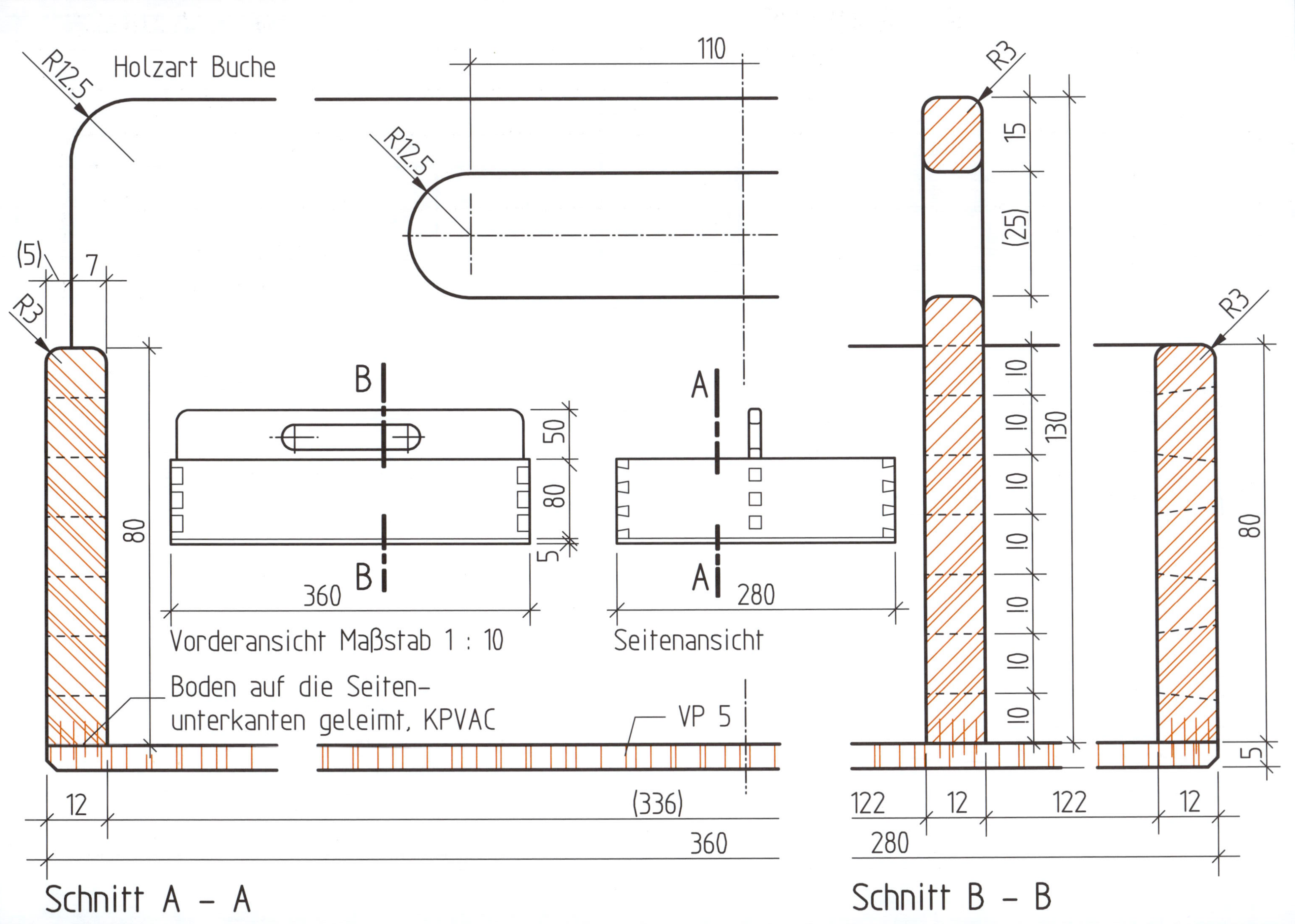

Datum	Name	Auftrag 2.2.–1 Mehrzweckkasten	Nr.

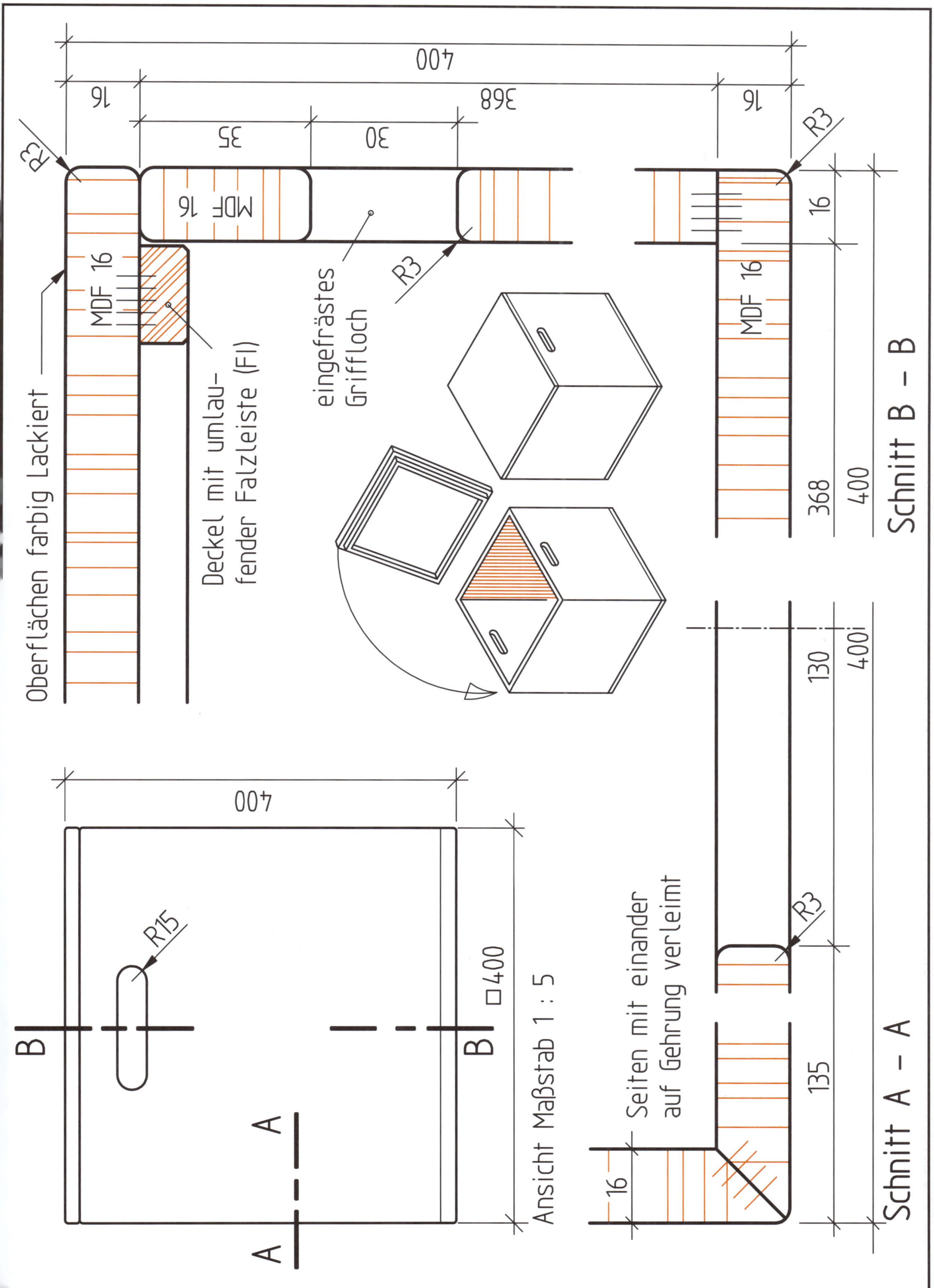

Datum	Name	Auftrag 2.2–2 Spielzeugkisten	Nr.

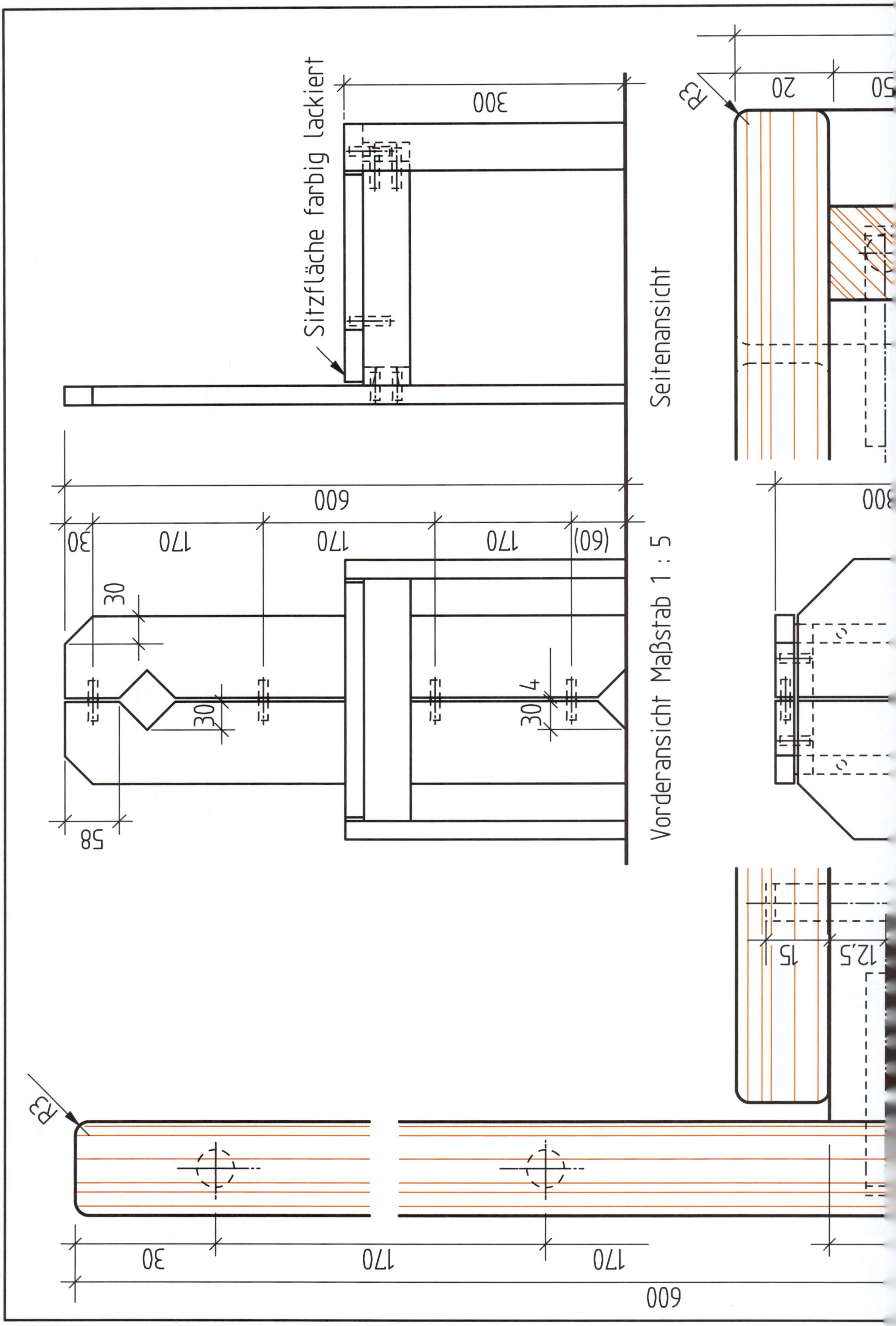
Sitzfläche farbig lackiert
Seitenansicht
Vorderansicht Maßstab 1 : 5
300
600
30
170
170
170
(60)
30
30
4
30
58
R3
20
50
800
15
12,5
R3
30
170
170
600

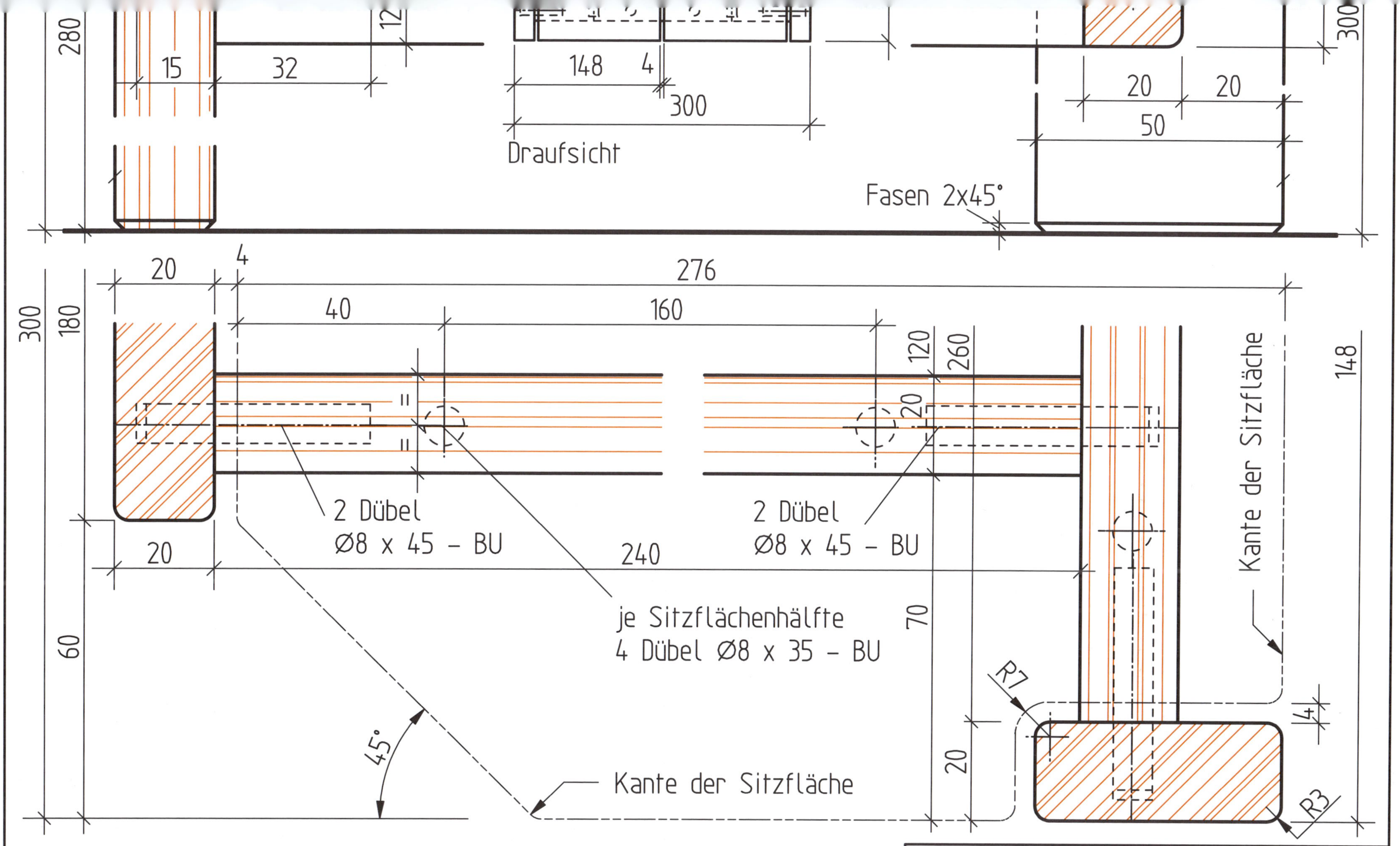

Name	Auftrag 2.2-7 Kinderstuhl in Kiefer	Nr.
Datum		

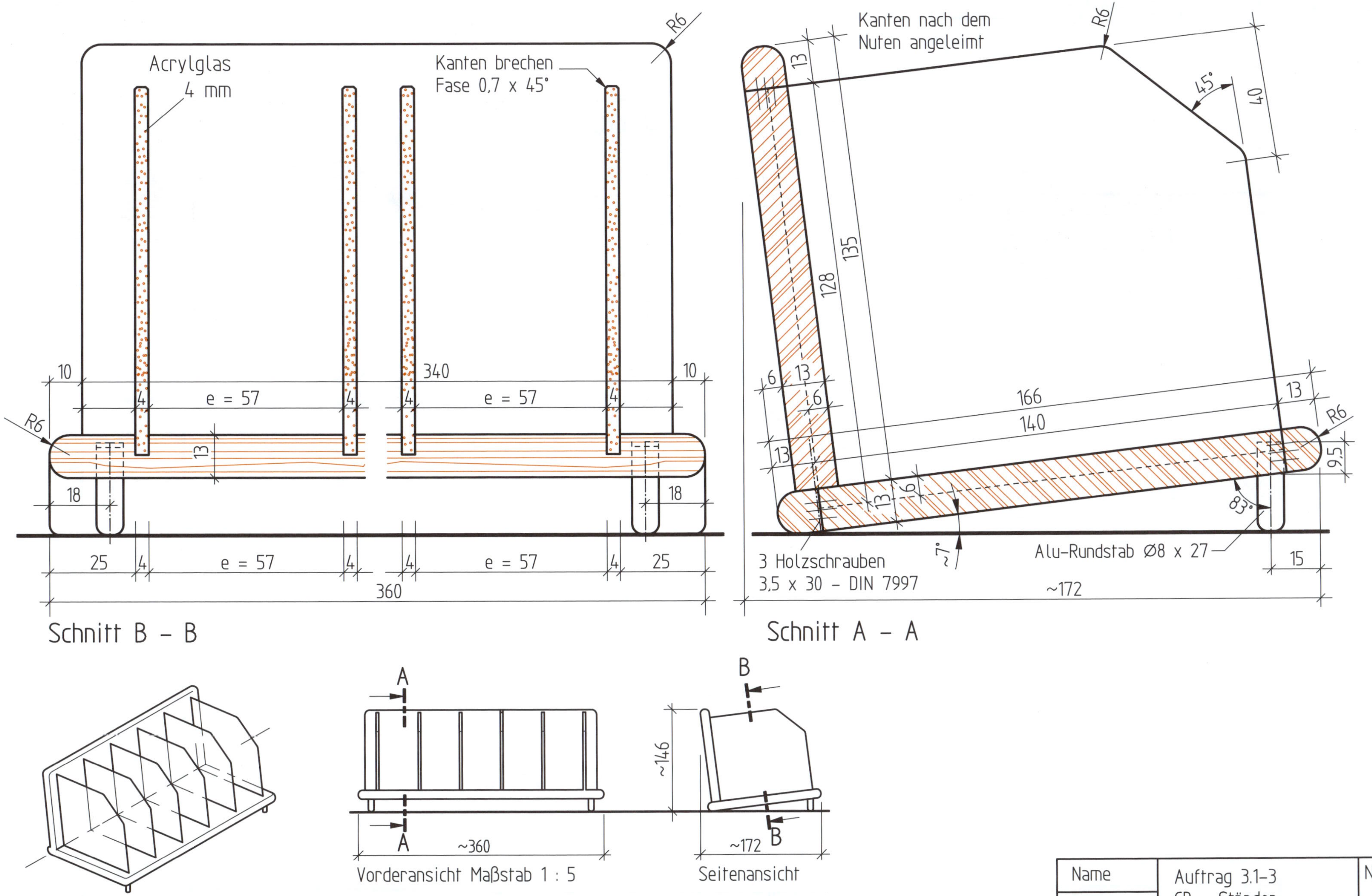

Name	Auftrag 3.1-3 CD – Ständer	Nr.
Datum		

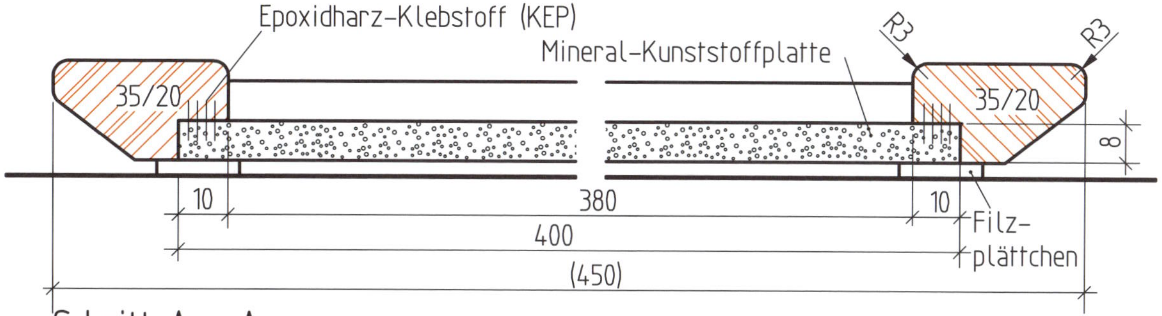

Schnitt A – A

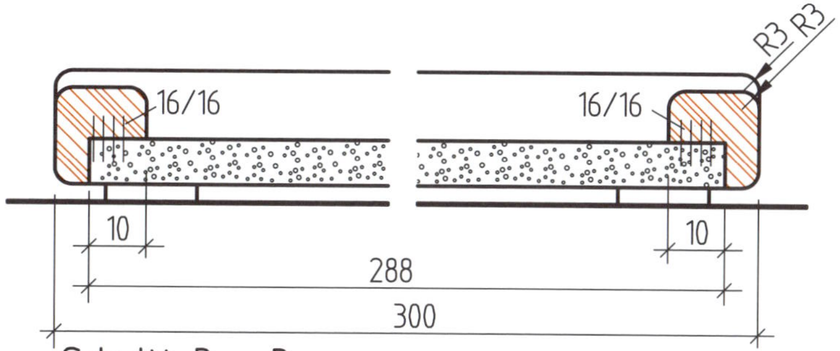

Schnitt B – B

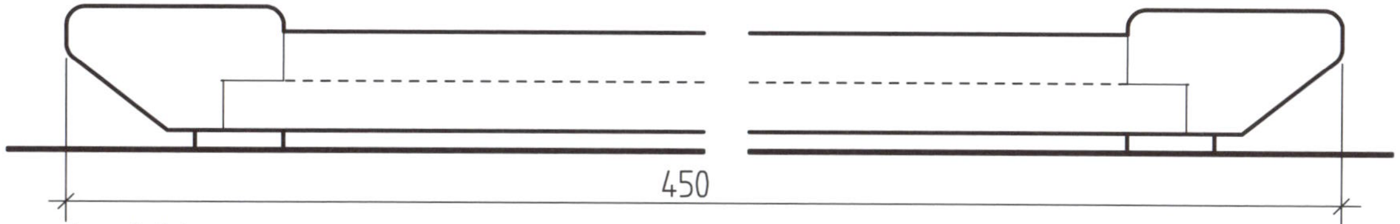

Ansicht

Tablett: Vollholzrahmen aus Birnbaum, natur, matt lackiert. Tablettboden aus blauer Mineral-Kunststoffplatte

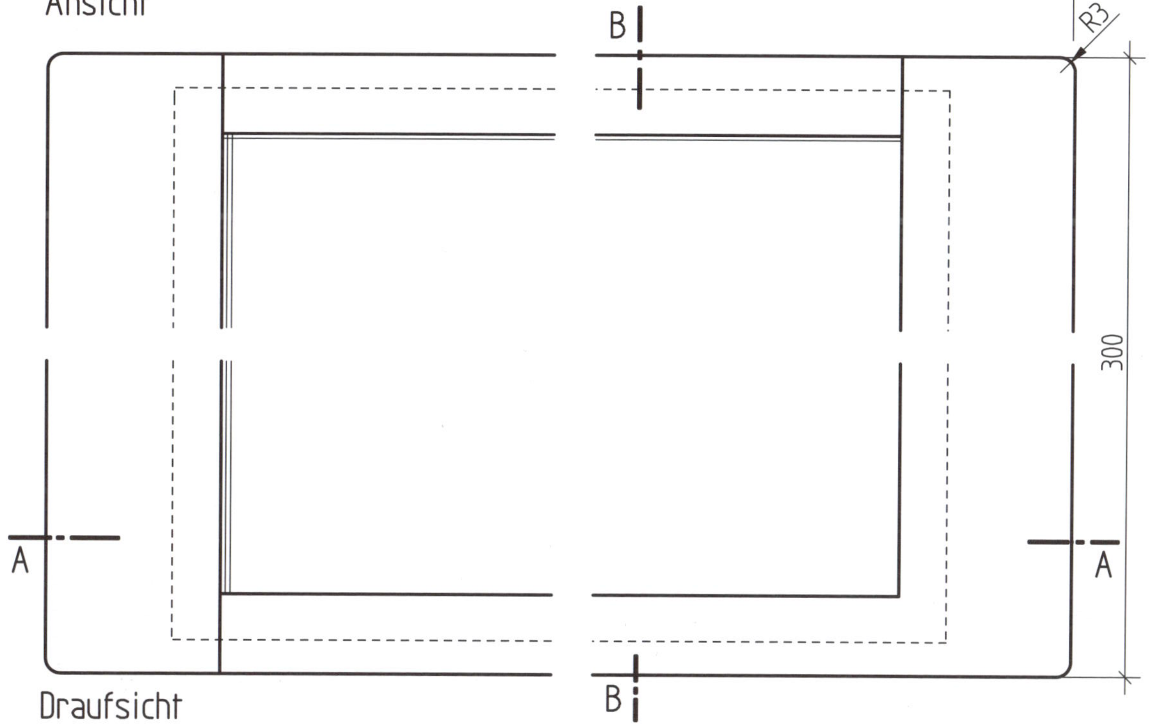

Draufsicht

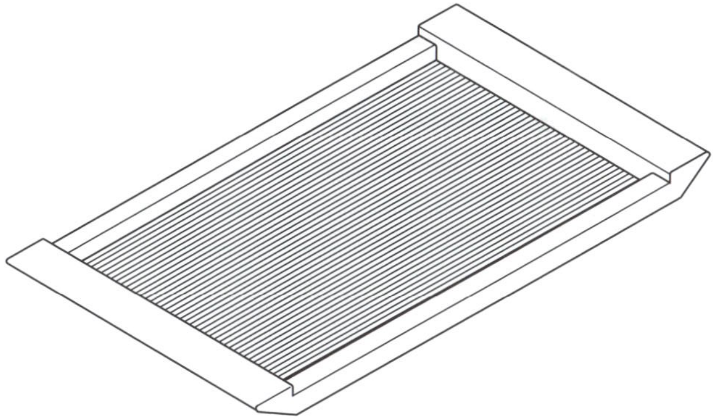

Name	Auftrag 3.1-5 Tablett	Nr.
Datum		

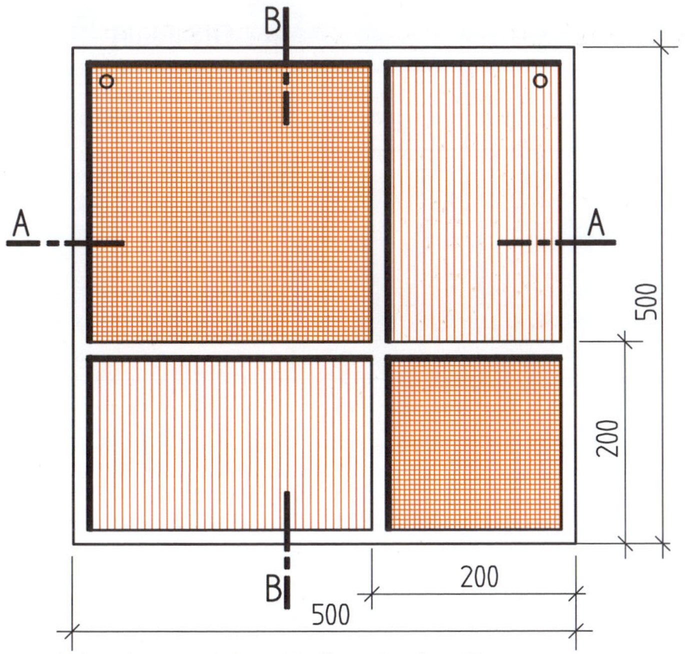

Vorderansicht Maßstab 1 : 5

Seitenansicht

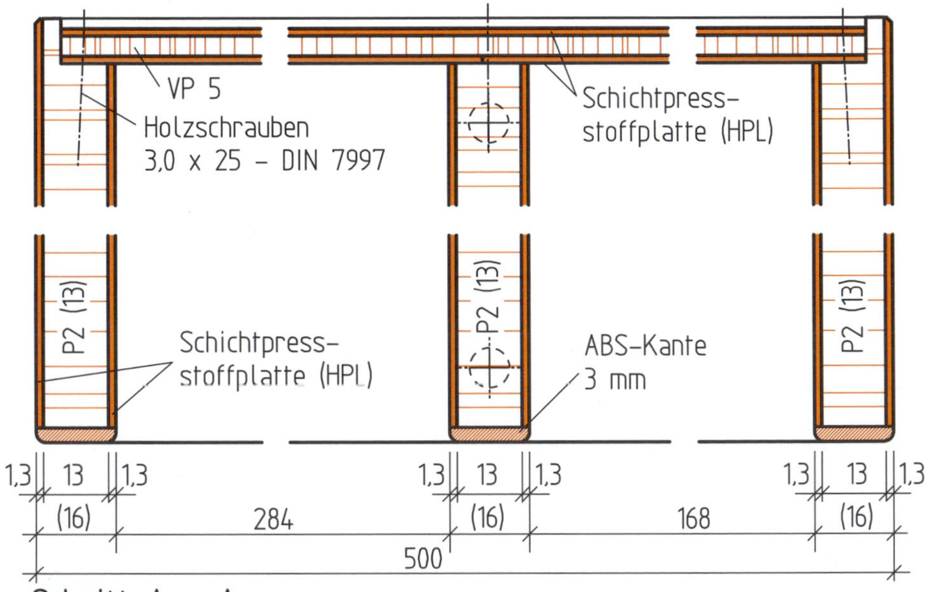

Schnitt A – A

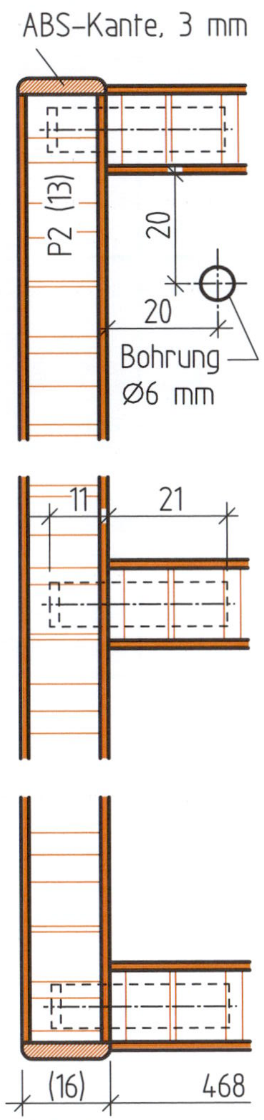

Schnitt C – C

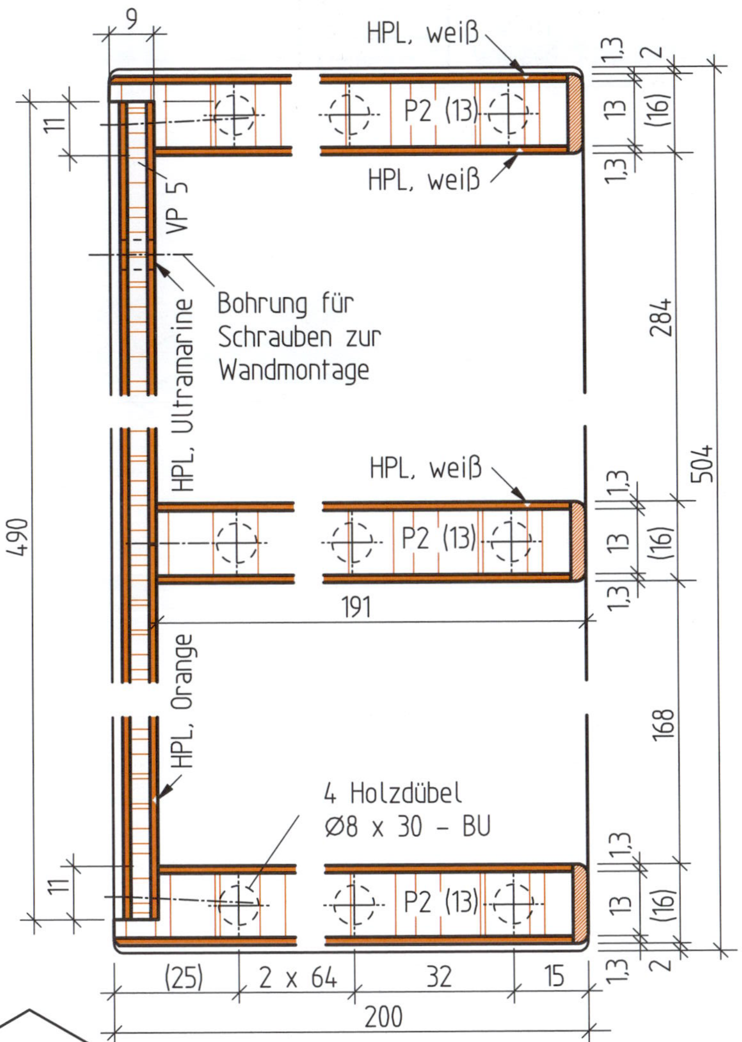

Schnitt B – B

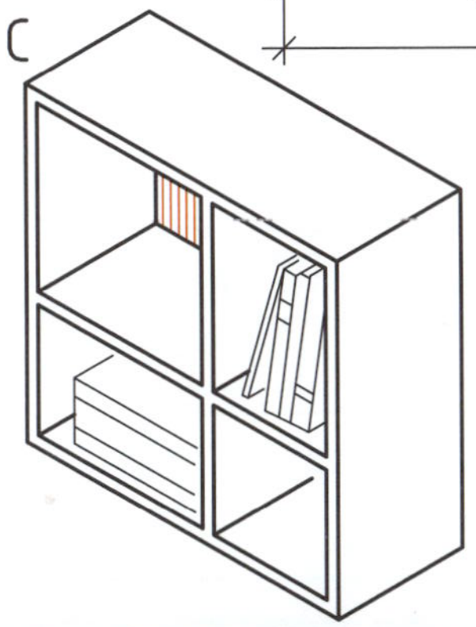

Kleines Wandregal aus Spanplatten.
Alle Flächen mit HPL-Platten belegt.
Korpus in weiß, Rückwandflächen
in verschieden Farben.
Eckverbindungen gedübelt.

Name	Auftrag 3.1-6 Kleines Wandregal	Nr.
Datum		

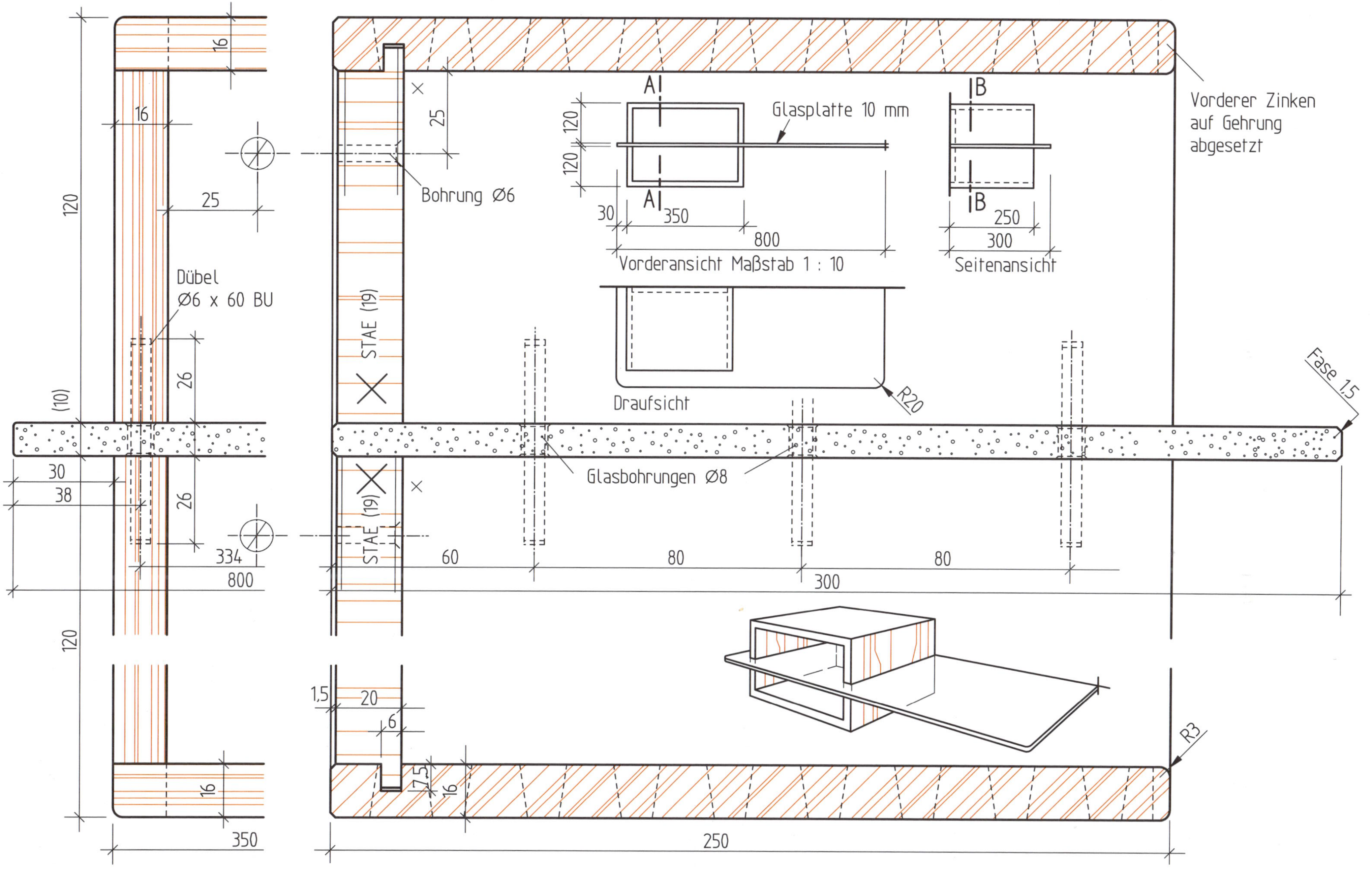

Frontalschnitt B – B

Vertikalschnitt A – A

Name	Auftrag 3.2-1 Telefonkonsole	Nr.
Datum		

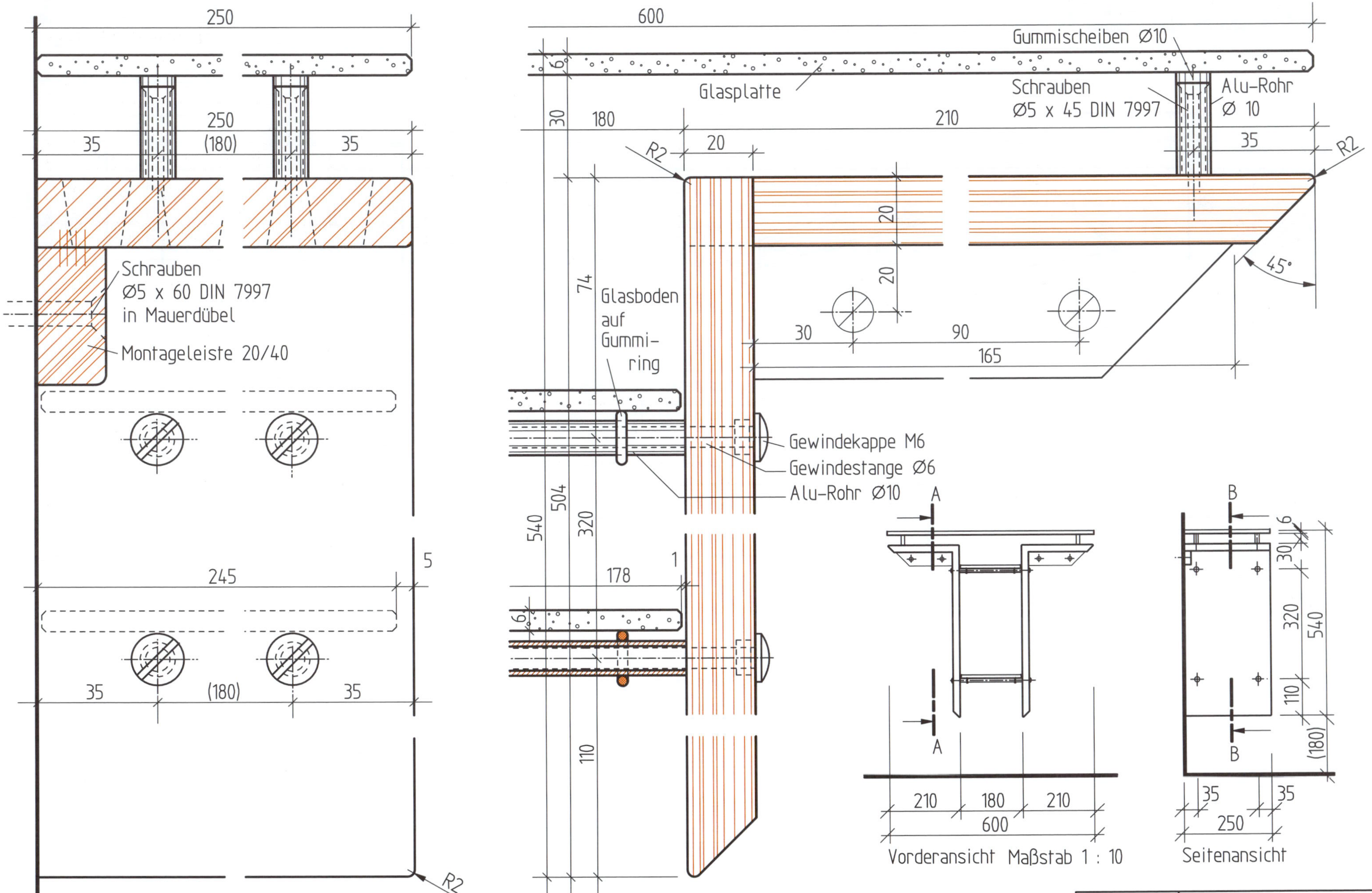

Vertikalschnitt A – A

Frontalschnitt B – B

Name	Auftrag 3.2-2 Flurmöbel in Ahorn	Nr.
Datum		

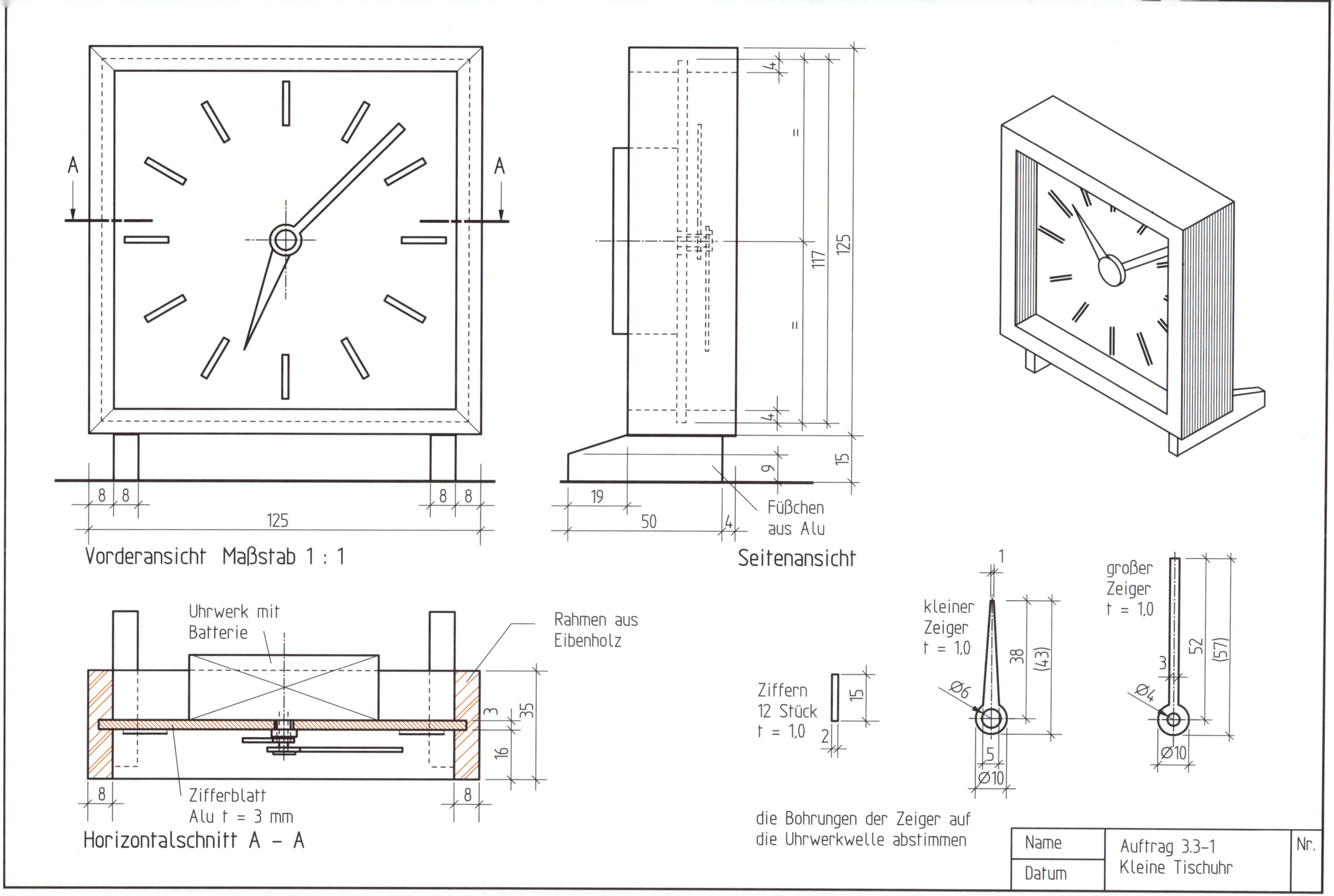

A
A
8
8
8
8
125
Vorderansicht Maßstab 1 : 1
4
=
=
4
117
125
15
9
19
50
4
Füßchen
aus Alu
Seitenansicht
Uhrwerk mit
Batterie
Rahmen aus
Eibenholz
3
35
16
8
8
Zifferblatt
Alu t = 3 mm
Horizontalschnitt A – A
Ziffern
12 Stück
t = 1,0
15
2
kleiner
Zeiger
t = 1,0
1
38
(43)
Ø6
5
Ø10
großer
Zeiger
t = 1,0
3
52
(57)
Ø4
Ø10
die Bohrungen der Zeiger auf
die Uhrwerkwelle abstimmen
Name
Datum
Auftrag 3.3-1
Kleine Tischuhr
Nr.

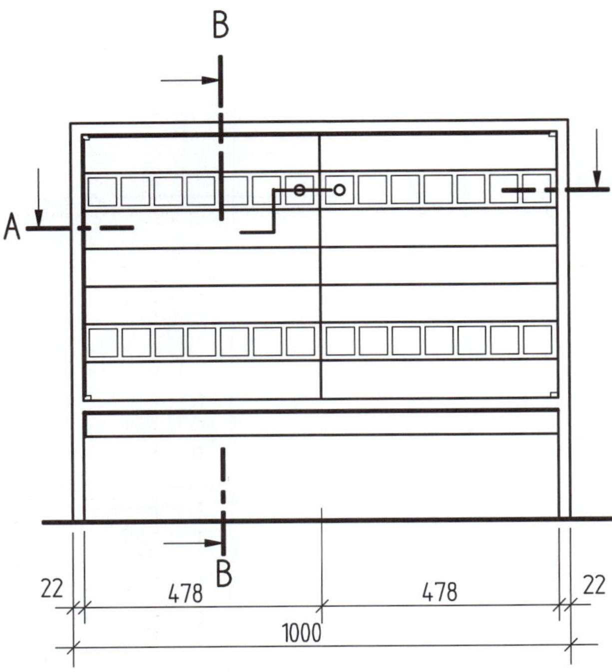

Vorderansicht Maßstab 1 : 10

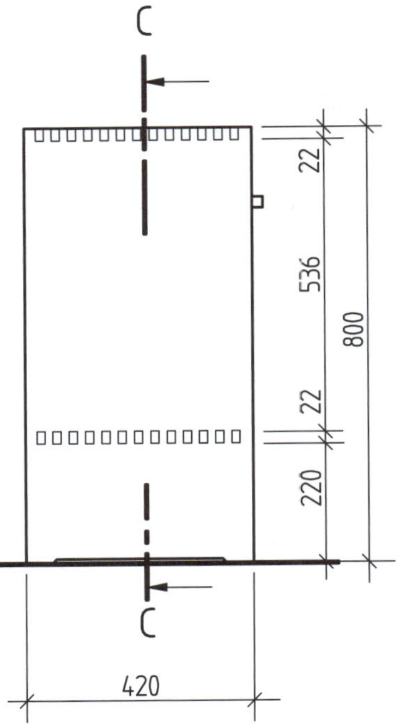

Seitenansicht

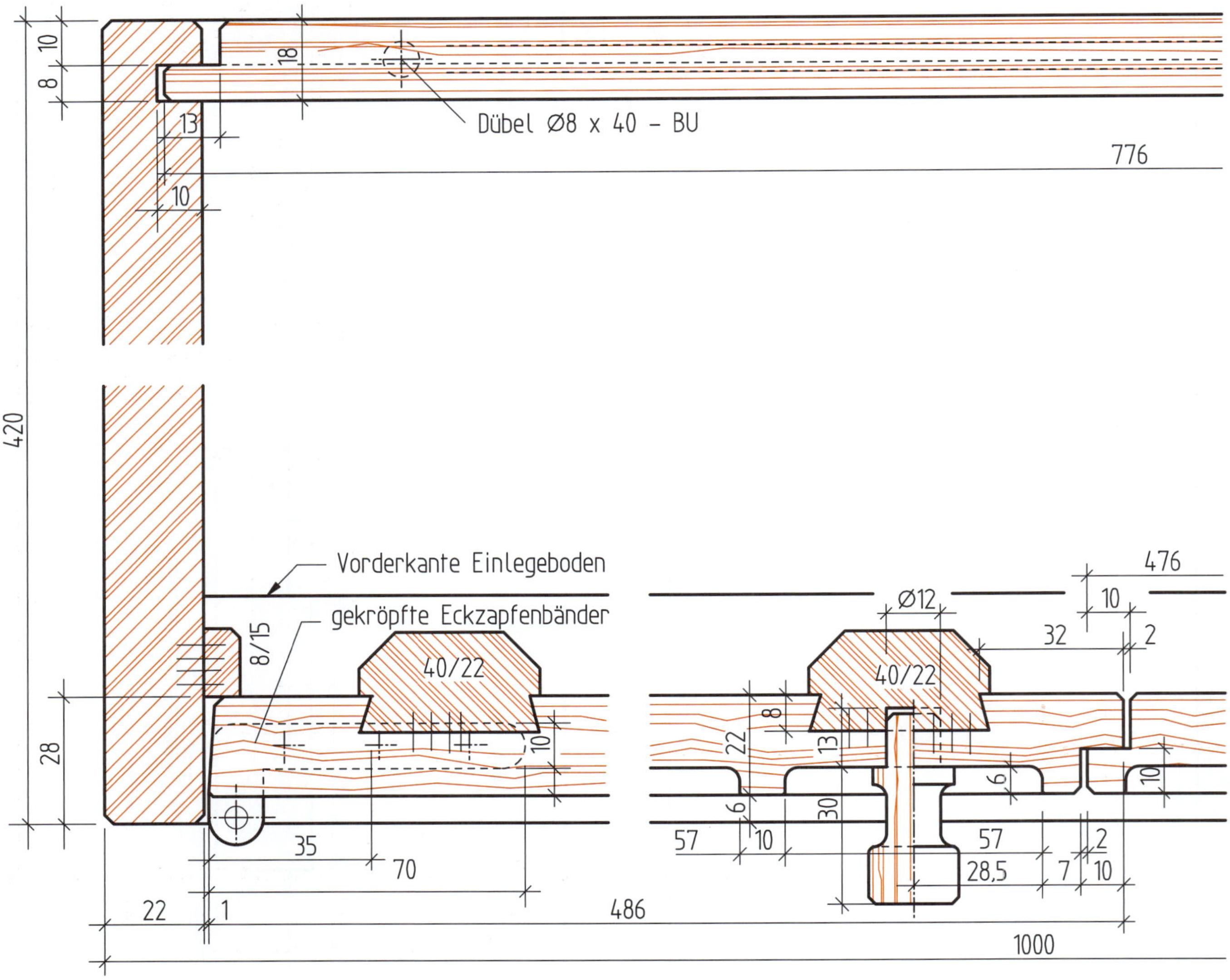

Schnitt A – A

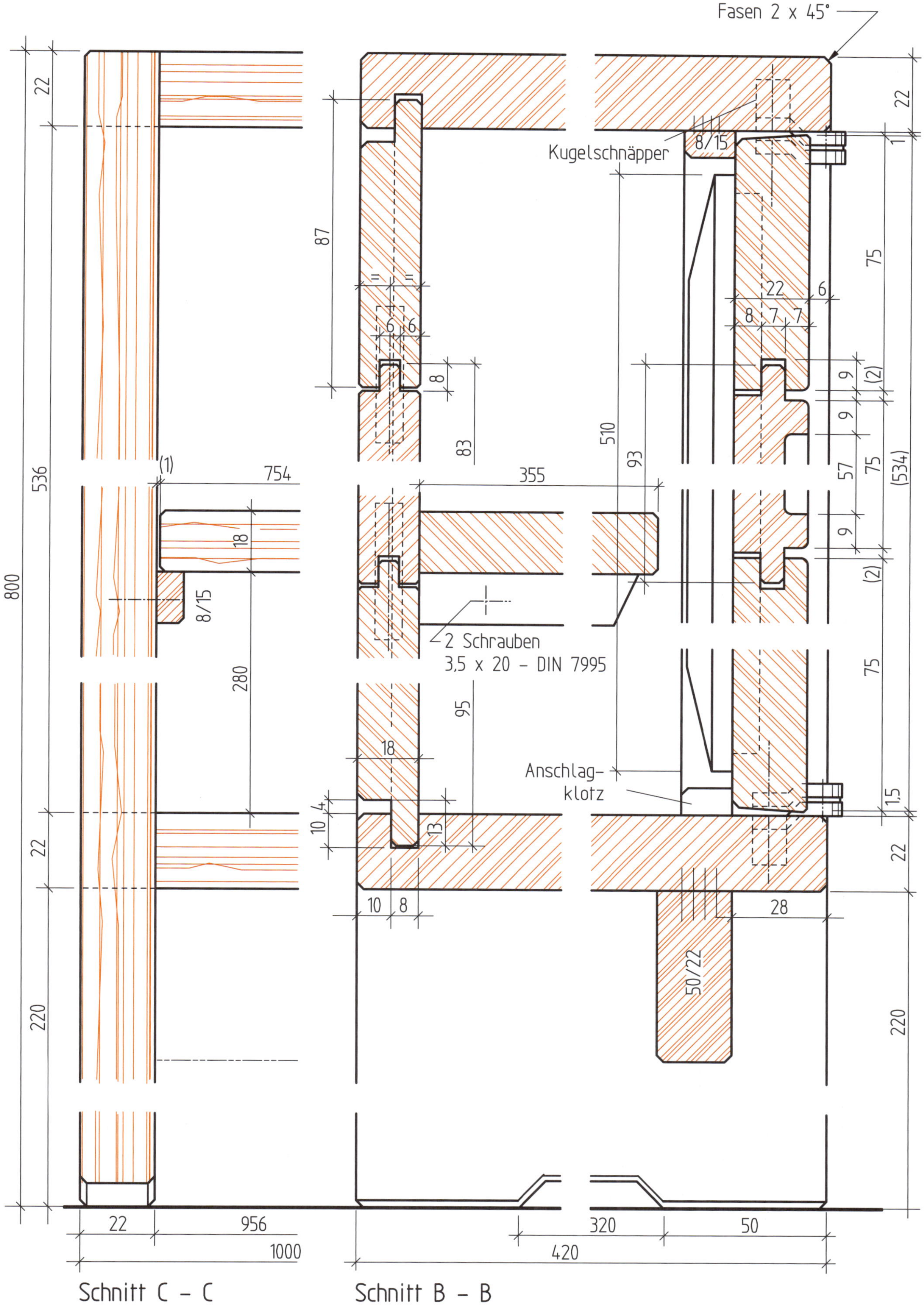

Name	Auftrag 4.1–2	Nr.
Datum	Flurschrank in Lärche	

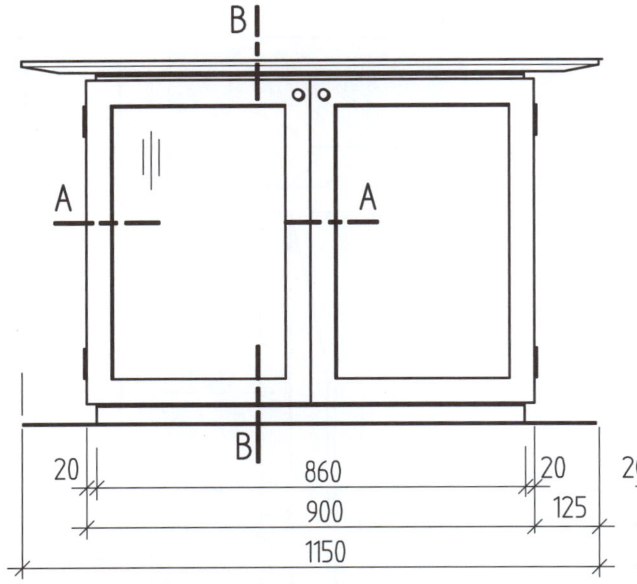

Vorderansicht Maßstab 1 : 10

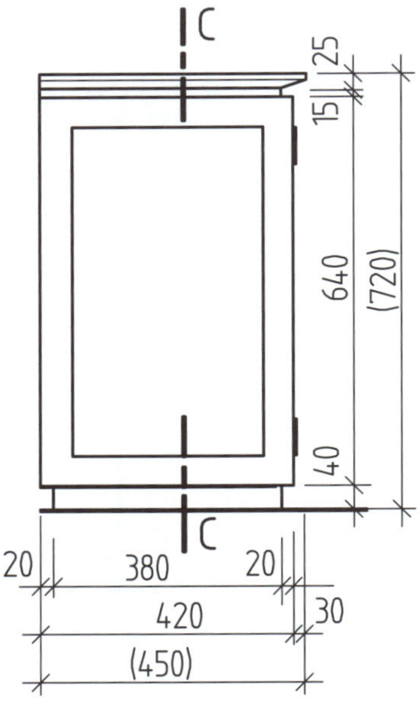

Seitenansicht

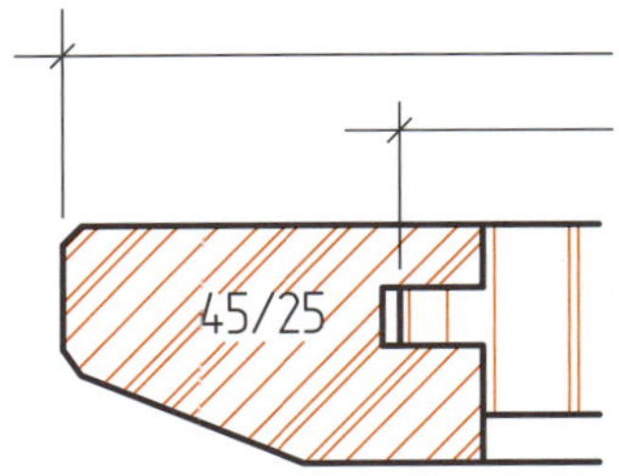

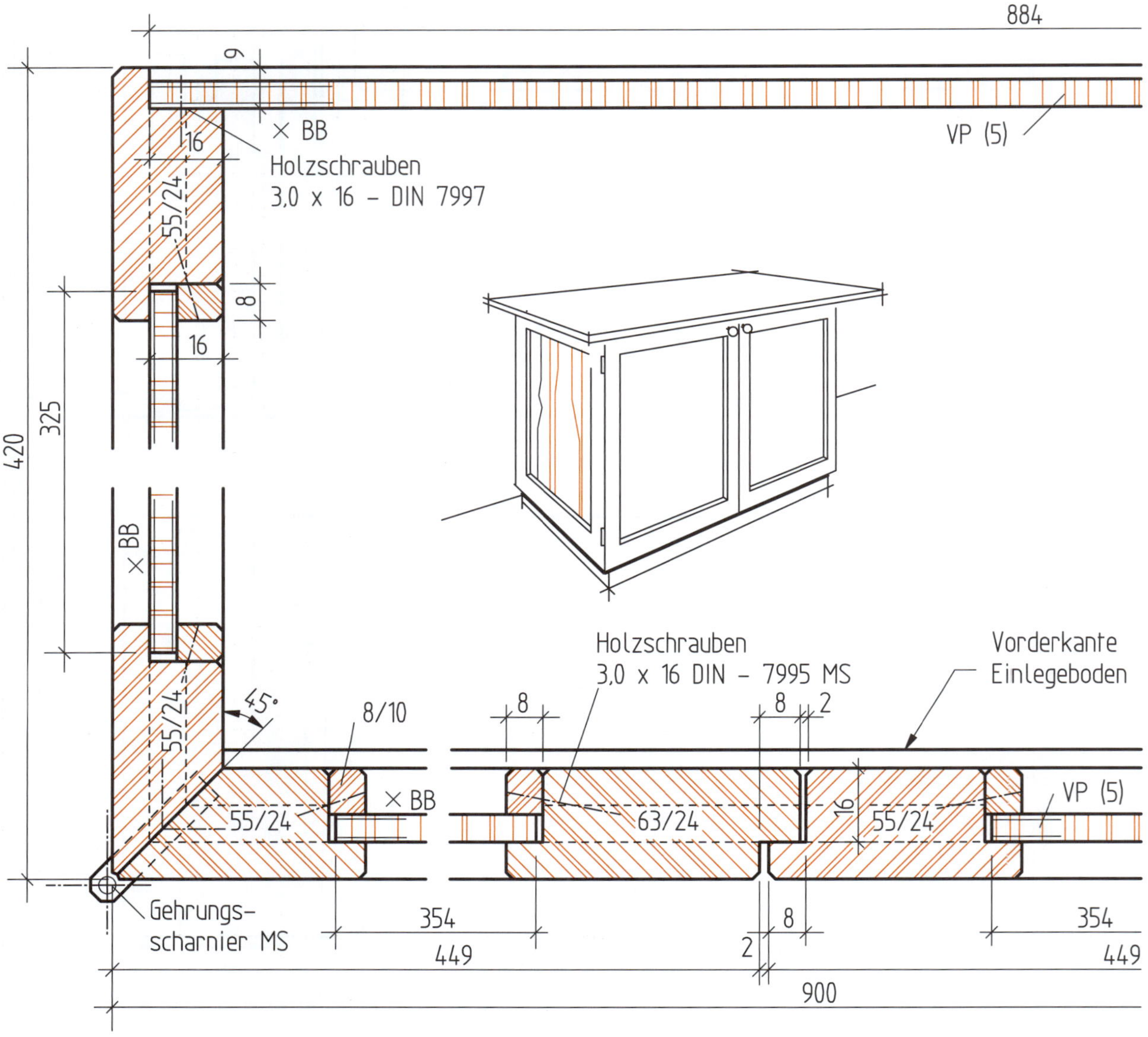

Horizontalschnitt A – A

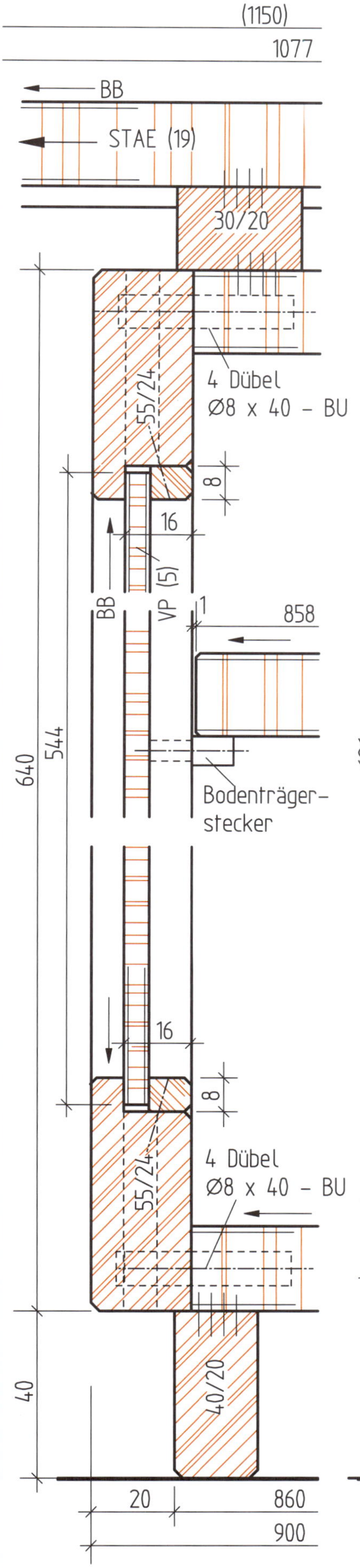

Frontalschnitt C – C

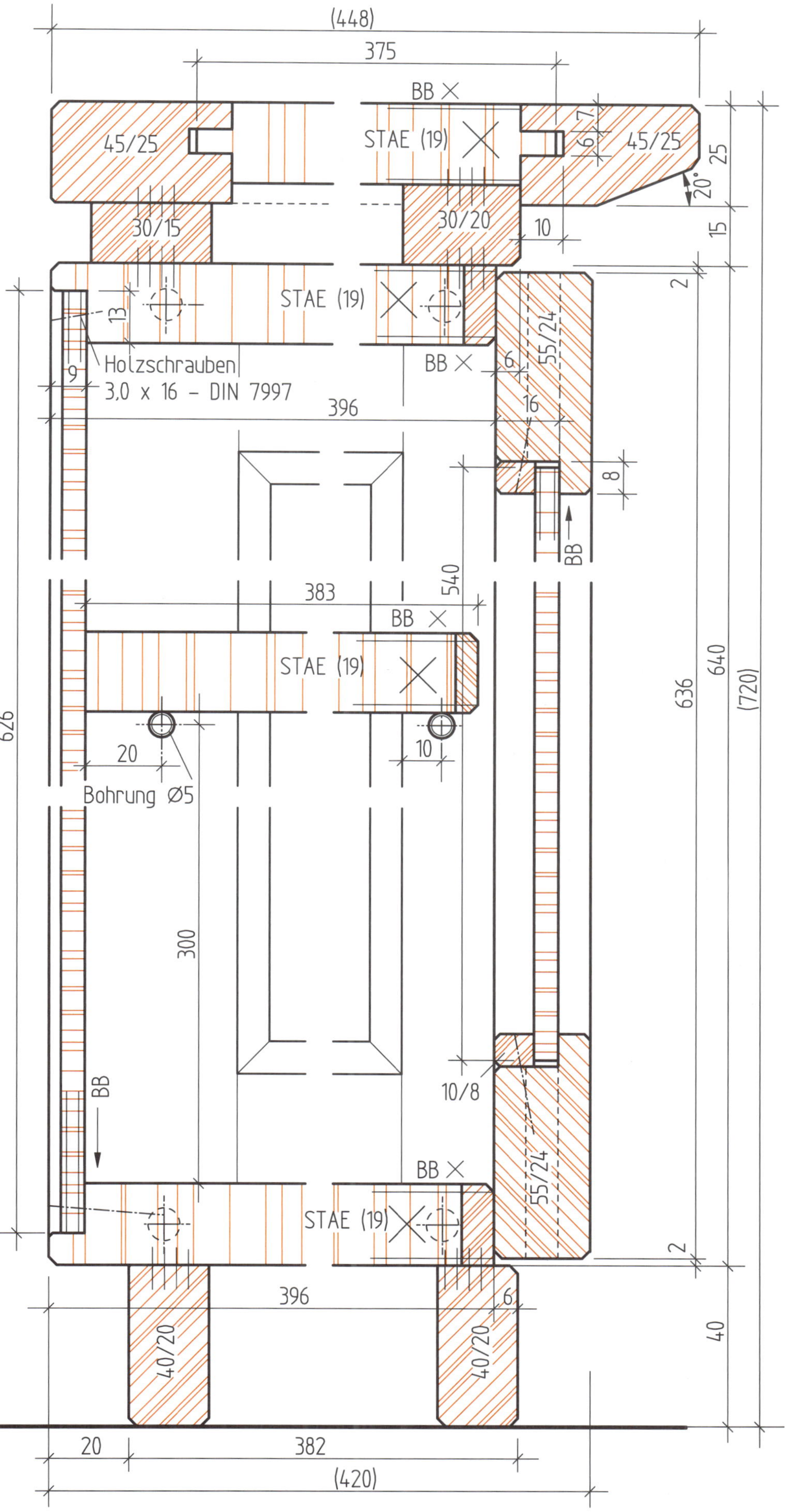

Vertikalschnitt B – B

Name	Auftrag 4.2-2	Nr.
Datum	Flurschrank in Birnbaum	

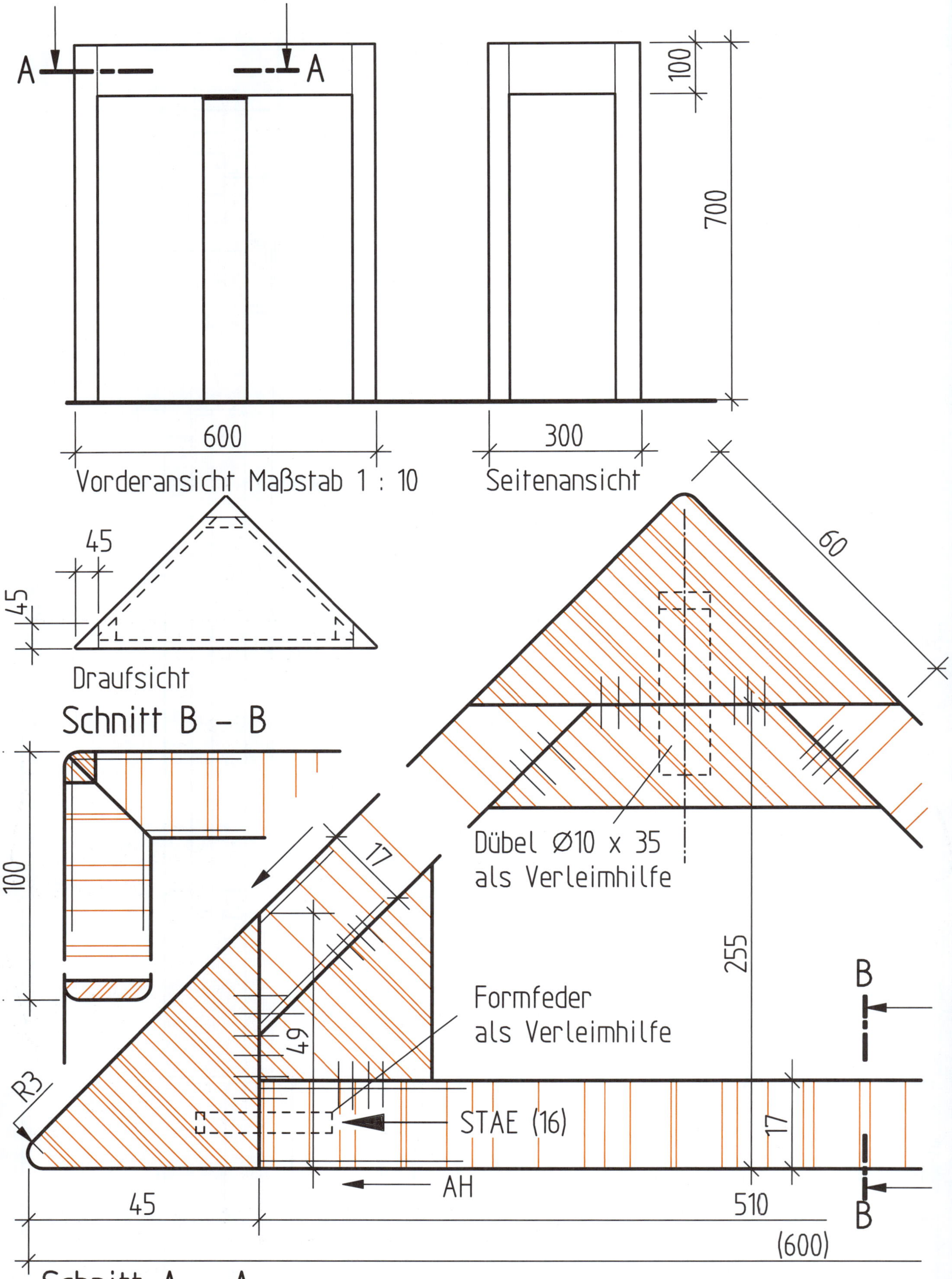

Schnitt A – A

Datum	Name	Auftrag 4.3-1 Dreieckiger Konsoltisch	Nr.

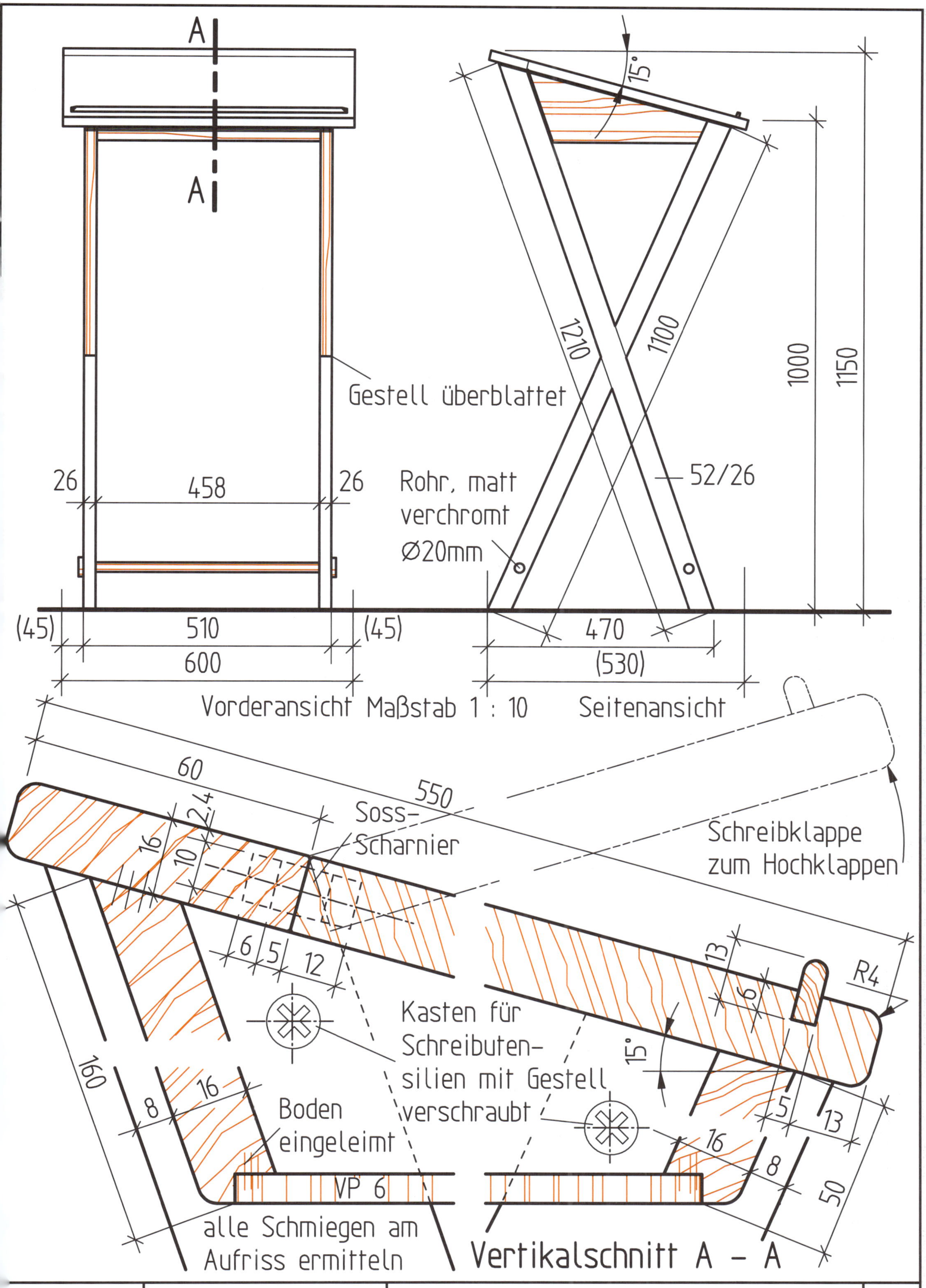

Datum	Name	Auftrag 4.3-3 Schreibpult aus Buche, kirschbaumfarbig gebeizt	Nr.

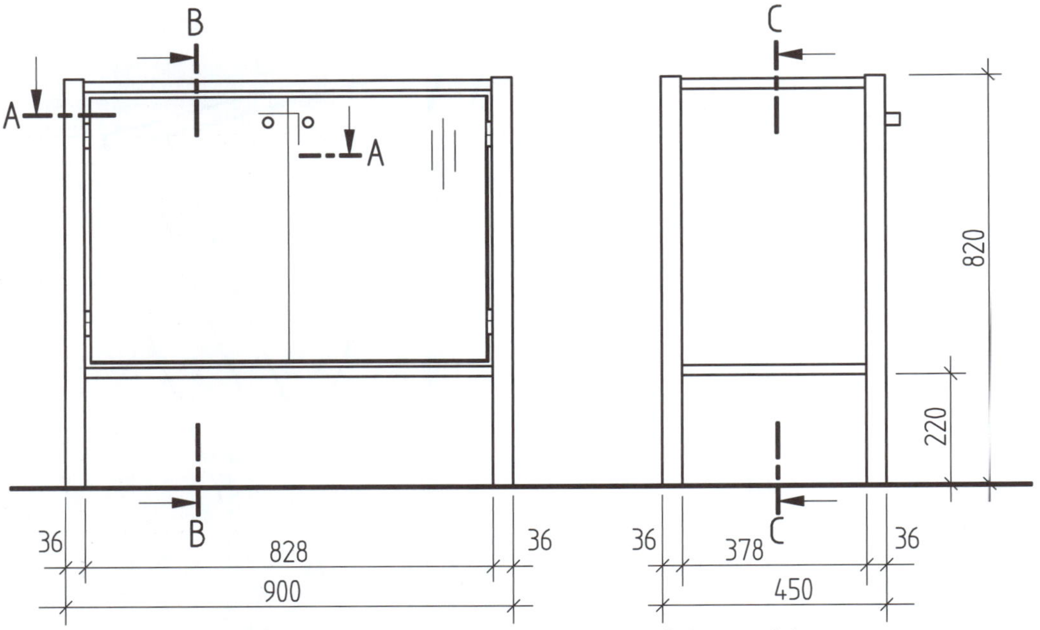
B
A
A
C
820
220
36
828
36
900
36
378
36
450
C
B
Vorderansicht Maßstab 1 : 10
Seitenansicht

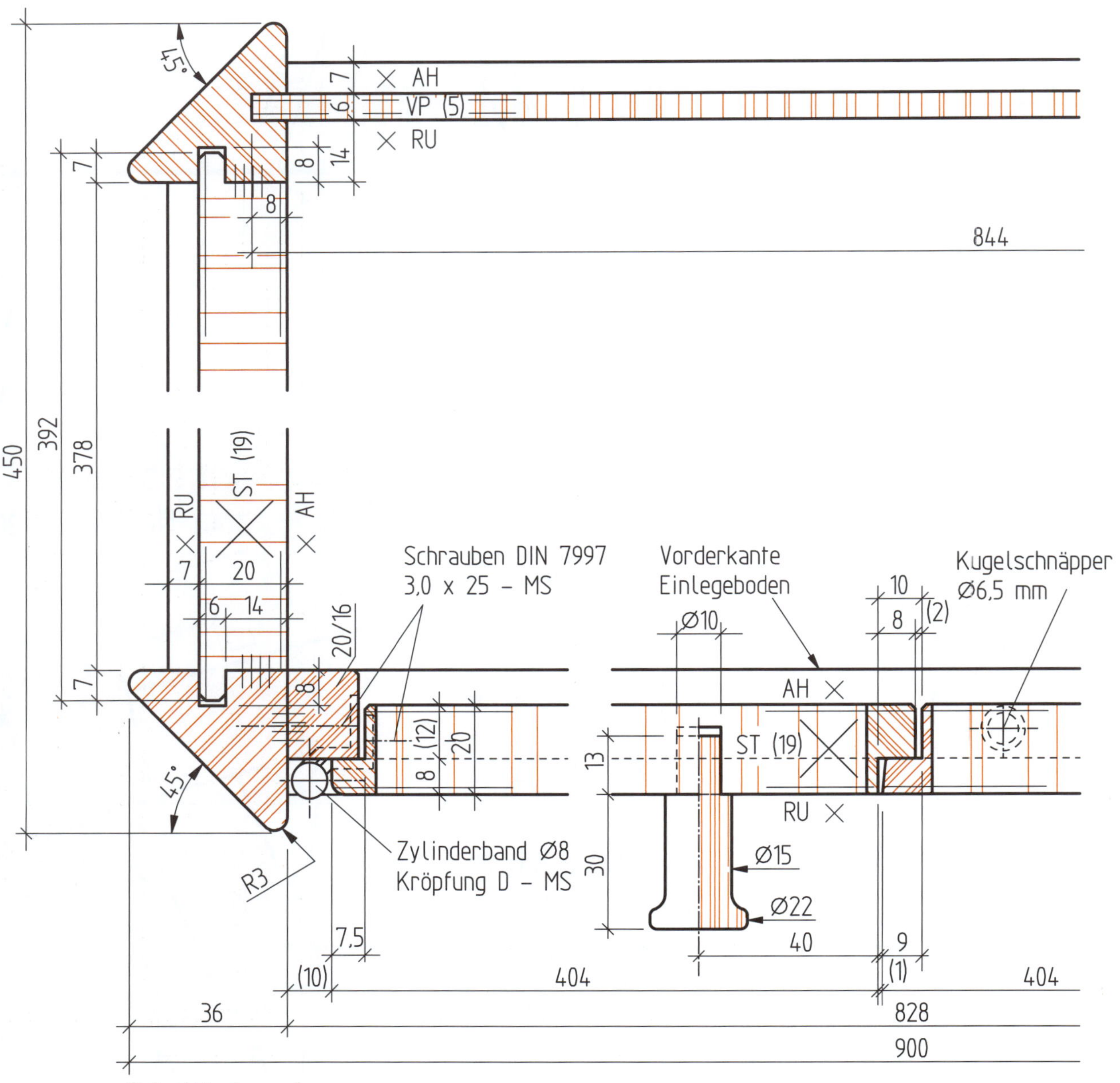
45°
7
AH
6
VP (5)
RU
7
8
14
8
844
450
392
378
RU
ST (19)
AH
20
7
6
14
Schrauben DIN 7997
3,0 x 25 – MS
Vorderkante
Einlegeboden
Kugelschnäpper
Ø6,5 mm
10
8
(2)
Ø10
20/16
AH
7
8
(12)
20
13
ST (19)
8
45°
RU
R3
Zylinderband Ø8
Kröpfung D – MS
30
Ø15
Ø22
40
7,5
9
(10)
404
(1)
404
36
828
900

Schnitt A – A

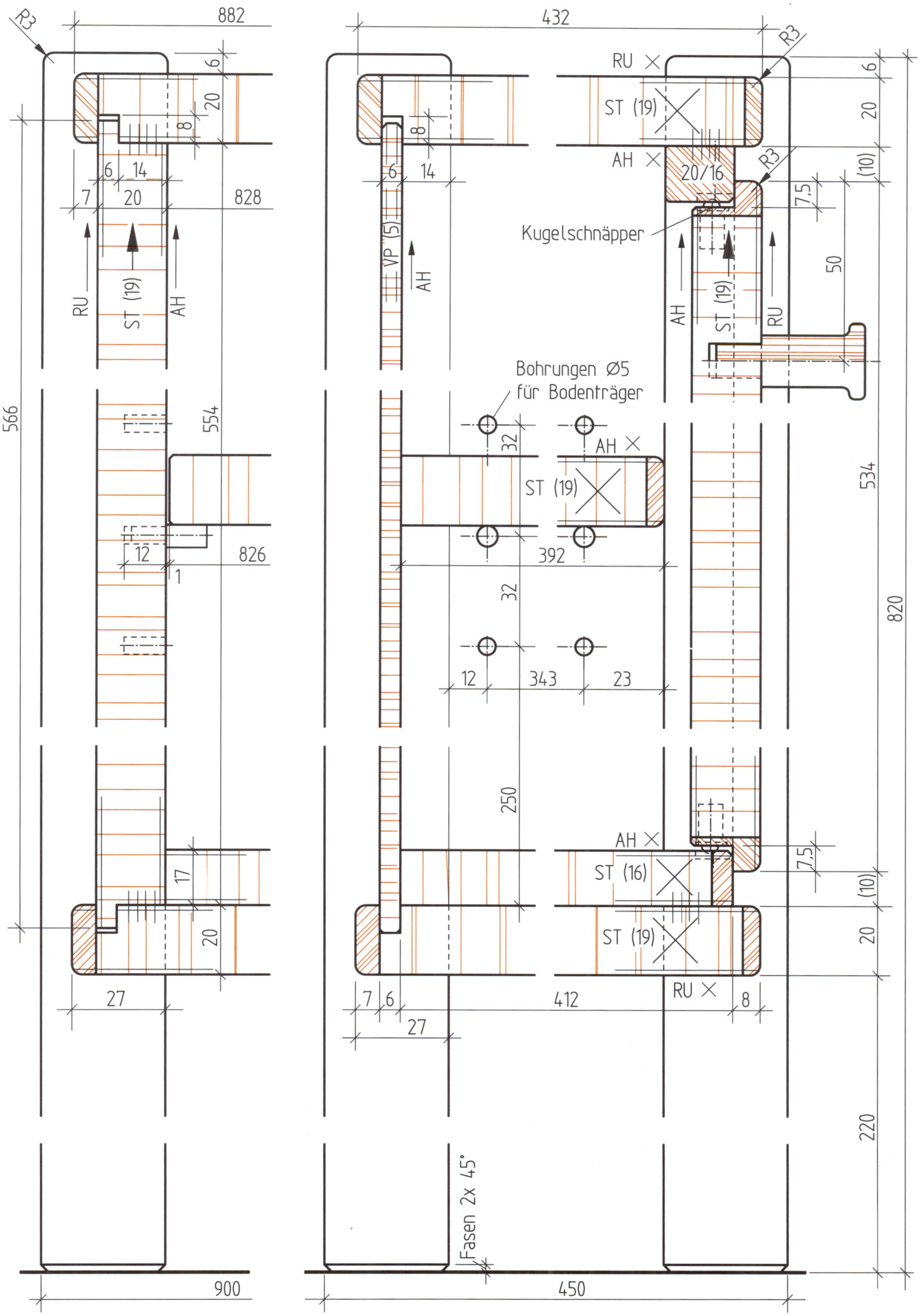

Schnitt C – C

Schnitt B – B

Name	Auftrag 4.3–4	Nr.
Datum	Flurschränkchen in Rüster	

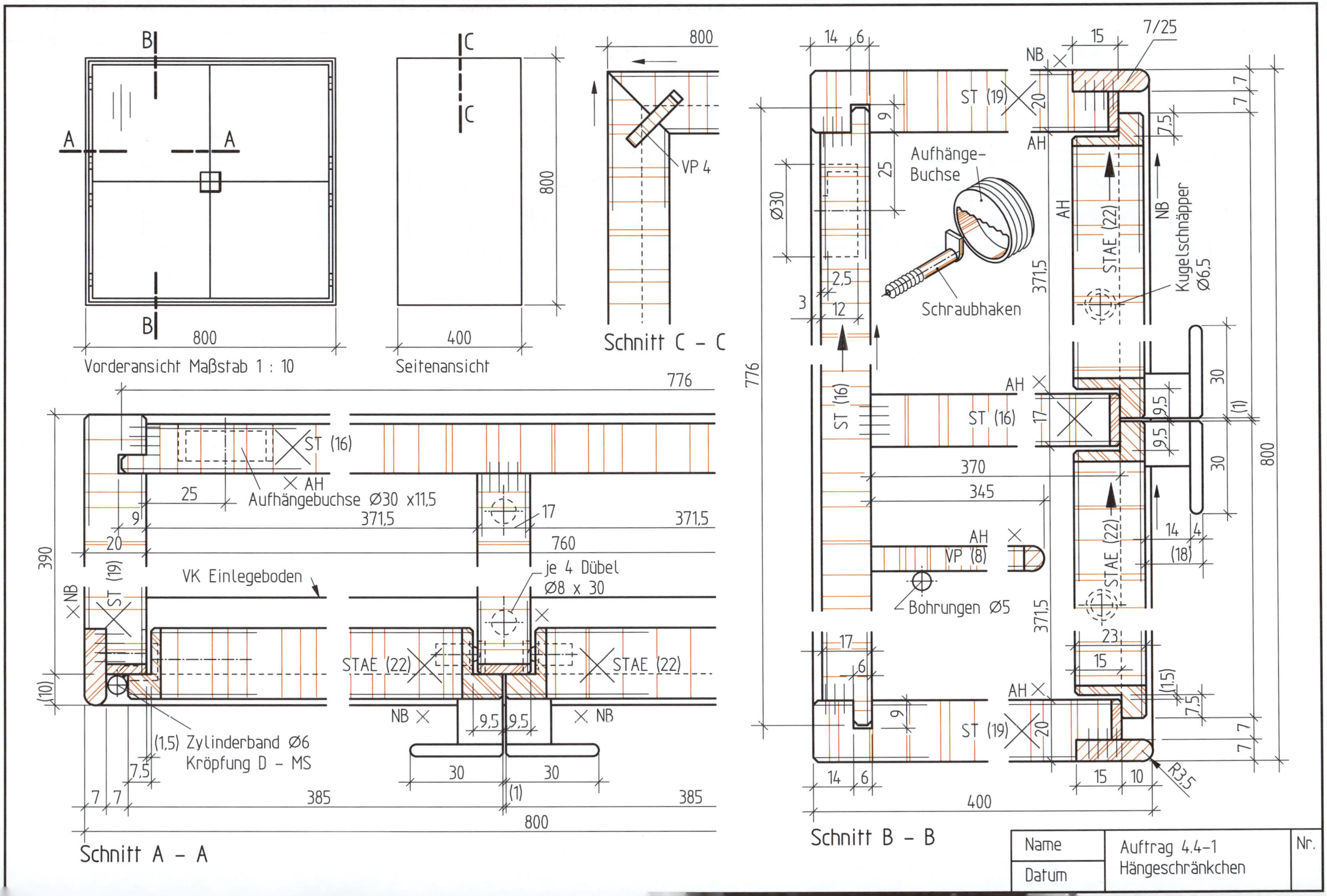

Vorderansicht Maßstab 1 : 10
Seitenansicht
Schnitt C – C
VP 4
Schnitt A – A
ST (16)
AH
Aufhängebuchse Ø30 x11,5
VK Einlegeboden
je 4 Dübel Ø8 x 30
STAE (22)
NB
ST (19)
(1,5) Zylinderband Ø6
Kröpfung D – MS
Schnitt B – B
Aufhänge-
Buchse
Schraubhaken
Kugelschnäpper Ø6,5
VP (8)
Bohrungen Ø5
Name
Datum
Auftrag 4.4-1
Hängeschränkchen
Nr.

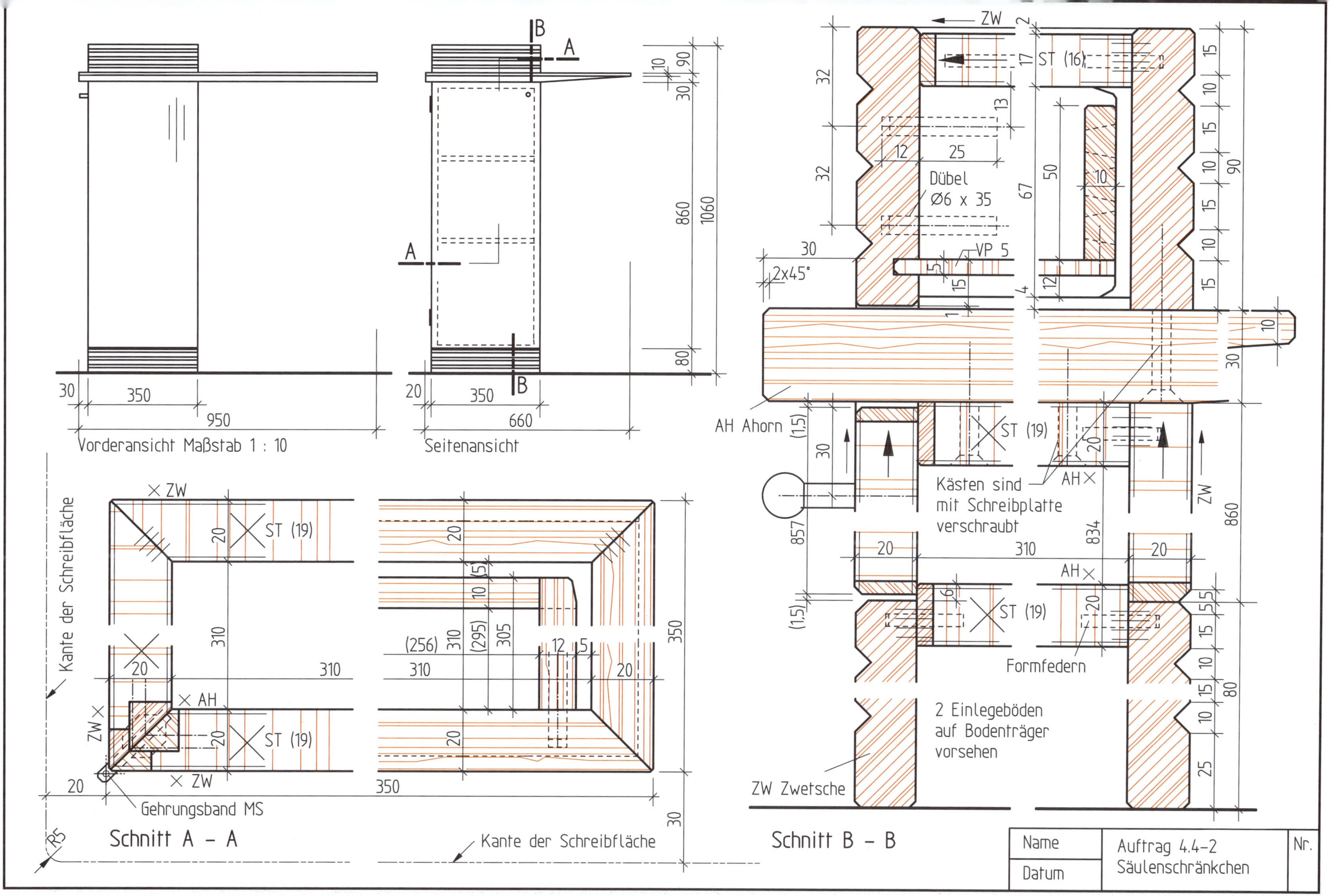
Vorderansicht Maßstab 1 : 10
Seitenansicht
Schnitt A – A
Schnitt B – B
Kante der Schreibfläche
Gehrungsband MS
ZW
AH
ST (19)
ST (16)
Dübel
Ø6 x 35
VP 5
2x45°
AH Ahorn
ZW Zwetsche
Kästen sind
mit Schreibplatte
verschraubt
Formfedern
2 Einlegeböden
auf Bodenträger
vorsehen
R5
30
350
950
20
660
10
90
860
1060
80
310
(256)
(295)
305
(5)
12
5
32
13
25
67
50
17
15
2
4
1
(1,5)
857
834
6
Name
Datum
Auftrag 4.4-2
Säulenschränkchen
Nr.

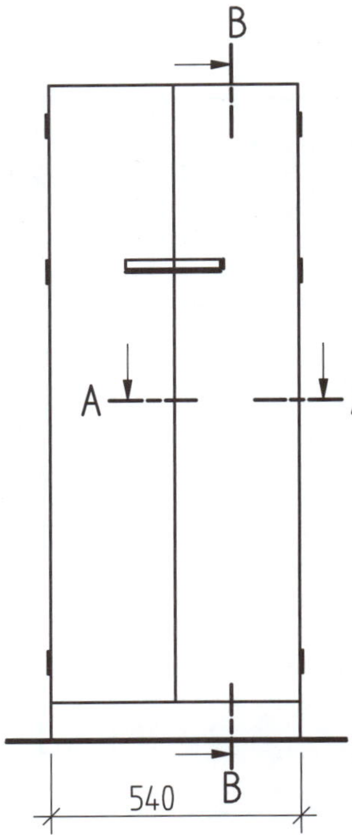

Vorderansicht

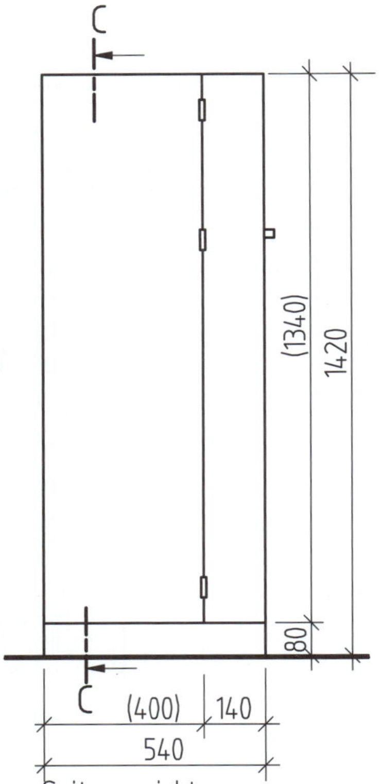

Seitenansicht

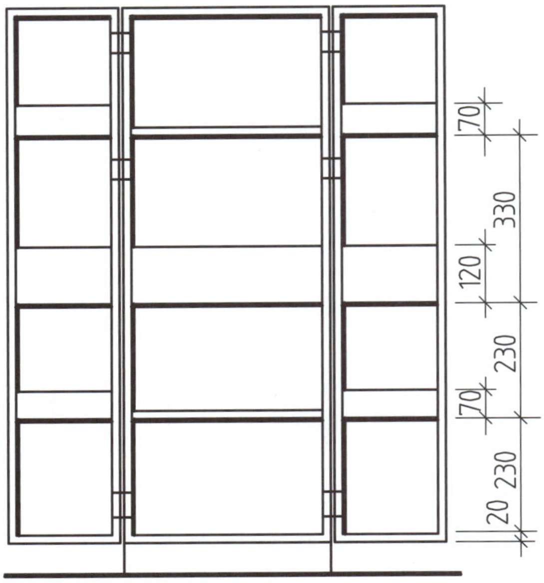

Innenansicht
Maßstab 1 : 10

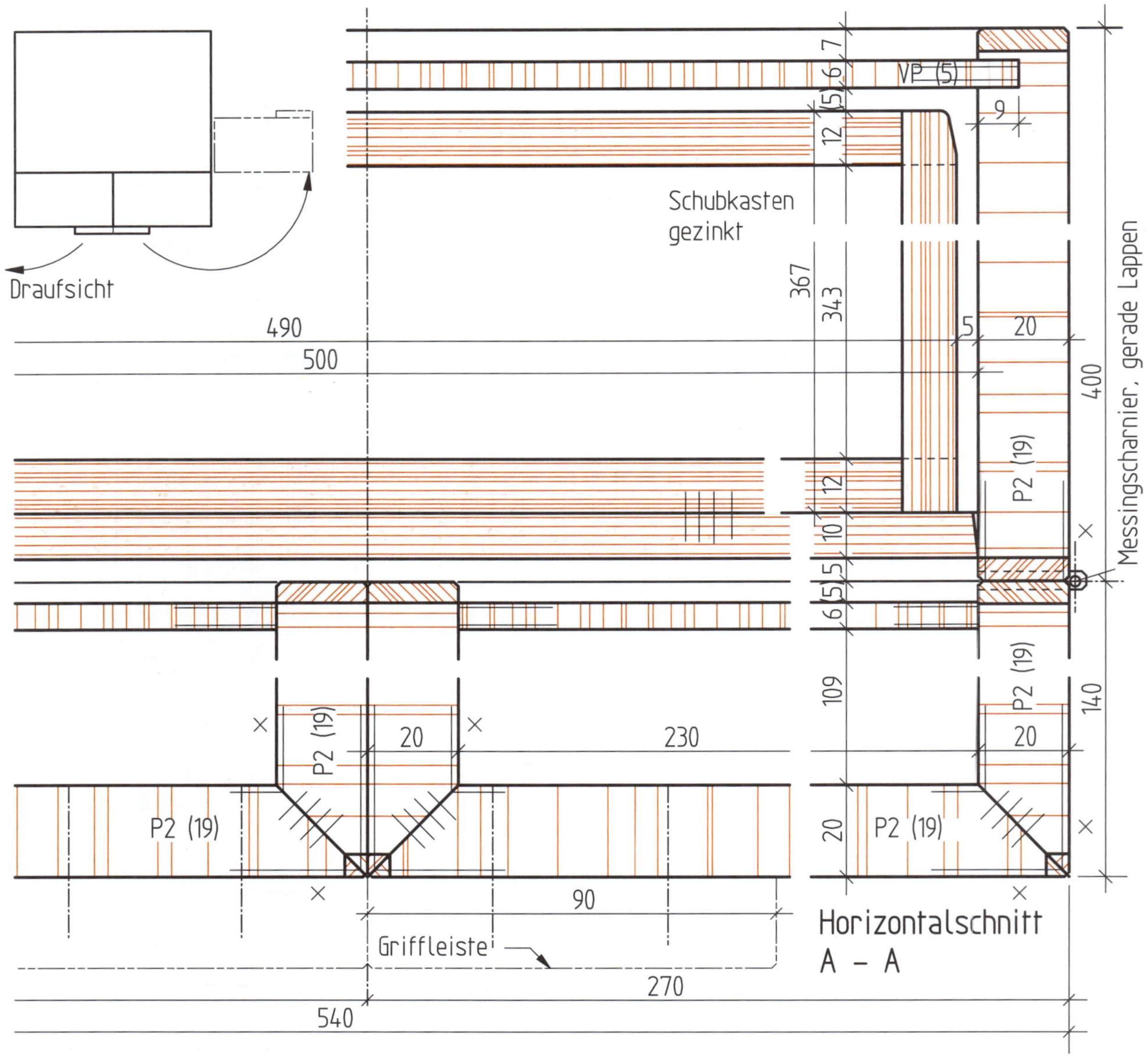

Horizontalschnitt
A – A

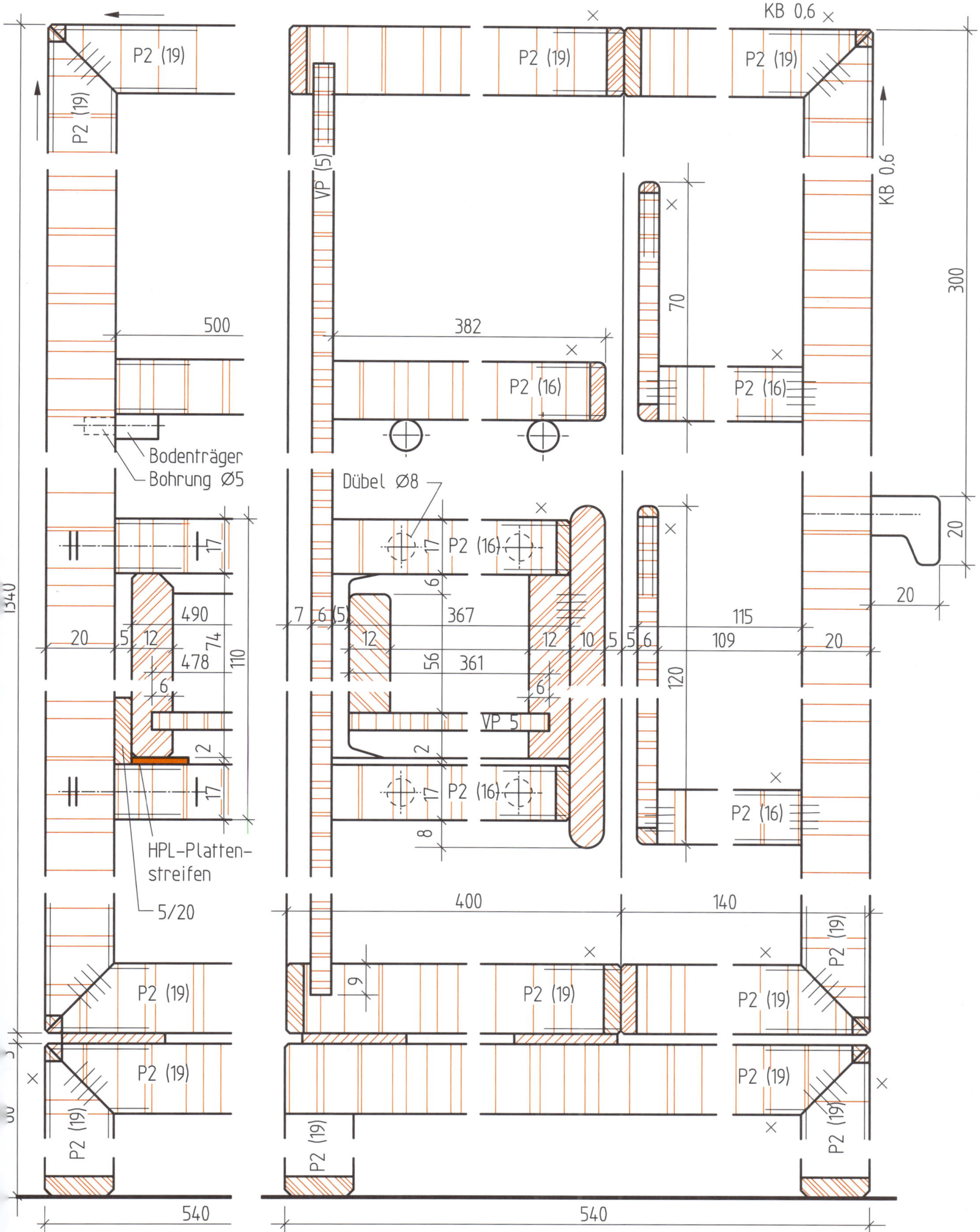

Frontalschnitt C – C

Vertikalschnitt B – B

Holzart innen und außen
in Kirschbaum KB (PRAV)

Name	Auftrag 4.4-5 Sammlerschrank	Nr.
Datum		

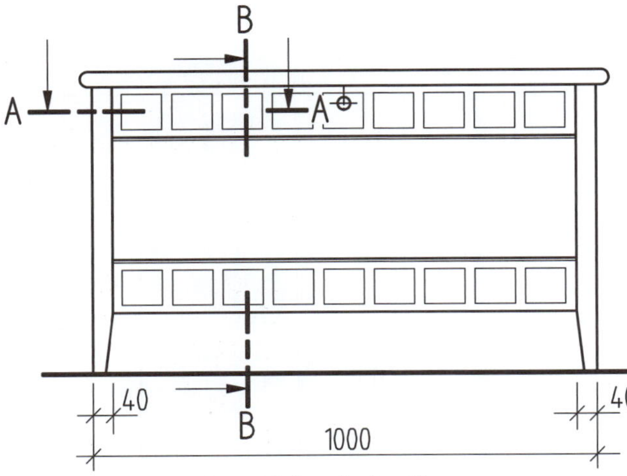

Vorderansicht Maßstab 1 : 10

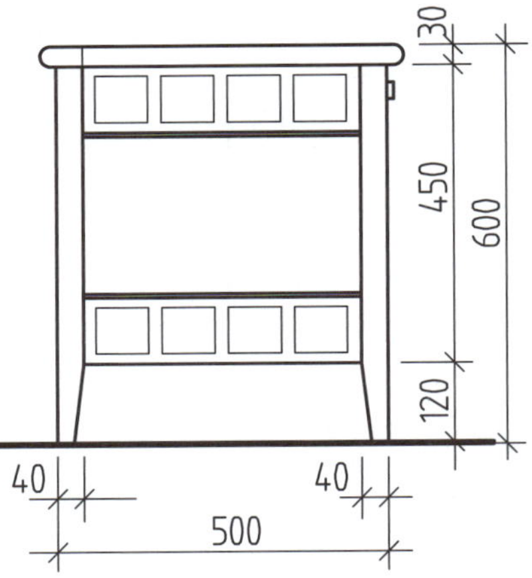

Seitenansicht

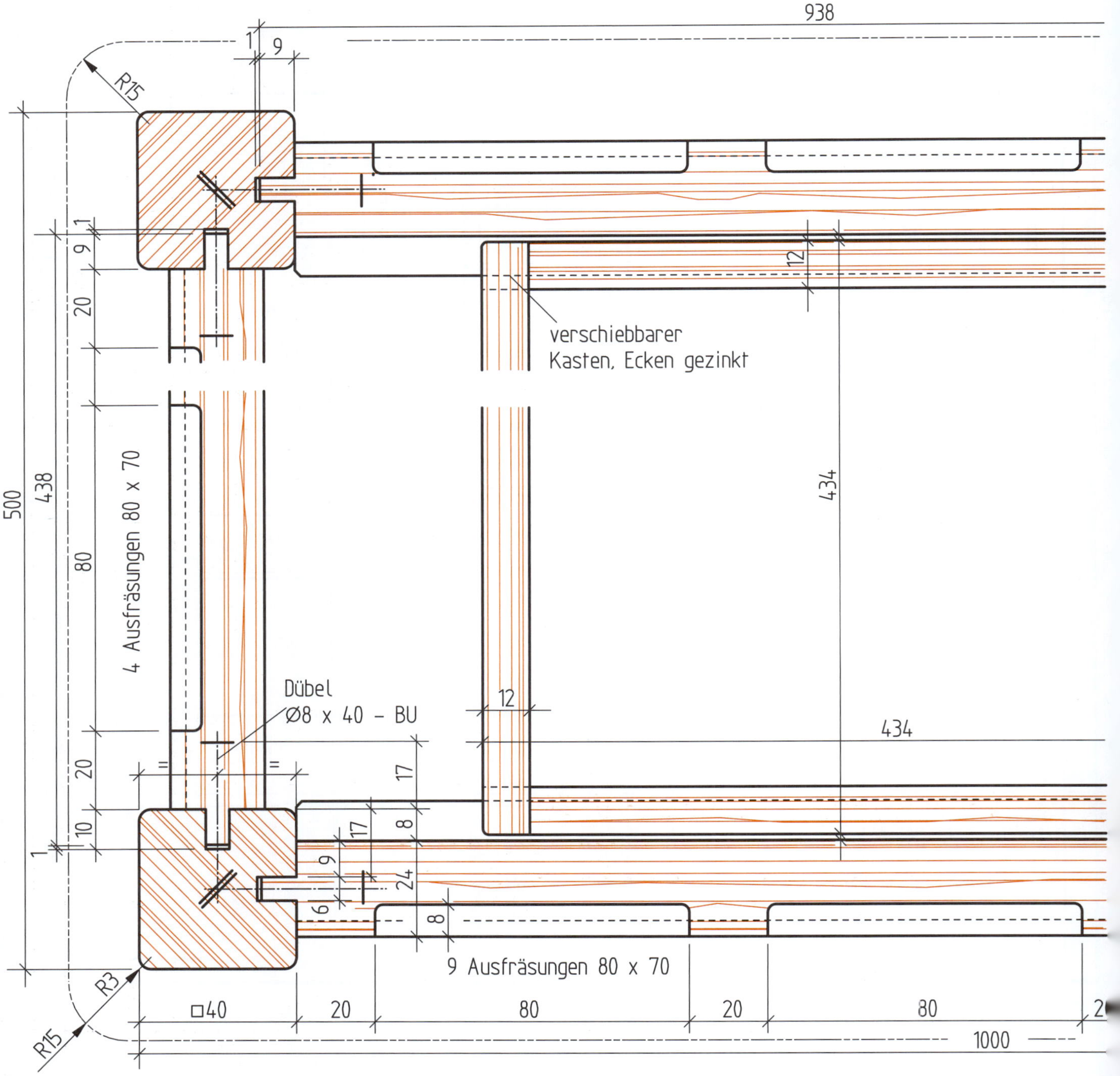

Schnitt A – A

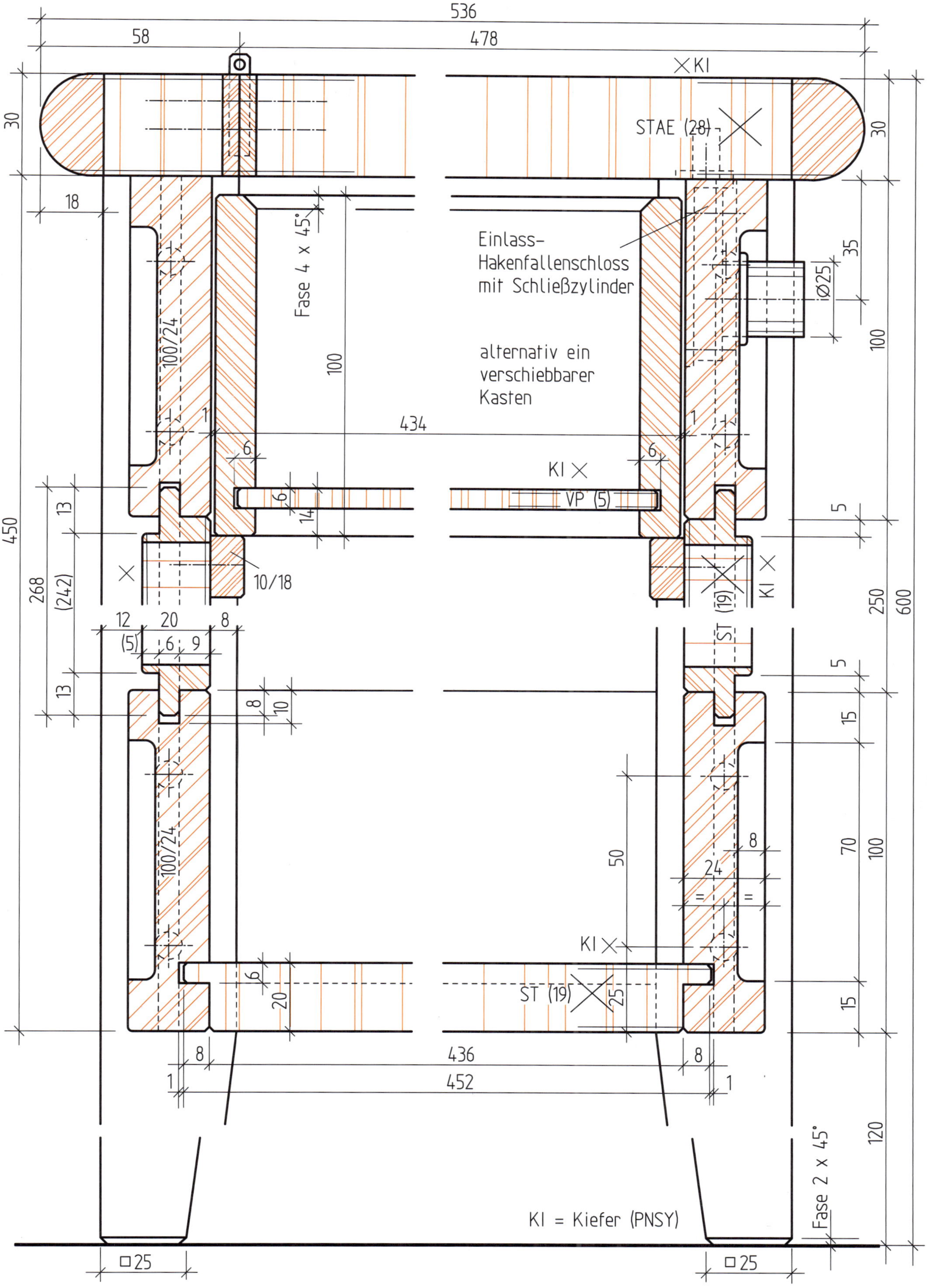

Schnitt B – B

Name	Auftrag 4.5-1 Truhe in Kiefer	Nr.
Datum		

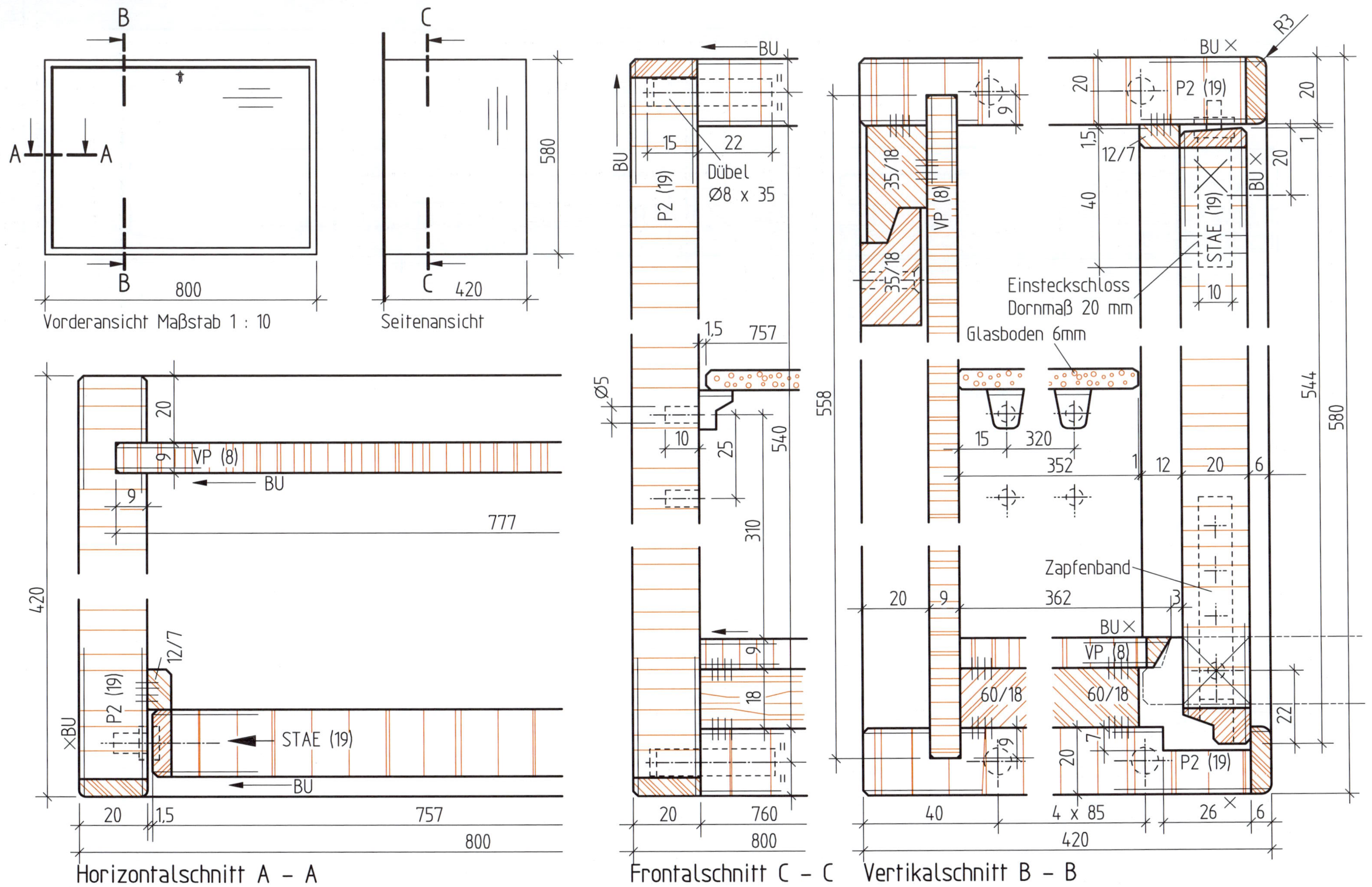

Holzart:
Buche BU (FASY)

Name	Auftrag 5.1-1 Hängeschrank mit Klappe	Nr.
Datum		

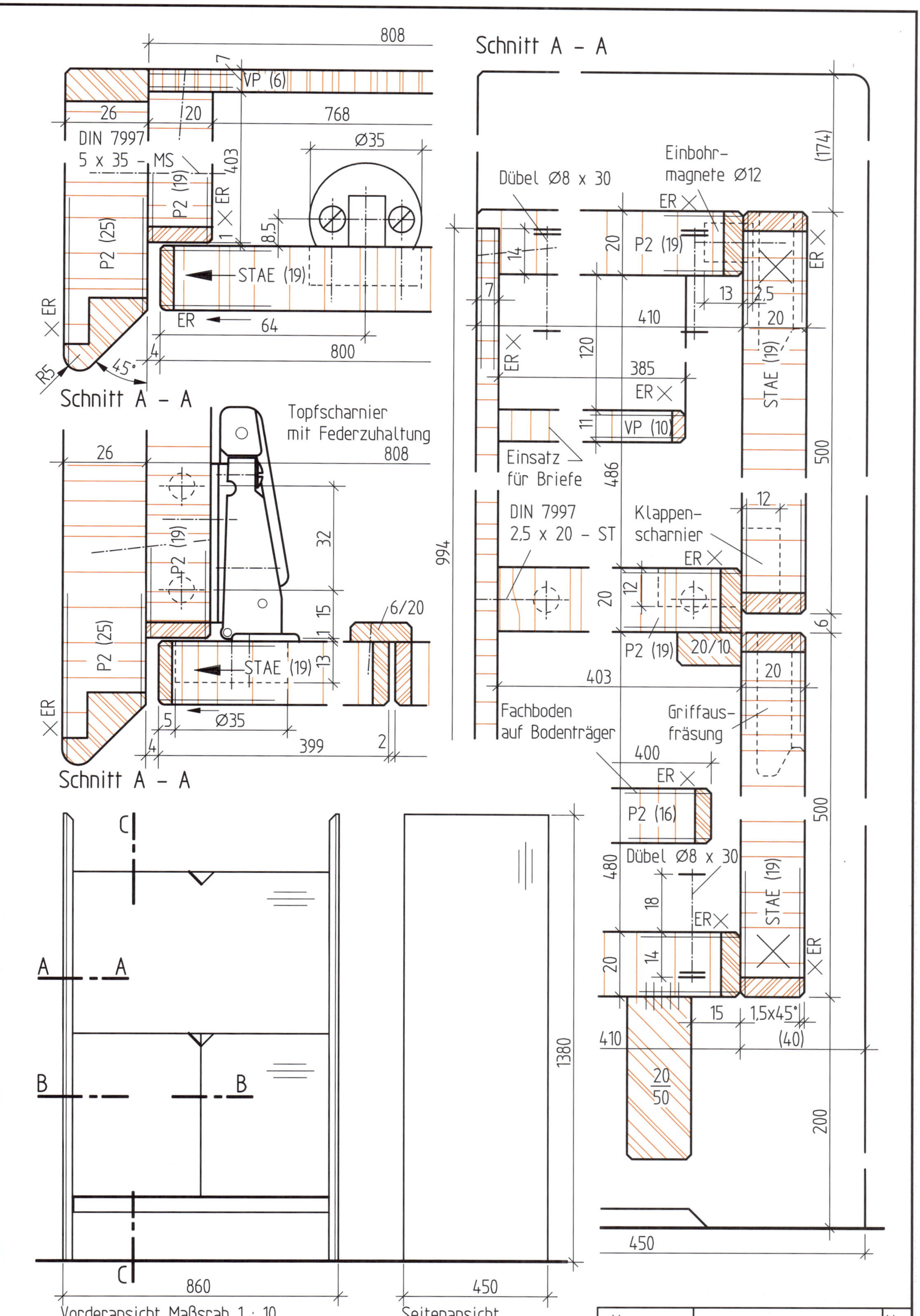

Name	Auftrag 5.1–2 Schreibschrank (ER)	Nr.
Datum		

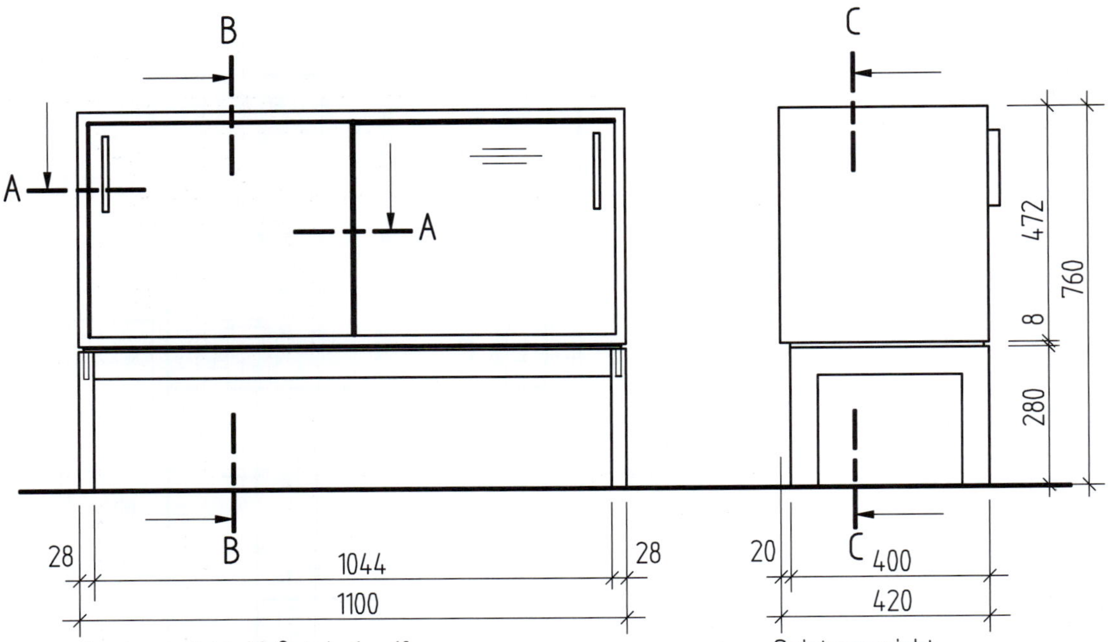

Vorderansicht Maßstab 1 : 10

Seirtenansicht

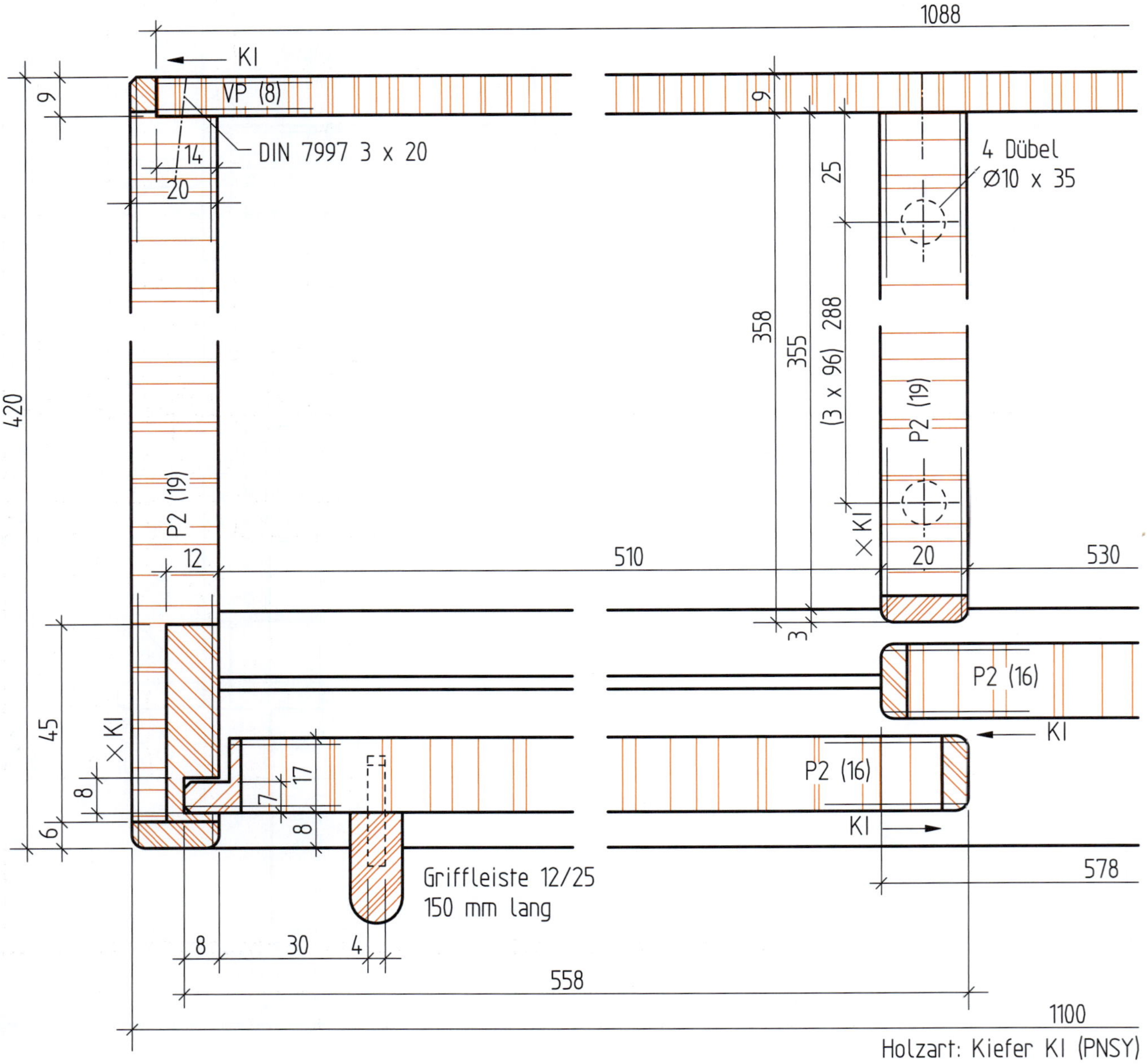

Horizontalschnitt A – A

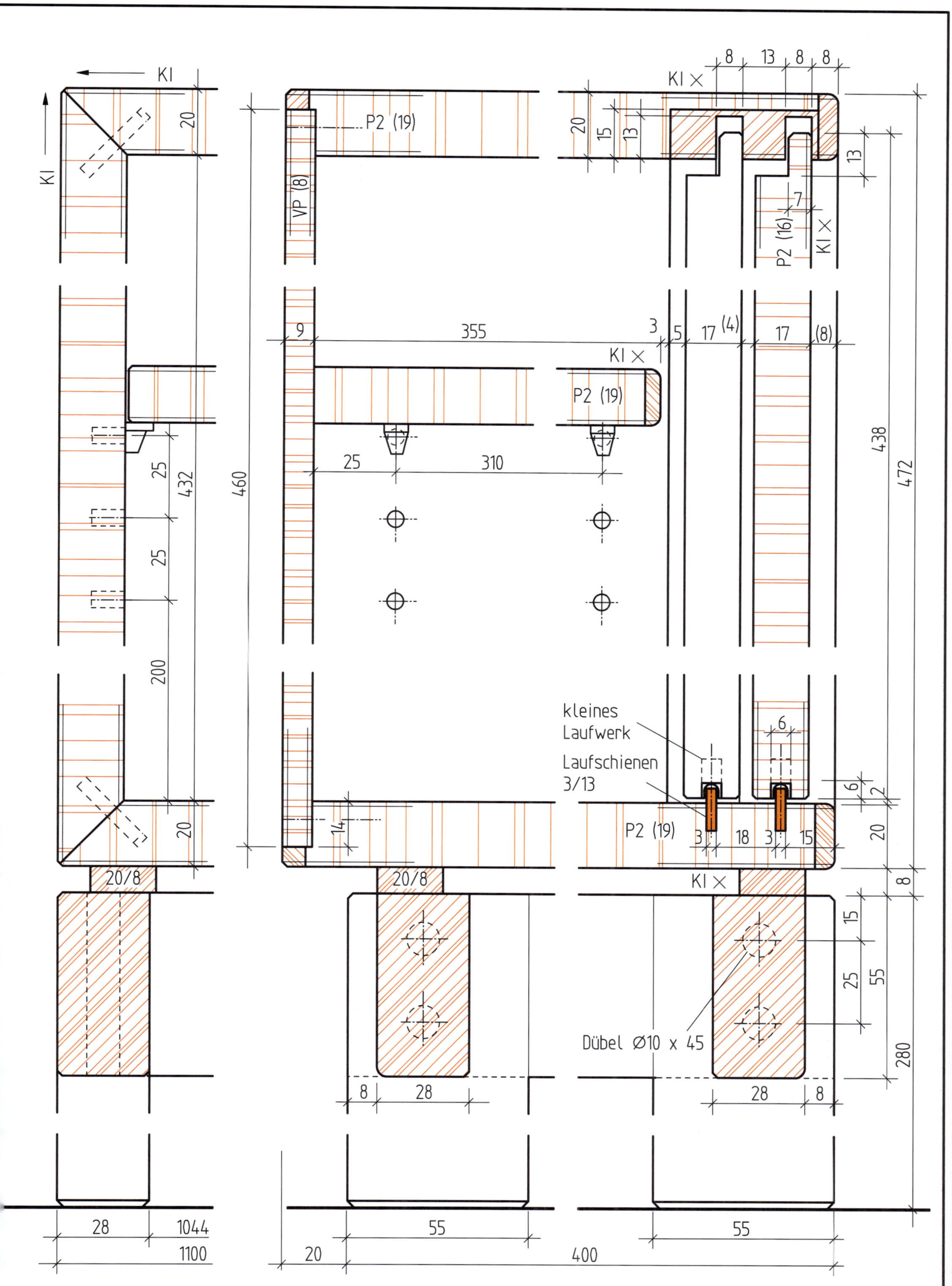

Frontalschnitt C – C

Vertikalschnitt B – B

Name	Auftrag 5.2-1	Nr.
Datum	Flurschrank in Kiefer	

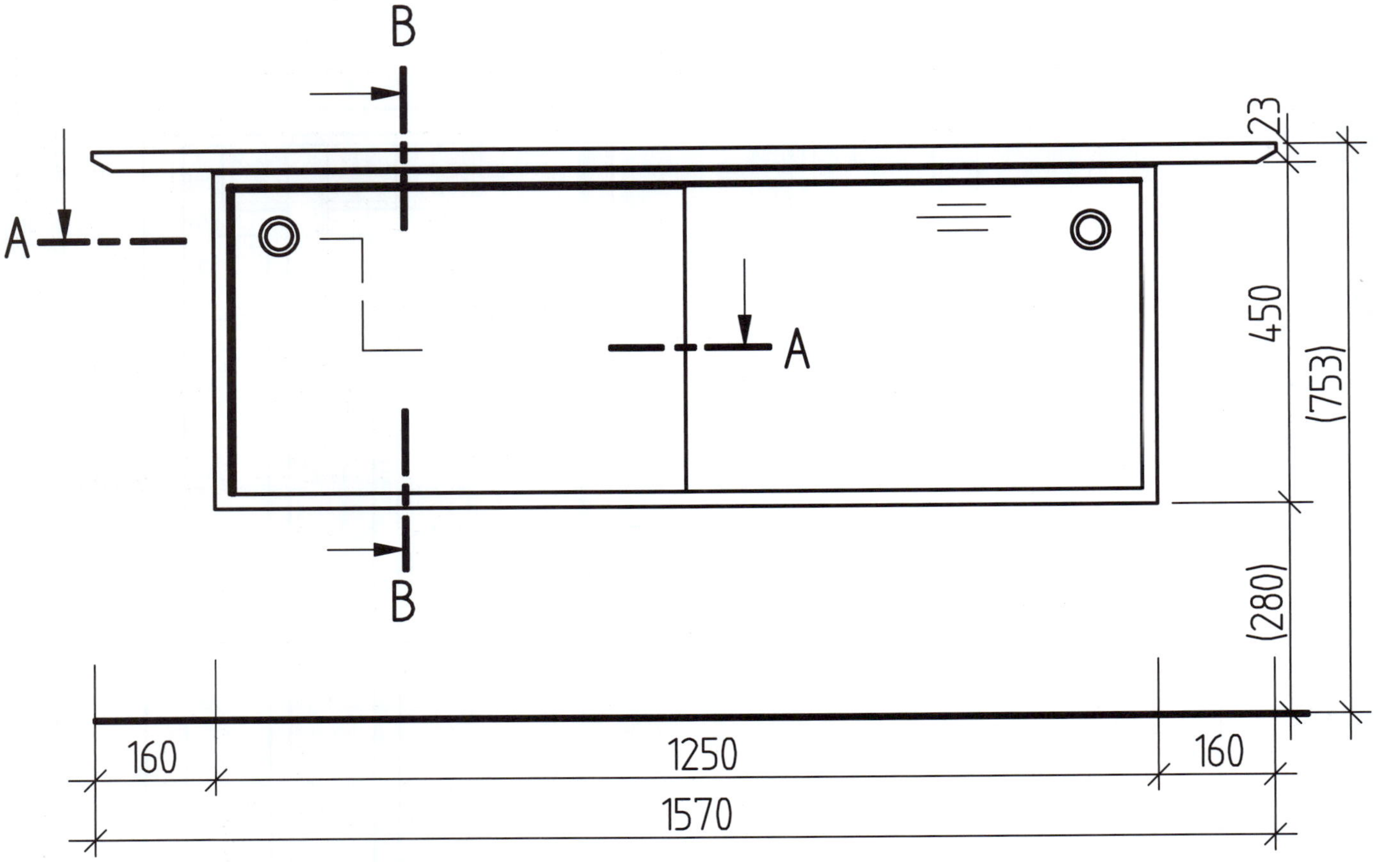

Vorderansicht Maßstab 1 : 10

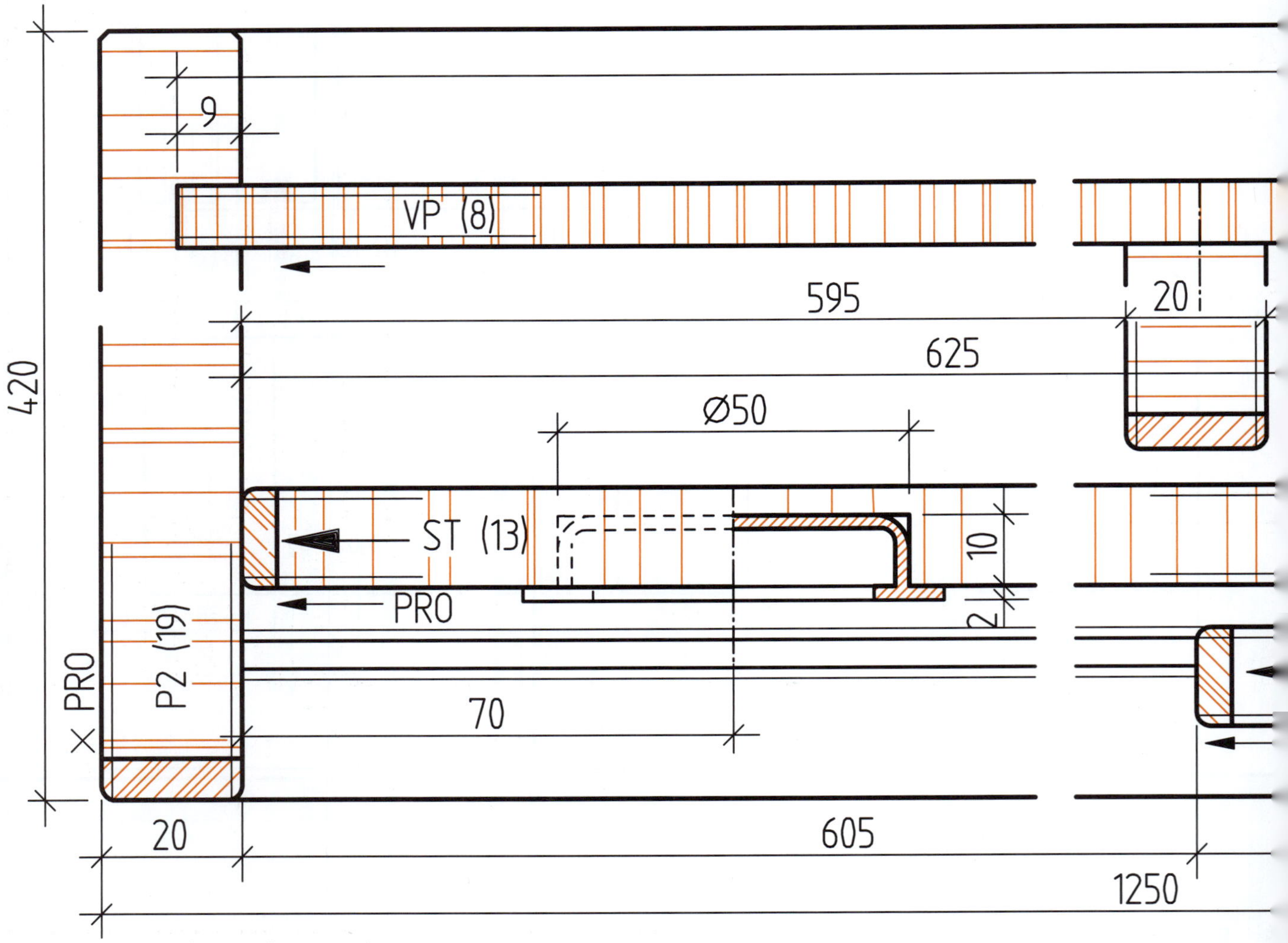

Schnitt A – A

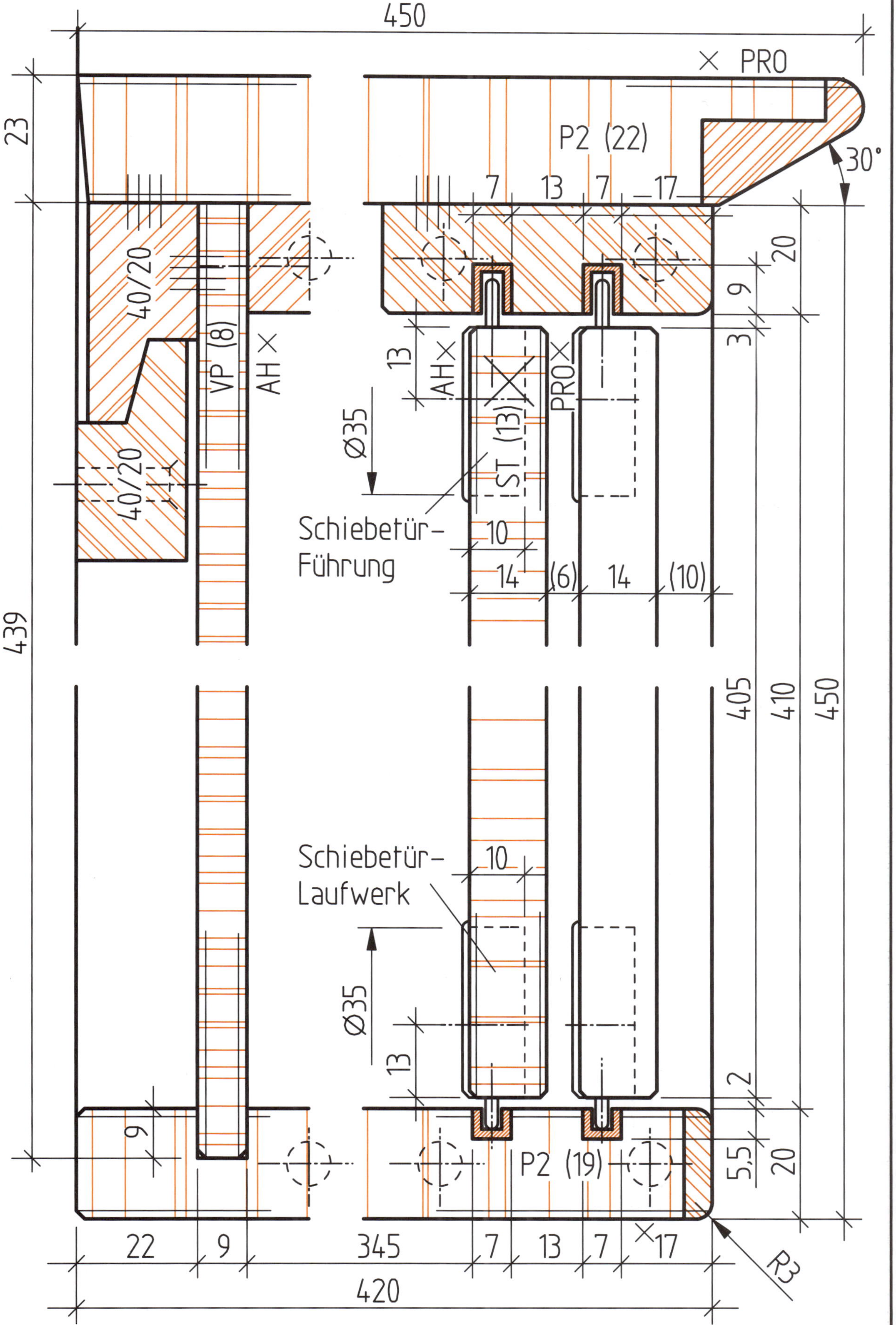

Schnitt B – B

Ausführung:
Außen in Riopalisander = PRO (DLNG)
Innen in Ahorn = AH (ACCM oder ACPS)

Name	Auftrag 5.2–2	Nr.
Datum	Hängeschrank mit Schiebetüren	

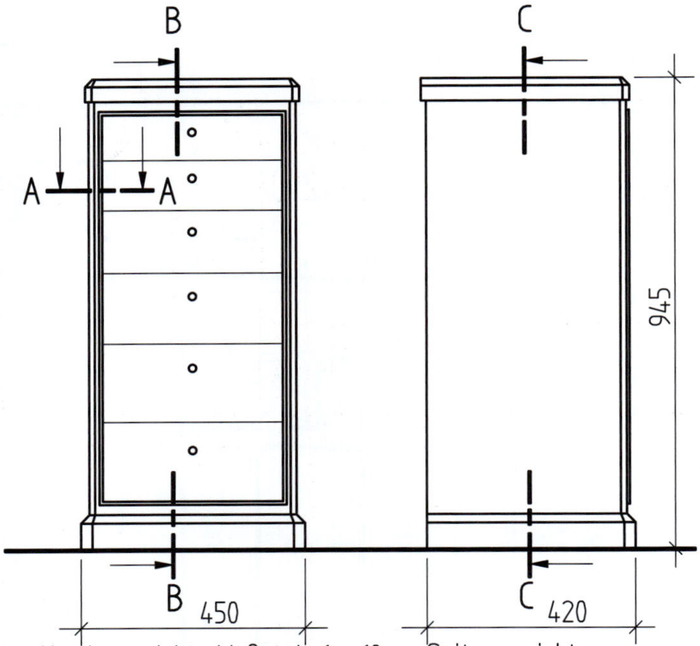

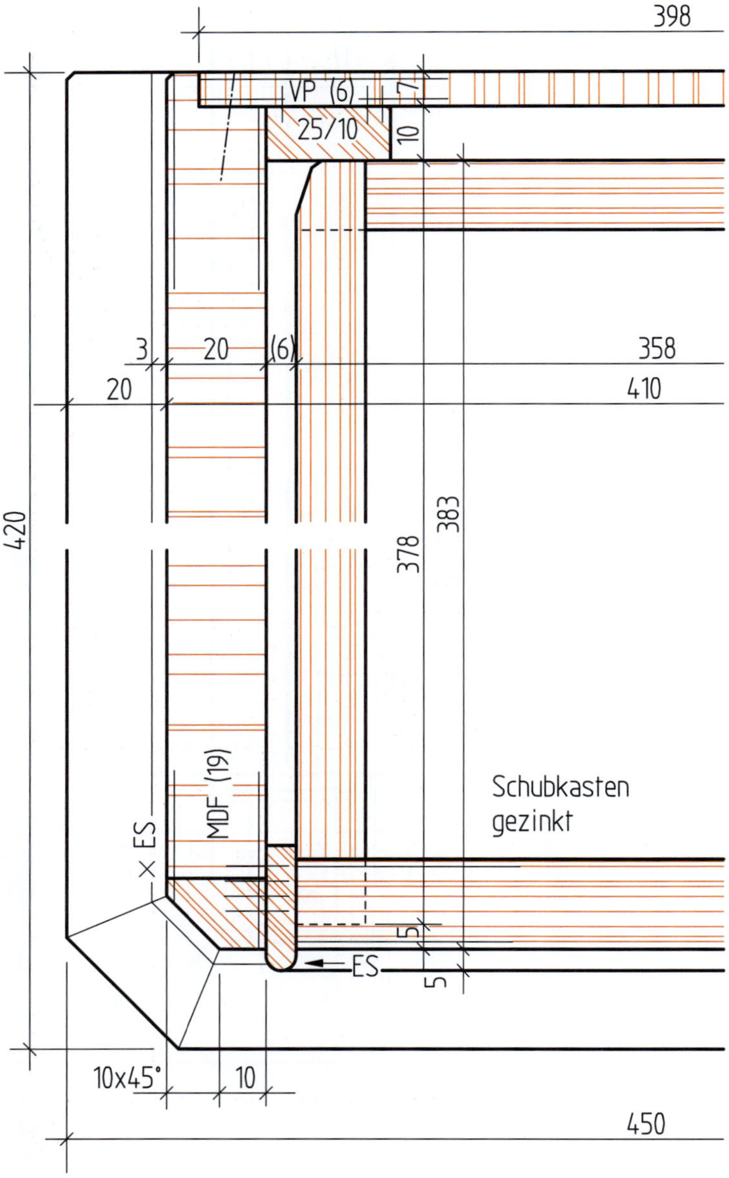

Schnitt A – A

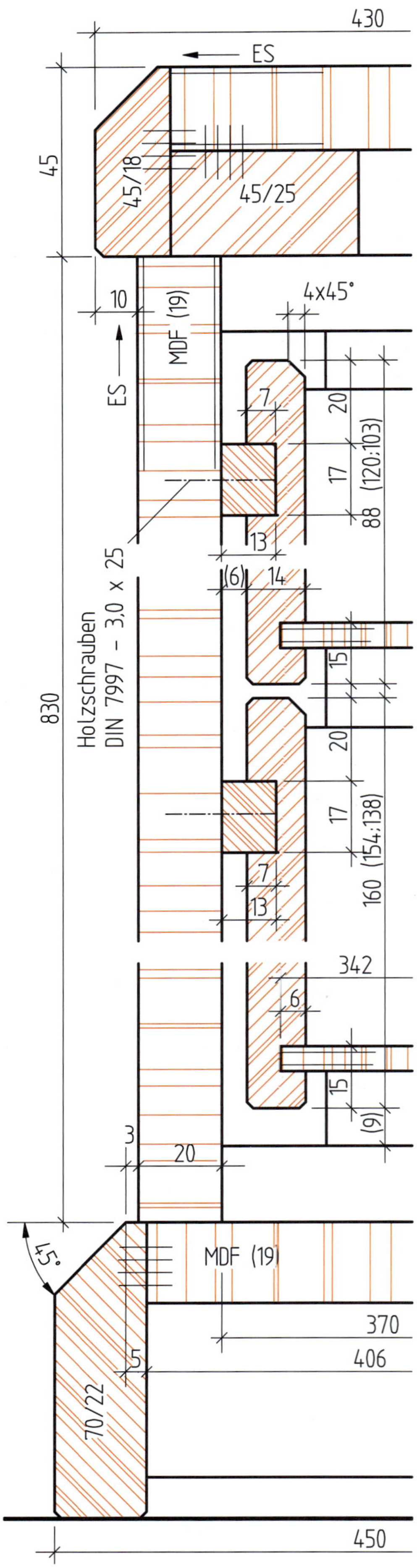

Schnitt C – C

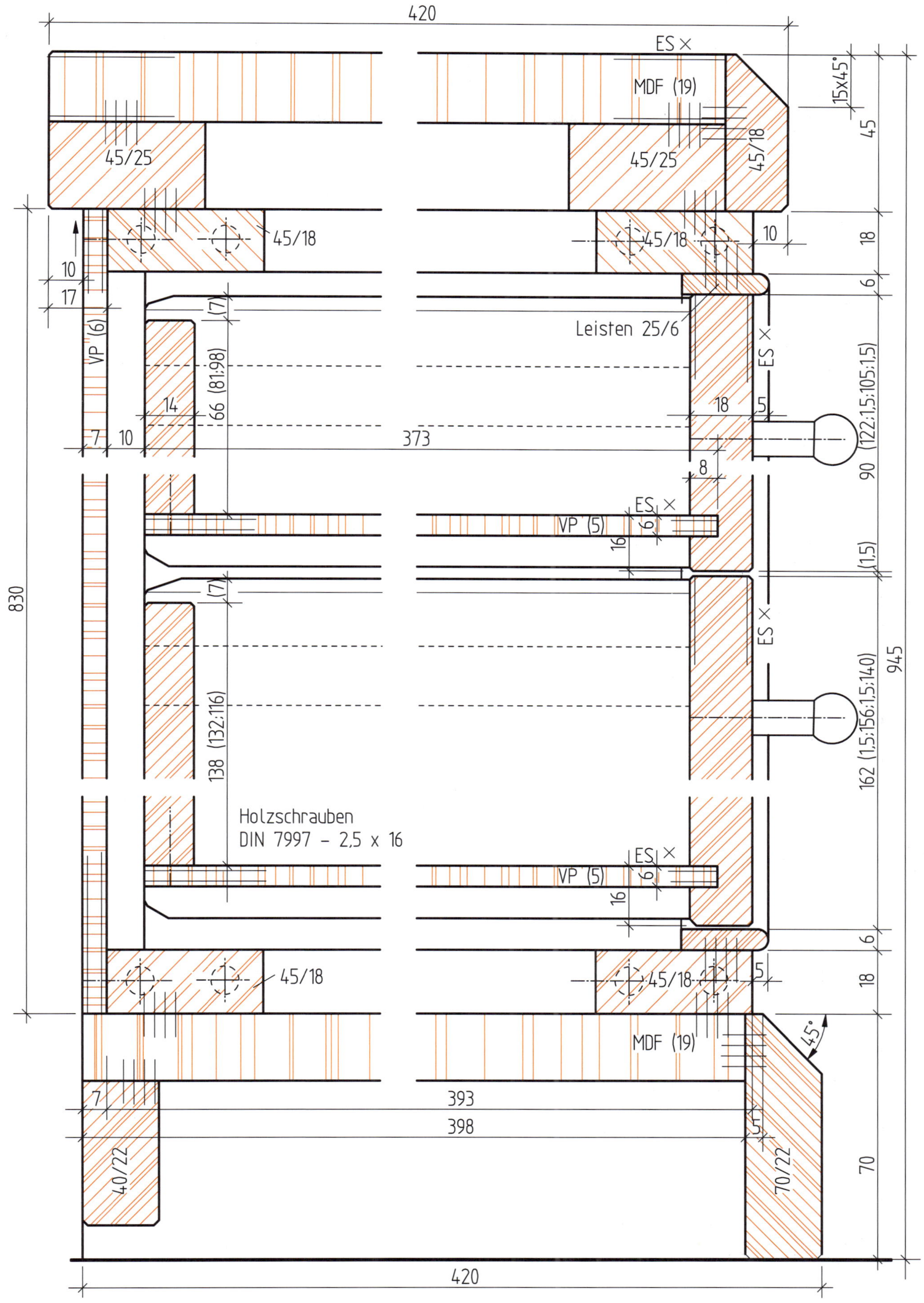

Schnitt B – B

Name	Auftrag 5.3–1	Nr.
Datum	Sammlerschrank in Esche	

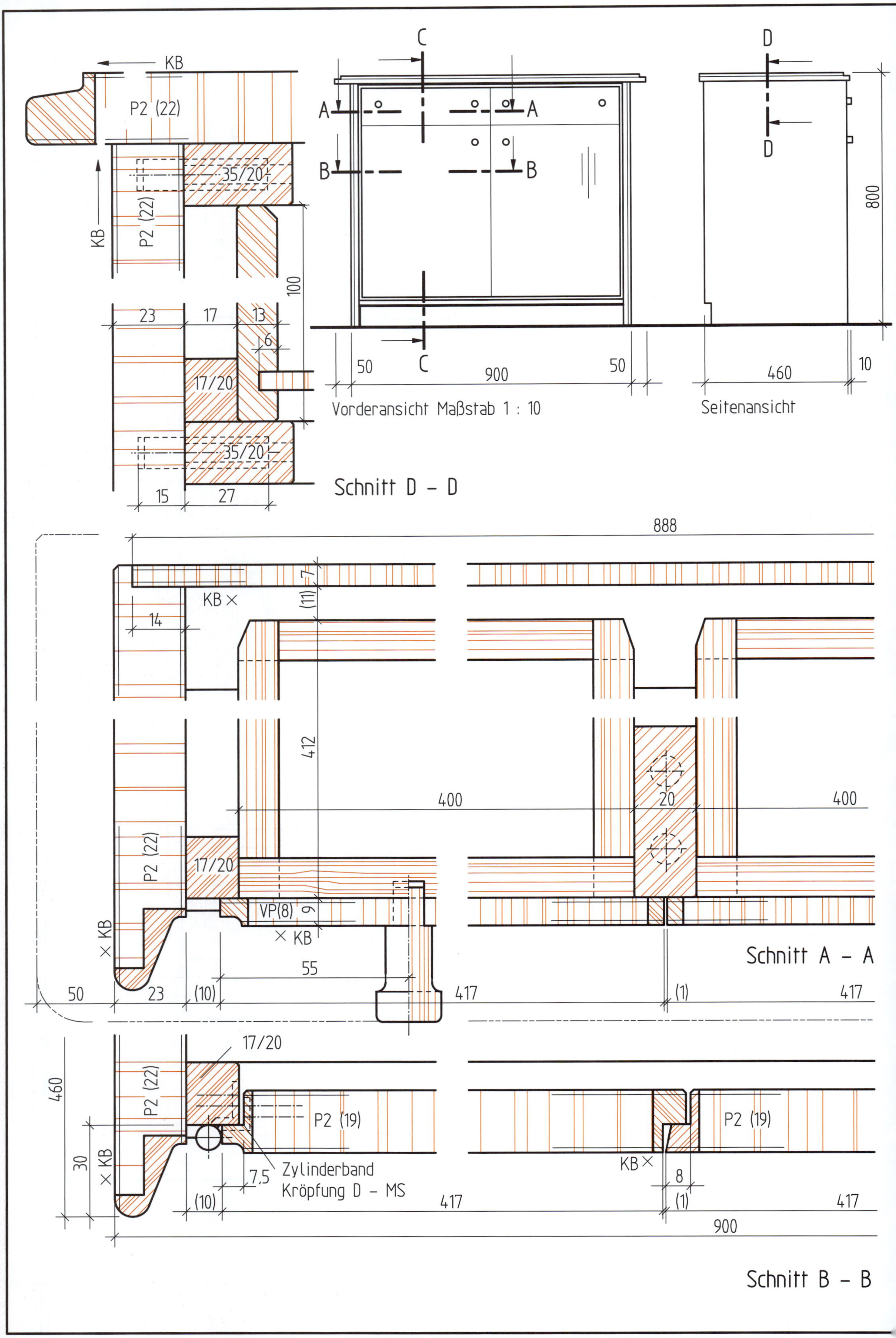
KB
P2 (22)
35/20
KB
P2 (22)
100
23
17
13
6
17/20
35/20
15
27
Schnitt D – D
C
A
A
B
B
C
50
900
50
Vorderansicht Maßstab 1 : 10
D
D
800
460
10
Seitenansicht
888
KB ×
7
(11)
14
412
400
20
400
P2 (22)
17/20
VP(8)
9
× KB
× KB
55
50
23
(10)
417
(1)
417
Schnitt A – A
17/20
460
P2 (22)
P2 (19)
P2 (19)
30
× KB
7,5
Zylinderband
Kröpfung D – MS
KB ×
8
(10)
417
(1)
417
900
Schnitt B – B

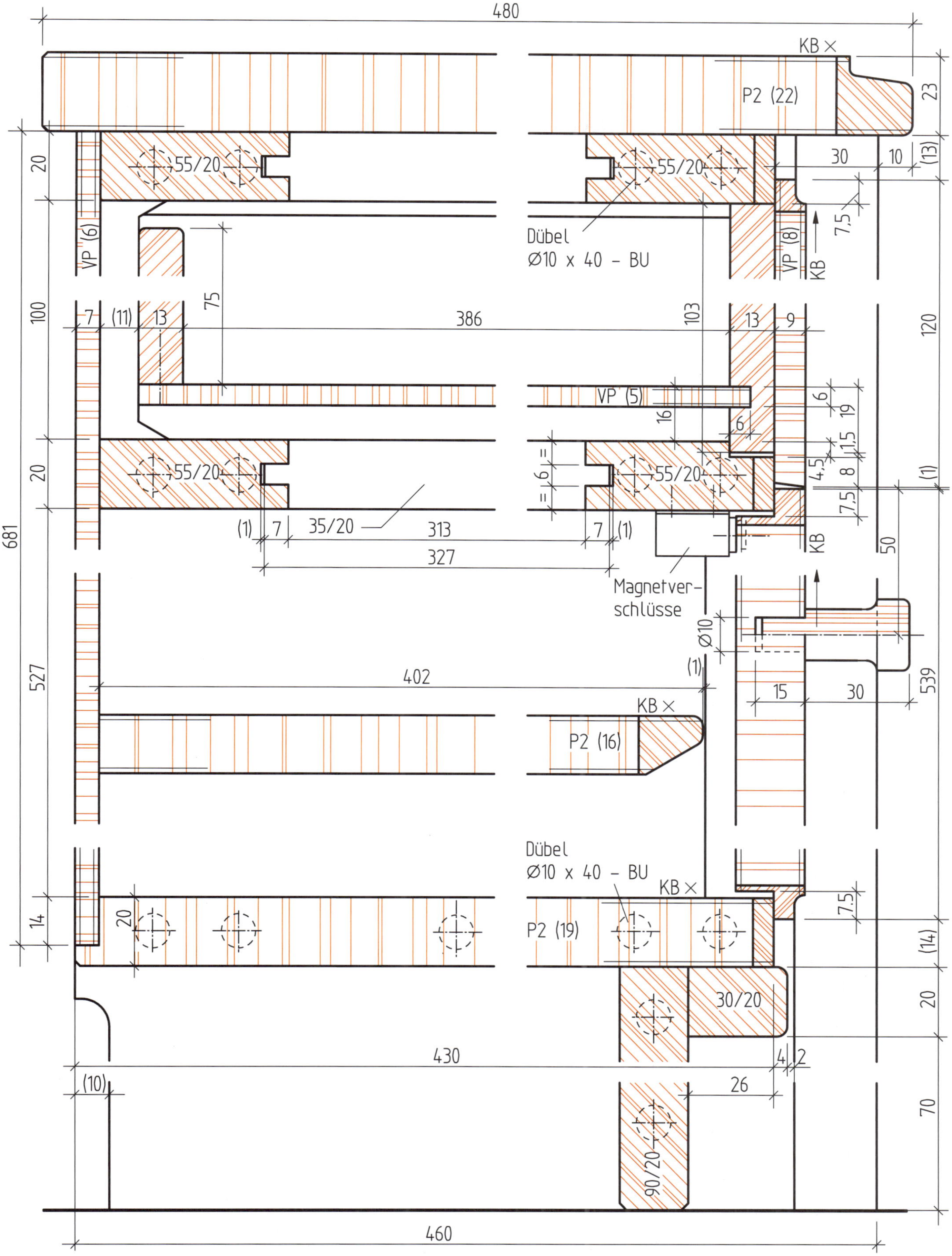

Schnitt C – C

Holzart Kirschbaum KB (PRAV)

Name	Auftrag 5.3–2	Nr.
Datum	Dielenschrank in Kirschbaum	

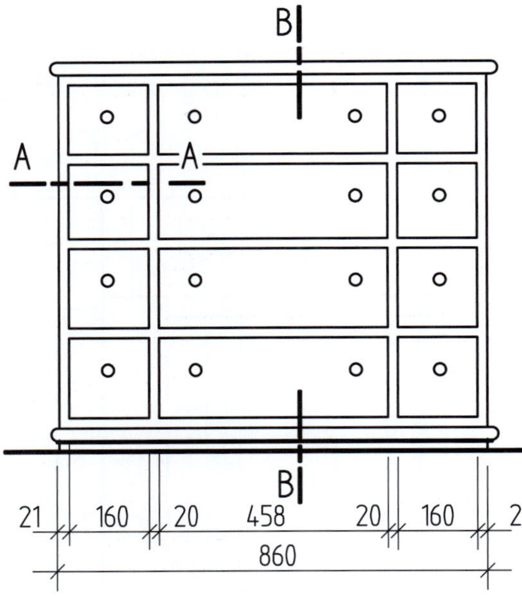

Vorderansicht Maßstab 1 : 10

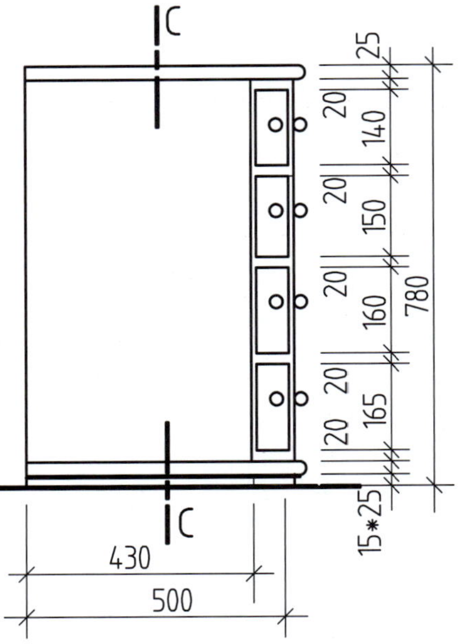

Seitenansicht

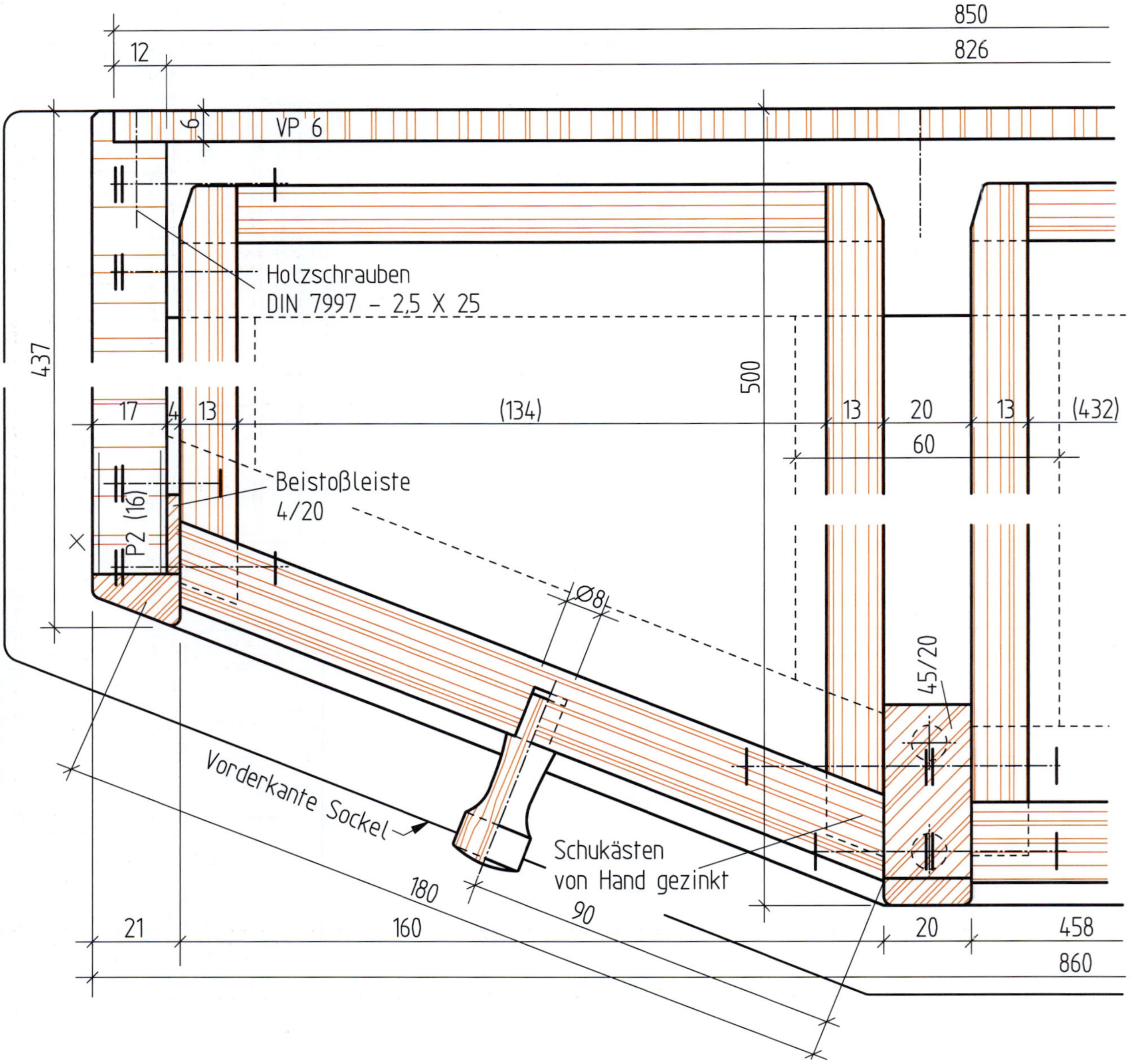

Schnitt A – A

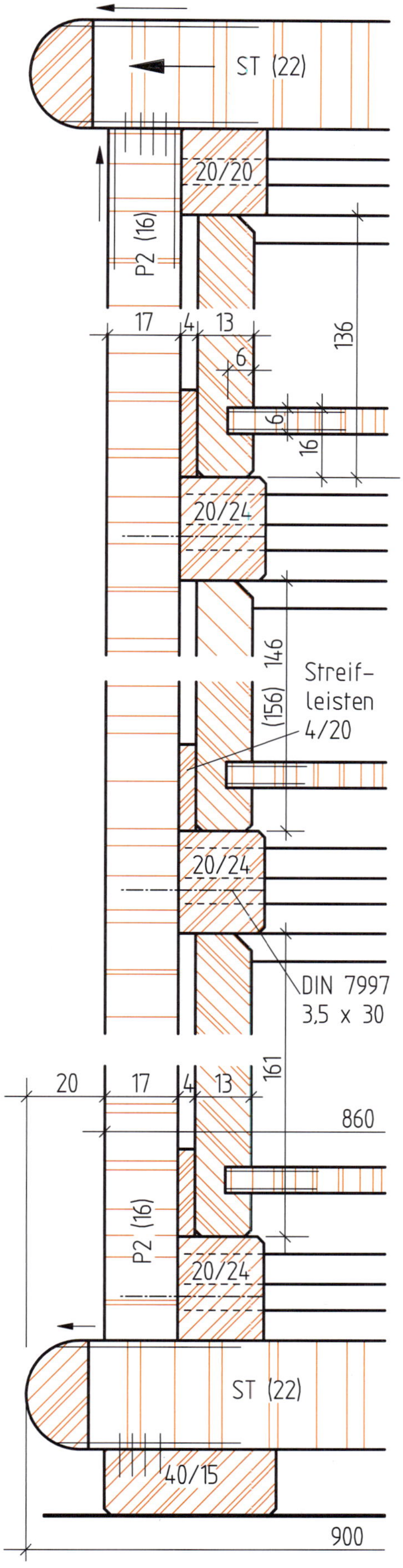

Schnitt C – C

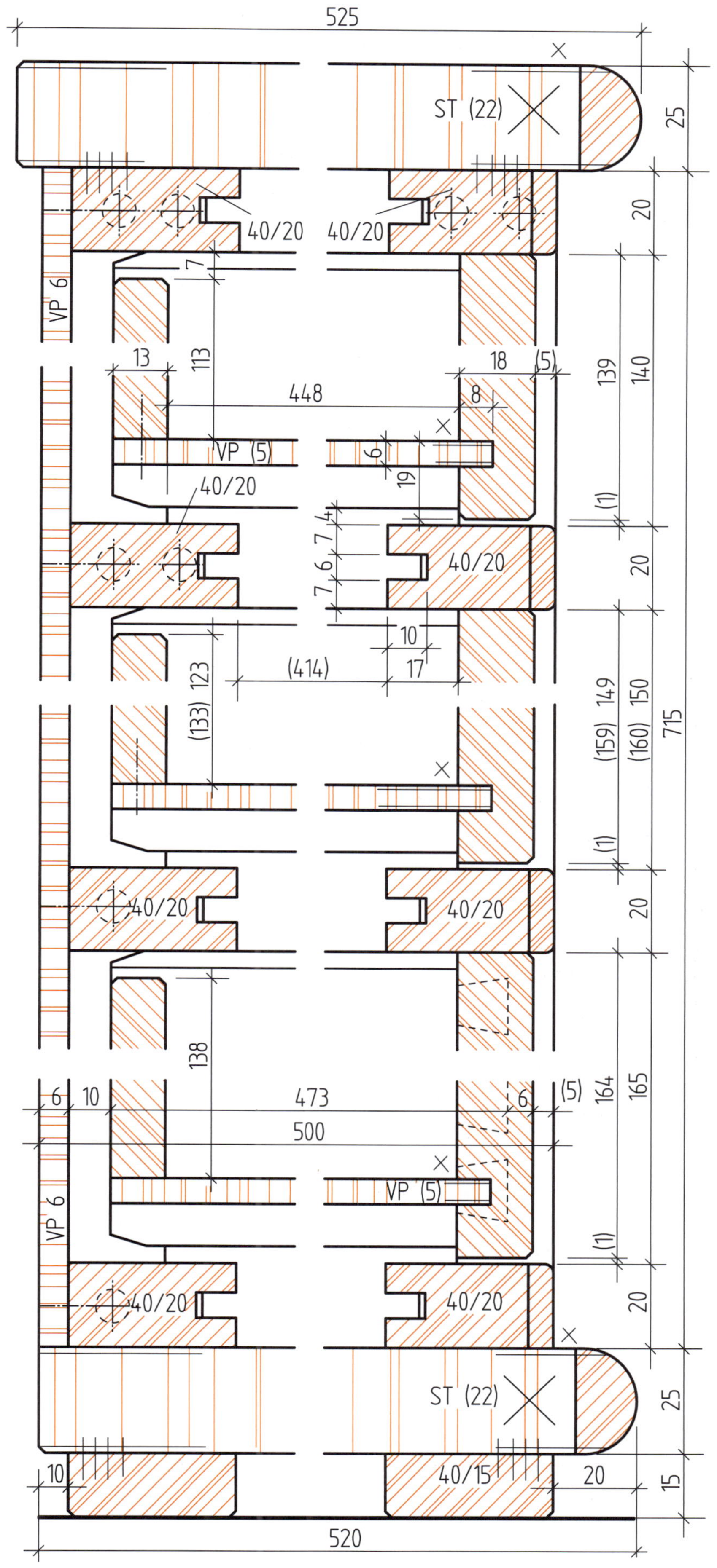

Schnitt B – B

Name	Auftrag 5.3-3	Nr.
Datum	Kommode in Eiche, gebeizt	

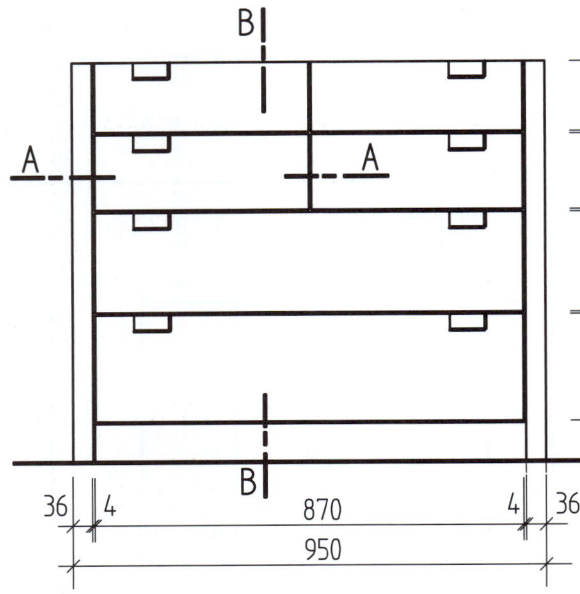

Vorderansicht Maßstab 1 : 10

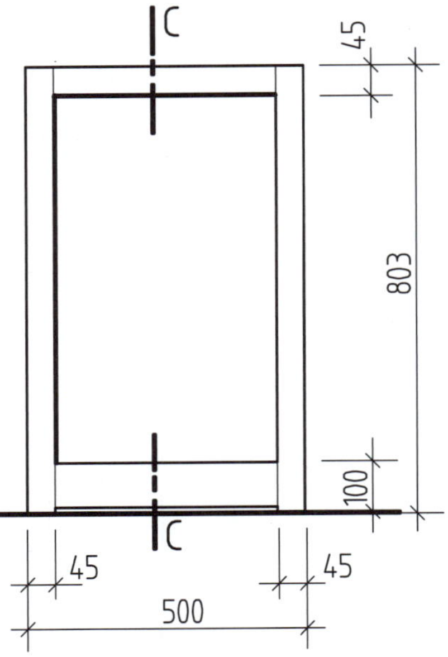

Seitenansicht

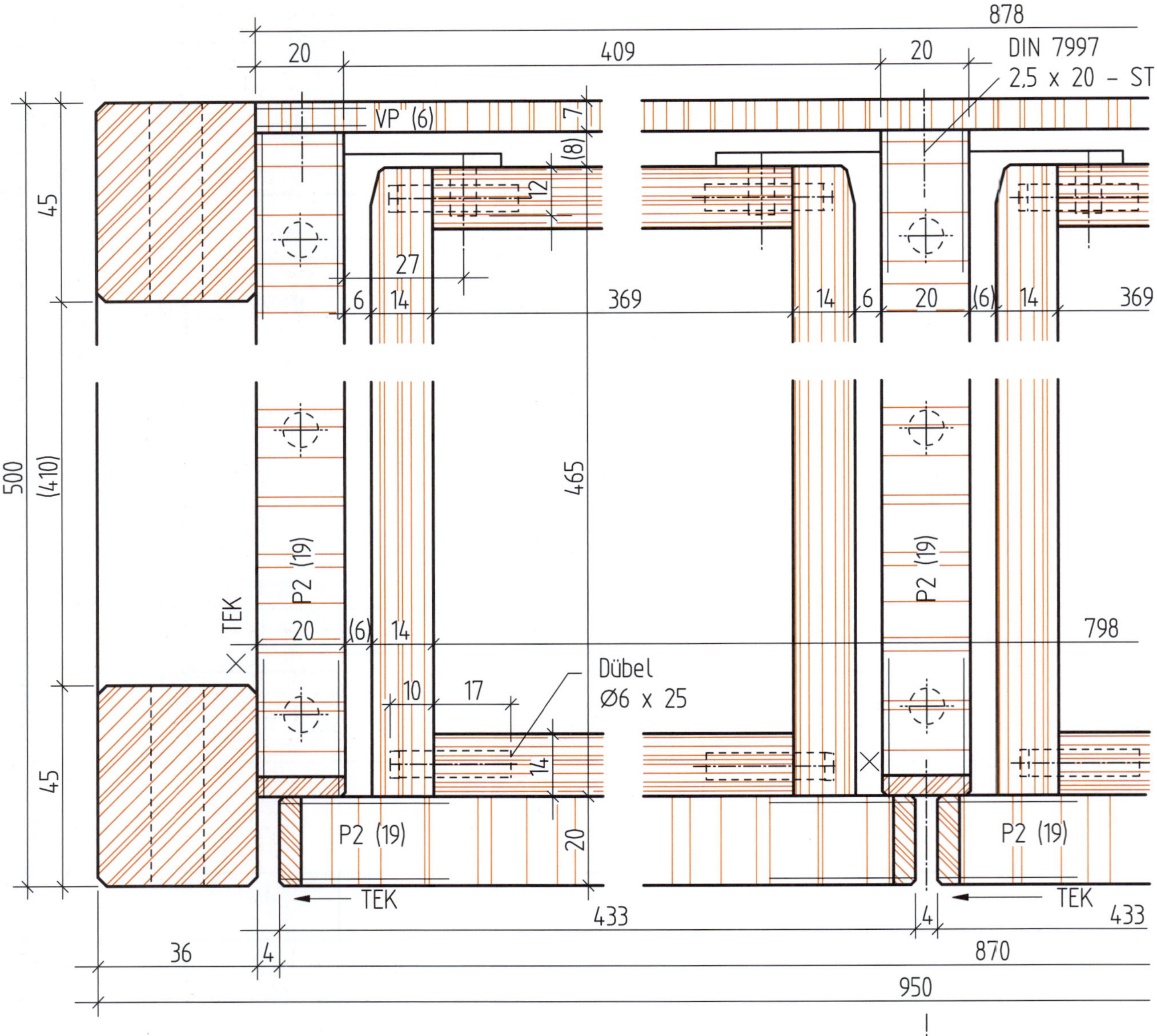

Horizontalschnitt A – A

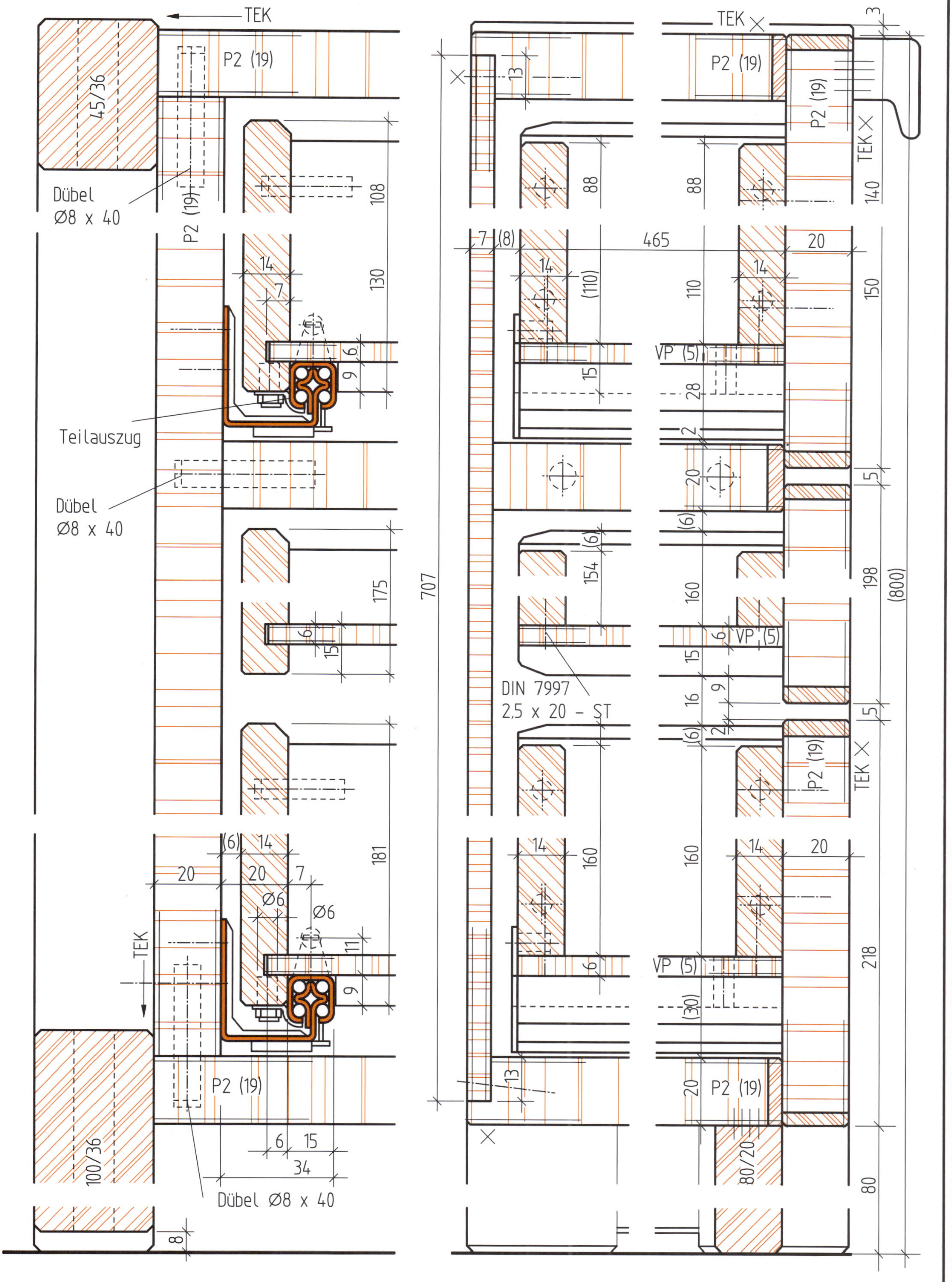

Frontalschnitt C – C

Vertikalschnitt B – B

Name	Auftrag 5.3–4	Nr.
Datum	Kommode in Teakholz	

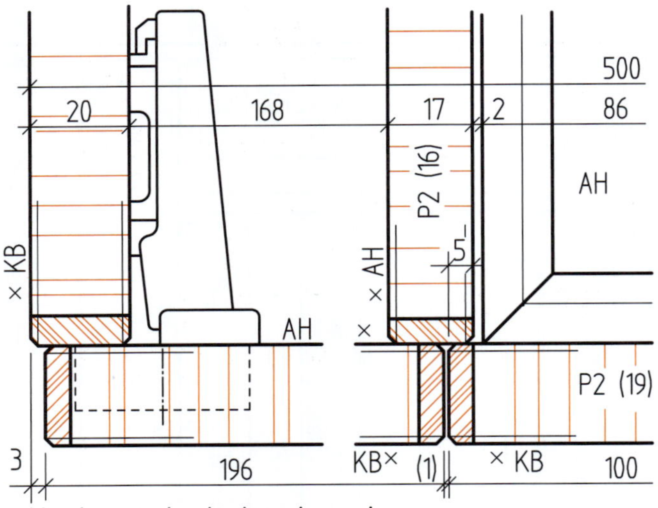

Horizontalschnitt A – A

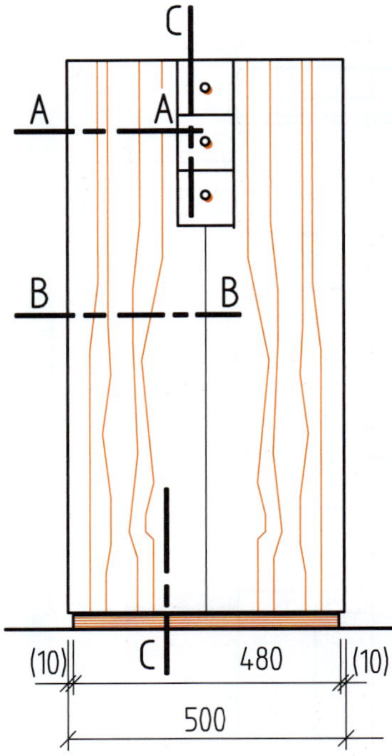

Vorderansicht

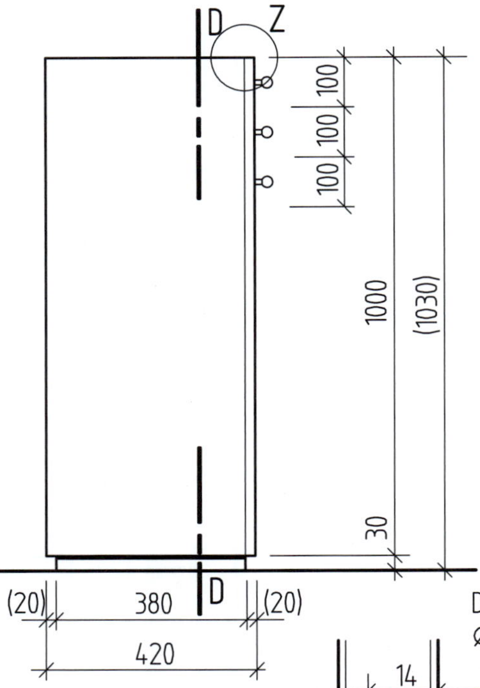

Seitenansicht

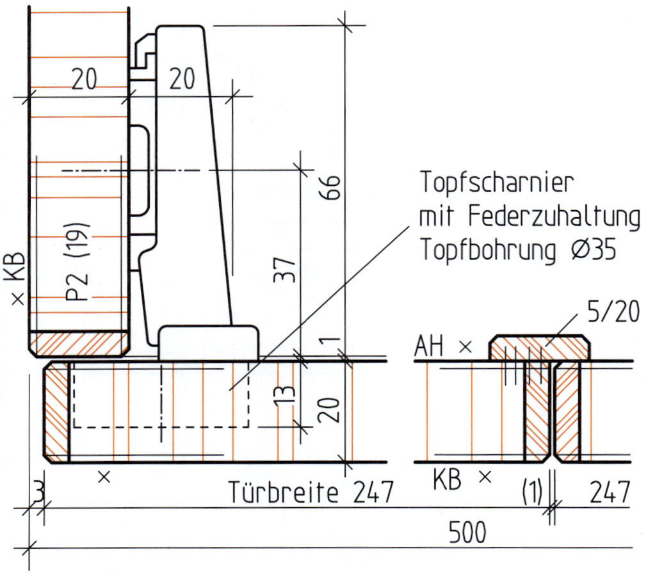

Horizontalschnitt B – B

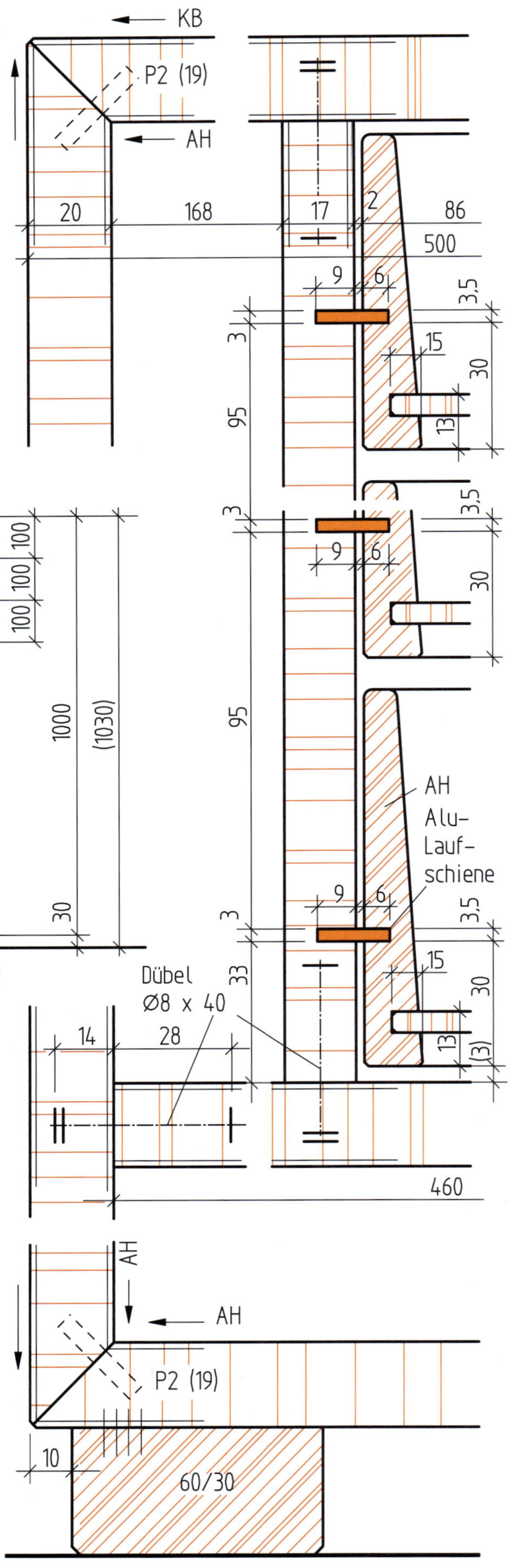

Frontalschnitt D – D

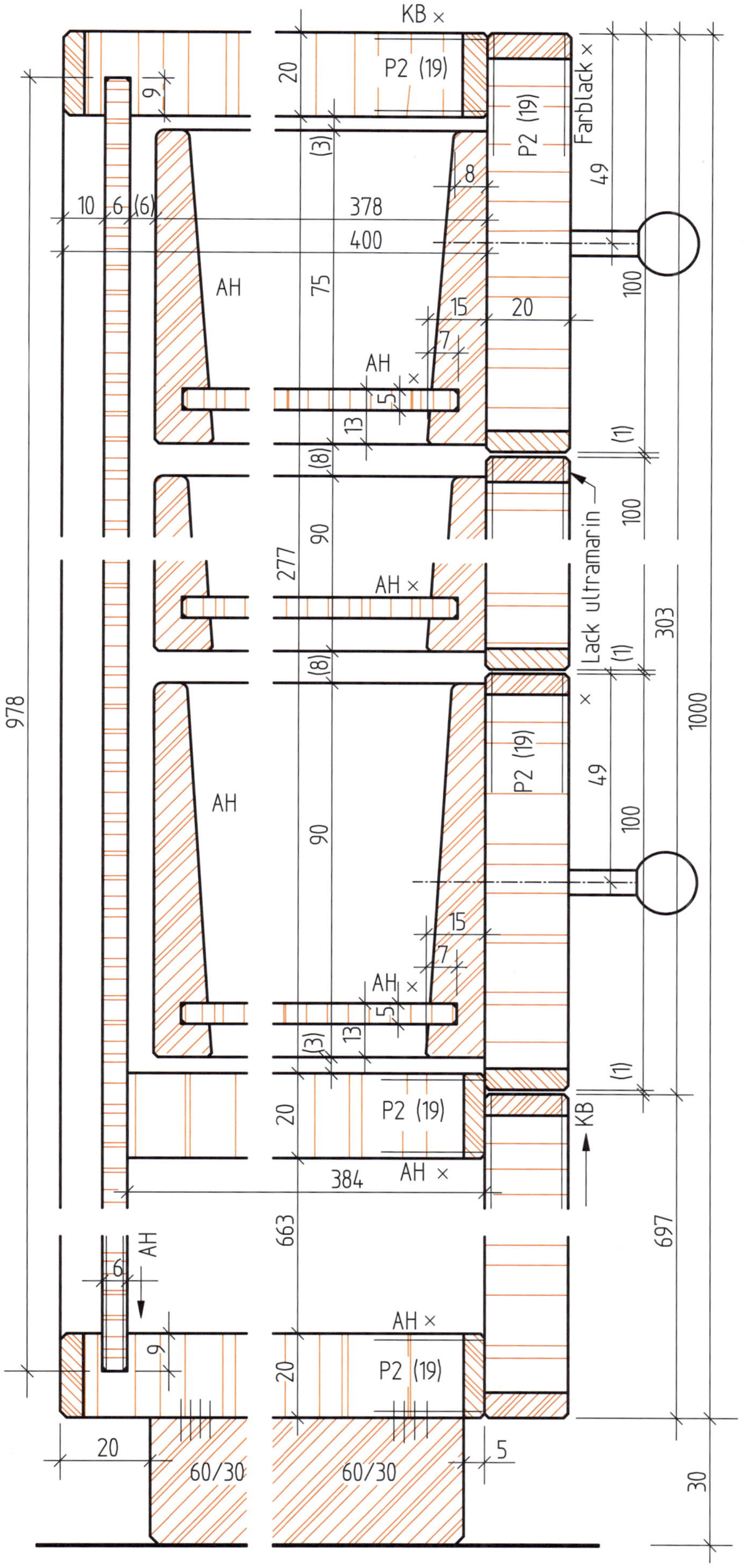

Vertikalschnitt C – C

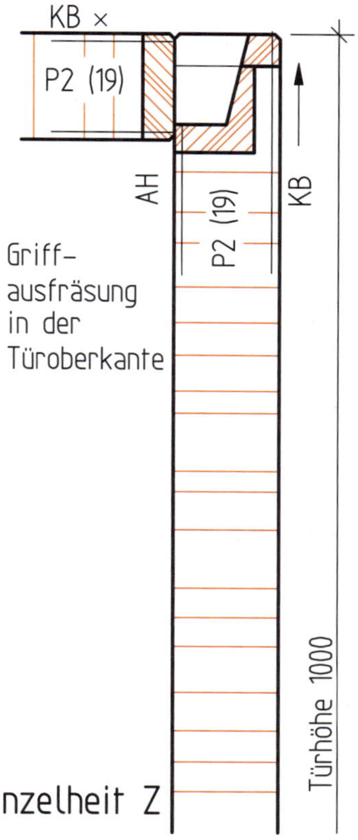

Einzelheit Z

Holzart außen:
Kirschbaum KB (PRAV)
Holzart innen:
Ahorn AH (ACCM)

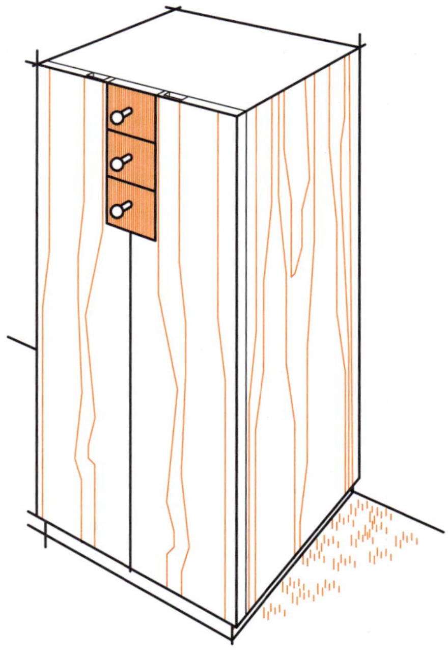

Name	Auftrag 5.3-5	Nr.
Datum	Pfeilerschränkchen	

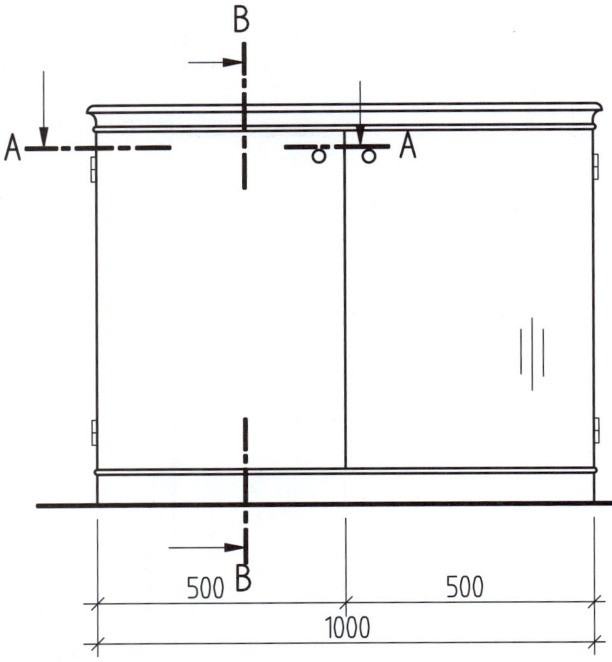

Vorderansicht Maßstab 1 : 10

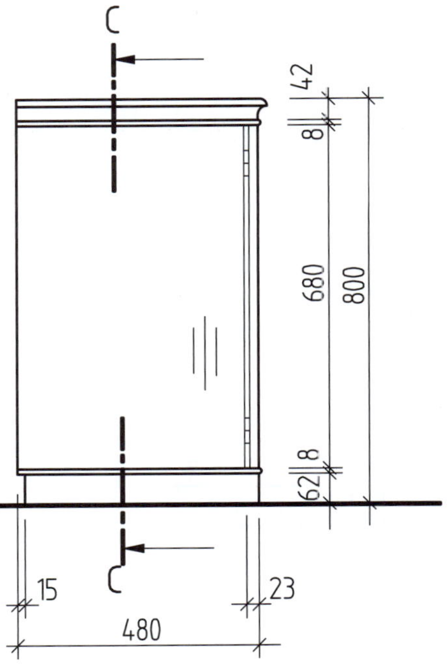

Seitenansicht

Holzart:
außen Nussbaum NB (JGRG)
innen Ahorn AH (ACCM)

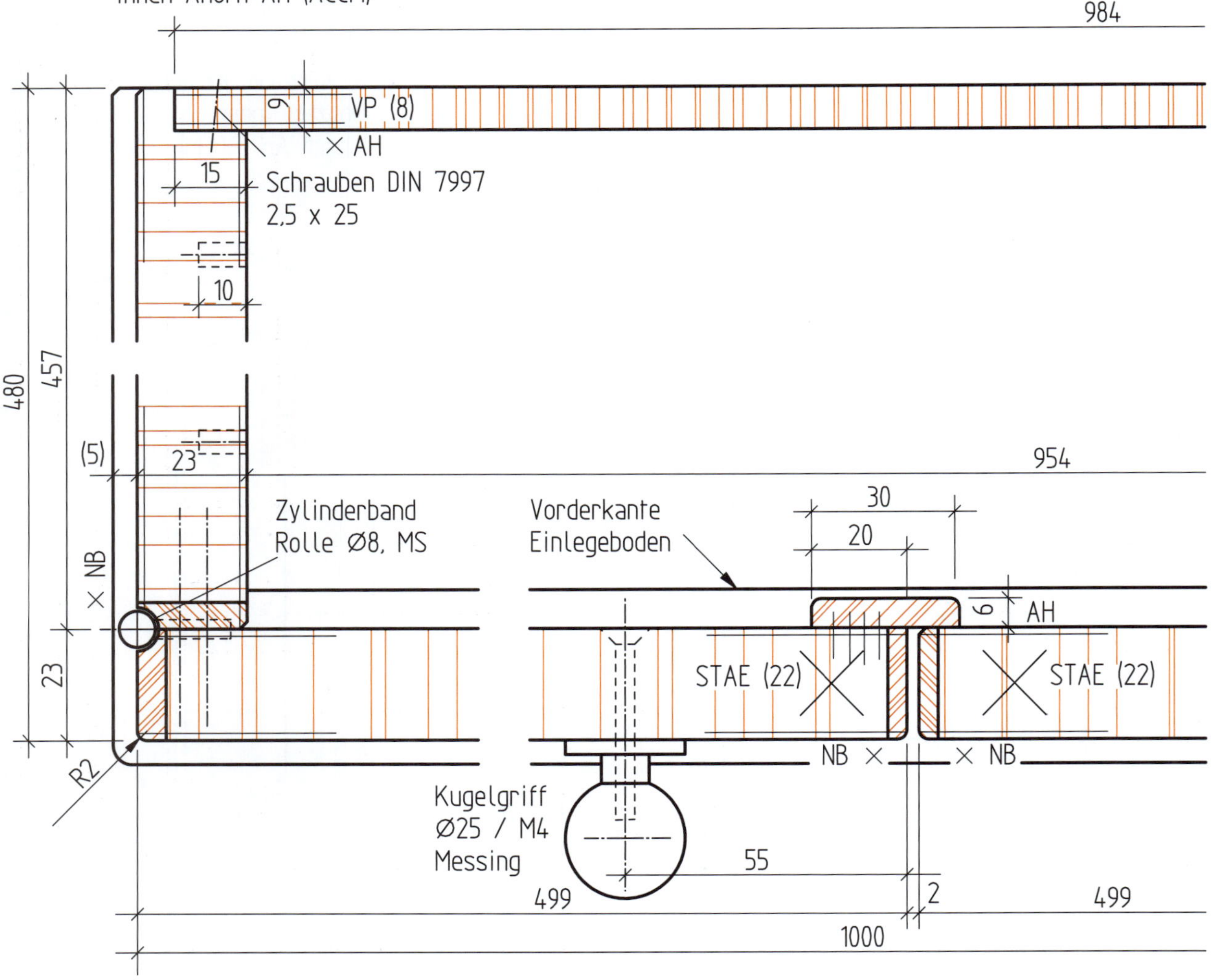

Horizontalschnitt A – A

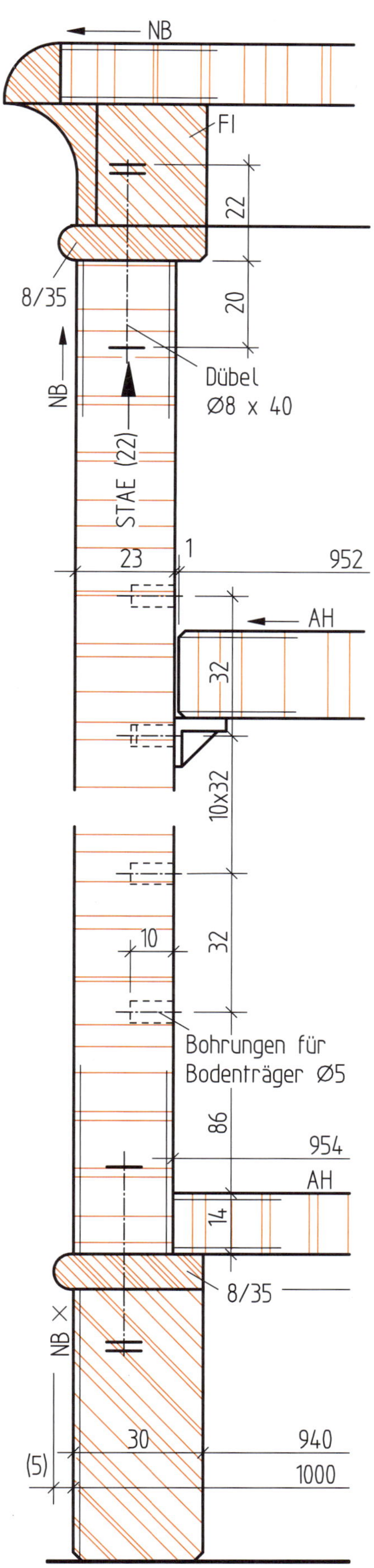

Frontalschnitt C – C

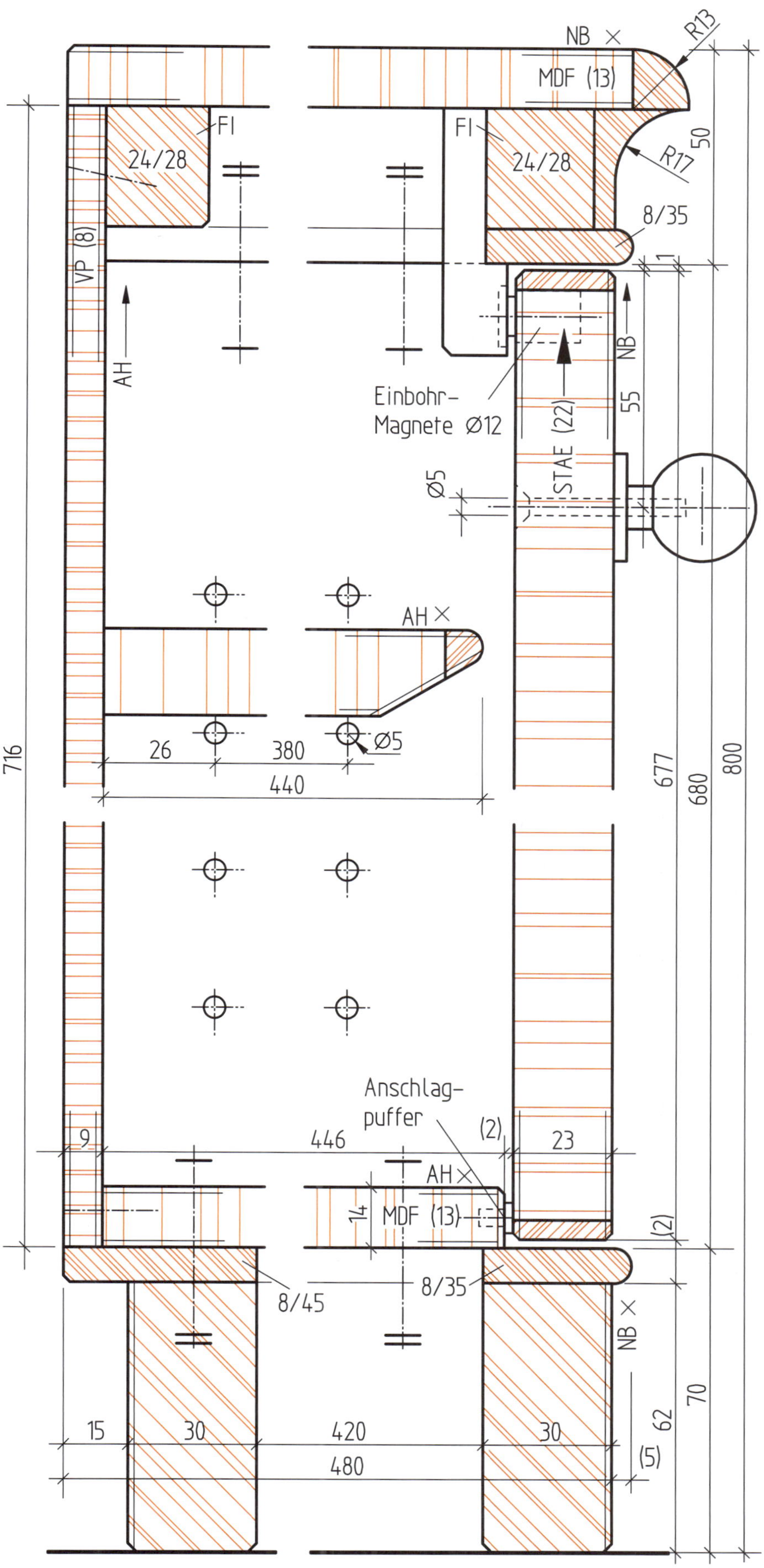

Vertikalschnitt B – B

Name	Auftrag 5.4-1	Nr.
Datum	Anrichte in Nussbaum	

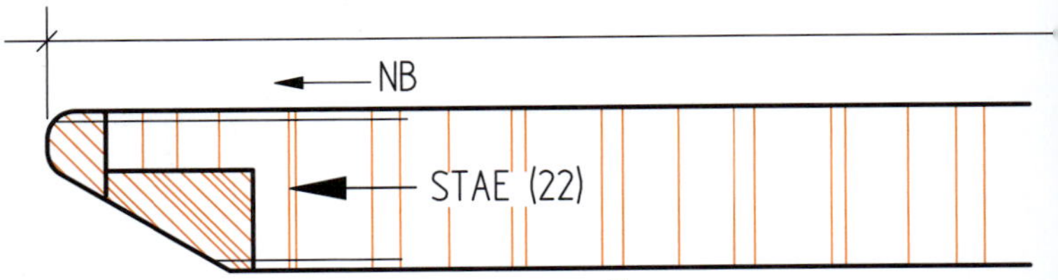

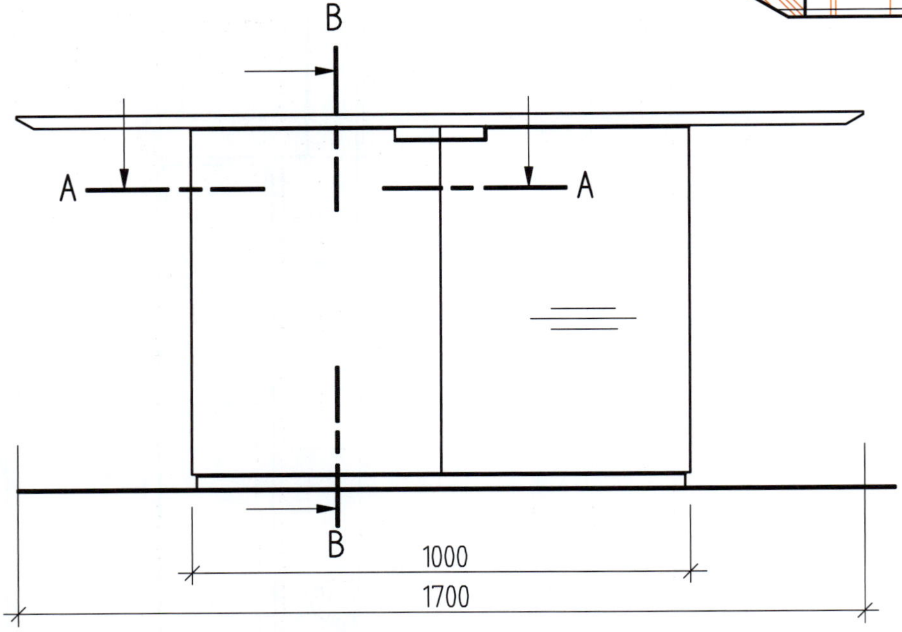

Vorderansicht Maßstab 1 : 10

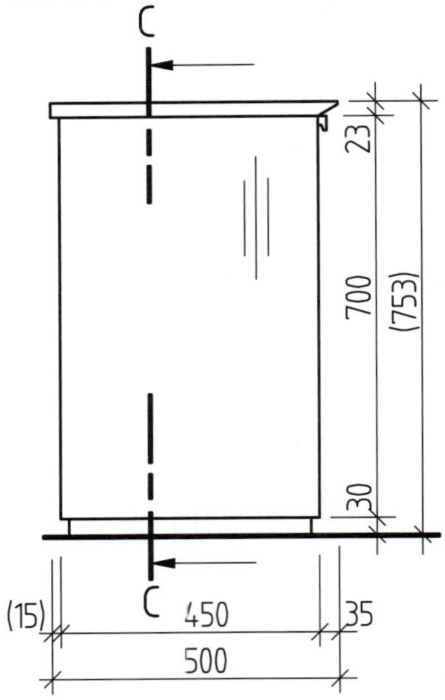

Seitenansicht

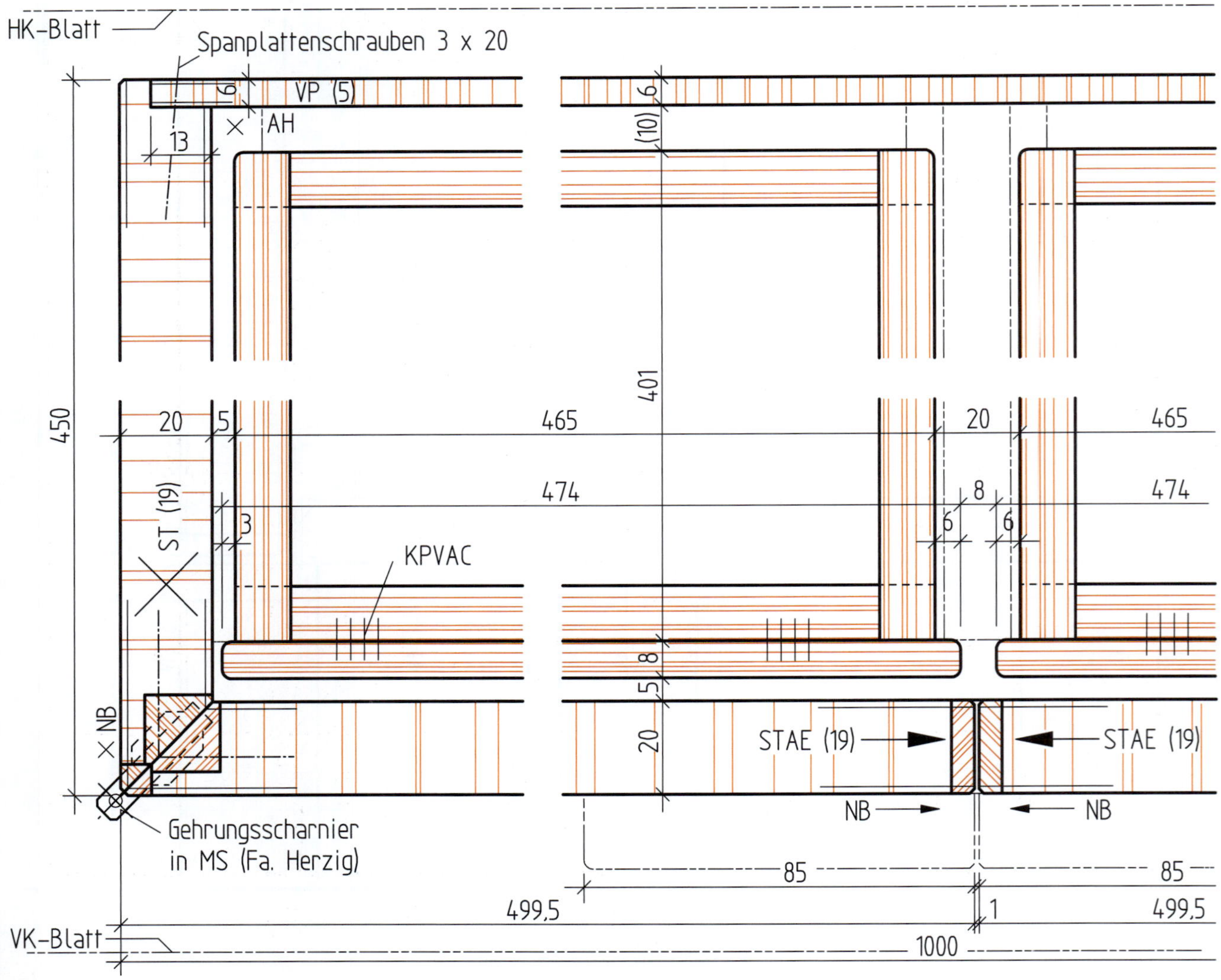

Horizontalschnitt A – A

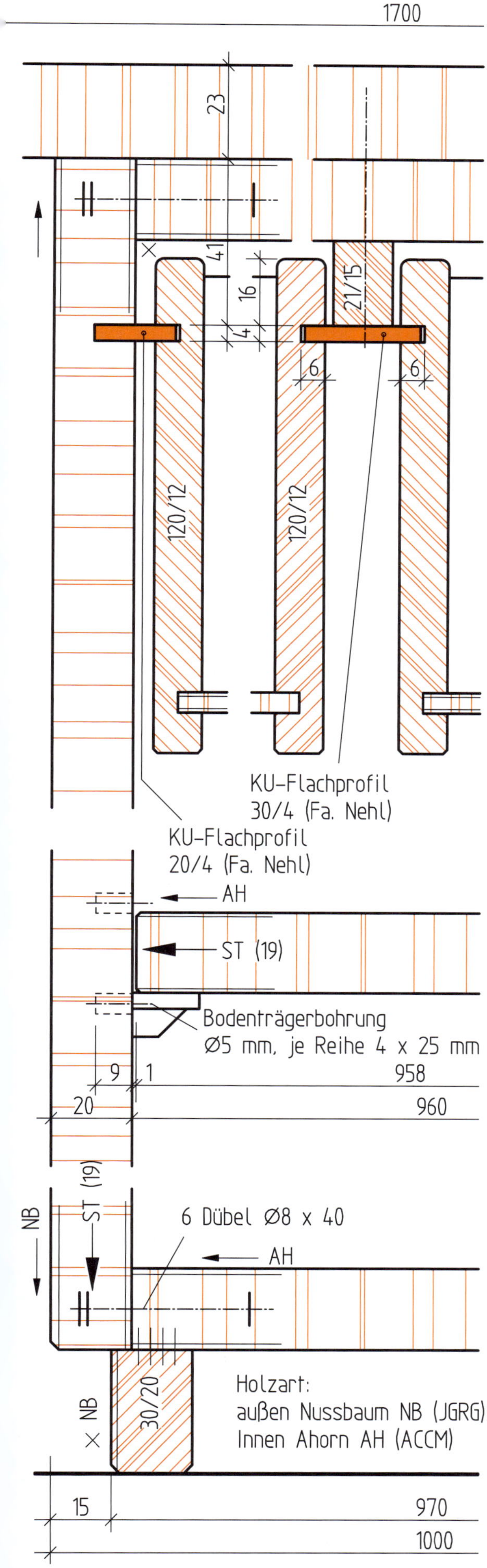

Frontalschnitt C – C

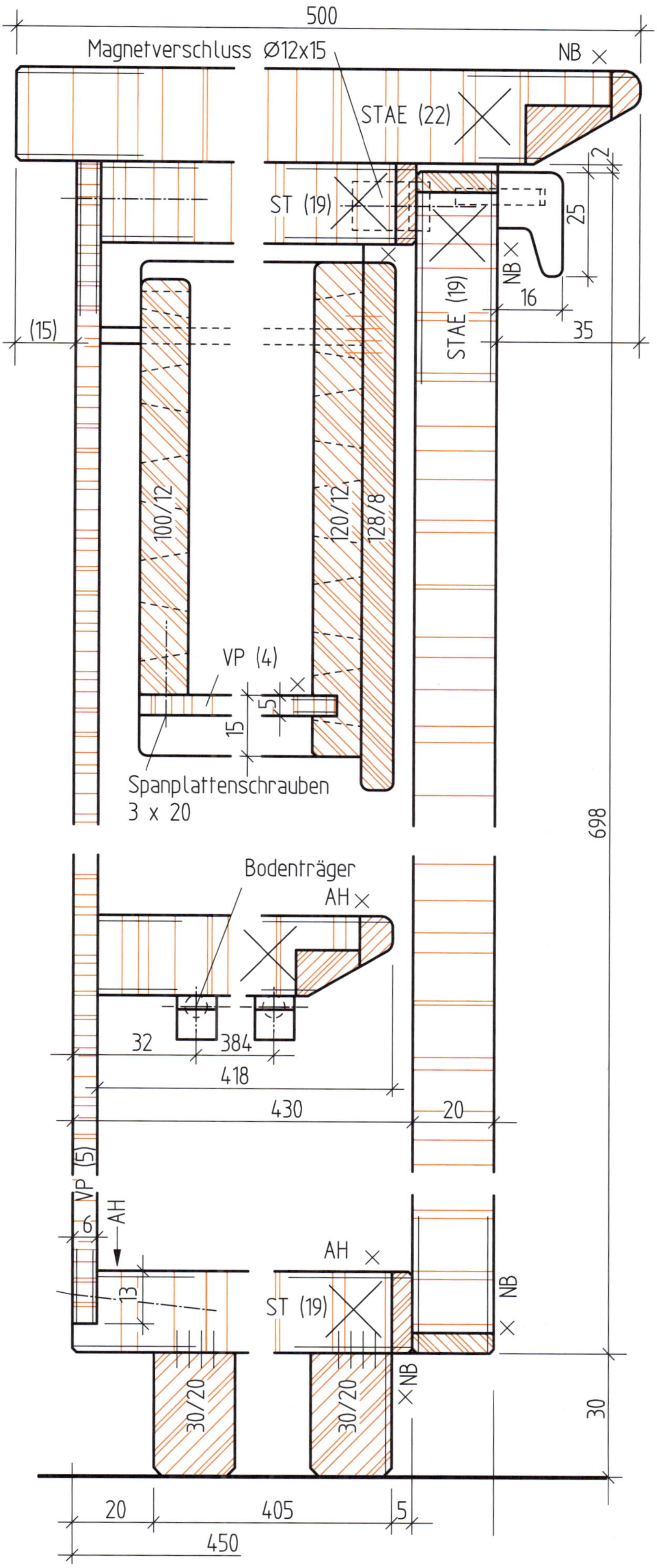

Vertikalschnitt B – B

Name	Auftrag 5.4-2	Nr.
Datum	Anrichte in Nussbaum	

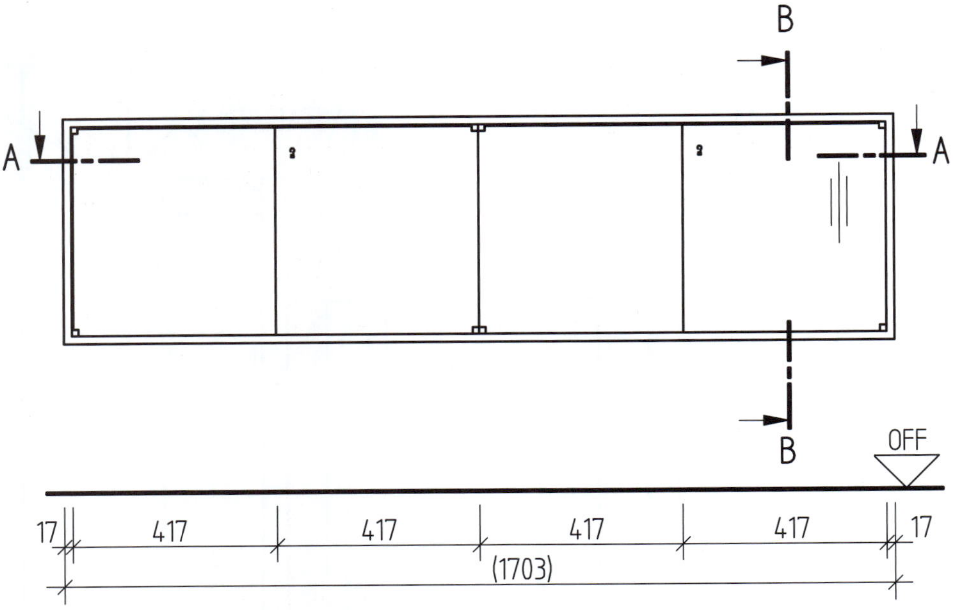

Vorderansicht Maßstab 1 : 10

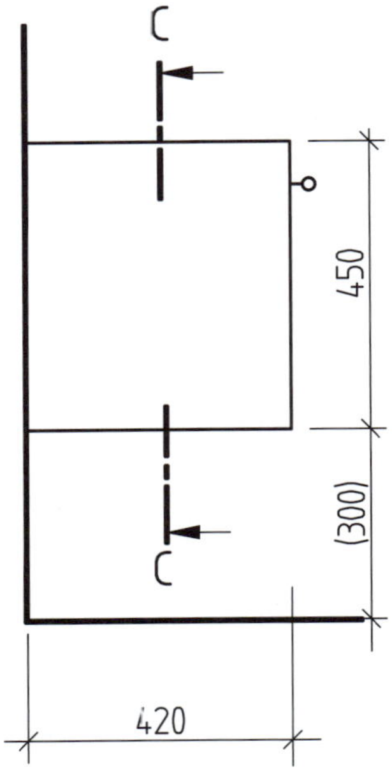

Seitenansicht

Sideboard:
Innen und außen Kirschbaum KB (PRAV) furniert
Tablettauszüge in Kirschbaum massiv
Türanschlag mit gekröpften Eckzapfenbändern
Verschluss mit zierlichen Schubstangenschlössern

Horizontalschnitt A – A

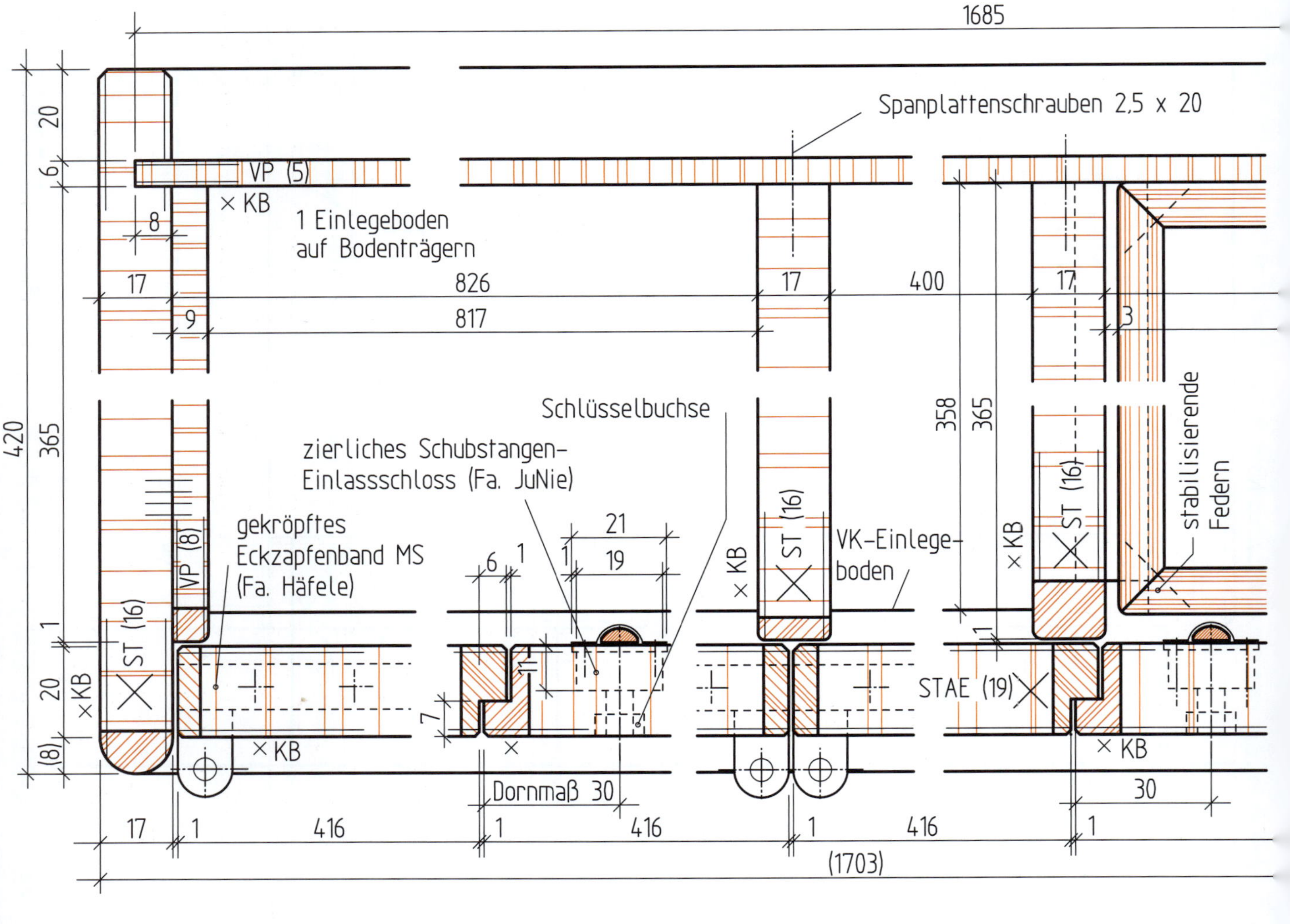

Frontalschnitt C – C

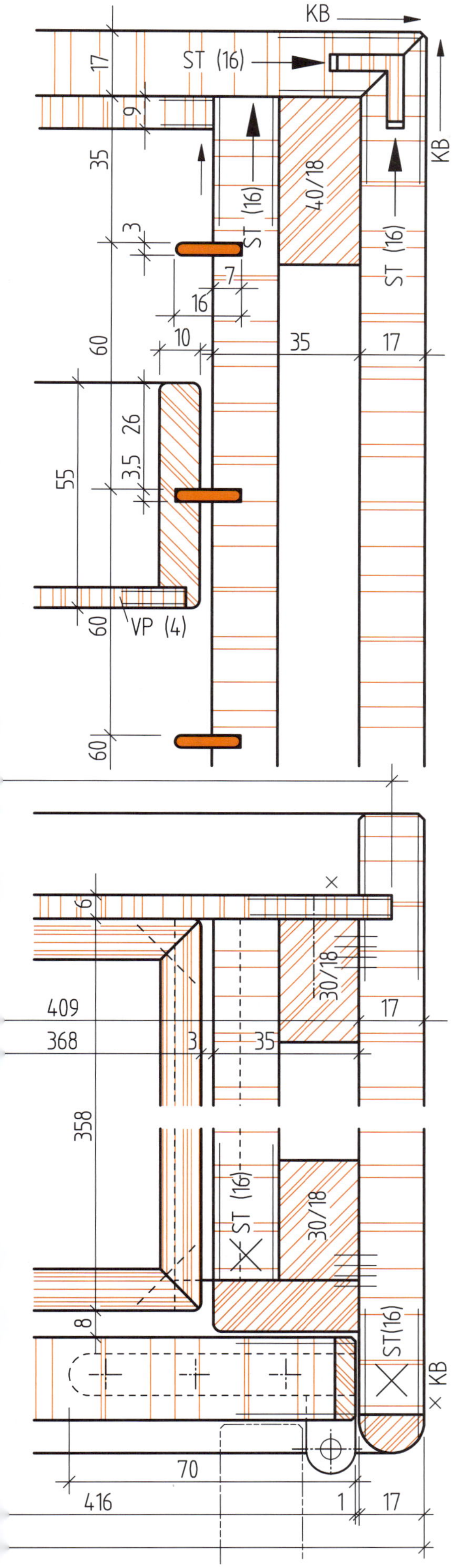

Vertikalschnitt B – B

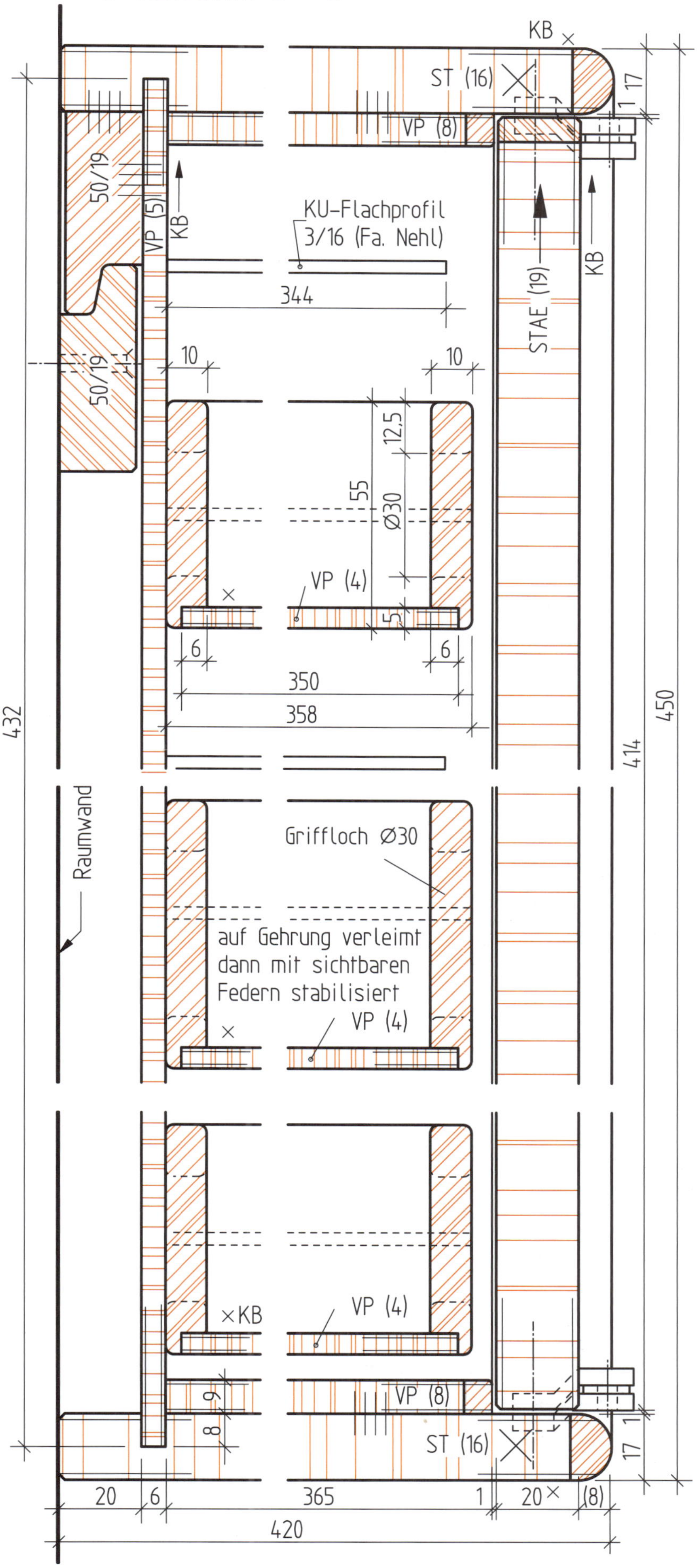

Name	Auftrag 5.4-3	Nr.
Datum	Sideboard in Kirsche	

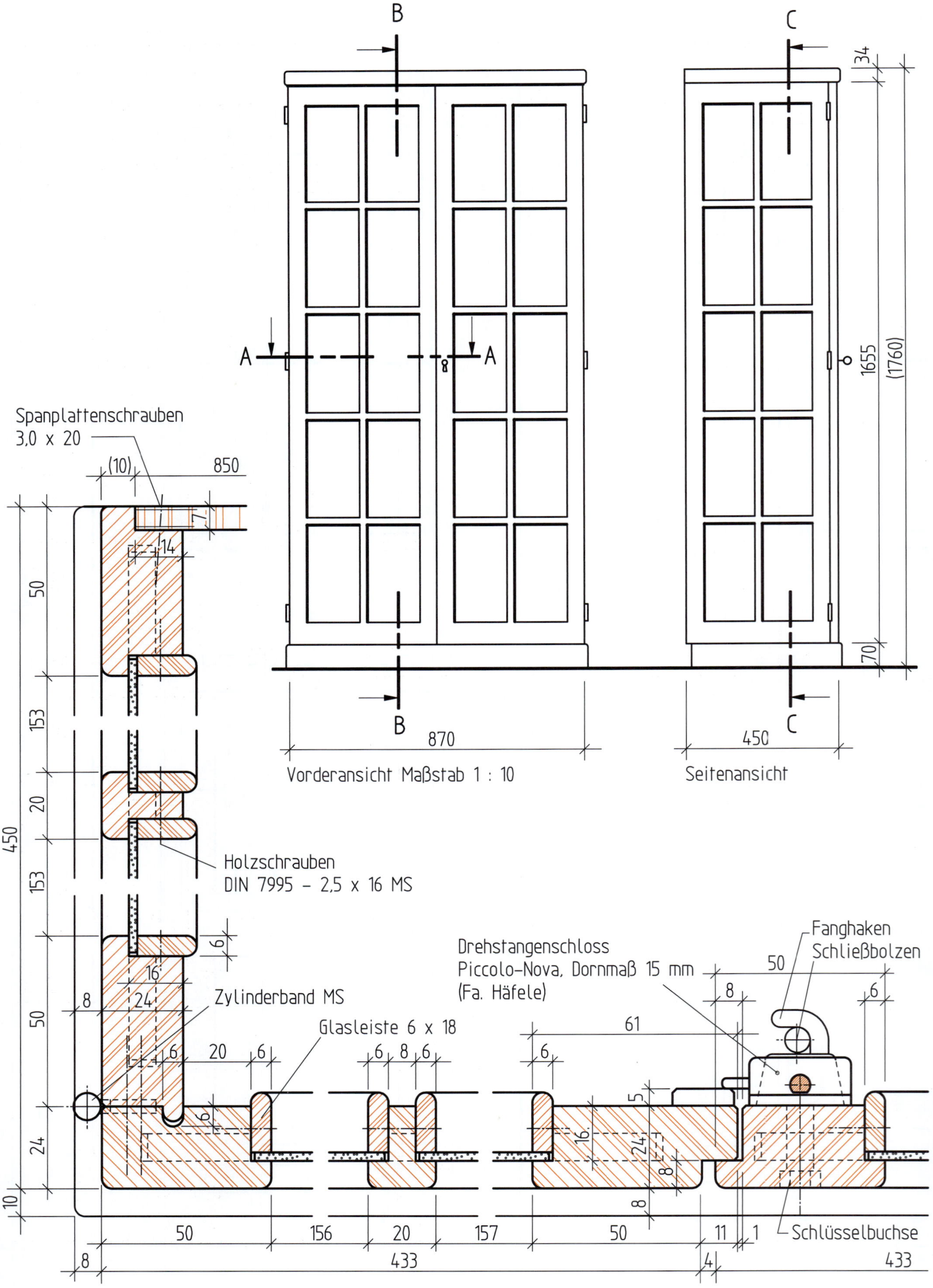

Horizontalschnitt A – A

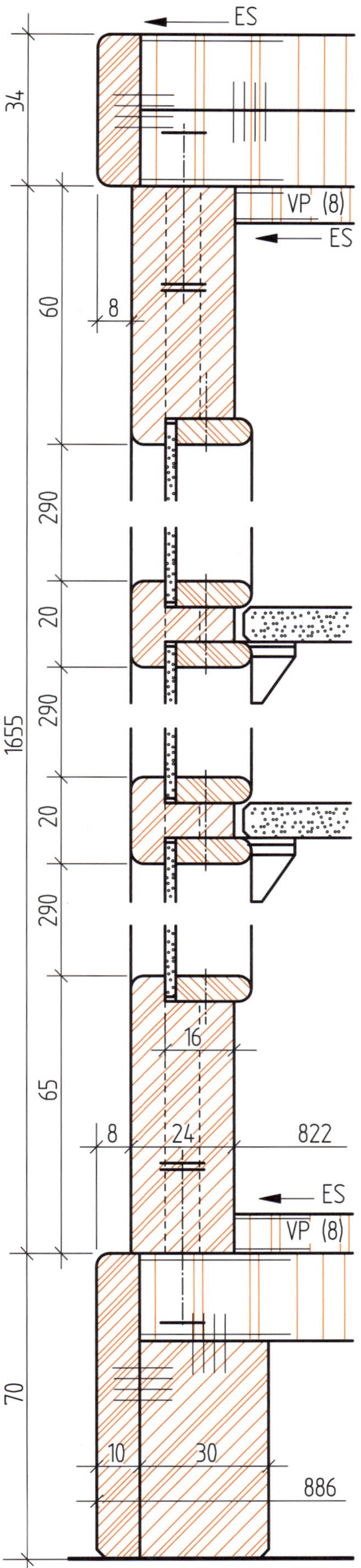

ES = Esche (FXEX)

Frontalschnitt C – C

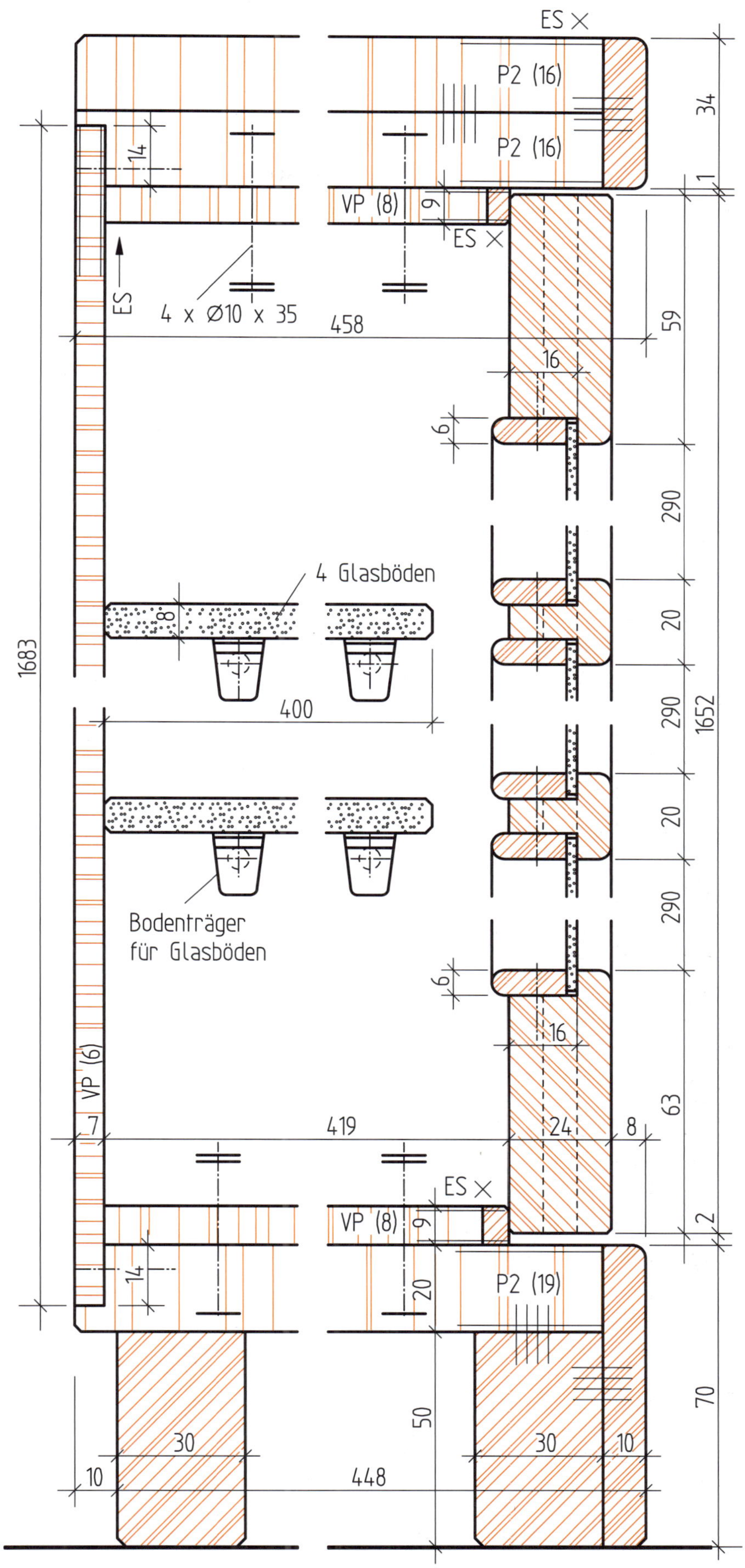

Vertikalschnitt B – B

Name	Auftrag 5.5-1 Vitrine in Esche	Nr.
Datum		

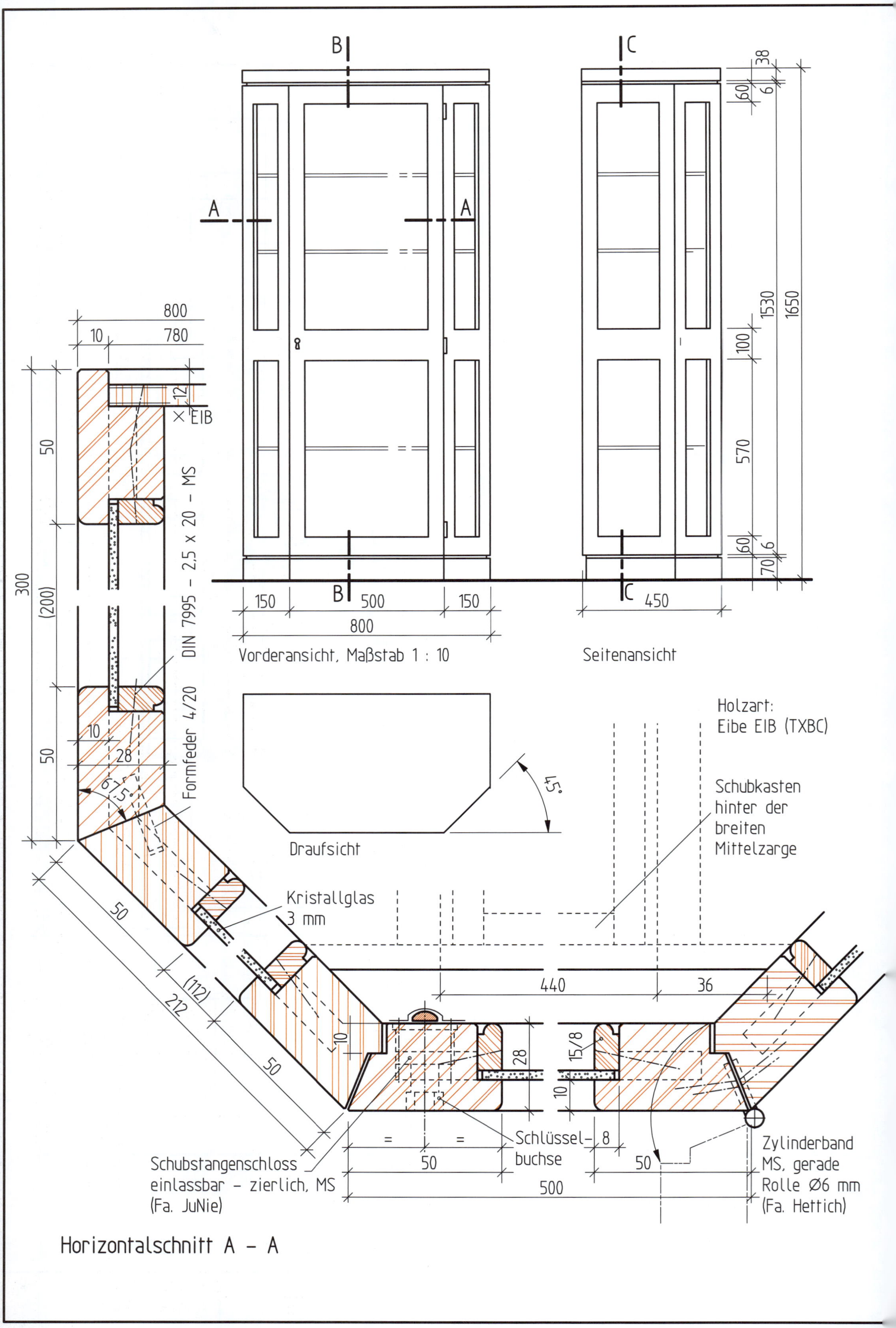
Vorderansicht, Maßstab 1 : 10
Seitenansicht
Draufsicht
45°
Holzart:
Eibe EIB (TXBC)
Schubkasten hinter der breiten Mittelzarge
Kristallglas 3 mm
DIN 7995 – 2,5 x 20 – MS
Formfeder 4/20
EIB
67,5°
Schlüsselbuchse
Schubstangenschloss einlassbar – zierlich, MS (Fa. JuNie)
Zylinderband MS, gerade Rolle Ø6 mm (Fa. Hettich)
A
B
C
800
780
10
12
50
300
(200)
28
(112)
212
440
36
15/8
8
500
150
450
38
6
60
100
570
70
1530
1650
Horizontalschnitt A – A

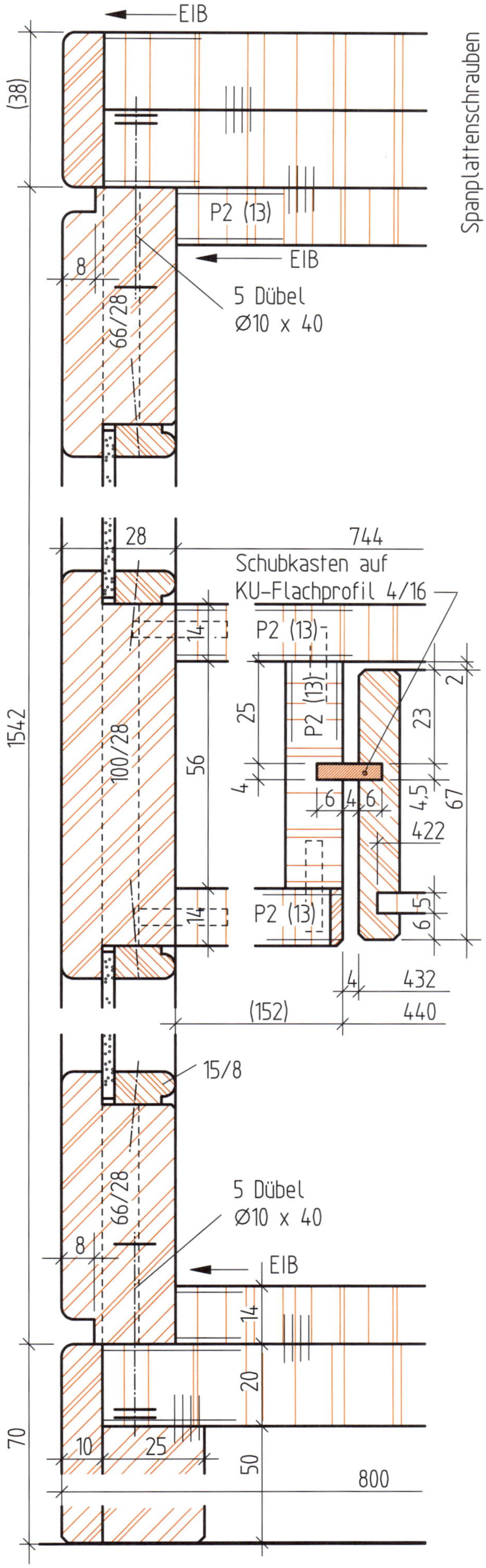

Frontalschnitt C – C

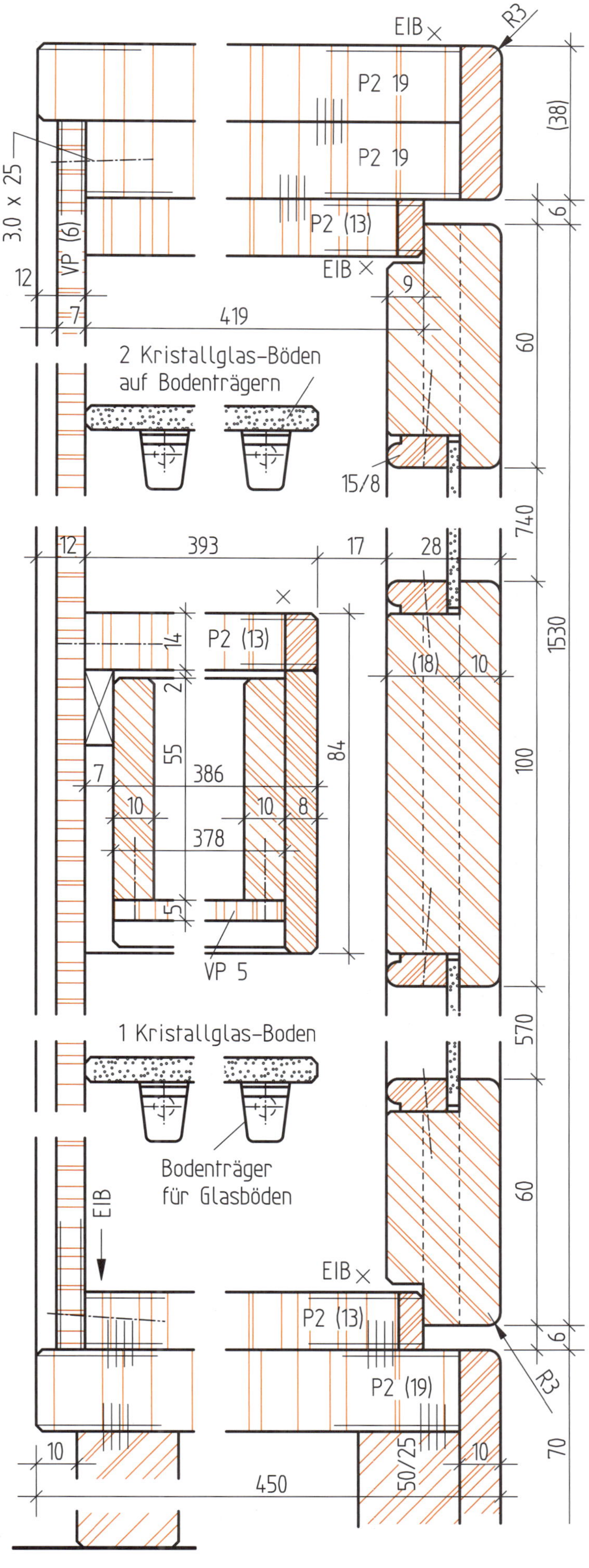

Vertikalschnitt B – B

Name	Auftrag 5.5-2	Nr.
Datum	Vitrine in Eibe	

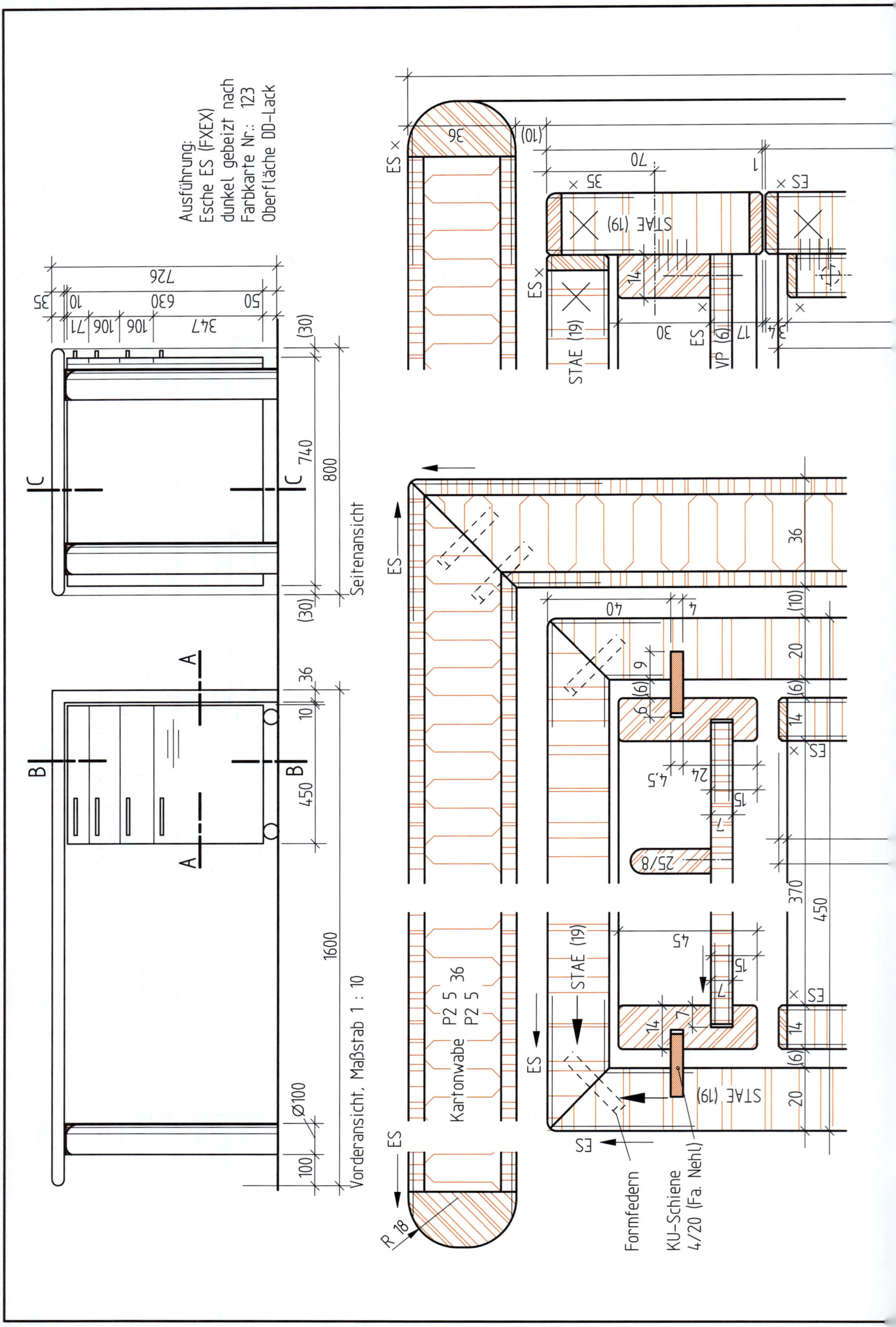
Ausführung:
Esche ES (FXEX)
dunkel gebeizt nach
Farbkarte Nr.: 123
Oberfläche DD-Lack
Vorderansicht, Maßstab 1 : 10
Seitenansicht
Kartonwabe P2 5 36 P2 5
STAE (19)
VP (6)
ES
Formfedern
KU-Schiene 4/20 (Fa. Nehl)
R 18

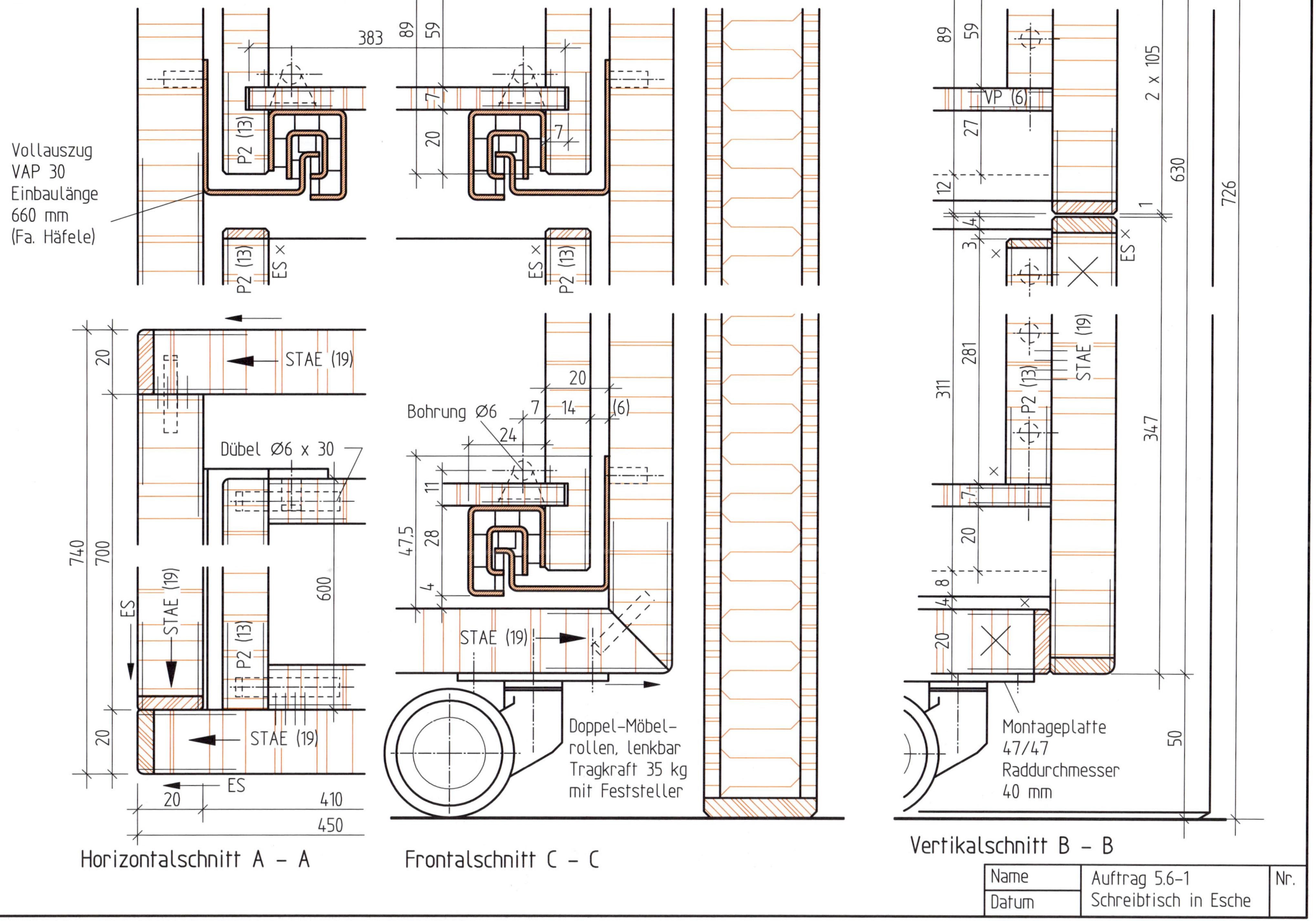
Vollauszug
VAP 30
Einbaulänge
660 mm
(Fa. Häfele)
383
89
59
P2 (13)
ES ×
7
20
STAE (19)
Dübel Ø6 x 30
600
740
700
20
ES
410
450
Bohrung Ø6
24
14
(6)
11
47,5
28
4
Doppel-Möbel-
rollen, lenkbar
Tragkraft 35 kg
mit Feststeller
VP (6)
27
12
3
1
2 x 105
630
726
311
281
347
8
50
Montageplatte
47/47
Raddurchmesser
40 mm
Horizontalschnitt A – A
Frontalschnitt C – C
Vertikalschnitt B – B
Name
Datum
Auftrag 5.6-1
Schreibtisch in Esche
Nr.

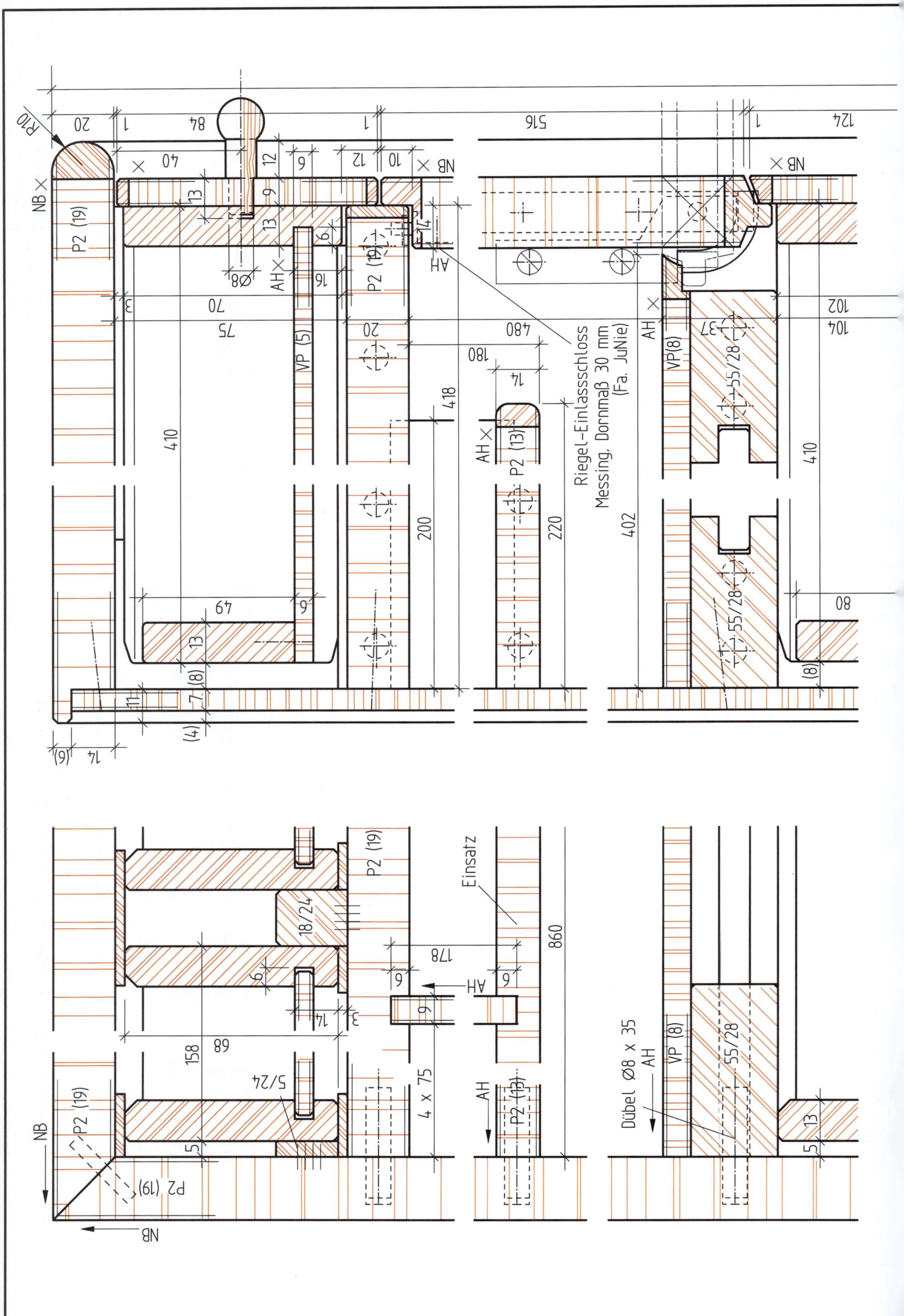
Riegel-Einlassschloss
Messing, Dornmaß 30 mm
(Fa. JuNie)
Einsatz
Dübel Ø8 x 35
P2 (19)
P2 (13)
VP (5)
VP (8)
55/28
18/24
5/24
NB
AH
R10

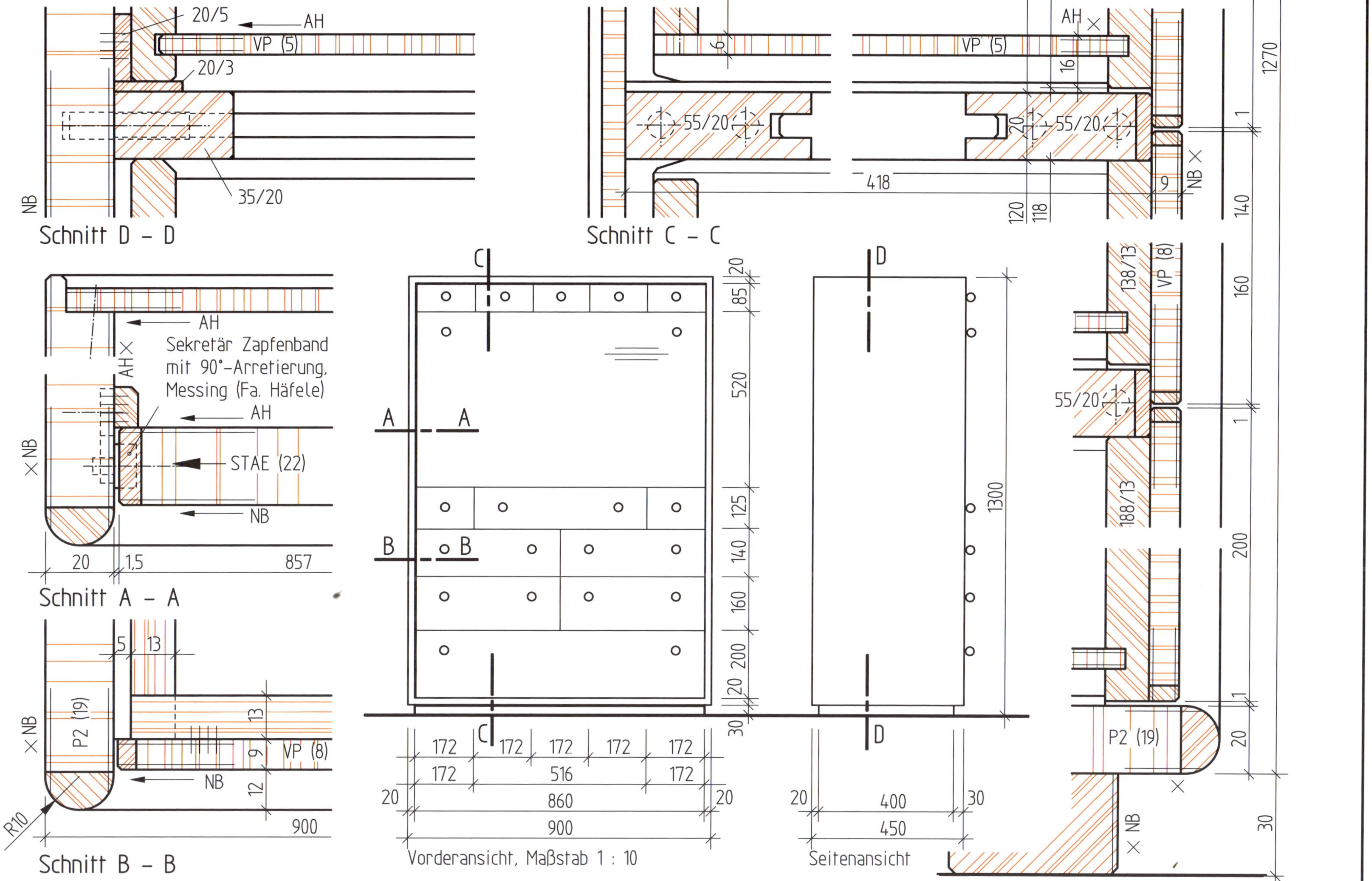

Schreibsekretär in Nussbaum NB (JGRG), innen in Ahorn AH (ACCM),
Schubkasten in Ahorn, massiv, handgezinkt. Holzknöpfe in Nussbaum NB.

Name	Auftrag 5.7-1	Nr.
Datum	Schreibsekretär in NB.	

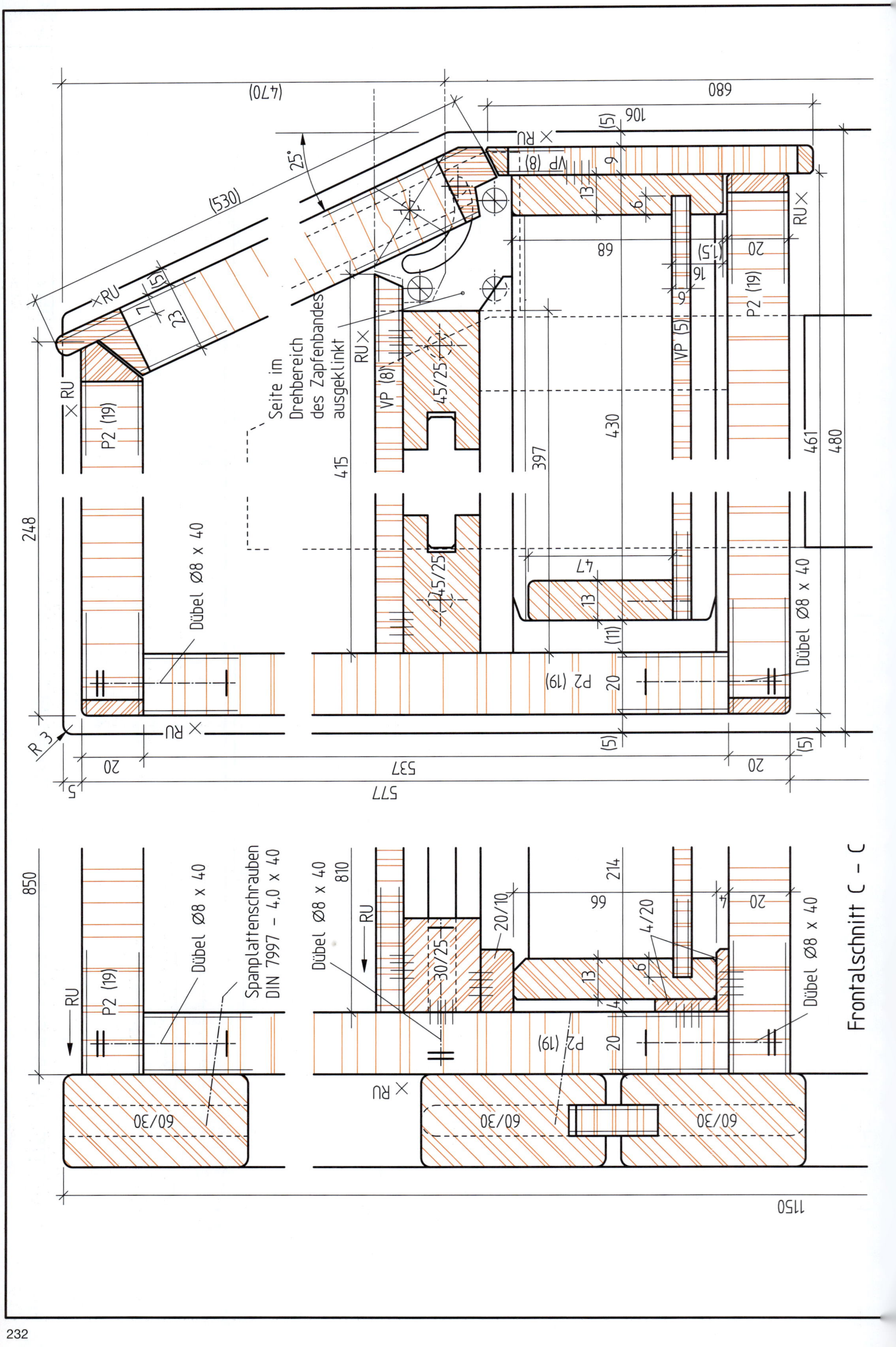
Frontalschnitt C – C
Seite im Drehbereich des Zapfenbandes ausgeklinkt
Spanplattenschrauben DIN 7997 – 4,0 x 40
Dübel Ø8 x 40
P2 (19)
VP (8)
VP (5)
RU
45/25
30/25
20/10
4/20
60/30
R 3

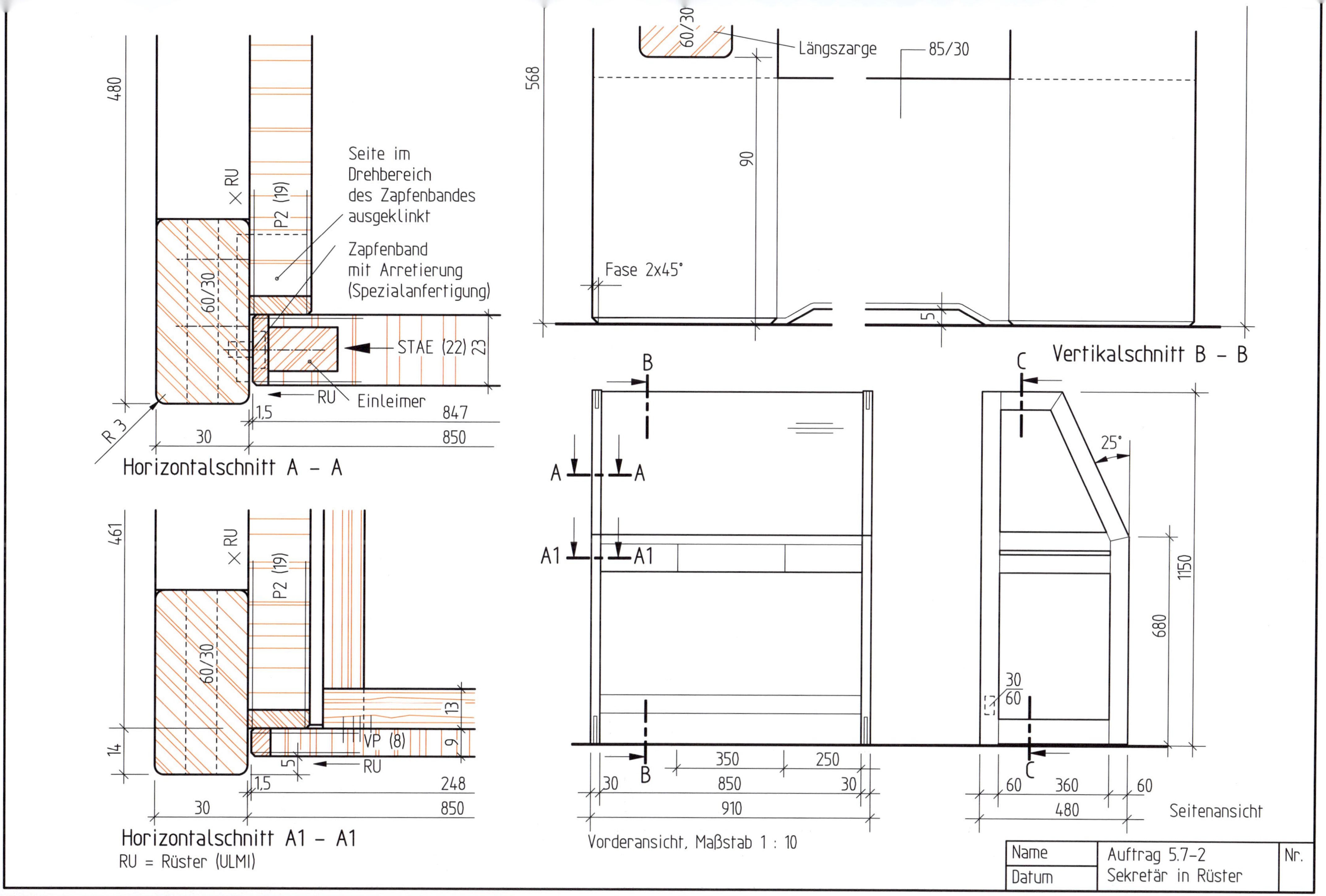
Horizontalschnitt A – A
Seite im Drehbereich des Zapfenbandes ausgeklinkt
Zapfenband mit Arretierung (Spezialanfertigung)
STAE (22) 23
Einleimer
RU
P2 (19)
60/30
480
R 3
30
1,5
847
850
Horizontalschnitt A1 – A1
RU = Rüster (ULMI)
461
14
13
9
VP (8)
5
248
Längszarge
85/30
568
90
Fase 2x45°
Vertikalschnitt B – B
A
A1
B
C
25°
1150
680
350
250
910
360
480
30/60
Vorderansicht, Maßstab 1 : 10
Seitenansicht
Name
Datum
Auftrag 5.7-2
Sekretär in Rüster
Nr.

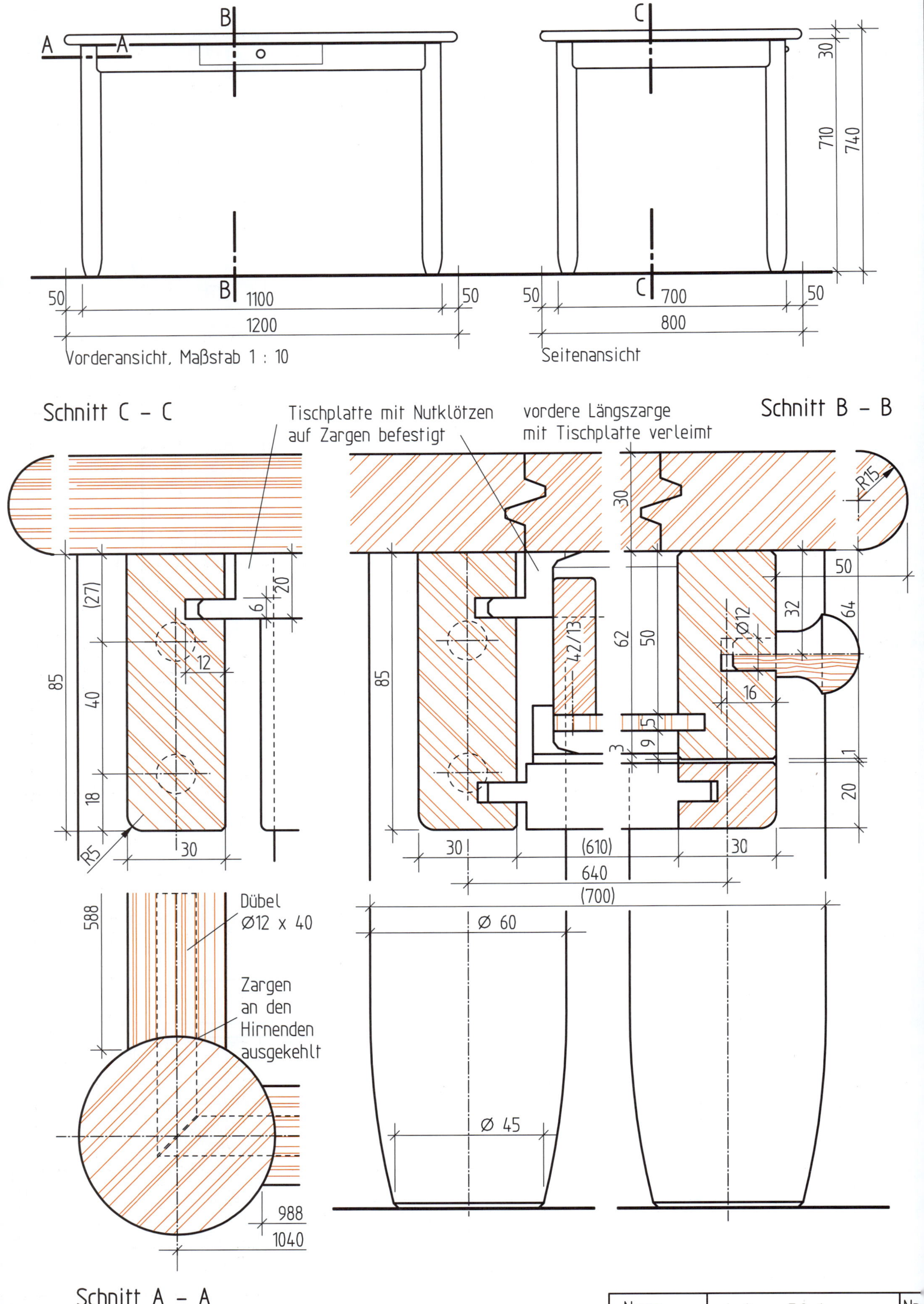

Name	Auftrag 5.8–1 Esstisch in Esche	Nr.
Datum		

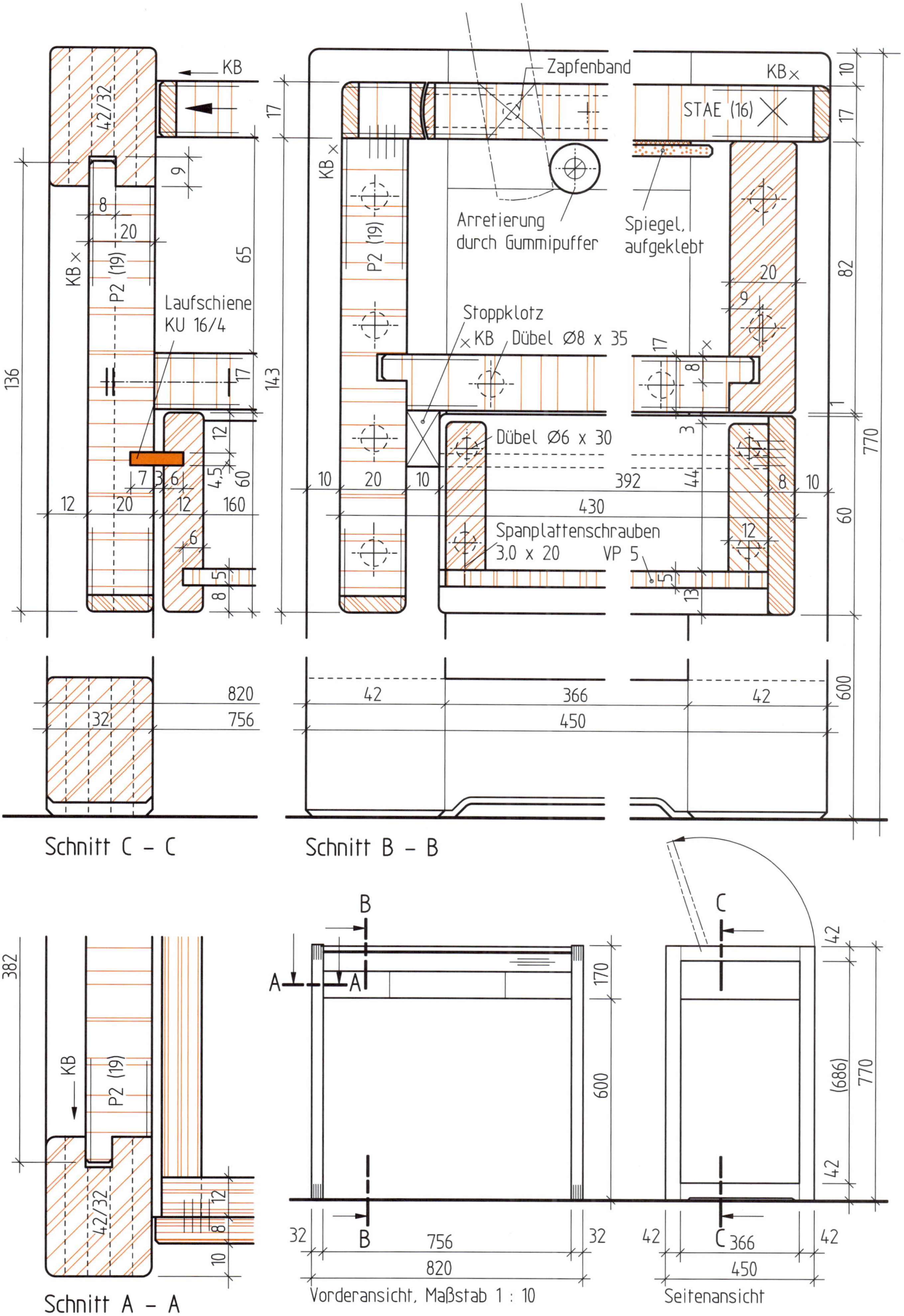

Holzart: KB = Kirschbaum (PRAV)

Name	Auftrag 5.8–3 Schminktisch in KB.	Nr.
Datum		

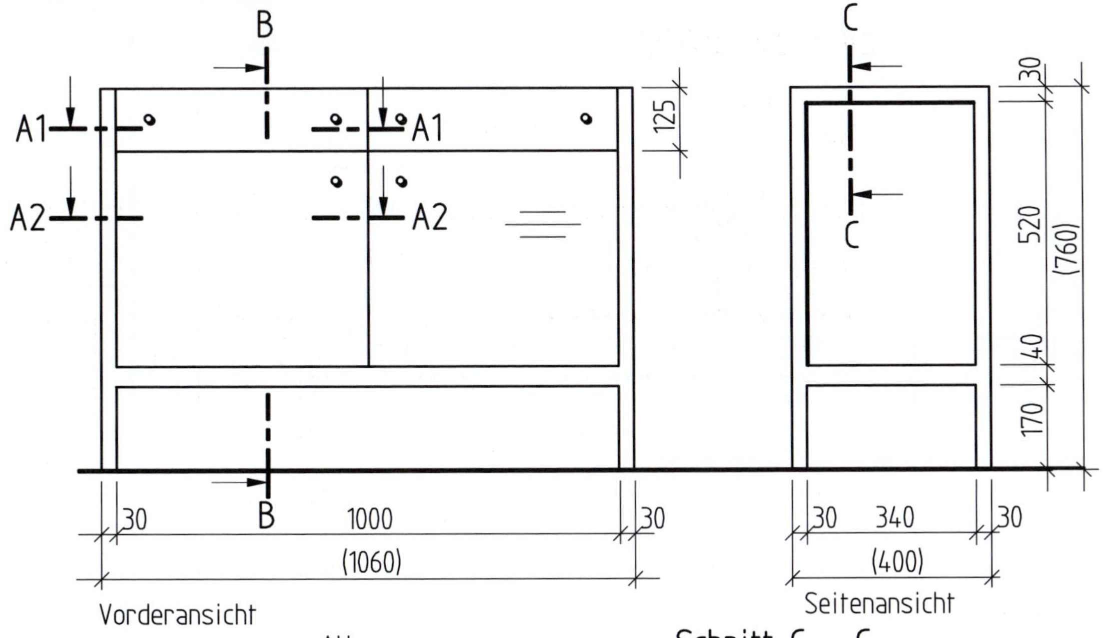

Ausführung:
Holzart Ahorn = AH (ACCM oder ACPS).
Oberfläche DD-Lack mit Lichtschutz.
Schubkasten und Gestell in Ahorn, massiv.
Knöpfe in Edelstahl,

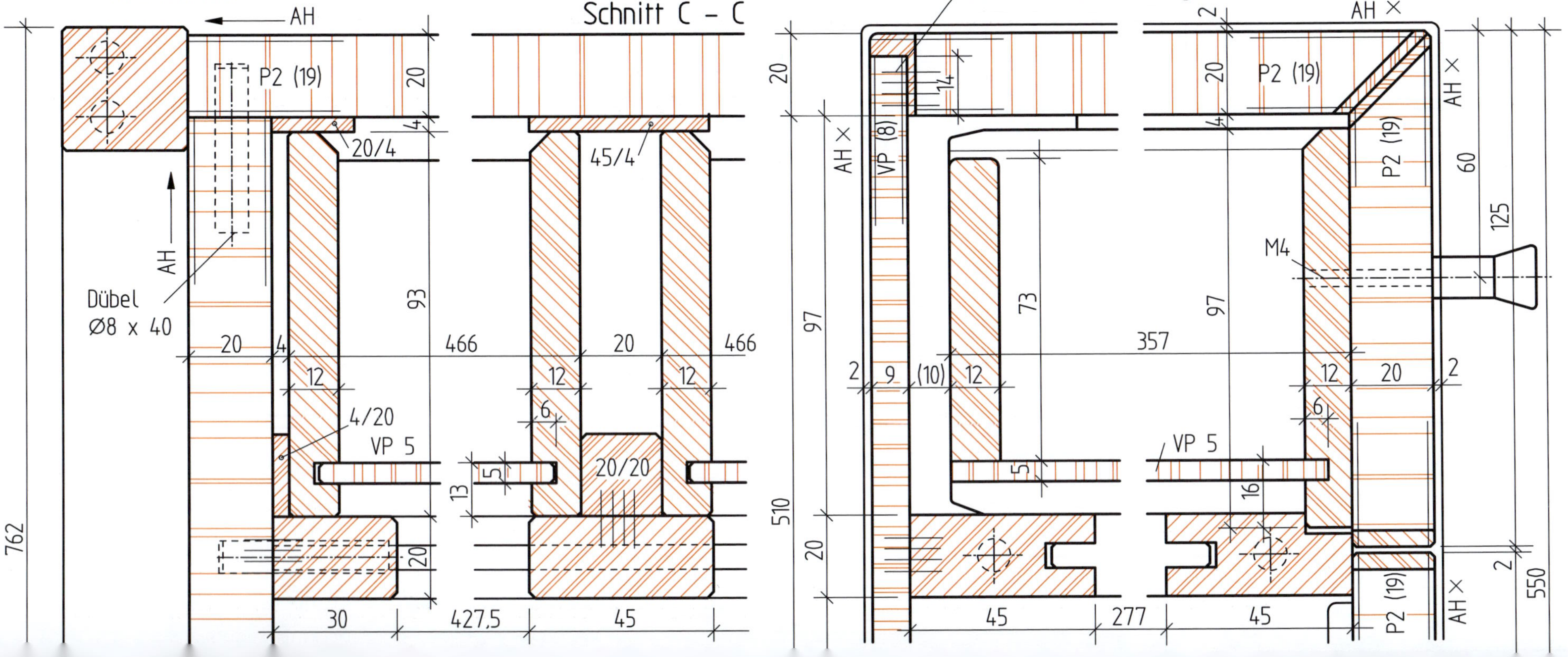

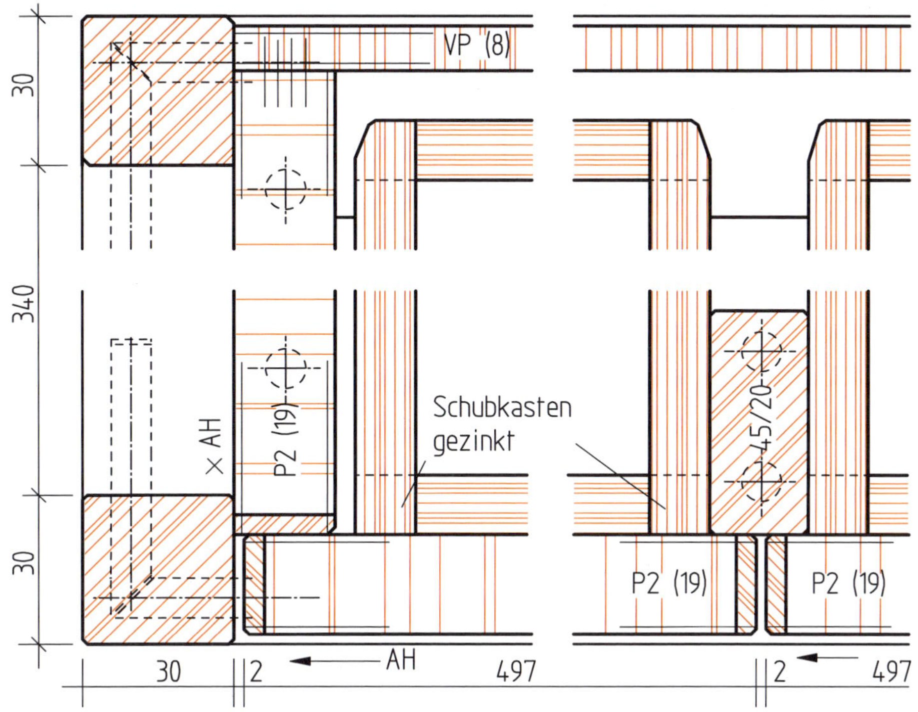

Schnitt A1 – A1

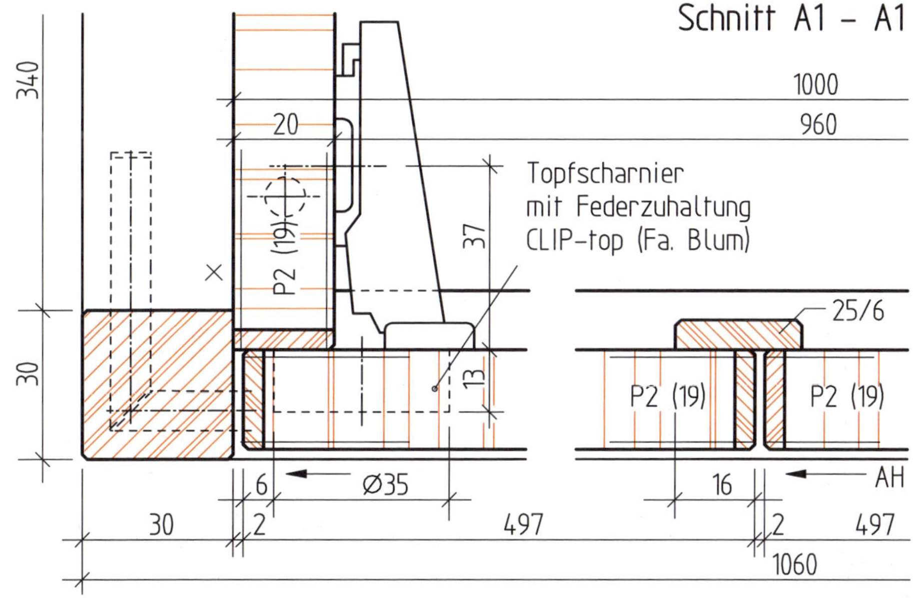

Schnitt A2 – A2

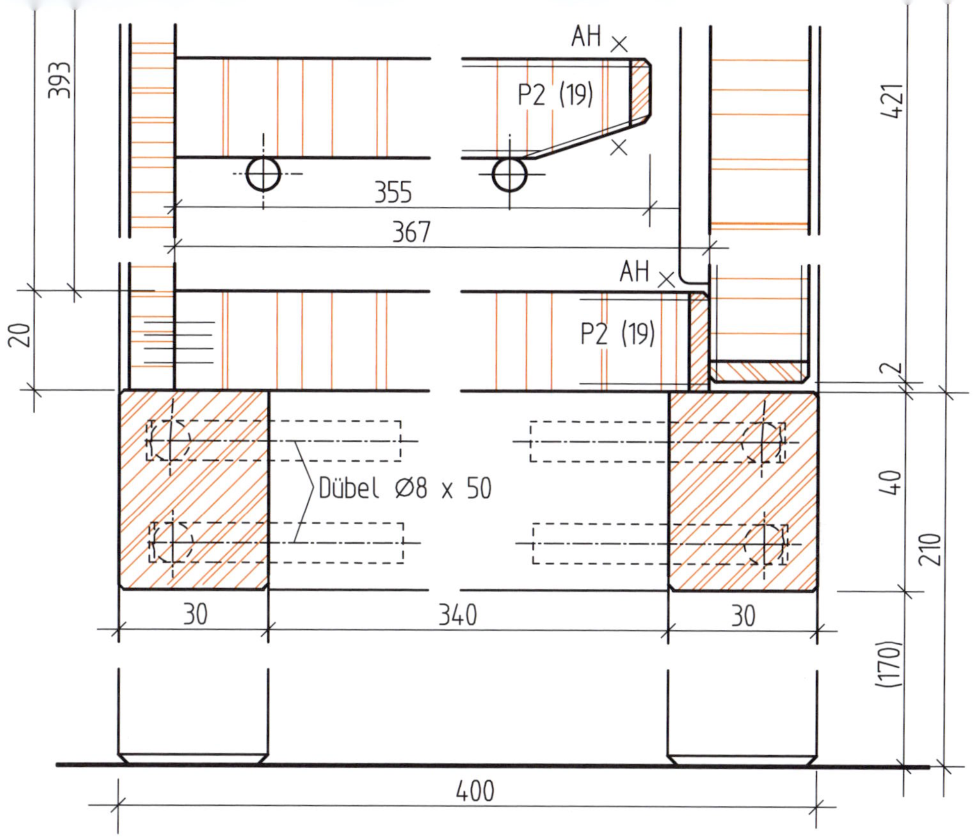

Schnitt B – B

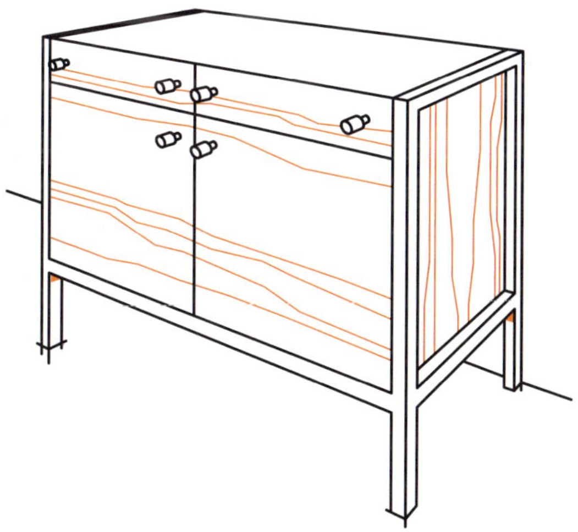

Name	Auftrag 5.9-1	Nr.
Datum	Kleine Anrichte in AH	

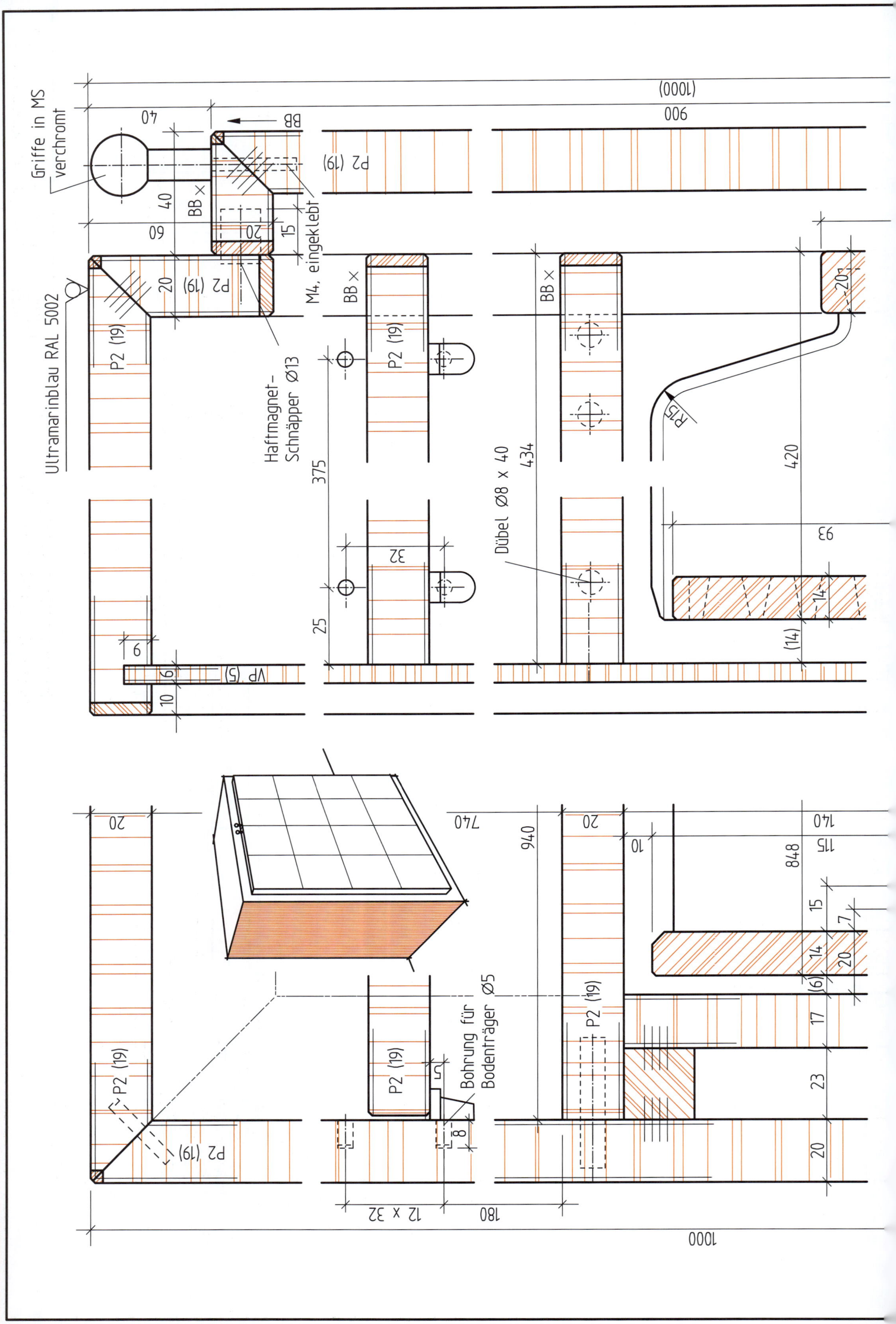
Griffe in MS verchromt
Ultramarinblau RAL 5002
Haftmagnet-Schnäpper Ø13
M4, eingeklebt
BB
BB ×
P2 (19)
VP (5)
Dübel Ø8 x 40
Bohrung für Bodenträger Ø5
(1000)
900
1000
180
12 x 32
940
848
740
434
420
375
R15
93

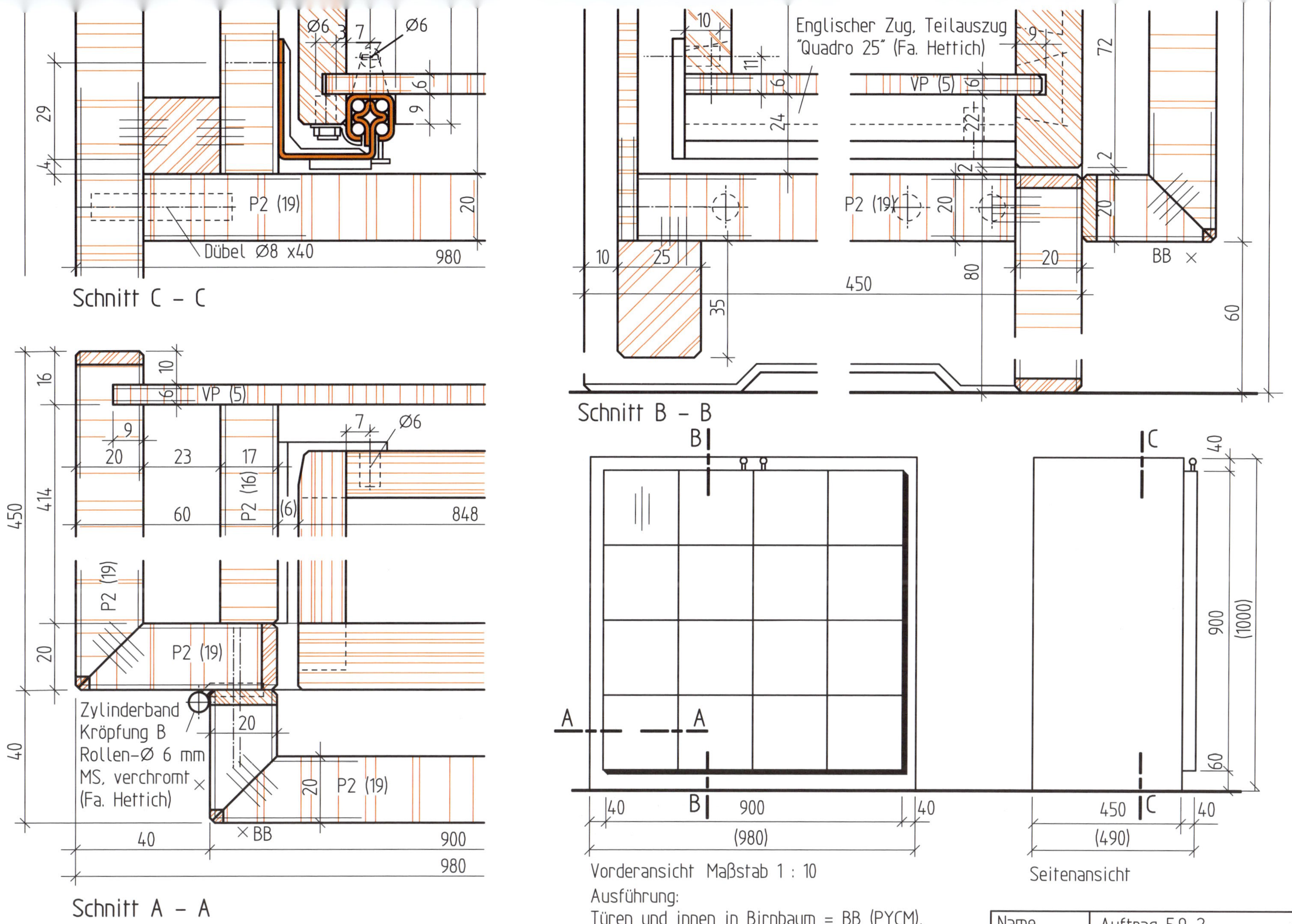

Vorderansicht Maßstab 1 : 10

Seitenansicht

Ausführung:
Türen und innen in Birnbaum = BB (PYCM),
Korpus ultramarinblau RAL 5002

Name	Auftrag 5.9-2	Nr.
Datum	Kleiner Utensilienschrank	

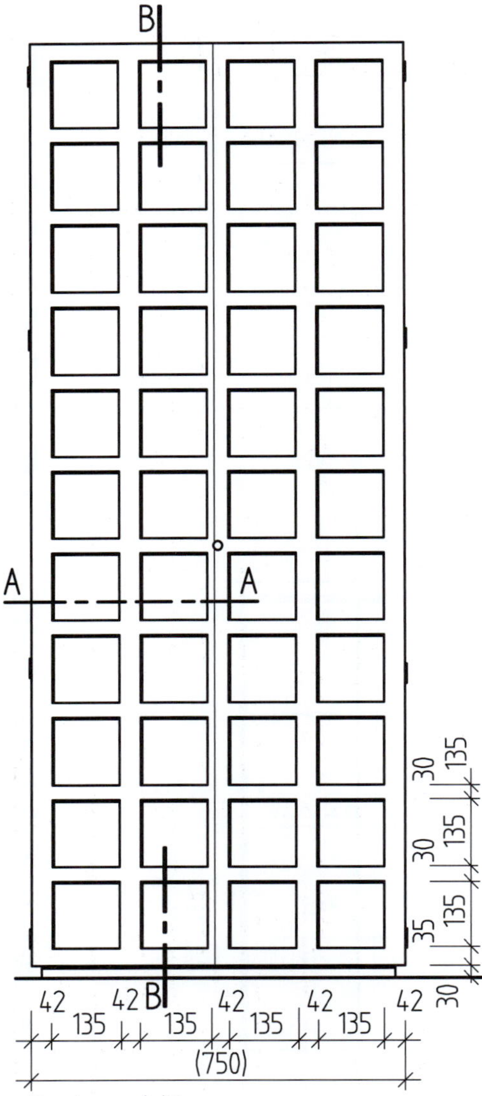

Vorderansicht

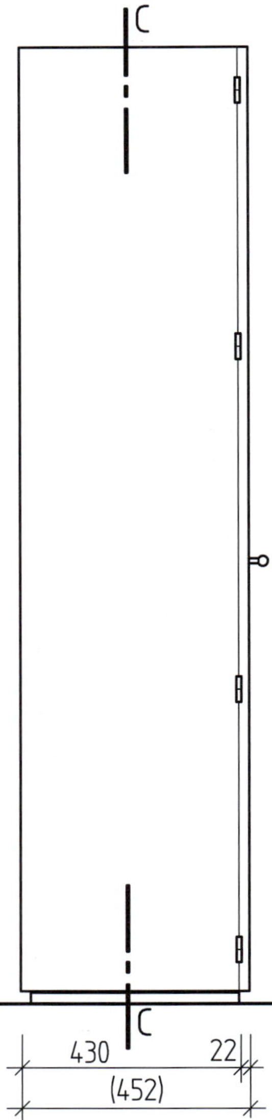

Seitenansicht

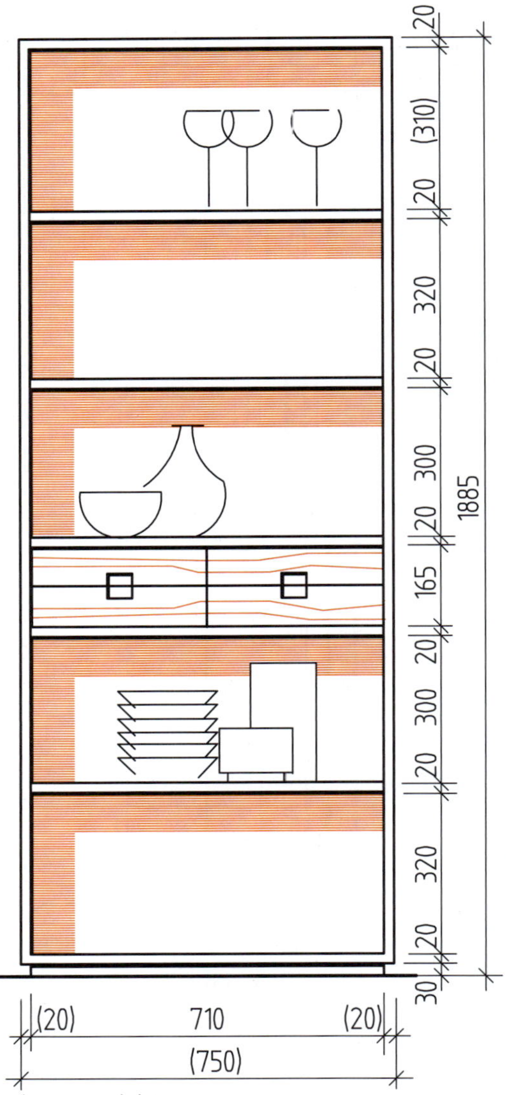

Innenansicht

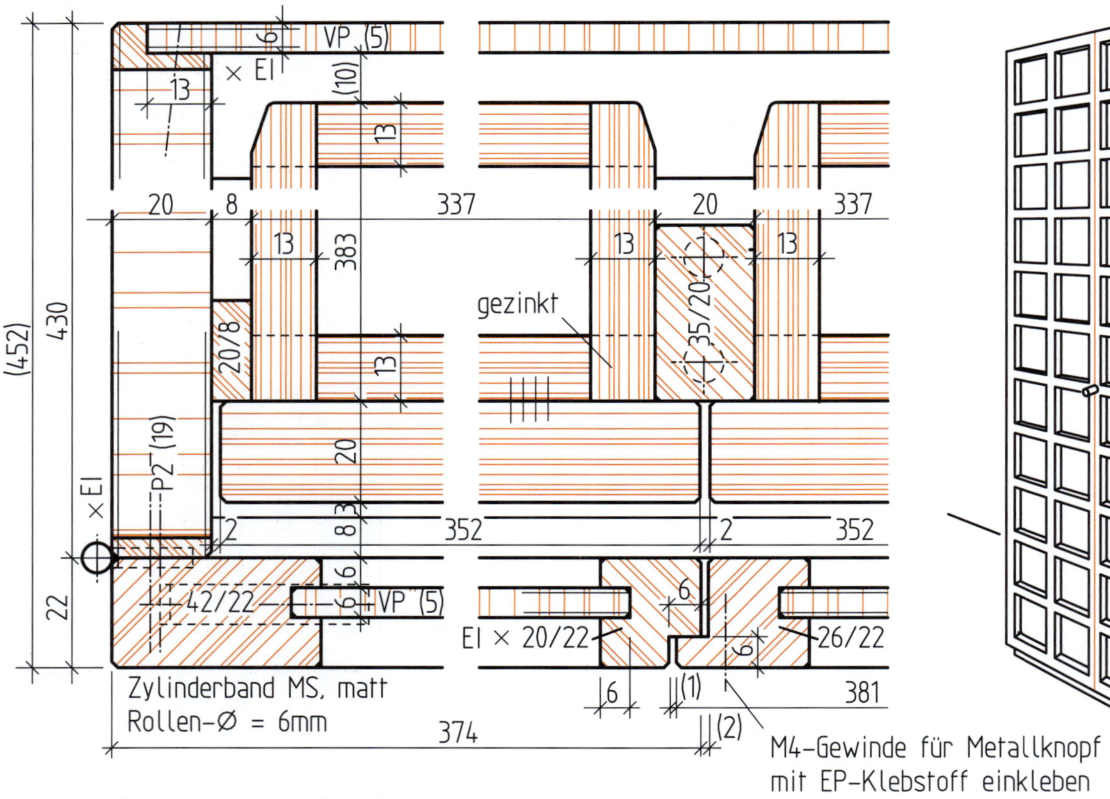

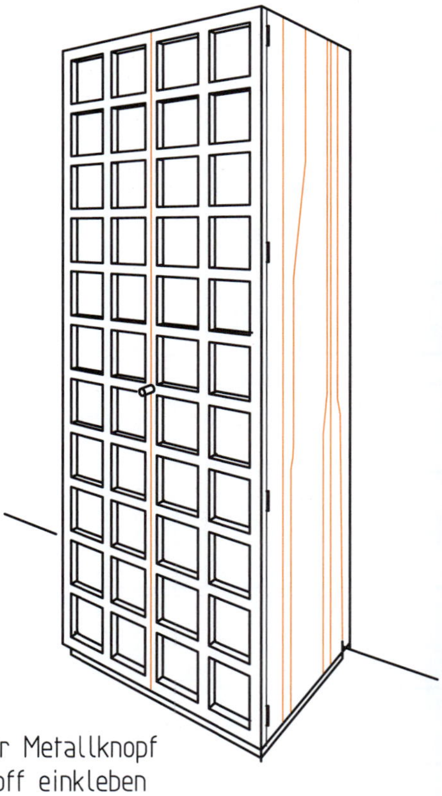

Horizontalschnitt A – A

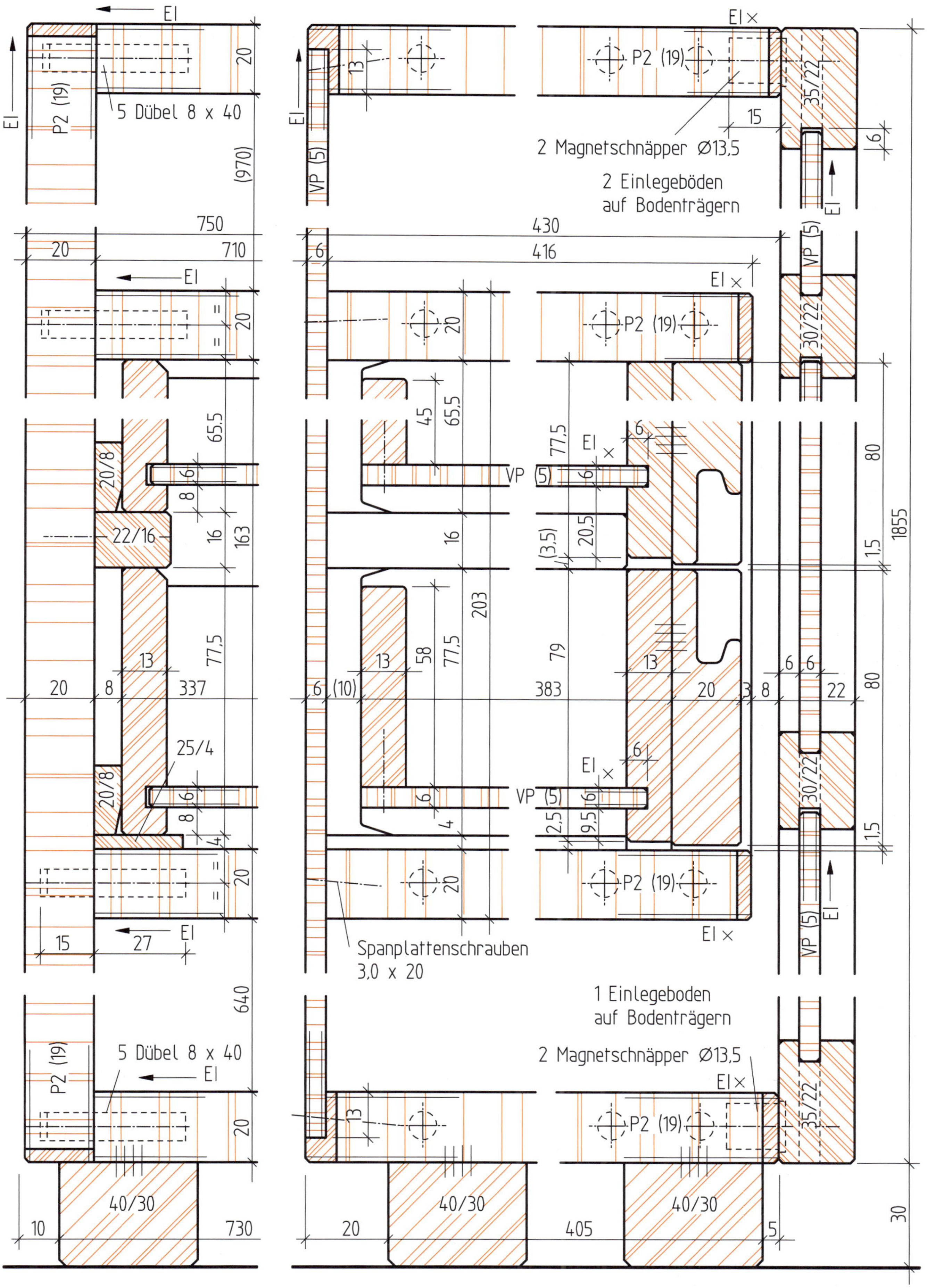

Frontalschnitt C – C Vertikalschnitt B – B

Ausführung in Eiche EI (QCXE), geräuchert

Name	Auftrag 5.9–3	Nr.
Datum	Hoher Utensilienschrank	

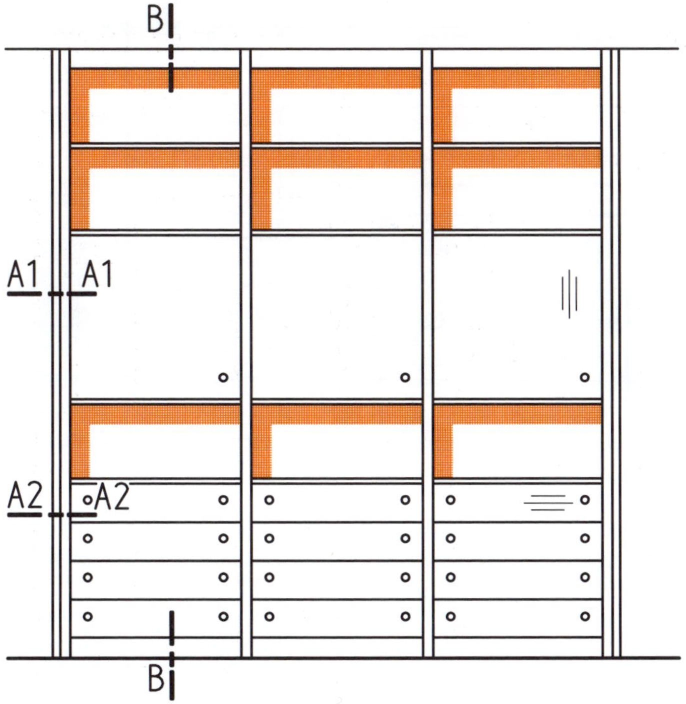

Vorderansicht Maßstab 1 : 20

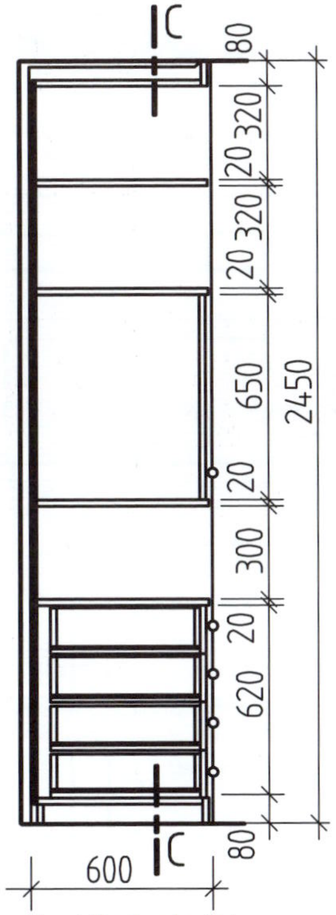

Vertikalschnitt

Ausführung:
In Kiefer KI (PNSY)
Konstruktion:
Die verleimten Korpuselemente werden zwischen die Stollenwände geschraubt.
Die Türen sind mit Topfscharnieren mit Federzuhaltung angeschlagen.
Die Schubkästen laufen auf Quadroführungen.
Die Fachböden liegen auf Bodenträgern und sind durch die Reihenbohrung höhenverstellbar

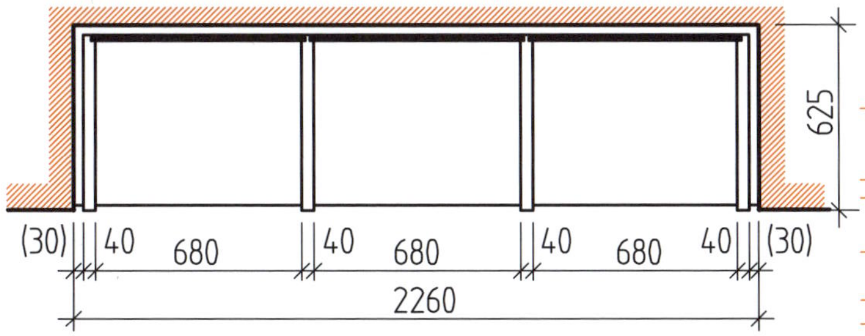

Horizontalschnitt

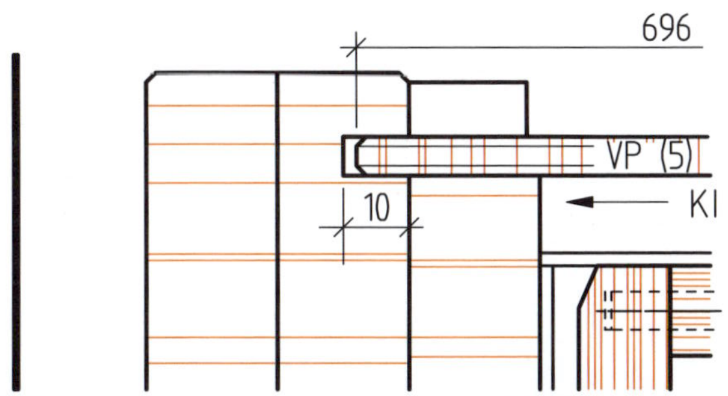

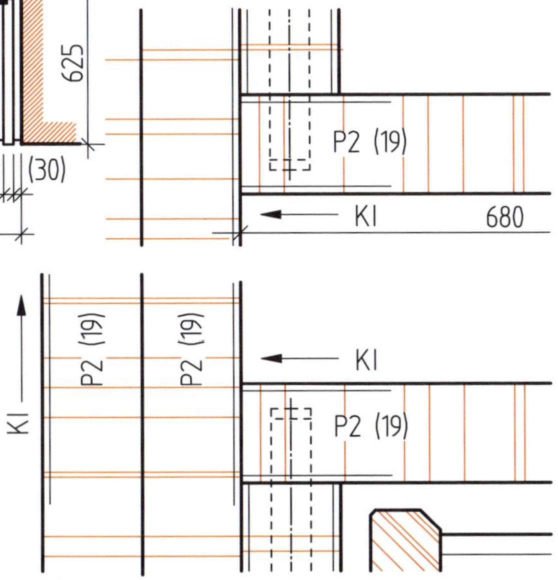

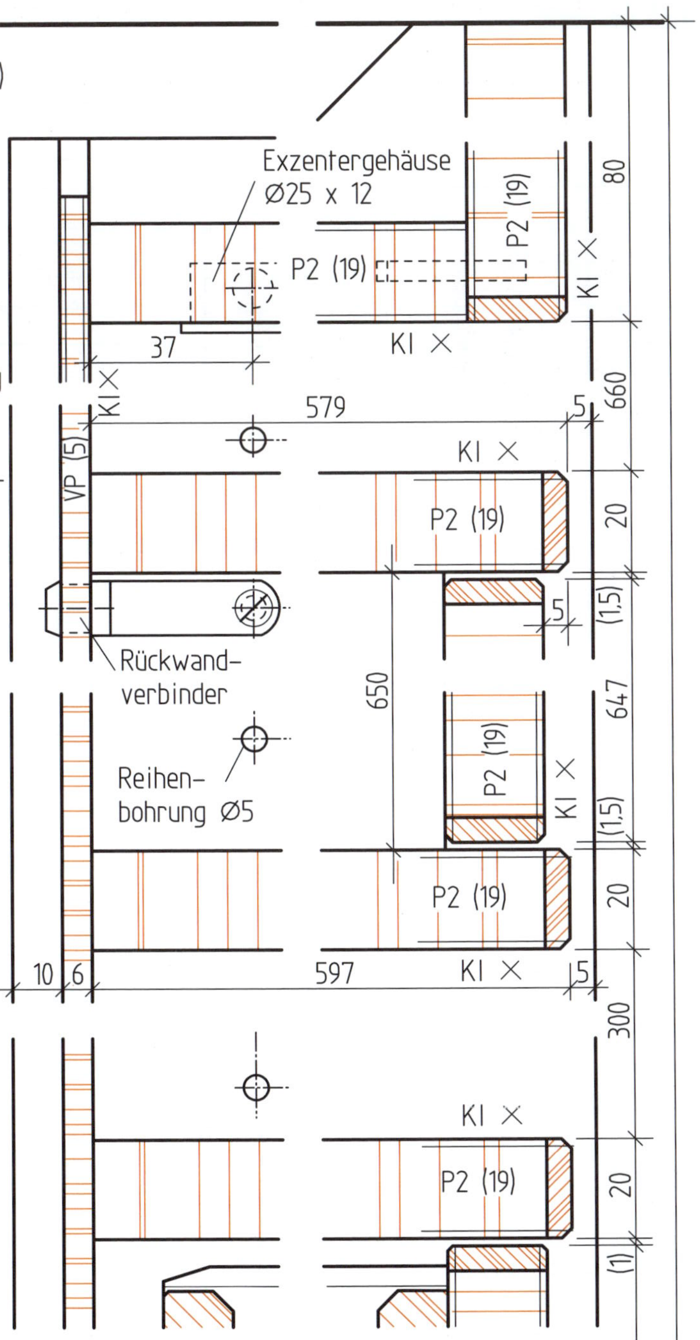

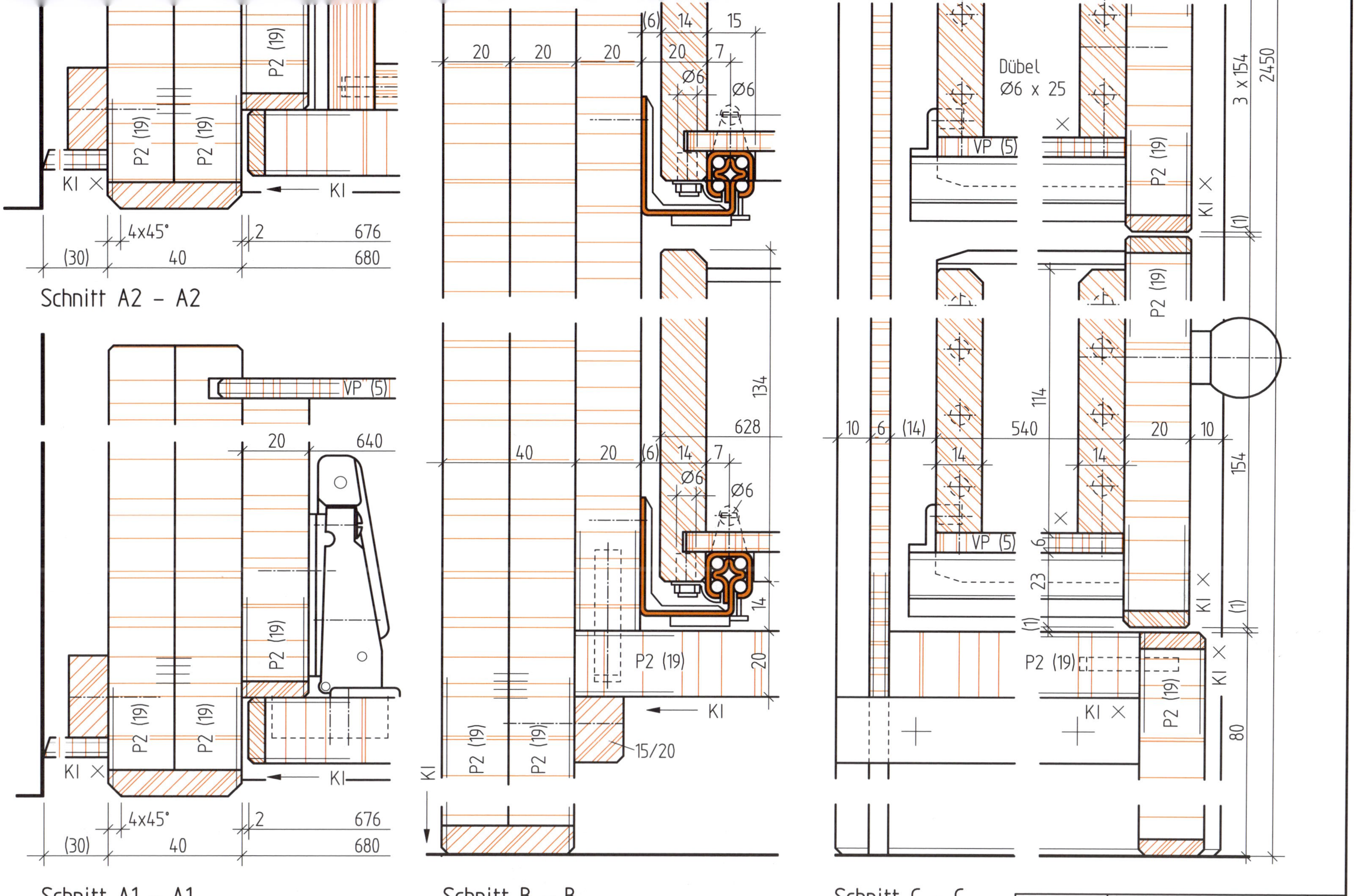

Name	Auftrag 6.1–1	Nr.
Datum	Einbauschrank in Kiefer	

Detailpunkt A

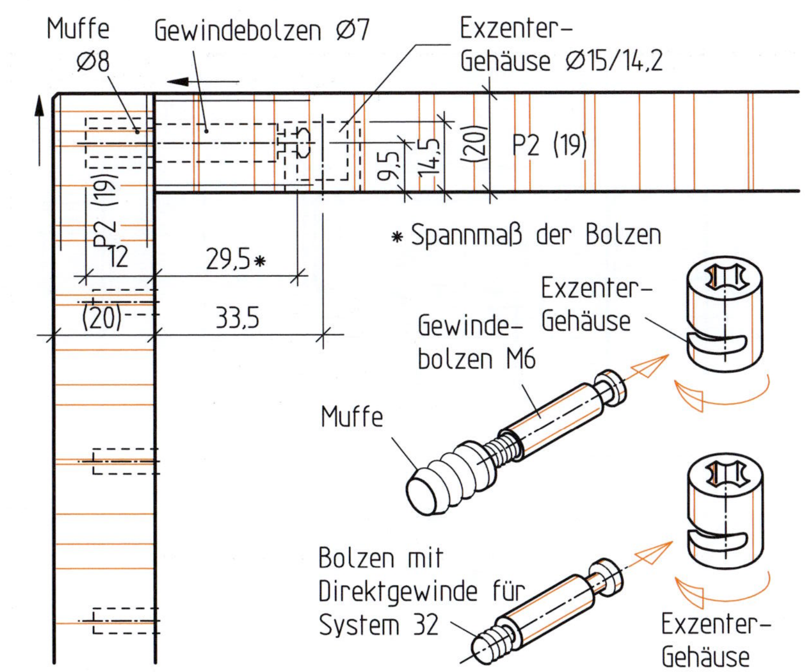

Detailpunkt B

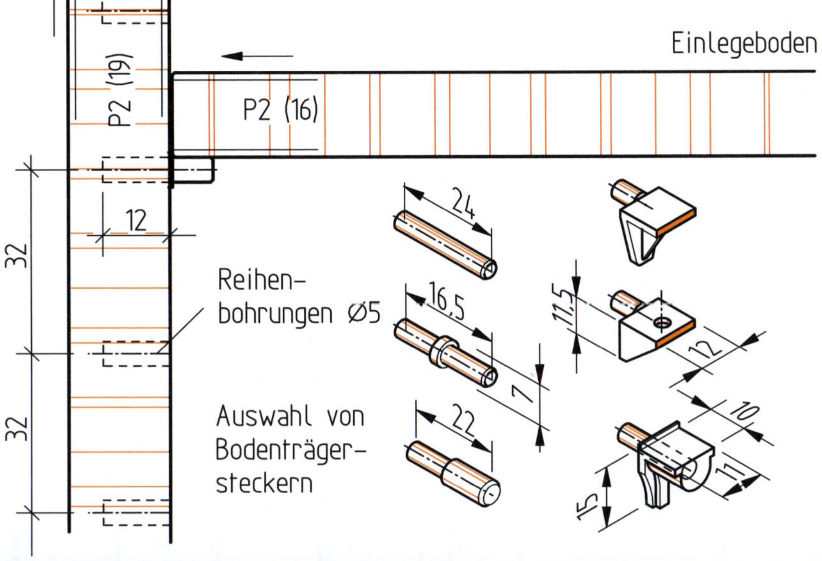

Detailpunkt E

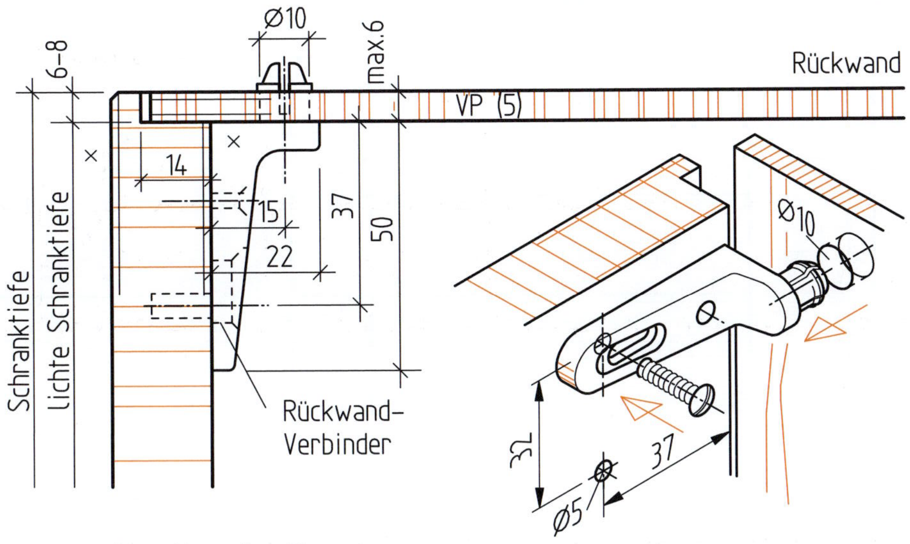

Detailpunkt F

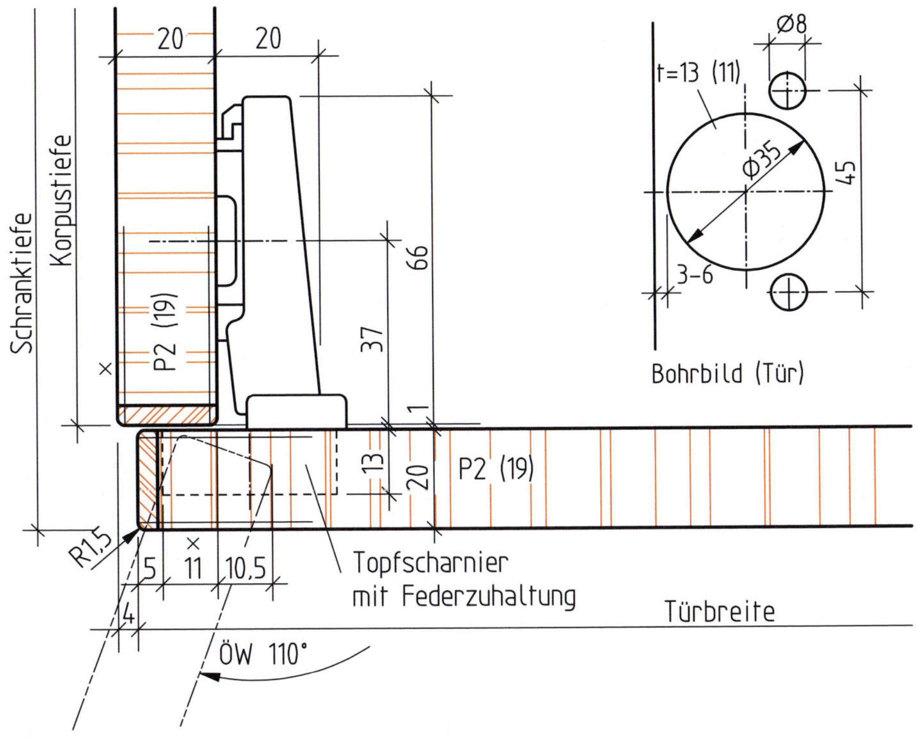

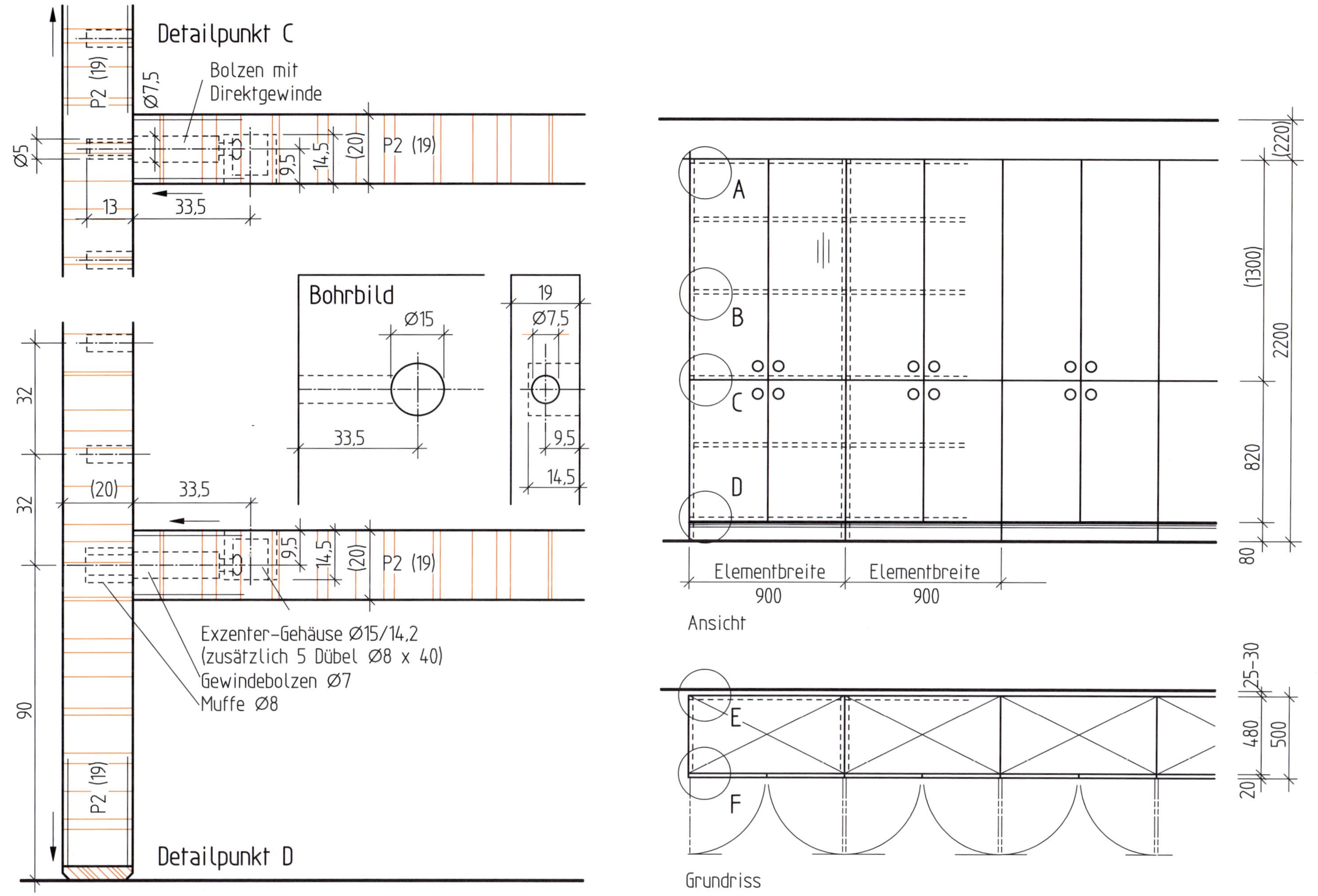

Name	Auftrag 6.1–2 Schrankwand (Detailpunkte)	Nr.
Datum		

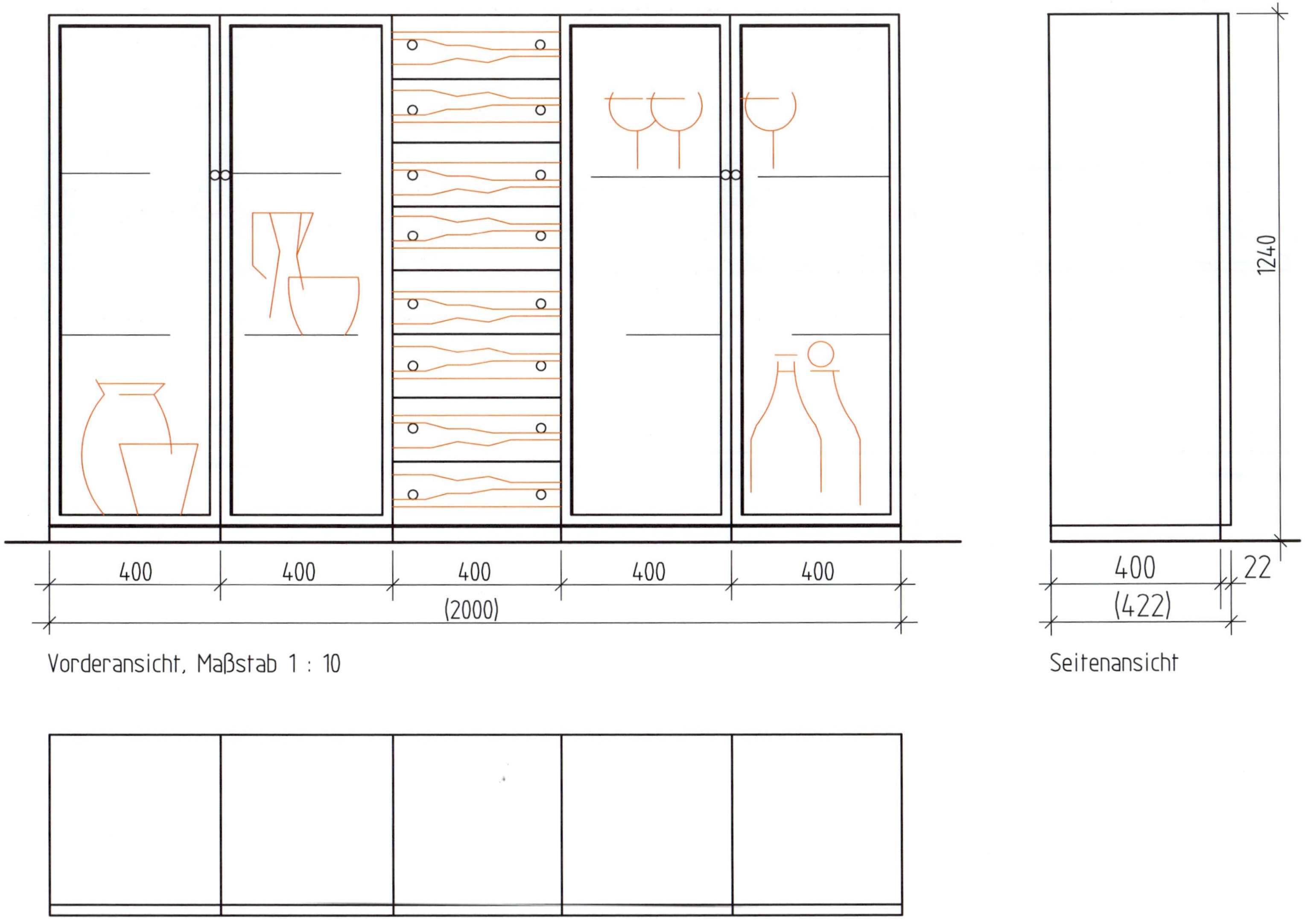

Vorderansicht, Maßstab 1 : 10

Seitenansicht

Draufsicht

Vorschlag 1

Name	Auftrag 6.1–3 Wohnzimmerschrank, Entwurf 1	Nr.
Datum		

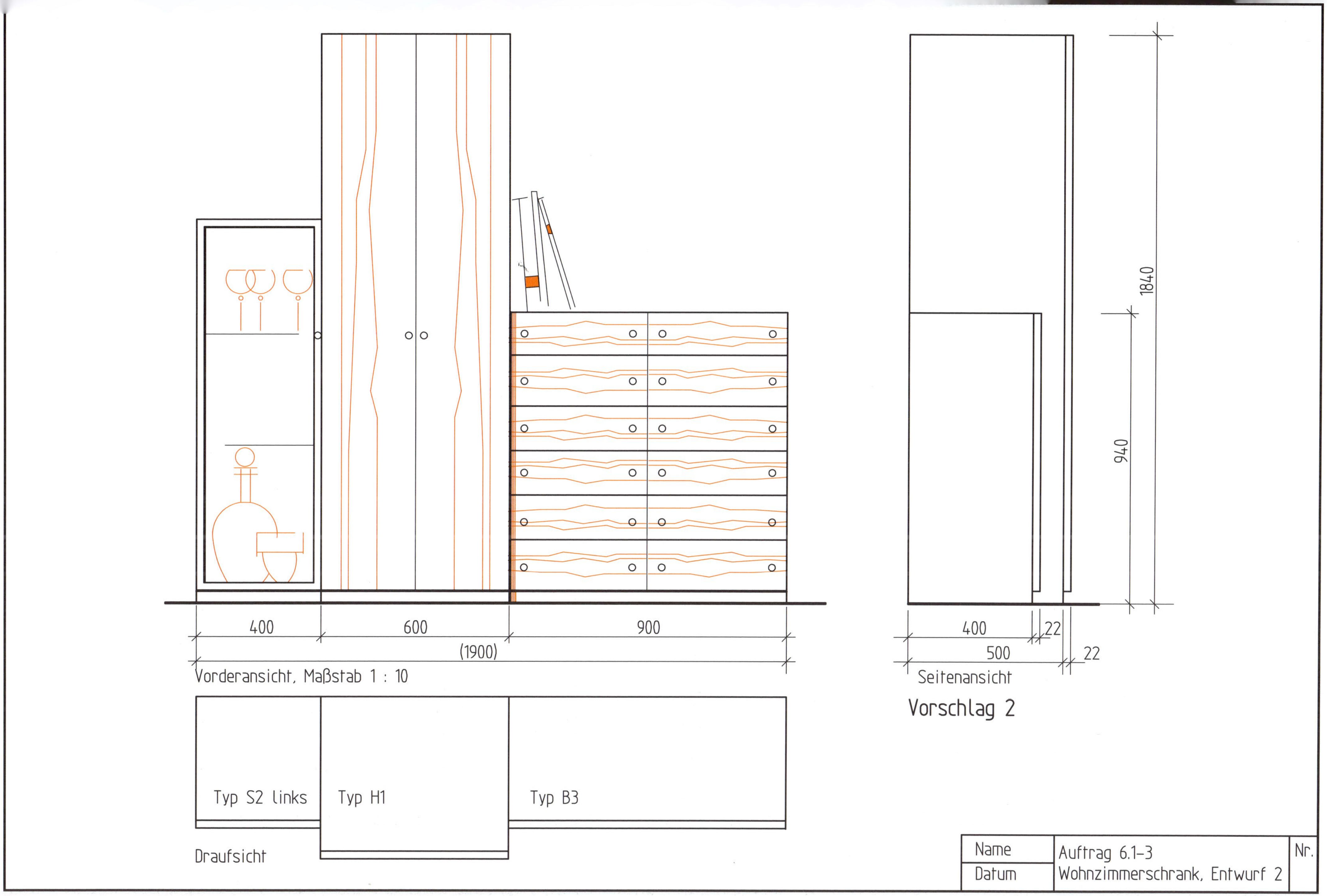

400
600
900
(1900)
Vorderansicht, Maßstab 1 : 10
Typ S2 links
Typ H1
Typ B3
Draufsicht
1840
940
400
22
500
22
Seitenansicht
Vorschlag 2
Name
Datum
Auftrag 6.1–3
Wohnzimmerschrank, Entwurf 2
Nr.

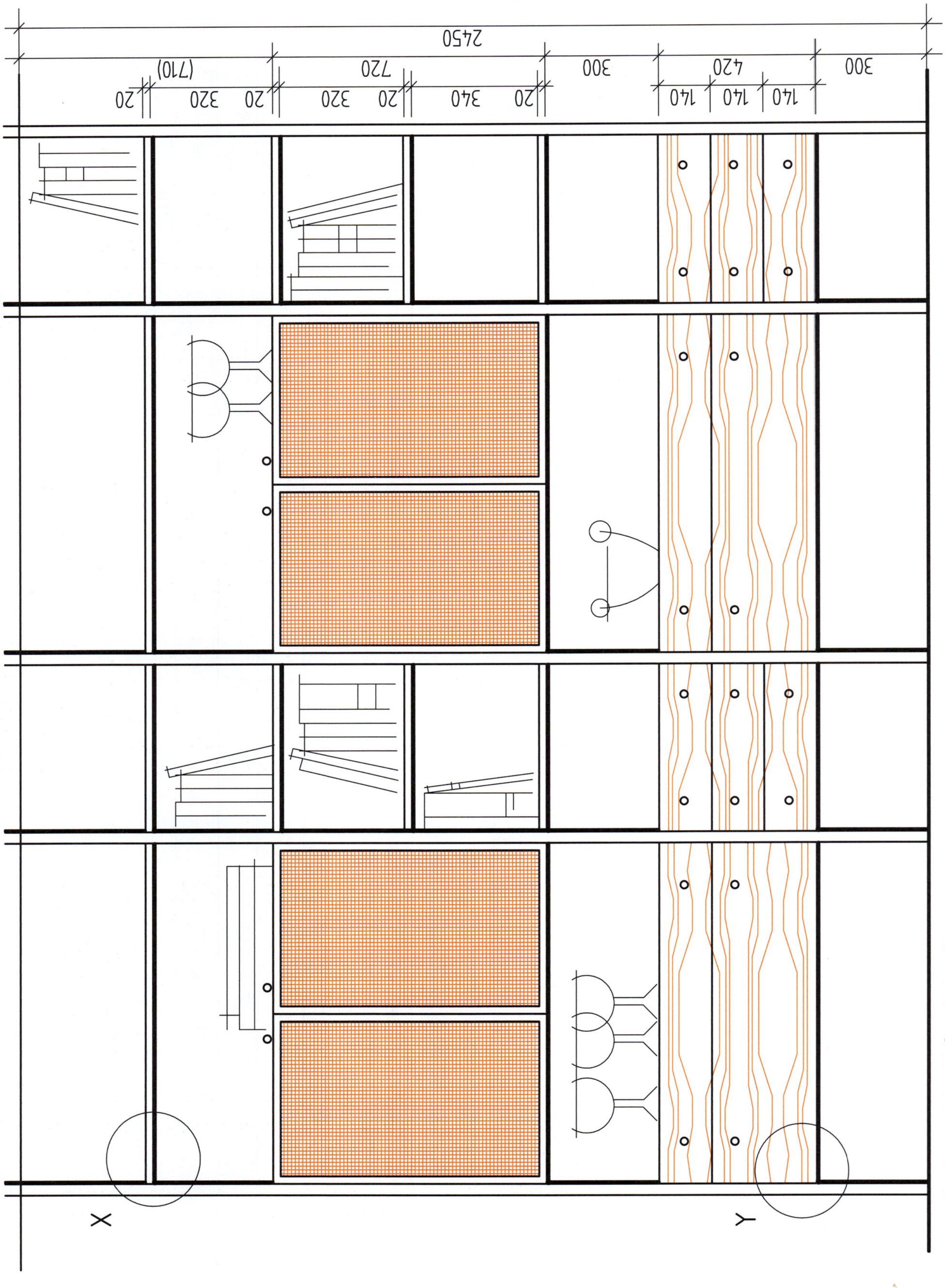

Vorderansicht Maßstab 1 : 10

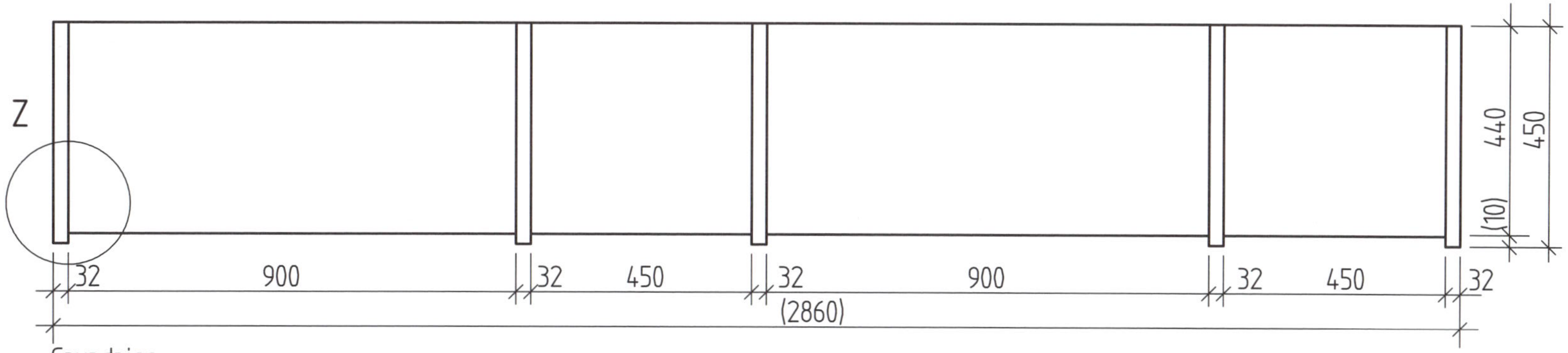

Grundriss

Ausführung:
Holzart außen
Nussbaum NB (JGRG),
innen Ahorn AH (ACCM)
Oben Glastüren in
Alu-Rahmen,
unten Schubkästen
oder Auszüge.

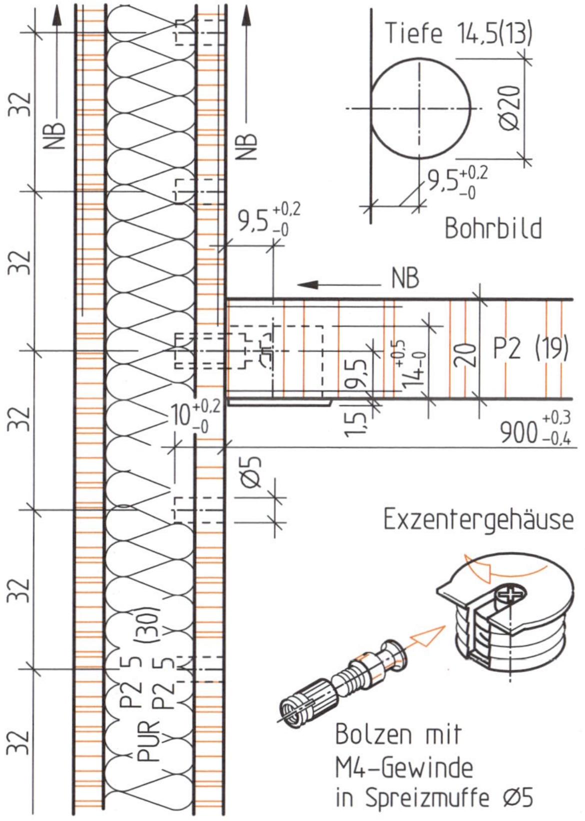

Einzelheit X

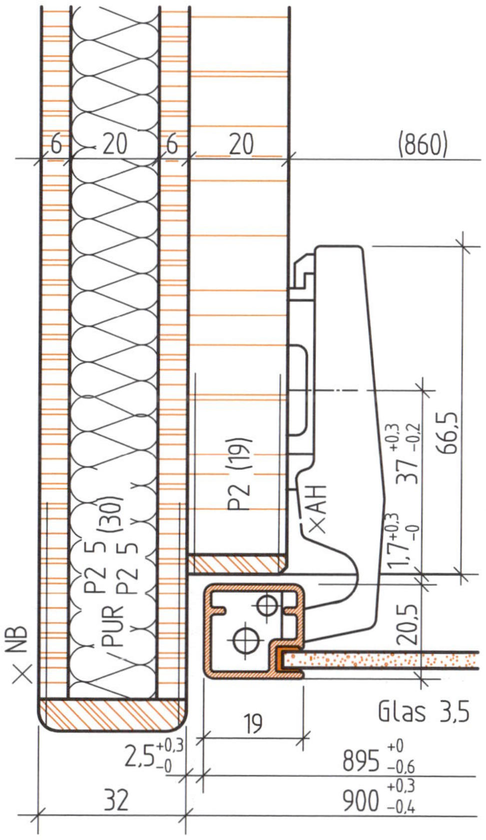

Einzelheit Z

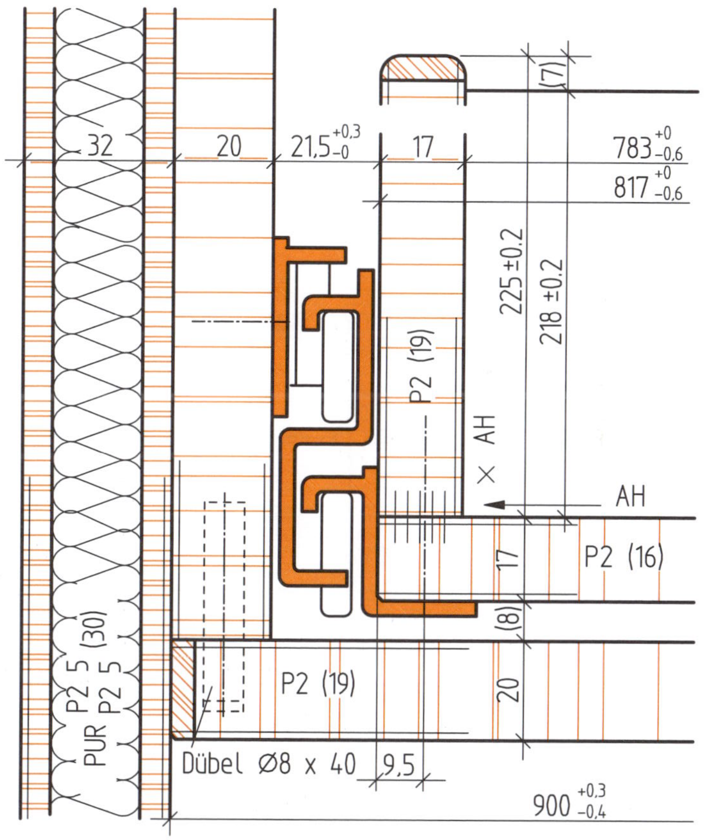

Einzelheit Y

Name	Auftrag 6.1–4	Nr.
Datum	Wohnzimmerschrank	

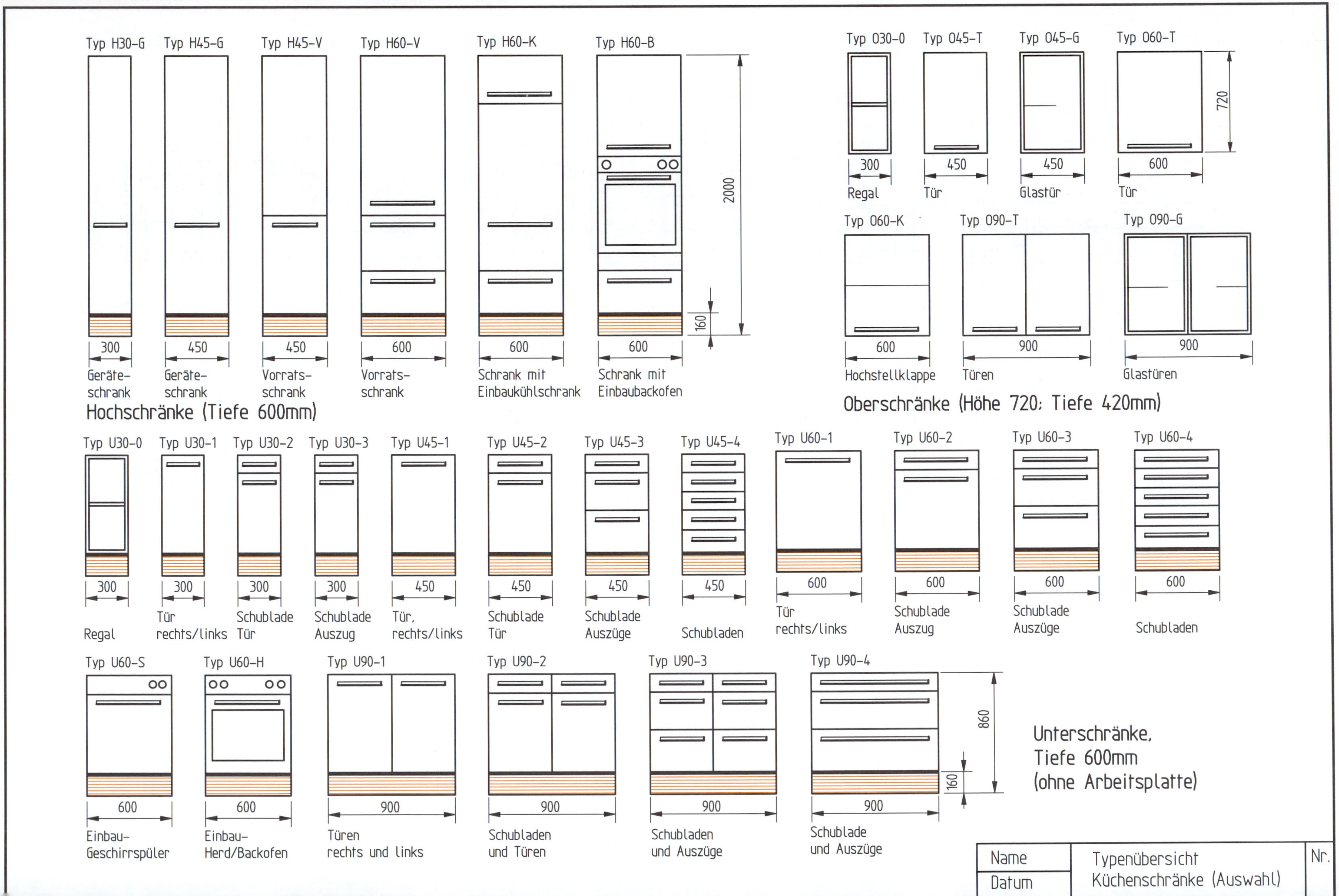
Typ H30-G
300
Geräte-schrank
Typ H45-G
450
Geräte-schrank
Typ H45-V
450
Vorrats-schrank
Typ H60-V
600
Vorrats-schrank
Typ H60-K
600
Schrank mit Einbaukühlschrank
Typ H60-B
600
Schrank mit Einbaubackofen
2000
160
Hochschränke (Tiefe 600mm)
Typ 030-0
300
Regal
Typ 045-T
450
Tür
Typ 045-G
450
Glastür
Typ 060-T
600
Tür
720
Typ 060-K
600
Hochstellklappe
Typ 090-T
900
Türen
Typ 090-G
900
Glastüren
Oberschränke (Höhe 720; Tiefe 420mm)
Typ U30-0
300
Regal
Typ U30-1
300
Tür rechts/links
Typ U30-2
300
Schublade Tür
Typ U30-3
300
Schublade Auszug
Typ U45-1
450
Tür, rechts/links
Typ U45-2
450
Schublade Tür
Typ U45-3
450
Schublade Auszüge
Typ U45-4
450
Schubladen
Typ U60-1
600
Tür rechts/links
Typ U60-2
600
Schublade Auszug
Typ U60-3
600
Schublade Auszüge
Typ U60-4
600
Schubladen
Typ U60-S
600
Einbau-Geschirrspüler
Typ U60-H
600
Einbau-Herd/Backofen
Typ U90-1
900
Türen rechts und links
Typ U90-2
900
Schubladen und Türen
Typ U90-3
900
Schubladen und Auszüge
Typ U90-4
900
Schublade und Auszüge
860
160
Unterschränke, Tiefe 600mm (ohne Arbeitsplatte)
Name
Datum
Typenübersicht Küchenschränke (Auswahl)
Nr.

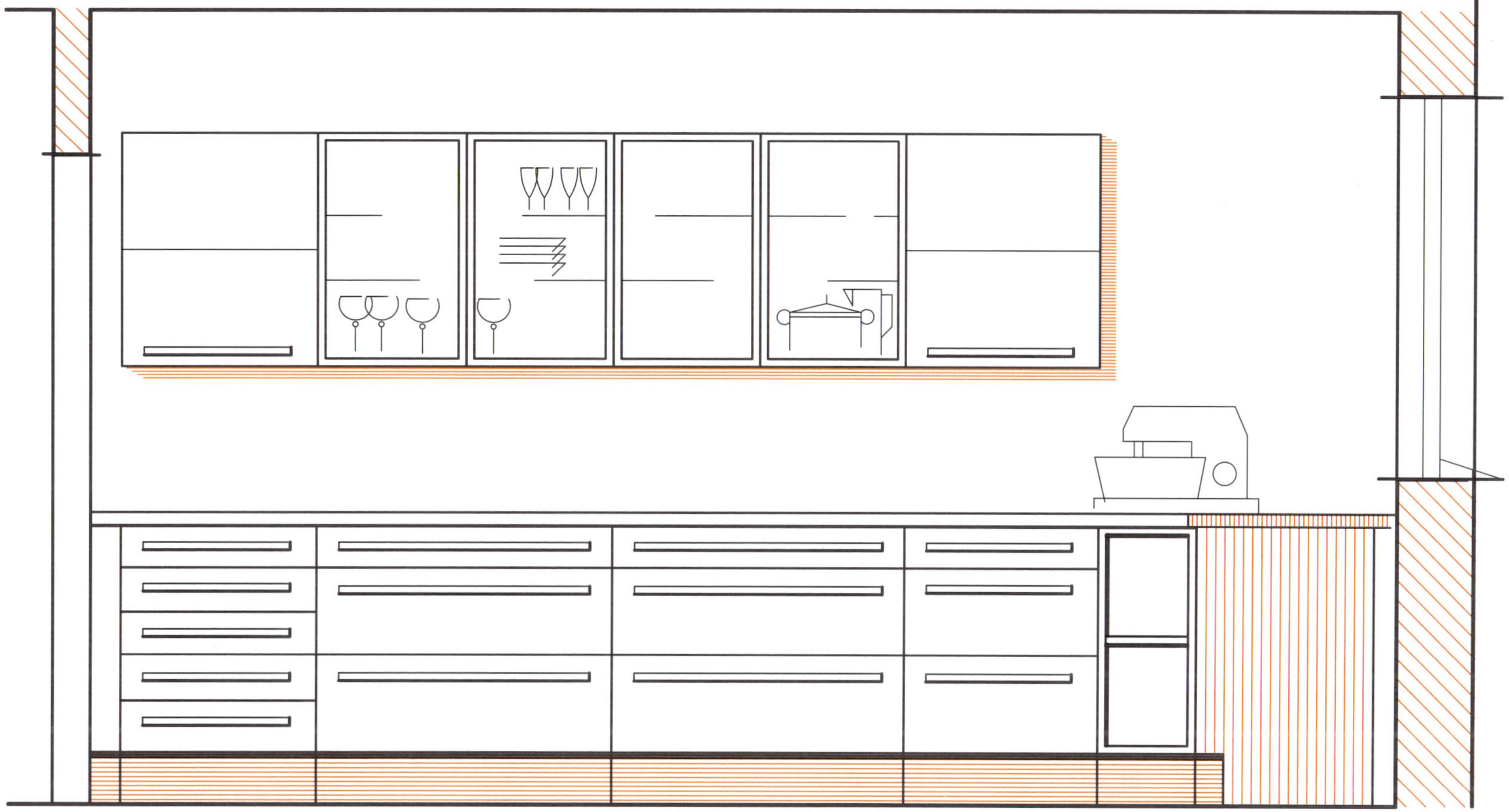

Ansicht der linken Küchenzeile

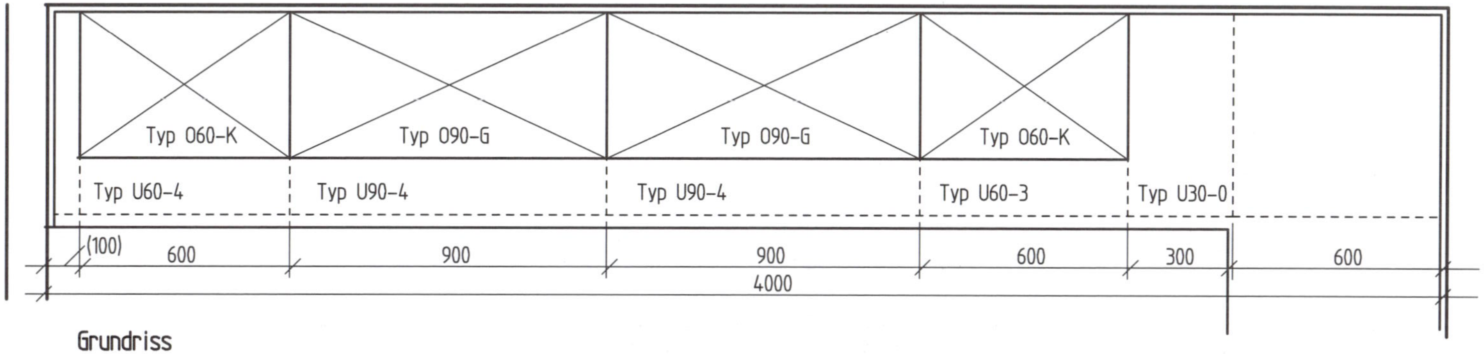

Grundriss

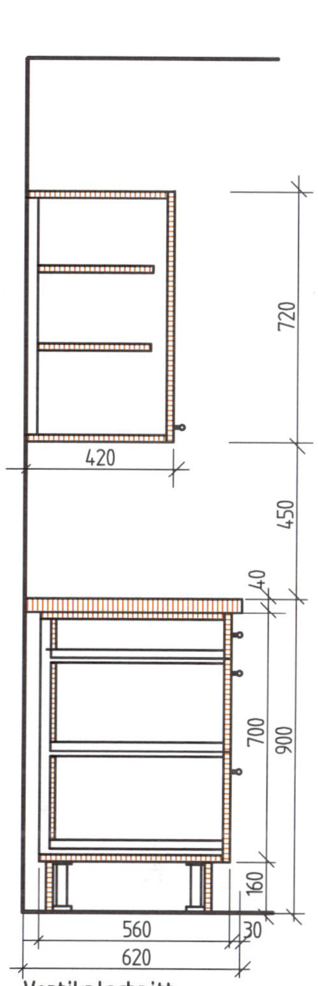

Vertikalschnitt

Einbauküche:
Fronten in Weißbuche, Glastüren in schmalen Alu-Rahmen, Griffe in Edelstahl, Arbeitsplatte und Sockel in HPL-Schieferlook, Korpusteile in MBF P2 (16), weiß. Schubkästen auf mechanischen Führungen, Auszüge auf mechan. Vollauszügen. Unterschränke auf höhenverstellbaren Füßen.

Name	Auftrag 6.2-1	Nr.
Datum	Küchenmöblierung	

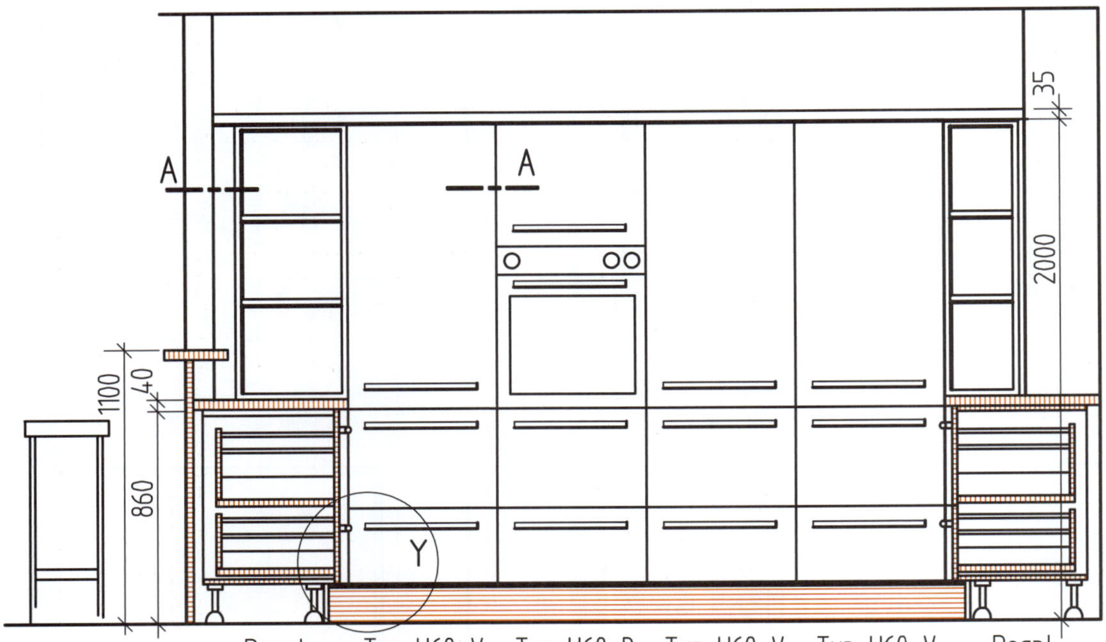

Vorderansicht, Maßstab 1 : 20

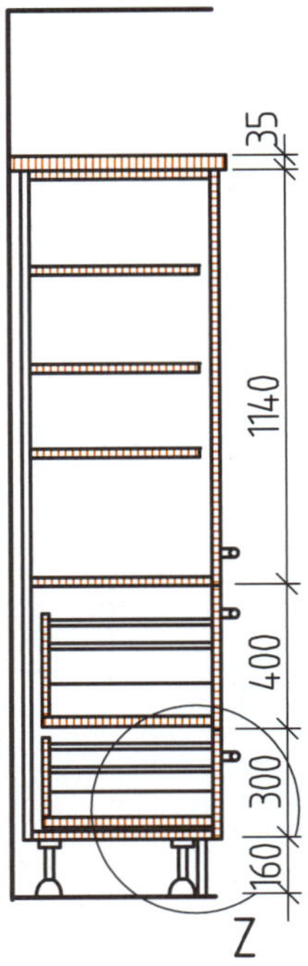

Vertikalschnitt

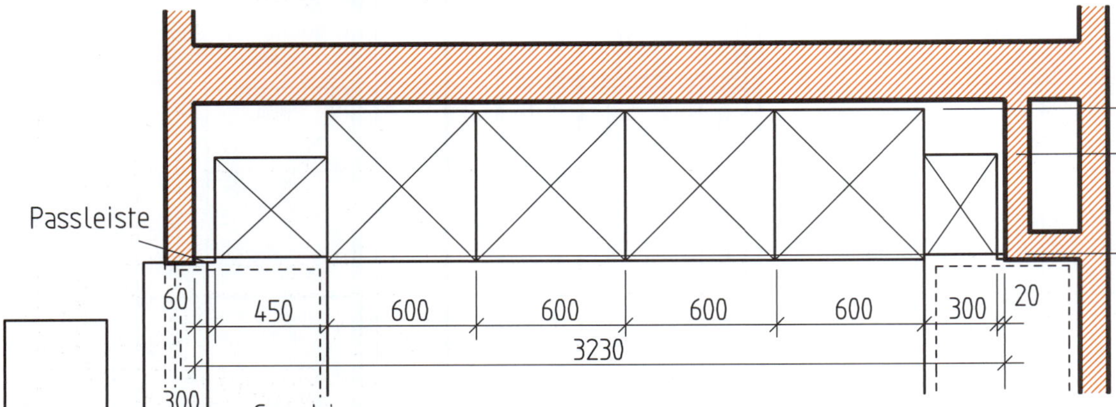

Grundriss

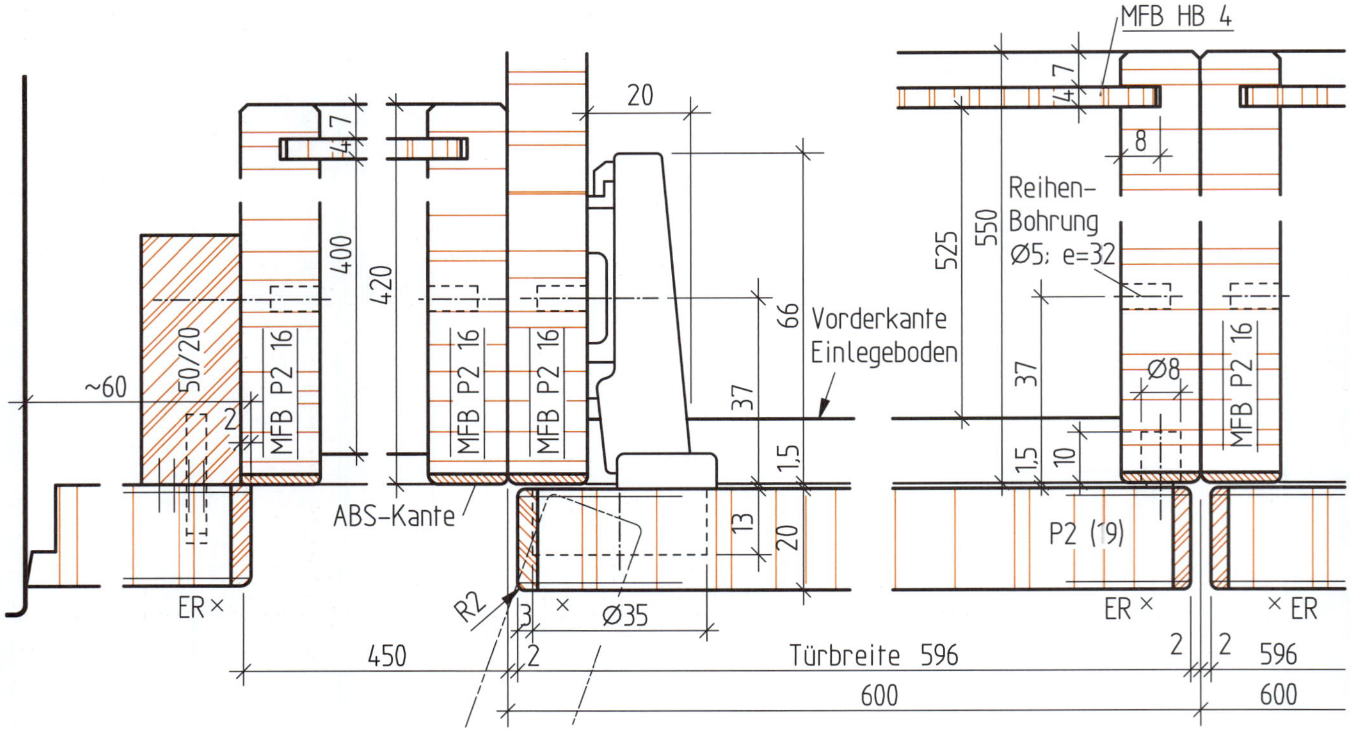

Schnitt A – A

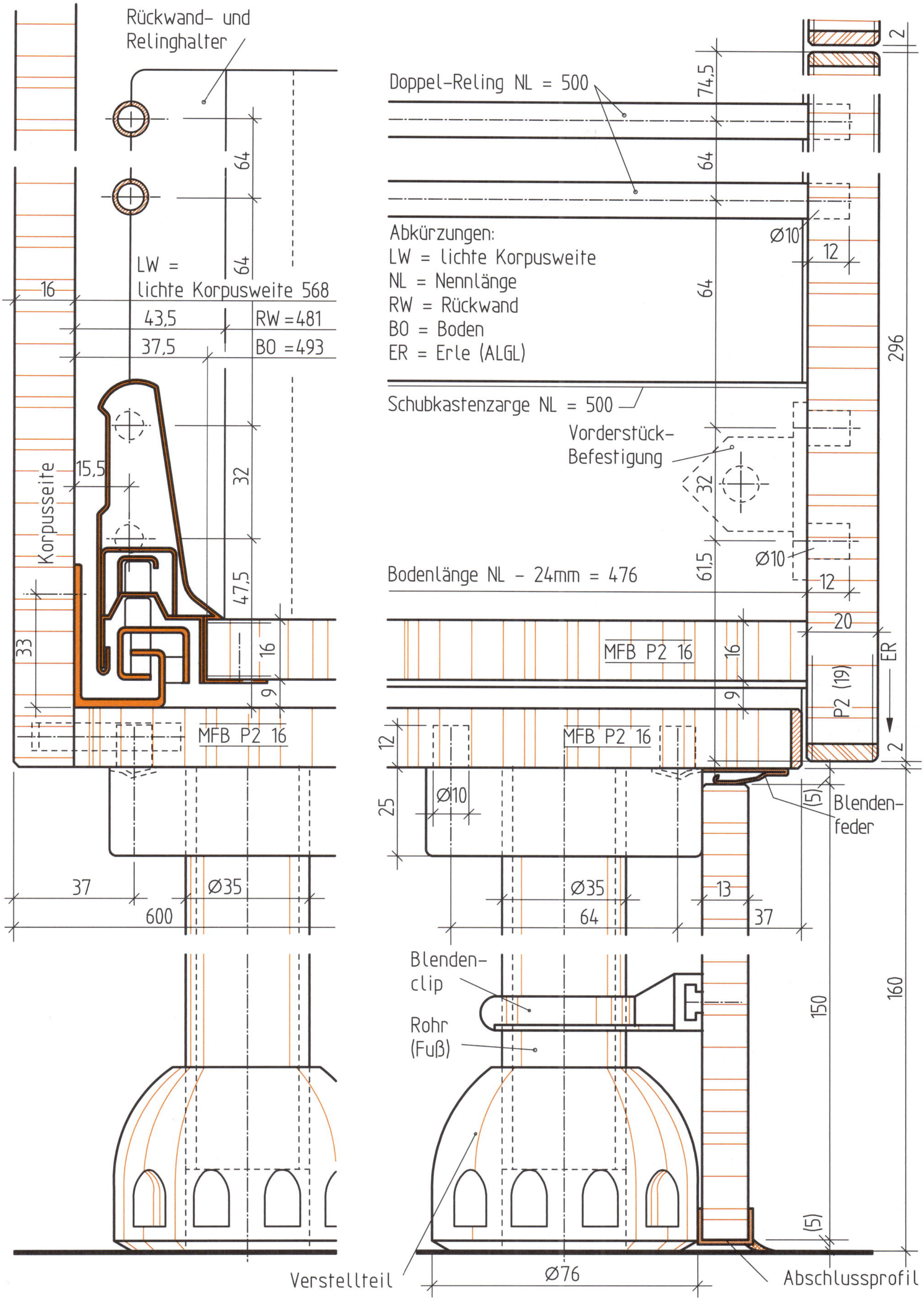

Einzelheit Y

Einzelheit Z

Name	Auftrag 6.2-2	Nr.
Datum	Küchenmöblierung	

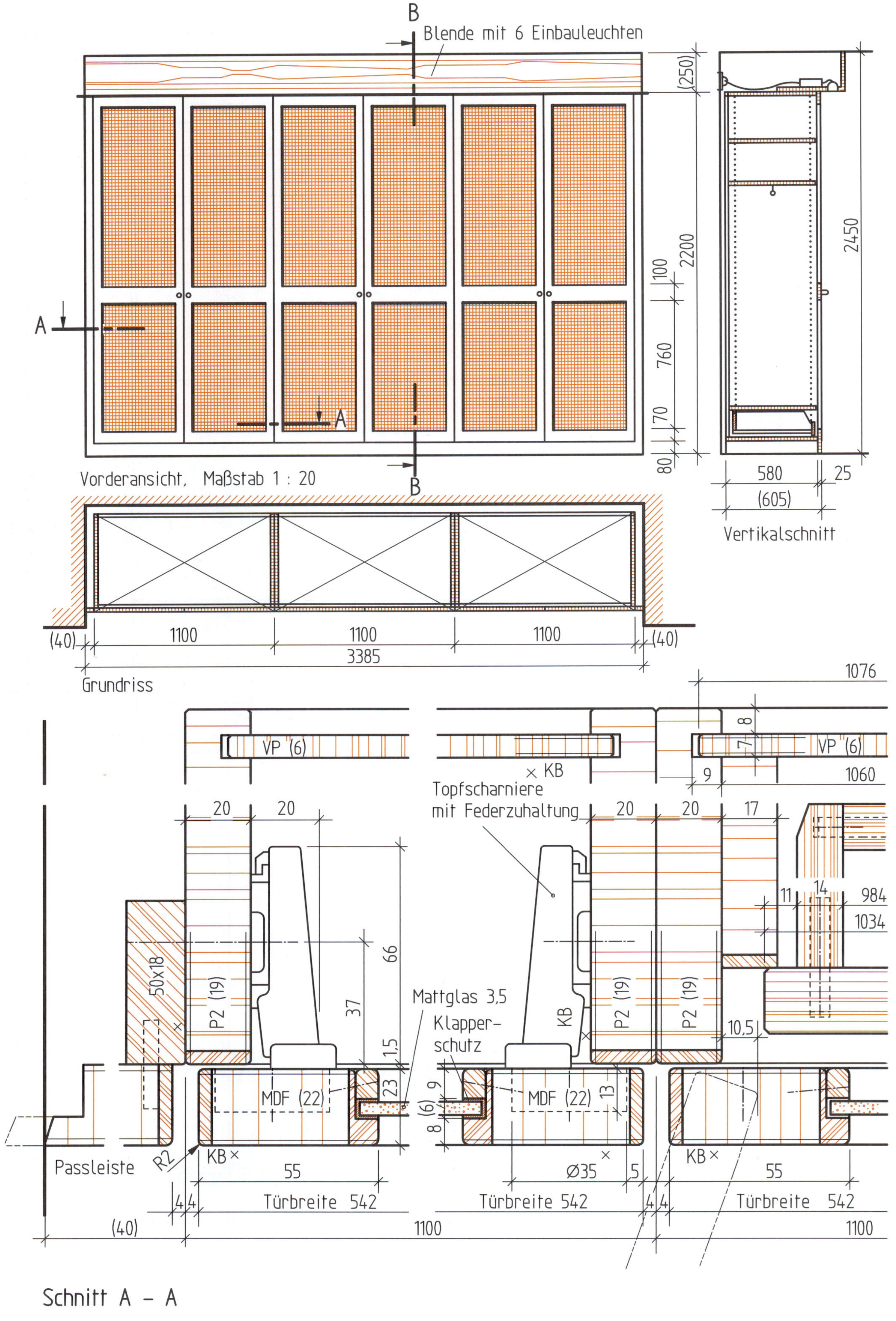
B
Blende mit 6 Einbauleuchten
(250)
2200
2450
100
760
70
80
580
25
(605)
Vertikalschnitt
A
Vorderansicht, Maßstab 1 : 20
(40)
1100
1100
1100
(40)
3385
Grundriss
1076
VP (6)
× KB
Topfscharniere
mit Federzuhaltung
8
7
9
1060
20
20
17
66
37
1,5
50x18
P2 (19)
Mattglas 3,5
Klapper-
schutz
KB
11
14
984
1034
10,5
MDF (22)
23
9
(6)
8
13
Passleiste
R2
KB ×
55
Ø35
5
4
Türbreite 542
1100
Schnitt A – A

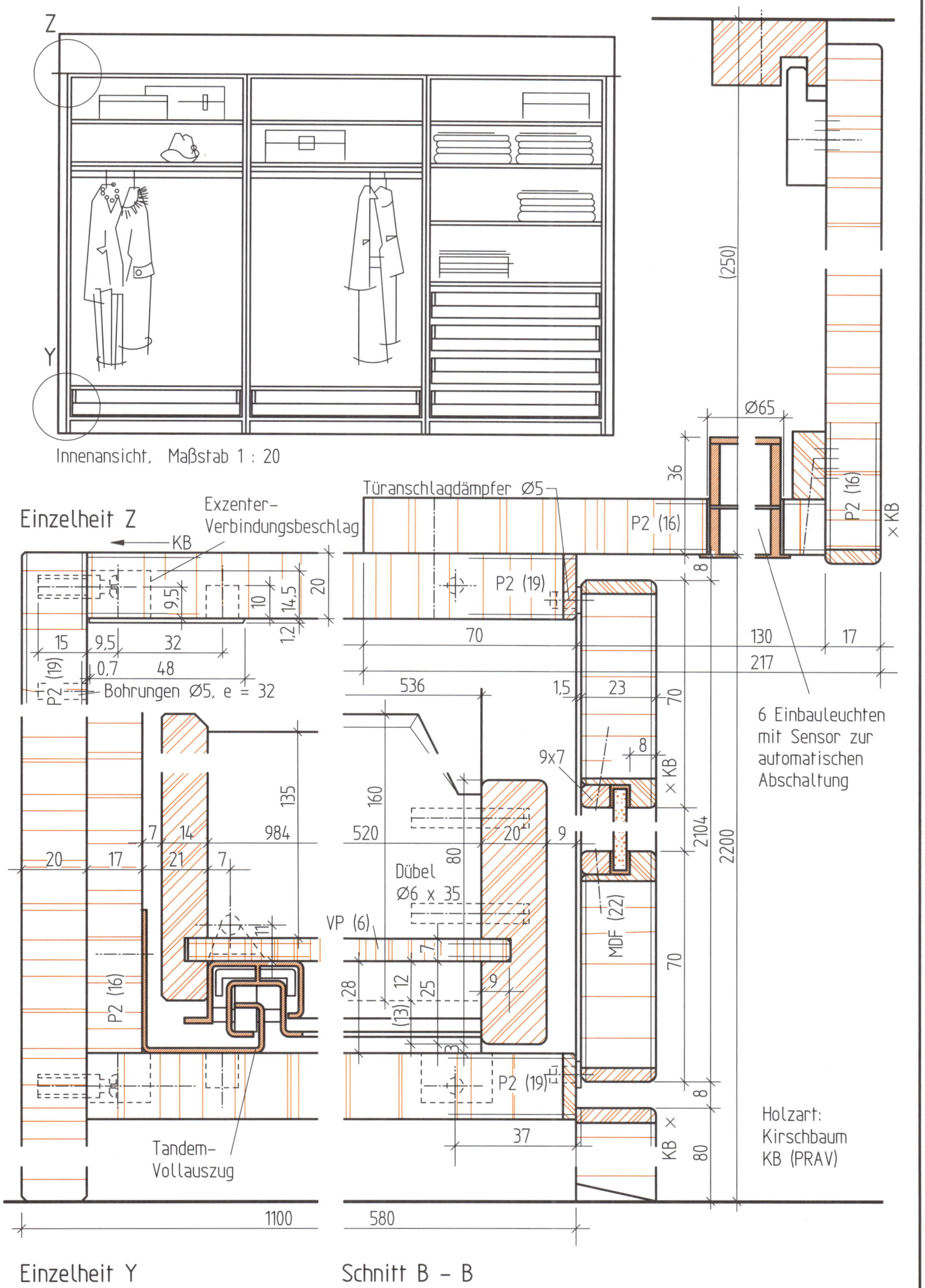

Name	Auftrag 6.3-2	Nr.
Datum	Kleiderschrank in Kirschb.	

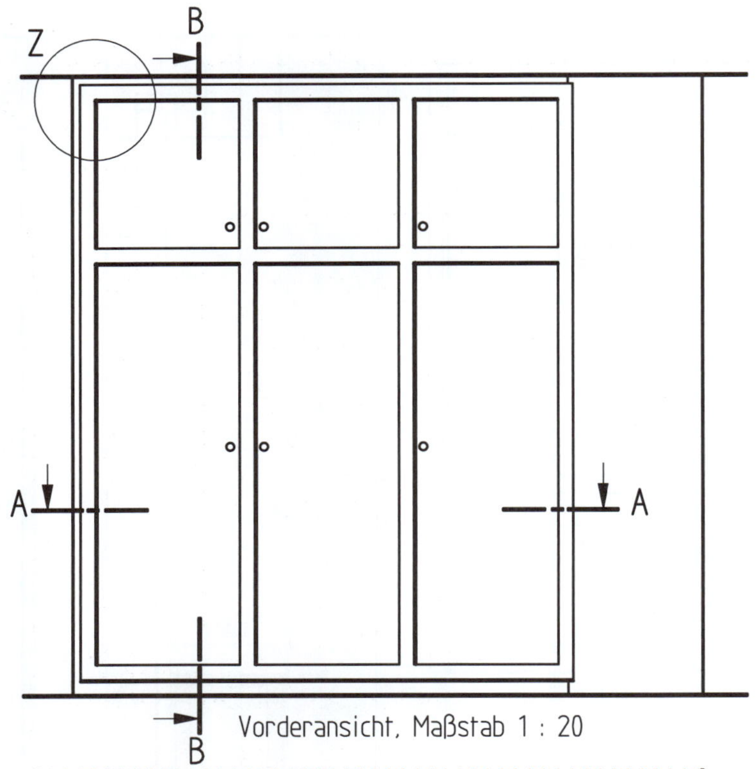

Vorderansicht, Maßstab 1 : 20

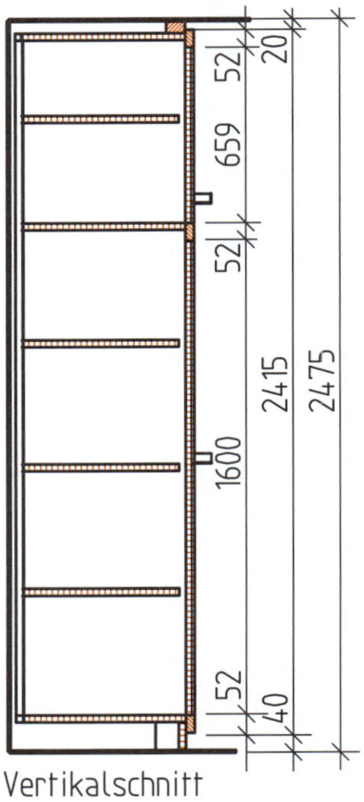

Vertikalschnitt

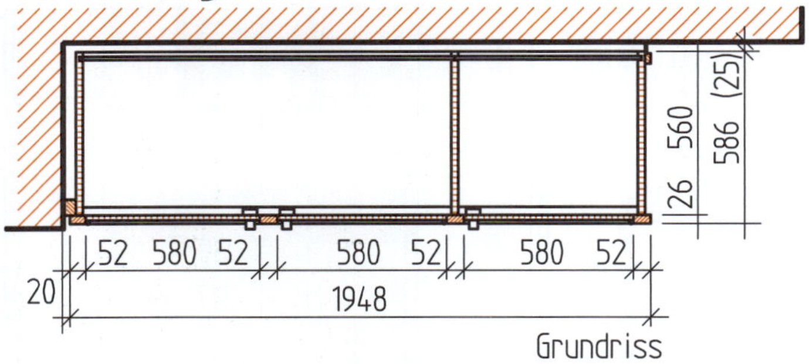

Grundriss

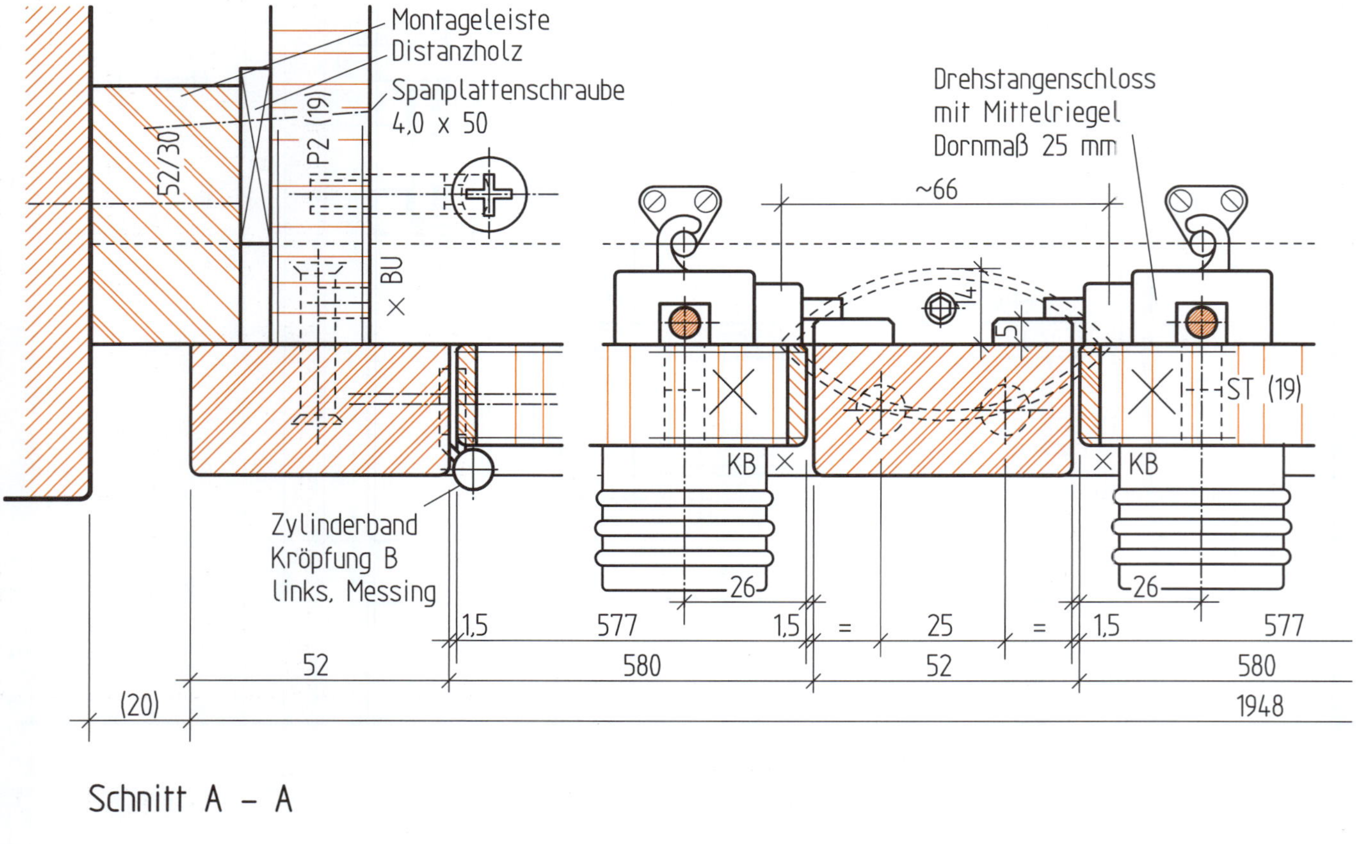

Schnitt A – A

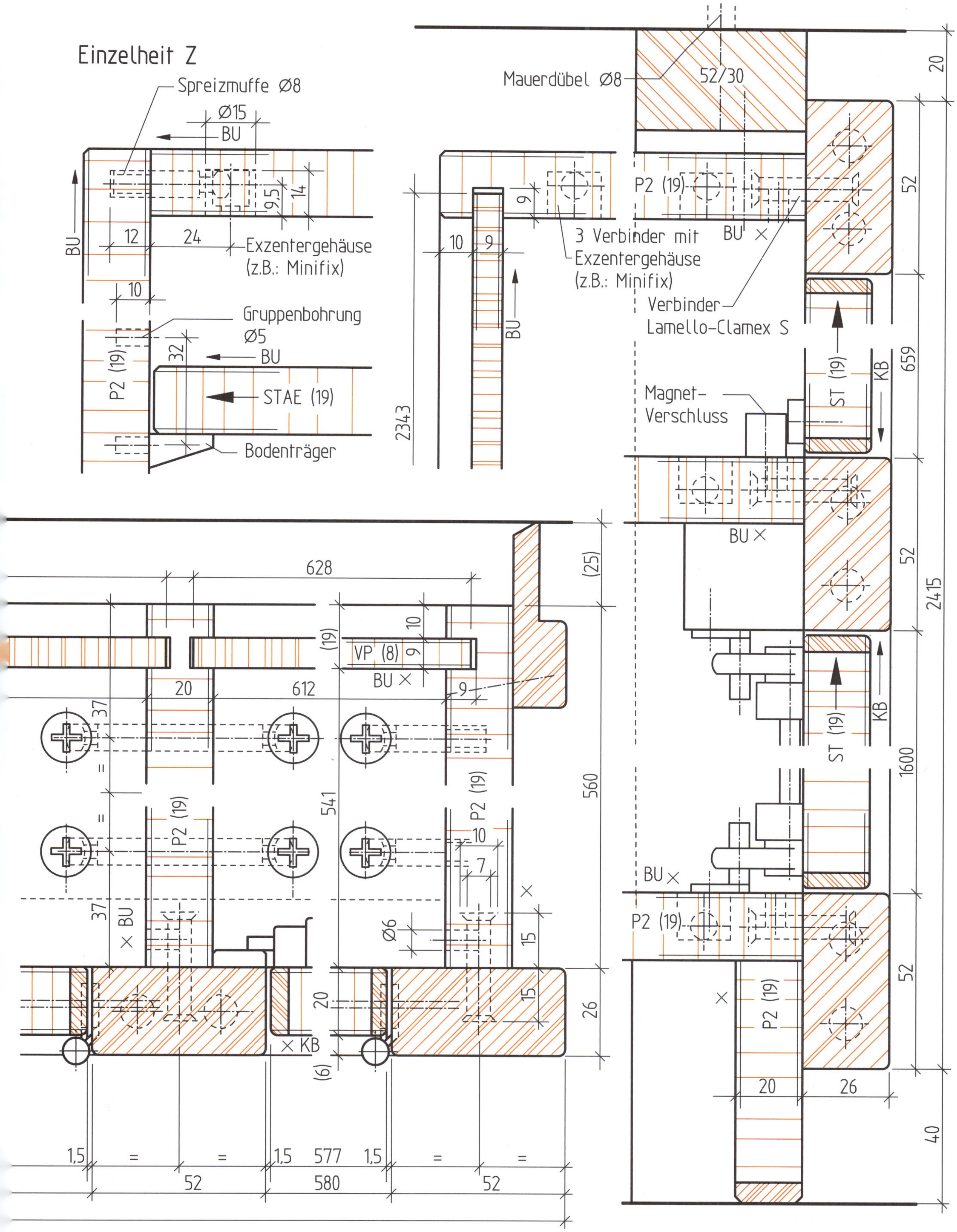

Holzart: außen in Kirschbaum KB (PRAV)
innen in Buche BU (FASY)

Schnitt B – B

Name	Auftrag 7.1-1	Nr.
Datum	Wandschrank in Kirschbaum	

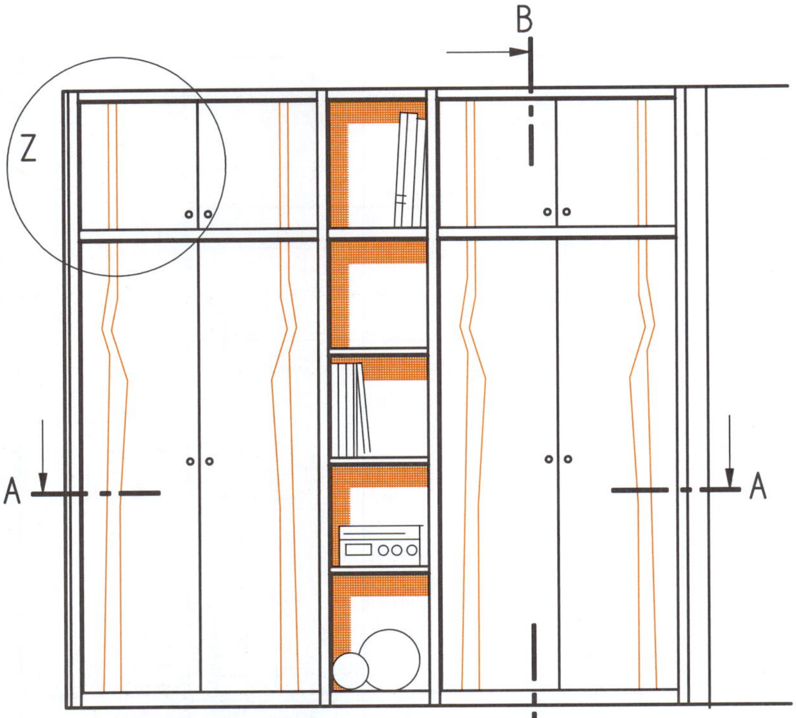

Vorderansicht Maßstab 1 : 20

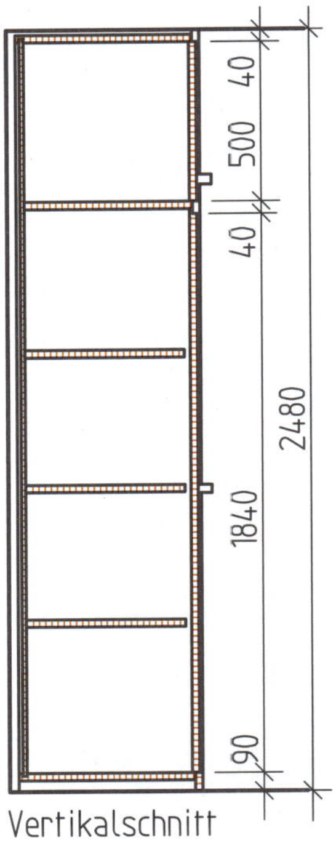

Vertikalschnitt

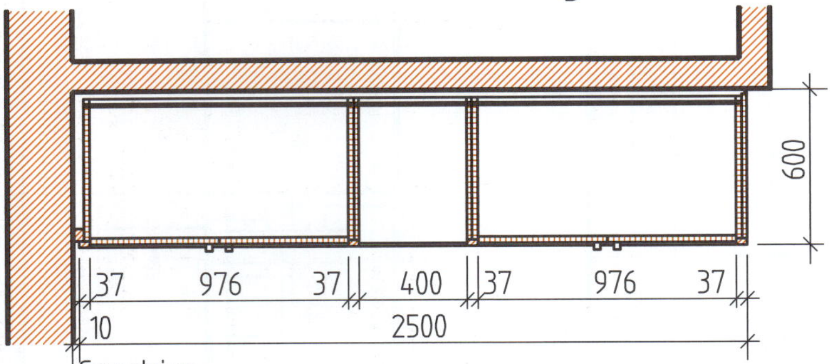

Grundriss

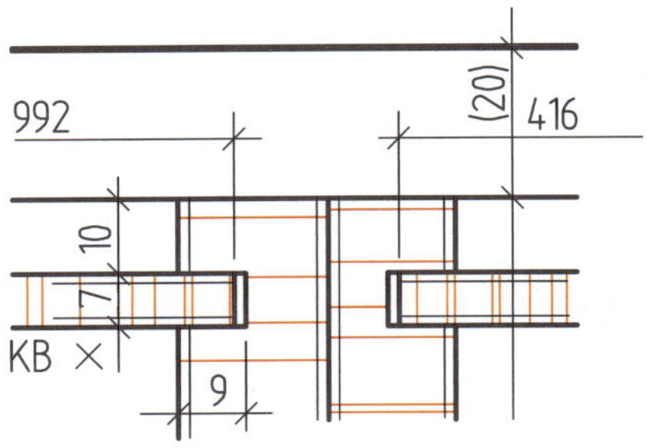

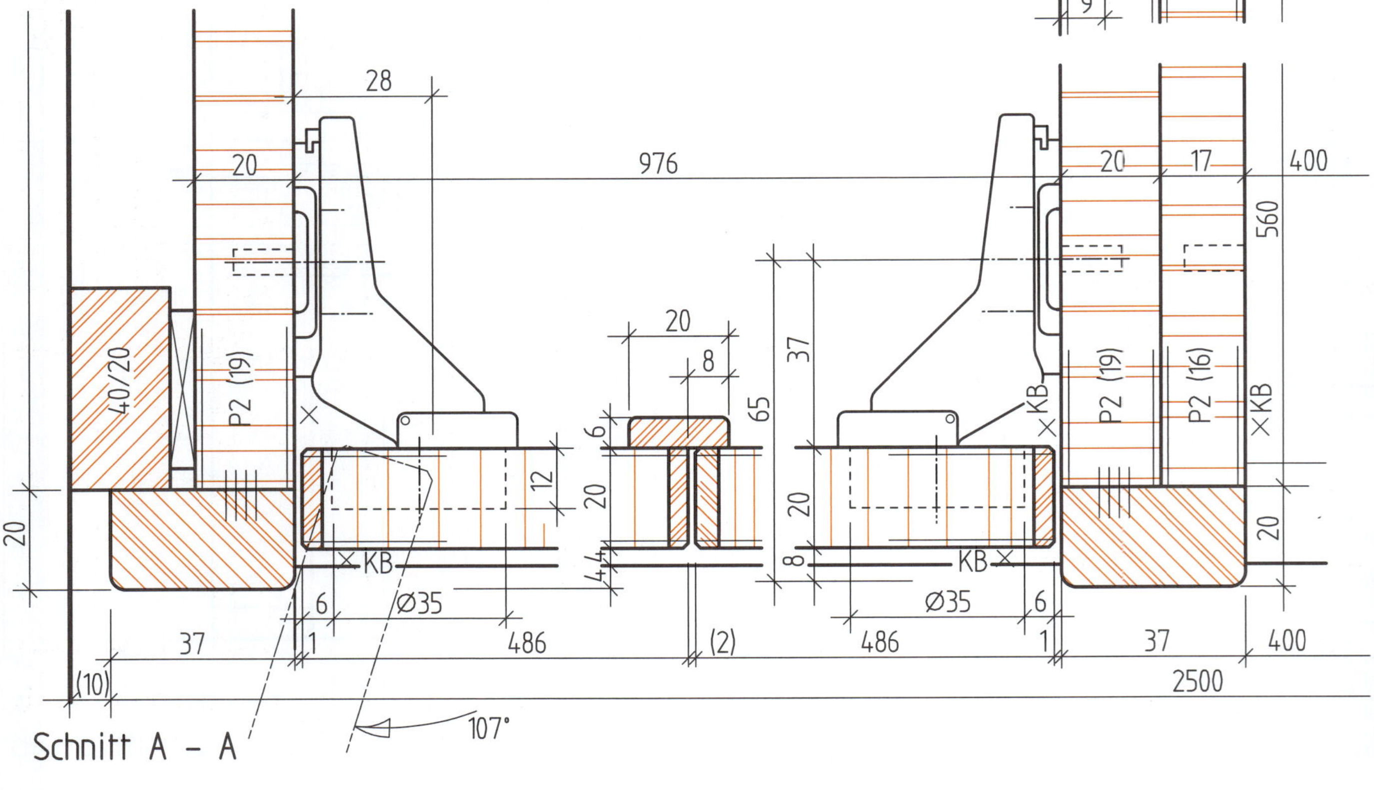

Schnitt A – A

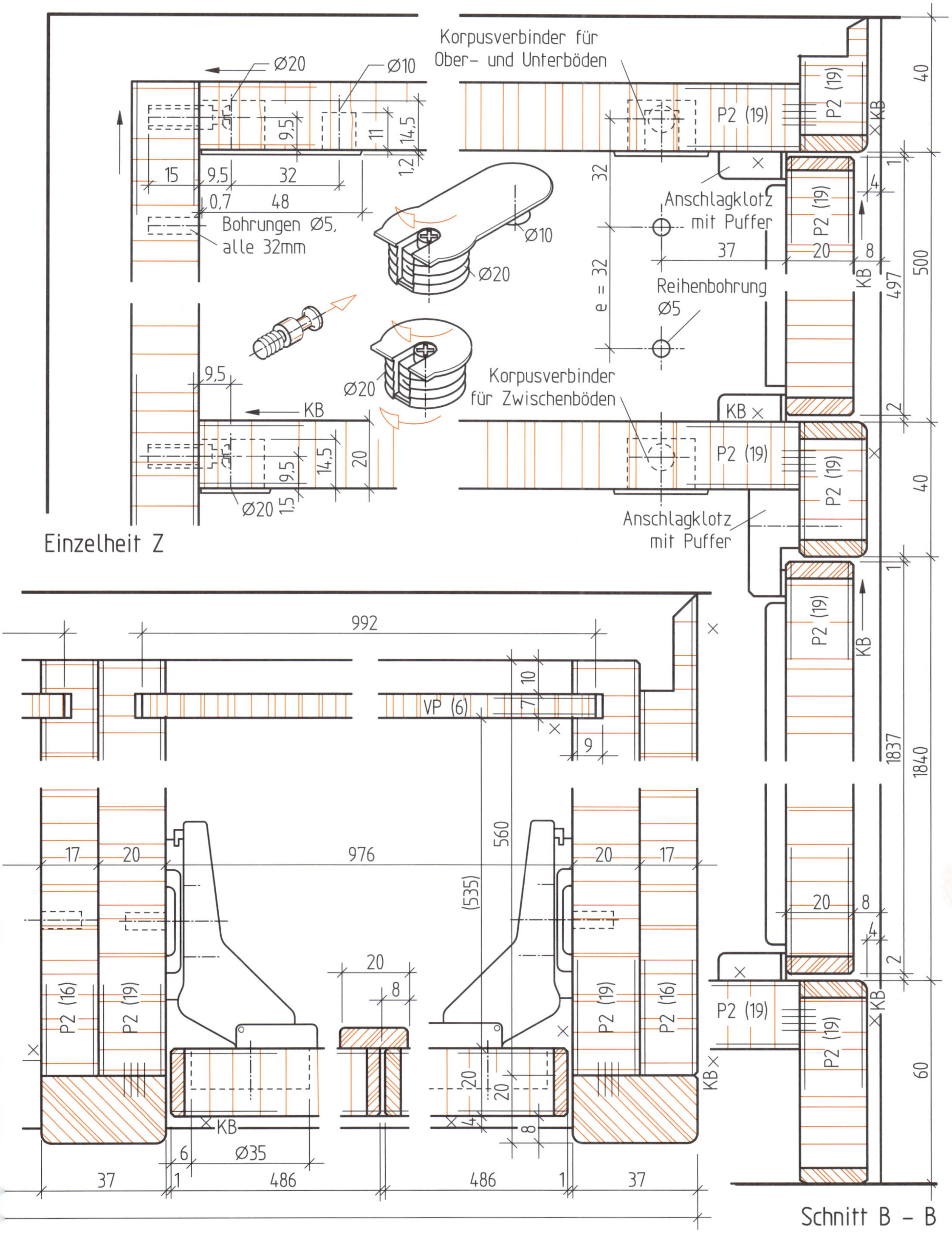

Holzart Kirschbaum = KB (PRAV)

Name	Auftrag 7.1-5	Nr.
Datum	Einbauschrank mit Frontrahmen	

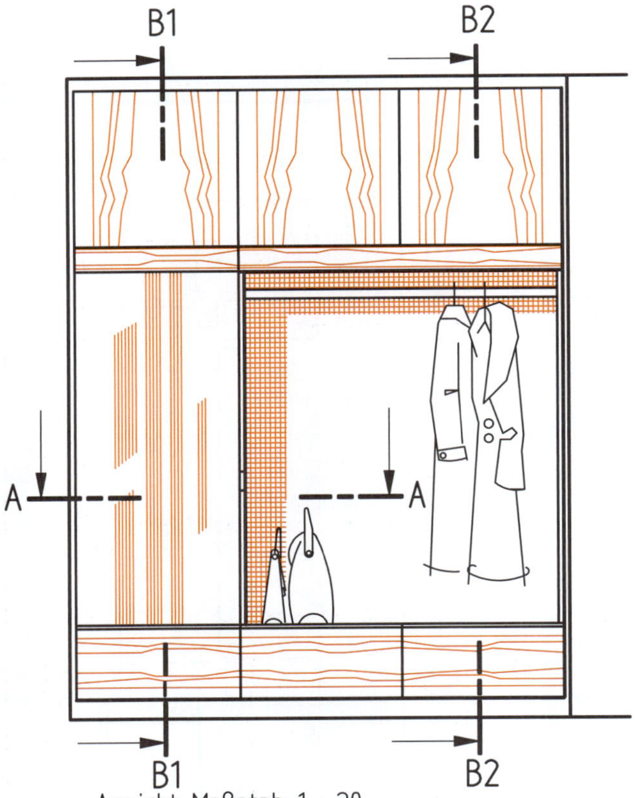

Ansicht Maßstab 1 : 20

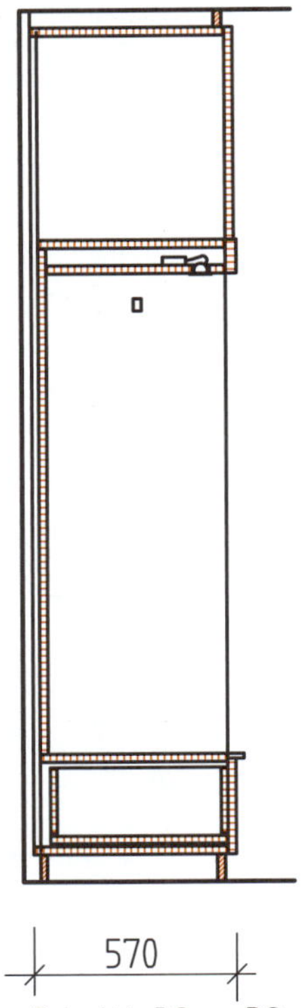

Schnitt B2 – B2

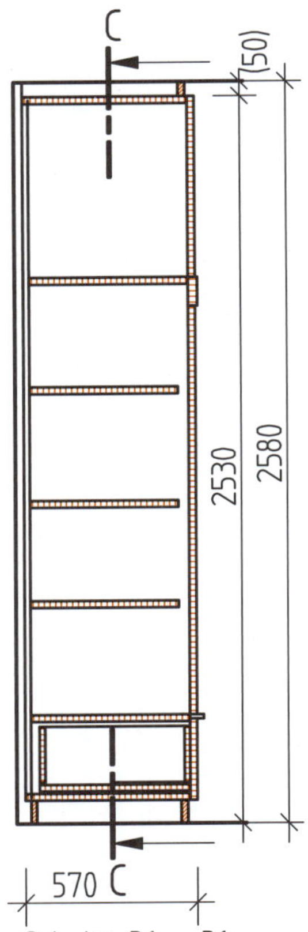

Schnitt B1 – B1

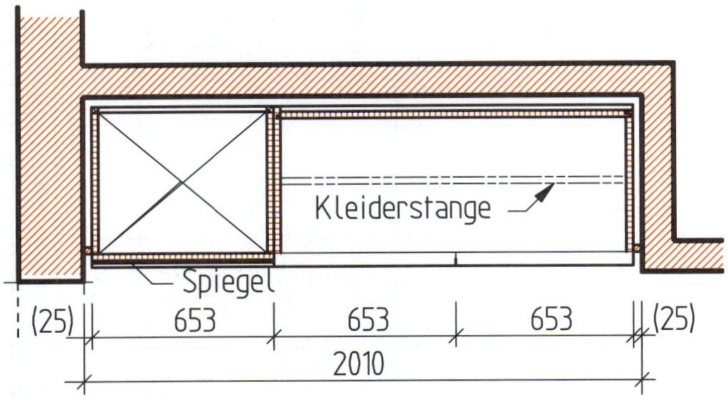

Grundriss

Horizontalschnitt A – A

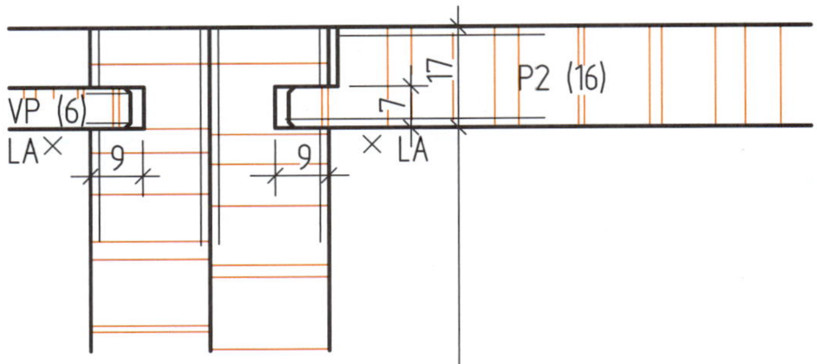

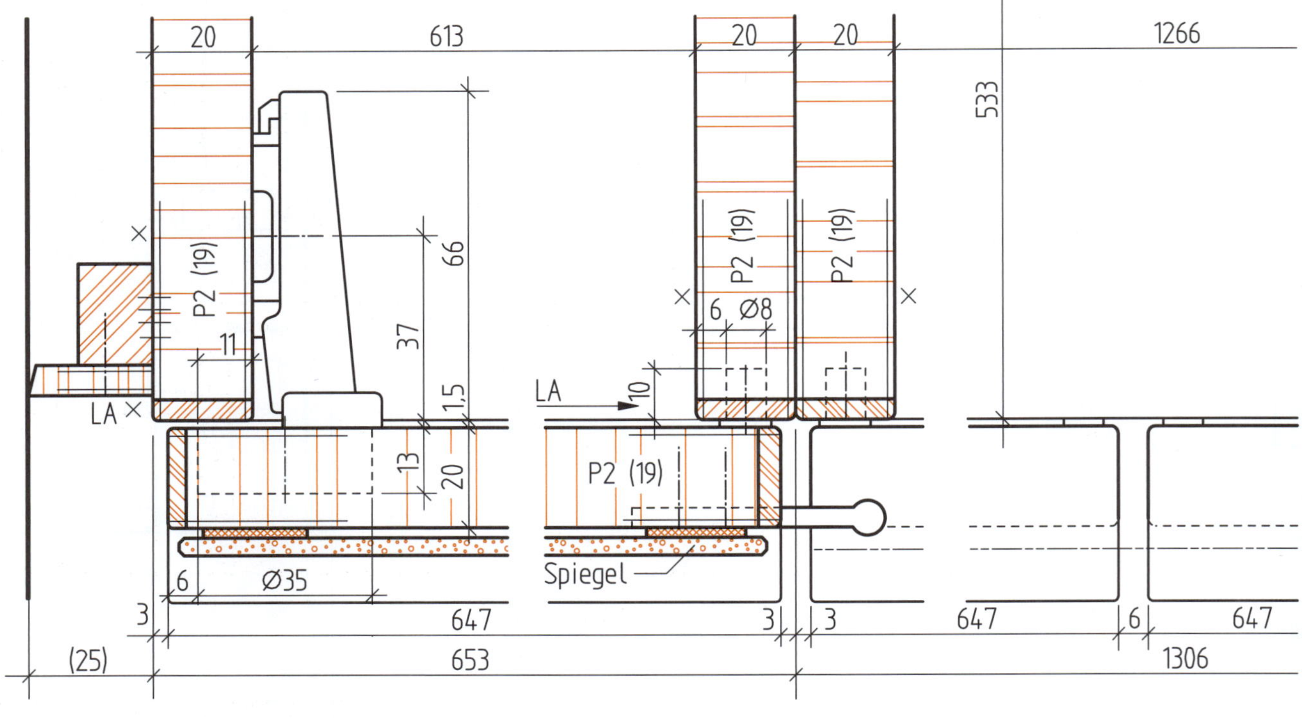

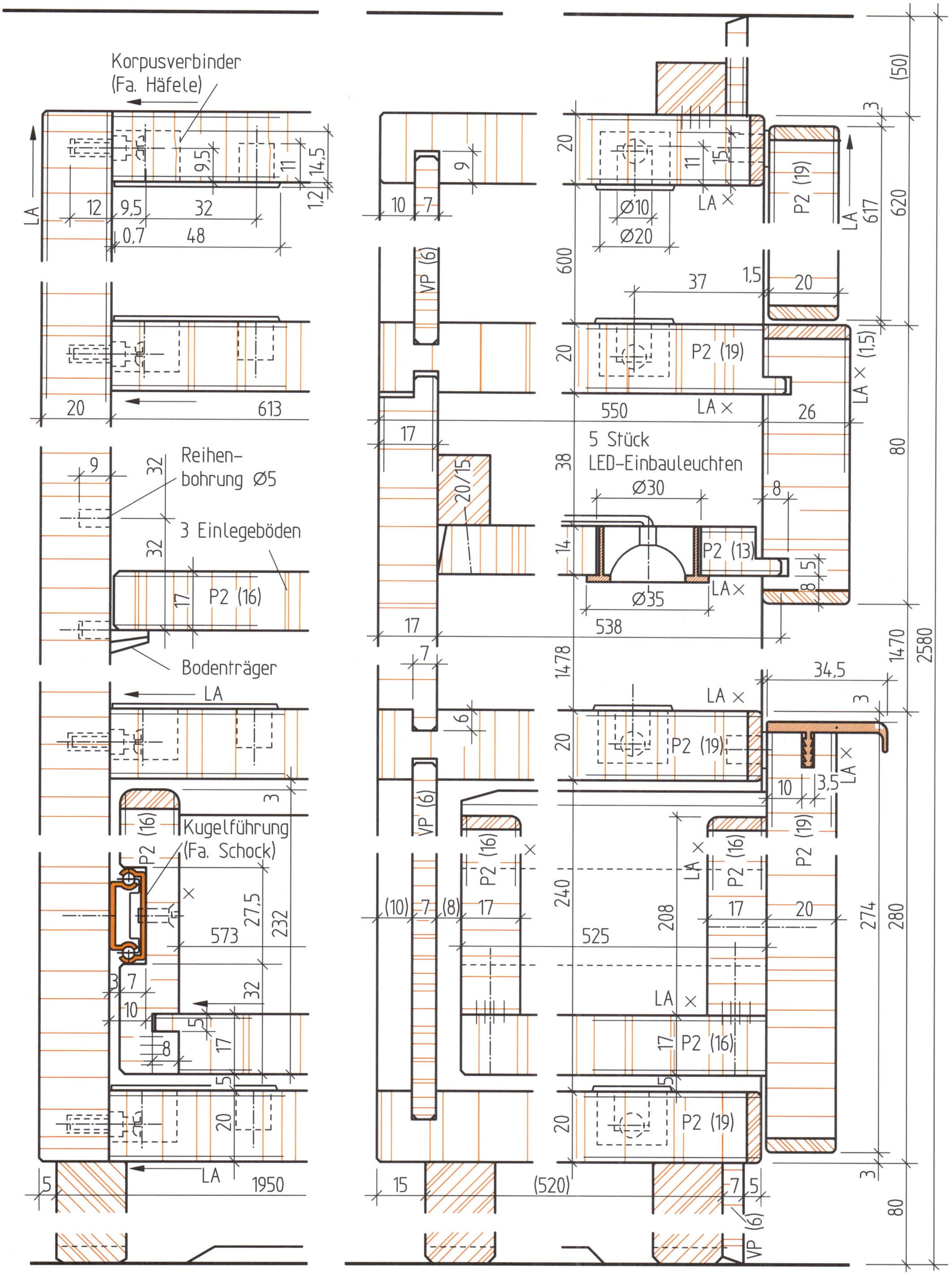

Frontalschnitt C – C

Vertikalschnitt B2 – B2

Holzart: LA Lärche (LADC)

Name	Auftrag 7.1–7	Nr.
Datum	Eingebaute Garderobe	

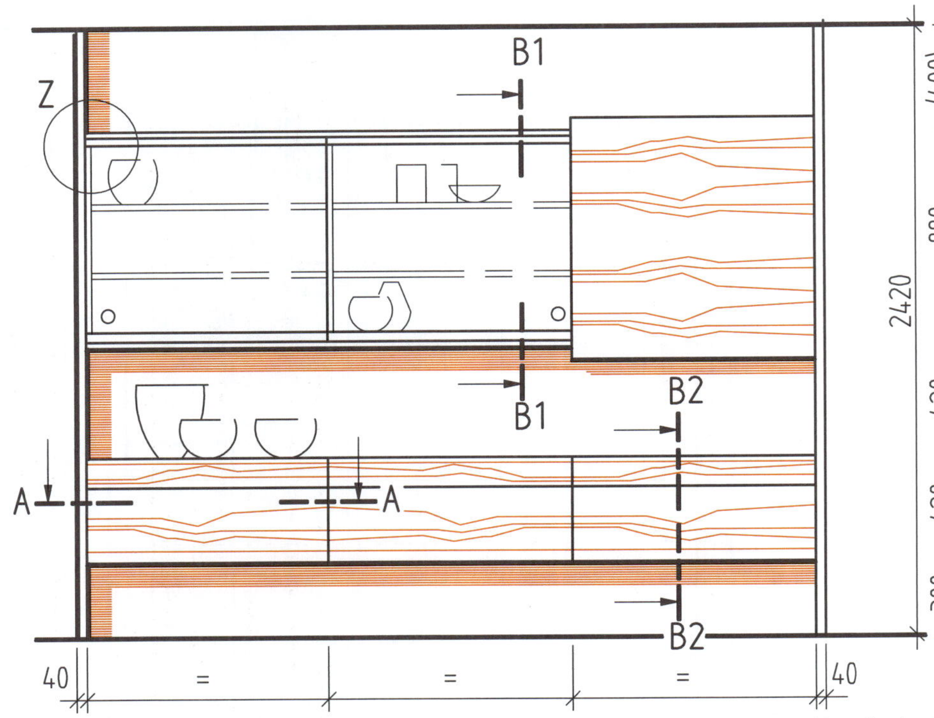

Vorderansicht

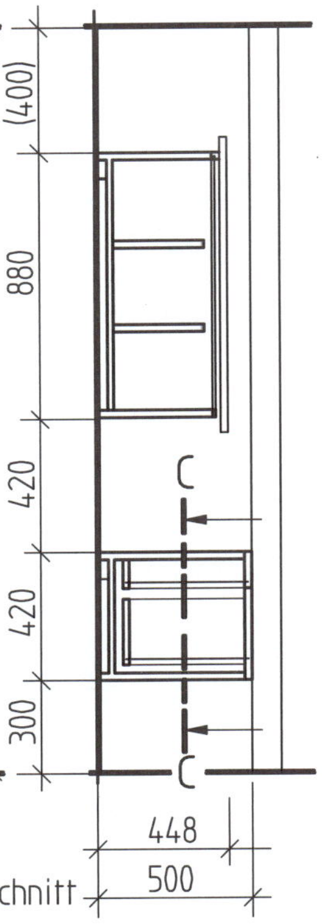

Vertikalschnitt

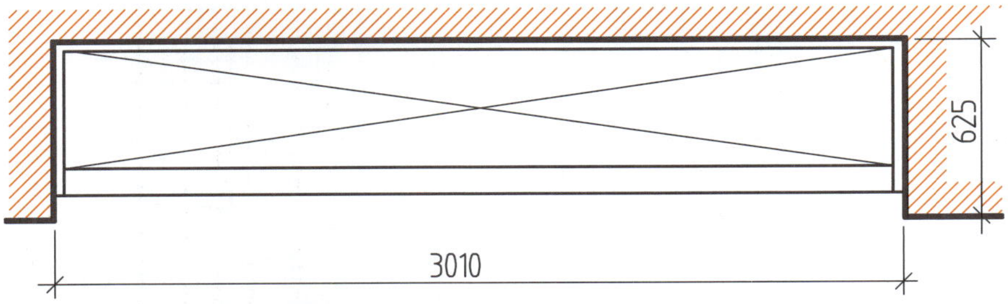

Grundriss mit Rohbaumaßen

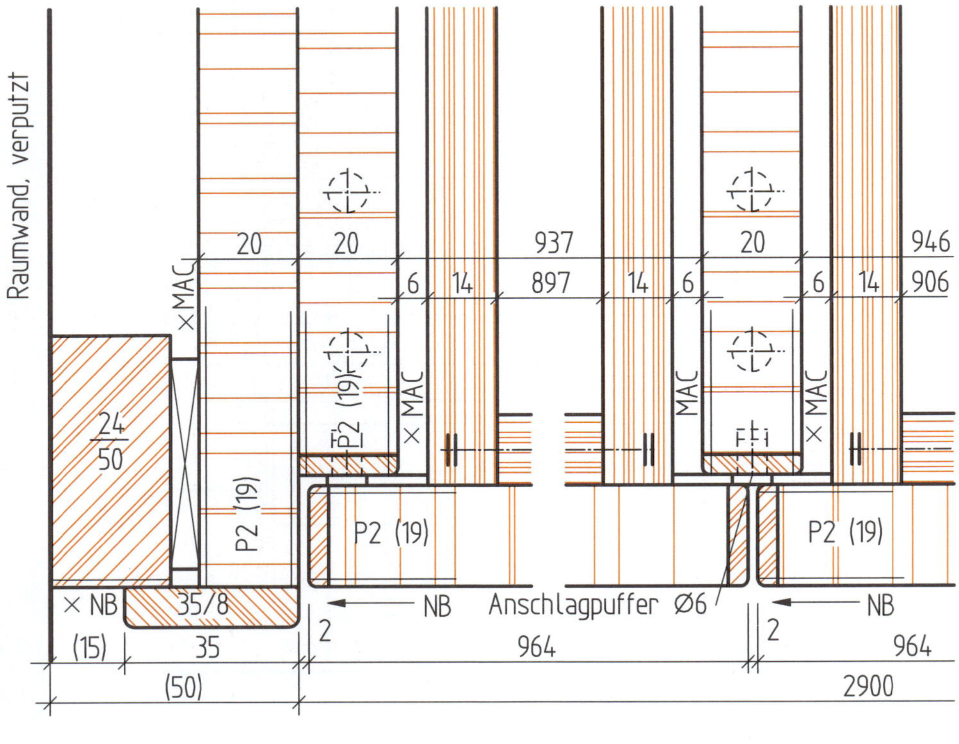

Schnitt A – A

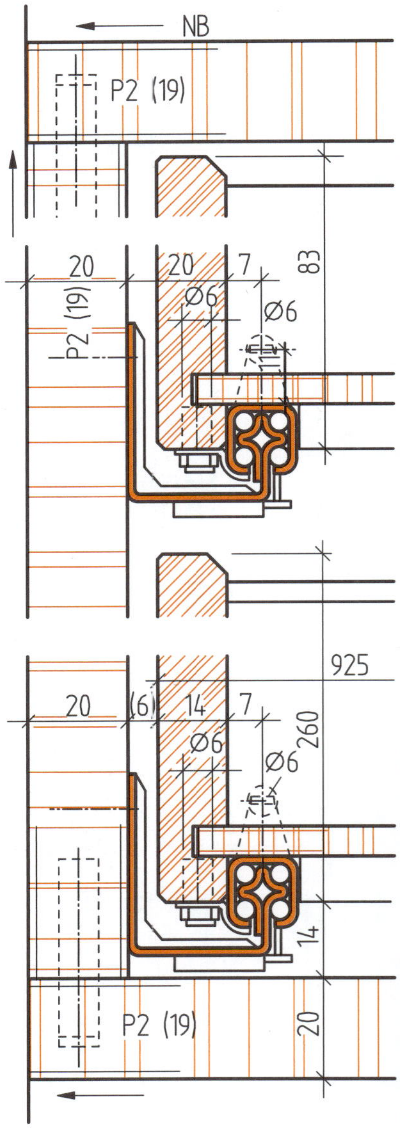

Schnitt C – C

Einzelheit Z

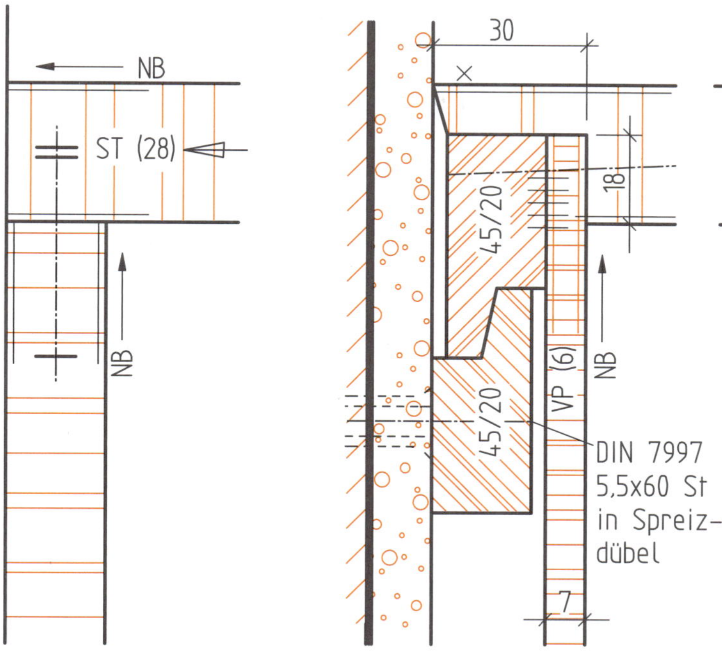

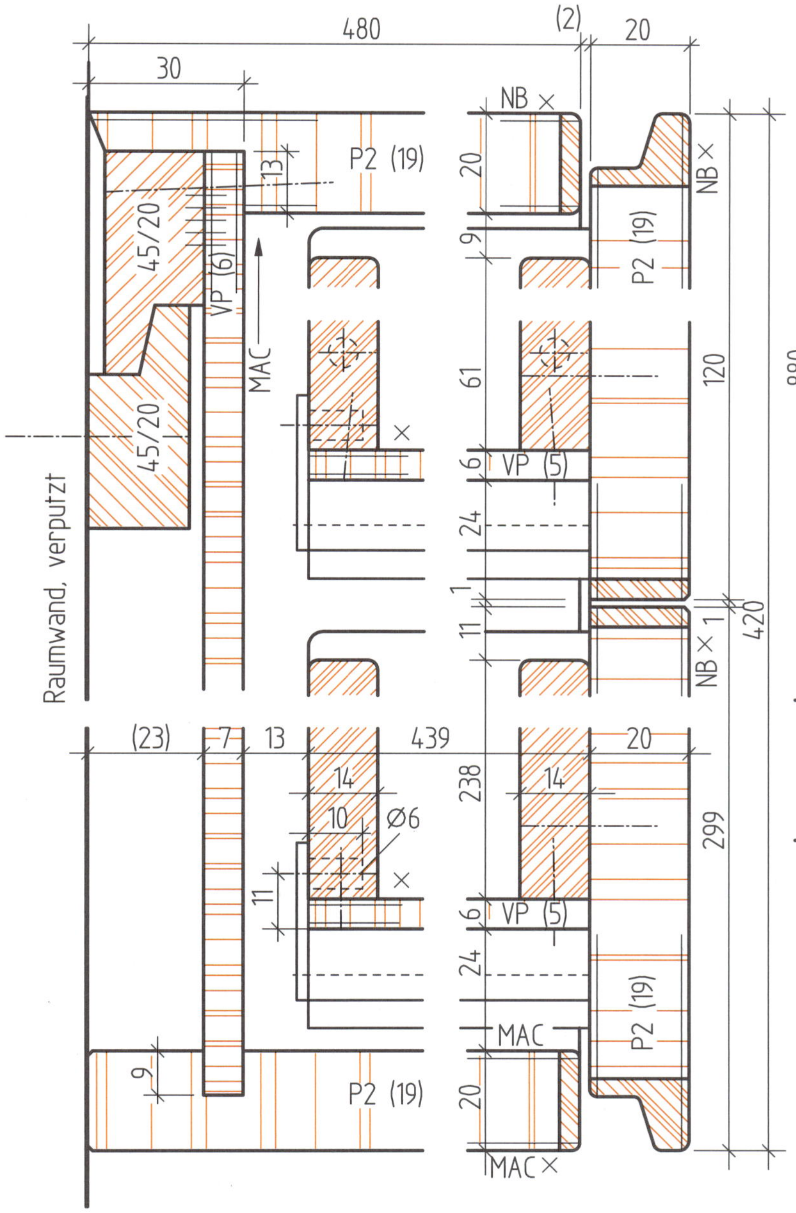

Schnitt B2 - B2

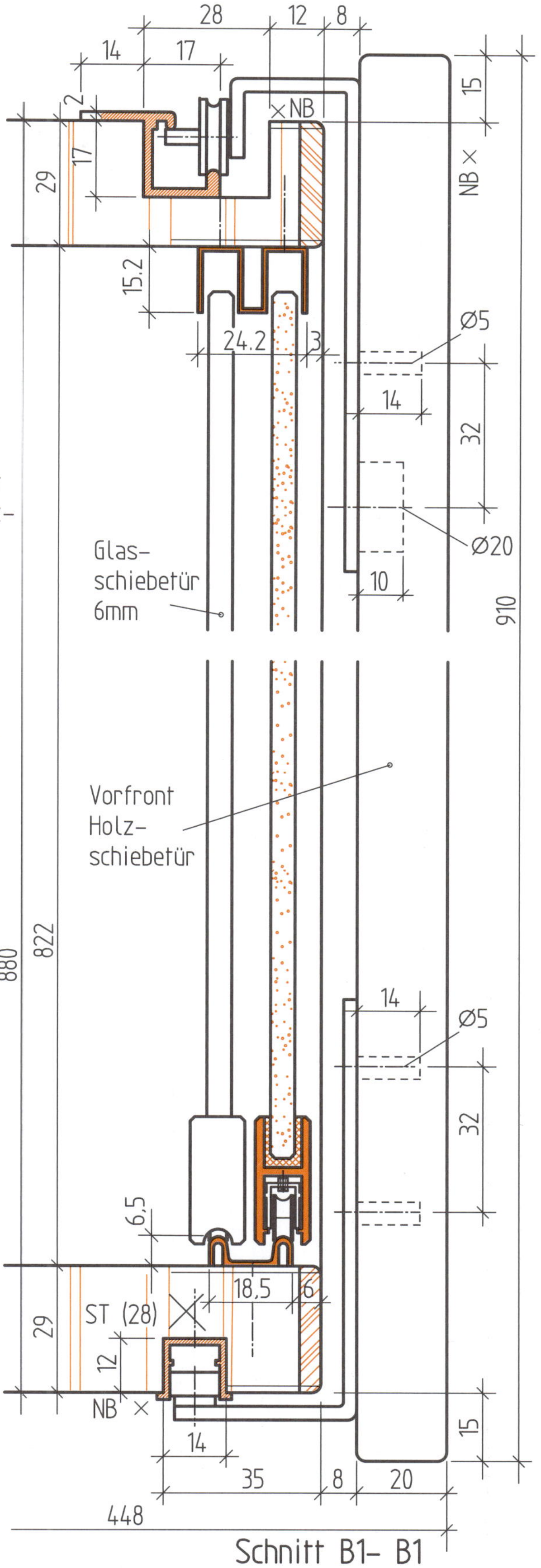

Schnitt B1- B1

Holzart außen Nussbaum NB (JGRG)
Holzart nicht sichtbarer Innenflächen in Makoré MAC (TGHC)

Name	Auftrag 7.2-1	Nr.
Datum	Wandschrank in Nische	

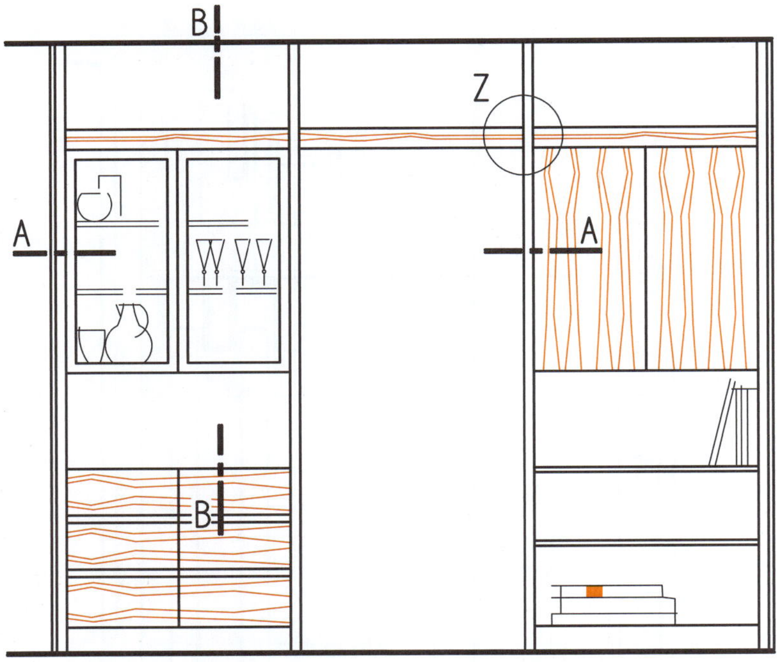

Vorderansicht, Maßstab 1 : 20

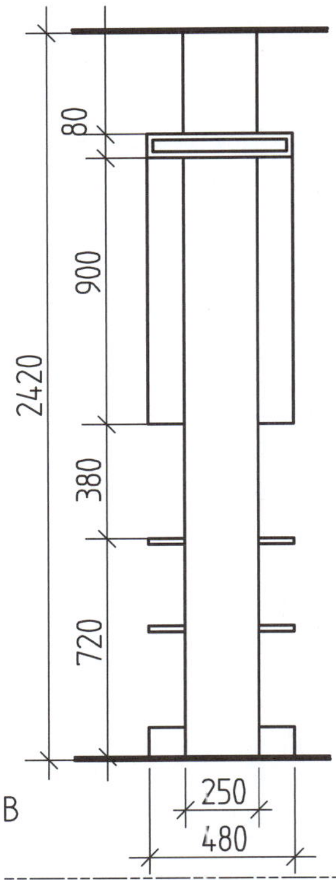

Schnitt B – B

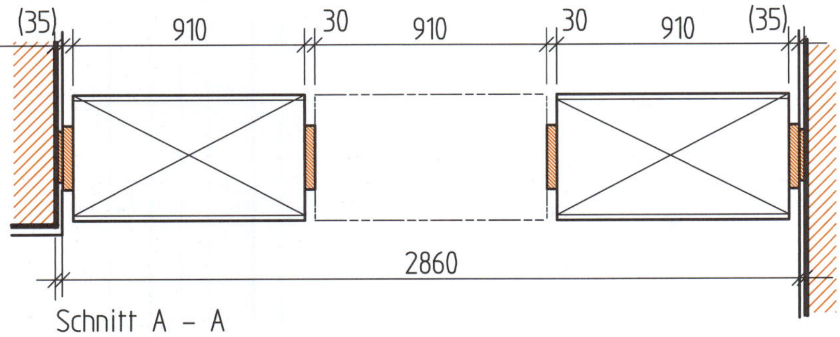

Schnitt A – A

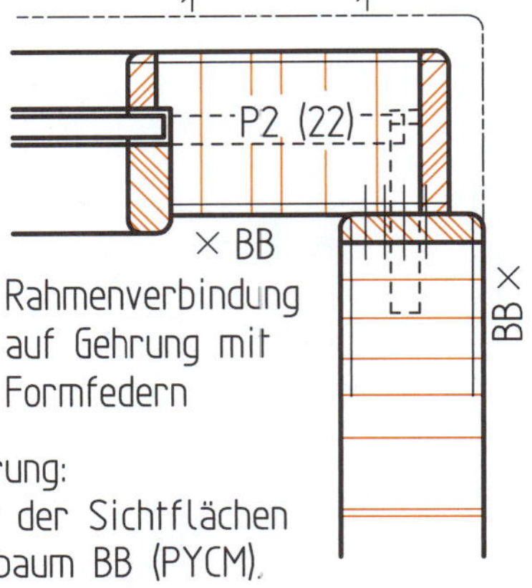

Ausführung:
Holzart der Sichtflächen in Birnbaum BB (PYCM),
Holzart der Blindflächen in Makoré MAC (TGHC),
Schubkästen in Ahorn

Schnitt A – A

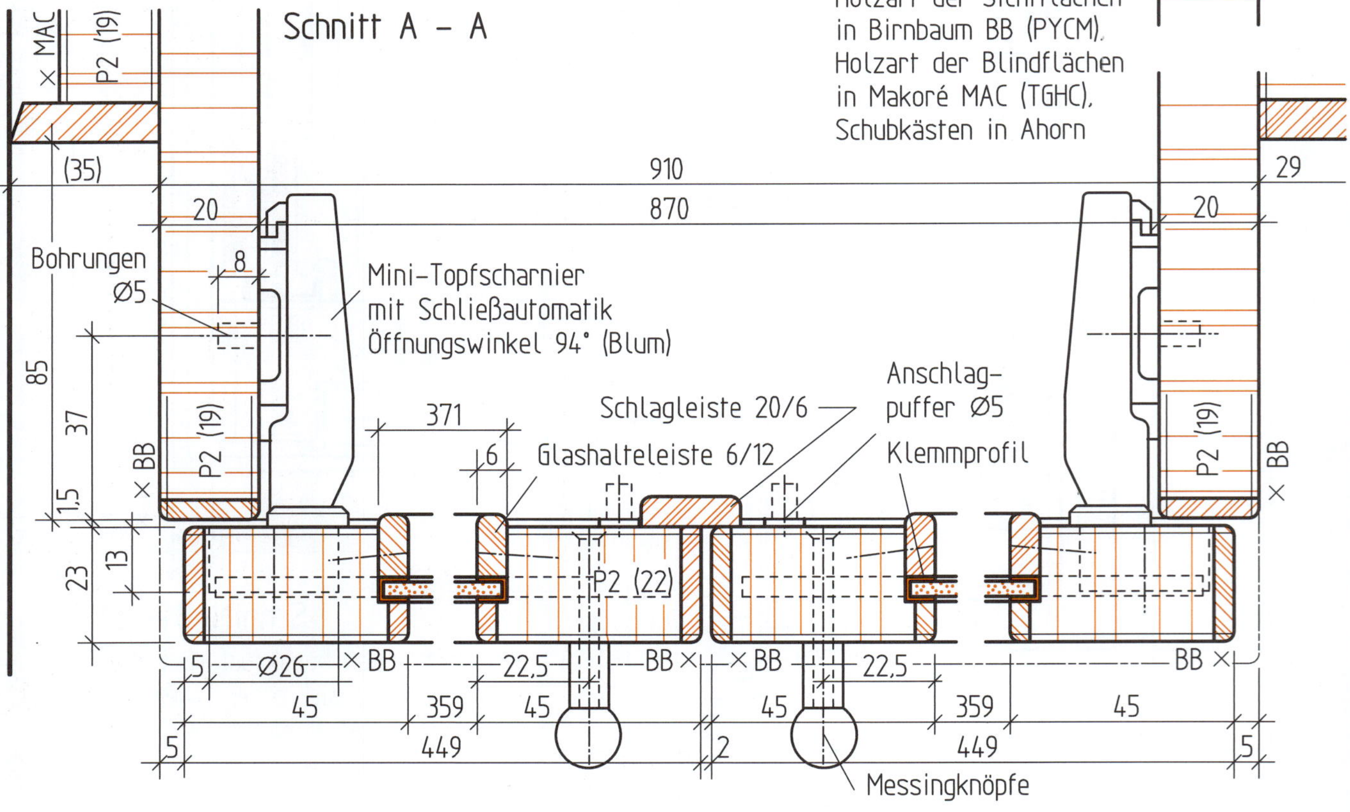

Einzelheit Z

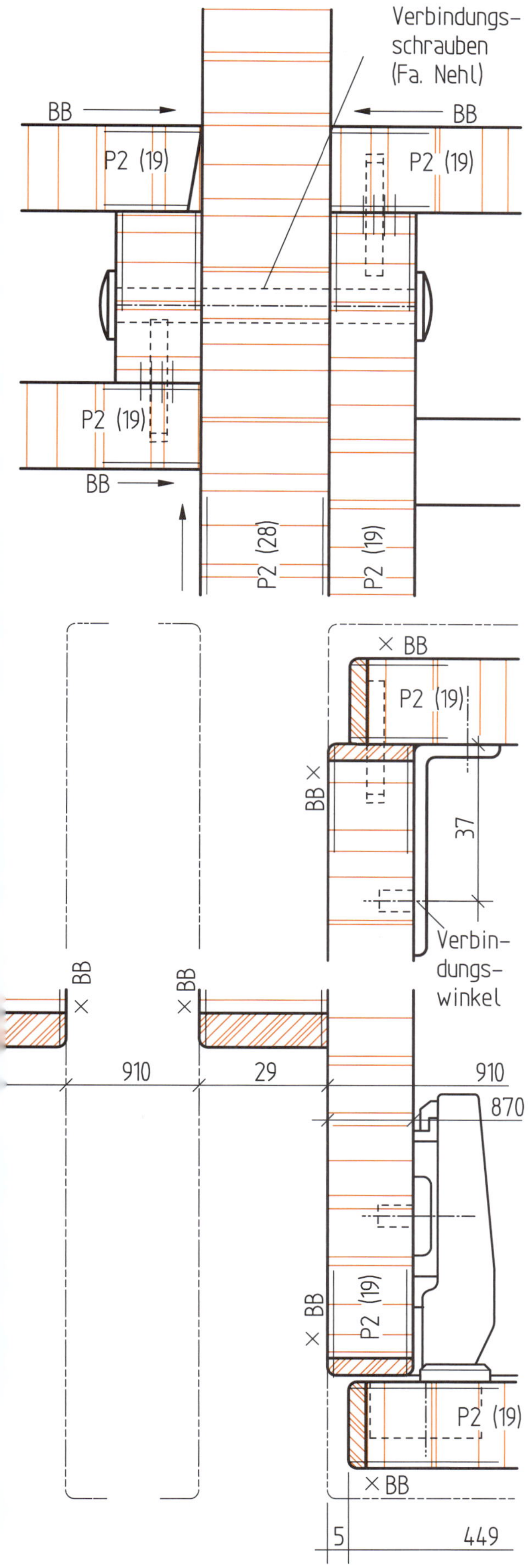

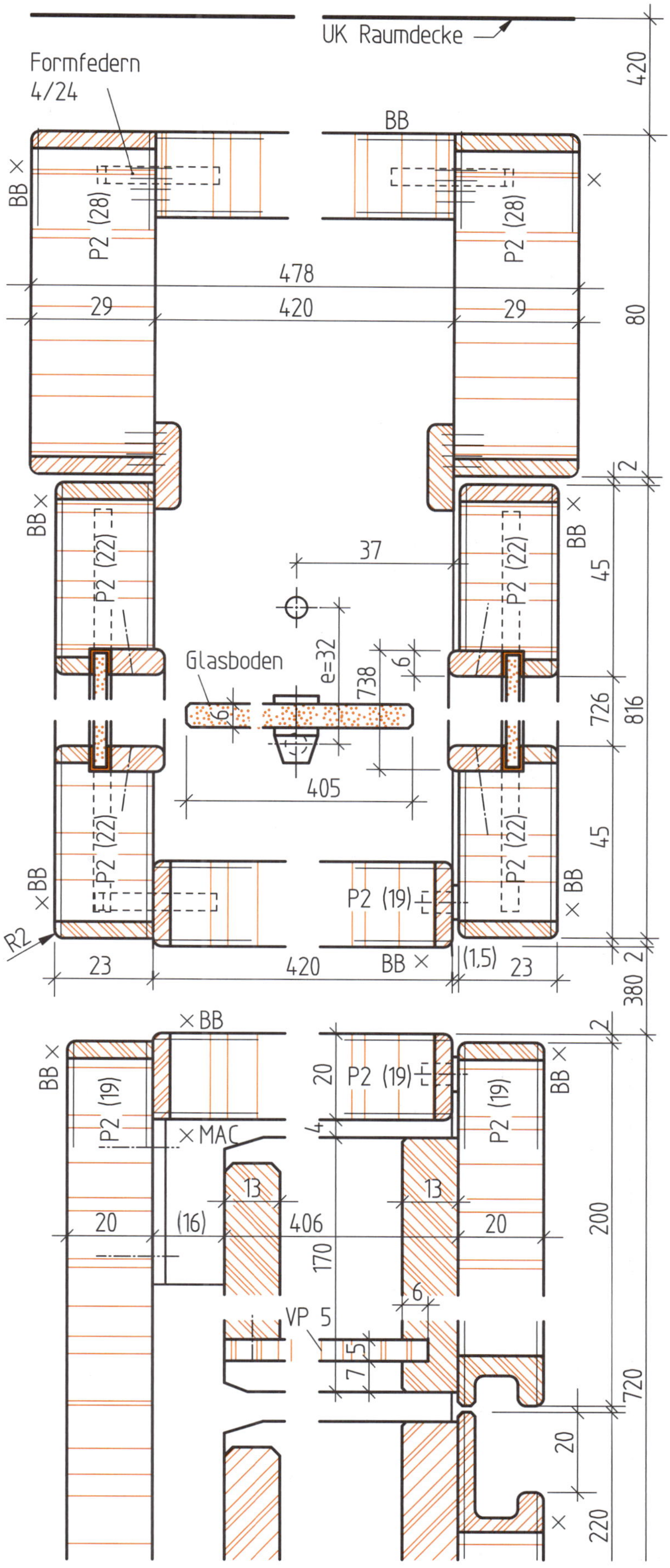

Schnitt B – B

Name	Auftrag 7.3-1 Raumteiler in Birnbaum	Nr.
Datum		

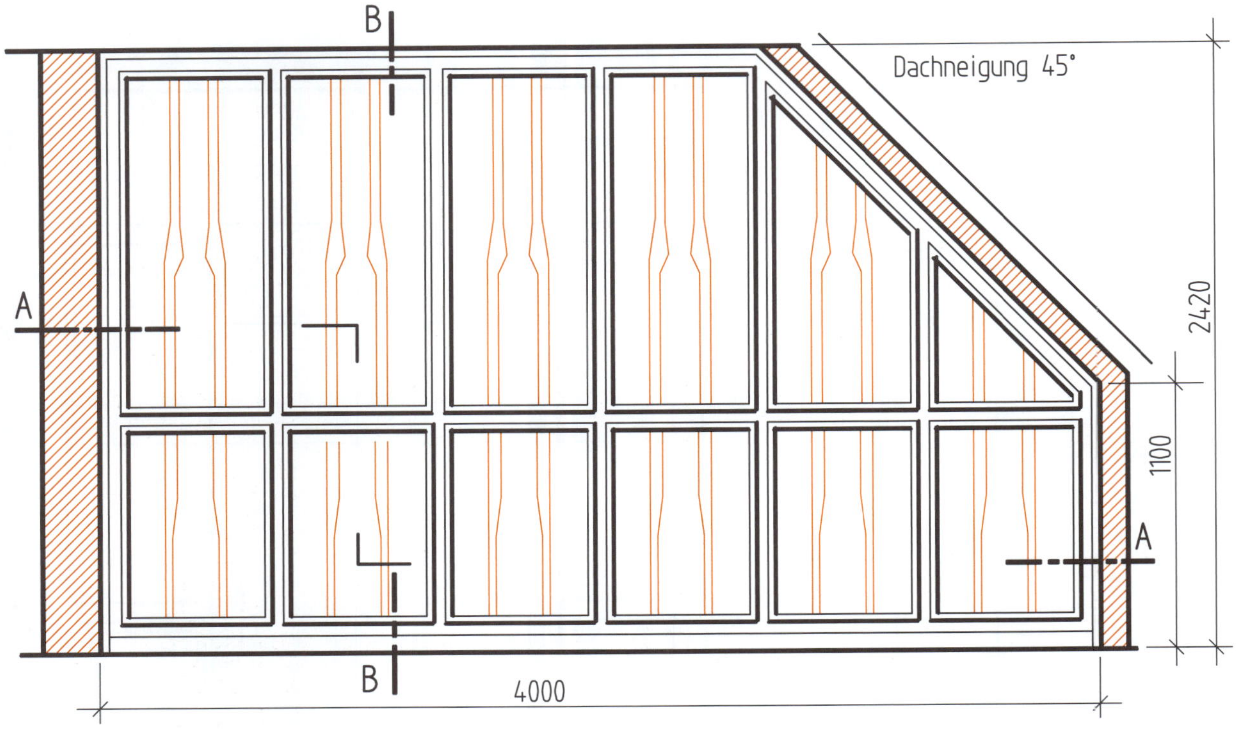

Wandansicht, Maßstab 1 : 20

Wandverkleidung in Rahmen- und Füllungskonstruktiuon.
Ausführung in Lärche, Rahmen und Leisten massiv,
Füllungen aus Furniersperrholz (VP), furniert,
Oberfläche, gewachst.
Abkürzungen: LA = Lärche (LADC), KN = Fa. Knapp

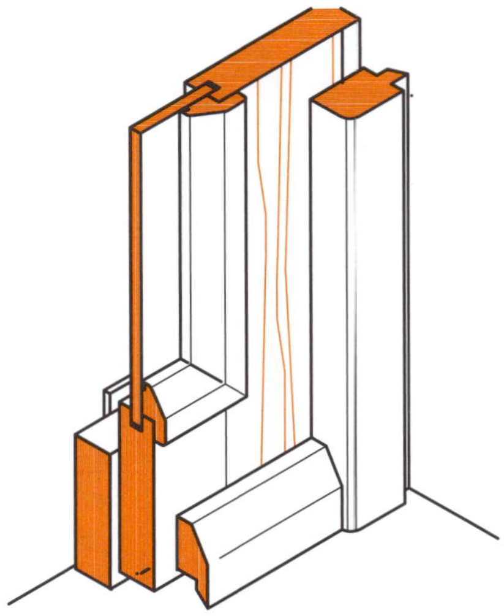

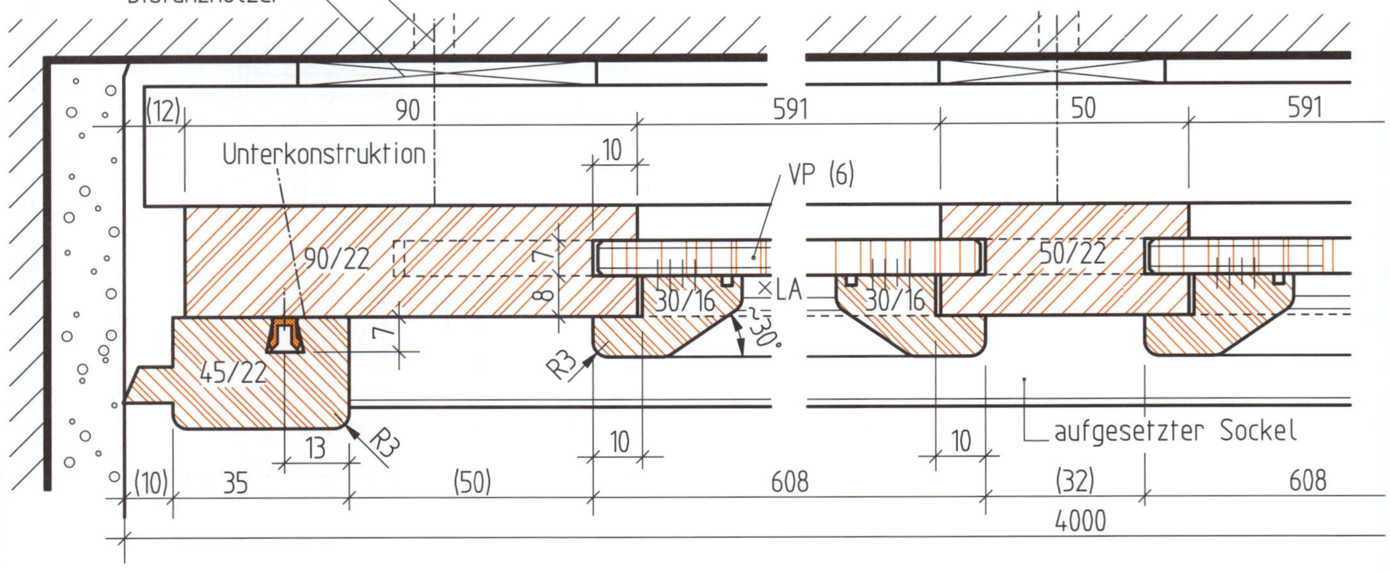

Schnitt A – A

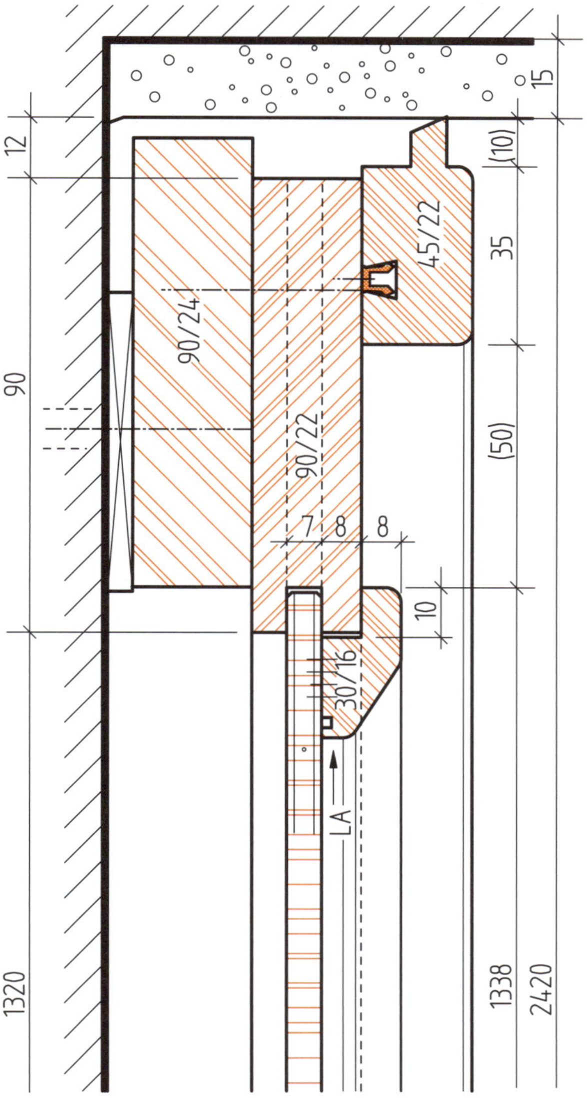

Schnitt B – B (Deckenanschluss)

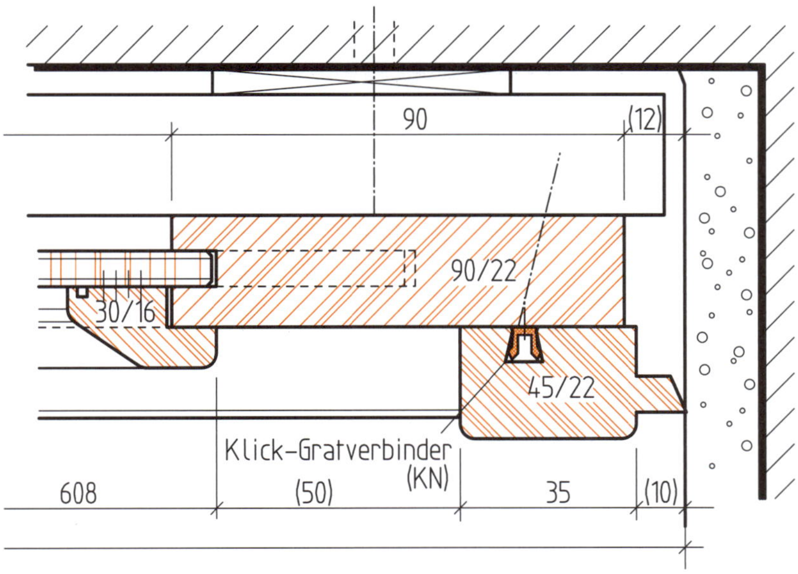

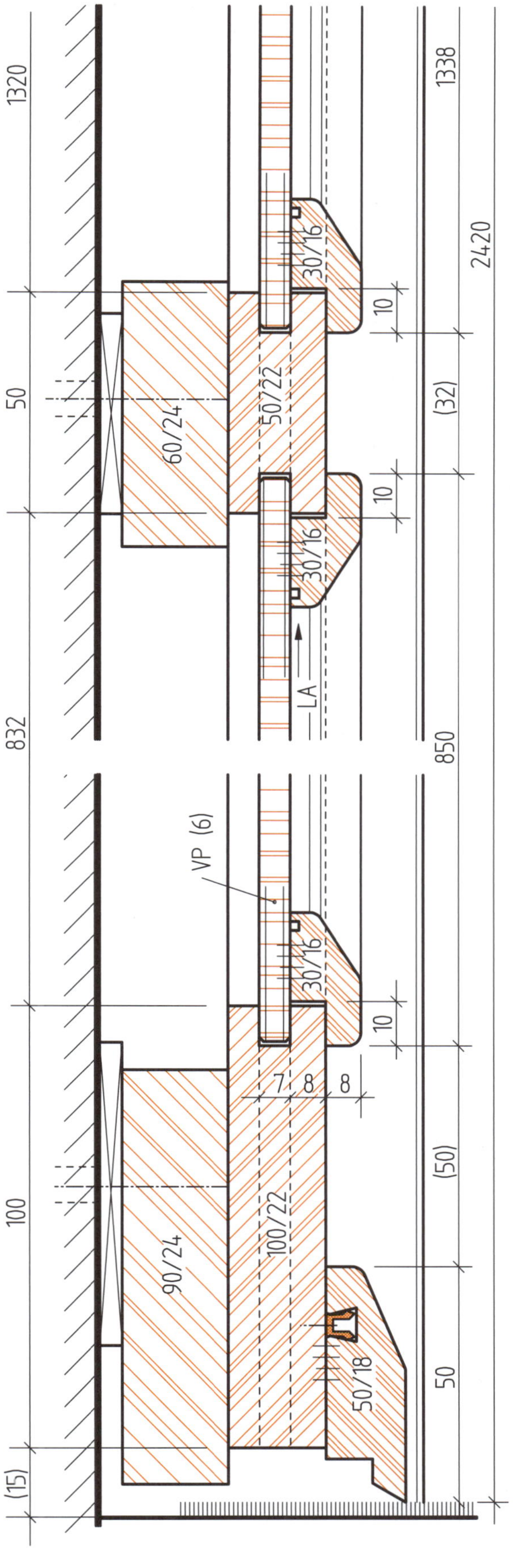

Schnitt B – B

Name	Auftrag 8.1-4	Nr.
Datum	Wandverkleidung in Lärche	

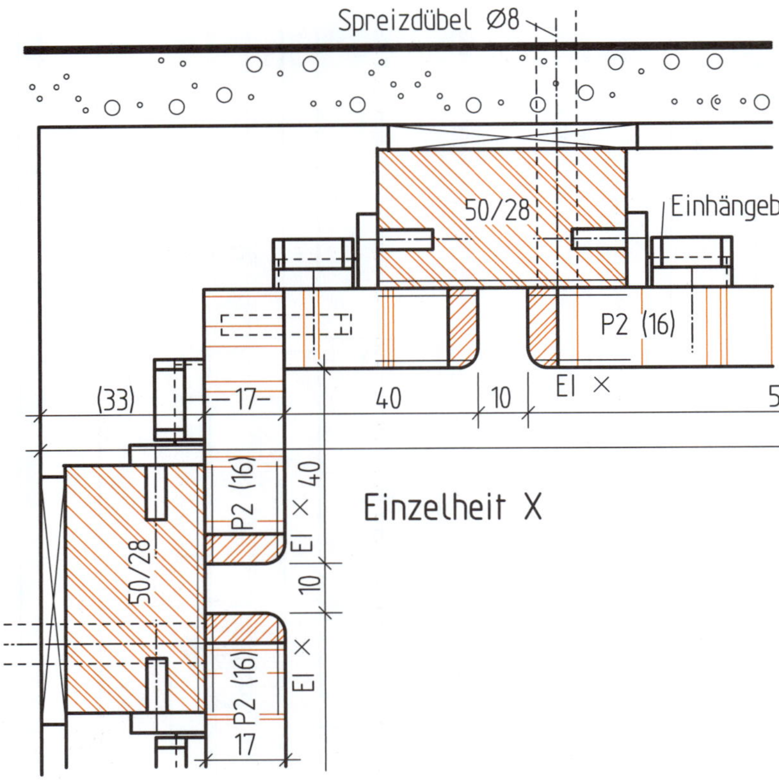

Einzelheit X

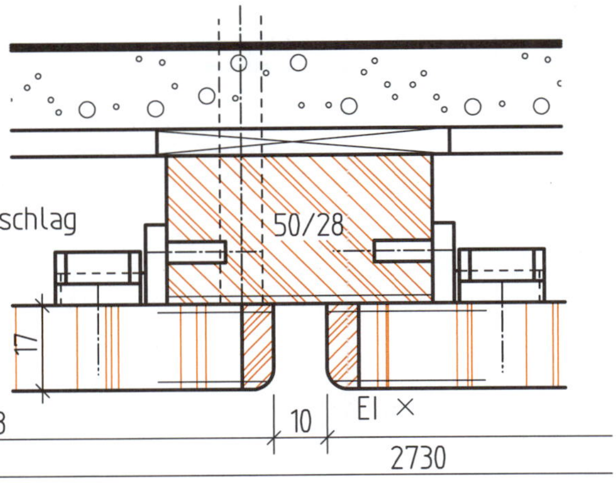

Einzelheit Y

Ausführung:
Holzart Eiche = EI (QCXE)
Oberfläche gekalkt,
Wasserlack, matt.

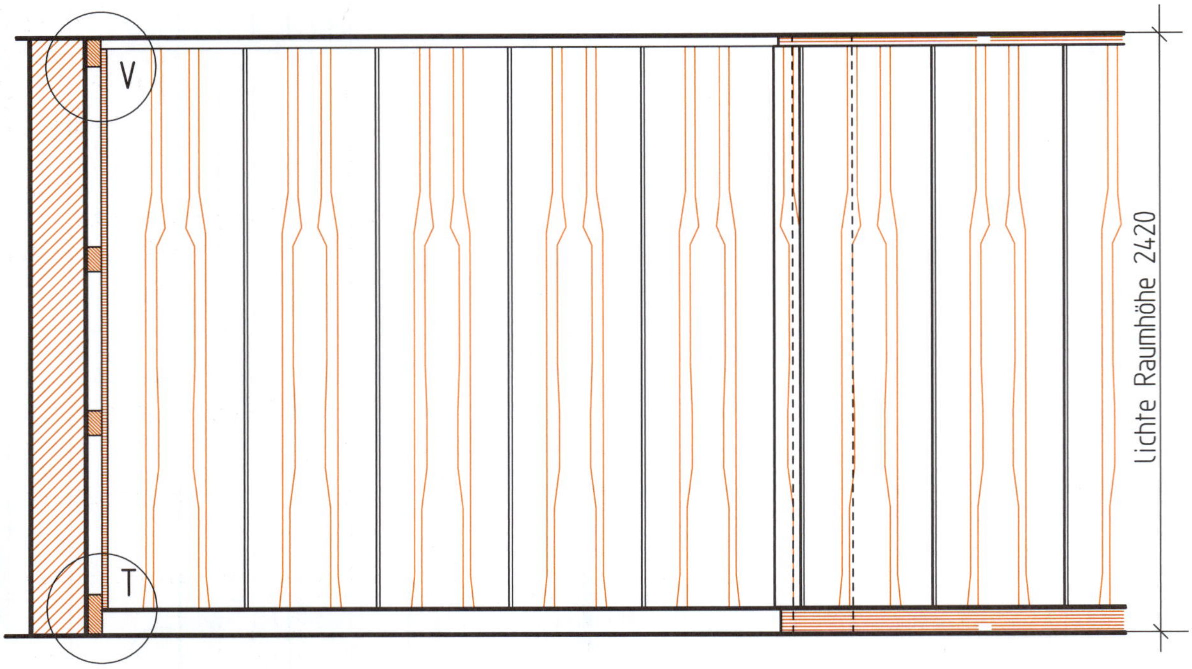

Ansicht

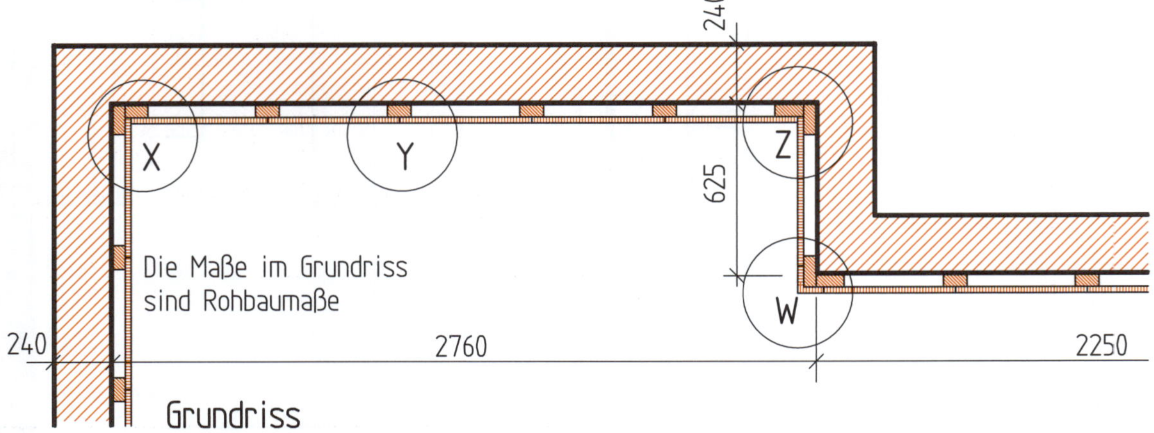

Grundriss

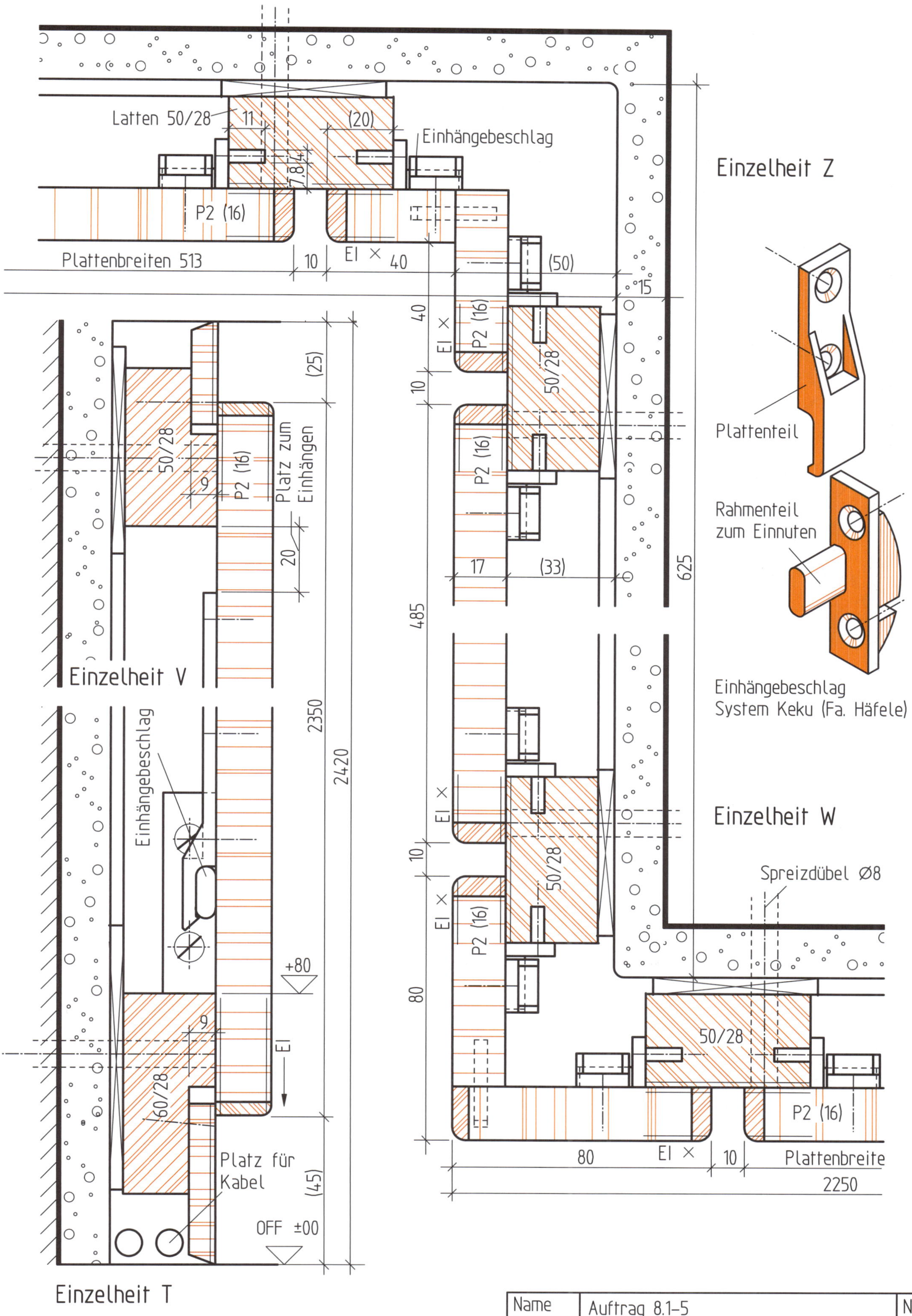

Name	Auftrag 8.1-5	Nr.
Datum	Wandverkleidung – Plattenverkleidung	

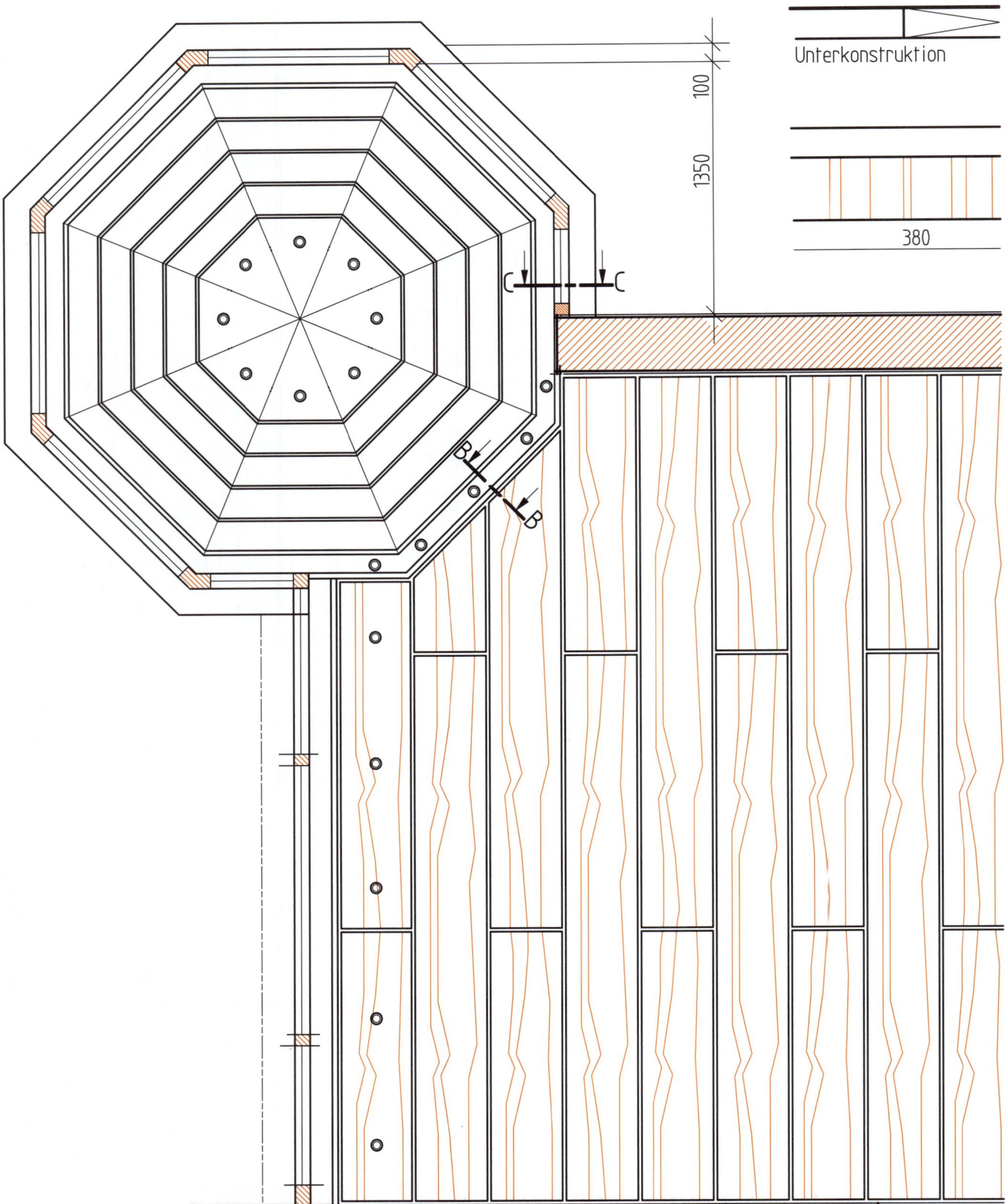

Grundriss mit Deckenplan, Maßstab 1 : 20

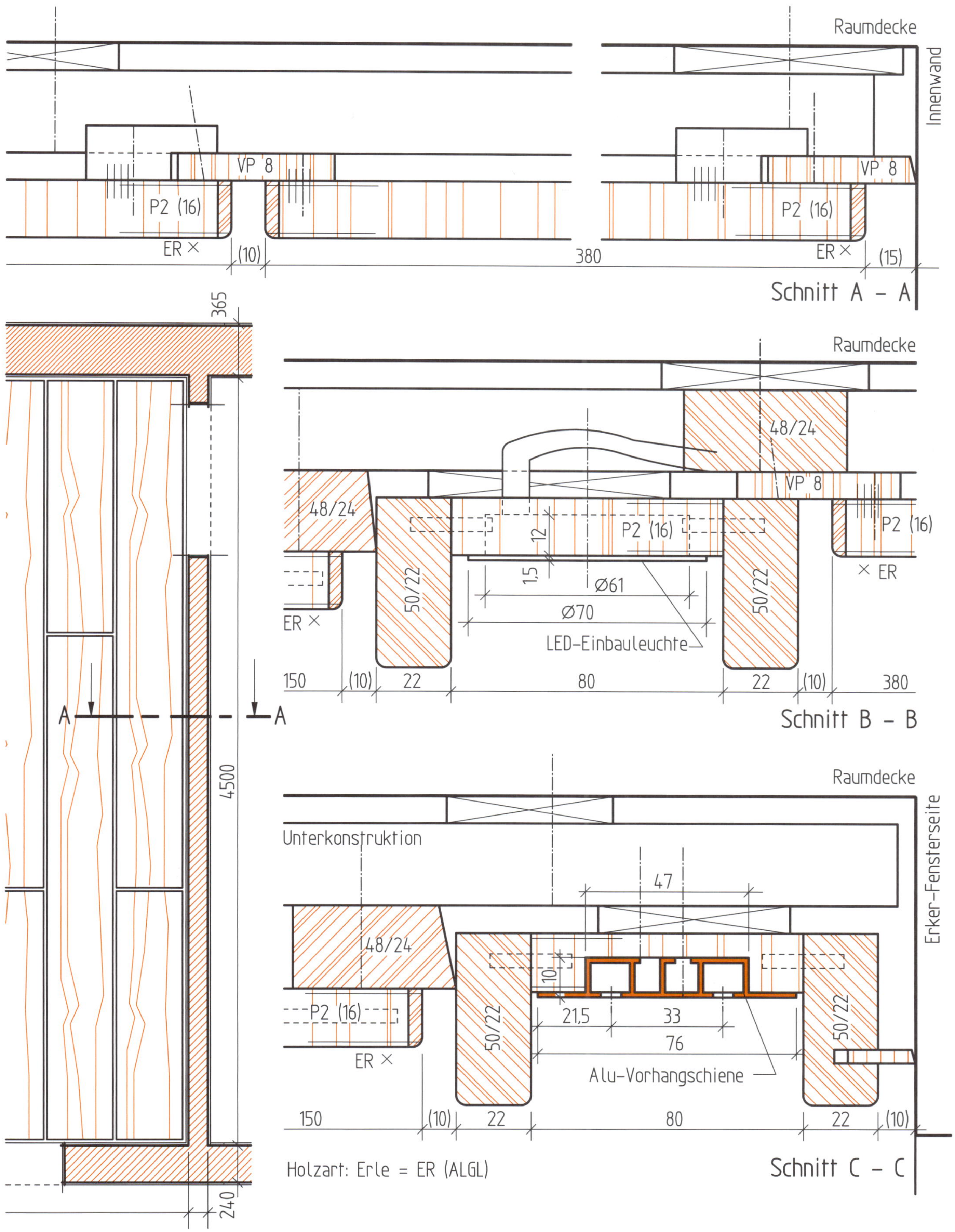

Name	Auftrag 8.2-5	Nr.
Datum	Deckenverkleidung in Erle	

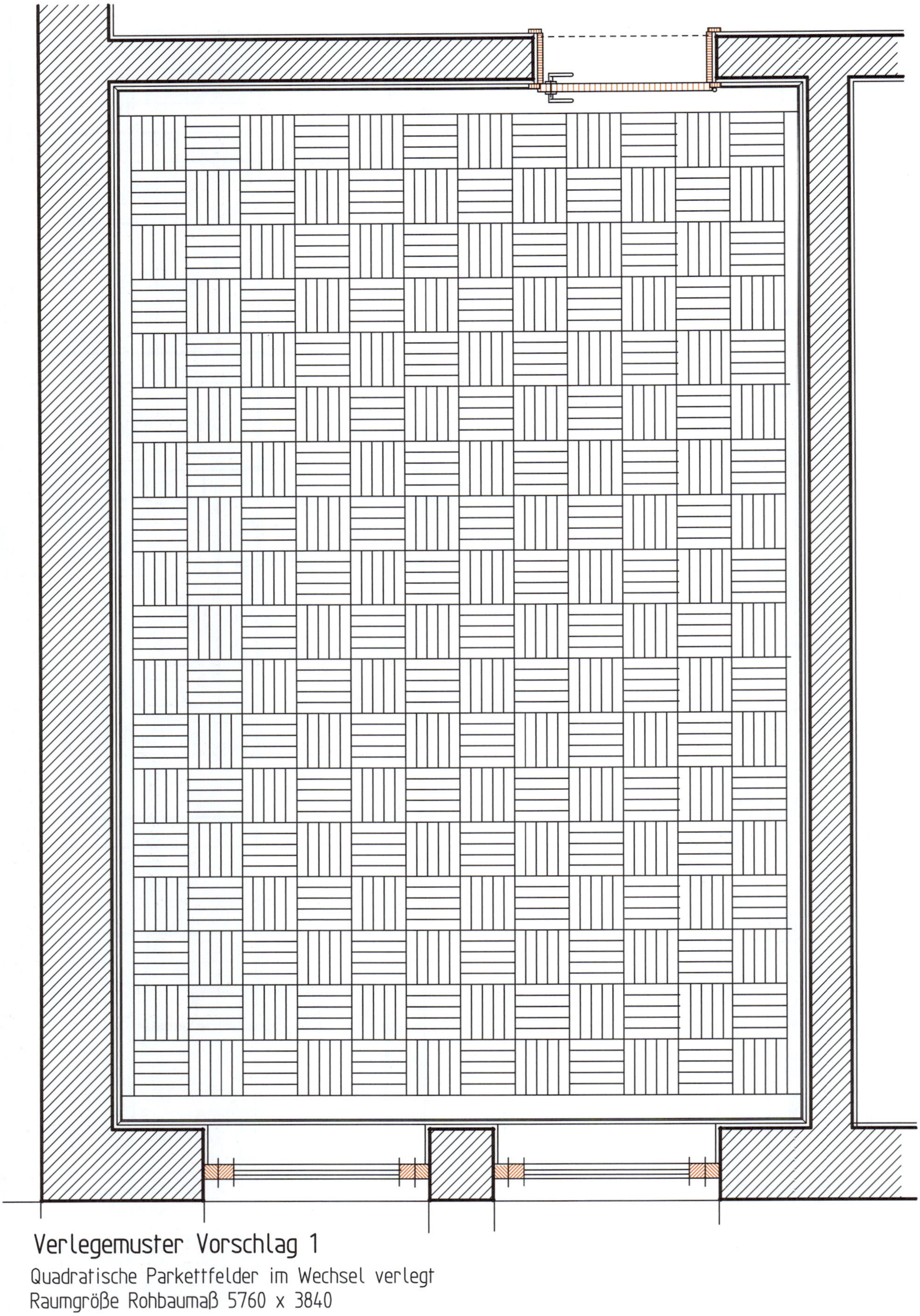

Verlegemuster Vorschlag 1

Quadratische Parkettfelder im Wechsel verlegt
Raumgröße Rohbaumaß 5760 x 3840

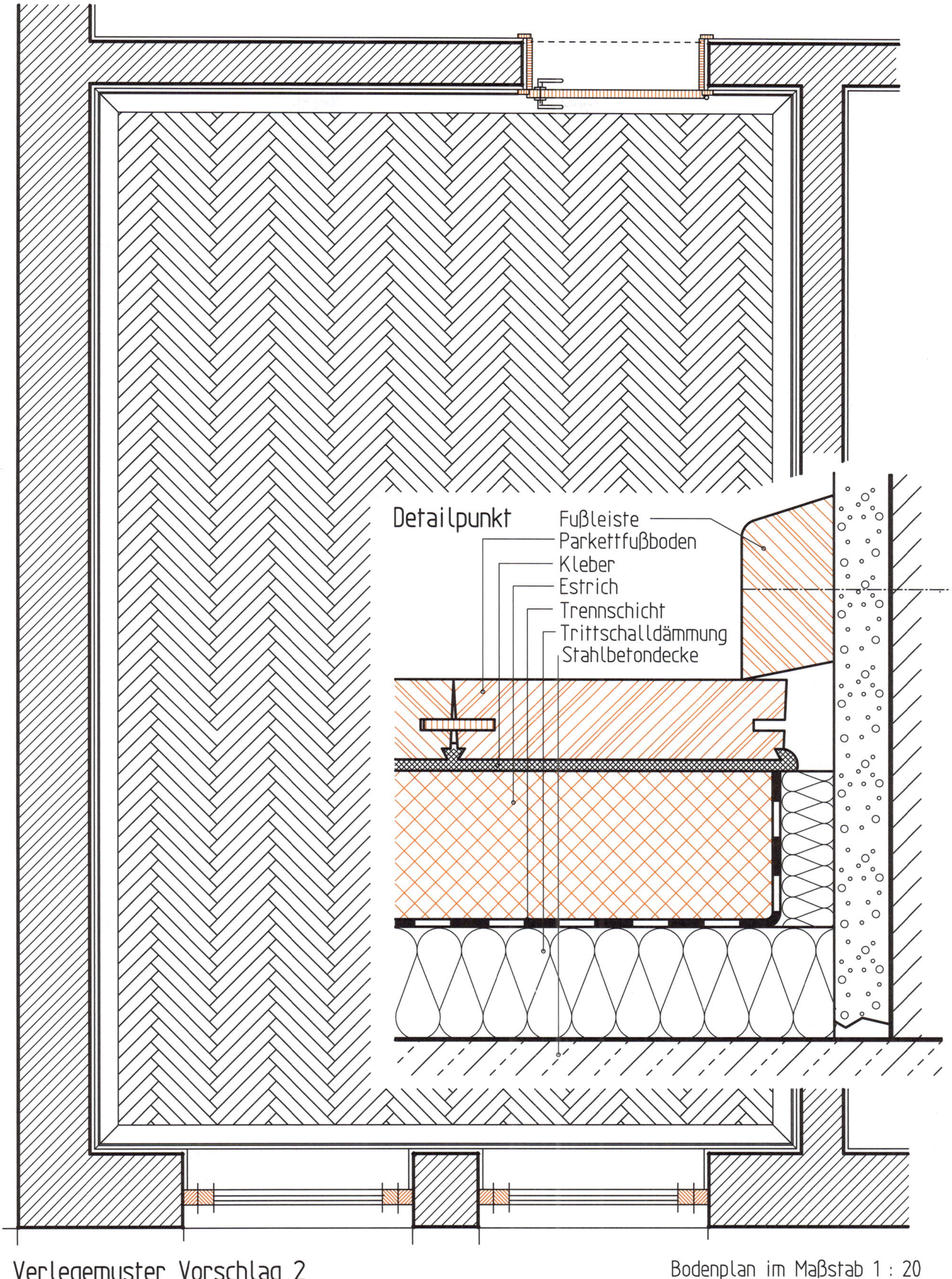

Verlegemuster Vorschlag 2

Fischgrätmuster mit Randfries

Bodenplan im Maßstab 1 : 20
Detail im Maßstab 1 : 1

Name	Auftrag 8.3-2	Nr.
Datum	Parkettfußboden im Altbau	

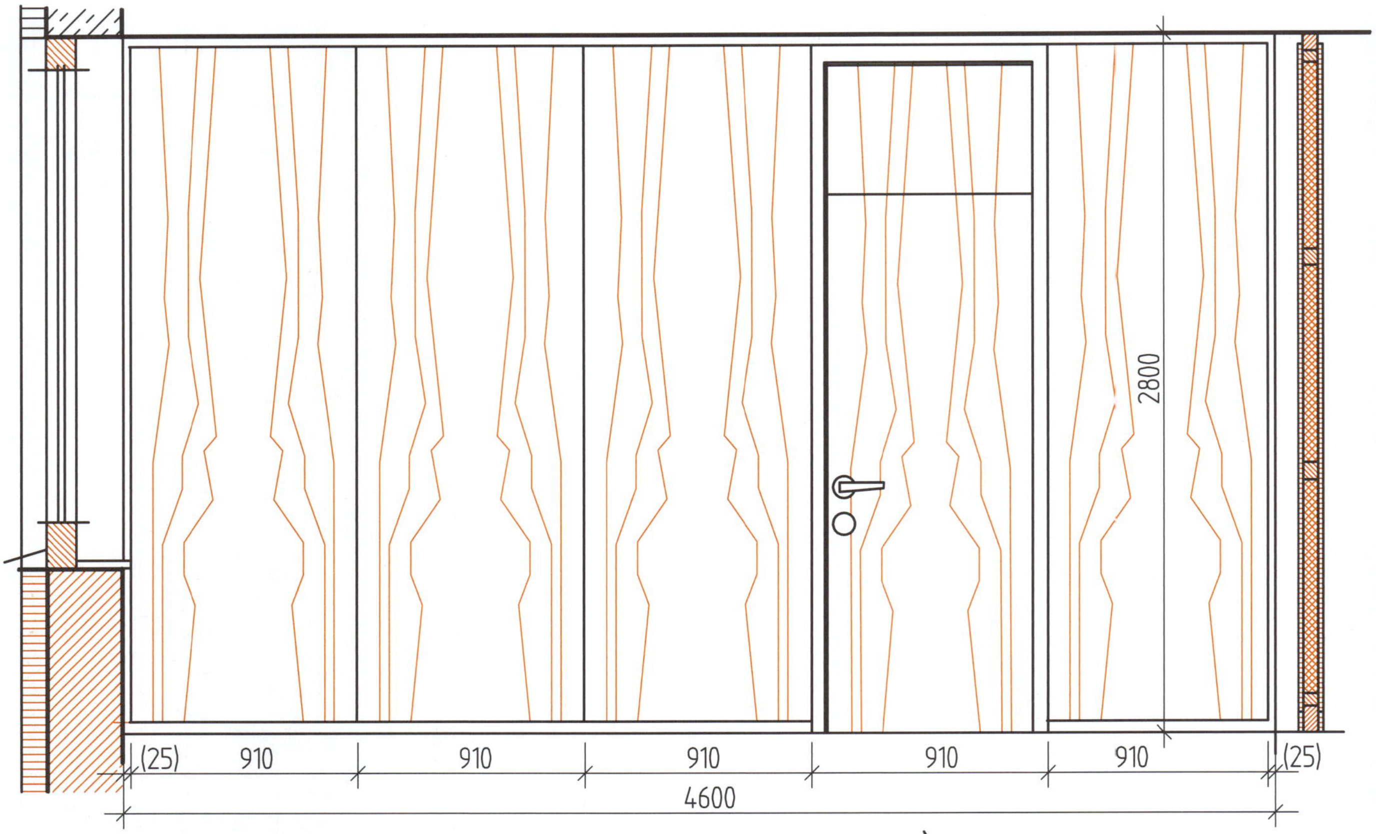

Ansicht vom Sekretariat, Maßstab 1 : 20

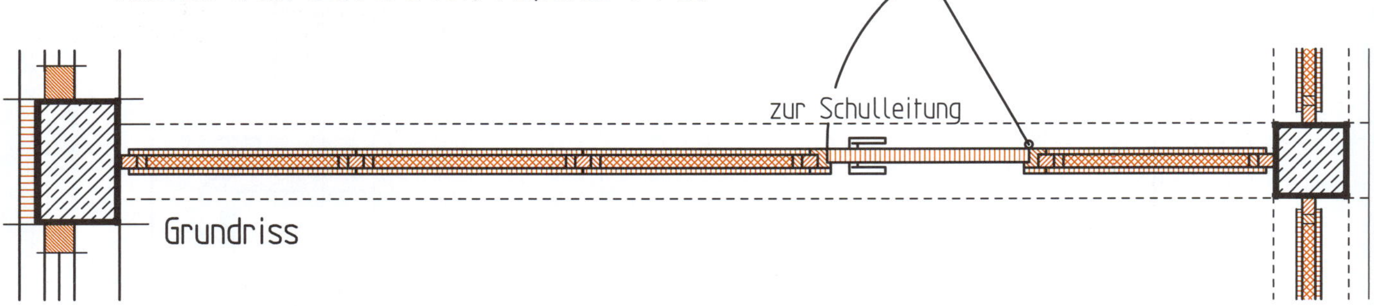

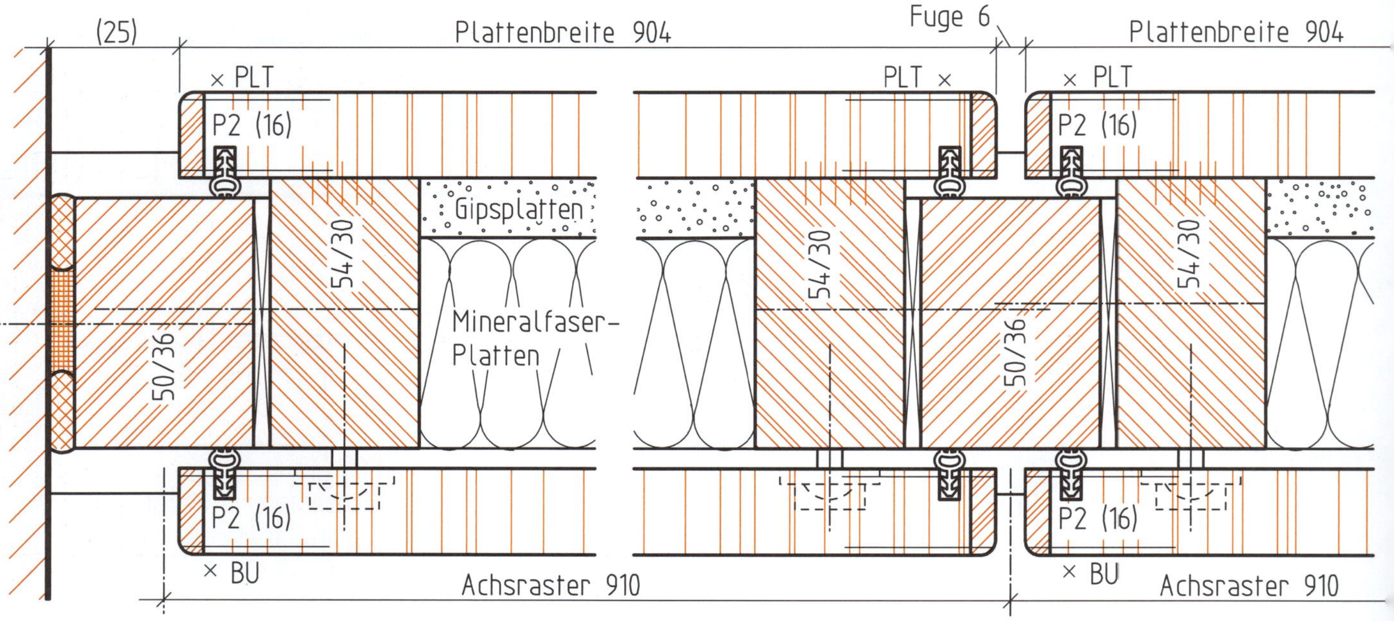

Wandanschluss

Achsrasteranschluss

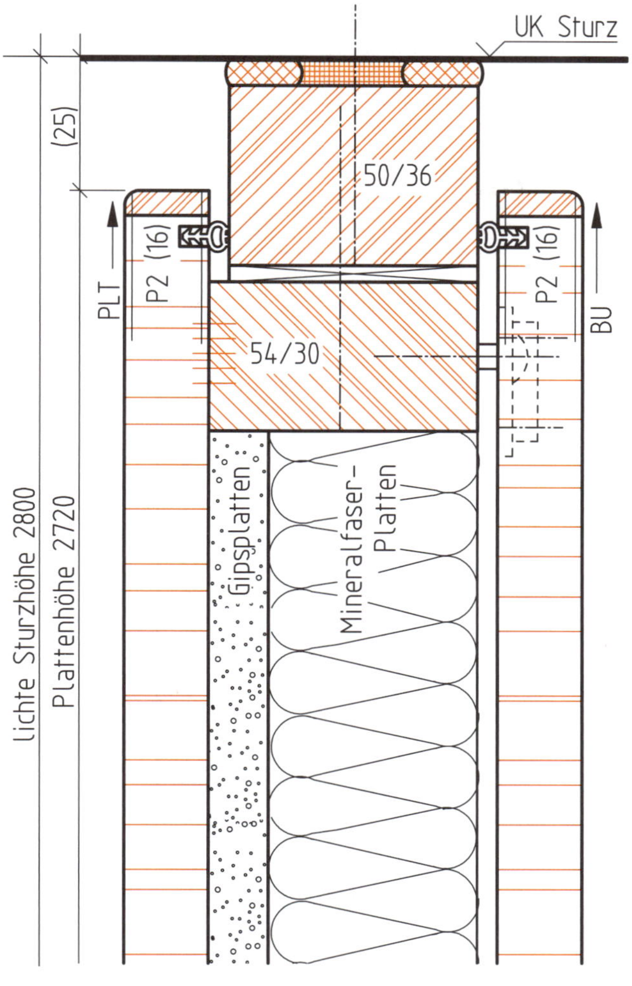

Deckenanschluss

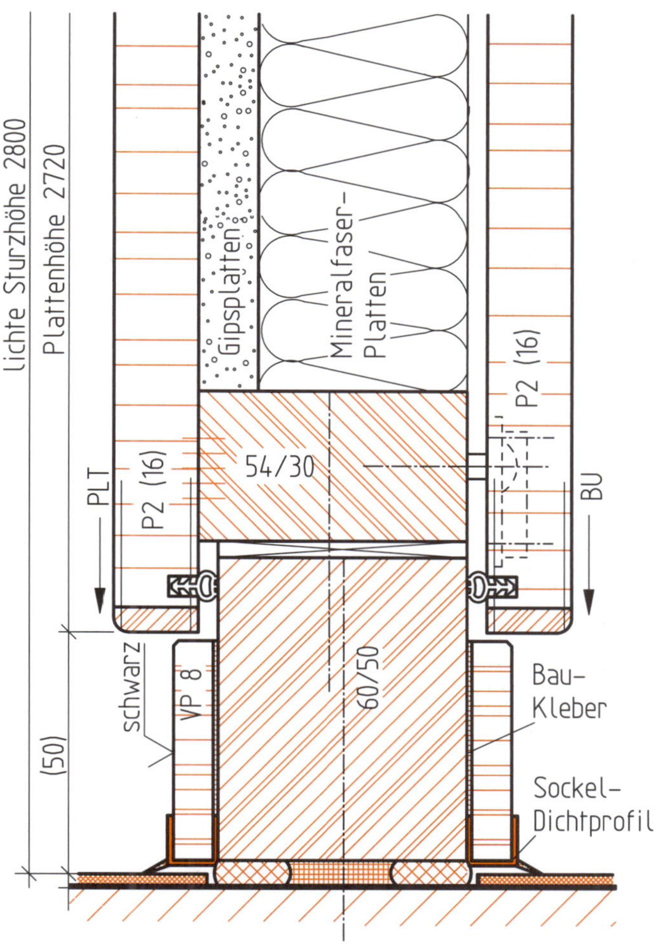

Fußbodenanschluss

Ausführung:
Schalldämmende Trennwand zwischen
den Räumen Sekretariat und Schulleitung.
Holzart im Raum "Schulleitung" Platane = PLT (PLXH)
Im Raum "Sekretariat" Buche = BU (FASY).

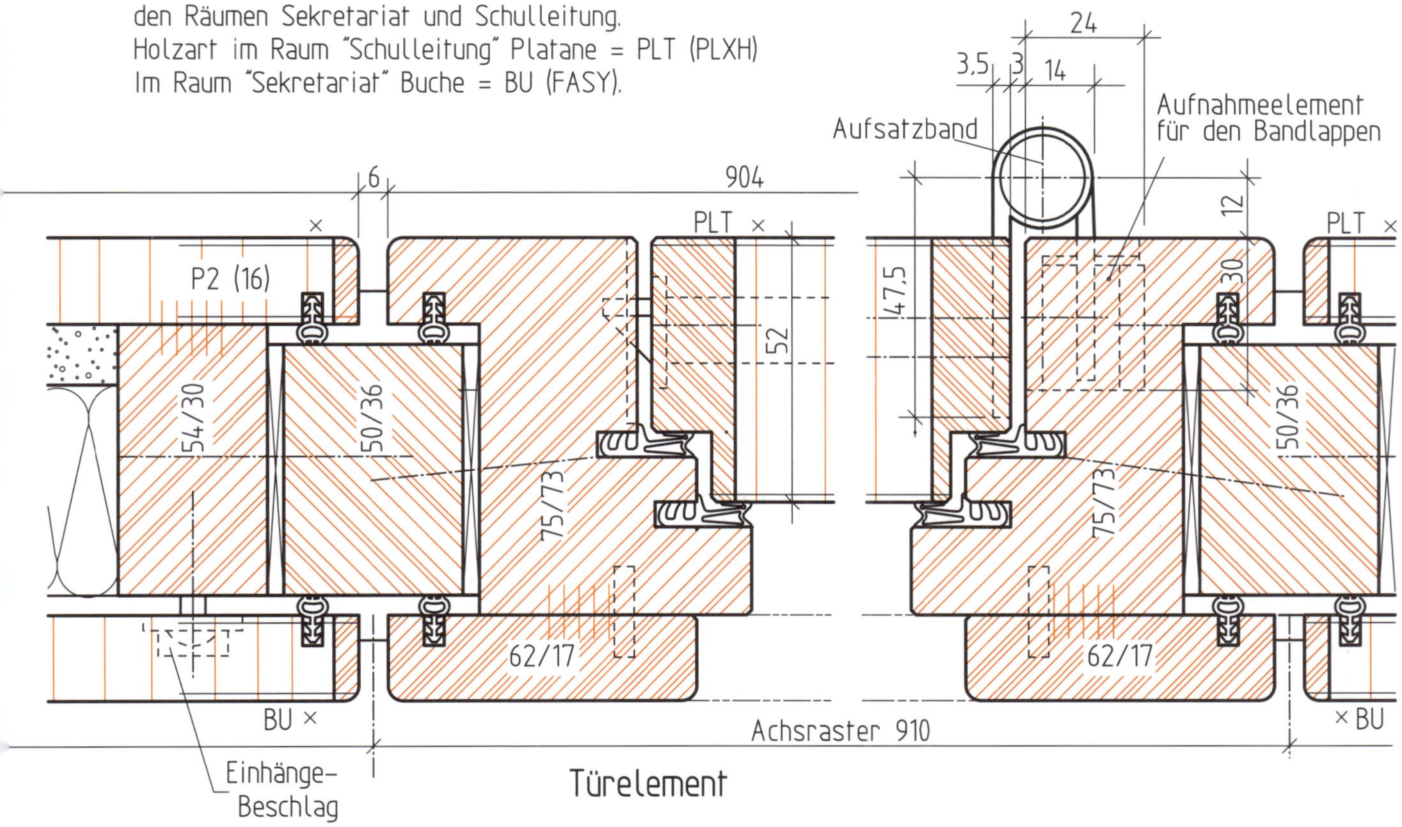

Türelement

Name	Auftrag 8.4–1a: Trennwand	Nr.
Datum	zwischen Schulleitung und Sekretariat	

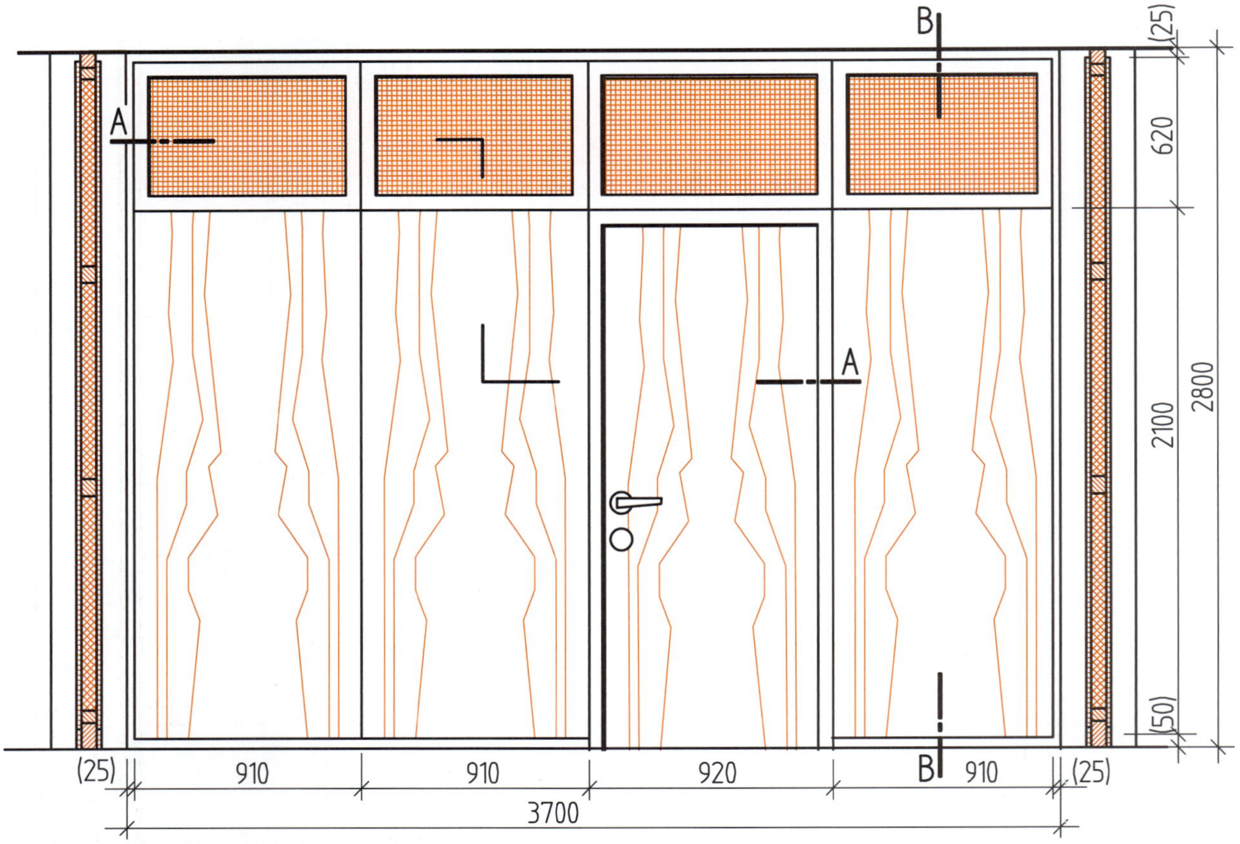

Ansicht vom Sekretariat, Maßstab 1 : 20

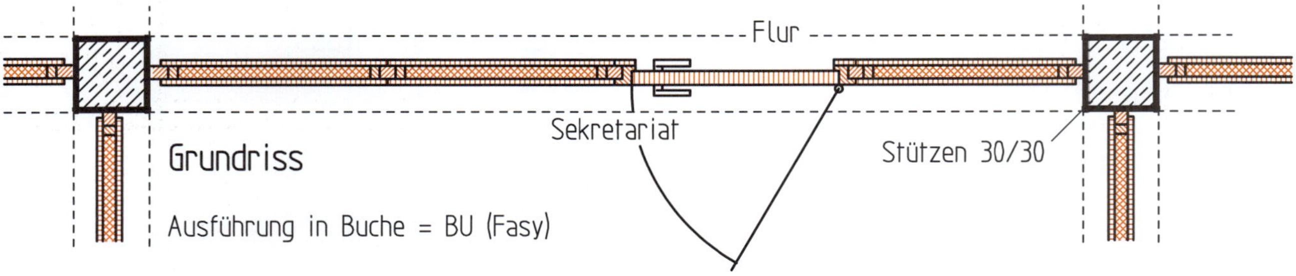

Grundriss

Ausführung in Buche = BU (Fasy)

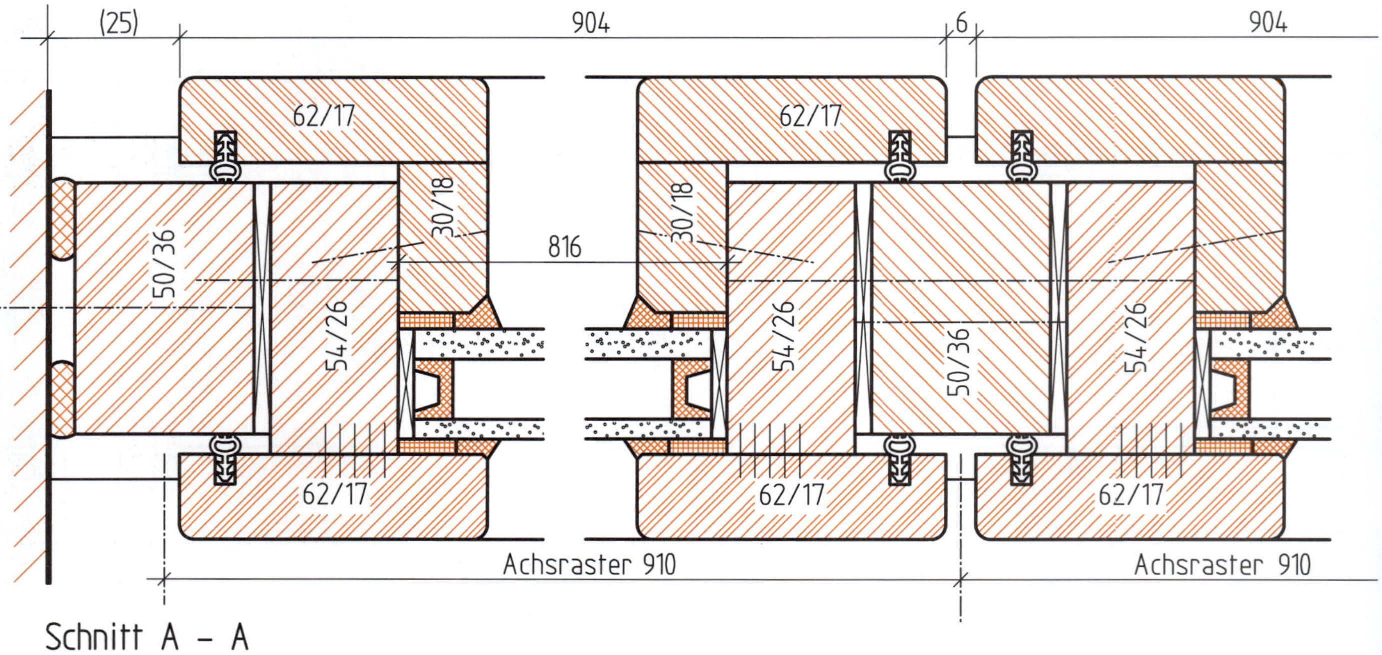

Schnitt A – A

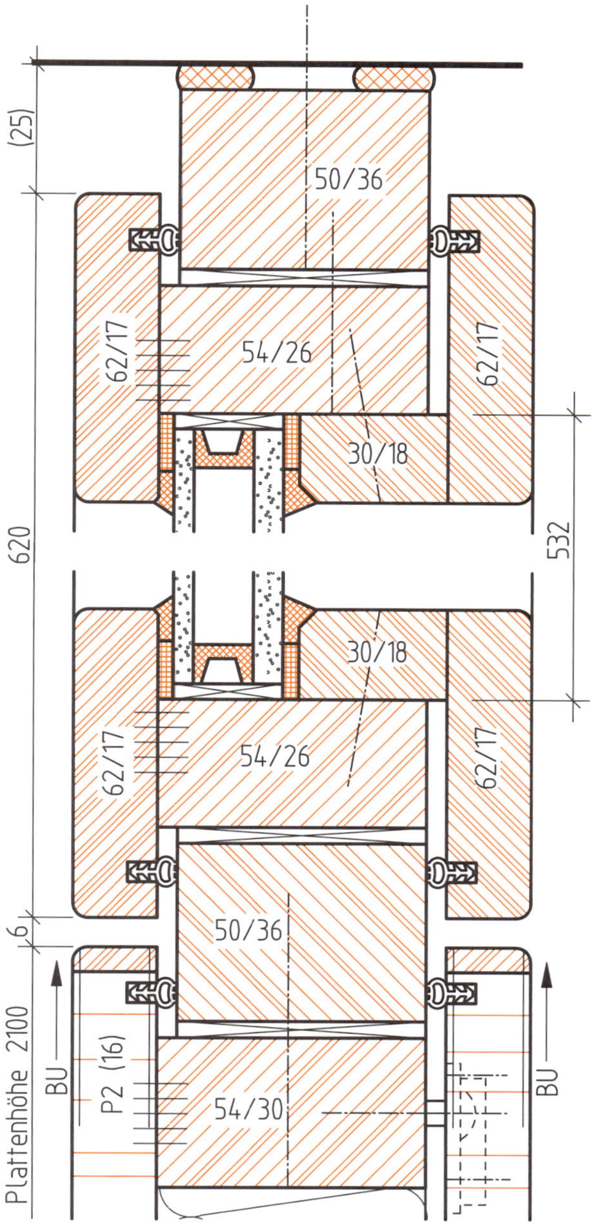

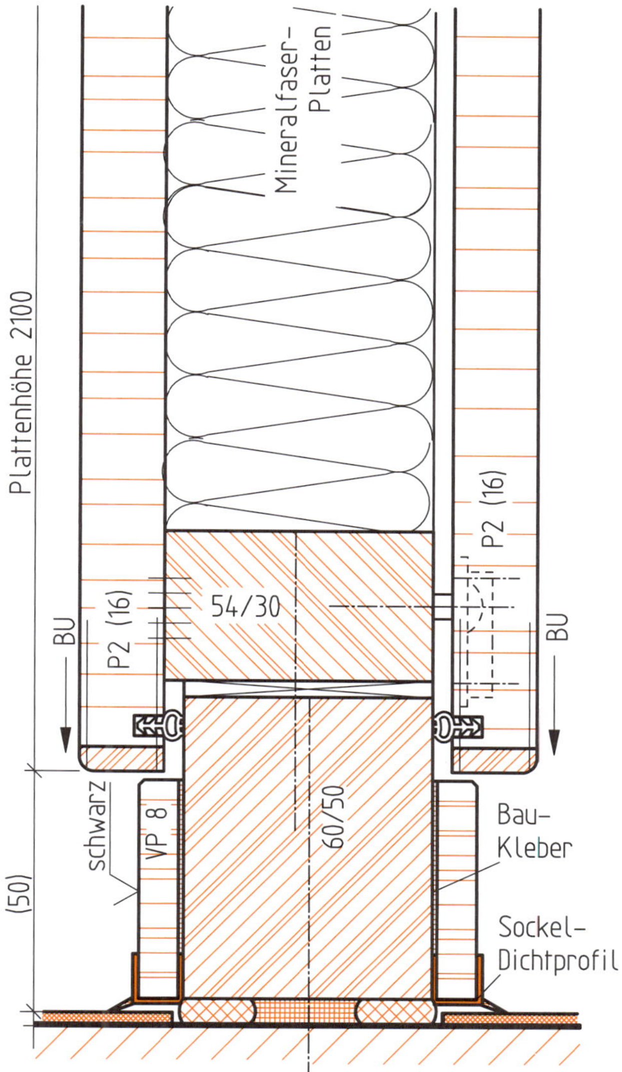

Schnitt B - B

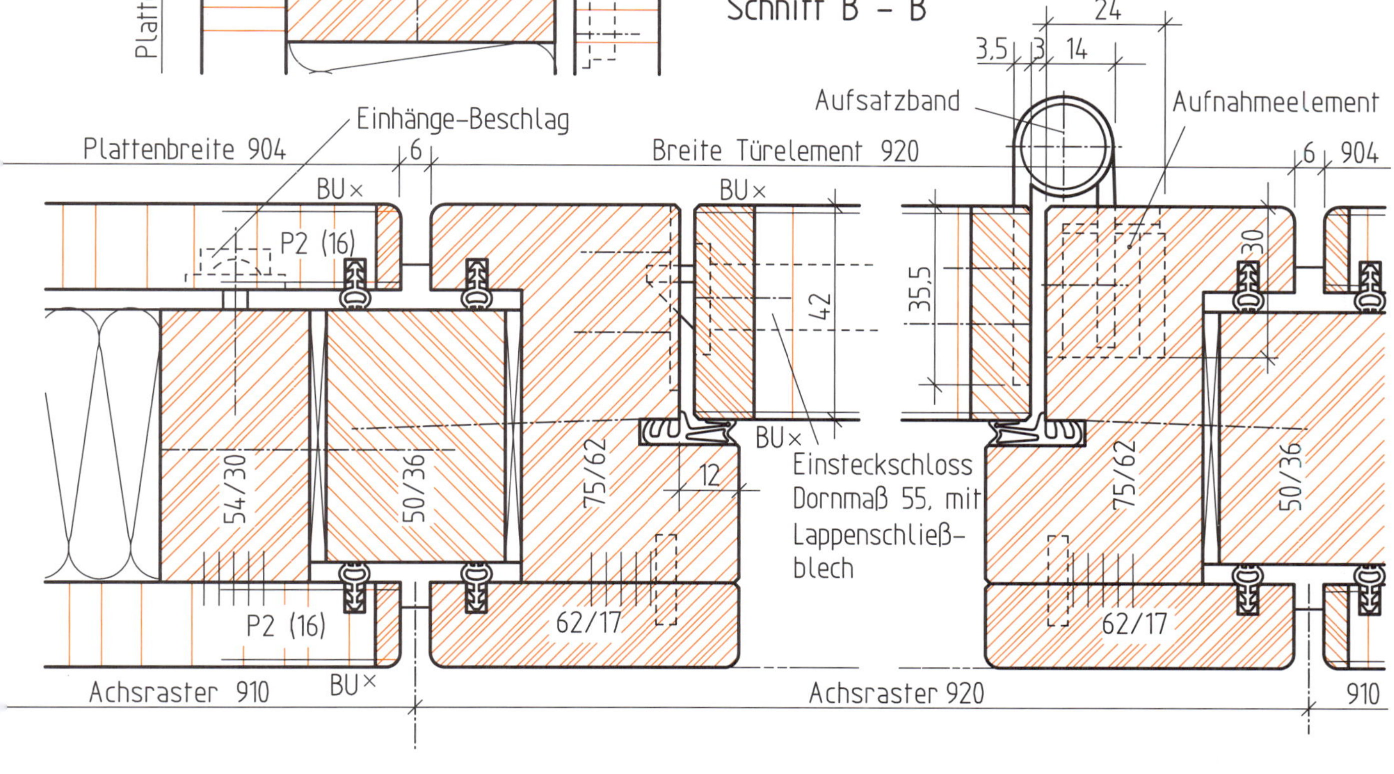

Name	Auftrag 8.4–1b: Trennwand mit	Nr.
Datum	Oberlicht zwischen Sekretariat und Flur	

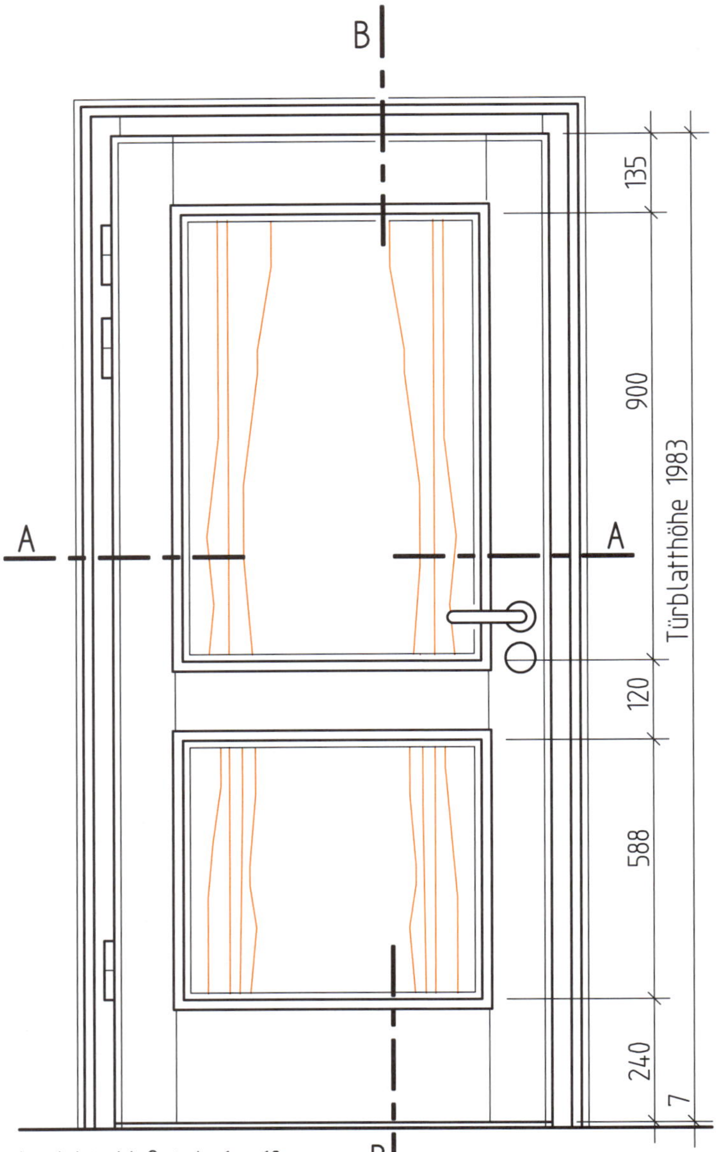

Ansicht, Maßstab 1 : 10

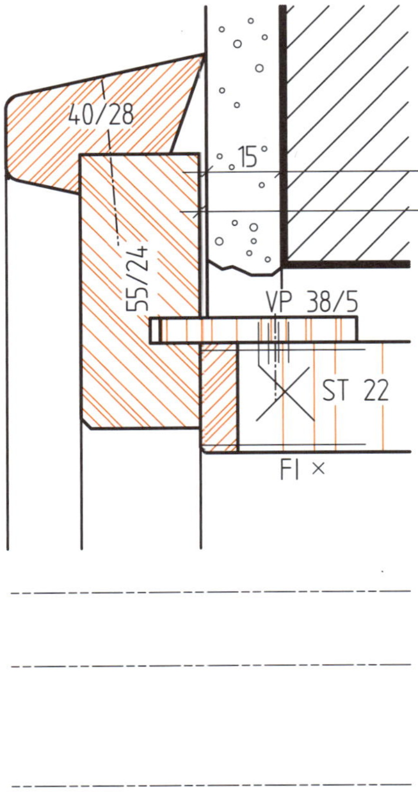

Rahmentür mit zwei Massivholz-Füllungen.
Rohbaumaß 1010 x 2005 mm.
Ausführung in Fichte = FI (PCAB)
Oberfläche: Mattlack
Beschläge:
3 Einbohrbänder,
Zimmertür-Einsteckschloss
mit hochliegendem Riegel

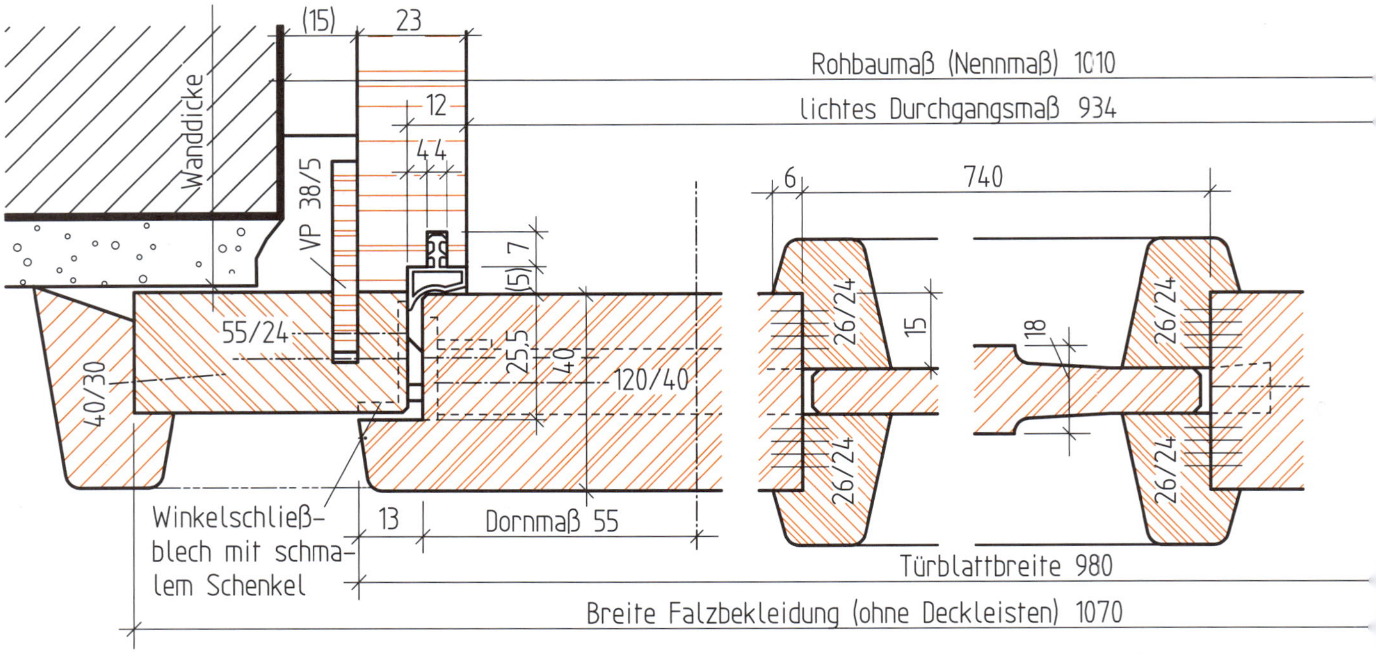

Horizontalschnitt A – A

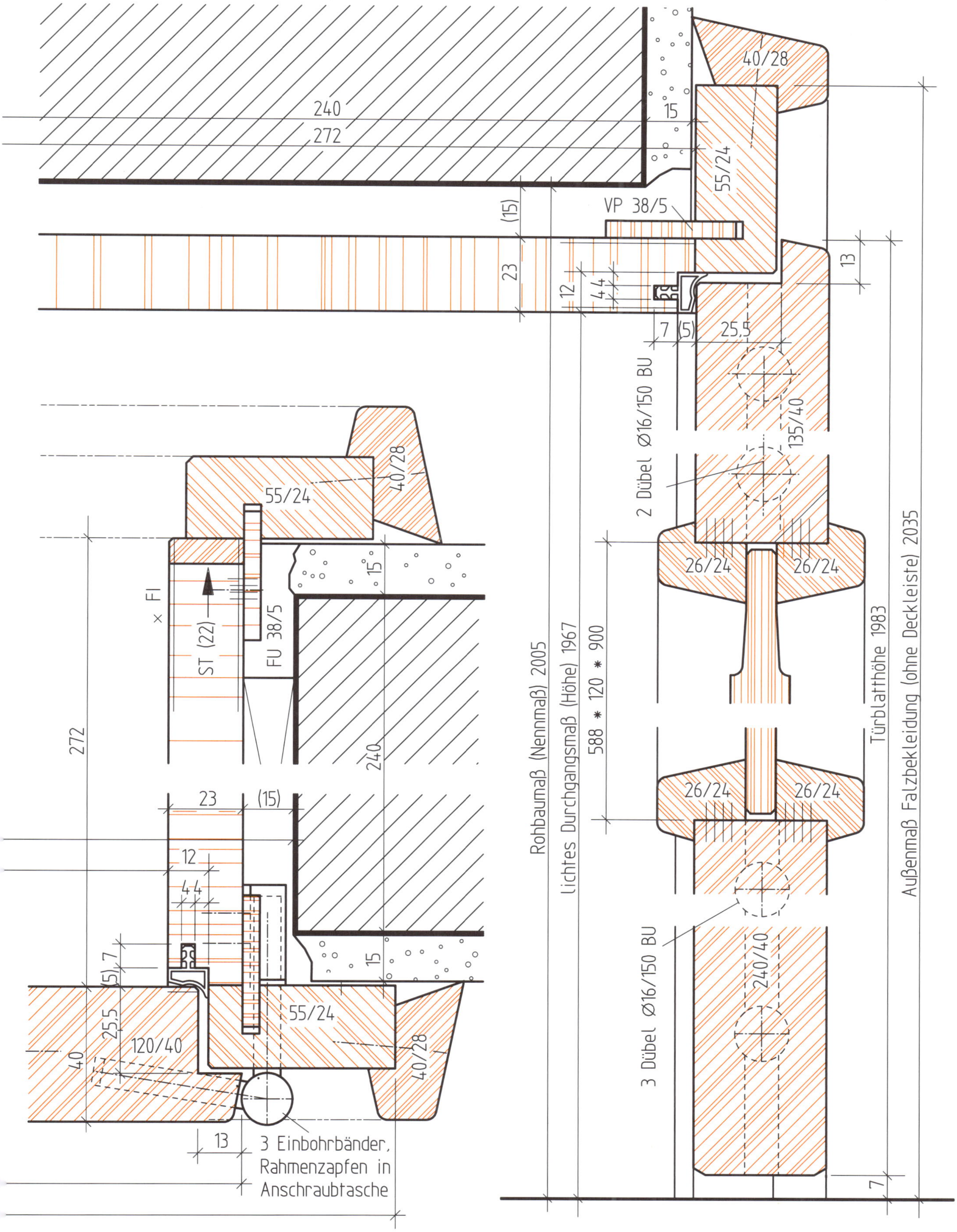

Vertikalschnitt B – B

Name	Auftrag 9.1–1	Nr.
Datum	Rahmen–Füllungstür in Fichte	

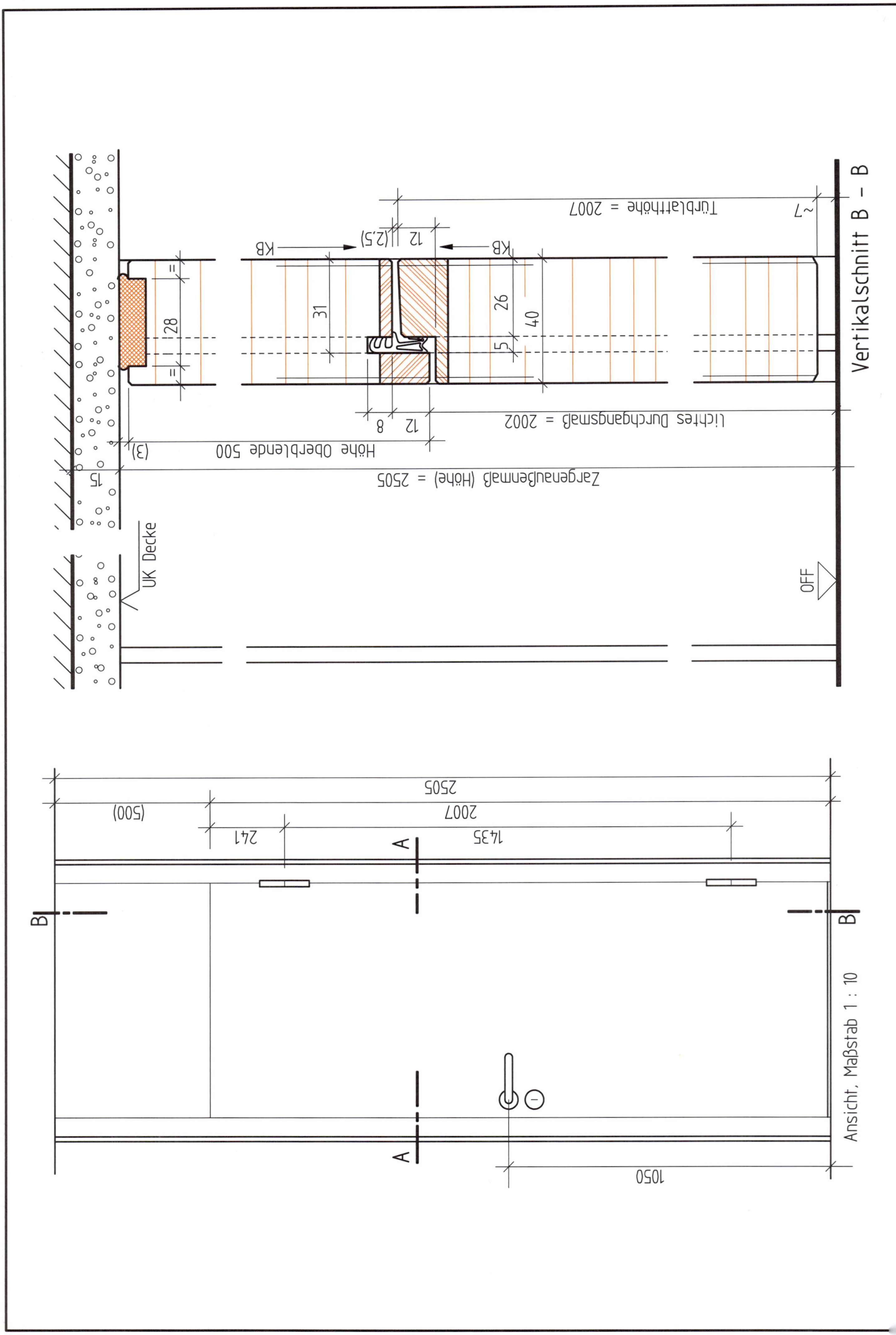

Vertikalschnitt B – B
Türblatthöhe = 2007
~7
KB
12
(2,5)
31
26
40
5
28
=
Lichtes Durchgangsmaß = 2002
8
12
Höhe Oberblende 500
(3)
Zargenaußenmaß (Höhe) = 2505
15
UK Decke
OFF
Ansicht, Maßstab 1 : 10
2505
2007
(500)
1435
241
A
B
1
1050

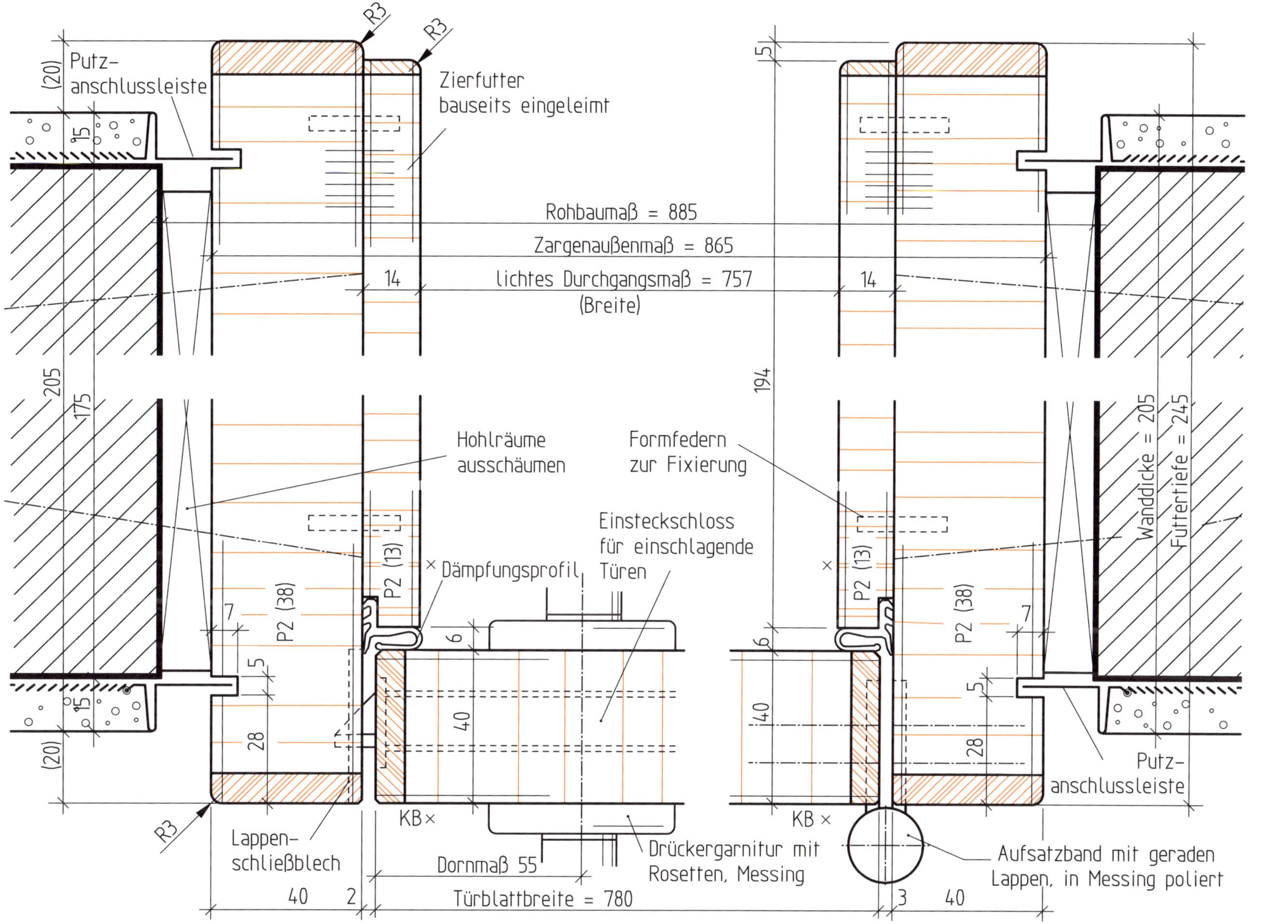

Horizontalschnitt A – A

Holzart Kirschbaum = KB (PRAV)

Name	Auftrag 9.1-3	Nr.
Datum	Geschosshohe Zargenfuttertür	

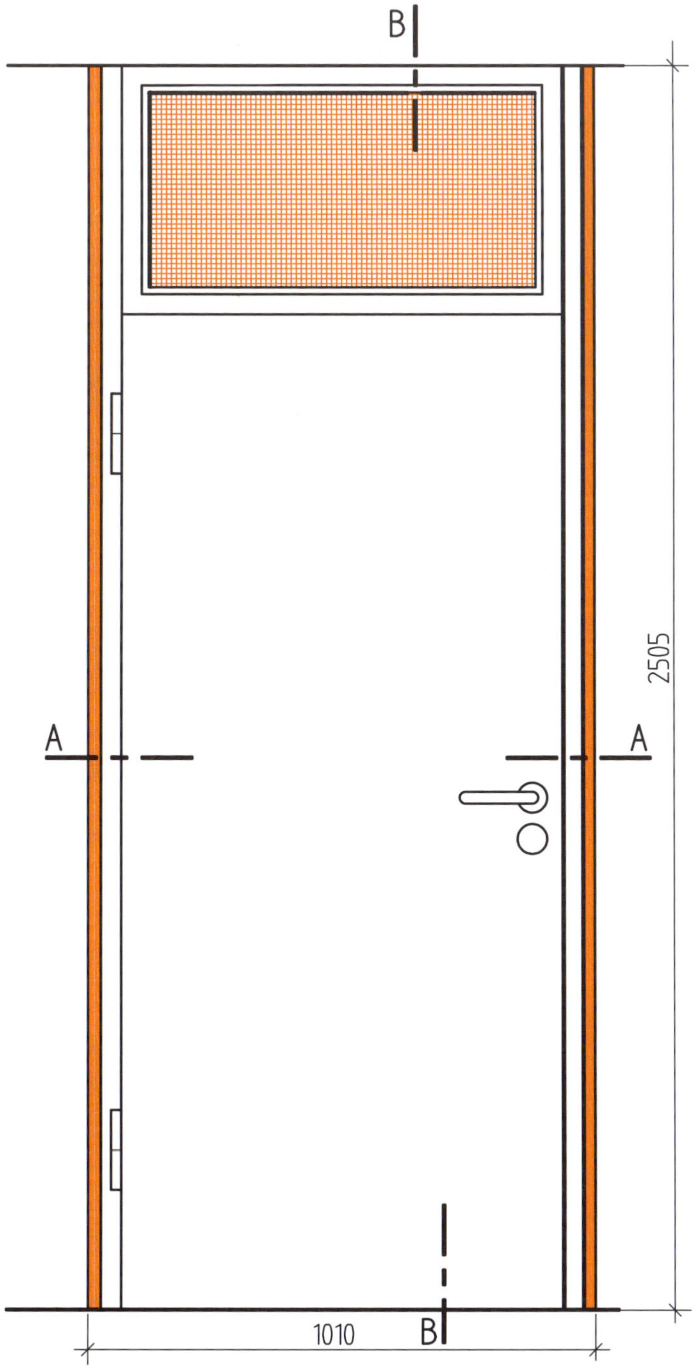

Ansicht,
Maßstab 1 : 10

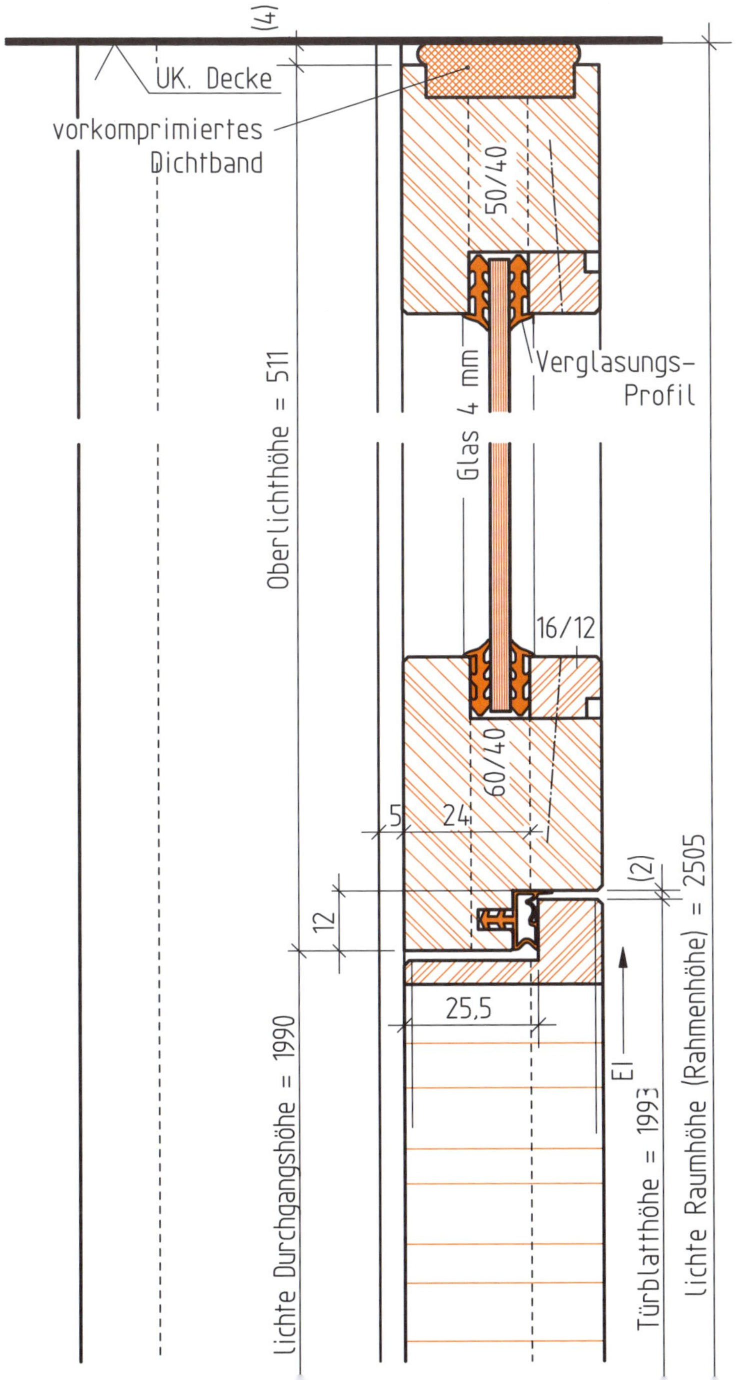

Blockrahmentür in Eiche = EI (QCXE), raumhoch mit Oberlicht, Sperrholztürblatt, überfälzt mit Kombibändern, Edelstahl, angeschlagen, Zimmertür-Einsteckschloss mit hochliegendem Riegel, Stulp in Edelstahl. Drückergarnitur mit Schlüsselrosetten in Edelstahl.

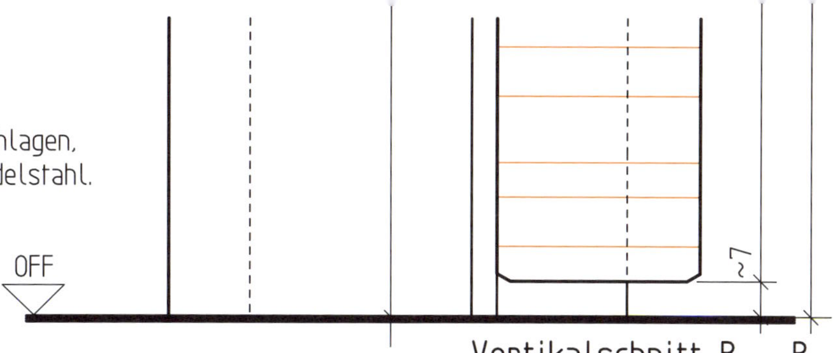

Vertikalschnitt B – B

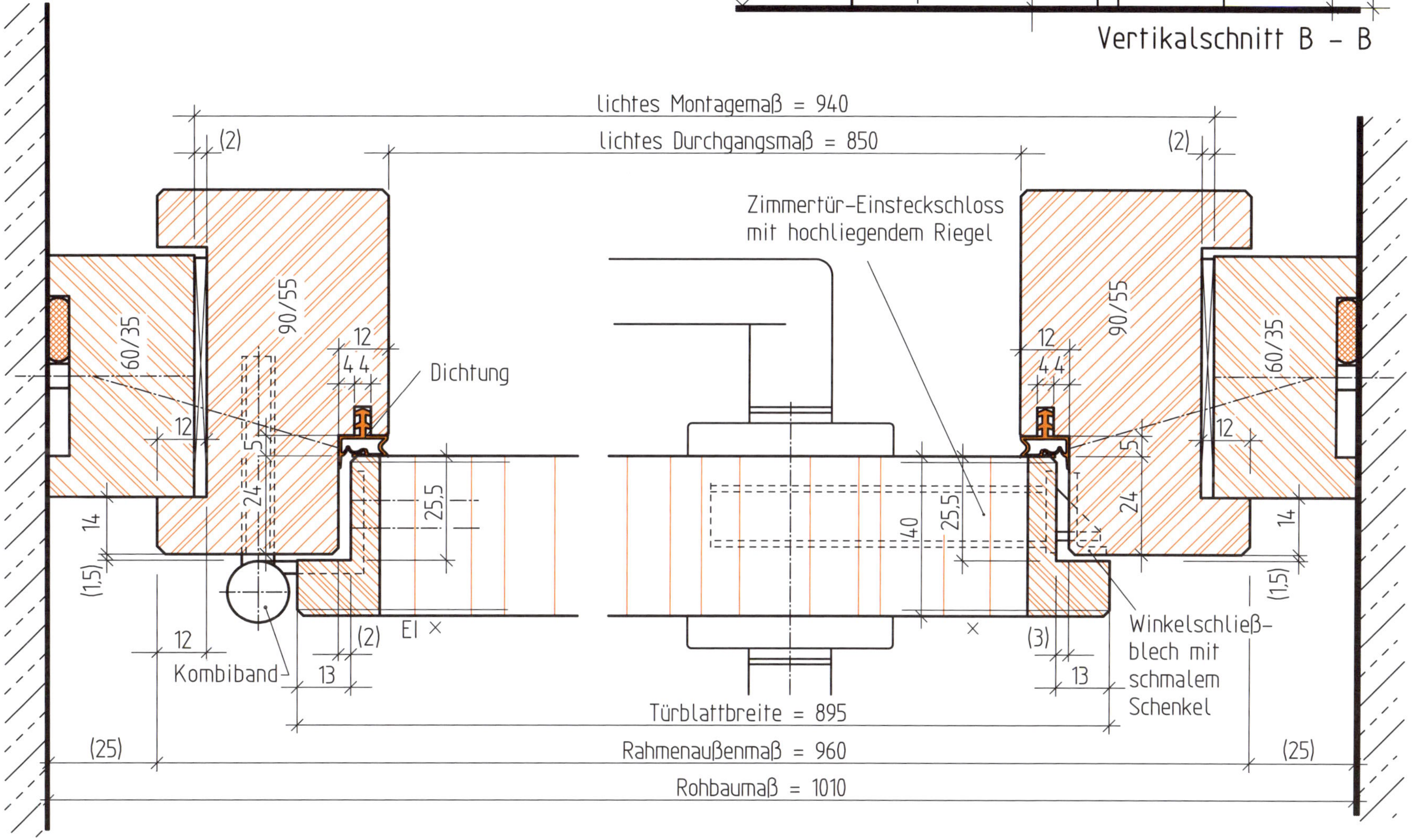

Horizontalschnitt A– A

Name	Auftrag 9.1–4	Nr.
Datum	Blockrahmentür mit Oberlicht	

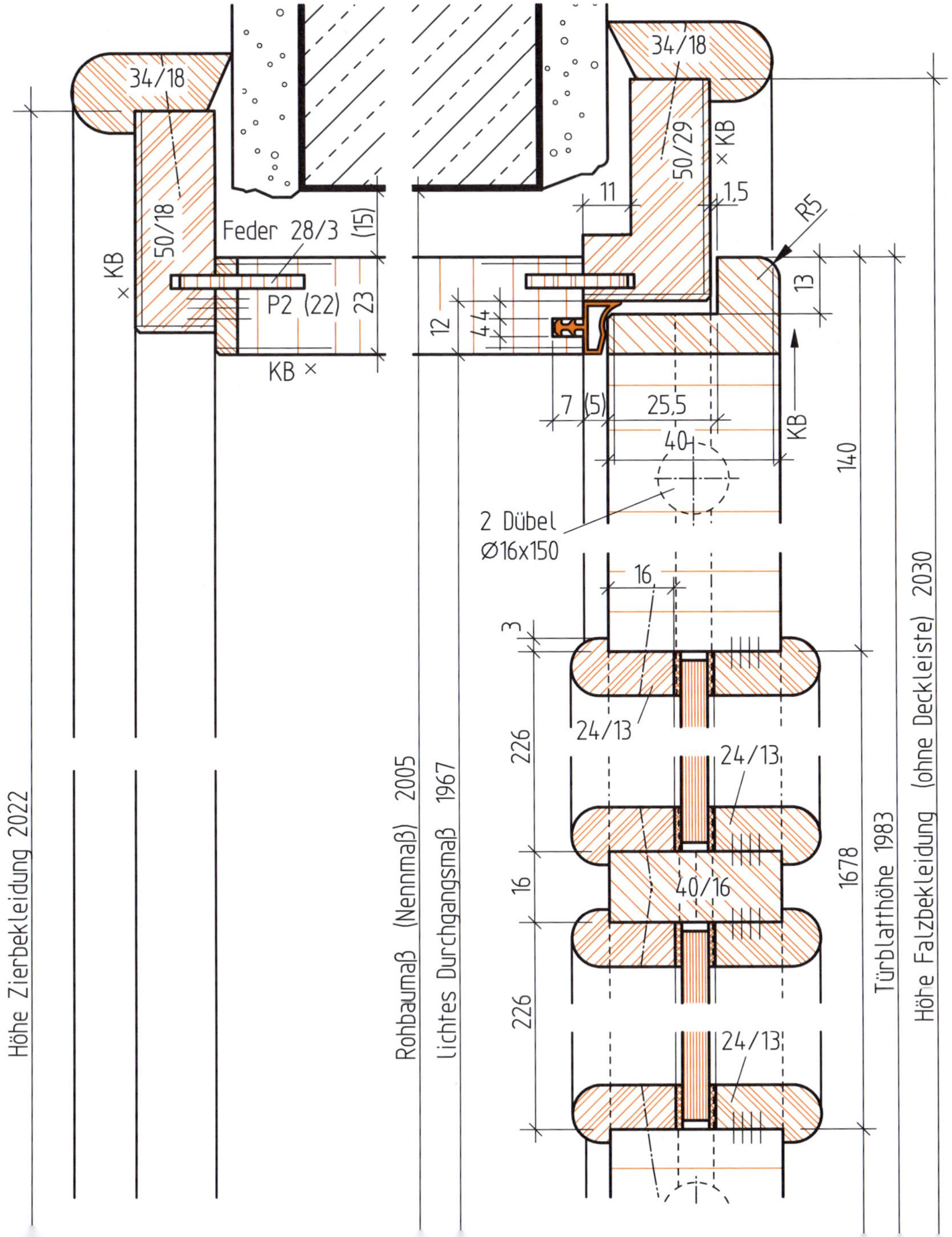

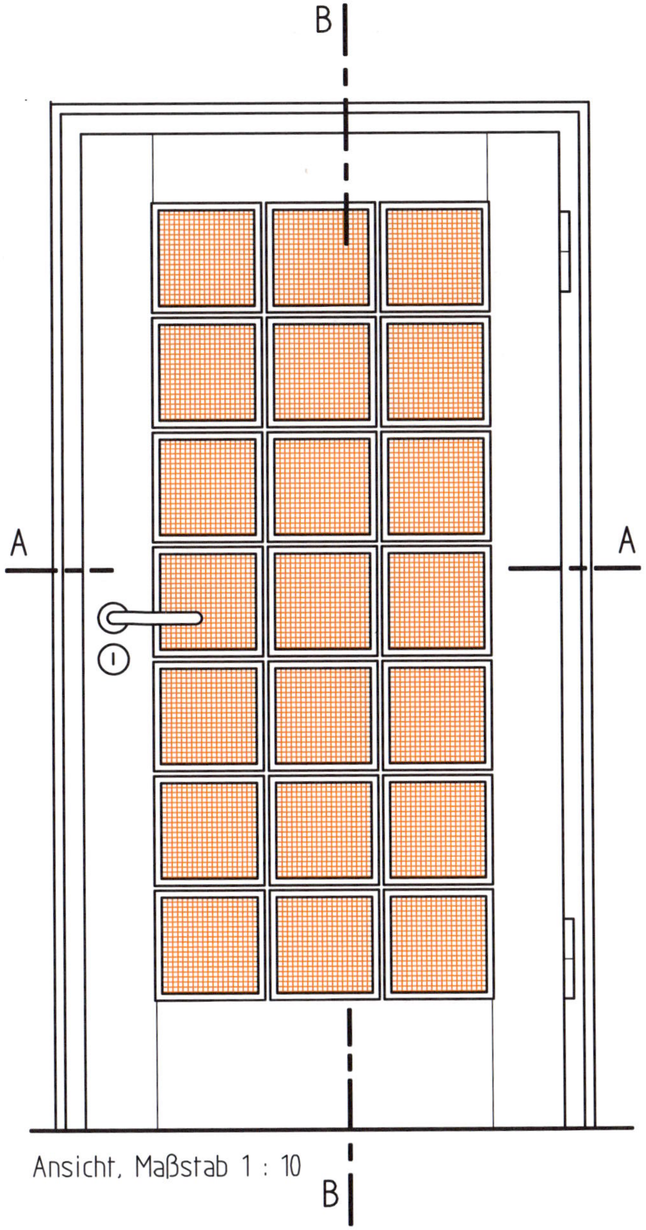

Ansicht, Maßstab 1 : 10

Holzart Kirschbaum = KB (PRAV)

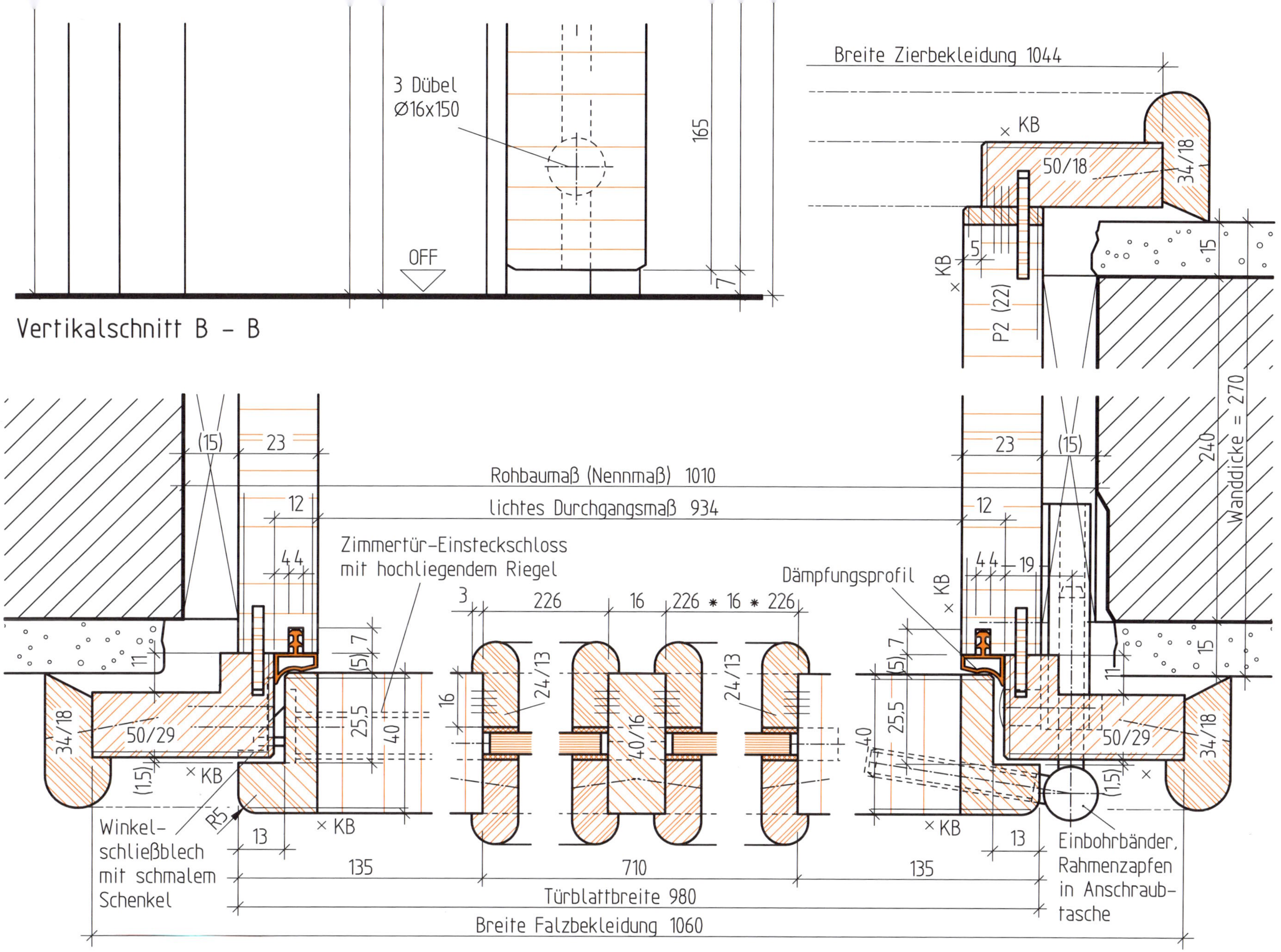

Vertikalschnitt B – B

Horizontalschnitt A – A

Name	Auftrag 9.1-5	Nr.
Datum	Sprossentür in Kirschbaum	

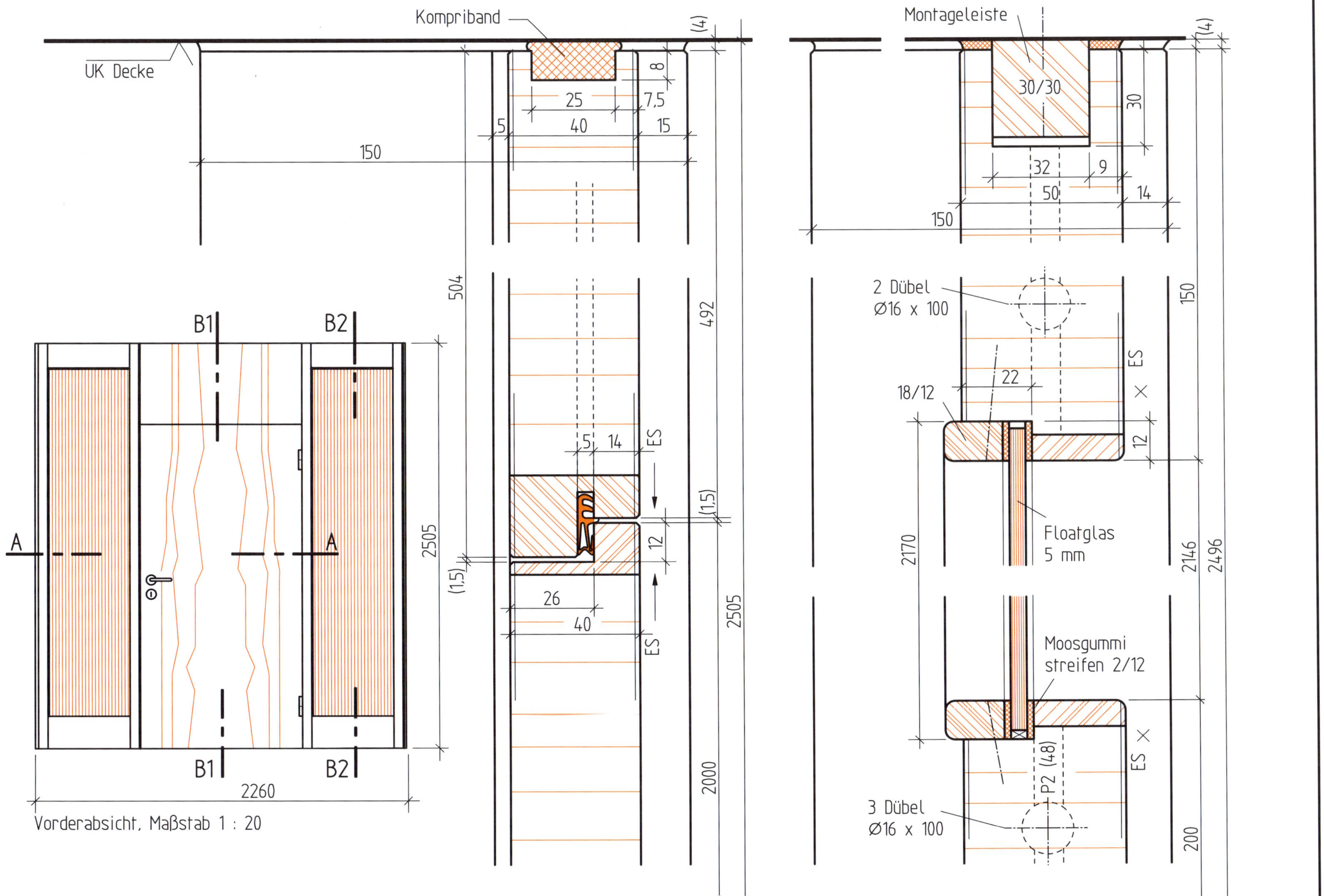

Vorderabsicht, Maßstab 1 : 20

Geschosshohe Windfangtür mit
verglasten Seitenteilen in
Esche = ES (FXEX)

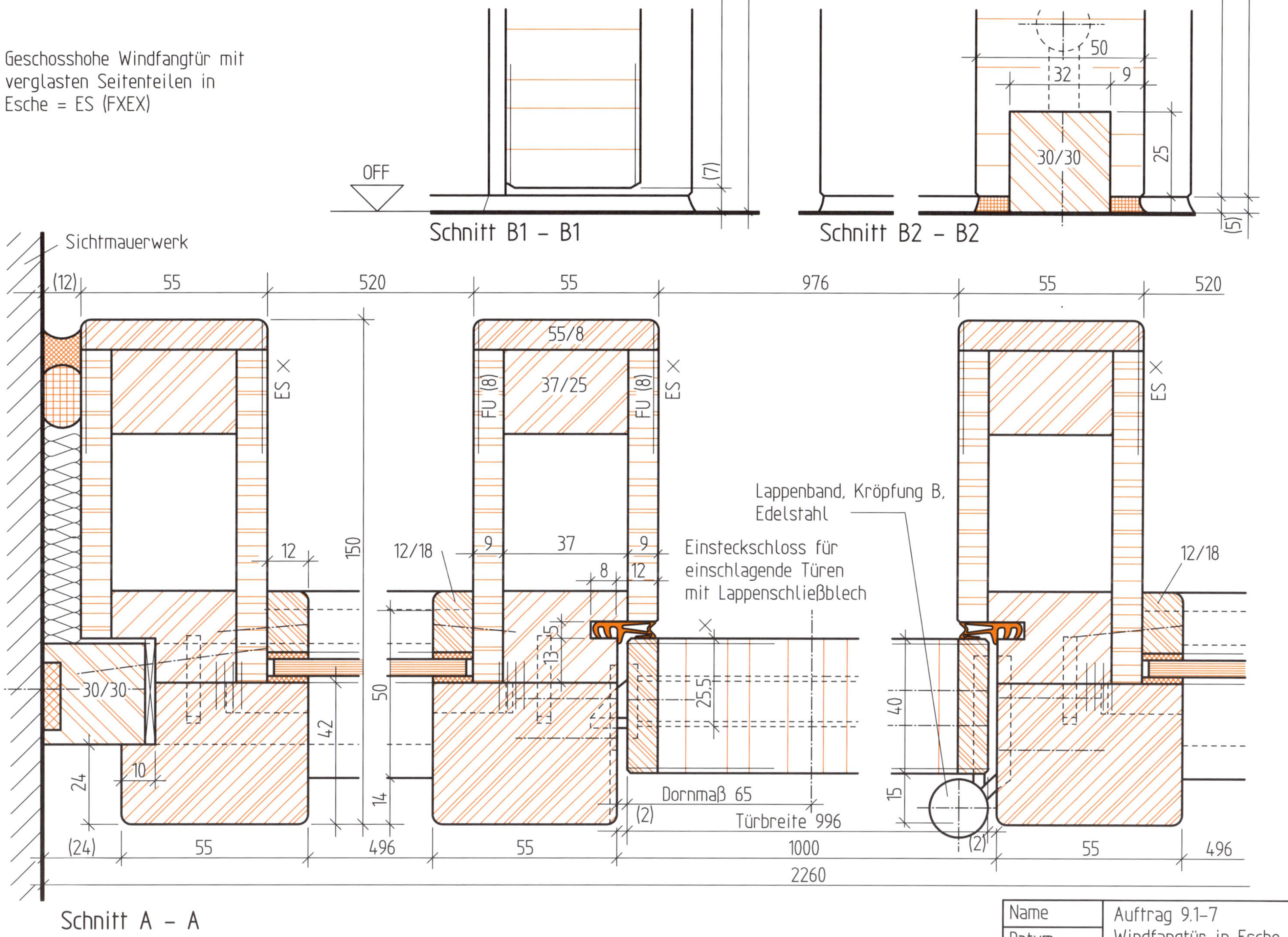

Name	Auftrag 9.1–7 Windfangtür in Esche	Nr.
Datum		

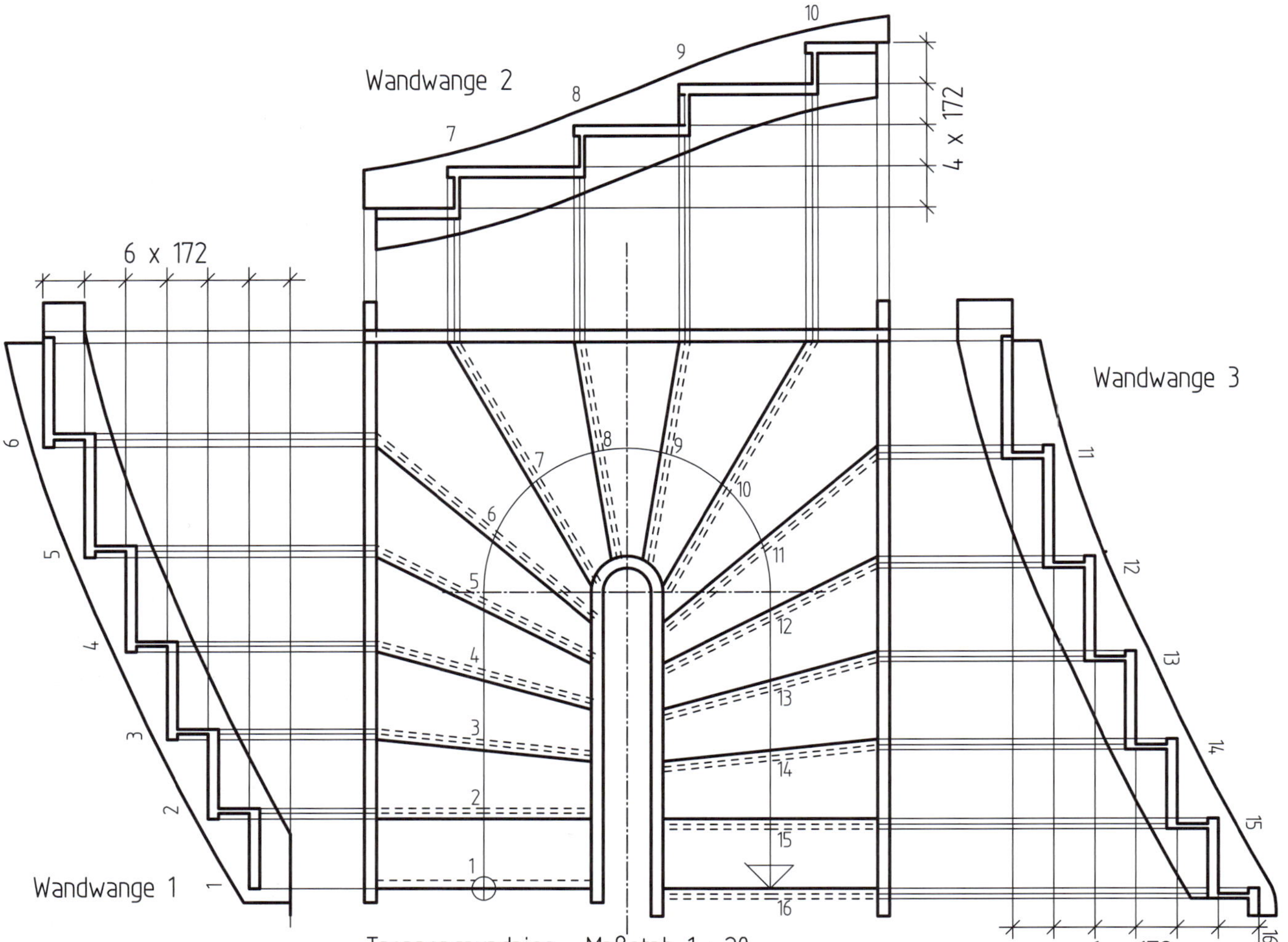

Treppengrundriss Maßstab 1 : 20

Schnitt durch Tritt- und Setzstufen

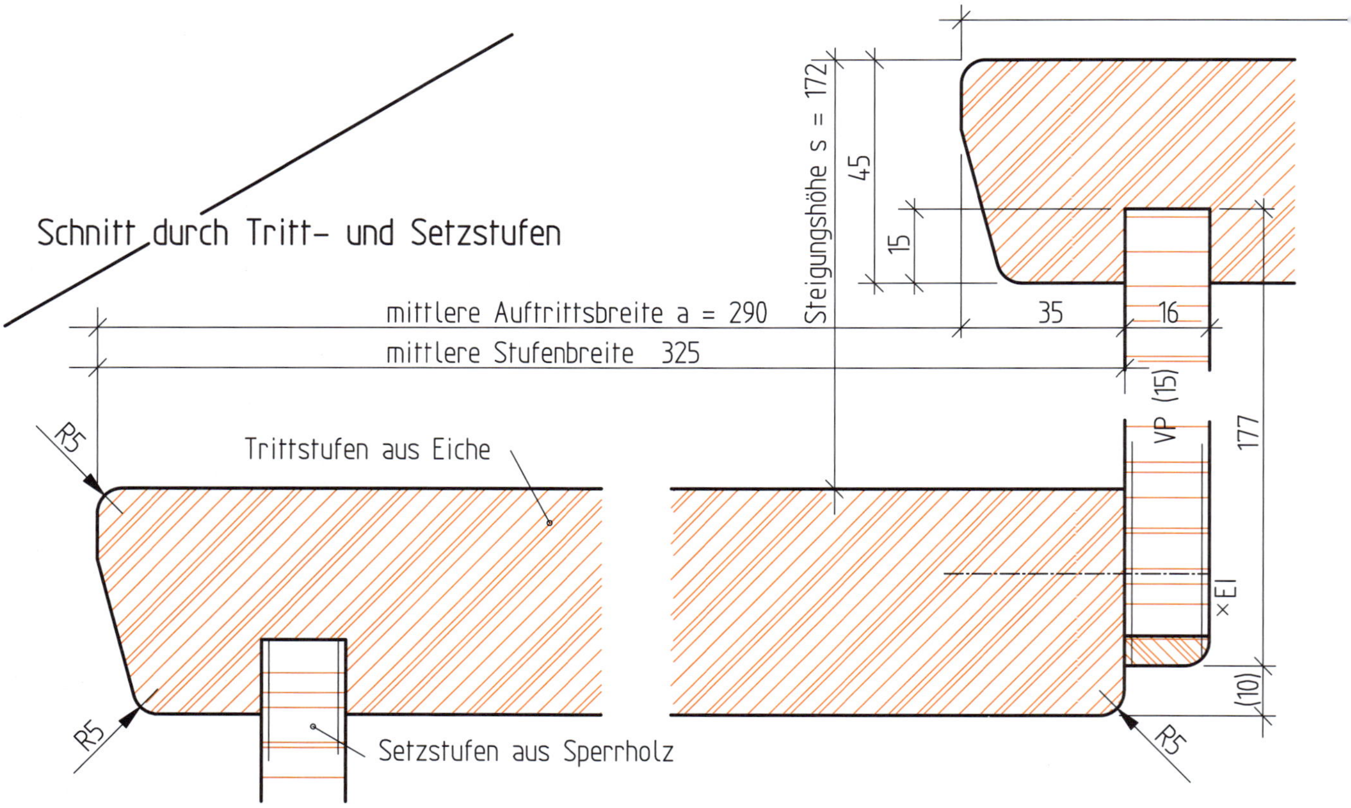

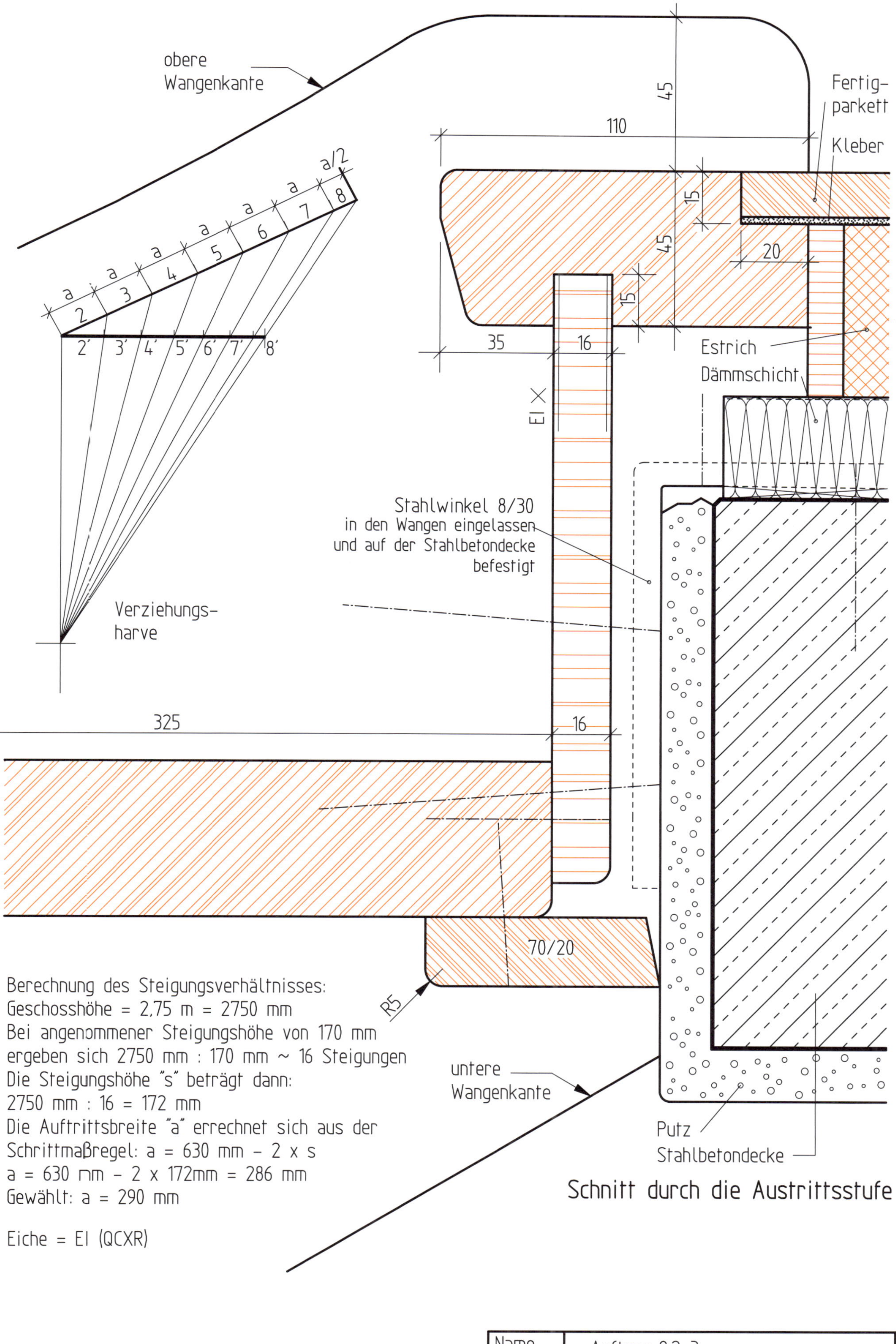

Schnitt durch die Austrittsstufe

Berechnung des Steigungsverhältnisses:
Geschosshöhe = 2,75 m = 2750 mm
Bei angenommener Steigungshöhe von 170 mm
ergeben sich 2750 mm : 170 mm ~ 16 Steigungen
Die Steigungshöhe "s" beträgt dann:
2750 mm : 16 = 172 mm
Die Auftrittsbreite "a" errechnet sich aus der
Schrittmaßregel: a = 630 mm − 2 x s
a = 630 mm − 2 x 172mm = 286 mm
Gewählt: a = 290 mm

Eiche = EI (QCXR)

Name	Auftrag 9.2-3	Nr.
Datum	Einläufige halbgewendelte Treppe	

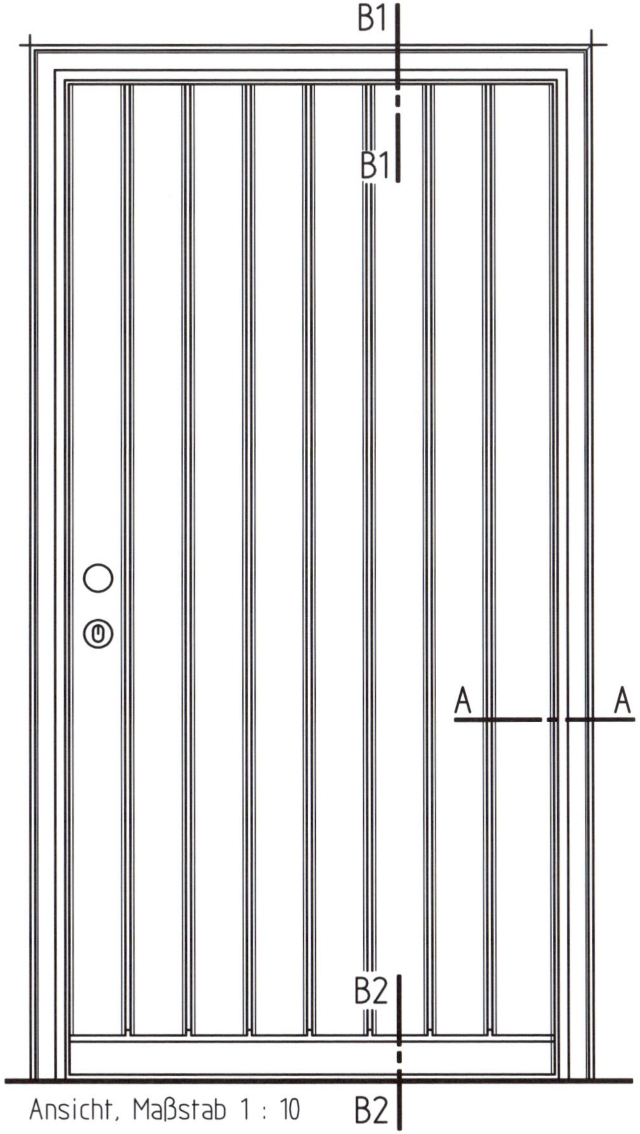

Ansicht, Maßstab 1 : 10

Aufgedoppelte Haustür
in Meranti = MER (SHXX)
Rohbaumaß:
1135 mm x 2130 mm
Haustür-Sicherheits-
Einsteckschloss
Dornmaß 65mm,
3 Lappenbänder mit
Tragzapfen,
verstärktes
Sicherheits-Schließblech

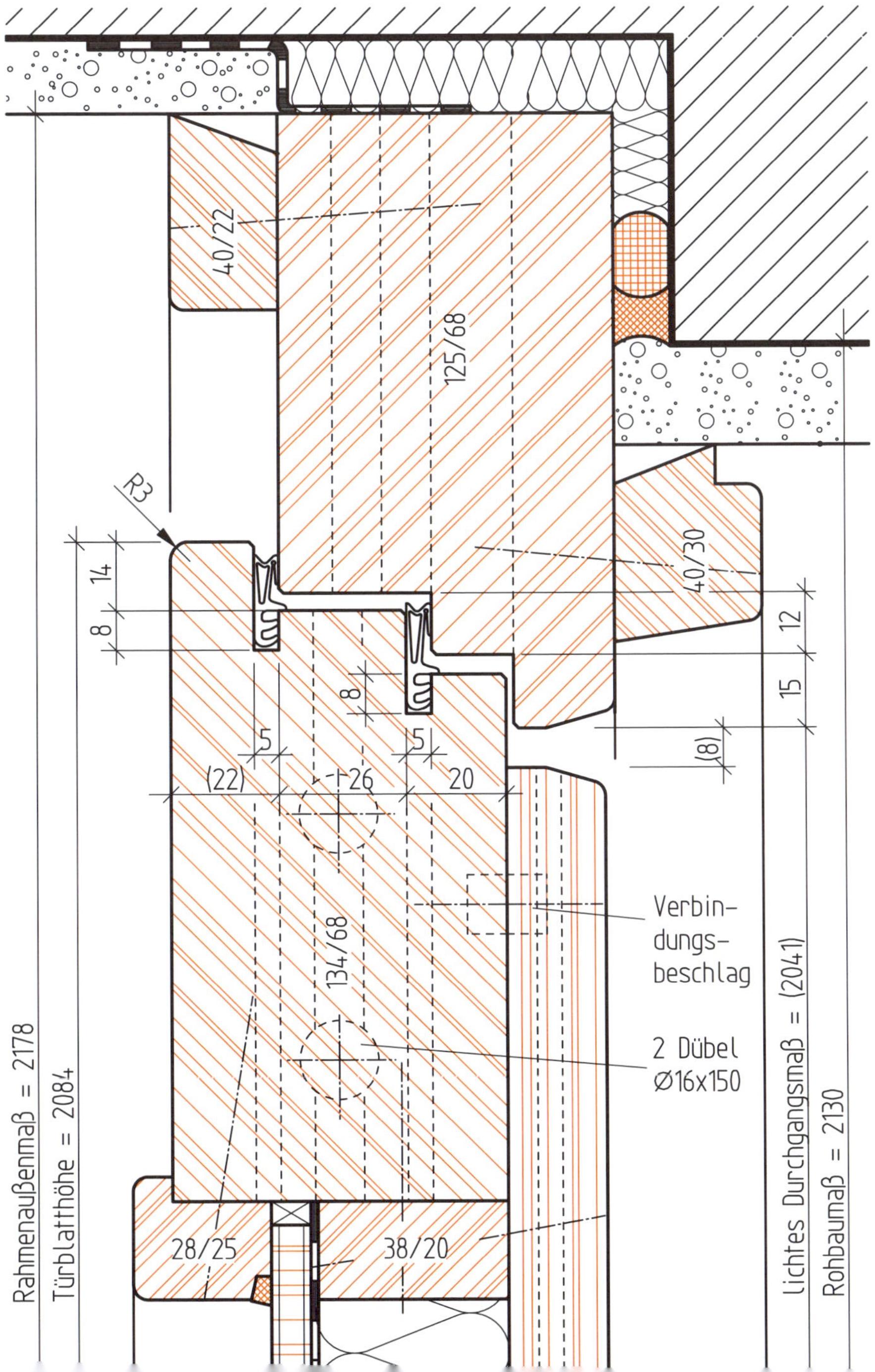

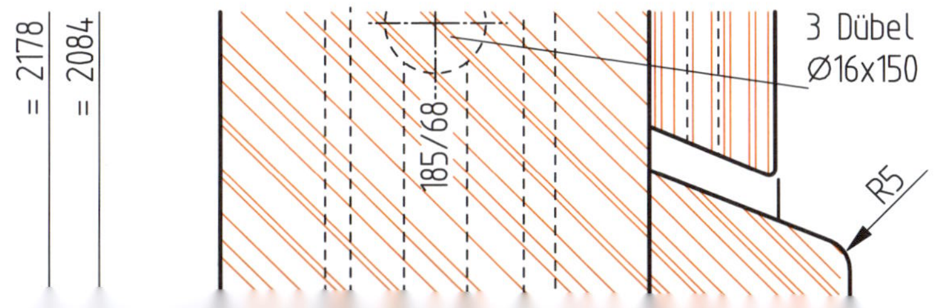

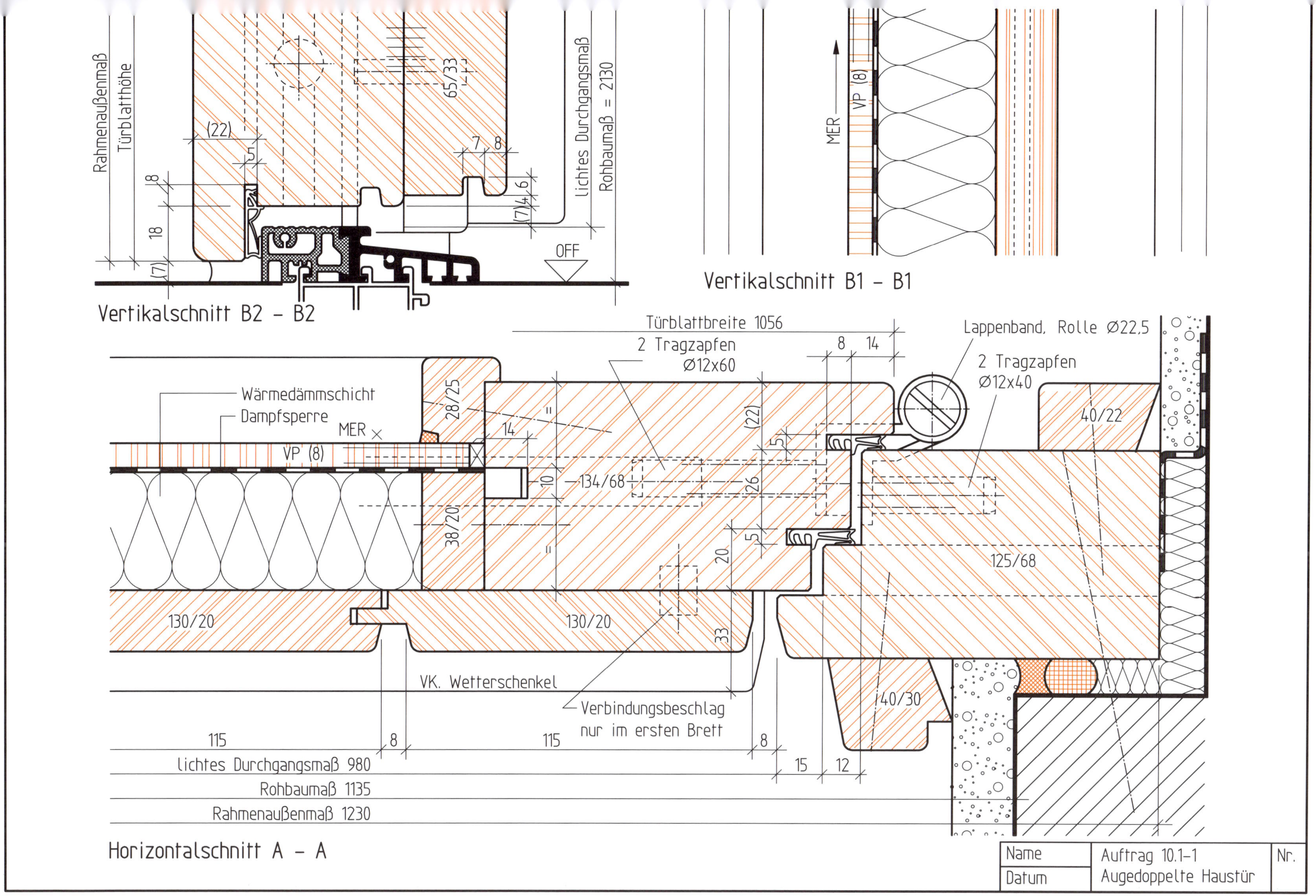

Vertikalschnitt B2 - B2
Rahmenaußenmaß
Türblatthöhe
lichtes Durchgangsmaß
Rohbaumaß = 2130
OFF
65/33
(22)
5
7
8
6
4
(7)
18
Vertikalschnitt B1 - B1
MER
VP (8)
Horizontalschnitt A - A
Türblattbreite 1056
2 Tragzapfen
Ø12x60
Lappenband, Rolle Ø22,5
2 Tragzapfen
Ø12x40
40/22
Wärmedämmschicht
Dampfsperre
MER
VP (8)
28/25
38/20
14
10
134/68
26
20
125/68
130/20
130/20
33
40/30
VK. Wetterschenkel
Verbindungsbeschlag
nur im ersten Brett
115
8
115
8
15
12
lichtes Durchgangsmaß 980
Rohbaumaß 1135
Rahmenaußenmaß 1230
Name
Datum
Auftrag 10.1-1
Augedoppelte Haustür
Nr.

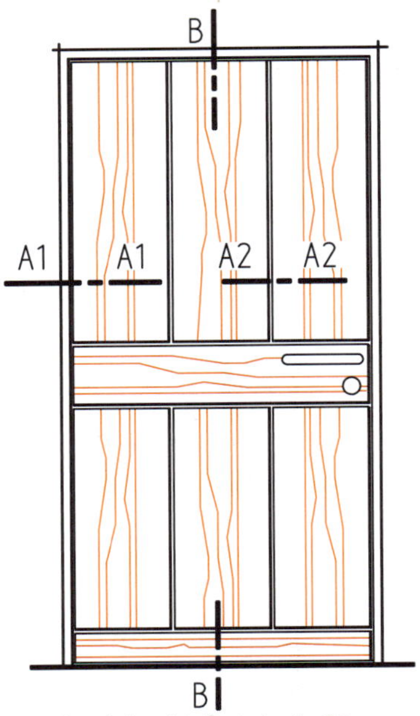

Ansicht Maßstab 1: 20

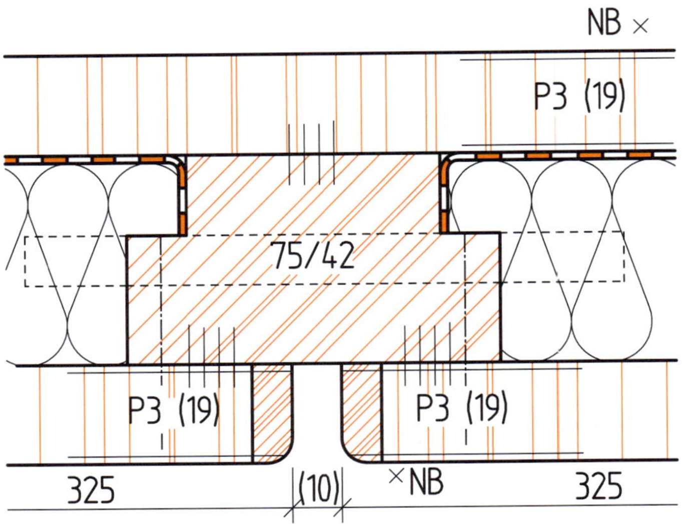

Schnitt A2 – A2

Ausführung in Nussbaum = NB (JGRG)
Haustür-Sicherheits-Einsteckschloss
mit Mehrfachverriegelung, Dornmaß 85

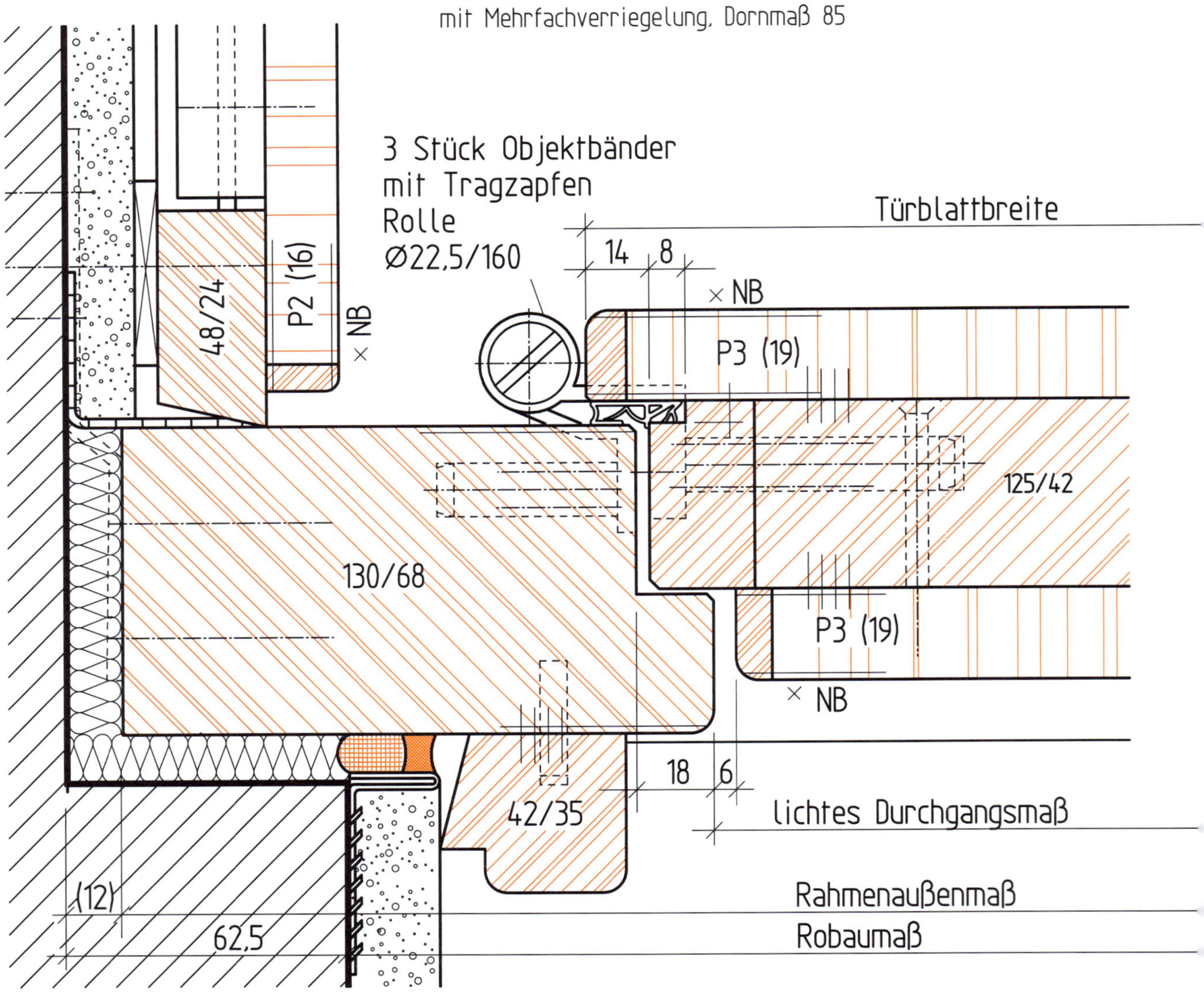

Schnitt A1 – A1

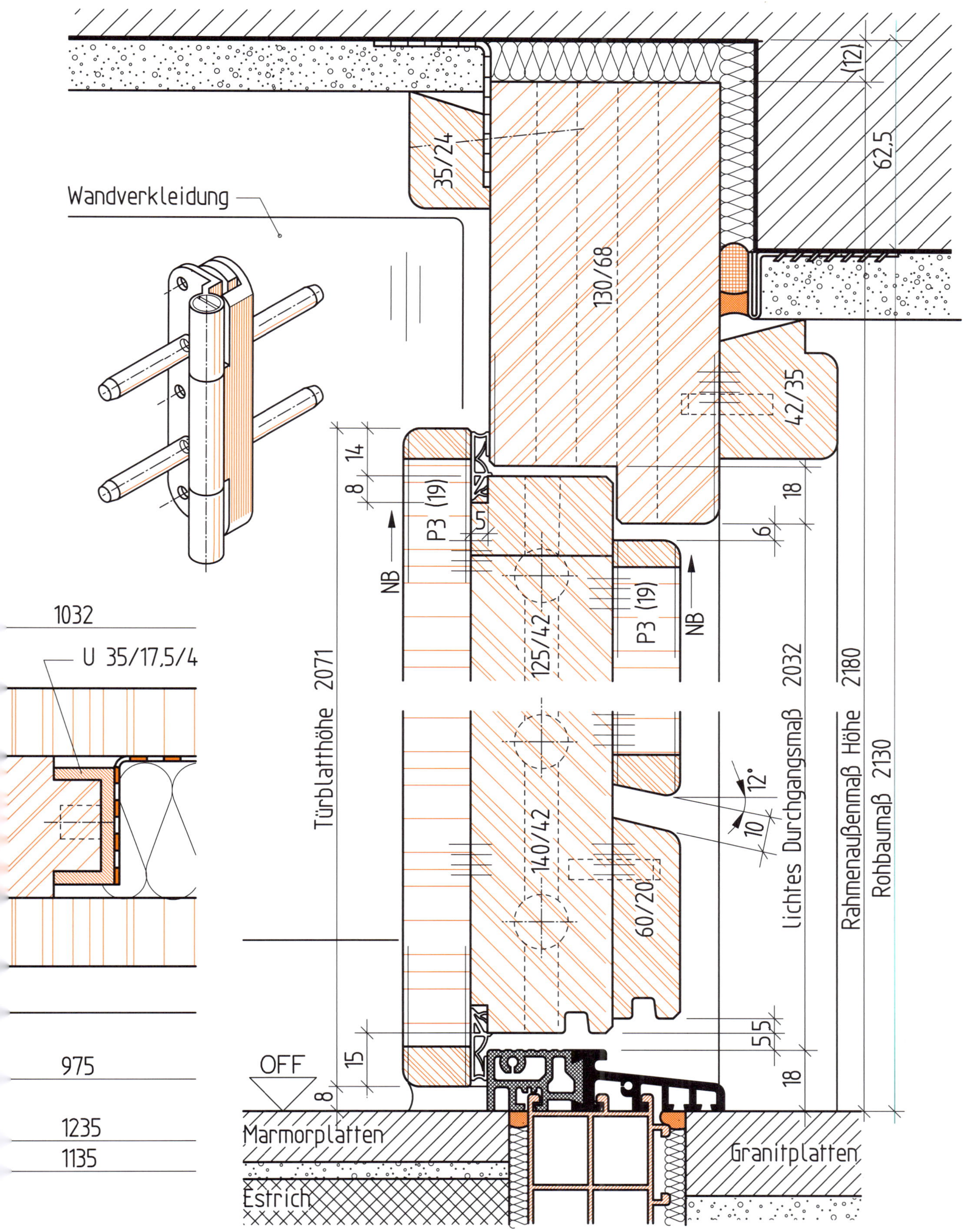

Schnitt B – B

Name	Auftrag 10.1–2	Nr.
Datum	Haustür mit Platten aufgedoppelt	

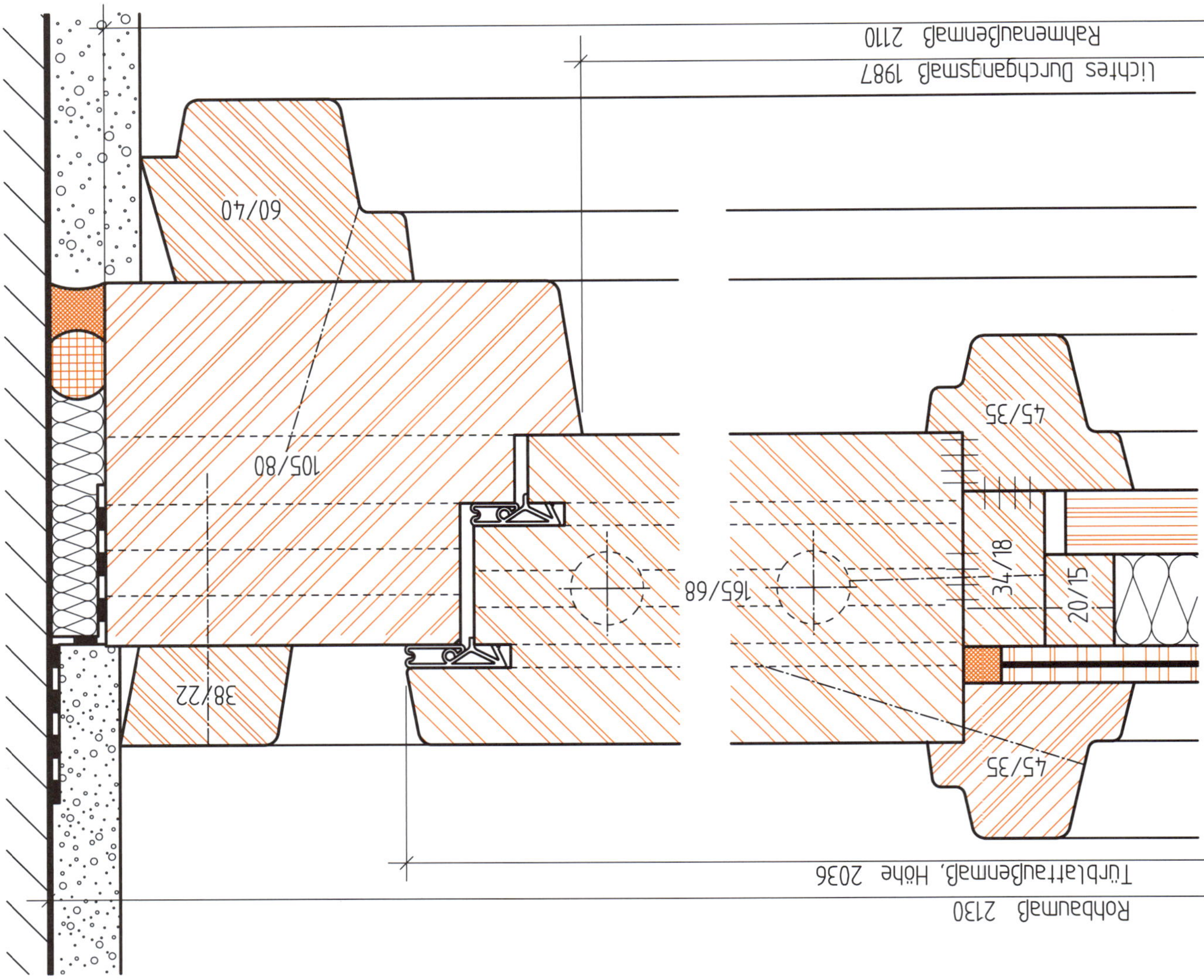

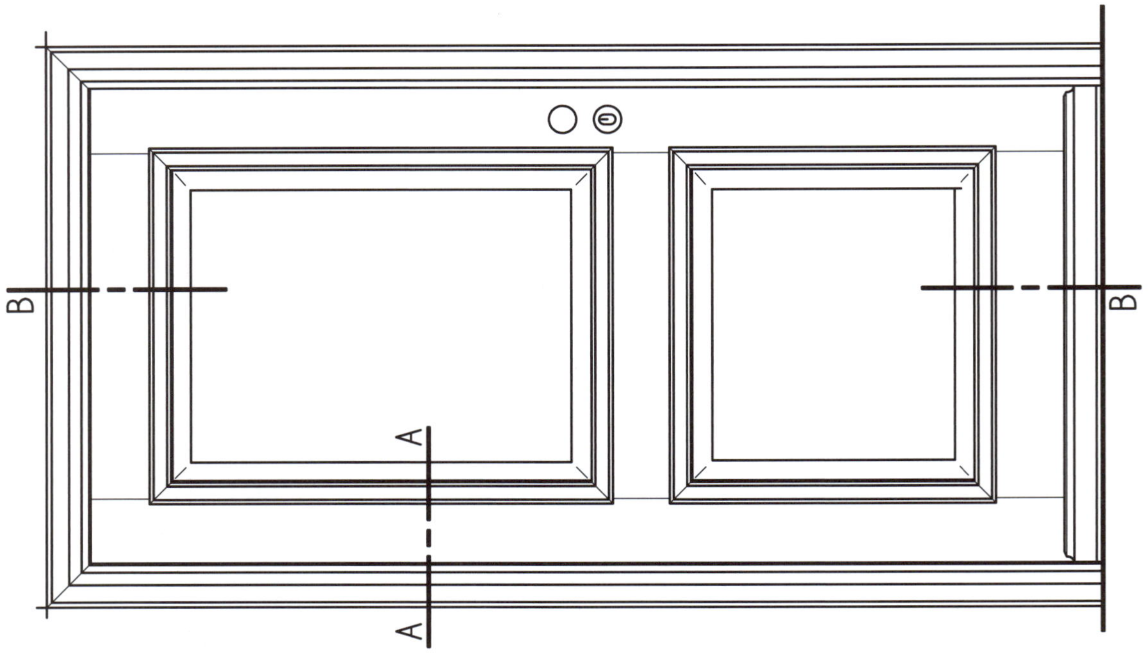

Ansicht, Maßstab 1 : 10

Haustür in Lärchenholz, massiv.
Beschläge: Drei Objektbänder mit Tragzapfen, Haustür-Einsteckschloss mit Mehrfachverriegelung, Dornmaß 80 mm, Bodenschiene mit Trennschwelle

Vertikalschnitt B – B

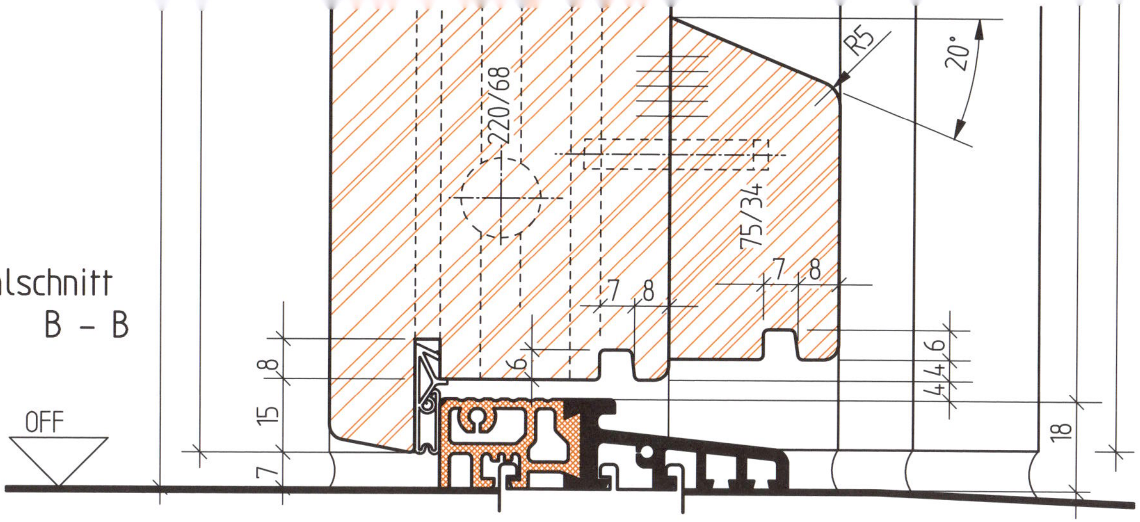

Horizontalschnitt A – A

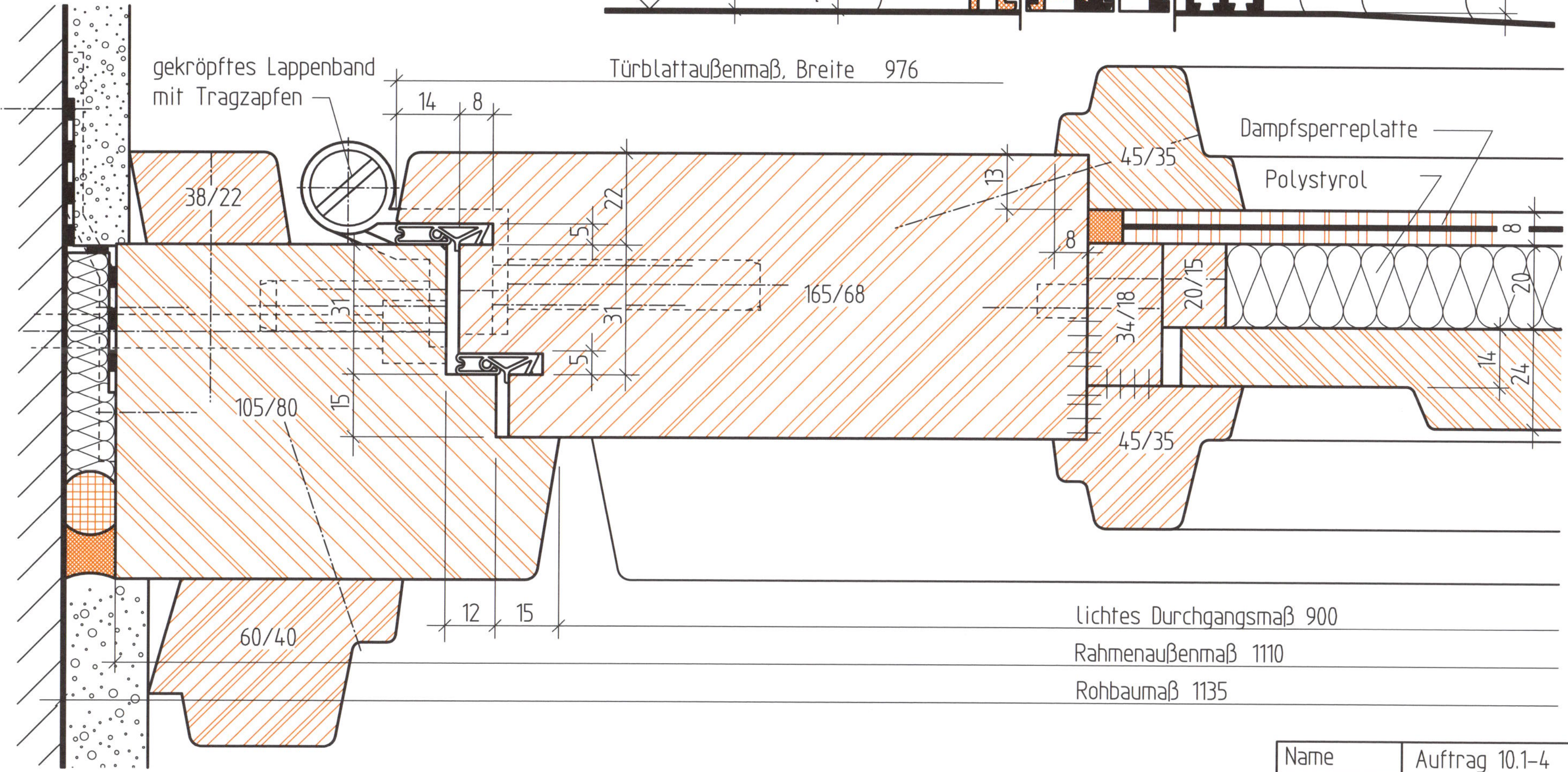

Name	Auftrag 10.1–4	Nr.
Datum	Haustür in Lärchenholz	

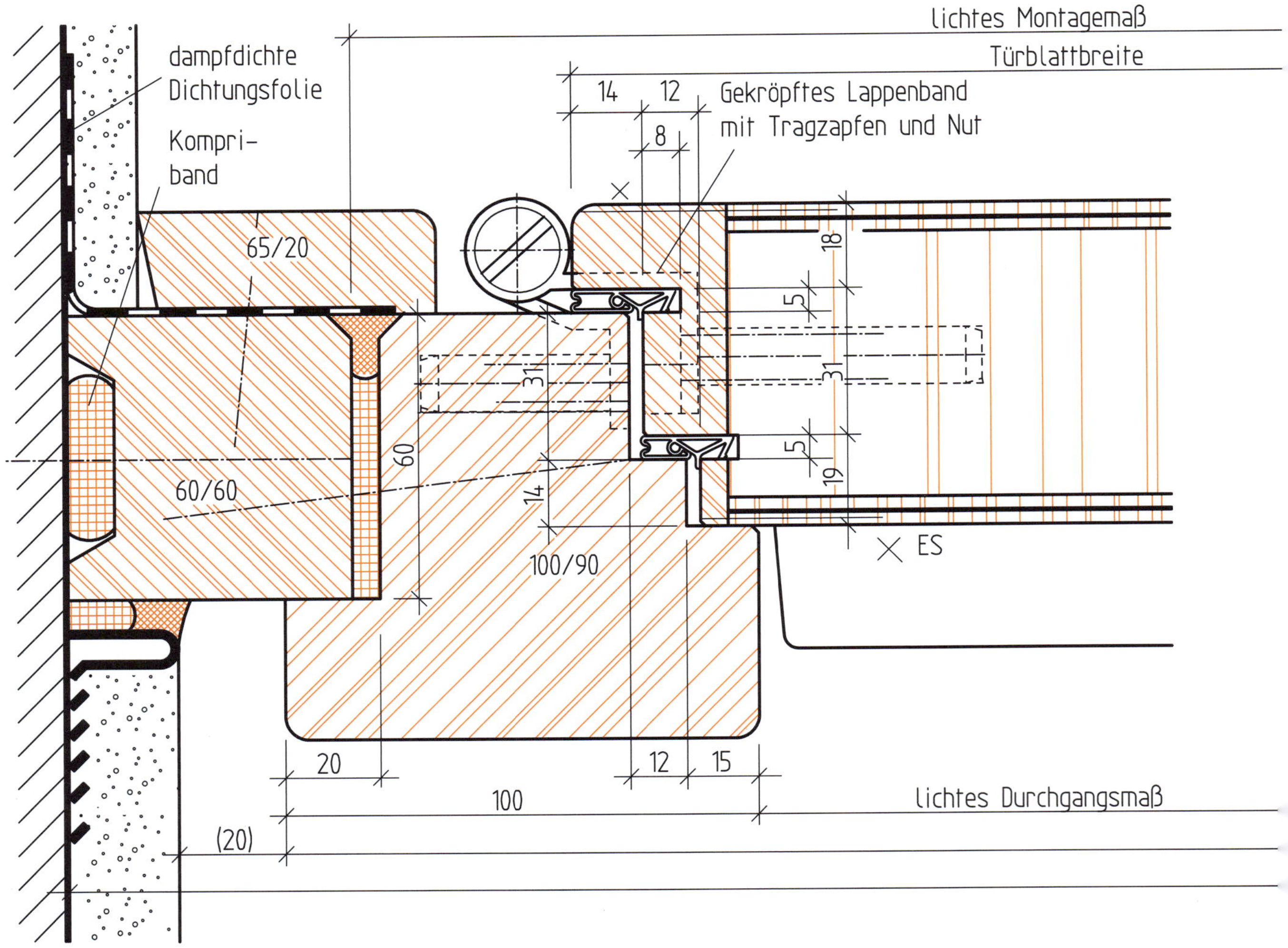

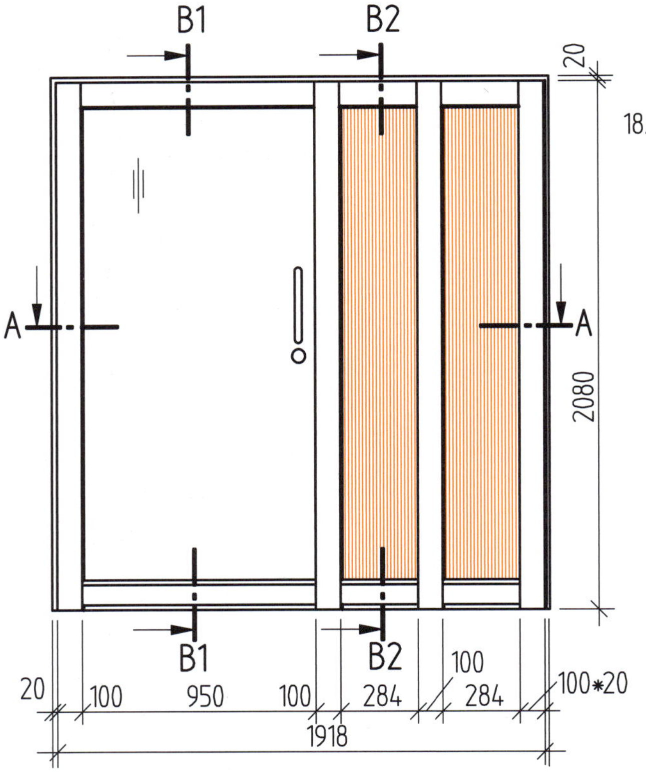

Ansicht, Maßstab 1 : 20

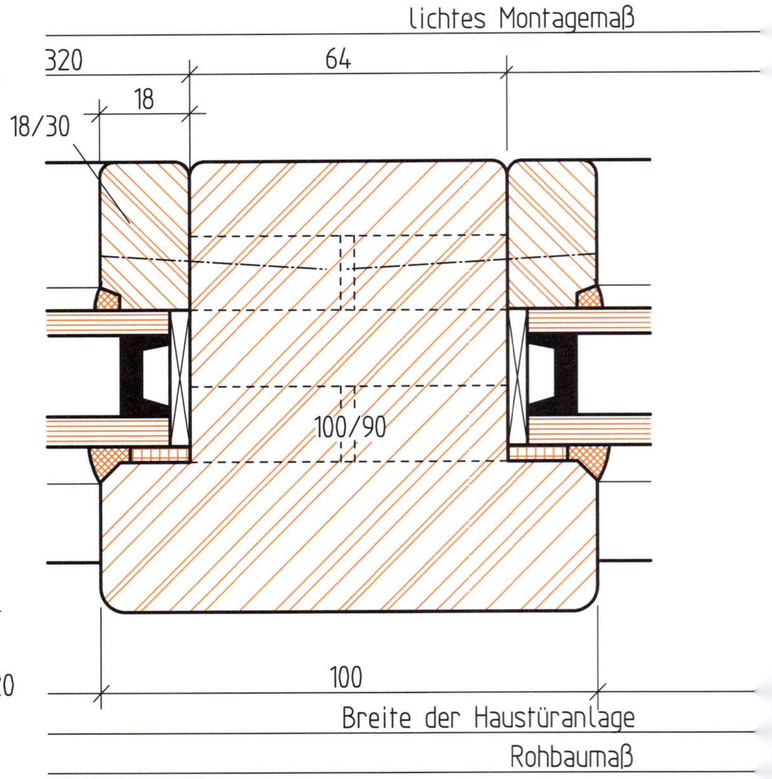

Horizontalschnitt A – A

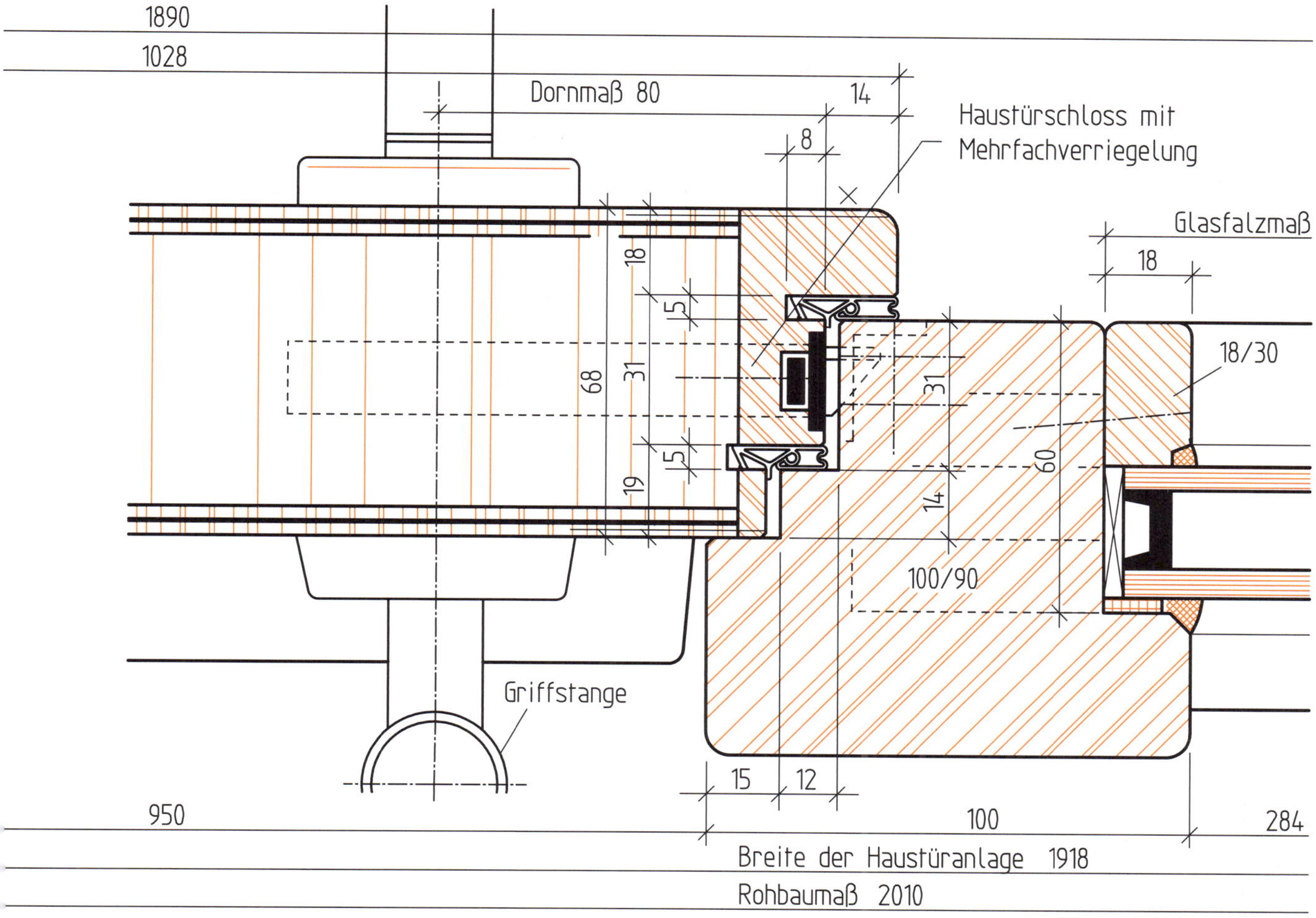

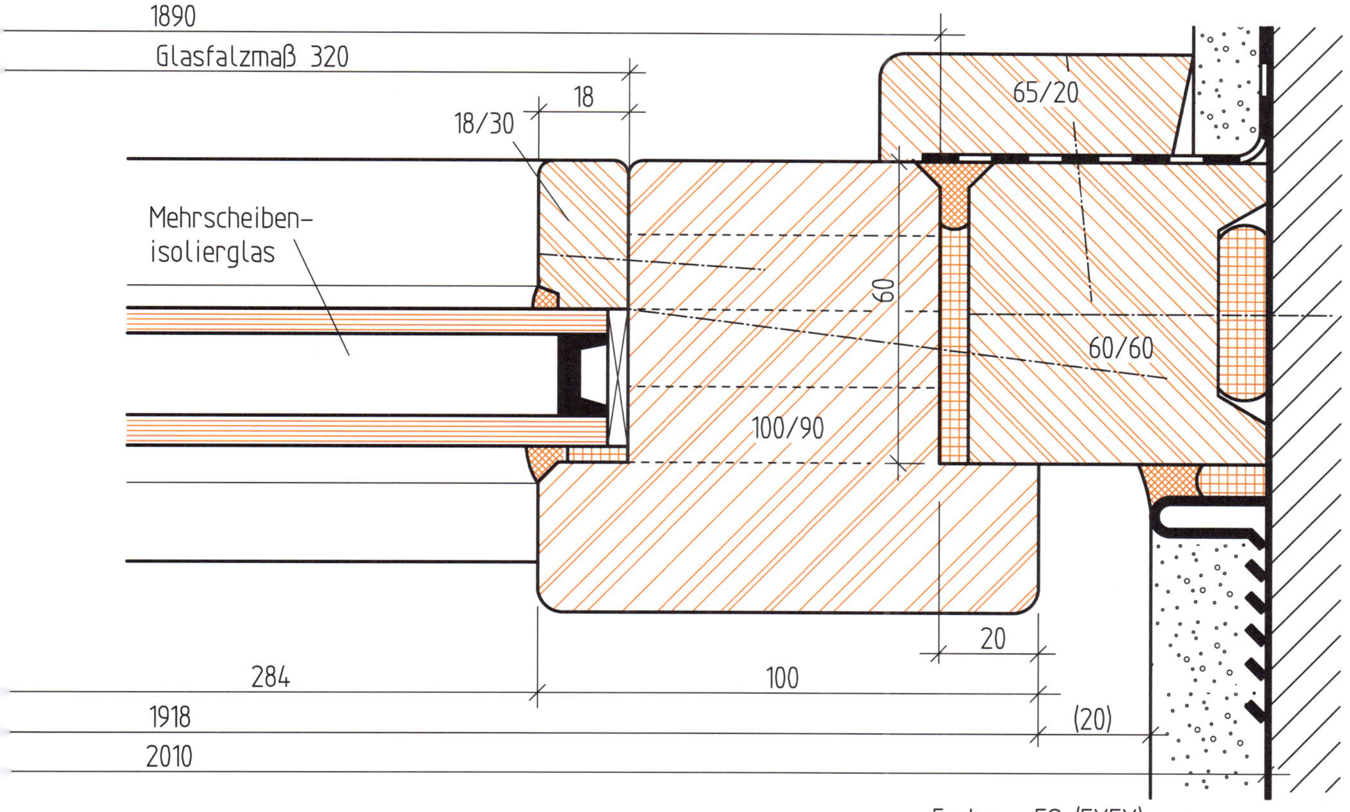

Esche = ES (FXEX)

Name	Auftrag 10.1-6/1	Nr.
Datum	Haustürelement in Esche	

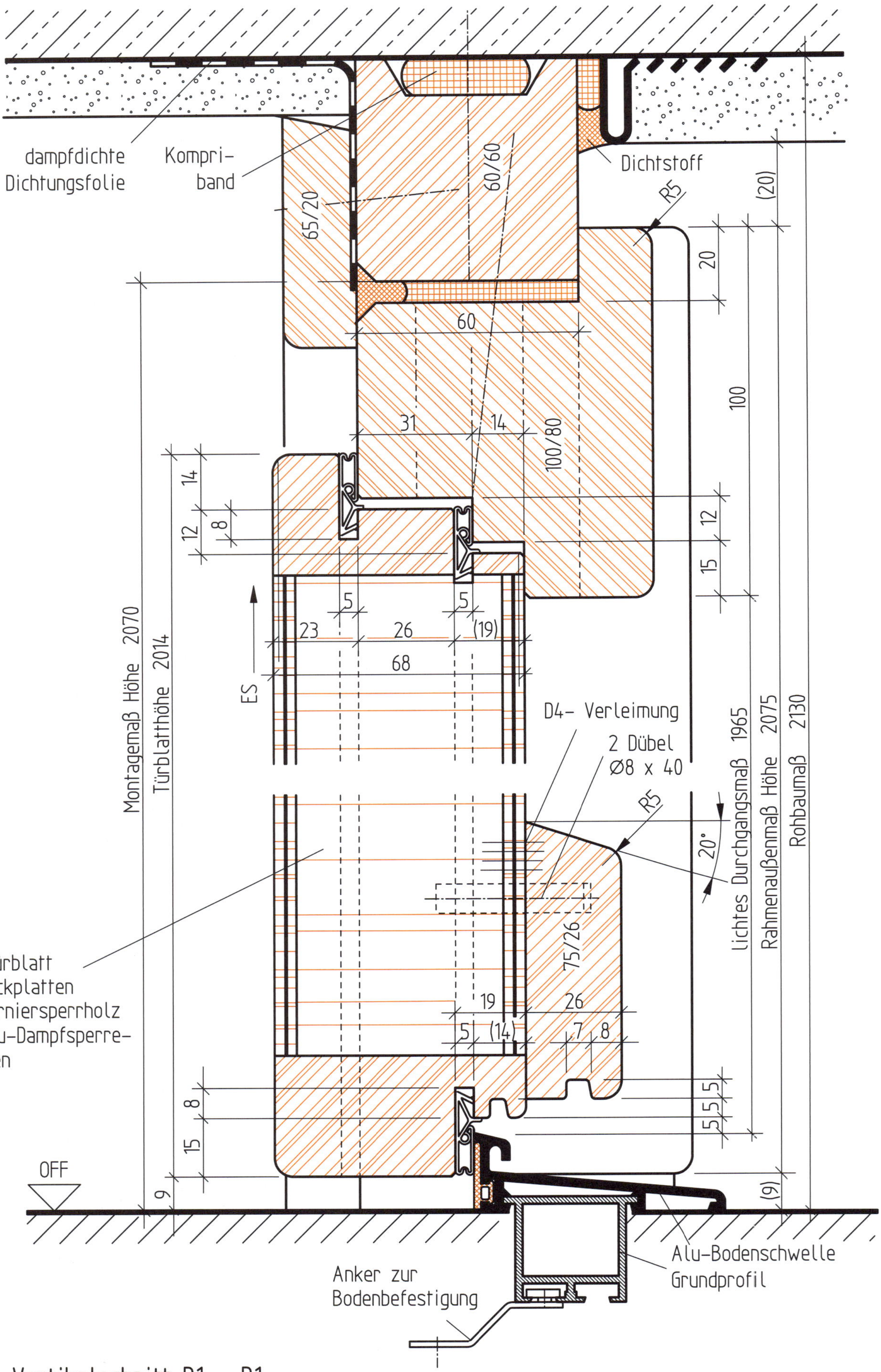

Vertikalschnitt B1 – B1

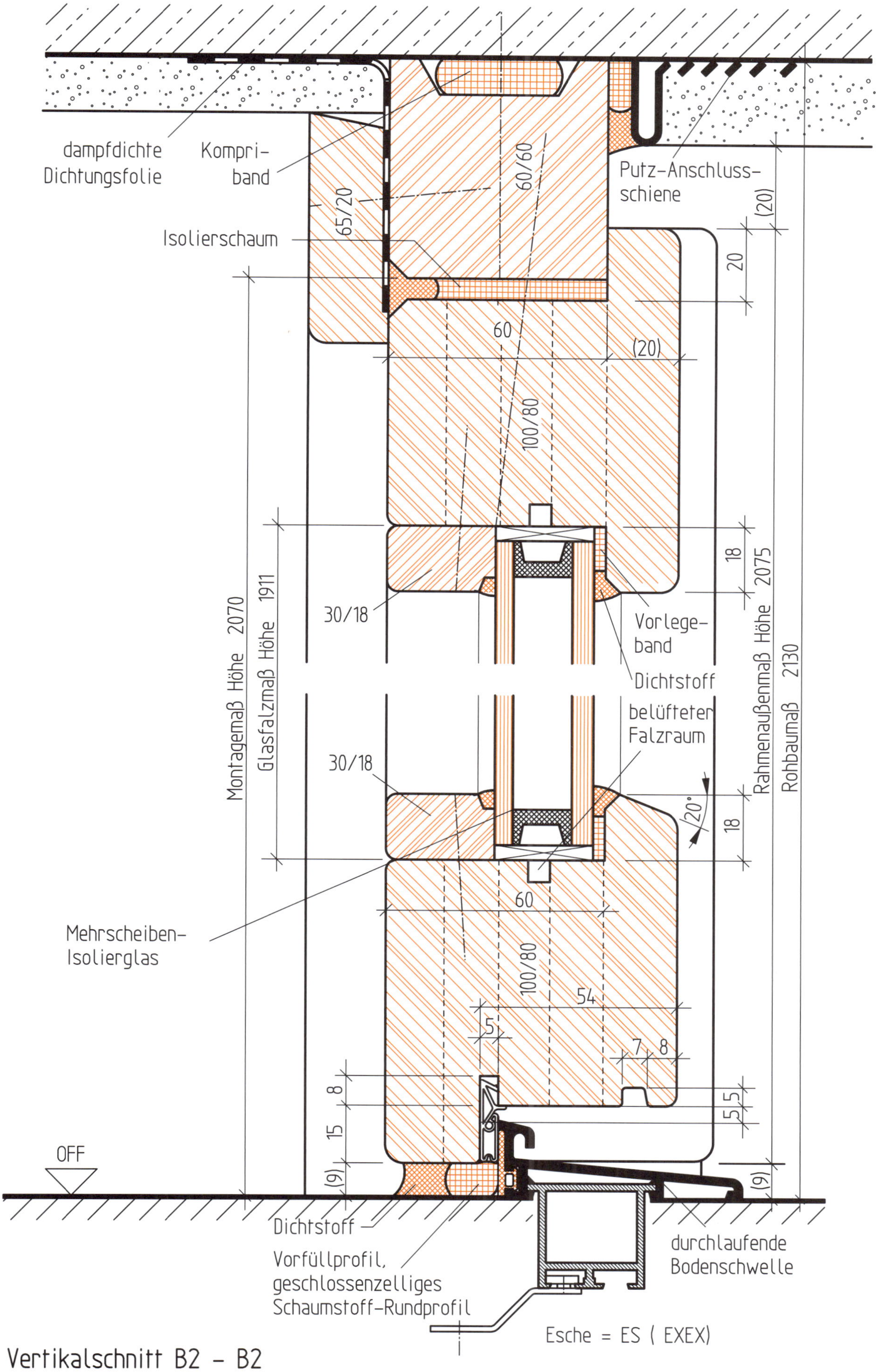

Vertikalschnitt B2 – B2

Name	Auftrag 10.1–6/2	Nr.
Datum	Haustürelement in Esche	

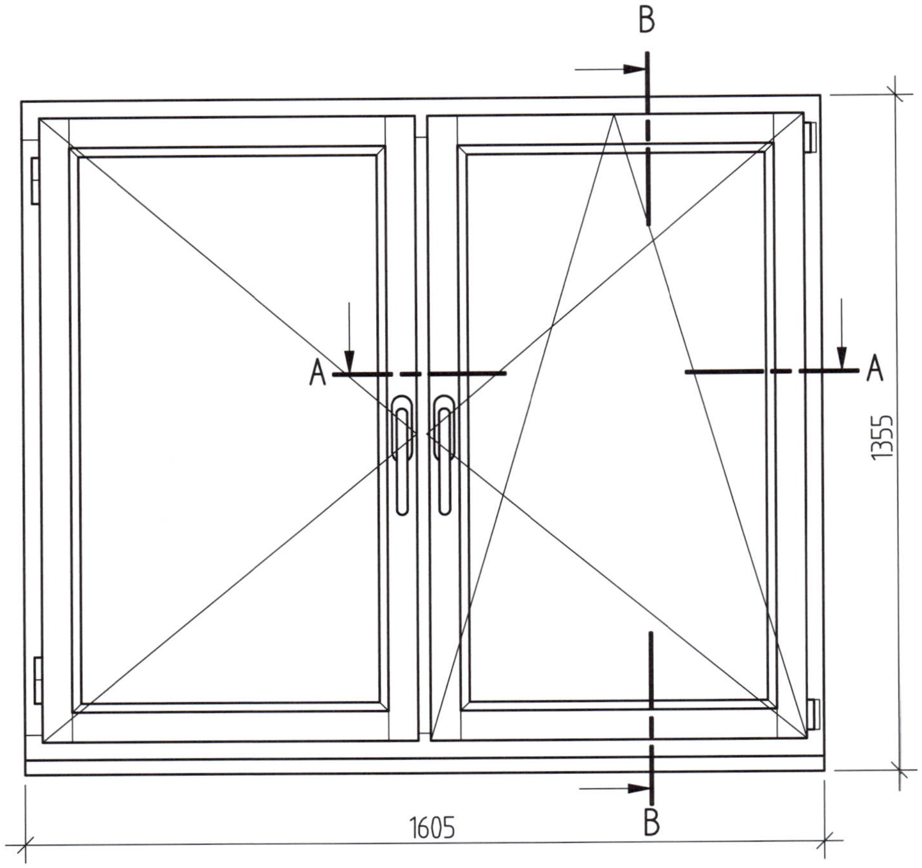

Ansicht Maßstab 1 : 10

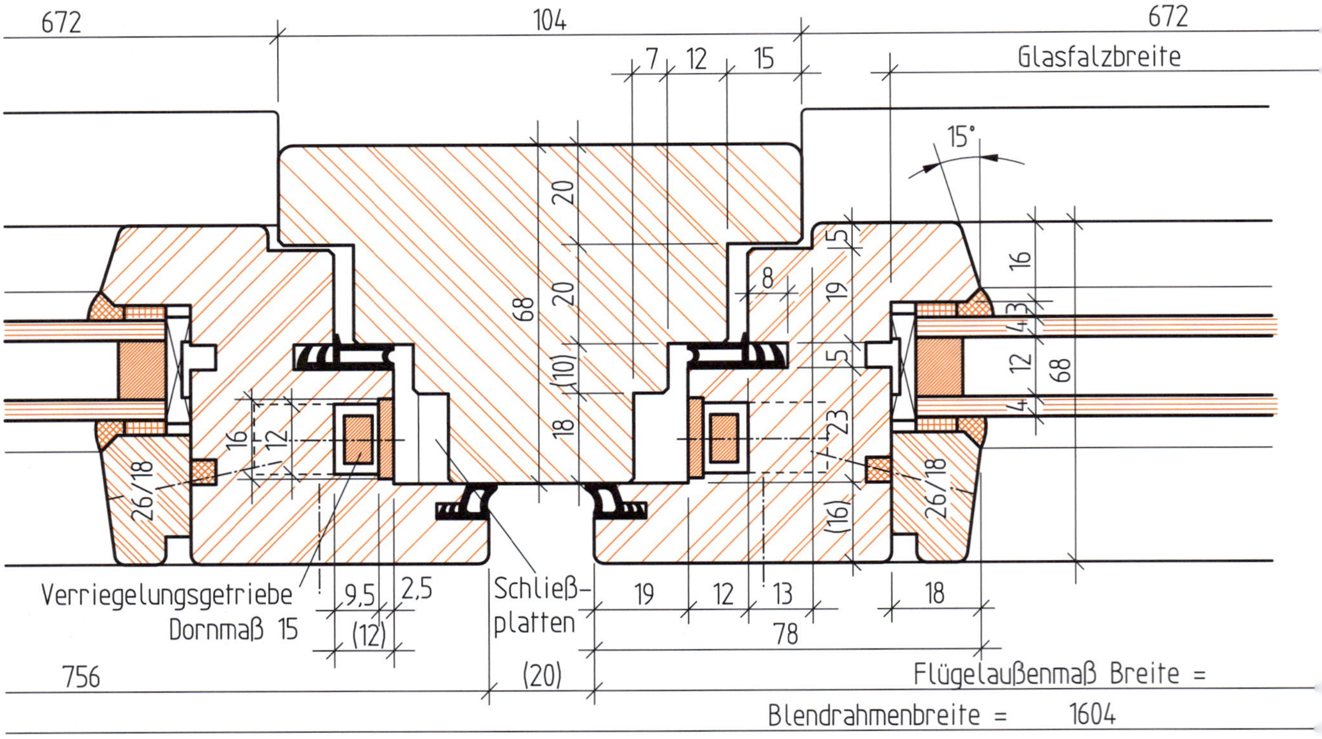

Horizontalschnitt A – A

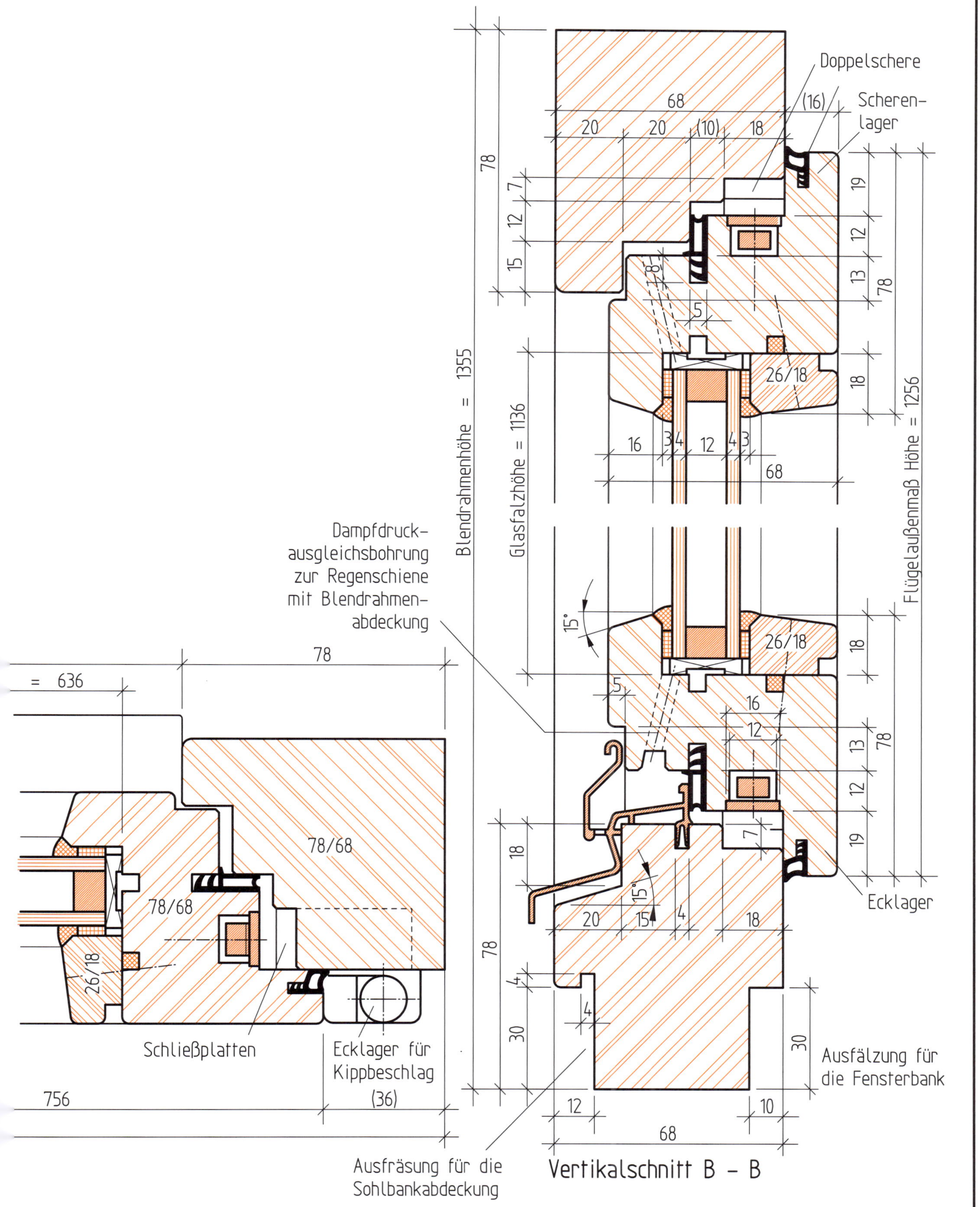

Vertikalschnitt B – B

Name	Auftrag 10.2–2	Nr.
Datum	Zweiflügeliges Fenster mit Pfosten	

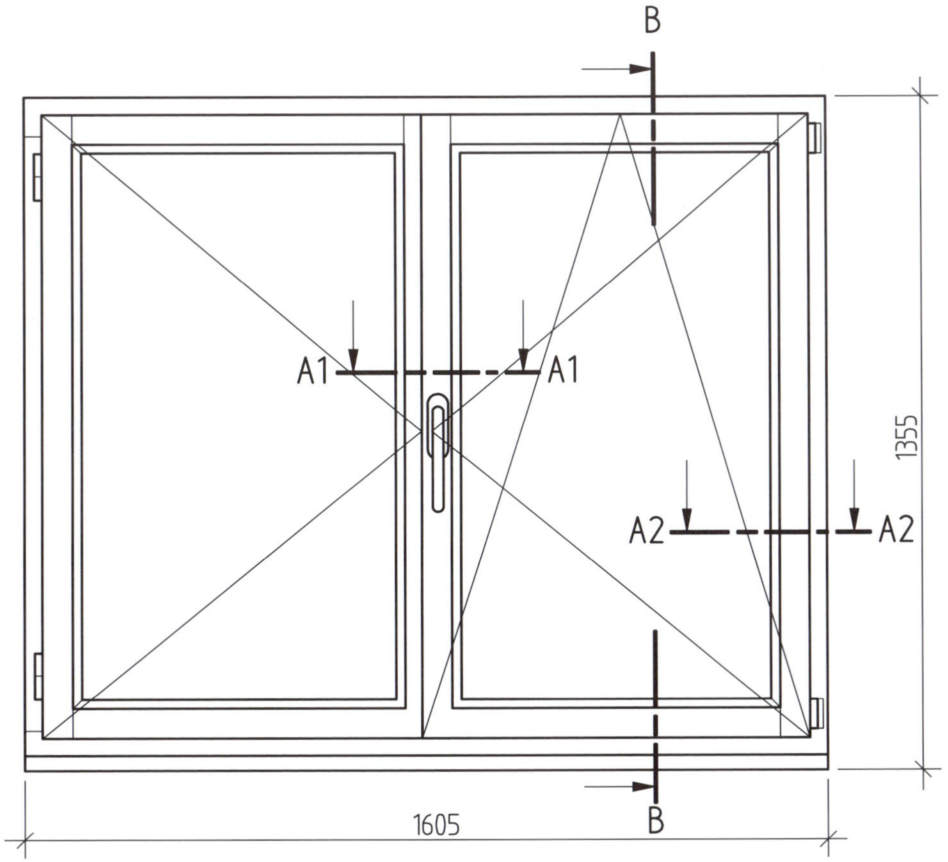

Ansicht Maßstab 1 : 10

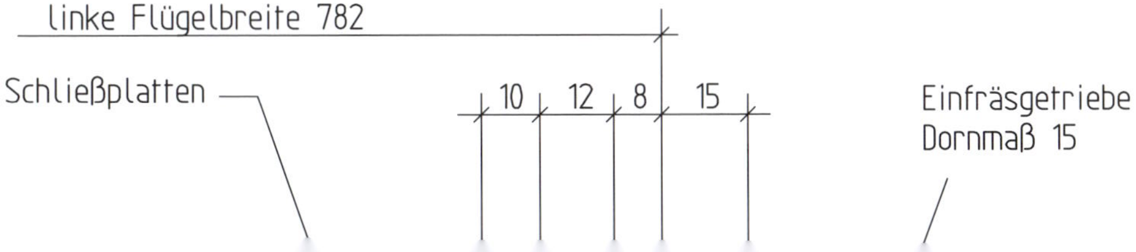

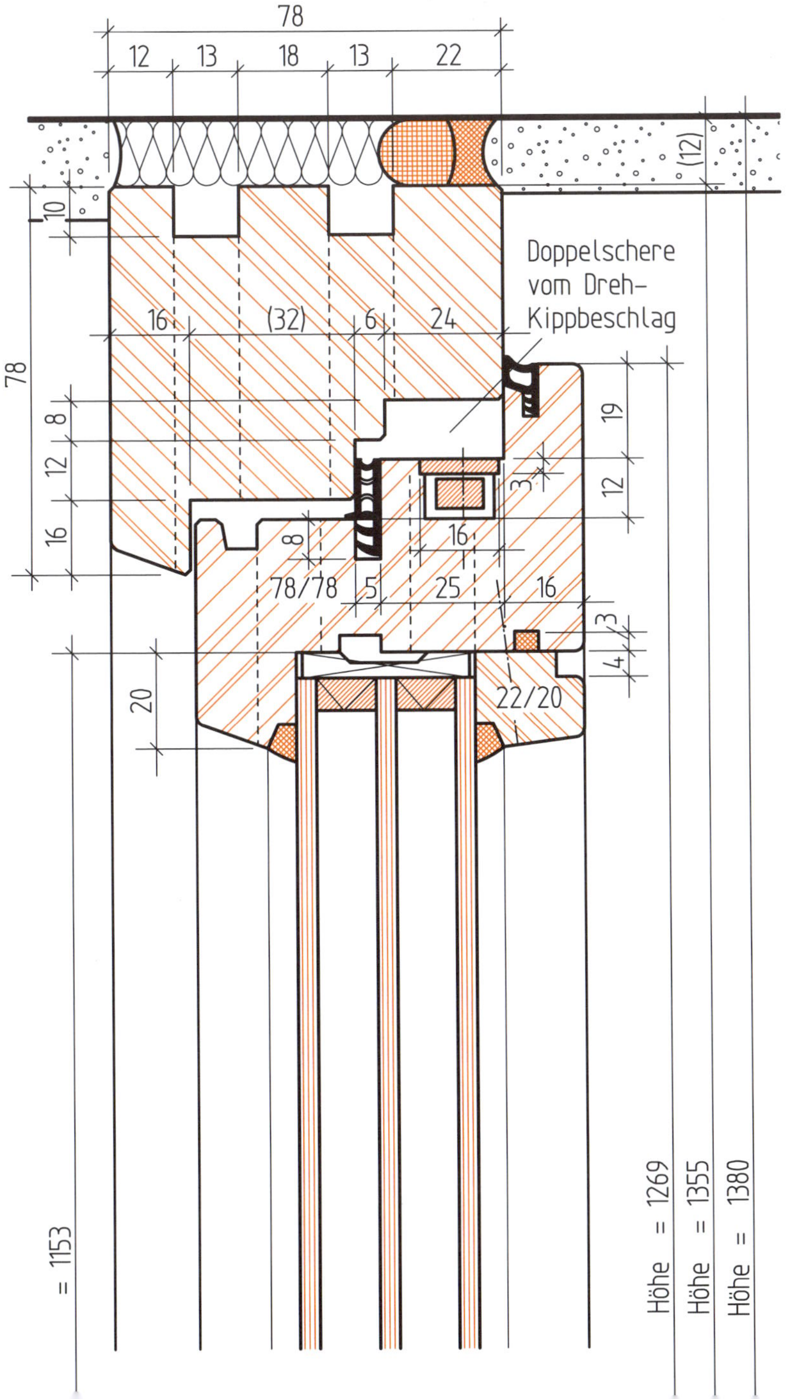

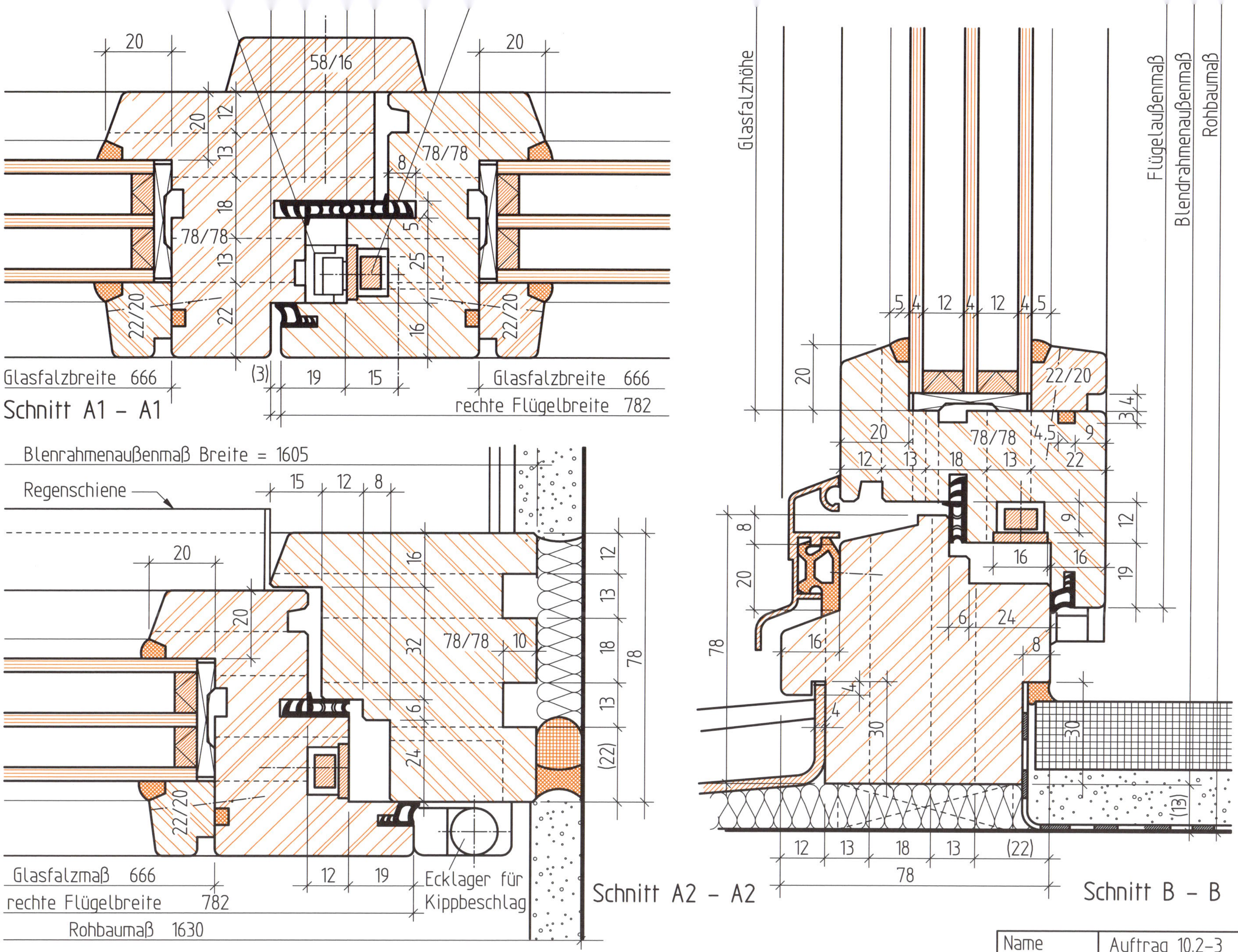

Name	Auftrag 10.2–3	Nr.
Datum	Zweiflügeliges Fenster	

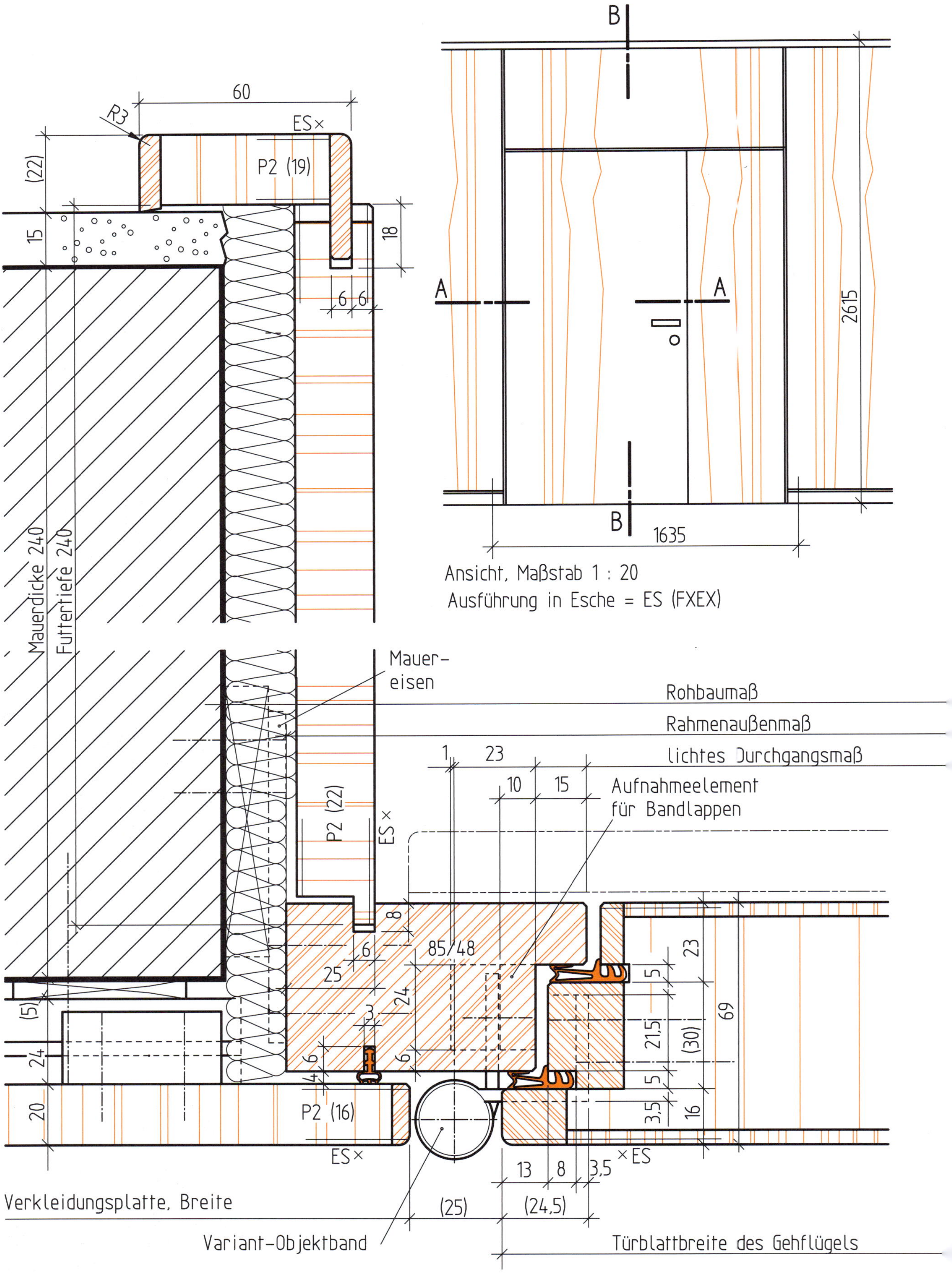

Ansicht, Maßstab 1 : 20
Ausführung in Esche = ES (FXEX)

Schnitt A – A

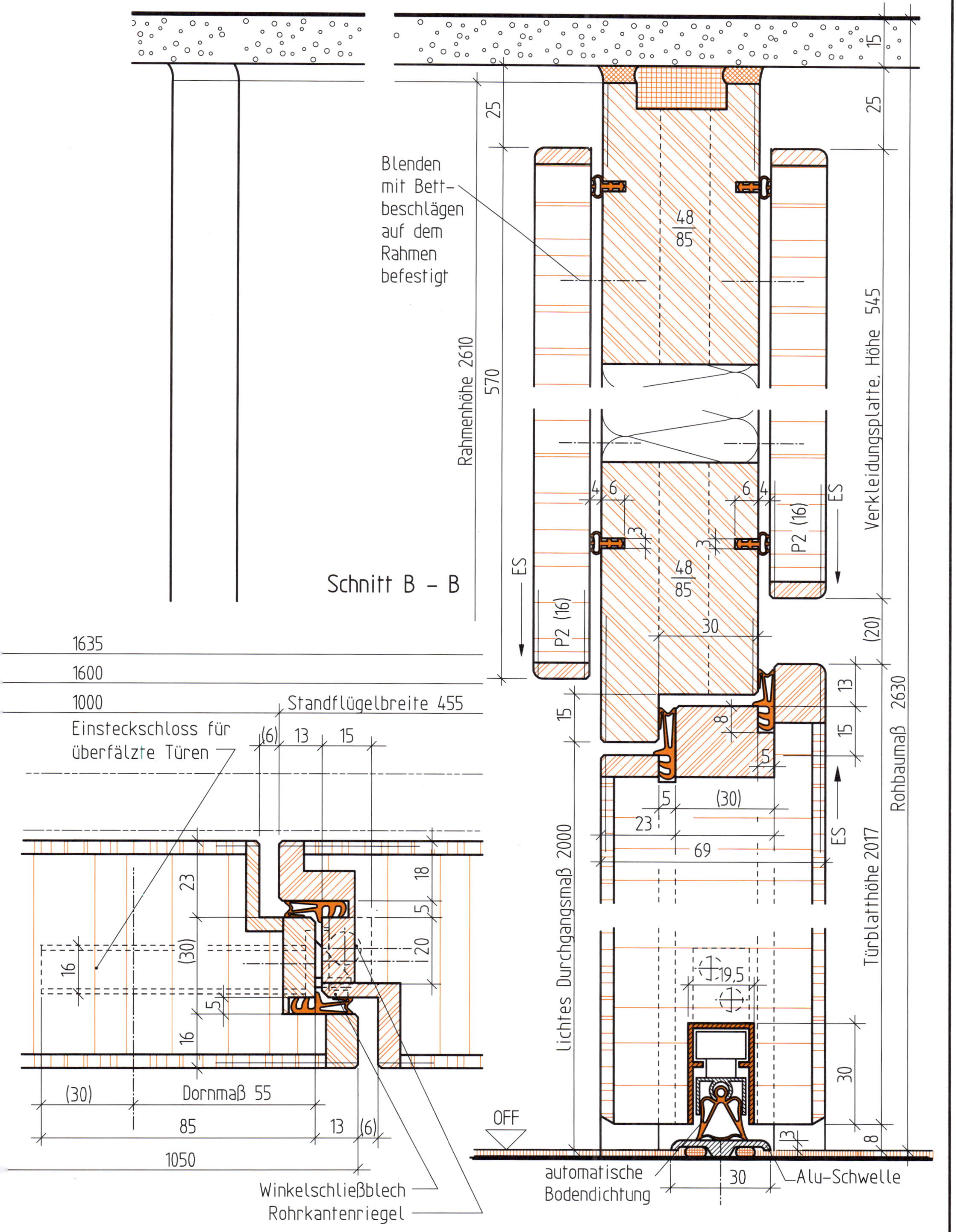

Name	Auftrag 11.1-1 Zweiflügelige Tür mit Oberteil und Wandverkleidung	Nr.
Datum		

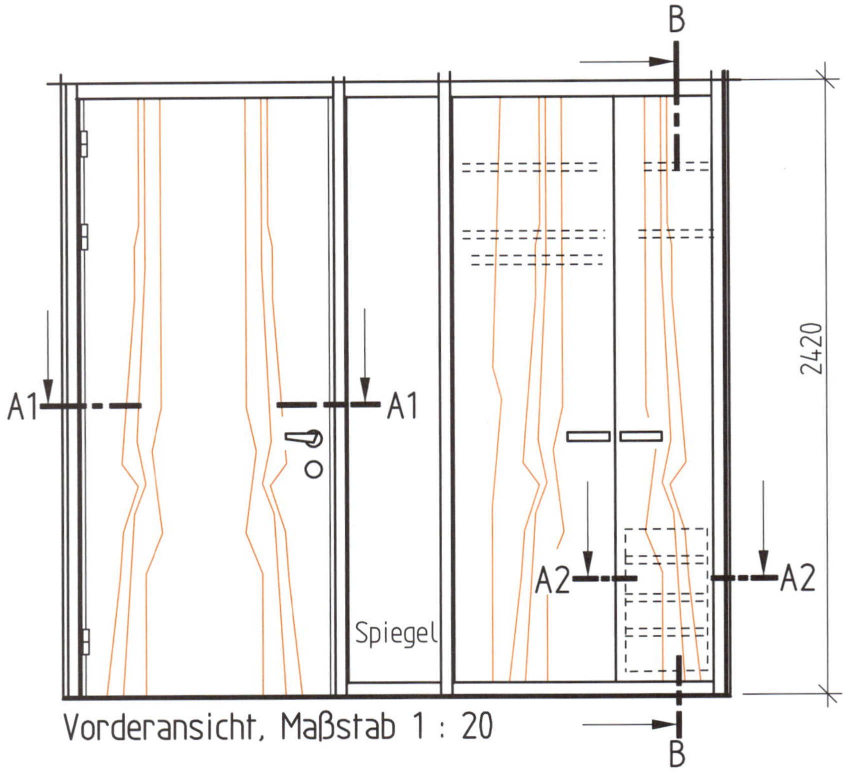

Vorderansicht, Maßstab 1 : 20

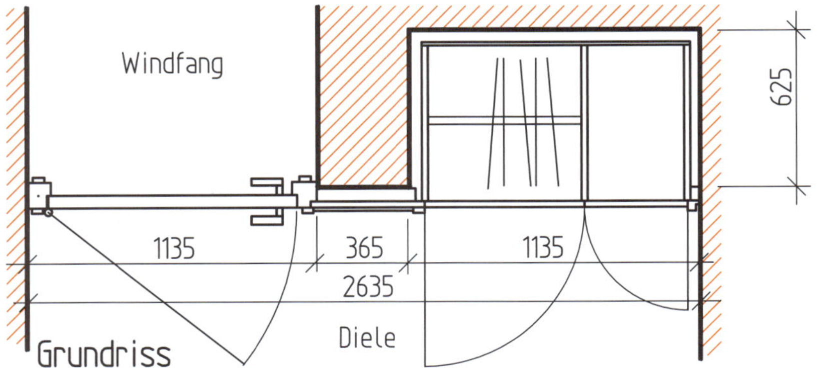

Grundriss

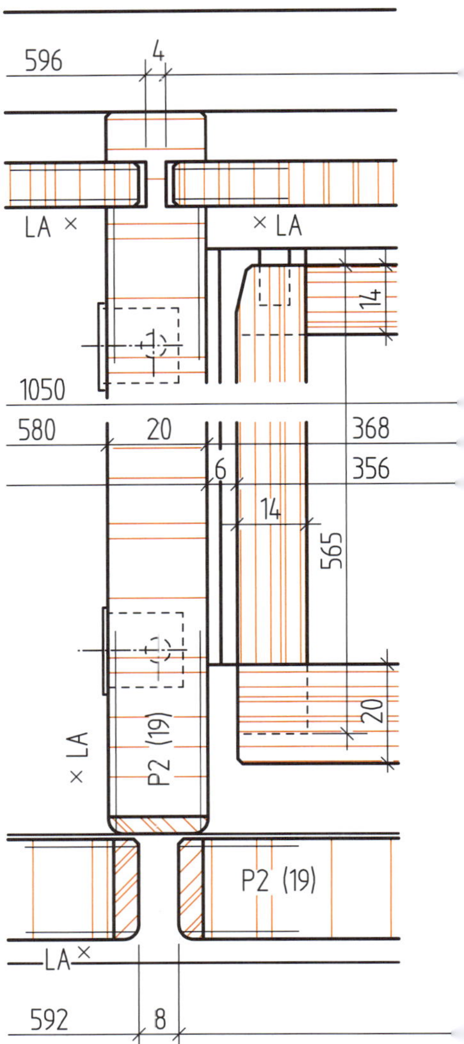

Horizontalschnitt A2 – A2

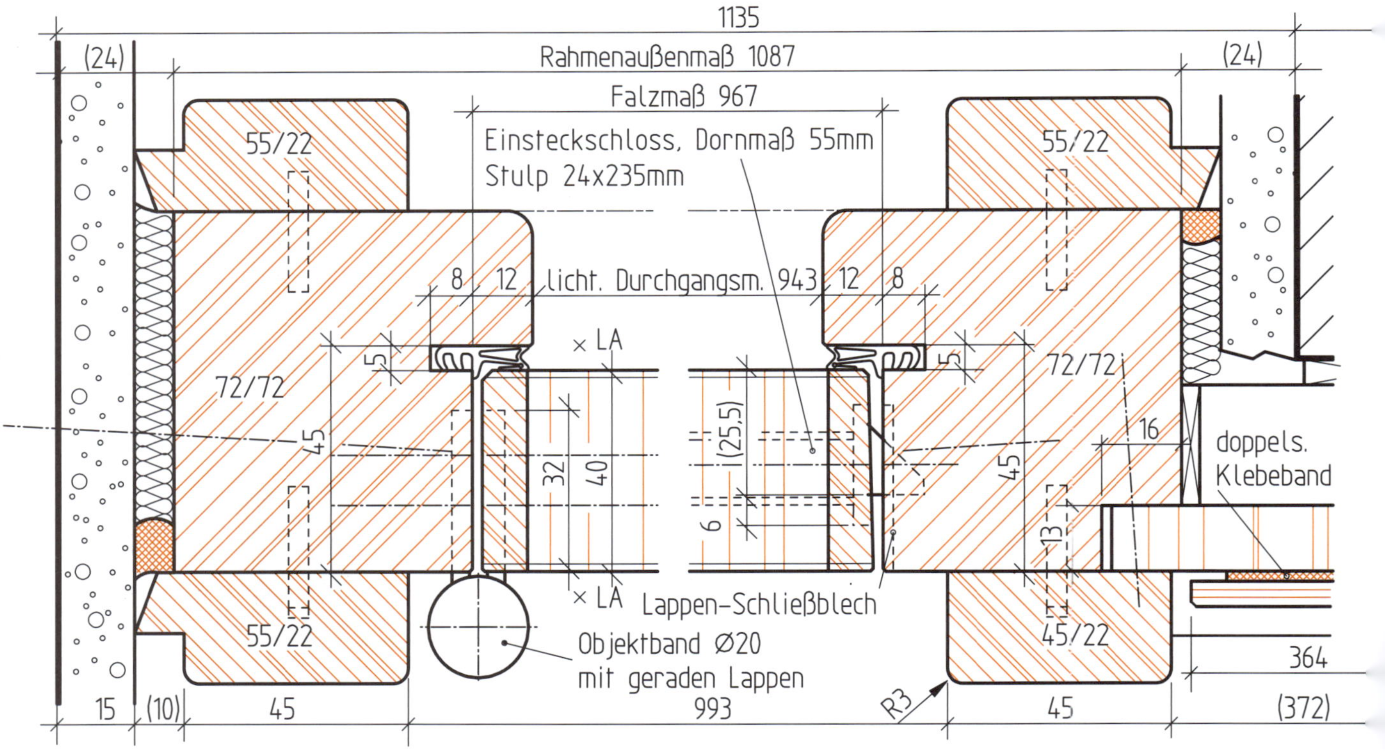

Horizontalschnitt A1 – A1

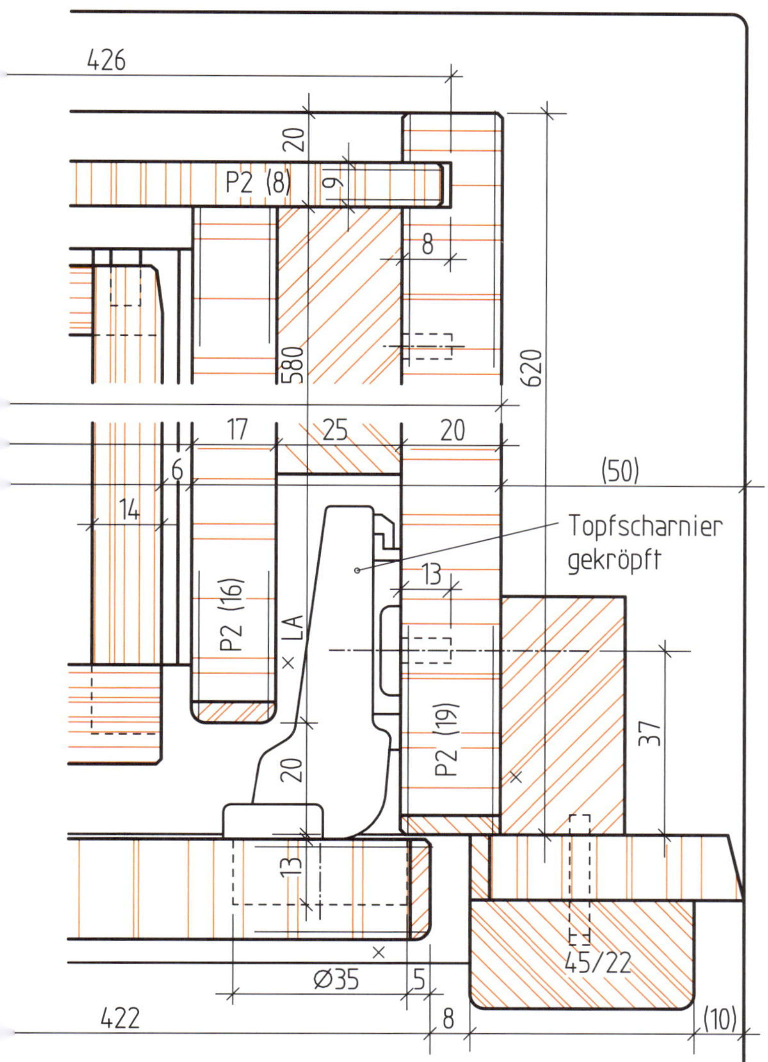

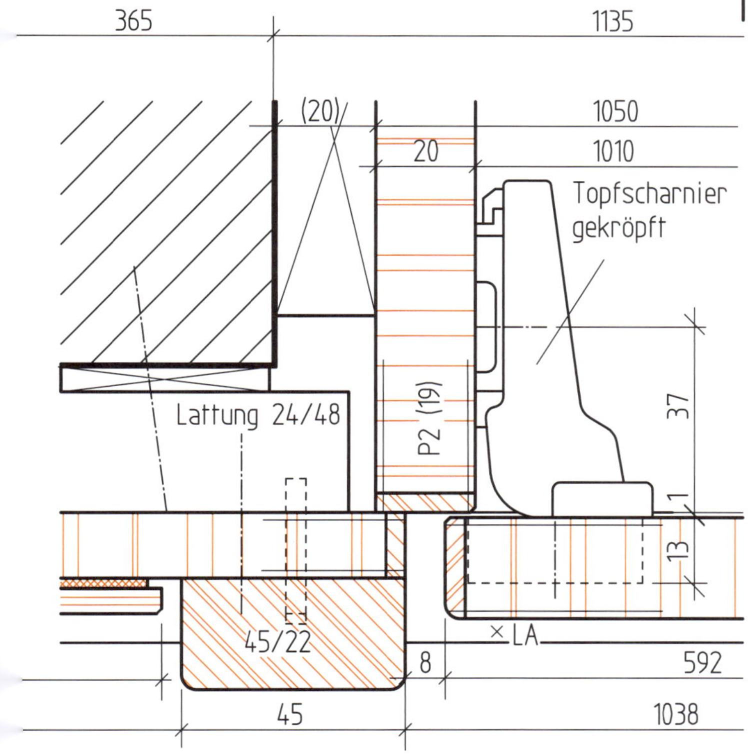

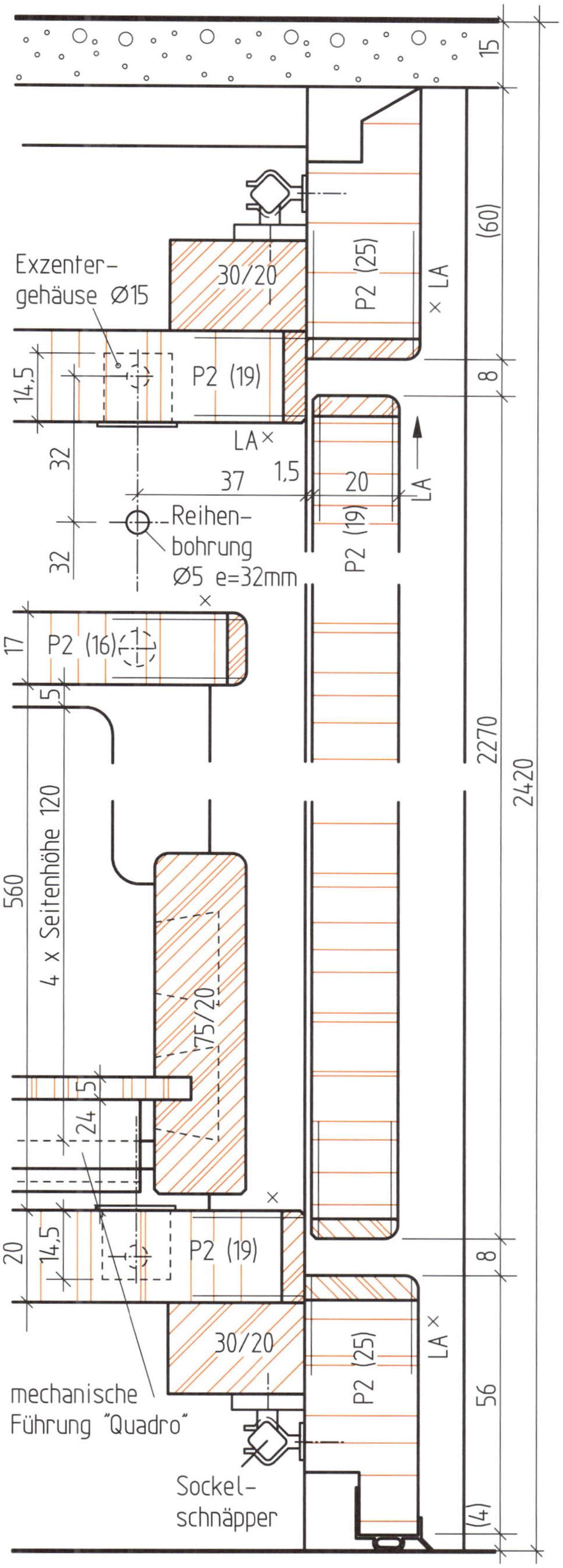

Vertikalschnitt B – B

LA = Lärche, europäisch (LADC)

Name	Auftrag 11.1–4	Nr.
Datum	Windfangtür mit Garderobe in Lärche	

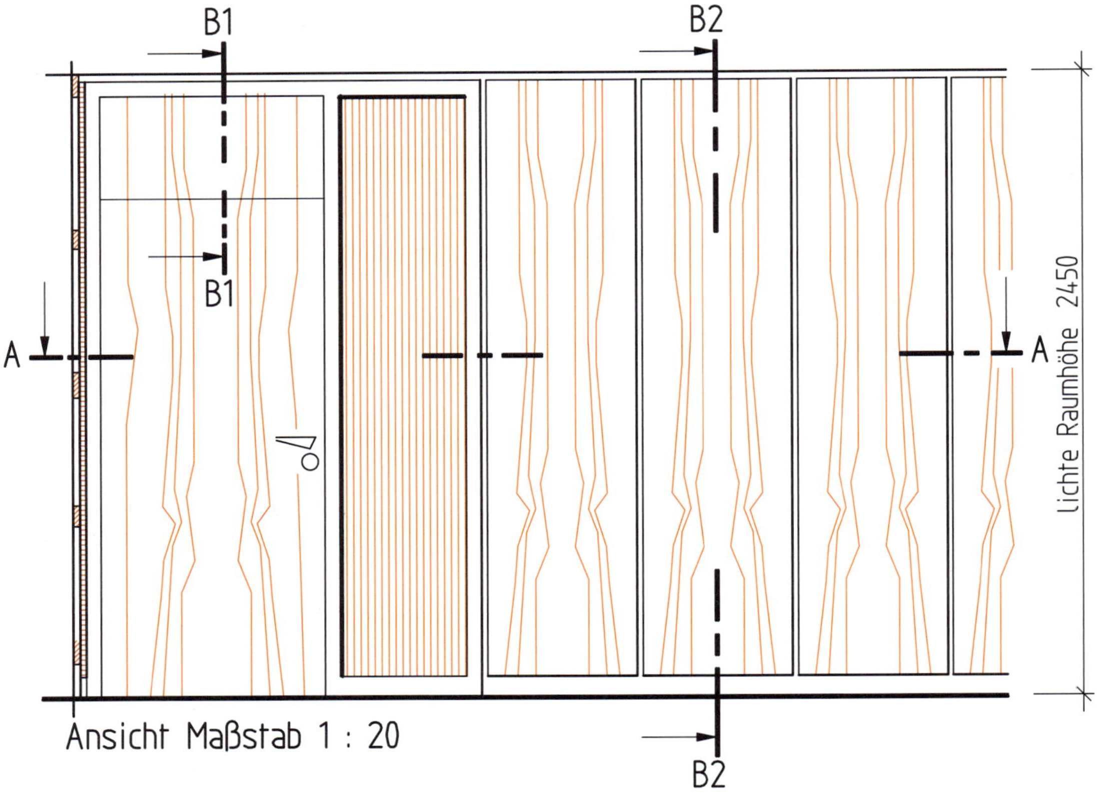

Ansicht Maßstab 1 : 20

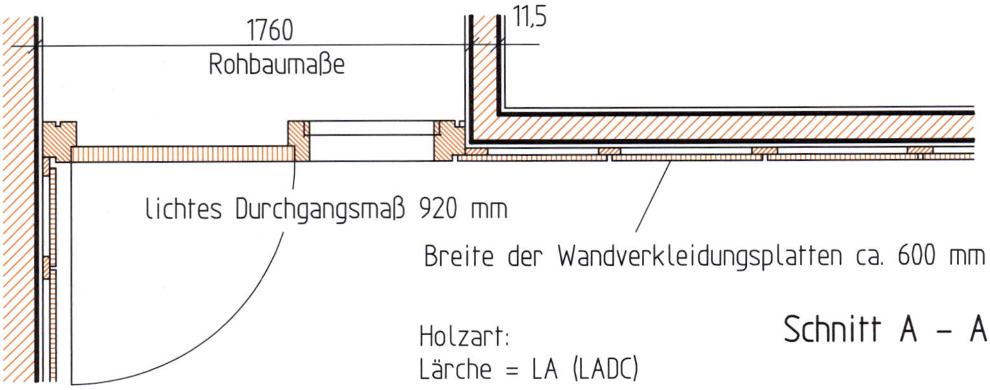

Holzart:
Lärche = LA (LADC)

Schnitt A – A

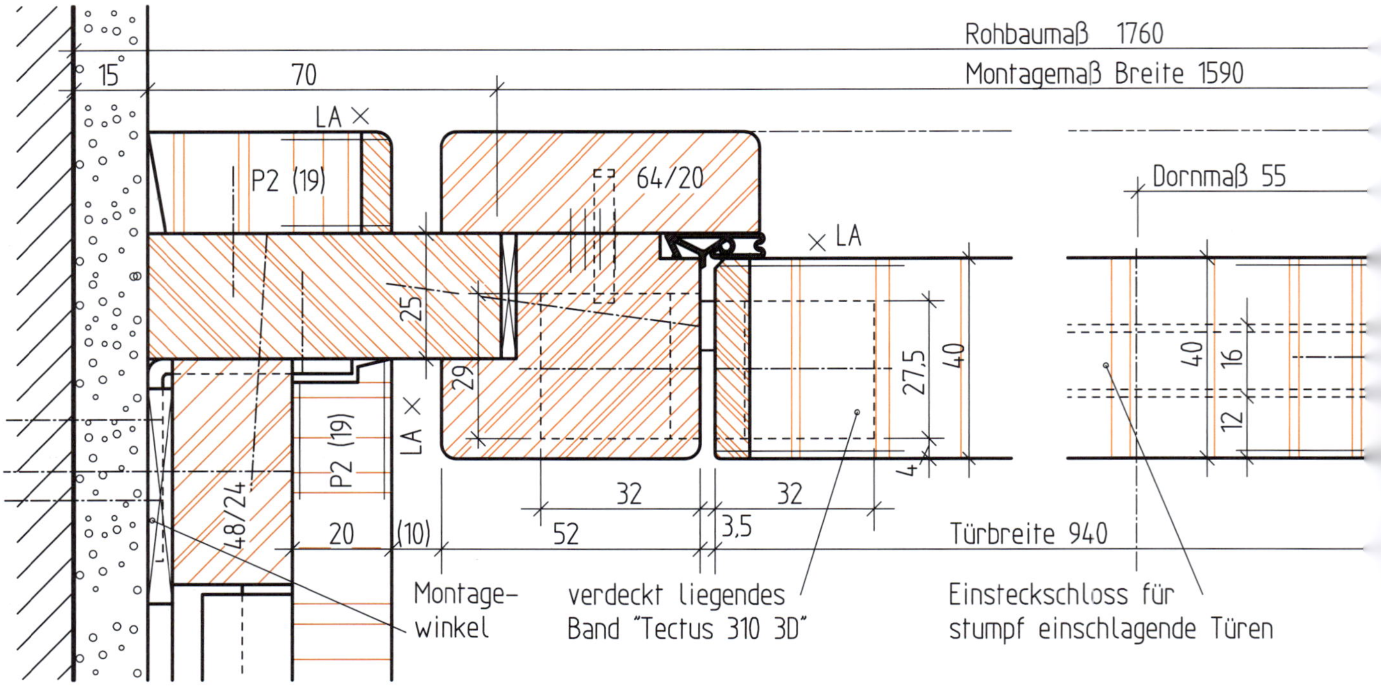

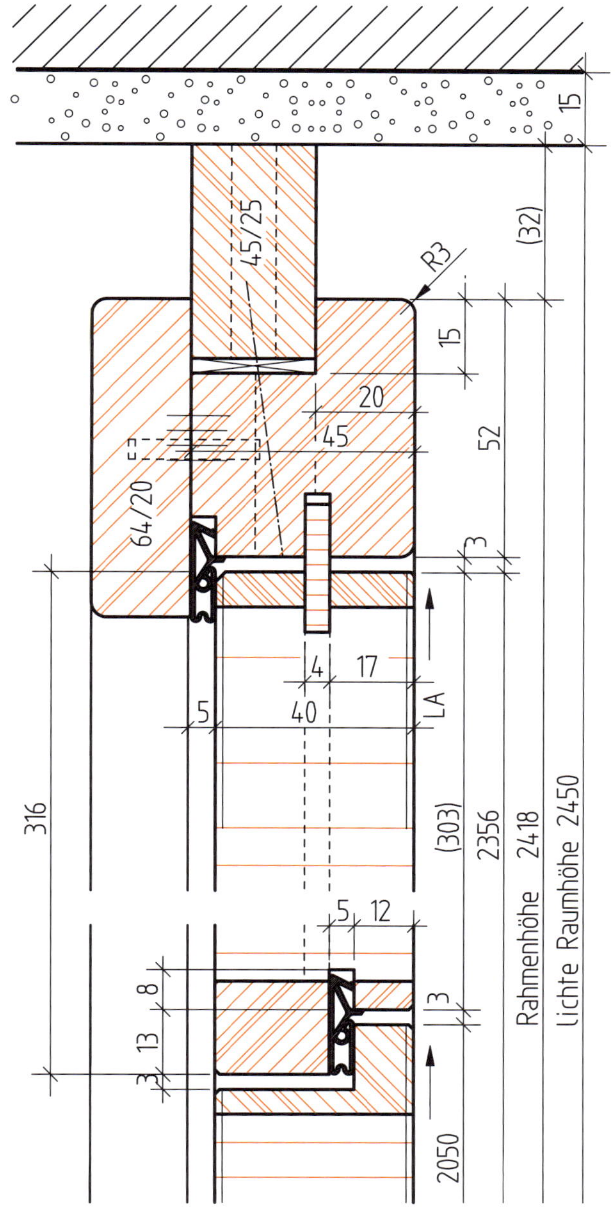

Schnitt B1 – B1

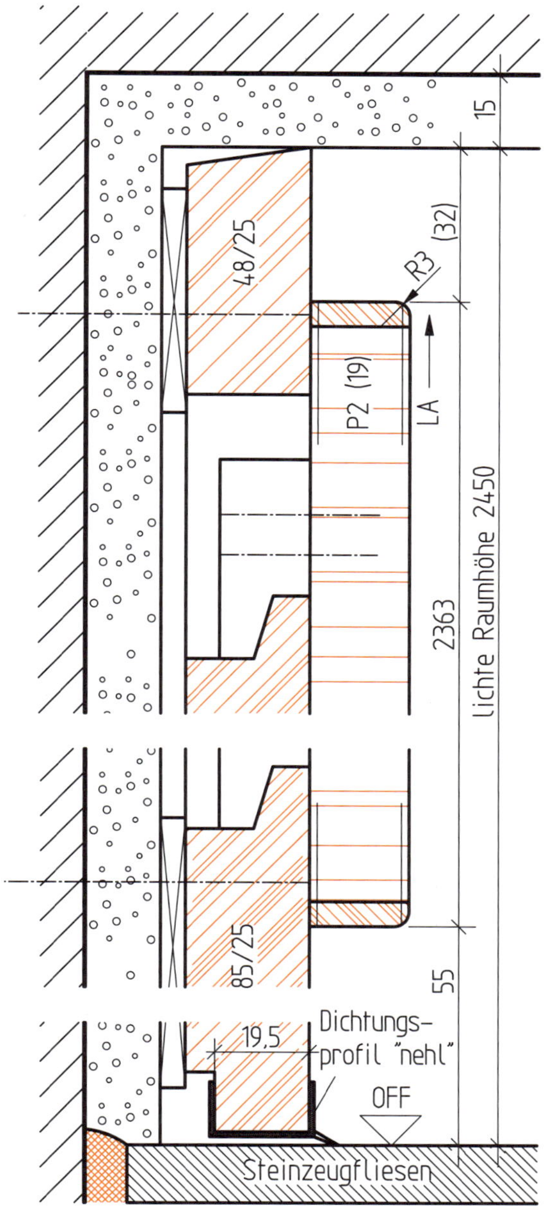

Schnitt B2 – B2

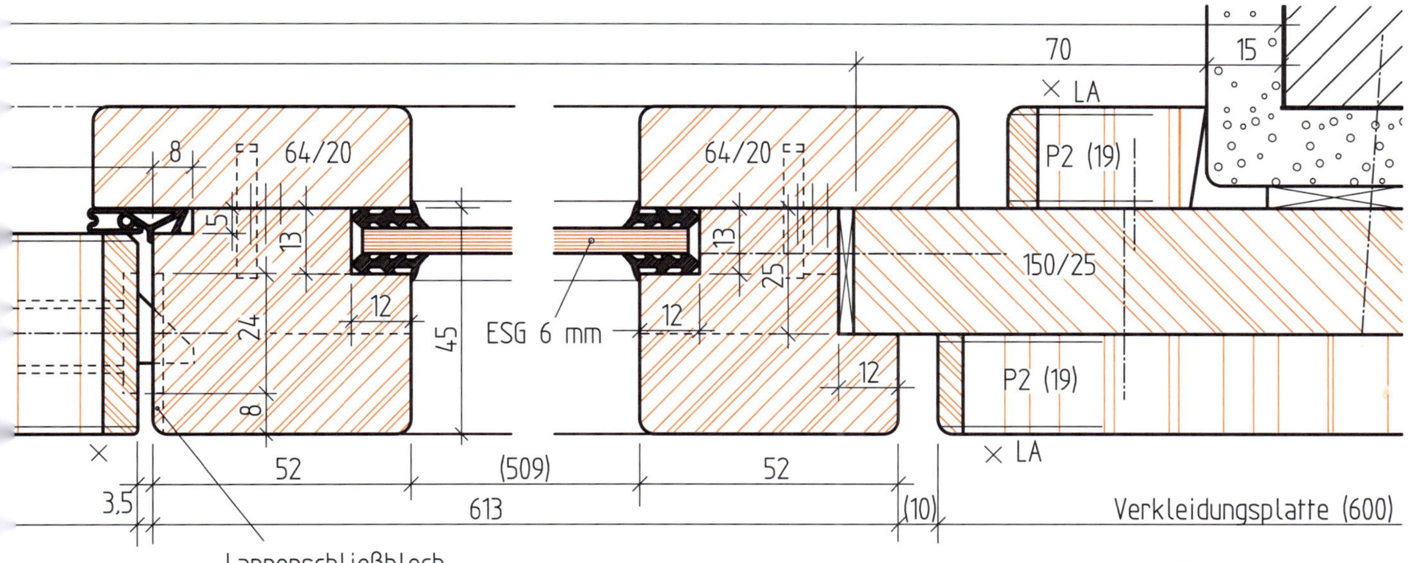

Schnitt A – A

Name	Auftrag 11.1–5	Nr.
Datum	Windfangtür mit verglastem Seitenteil	

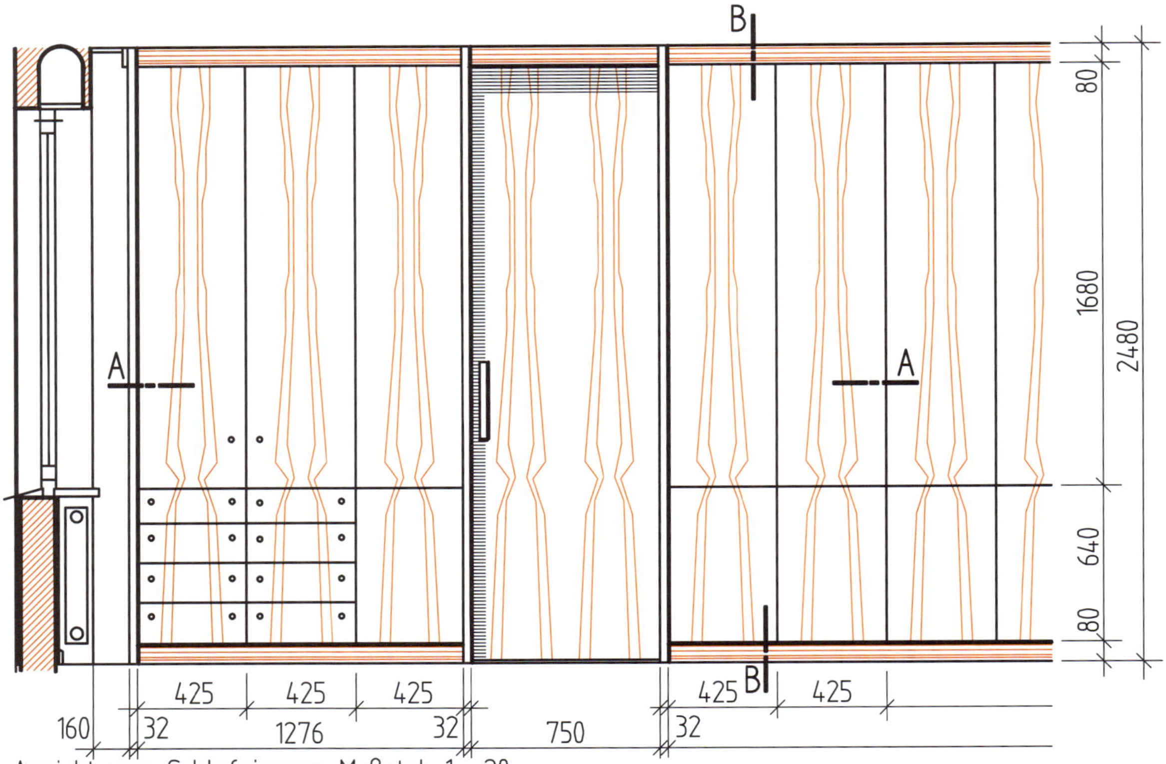

Ansicht vom Schlafzimmer, Maßstab 1 : 20

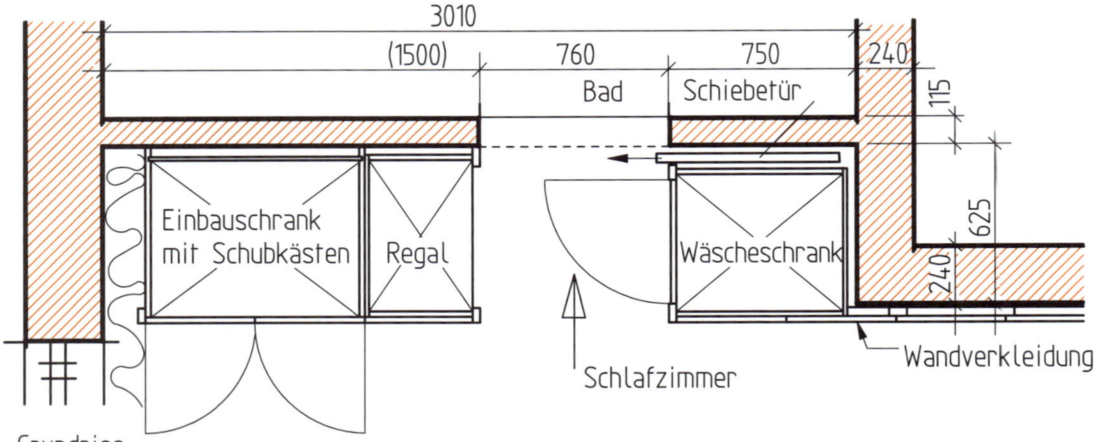

Grundriss

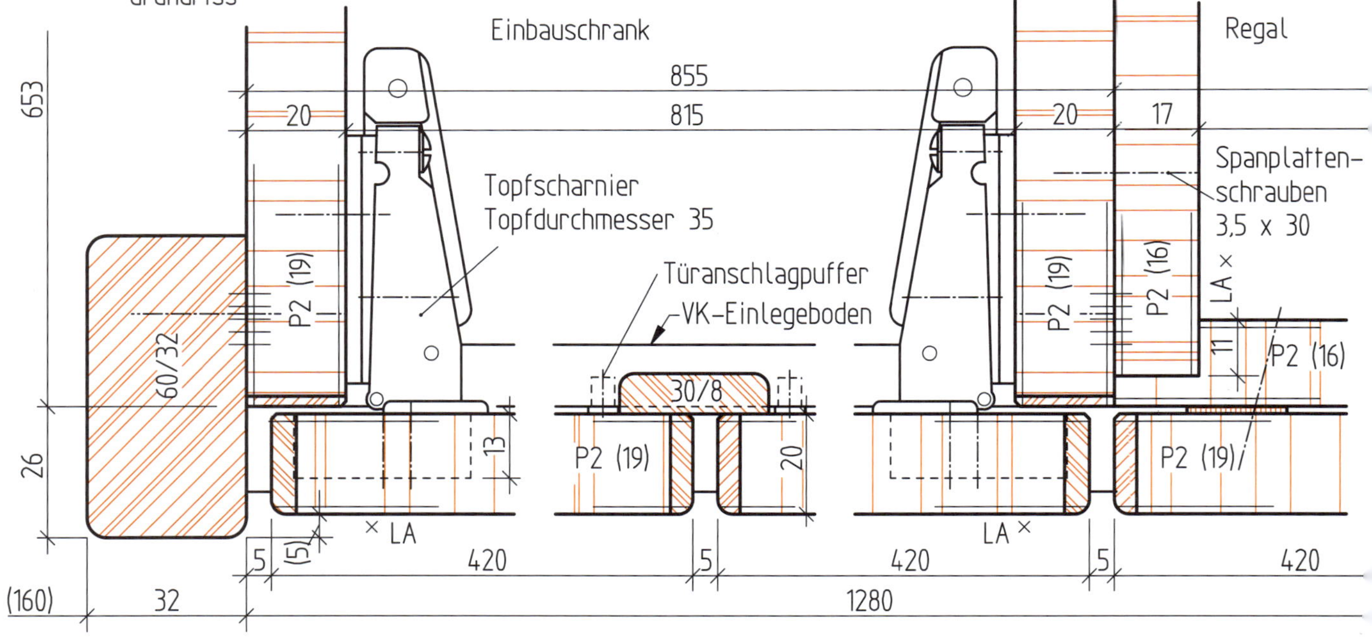

Horizontalschnitt A – A

Einbau mit geschosshohen Einbauschränken und Regalen. Sonstige Teile der Wand als Plattenverkleidung.
Zwischen Bad und Schlafzimmer ist eine Schiebetür vorgesehen.

Ausführung in europäische Lärche = LA (LADC)

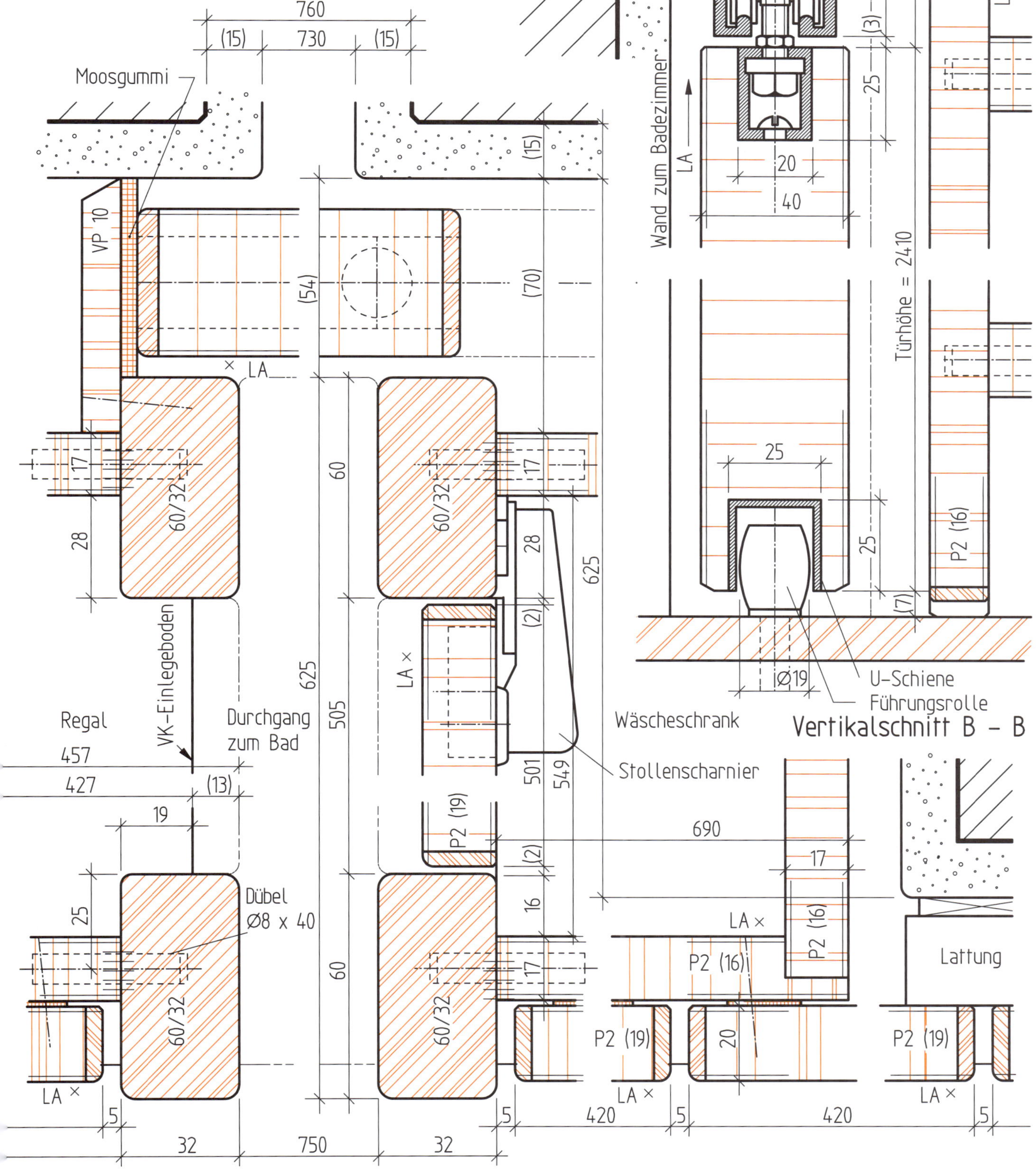

Name	Auftrag 11.1-6 Einbauten	Nr.
Datum	mit Schiebetür und Wandverkleidung	

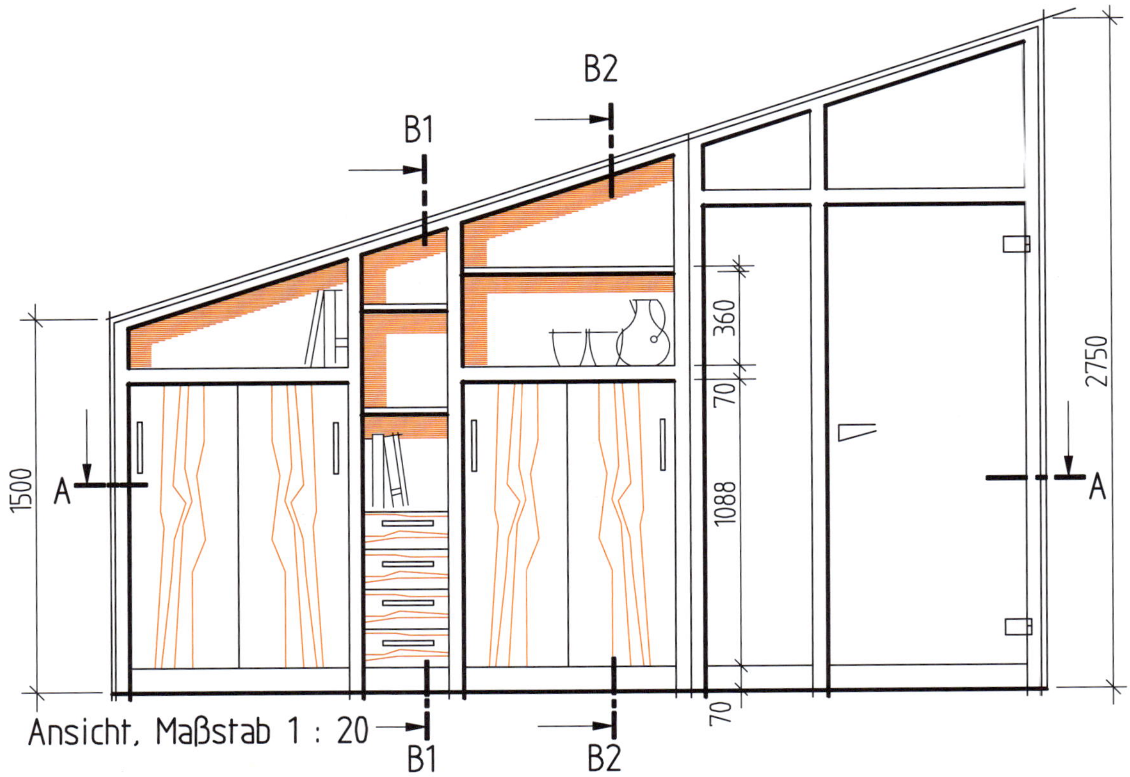

Ansicht, Maßstab 1 : 20

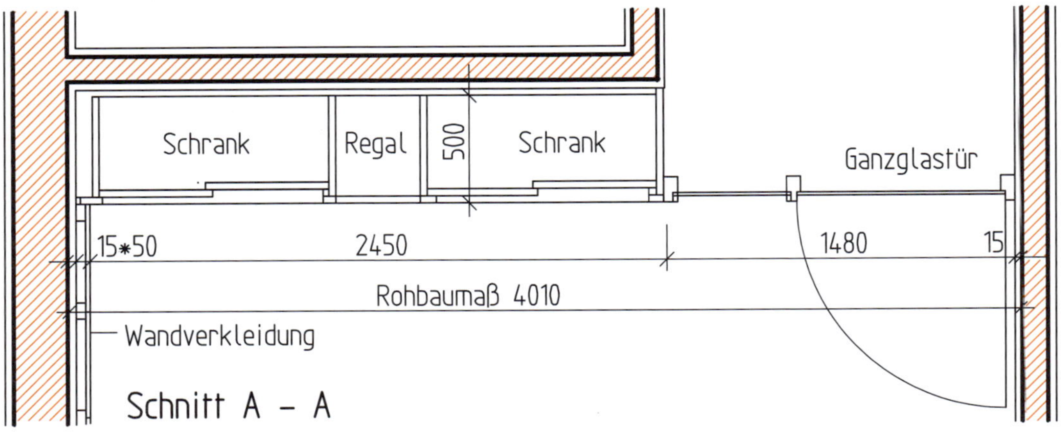

Schnitt A – A

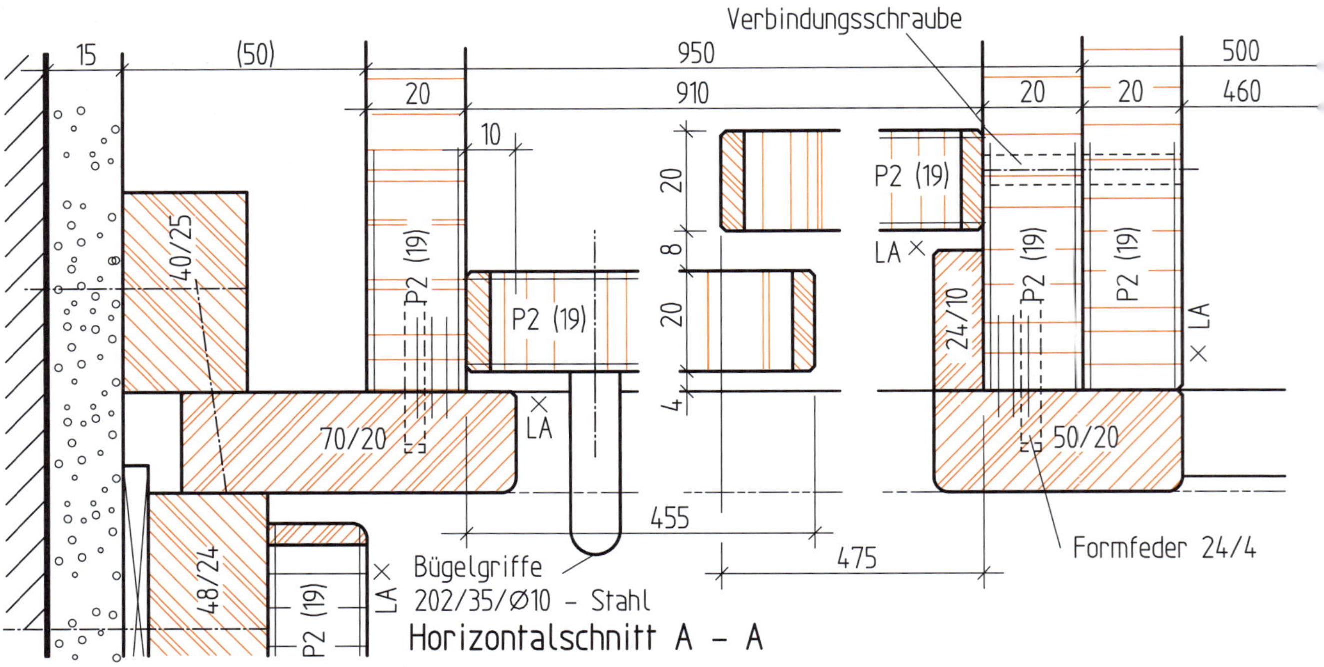

Horizontalschnitt A – A

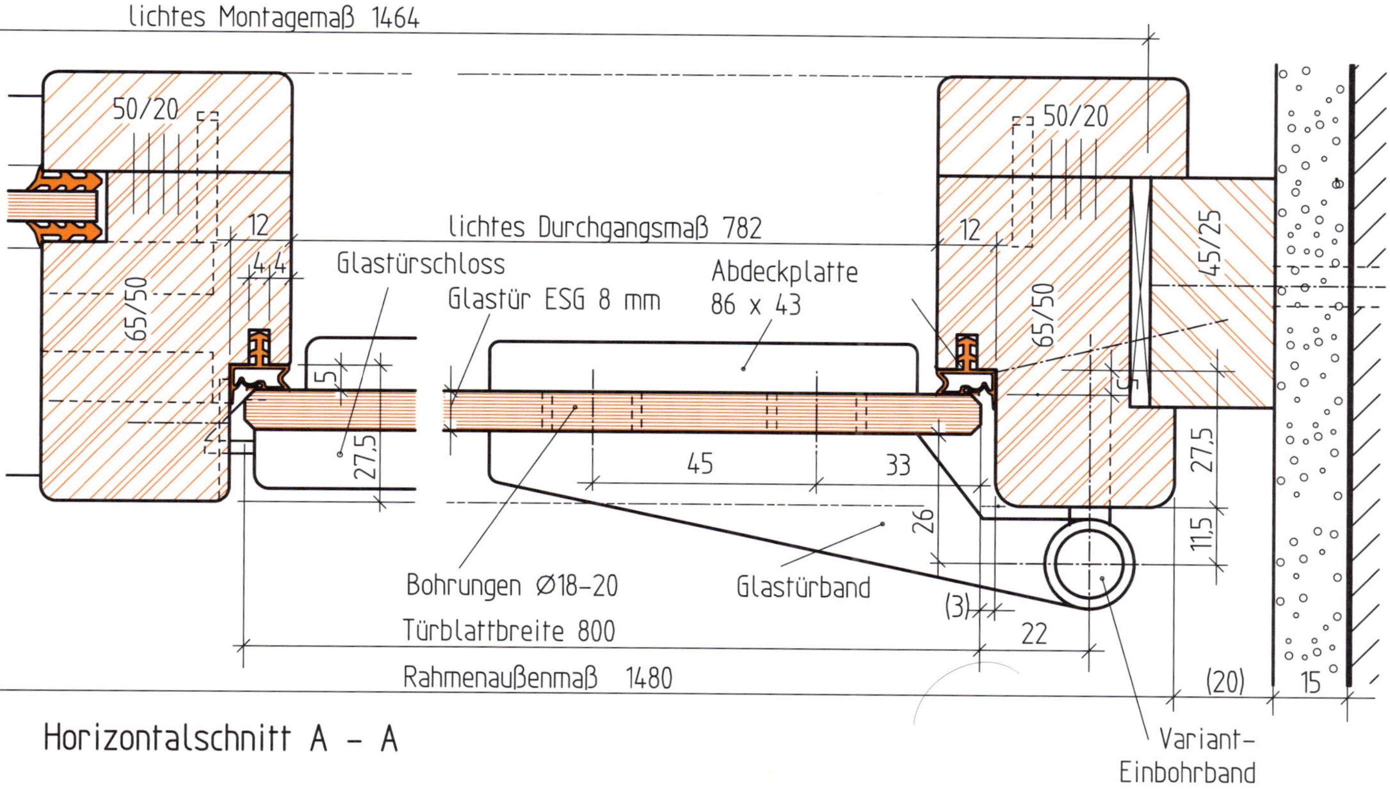

Horizontalschnitt A – A

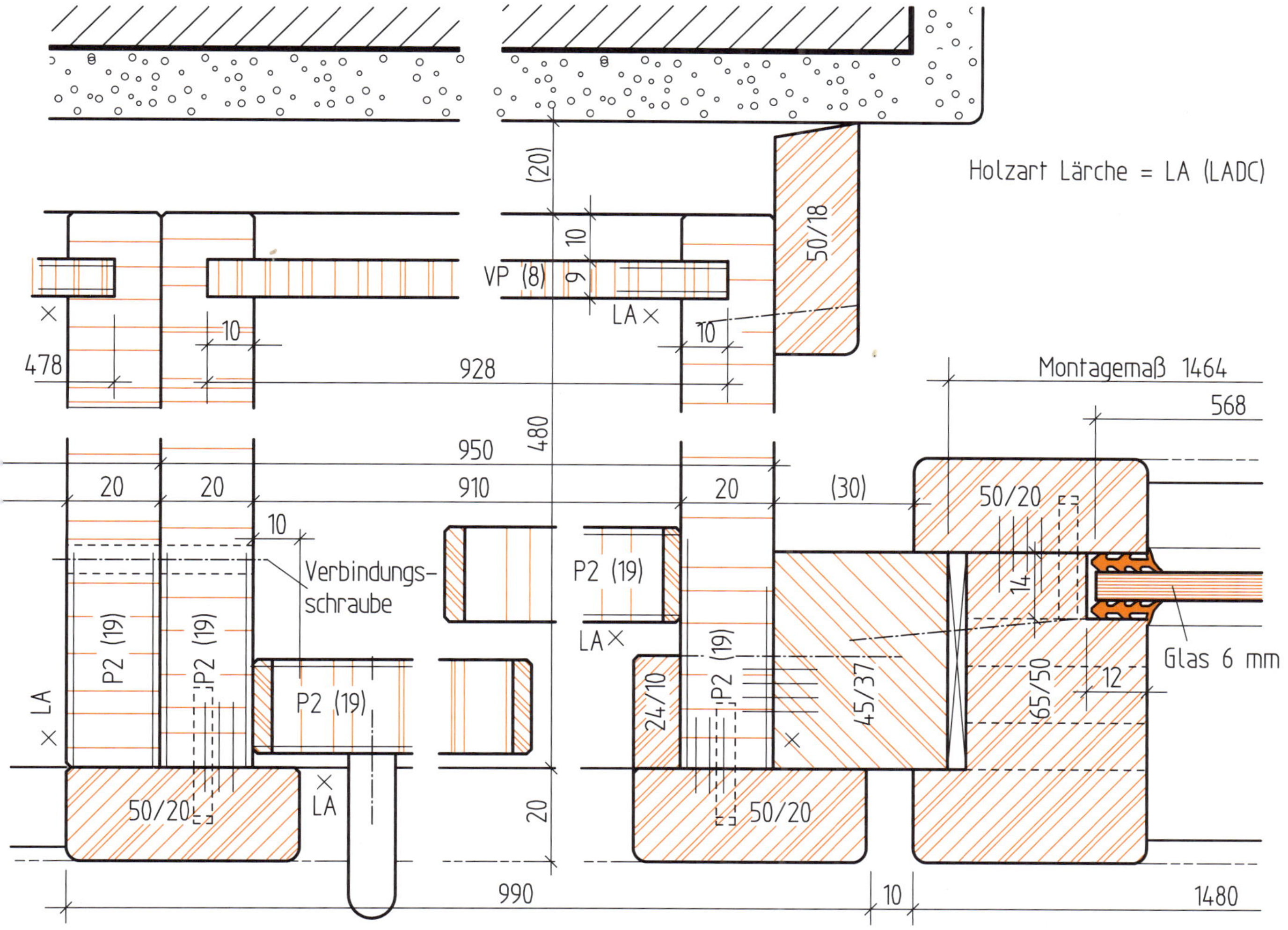

Name	Auftrag 11.1-8a	Nr.
Datum	Glastür und Einbauschrank im Gästezimmer	

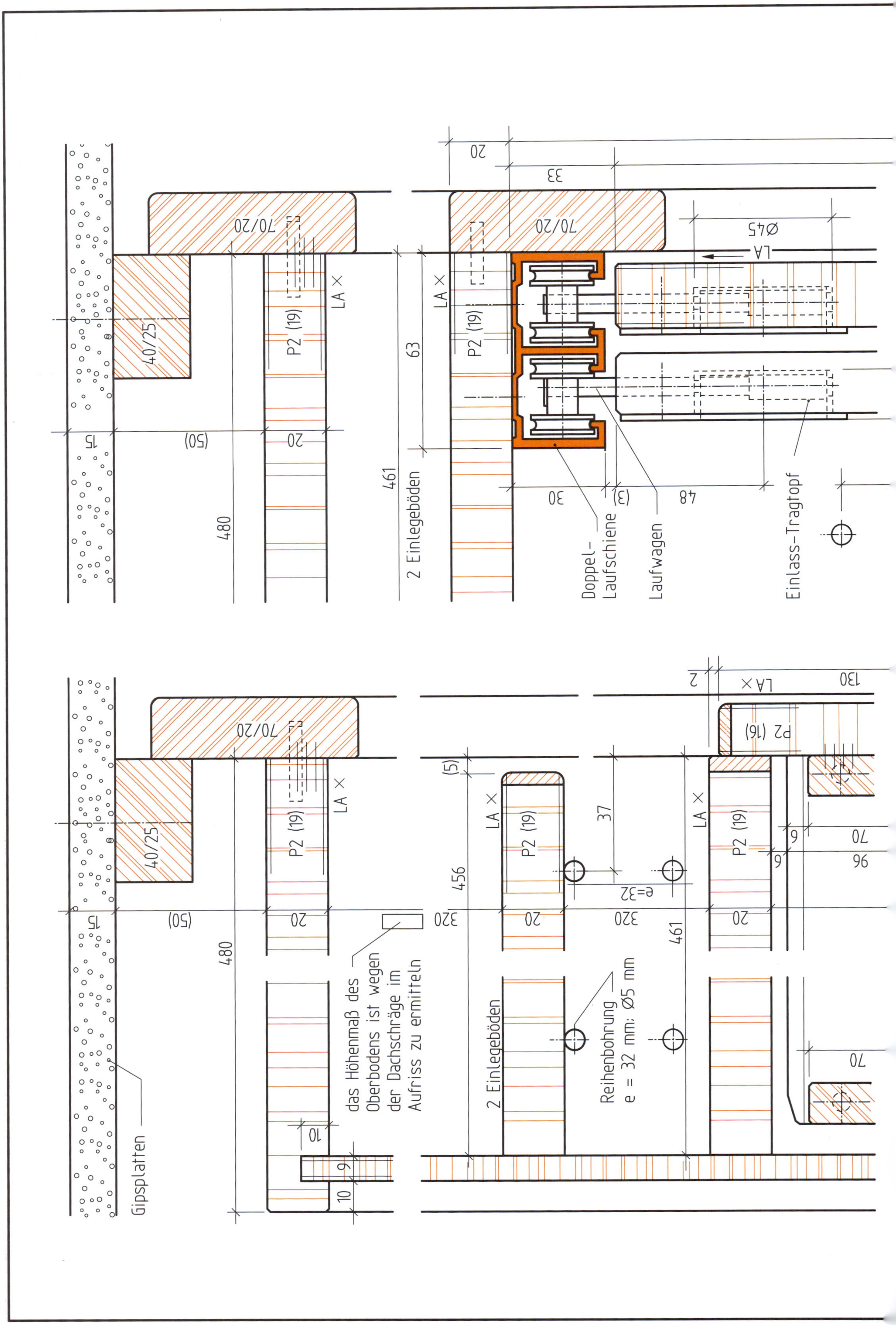

Gipsplatten
40/25
70/20
P2 (19)
LA ×
15
(50)
20
480
461
63
2 Einlegeböden
das Höhenmaß des Oberbodens ist wegen der Dachschräge im Aufriss zu ermitteln
10
9
456
(5)
320
e=32
37
Reihenbohrung e = 32 mm: Ø5 mm
P2 (16)
130
2
70
96
6
20
33
Ø45
LA
30
(3)
48
Doppel-Laufschiene
Laufwagen
Einlass-Tragtopf

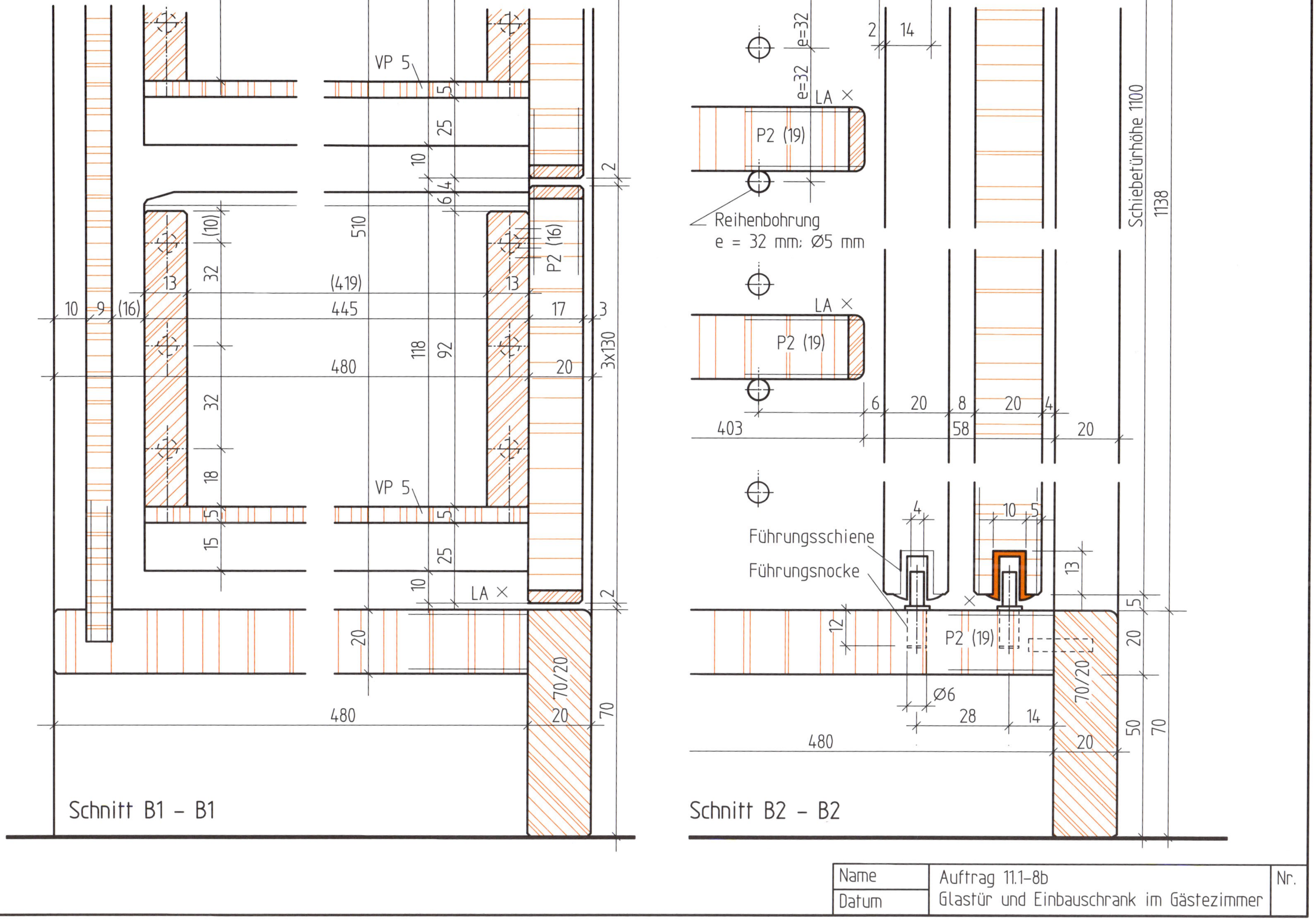
Schnitt B1 - B1
Schnitt B2 - B2
Schiebetürhöhe 1100
1138
Reihenbohrung
e = 32 mm; Ø5 mm
P2 (19)
LA ×
e=32
Führungsschiene
Führungsnocke
Ø6
70/20
P2 (16)
VP 5
3x130
480
445
(419)
510
118
92
Name
Datum
Auftrag 11.1-8b
Glastür und Einbauschrank im Gästezimmer
Nr.

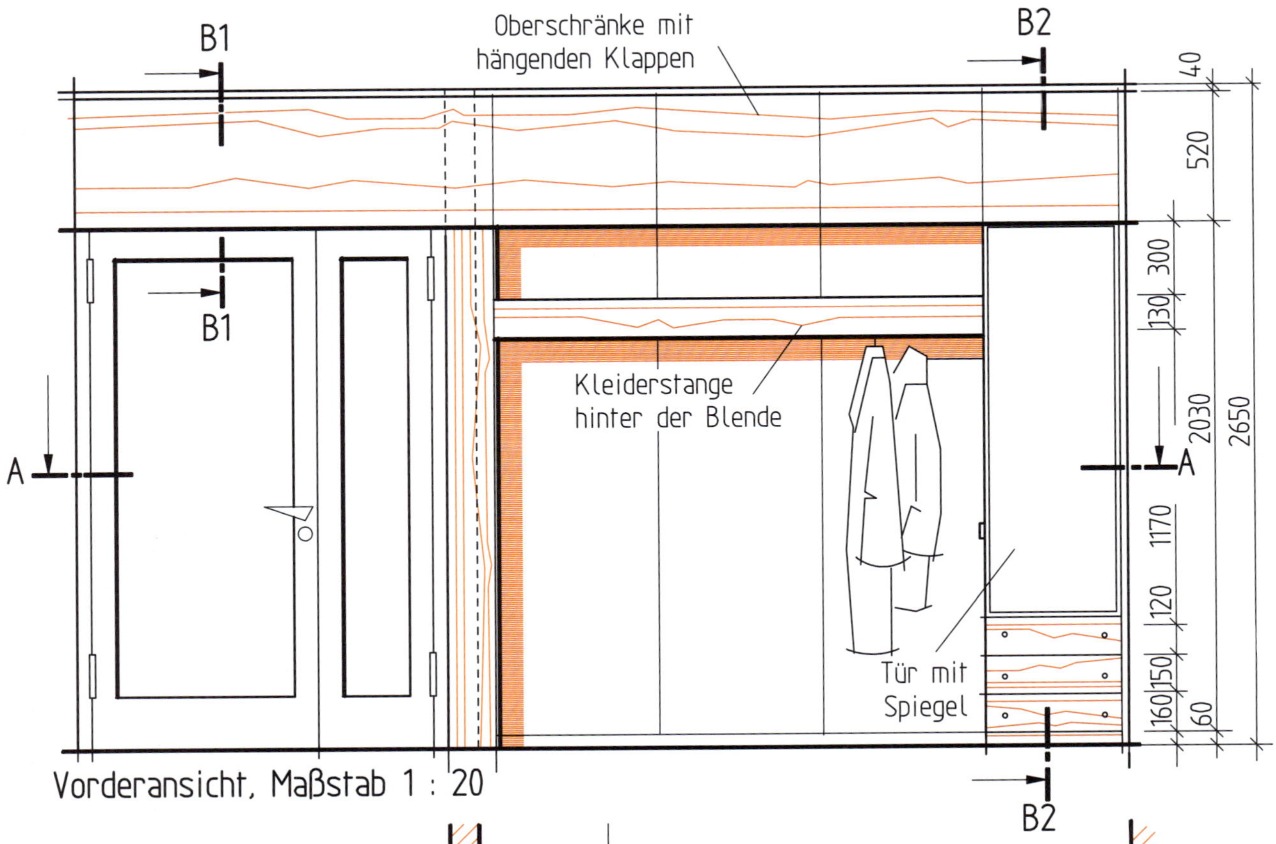

Vorderansicht, Maßstab 1 : 20

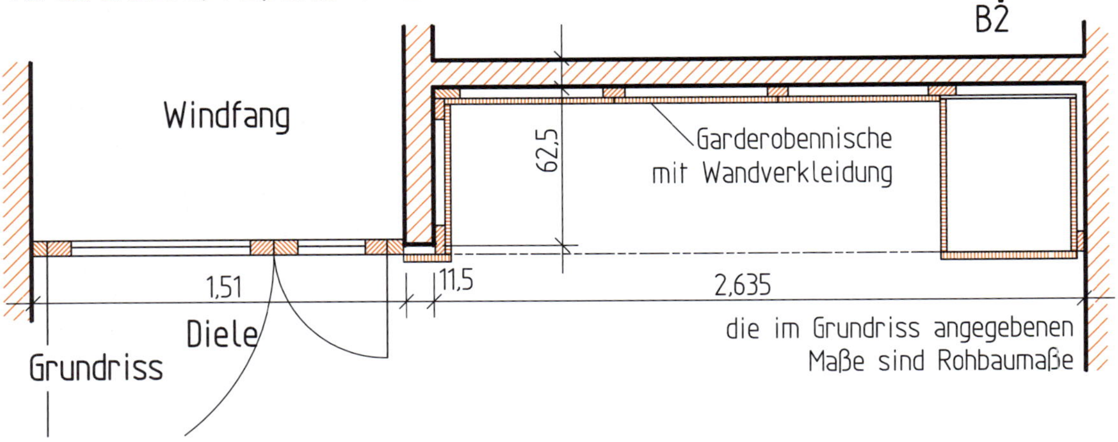

Grundriss

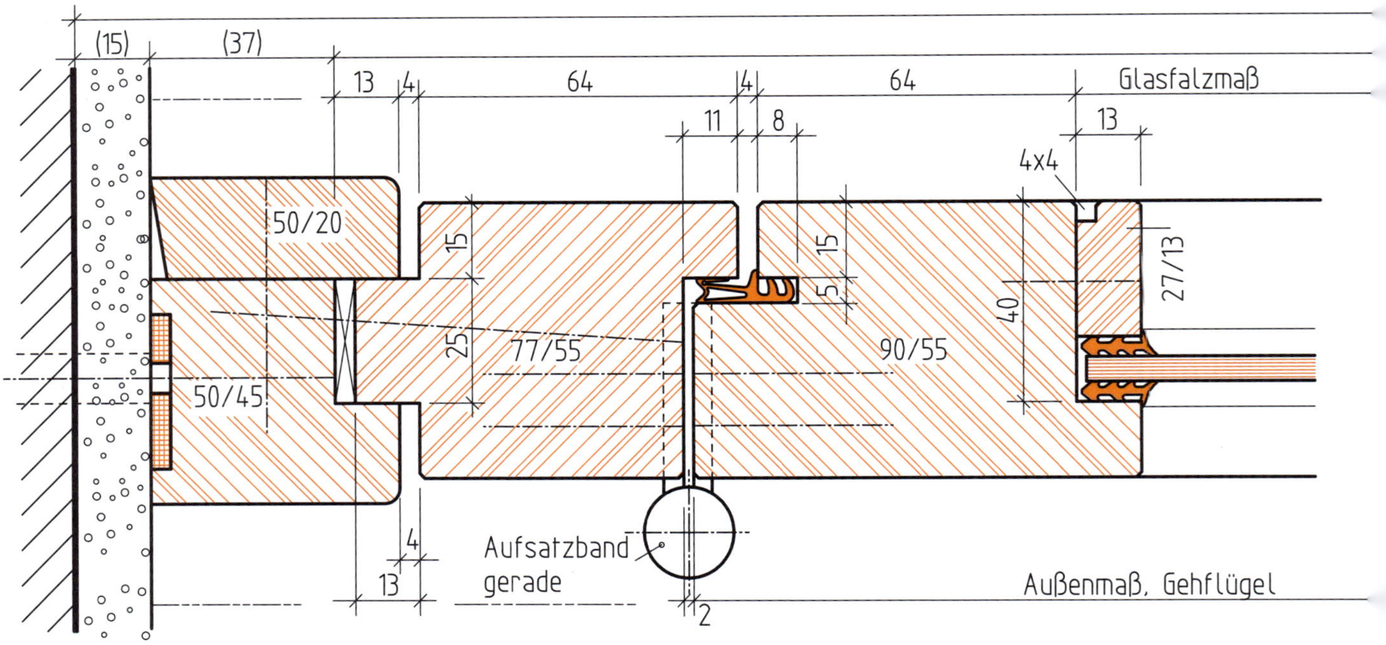

Horizontalschnitte A – A durch die Windfangtür

Ausführung:
Windfangtür in Kiefer, warmweiß lackiert, Blenden und Garderoben- einbauten in Kirschbaum, naturbelassen lackiert. Garderobenrückwand wie die Windfangtür warmweiß lackiert.

Türen bündig überfälzt, mit geraden Aufsatzbändern in Messing angeschlagen, Verglasung ESG, Drückergarnitur in Messing,

Tür des Garderobenschranks stumpf aufschlagend und mit Spiegel belegt. Schubkastengriffe: Kugelgriffe in Messing.

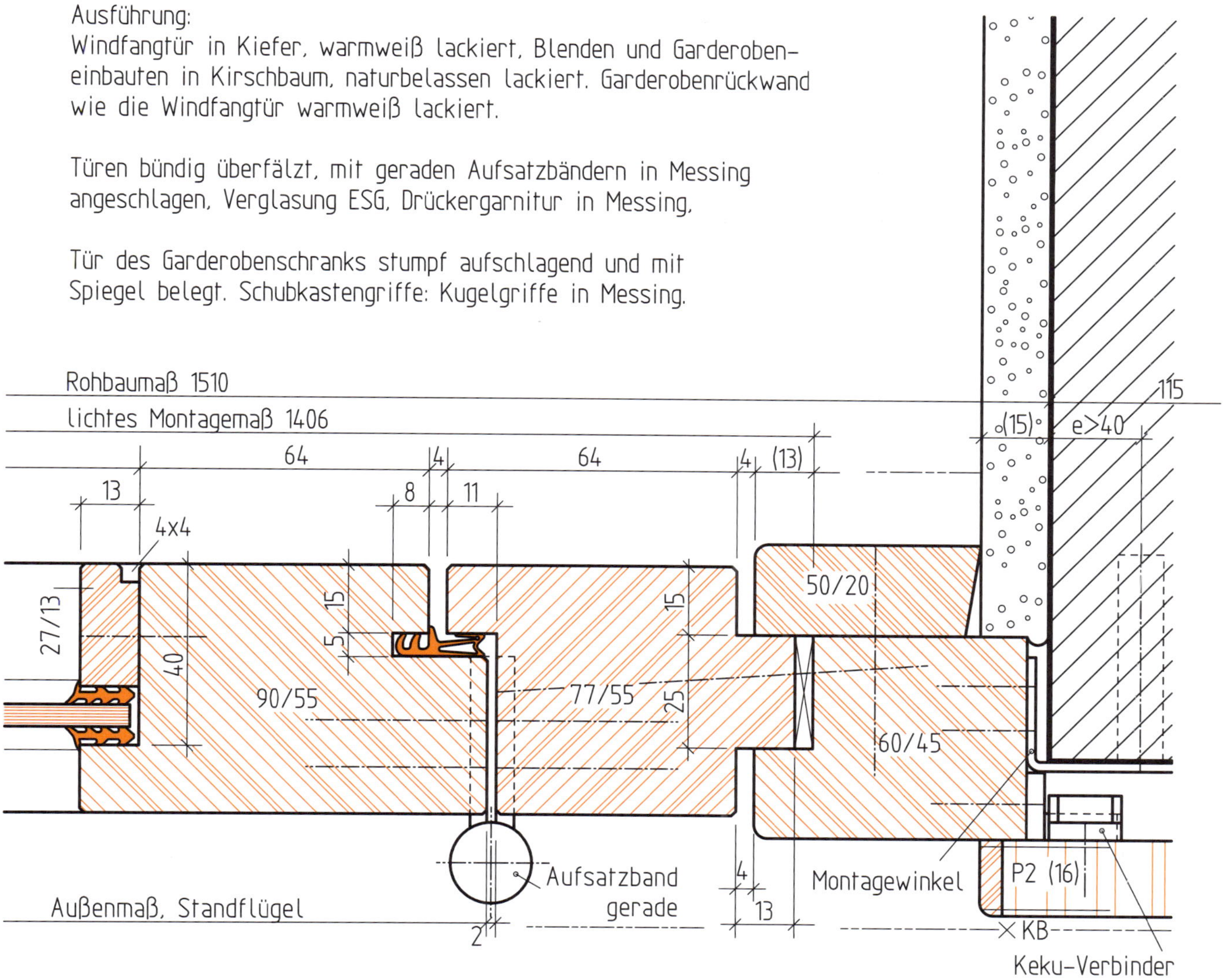

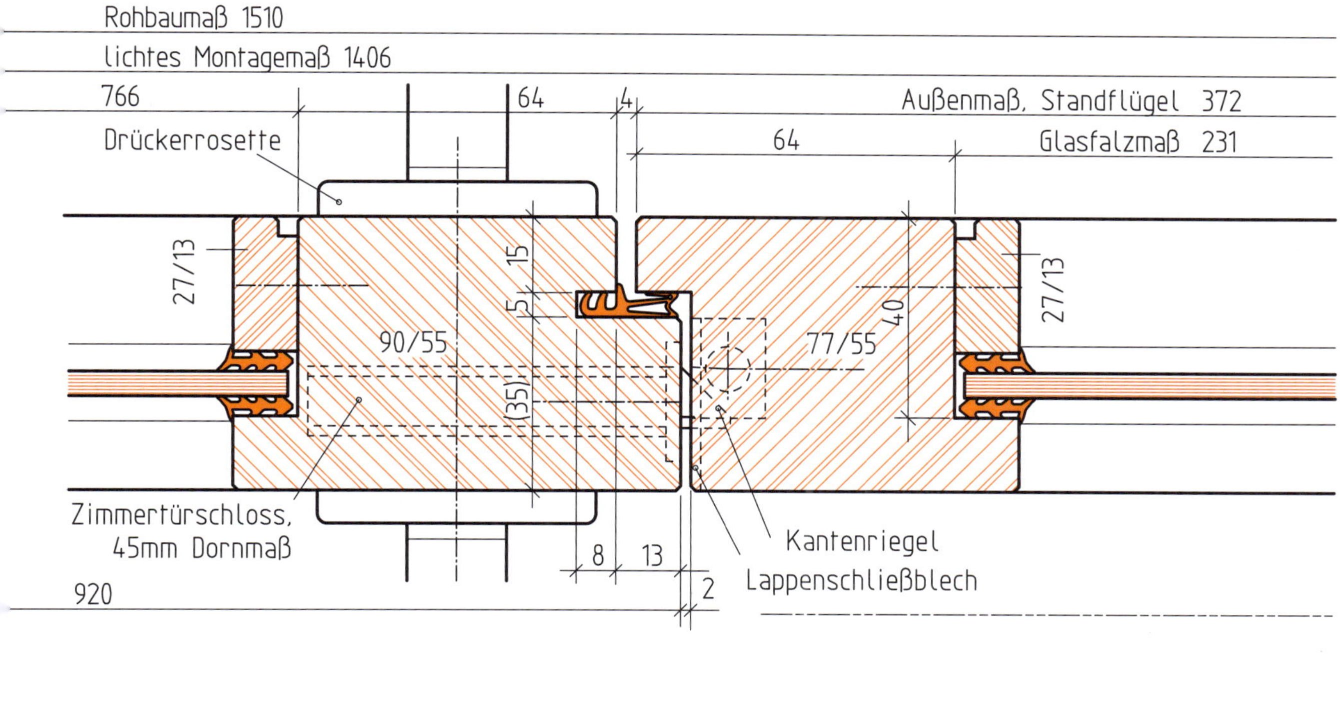

Name	Auftrag 11.1–9a	Nr.
Datum	Windfangtür mit Garderobeneinbau	

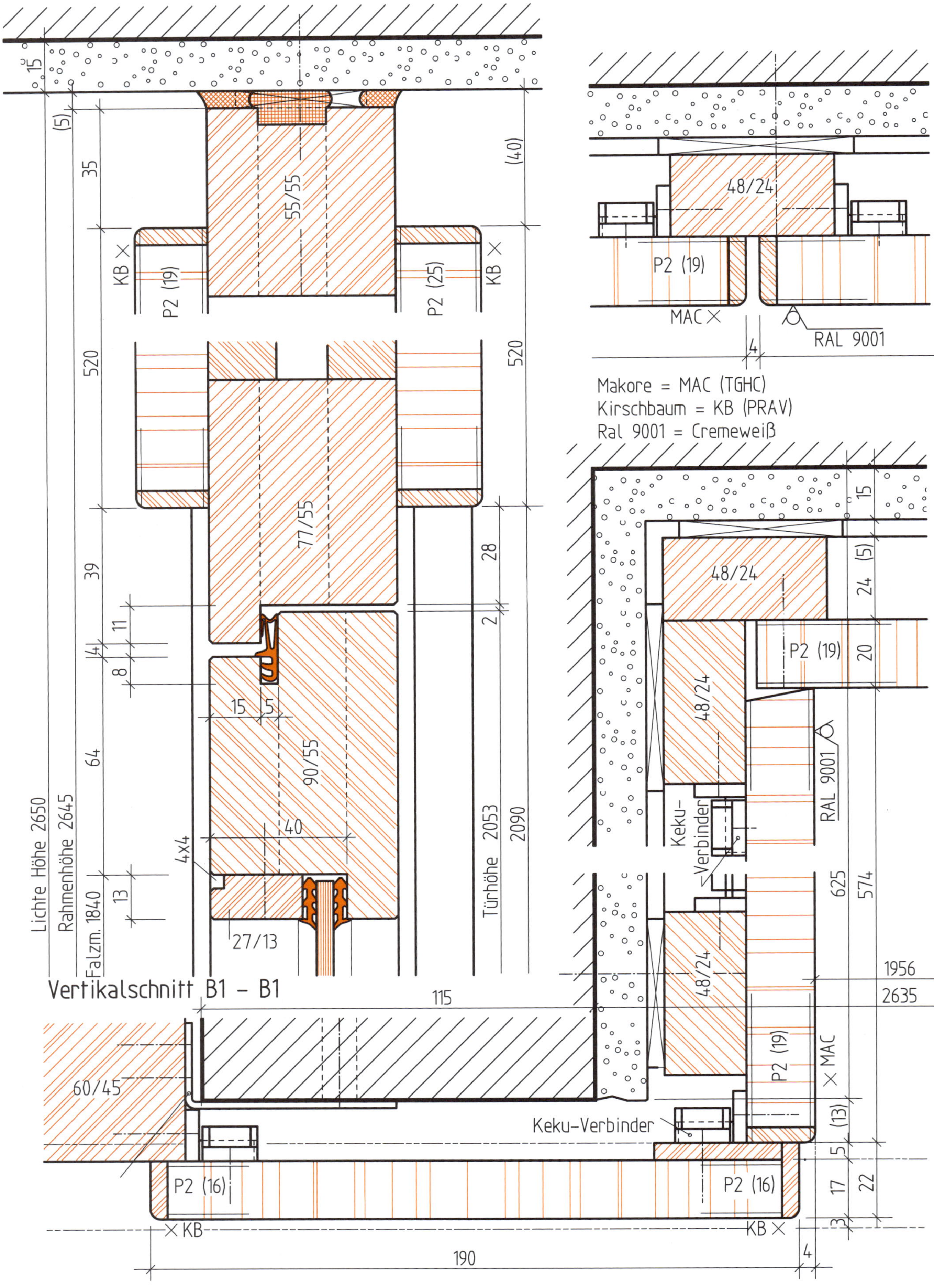

Vertikalschnitt B1 – B1

Horizontalschnitt A – A durch den Garderobenteil

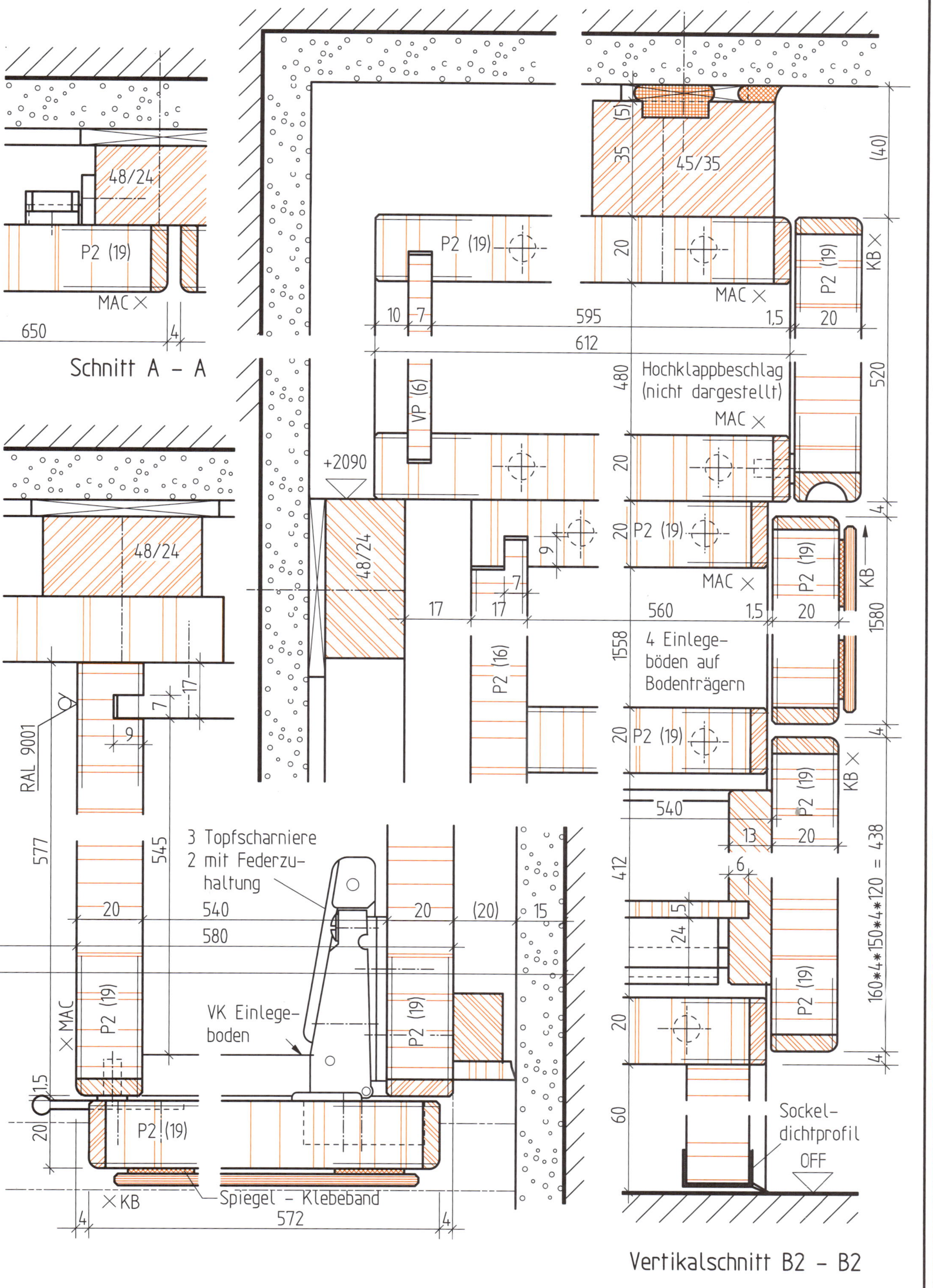

Name	Auftrag 11.1–9b	Nr.
Datum	Windfangtür mit Garderobeneinbau	

Sachwortverzeichnis